As editors of the book, Pierre-Claude Aïtcin and Robert Flatt, are very honored that our work has been translated into Chinese, particularly since China is the country producing most chemical admixtures today. We would like to warmly thank all those people involved in this translation

By writing this book, we aimed to facilitate access to knowledge on the science and technology of concrete admixture to promote the production of good concrete with a low environmental impact, thus contributing to a current main social objective: Sustainable Construction.

we thank the translators for having contributed to this and wish you all a good reading

U0288607

Science and Technology of
Concrete Admixtures

混凝土外加剂
科学与技术

（加）皮埃尔-克劳德· 艾特辛（Pierre-Claude Aïtcin）

（瑞士）罗伯特· 弗拉特（Robert J. Flatt）　　　主编

王栋民　　张力冉　　（新加坡）黄玉美（Serina Ng）　　等译

化学工业出版社

·北京·

内容简介

本书探讨了如何更好地理解混凝土外加剂，以及如何更好地使用它们。通过理论阐述和应用实践，系统介绍了普通硅酸盐水泥、水硬性胶凝材料以及化学外加剂。

全书分为五篇。分别是硅酸盐水泥与混凝土的基础知识；外加剂化学与物理背景知识，帮助读者更好地理解什么是化学外加剂，通过何种机理改善新拌以及硬化混凝土的性能；不同类型的外加剂及其相关性能和应用；两种必须使用外加剂的特种混凝土，自密实混凝土和超高性能混凝土；对外加剂的展望。

本书可供从事混凝土外加剂生产、研发和应用的人员参考使用。

Science and Technology of Concrete Admixtures, first edition
Pierre-Claude Aïtcin, Robert J. Flatt
ISBN: 9780081006931
Copyright © 2016 Elsevier Ltd. All rights reserved.
Authorized Chinese translation published by Chemical Industry Press Co., Ltd.

《混凝土外加剂科学与技术》（第1版）[王栋民　张力冉　（新加坡）黄玉美　等译]
ISBN: 978-7-122-39069-1

北京市版权局著作权合同登记号：01-2021-5910

图书在版编目（CIP）数据

混凝土外加剂科学与技术/（加）皮埃尔-克劳德·艾特辛，（瑞士）罗伯特·弗拉特主编；王栋民等译.—北京：化学工业出版社，2022.11
书名原文：Science and Technology of Concrete Admixtures
ISBN 978-7-122-39069-1

Ⅰ.①混… Ⅱ.①皮…②罗…③王… Ⅲ.①混凝土-水泥外加剂 Ⅳ.①TU528.042

中国版本图书馆 CIP 数据核字（2021）第 080939 号

责任编辑：于　水　韩霄翠　　　　　　　　　　文字编辑：昝景岩
责任校对：边　涛　　　　　　　　　　　　　　装帧设计：王晓宇

出版发行：化学工业出版社（北京市东城区青年湖南街 13 号　邮政编码 100011）
印　　装：中煤（北京）印务有限公司
787mm×1092mm　1/16　印张 30½　彩插 1　字数 639 千字　2023 年 1 月北京第 1 版第 1 次印刷

购书咨询：010-64518888　　　　　　　　　　售后服务：010-64518899
网　　址：http://www.cip.com.cn
凡购买本书，如有缺损质量问题，本社销售中心负责调换。

定　　价：268.00 元　　　　　　　　　　　　　　　版权所有　违者必究

编写人员

A. Yahia   Associate Professor in the Civil Engineering Department of the Université de Sherbrooke.

A. B. Eberhardt   Research scientist with Sika Technology AG in Zürich.

B. Elsener   Titular Professor for Durability and Corrosion Materials in the Department of Civil, Environmental, and Geomatic Engineering of ETH Zürich; University of Cagliari.

D. Marchon   Ph. D. student of Professor R. J. Flatt at ETH Zürich.

G. Gelardi   Ph. D. student of Professor R. J. Flatt at ETH Zürich.

P. -C. Aïtcin   Professor Emeritus in the Civil Engineering Department of the Université de Sherbrooke.

P. -C. Nkinamubanzi   Research officer at the National Research Council of Canada in Ottawa.

M. Palacios   Postdoctoral researcher of Professor R. J. Flatt at ETH Zürich.

R. Gagné   Full Professor in the Civil Engineering Department of the Université de Sherbrooke.

R. J. Flatt   Full Professor for Physical Chemistry of Building Materials in the Department of Civil, Environmental, and Geomatic Engineering of ETH Zürich.

S. Mantellato   Ph. D. student of Professor R. J. Flatt at ETH Zürich.

U. Angst   Postdoctoral researcher of Professor B. Elsener at ETH Zürich; Swiss Society for Corrosion Protection.

序一

由 P. -C. Aïtcin 和 R. J. Flatt 主编，王栋民、张力冉、Serina Ng 等翻译的《混凝土外加剂科学与技术》一书将由化学工业出版社出版，这是混凝土外加剂行业的一件好事。王栋民教授请我为该书中文版的出版写个序，我欣然同意。

化学外加剂以"微量之躯"赋予混凝土"二次生命"，实现了混凝土从前期施工到后期服役的众多功能要求。因此，有了混凝土的远距离运输以及快速、超高泵送施工，有了高强超高强混凝土、自密实混凝土、高耐久性混凝土等，也有了摩天大楼的拔地而起以及大型基础设施建设的高质量、高速度建造。

纵览《混凝土外加剂科学与技术》一书，以水泥和混凝土的基础知识为切入点，展示化学外加剂的异彩纷呈，并介绍了外加剂对新拌、硬化混凝土性能影响及其作用机制。该书从水泥混凝土施工、服役过程中宏观需求，到化学外加剂针对性的微观优化，再到体现出的宏观性能，凝聚了 P. -C. Aïtcin 教授和 R. J. Flatt 教授及其团队成员多年的研究成果，以及其他同样为混凝土外加剂技术更迭、理论完善做出贡献的众多科学家、学者与工程师同行们的见解，正是以他们为代表的国内外专家学者孜孜不倦的探索与不断创新，为混凝土外加剂的发展奠定了坚实的基础。

王栋民教授是我的老朋友，长期从事混凝土化学外加剂研究与应用，成果丰硕、见地独到，近年来又致力于固废资源化及水泥混凝土可持续发展的前沿研究工作，取得了许多积极和创造性的研究成果。今组织科研团队成员精心翻译这本专业书籍，分享了混凝土外加剂方面的国际研究成果，让国内更多学者与工程师们更多了解和认识混凝土外加剂的国际进展，结合国内如火如荼的科研与工程应用实际，必将取得更好成效。

面对我国二氧化碳排放总量居高的现状，混凝土外加剂的应用在碳中和道路上可发挥积极作用。更重要的是面对日益严重的资源以及环境问题，混凝土外加剂在混凝土中的地位日趋重要，混凝土外加剂的应用可以有效促进二次替代材料（固废）在水泥混凝土中的广泛应用，这也对混凝土化学外加剂技术提出了更高的要求。因此，掌握混凝土外加剂基础理论尤为重要，这是外加剂技术发展的根本。

再读《混凝土外加剂科学与技术》中文版，又一次体会到原著对于外加剂理解的广博与精深，很值得推荐给国内混凝土外加剂行业和混凝土行业的读者，因为外加剂与混凝土已经是密不可分的了。也感谢栋民教授团队的奉献，将混凝土外加剂现有创新成果与研究技术呈现给本领域同仁。最后衷心希冀混凝土外加剂领域持续创新，推动混凝土技术更上一层楼。

中国工程院院士
东南大学教授
2022 年 7 月 1 日

序二

欣闻王栋民教授牵头翻译的《混凝土外加剂科学与技术》一书即将出版，翻阅译著的章节目录，深深叹服国际专家 Pierre-Claude Aïtcin 教授和 Robert J. Flatt 博士原著的博大精深，也感谢参与此书翻译工作的青年学者，更愿读者通过阅读此书再次思考混凝土外加剂的组成、机理和功效。

Aïtcin 教授和 Flatt 博士在外加剂和水泥混凝土方面取得了丰硕的理论和技术研究成果，为我国科技人员所熟知，他们的论文和观点也高频次地被引用。本书是他们成果的全方位奉献，既讲解了用于研究外加剂作用机理和效能的基础理论知识，又介绍了他们最新的混凝土技术和外加剂产品。两位国际知名专家学养深厚、洞悉底蕴，把跨专业的基础理论知识、丰富的研发技术内容有机地组织在一起，引领读者在水泥水化、外加剂作用机制和混凝土性能提升三者之间游刃穿梭，深刻地理解混凝土外加剂的神奇作用。这本专著自 2016 年出版后，因其基础、实用和创新，受到国际范围的广泛关注和好评。

王栋民教授欣赏此书把混凝土与外加剂充分而紧密地结合起来思考问题的特色，因此他不辞辛劳地组织多位专家和学生们共同完成了这本巨著的翻译工作，将两位国际专家的独特观点和创新成果分享给中国众多从事混凝土外加剂研发的人员。

目前中国是全世界混凝土外加剂生产和应用数量最大的国家，基本满足了国家基础设施建设的需求。但面对严酷环境条件下的混凝土施工，面对因资源、节能和环保问题带来的混凝土原材料巨大变化，研发新型混凝土外加剂以提高混凝土性能和质量势在必行。除了原有的中国特色的灵活复配技术以外，更重要的是建立在对混凝土外加剂基础理论深入研究基础上的原始创新。

开卷有益，在乎用心。相信《混凝土外加剂科学与技术》中文版的出版对中国混凝土外加剂行业和混凝土行业的同仁们的创新工作有积极的借鉴作用。

中国建筑材料联合会混凝土外加剂分会秘书长
中国建筑材料科学研究总院教授
2022 年 6 月 16 日

译者前言

混凝土外加剂是现代混凝土的第五组分，也是最重要的一种组分。它掺量很低，通常不超过混凝土中水泥（胶凝材料）用量的 5%，通常在 1/10000～1/100 之间，但其作用却是巨大的。真正是"四两拨千斤"。

中国混凝土外加剂的研究与应用，略晚于一些西方发达国家，但是发展很快，在最新一代羧酸减水剂的研究和应用方面已经与国际上并驾齐驱、各有千秋了。我国混凝土外加剂的发展与应用也是经历了以木质素减水剂为代表的第一代产品、以萘系减水剂为代表的第二代产品和以聚羧酸减水剂为代表的第三代产品这几个重要阶段。

在混凝土外加剂发展历程中，我国老一辈科技工作者以及后来的中青年学者先后撰写出版了不少经典的混凝土外加剂著作，这些著作的出版对于我国外加剂和混凝土行业都起到了很大的推动作用。代表性著作如冯浩高工编著的《混凝土外加剂工程应用手册》一书，介绍混凝土外加剂的品种、主要组分、性能与应用，是典型的应用导向型图书，很适合土木工程师和混凝土生产与应用的技术人员学习参考；另一本影响中国混凝土外加剂行业比较大的是陈建奎教授所著的《混凝土外加剂原理与应用》一书，该书是一位洞悉混凝土技术的化学教授在外加剂的长期潜心研究和科研实践基础上凝练出的一部著作，从化学的角度深刻解释了外加剂的本质，是一本学术导向型图书，对我国外加剂科研和应用起到了很好的理论指导作用。另外尚有石人俊、张冠伦、张云理、卢璋、陈嫣兮、游宝坤、缪昌文、蒋林华、王子明、王栋民、孙振平、何廷树等人各自的外加剂著作，各有千秋，精彩纷呈。如何将外加剂的创新研究与混凝土科学理论紧密结合，特别是形成系统的总结认识，国内外学者尚需继续努力。

由加拿大 Aïtcin 和瑞士 Flatt 编著的《混凝土外加剂科学与技术》一书弥补了如上一些不足，呈现给我们一些新的体验、思维、观点和知识。该书两位作者分别是国际上混凝土和外加剂领域的顶尖专家：Aïtcin 是极负盛名的混凝土专家，与中国吴中伟院士、美国 Mehta 教授齐名，对于混凝土有极深的研究与哲学层级的思考；Flatt 是国际顶尖的外加剂专家，曾供职于瑞士西卡公司，系该公司首席科学家，对于混凝土外加剂有深入的一线研究，并长期把握和引领行业发展方向，后供职于瑞士苏黎世联邦理工学院建筑材料研究所，并兼任国际顶尖期刊 *Cement and Concrete Research* 主编。本书最大的特点是把混凝土与外加剂充分而紧密地结合起来思考问题和加以研究，从混凝土的需求来看待外加剂的分子结构和作用功效，从外加剂的结构来看如何更好地服务于混凝土。二位大师的密切结合奠定和创造了本书的独到特质和最佳呈现效果。

本书第一篇开章从水灰比（水胶比）切入，深刻分析了强度、微结构与水胶比的内在关系；从物理学角度探讨了水泥水化现象与收缩的关系；介绍了硅酸盐水泥、辅助性胶凝材料和复合水泥；阐述了水的重要作用及其对于混凝土性能的影响；论证了混凝土中引气对于流变性和抗冻性的影响；特别提出混凝土的流变性是深刻认识化学外加剂的基础，对混凝土流变学的研究将化学外加剂与混凝土密切连接起来；也讨论了水泥水化机理。本篇内容着重从水泥和混凝土材料科学的角度探讨问题，提出混凝土对于外加剂的重大需求。

第二篇重点介绍和阐述外加剂化学与工作机制。首先从分子结构角度阐述有机和高分子化学外加剂（包括超塑化剂、缓凝剂、调黏剂、引气剂和减缩剂等）的设计和性能，这是特别重要的；然后讨论了外加剂在固-液和气-液界面的吸附；介绍了超塑化剂的工作机理；讨论了超塑化剂延迟水泥水化的原因；讨论了用于控制低水灰比混凝土自收缩和高水灰比混凝土干缩的不同类型减缩剂分子的工作机理；阐述了钢筋锈蚀的基本原理和解决这一问题的不同方法。本篇是外加剂章节的核心，从有机化学、高分子化学、表面物理化学和水泥化学的角度深刻揭示化学外加剂作用的本质规律，侧重于理论和学术问题的研究与解决。

第三篇先讨论了制定商业产品配方的一般原则（第15章），然后分类介绍了不同品种外加剂及其性能和应用。第16章介绍超塑化剂，第17章介绍引气剂，第18章至第25章依次介绍缓凝剂、速凝剂、调黏剂、防冻剂、膨胀剂、减缩剂、阻锈剂、养护剂。

第四篇介绍了两种特种混凝土，即第26章自密实混凝土和第27章超高性能混凝土。

第五篇是总结与展望，第28章对外加剂进行了展望。

本书翻译过程中，中国矿业大学（北京）混凝土与环境材料研究院博士研究生孙睿、王璜琪，硕士研究生耿丹华、王天依、吴亚男、董子良、邬兆杰、薄艾、焦泽坤、武逸群等参加了全书的翻译和校对。对以上同学的杰出工作表示深深的谢意！希望并相信本书中文版的出版对于中国混凝土外加剂和混凝土行业有良好的促进作用，使我国外加剂研究与应用的整体水平再上新台阶。

本书原著作者对于中文版的出版非常重视，特别为中文版的出版写了贺词，向中国同行推荐此书。

本书中文版出版也受到国内同行的高度关注，中国工程院院士、东南大学教授缪昌文先生，中国建筑材料联合会混凝土外加剂分会秘书长、中国建筑材料科学研究总院教授王玲女士分别为本书作序，对本书给出高度评价，并热情向国内读者推荐。

本书出版还得到了中国混凝土外加剂龙头骨干企业石家庄长安育才建材有限公司的大力支持，在此表示最衷心的感谢！也希望长安育才能为我国外加剂和混凝土发展作出更多贡献！

本书出版过程中也得到了化学工业出版社编辑的积极支持，他们及时沟通、协商和督促，这些高效的工作保证了本书快速和高质量的出版，在此表示感谢！

限于时间的紧促和翻译者的水平，本书中难免有不尽准确和贴切之处，敬请读者不吝指正！

王栋民　张力冉　Serina Ng

2022 年 6 月 8 日

现如今，混凝土外加剂已成为当代混凝土必不可少的关键组分。关于本书的内容架构，本可以效仿前人书籍（Rixom 和 Mailvaganam，1978；Kosmatka 等，2002；Ramachandran，1995）中介绍的那样，逐一描述目前市场上的各类外加剂，并展示、总结近些年的新发现和新技术。比如 Dodson（1990）介绍的，将外加剂分为以下几类：起分散水泥颗粒作用的外加剂、能改变水化动力学的外加剂、与水化产物发生反应的外加剂以及只对混凝土性能起物理作用的外加剂。这些书籍的内容生动有趣且实用，不过本书将从另外的角度来介绍。

第一篇介绍了有关硅酸盐水泥和混凝土的基础知识，这一部分可帮助读者理解外加剂在改善新拌和硬化混凝土性能方面的重要作用。

第二篇包含了一些化学和物理方面的背景知识，可以让读者更好地了解什么是化学外加剂，以及其改善新拌和硬化混凝土性能的作用机制。

第三篇首先列举了有关调控商品外加剂配方所要遵循的一般原则，之后介绍了以下四类混凝土外加剂：

- 可同时改变新拌和硬化混凝土性能的外加剂；
- 改变新拌混凝土性能的外加剂；
- 改变硬化混凝土性能的外加剂；
- 用于水养混凝土的外加剂。

第四篇介绍了两种必须使用外加剂的特种混凝土，即自密实混凝土和超高性能混凝土。

第五篇则是对外加剂的展望。

本书的最后以附录结尾，尽管前三个附录内容与外加剂无关，但有助于指导外加剂的高效利用。另外附录 4 还给出了书中使用到的术语和定义。

在从理论和实践方面学习如何使用外加剂之前，先介绍了混凝土外加剂的发展历史，以便读者更好地了解和关注近年来在新拌和硬化混凝土性能方面取得的进展。

在第一篇中，第 1 章首先解释了水灰比（w/c）和水胶比（w/b）的物理意义，然后对硅酸盐水泥到底是什么以及它是如何水化的进行了阐述。之所以这么写，是因为水灰比和水胶比的概念是了解混凝土技术的基础。实际上，该比值直接影响混凝土的最终孔隙率和密度，而其他辅助性胶凝材料则是直接影响混凝土的力学性能和耐久性。因此，超塑化剂（可以在不损失工作性的前提下制备含水量较低的混凝土）为从根本上改善混凝土性能翻开了新的一页。

第 2 章从两个不同的角度考虑水化反应：首先，从物理角度出发探究水化反应引起的体积变化，这对理解混凝土收缩非常重要；其次，从化学的角度来描述未水化水泥颗粒在有无胶结特性的情况下演变成不同化学物质的过程。学好水泥水化知识对于了解硅酸盐水泥与不同辅助性胶凝材料混合时的性能以及提高混凝土在侵蚀环境中的耐久性是必不可少的。

第 3 章介绍了制备硅酸盐水泥的基本原则，重点介绍其在生产现代混凝土方面的应用，揭示了现有水泥的优缺点，指出了混凝土行业为保持长期竞争力而必须面对的技术挑战，即尽量减少土木工程建设中产生的碳排放。

第 4 章介绍了辅助性胶凝材料和填料的主要特性。为减少混凝土生产过程中的碳排放量，未来它们的使用量将大幅提升。在将这些填料与熟料混合时，必须认识到，用等量的填料代替一定体积的熟料并不能有效减少混凝土生产过程中所产生的碳排放量；同时，为了提高水泥混凝土的长期耐久性，必须降低混凝土的水胶比。

第 5 章着重分析了水对新拌混凝土流变性和硬化混凝土长期耐久性的影响。长期以来，水是唯一可以通过改变用量来调节混凝土流变性的组分，但目前有几种外加剂也可以用来调节新拌混凝土的流变性。由于这类外加剂的使用，单台泵可将混凝土垂直泵送至 600m，甚至是 1000m 高度。为解释分子力是如何克服重力的，本章还介绍了多孔系统中水分子的特性，并阐述了工程师在设计时必须考虑到的各种收缩类型的起因和发展。

第 6 章介绍了混凝土引气剂的优点。对许多工程师而言，在混凝土中引入空气，混凝土在有无除冰盐的情况下都可免受冻害。然而人们并没有意识到，在混凝土中引气剂引入的气泡可以显著改善混凝土流变性和长期耐久性。在第 1 章中，我们发现混凝土的耐久性本质上与水灰比相关，而与混凝土的抗压强度无关。与具有相同工作性但 w/c 更低的类似非引气混凝土相比，抗压强度较低的引气混凝土耐久性更好。在自密实混凝土中通常添加引气剂来改善其流变性。

第 7 章介绍了调控混凝土流变性的基本原理，这在混凝土浇筑施工中具有重要意义。混凝土在市场中的竞争力与施工中加工、泵送和浇筑的设施有关，因为其浇筑成本直接影响混凝土构件的最终成本。提高和控制混凝土的可泵送性是混凝土施工的关键因素。我们关注的重点是屈服应力和超塑化剂，同时也阐述了其他可能因化学外加剂而变化的性质，如塑性黏度和触变性。

第一篇一共 8 章，第 8 章专门讨论了水泥的水化机理，正如我们所知，化学外加剂对水泥正常的水化过程有显著的正面影响，但有时也会产生负面影响。

第二篇重点介绍了超塑化剂。这种外加剂是目前应用最广泛的化学外加剂。为了从物理和化学的角度解释外加剂的作用，我们尽可能采用更通用的方法来研究其工作机理，以便奠定更广泛的理论基础。

第 9 章概述了化学外加剂的化学性质。因为这些化学性质可以让设计变得更加灵活，同时也给化学家们带来更多有价值的信息。外加剂包括超塑化剂、缓凝剂、调黏剂、引气剂和减缩剂。这一章的概述为更好地理解后续章节中介绍的外加剂的工作机理奠定了基础。

第 10 章讨论了外加剂在固-液和气-液界面的吸附，这是许多外加剂作用机理中的关键一步。超塑化剂必须被吸附才能发挥其分散性能，缓凝剂（也涉及吸附，以改变无水相的溶解或水化产物的成核或生长）、引气剂和减缩剂必须吸附在气-液界面才能发挥作用。因此，我们试图开发一种涵盖理论和实验两方面的综合吸附处理方法。

第 11 章以前几章的介绍为基础，介绍了超塑化剂的作用机理。此外，概述了水泥基体系中颗粒间作用力的性质，这些作用力是导致絮凝团聚的原因。在此基础上，解释了化学外加剂是如何降低这些絮凝颗粒间作用力、降低絮凝程度、降低屈服应力并改善工作性能的。有一节专门系统地介绍了聚丙烯酸酯分子结构的改性结果。

第 12 章讨论了超塑化剂延缓水泥水化的原因。随着水泥熟料被越来越多的替代，这种类型的外加剂对水泥水化的延缓效果将会逐渐引起人们的关注。事实上，人们经常采用减少用水量的方法，以弥补其早期强度较低的缺点，但这就需要增加超塑化剂的用量。然而，这会延迟和抵消（至少部分）预期效果。由于这一课题还需要大量研究，因此本书针对该课题的主要工作撰写了评析。此外，还讨论了专门用于延缓水化的缓凝剂，特别是糖类。本章节总结了最近的调研结果，并在工作机理方面给出了合理解释。

第 13 章分别讨论了用于控制低水灰比（＜0.40）混凝土自收缩和高水灰比（＞0.50）混凝土干缩的不同类型减缩剂分子的工作机理。

第 14 章阐述了钢筋锈蚀的基本原理和解决这一问题的不同方法。

本书第三篇从第 15 章开始，讨论了制定商业产品配方的问题。实际上，大多数商用外加剂不是由单一化合物组成的。因此，商用外加剂必须平衡许多要求。然而，大多数外加剂使用者并不清楚这一点，且在学术界常常也被误认为是"黑匣子"。因此我们有必要对配方的各方面进行简要的概述，并介绍一些商业外加剂中常用的添加剂。

第三篇后面几章介绍了可同时改变新拌和硬化混凝土性能的几类外加剂。

第 16 章介绍了超塑化剂。减水剂只是水泥颗粒的分散剂，其效率低于超塑化剂。

第 17 章介绍了引气剂，此类外加剂可同时改变新拌混凝土的流变性，也可改变有或者无除冰盐的情况下，混凝土抗冻融循环的强度与耐久性。

第 18 章到第 21 章介绍了改进新拌混凝土性能的外加剂。第 18 章介绍缓凝剂，第 19 章介绍速凝剂。这两种外加剂均可影响水化动力学，前者延缓水化反应，后者加速水化反应。第 20 章介绍了调黏剂的应用，这种外加剂在混凝土行业中生产自密实混凝土、泵送混凝土或水下混凝土时，得到了广泛的认可。第 21 章介绍了防冻剂。这种外加剂目前在芬兰、波兰、俄罗斯和中国使用，北美没有。同时还介绍了一个加拿大的成功应用案例。

接下来，介绍了改善硬化混凝土性能的外加剂。

第 22 章介绍的是膨胀剂，用于抵消自收缩。可以调节混凝土表观体积的膨胀率，使膨胀的表观体积约等于自收缩减小的表观体积。第 23 章介绍了减缩剂。通过降低气-液界面的能量（降低弯月面的表面张力和接触角），降低混凝土中不同收缩类型的影响。第 24 章介绍了阻锈剂。在这一章中，回顾了不同的腐蚀机理，并讨论了清除该现象的不同方法。缓蚀剂不能补偿混凝土的缺陷，但它在控制钢筋腐蚀方面的效率随着混凝土品质的提高而提高。

第 25 章介绍了混凝土养护剂，给出了养护膜和防蒸发剂的合理用途。在高性能混凝土板或桥面板的顶面完工时，通常用一层养护膜覆盖，以防止外界水渗透到混凝土内部，从而得到适当的养护。低水灰比混凝土所含的水分不足以使水泥颗粒完全水化，会迅速产生较明显的自收缩。如养护不当，这种收缩会导致混凝土表面早期出现严重开裂。一种抵抗这种自收缩的方法是使用外部水对混凝土表面进行水养护，在新拌混凝土表面形成单分子膜的防腐蒸发剂能暂时防止或显著延迟混凝土中的水分蒸发。当混凝土足够坚硬时，可以用软管直接浇水养护，冲走这层膜，使外部的水渗透到混凝土中。

第四篇介绍了两种特种混凝土：

- 第 26 章自密实混凝土；
- 第 27 章超高性能混凝土。

通过使用适当剂量外加剂获得的特种混凝土是高科技混凝土的代表。由于此类混凝土提高了建筑业的竞争力，因此其在工程中的应用迅速增加。

第五篇（第 28 章）总结了 R. J. Flatt 对未来外加剂的展望。

最后是本书的附录：

- 附录 1 提供了有用的公式；
- 附录 2 提供了实验统计设计；
- 附录 3 讨论了混凝土质量的统计评估；
- 附录 4 给出了书中使用到的术语和定义。

P. -C. Aïtcin（加拿大）

R. J. Flatt（瑞士）

参考文献

Dodson, V., 1990. Concrete Admixtures. Van Nostrand Reinhold, New York, 211 p.

Kosmatka, S.H., Kerkhoff, B., Panarese, W.C., MacLeod, N.F., McGrath, R.J., 2002. Design and Control of Concrete Mixtures, 7th Canadian ed. Cement Association of Canada, Ottawa, Canada, 355p.

Ramachandran, V.S., 1995. Concrete Admixtures Handbook. Noyes Publications, Park Ridge, N.J., USA, 1153 p.

Rixom, R., Mailvaganam, N.P., 1978. Chemical Admixtures for Concrete. E and FN SPON, London, 437 p.

引言

在过去40年里，混凝土技术取得了长足的进步，这并不是由于现代水泥性能的显著改善，而是因为使用了非常有效的外加剂。例如，在20世纪70年代的美国和加拿大，混凝土结构通常采用最大抗压强度为30MPa、坍落度为100mm的混凝土建造。现今，抗压强度达80～100MPa、坍落度为200mm的混凝土已经用于高层建筑底部承重柱的建造（Aïtcin和Wilson，2015）。这些混凝土可从一楼泵送到最顶层（Aldred，2010，Kwon等人，2013a，b）。此外，这些高层建筑的预应力楼板采用抗压强度40MPa的自密实混凝土（Clark，2014）。目前还有抗压强度高达200MPa的超高强度混凝土。这些成就都是大量研究工作的成果，创造了真正的混凝土科学和外加剂科学。

本书的主要目的是介绍混凝土外加剂科学技术的现状。现在不仅可以解释外加剂作用的基本原理，而且可以设计特定的新型外加剂来改善新拌混凝土和硬化混凝土的特殊性能。通过反复试验选择不同工业副产品作为混凝土外加剂的时代早已过去。如今，大多数混凝土外加剂都是化学合成物质，专门针对新拌或硬化混凝土的某些特殊性能。

第二次世界大战结束时，由于石油价格相对不高，普通硅酸盐水泥的价格很低。因此，增加混凝土抗压强度的方法中，增加水泥用量比使用混凝土外加剂更便宜。这至少从某一角度解释了为什么外加剂行业被迫使用廉价的工业副产品来生产和销售他们的外加剂。

如今，石油价格上涨，普通硅酸盐水泥价格也大幅上涨。因此，现在外加剂行业将使用专门为混凝土行业合成的更复杂的分子来配置外加剂。所以，在一些复杂的混凝土配方中，外加剂的成本往往比水泥的成本要高——这种情况在几年前还是让人难以置信的。

外加剂新科学的发展也导致了对现行水泥验收标准的质疑。例如，从流变学的角度来看，给定的超塑化剂对不同的普通硅酸盐水泥的作用可能不同，尽管这些水泥都符合相同的验收标准。诸如"水泥/超塑化剂相容性"或"水泥/超塑化剂组合的稳定性"之类的表述经常被用来限定这些奇怪的行为。显然，目前的水泥验收标准是为针对高水灰比（w/c）的低强度混凝土制定的，完全不足以优化用于生产具有低水灰比或水胶比的高性能混凝土的水泥的特性。修改这些验收标准是有意义的，因为在大多情况下，它们严重阻碍了混凝土技术的进步。

此外，我们现在越来越关注土木工程结构的环境影响，这对需要使用超塑化剂的低水灰比混凝土来说是有利的。显而易见，合理使用混凝土外加剂可以显著减少混凝土结构的碳排放。在某些情况下，其效果可能比用辅助性胶凝材料或填料替代一定比例的硅酸盐水泥熟料更好。

为了简单说明这一点,可以假设为了支撑给定的荷载 L,需要建造两个无钢筋混凝土柱(分别为 25MPa、75MPa),如图所示。

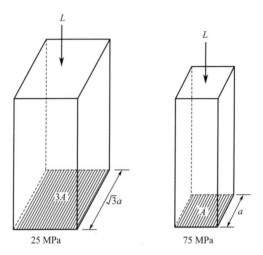

25 MPa   75 MPa

图　混凝土强度为 25MPa 和 75MPa 的两根无钢筋混凝土柱
在相同荷载下的截面面积和体积对比

图中,25MPa 柱的截面积是 75MPa 柱截面积的 3 倍。因此,要支撑相同的荷载 L,就需要浇筑 3 倍的混凝土,并使用大约 3 倍的砂子、3 倍的粗骨料、3 倍的水。此外,25MPa 柱的自重将是 75MPa 柱自重的 3 倍。

假设在不使用外加剂的情况下,生产强度为 25MPa 的混凝土,需要使用 300kg 的水泥;而配合一定剂量的超塑化剂以降低 w/c,生产强度为 75MPa 混凝土,则只需要使用 450kg 水泥。这样,只用 1.5 倍的水泥即可获得 3 倍的强度。比较下来,相当于使用了 2 倍的水泥、3 倍的水和骨料,却建造了一个质量、耐久性较差、碳排放较高的 25MPa 混凝土柱。Helene 和 Hartmann(2003)对巴西圣保罗的一座高层建筑的立柱提出了更详细的计算方法。从经济和可持续发展的角度来看,这是完全不正常和不可接受的,所以是时候结束这种浪费金钱和物质的行为了。

对于楼板和梁等受压混凝土构件,当使用低 w/c 混凝土时,碳排放的减少并不显著,除非它们是使用先张或后张预应力混凝土建造的(Clark,2014)。

在未来,混凝土将包含更多的外加剂,因此了解如何以最有效的方式合理使用它们,以生产出完全适合其特定用途的可持续混凝土是非常重要的。这将提高混凝土的竞争力,建造碳排放更低的混凝土结构。

P. -C. Aïtcin(加拿大)

R. J. Flatt(瑞士)

参考文献

Aïtcin, P.-C., Wilson, W., 2015. The Sky's the limit. Concrete International 37 (1), 53–58.

Aldred, J., 2010. Burj Khalifa – a new high for high-performance concrete. Proceedings of the ICE–Civil Engineering 163 (2), 66–73.

Clark, G., 2014. Challenges for concrete in Tall buildings. Structural Concrete (Accepted and Published Online) 15 (4), 448–453.

Helene, P., Hartmann, C., 2003. HPCC in Brazilian Office Tower. Concrete International 25 (12), 1–5.

Kwon, S.H., Jeong, J.H., Jo, S.H., Lee, S.H., 2013a. Prediction of concrete pumping: part I-development for analysis of lubricating layer. ACI Materials Journal 110 (6), 647–655.

Kwon, S.H., Jeong, J.H., Jo, S.H., Lee, S.H., 2013b. Prediction of concrete pumping: part II-analytical prediction and experimental verification. ACI Materials Journal 110 (6), 657–667.

目　录

05 水及其对混凝土性能的影响 064

06 混凝土中引入的空气：流变性和抗冻性 074

07　混凝土流变性：认识化学外加剂的基础　　081

第二篇　外加剂化学与工作机制

09　化学外加剂的化学性质　120

10　化学外加剂的吸附　170

第三篇 外加剂技术

23 减缩剂   355

24 阻锈剂   365

第四篇 特种混凝土

第五篇　总结与展望

28 混凝土外加剂的结论和展望 408

0
混凝土外加剂发展的历史背景

0.1 早期发展

在混凝土中加入化合物的想法并不新鲜。据记载，在公元前几百年之前，就有罗马石匠在石灰和火山灰中加入血液或鸡蛋（Mindess 等，2003；Mielenz，1984）来制备混凝土。这种在制作混凝土时加入"新奇事物"的手段持续了多年。根据 Garrison（1991）的说法，大约在 1230 年，一位名叫 Villard de Honnecourt 的建筑师在修建教堂的蓄水池时就建议，在石灰混凝土中注入亚麻籽油以使其不透水。

我们如今所说的混凝土外加剂是第二次世界大战前在美国偶然发现。有两种说法可以解释这一发现。第一种说法是，当时磨机的一个轴承出现了故障导致一些重油漏到混凝土中，结果发现了引气效果（Mindess 等，2003）。事实上，更严谨的说法是，这一发现源于一些美国天然水泥的使用。美国天然水泥的生产可以追溯到 1818 年，当时纽约州费耶特维尔的 Canvas White 发现了天然水泥岩石，这种天然水泥后来被称为罗森代尔水泥，因为它是 19 世纪中期在纽约州罗森代尔区生产的（Eckel 和 Burchard，1913）。这些水泥由泥灰岩或泥质灰岩在 800～1100℃ 之间灼烧制成。后来，因波特兰水泥（普通硅酸盐水泥）硬化速度较快，天然水泥在市场上几乎销声匿迹（Eckel 和 Burchard，1913）。

用普通硅酸盐水泥建造的混凝土道路的主要问题是易受盐侵蚀（Jackson，1944）。数据显示，在纽约州，普通硅酸盐水泥基混凝土在几年后开始劣化，因为在纽约州，这些结构会因冻融循环导致耐久性问题；而由天然罗森代尔水泥制成的结构，如布鲁克林大桥和自由女神像的地基，在经过几十年的户外暴露后，仍然完好无损。

Holbrook（1941）表示，一位名叫 Bertrand H. Wait 的工程师于 1933 年开始将普通硅酸盐水泥和天然水泥混合在一起进行实验，他开发的混合水泥混凝土在盐溶液中的抗冻融能力是纯普通硅酸盐水泥混凝土的 12 倍。1934 年，第一条用混合水泥铺设的道路建成，混合水泥中含有约 85% 的普通硅酸盐水泥和 15% 的罗森代尔天然水泥。1937 年，这种混合水泥成为纽约州和其他一些州高速公路建设的标准材料（Holbrook，1941；Jackson，1944）。

这些混合水泥抗冻融性突出的原因尚不明确，可能是由于天然水泥本身，也可能是由于在纽约州使用的两种罗森代尔水泥中，其中一种生产时使用了少量牛油作为助磨剂。后一种解释更具有说服力，因为人们发现被轴承泄漏的润滑油污染的普通硅酸盐水泥具有更好的性能（Jackson，1944）。20 世纪 30 年代末，普通硅酸盐水泥协会开始深入研究牛油、鱼油和硬脂酸树脂作为引气剂的效果。

第二种说法（Dodson，1990）是，一位纽约州交通部工程师发现了引气剂的效果。这位工程师负责建造纽约州最早的三车道混凝土公路之一。为了防止事故发生，他有了将中央车道的混凝土涂成黑色，让司机们意识到自己是在共用的中央车道上行驶的想法。

承包商在混凝土中添加了一些炭黑，但因为混凝土的颜色不太均匀，交通部工程师对第一次试验的结果并不满意。因此，他要求承包商找到一种方法来改善混凝土中炭黑的分散性，最终形成一条更美观的中心车道。混凝土承包商询问炭黑供应商是否有一种特殊的化学产品，可以帮助炭黑颗粒在混凝土中均匀分散。供应商建议使用一种聚萘磺酸钠盐分散剂，该分散剂已用于涂料行业，可用于分散涂料中的炭黑颗粒。在加入少量分散剂后，混凝土颜色的均匀性得到显著改善，纽约州交通部的工程师也感到满意。

几年后，这位工程师观察到，黑色混凝土的服役状况比其他两条灰色车道要好得多。他首先猜测是炭黑提高了混凝土的抗冻融性，幸运的是，这位非常尽责的工程师并不满足于如此直接和简单的解释，于是他请一位朋友仔细观察对比浅色混凝土样品与黑色混凝土样品，看它们是否存在差异。

在显微镜下观察到，深色混凝土水泥浆中含有分布均匀的小气泡，而浅色混凝土中只有粗糙且不规则的气泡。这位工程师本可断定炭黑会给混凝土引入气泡，但他记得还添加了分散剂，因此，他做了掺加、未掺加炭黑以及掺加、未掺加聚萘磺酸钠盐的对照实验，发现小气泡是由分散剂引入。在讲述这个案例时，有时还会提及，承包商发现添加分散剂时，混凝土变得更容易施工，也更容易浇筑。

这就是聚磺酸盐的分散作用被发现的可能原因。尽管这个版本可以被看作是一个传奇故事，但混凝土行业也许真的有一位"亚历山大弗莱明"做出了这样一个偶然的重要发现。遗憾的是，这个故事并没有告诉我们这位交通部工程师想要在黑色道路上减少事故的最初目标是否实现。后来，Tucker（1938）获得了美国第一项使用聚磺酸盐作为水泥分散剂的专利。

在 20 世纪 40 年代末和 50 年代初，Powers 及其在普通硅酸盐水泥协会的研究团队解释了这些微小气泡对新拌和硬化混凝土性能的所有有益影响，特别是其冻融行为（Powers，1968）。因此，在北美和日本，引气剂被系统地引入混凝土，甚至是不经常暴露于冻融循环的混凝土中。

0.2　外加剂科学的发展

曾经很长一段时间，外加剂技术更接近炼金术，而不是化学。参与外加剂业务的少数公司非常隐秘，小心翼翼地保护着自己的配方。现在已经不是这样了，因为有一些科学书籍专门研究外加剂科学（Dodson，1990；Ramachandran，1995；Ramachandran

等，1998；Rixom 和 Mailvaganam，1999)。此外，还举行了一些和外加剂有关的国际会议，如九次 ACI/CANMET (American Concrete Institute and Canada Center for Mineral and Energy Technology) 超塑化剂国际会议；渥太华 (1978) ACI SP-72；渥太华 (1981) ACI SP-68；渥太华 (1989) ACI SP-119；蒙特利尔 (1994) ACI SP-148；罗马 (1997) ACI SP-173；尼斯 (2000) ACI SP-195。其中第七届于 2003 年在柏林举行，第八届于 2006 年在意大利索伦托举行，第九届于 2009 年在塞维利亚举行，第十届于 2012 年在布拉格举行，第十二届于 2015 年在北京举行。

尽管人们对超塑化剂作用机理的认识和研究日益深入，但仍有很多工程师质疑混凝土外加剂的优点，认为外加剂销售人员是小贩，甚至有一些工程师和水泥生产商质疑外加剂科学的存在。一些工程师仍然认为，应该禁止使用外加剂以避免造价过而出现与承包商低成本要求相冲突的局面。还有一部分人认为在水泥中添加化学物质原则上说不是一件好事，但他们似乎并不为引起水泥硬化的化学反应而担忧。继续简单地加入少量水来促进水泥颗粒的分散不是更好吗？

纵观本书，我们认识到外加剂是现代混凝土的重要组成部分。从耐久性和可持续性的角度来看，外加剂的使用是有益的，这是它们成为混凝土重要组成部分的主要原因。

0.3　外加剂的使用

外加剂的使用因国家而异。举例来说，在日本和加拿大，几乎 100% 的混凝土含有减水剂和引气剂。在美国和法国，超过 50% 的混凝土含有外加剂，随着对外加剂优势的了解，这一比例不断增加。由于硅酸盐水泥和水硬性胶凝材料固有的复杂性，以及在水化过程中用作活性成分的有机分子的复杂性，水泥水化过程中的化学体系变得越来越复杂。

0.4　合成分子和聚合物的使用

近年来，混凝土的技术发展速度远远快于水泥、混凝土和外加剂的标准。因此，缩小标准中所写的内容与实践中已知和已做内容之间的差距非常重要。如果不迅速采取这种纠正措施，人为因素将阻碍混凝土技术的发展，并影响普通硅酸盐水泥和水硬性结合料的有效使用。

现代外加剂很少使用工业副产品，而是使用专门为混凝土工业生产的合成分子或聚合物。现代外加剂通过纠正普通硅酸盐水泥和水硬性胶凝材料的一些技术缺陷来改变新拌和硬化混凝土的一种或几种性能 (Ramachandran 等，1998)。它们的使用不再是一个商业问题，而是一个进步、科学、持久和可持续性的问题。

0.5　复杂的人造术语

外加剂领域的一大困扰来源于这样一个事实，即多年来不仅在技术和商业文献中，而且在标准中，都出现人为创造的一些复杂术语。

例如加拿大水泥协会主编的 2001 年版 *Design of Concrete Mixtures* 中，在涉及外加剂的第 7 章里（表 7.1），发现了以下外加剂：速凝剂、脱气剂、引气剂、碱骨料反应抑制剂、抗冲刷外加剂、黏结剂、着色剂、阻锈剂、防潮剂、发泡剂、杀霉菌剂、抗菌剂、杀虫剂、造气剂、灌浆剂、水化调控剂、抗渗剂、泵送剂、缓凝剂、减缩剂、超塑化剂、超塑化剂与缓凝剂、减水剂、减水剂与速凝剂、减水剂与缓凝剂、高效减水剂与普通减水剂（表 0.1）。欧洲的术语和北美的一样丰富，这些丰富的术语也可以在标准中找到。例如，ASTM C494 标准认可了以字母 A 到 G 标识的不同类型的减水剂，而新的欧洲标准认可了九种不同类型的外加剂。

表 0.1　混凝土外加剂分类

预期效果	材料
加快凝结和早期强度发展	氯化钙（ASTM D98） 三乙醇胺,硫氰酸钠,甲酸钙,亚硝酸钙,硝酸钙
降低含气量	磷酸三丁酯、邻苯二甲酸二丁酯、辛醇、不溶性碳酸酯和硼酸酯、硅酮
提高在冻融、除冰、硫酸盐和碱性环境中的耐久性,提高工作性	木质树脂盐（Vinsol 树脂）,合成洗涤剂,磺化木质素盐、石油酸盐、蛋白质类物质盐、脂肪酸和树脂酸及其盐、烷基苯磺酸盐、磺化烃盐
降低碱-骨料反应性膨胀	钡盐,硝酸锂,碳酸锂,氢氧化锂
水下浇筑不分散混凝土	纤维素、丙烯酸聚合物
增加黏结强度	苯乙烯共聚物、聚氯乙烯,聚醋酸乙烯酯,丙烯酸类,丁二烯
彩色混凝土	改性炭黑,氧化铁,酞菁,氧化铬,氧化钛,钴蓝
降低氯化物对钢筋的腐蚀活性	亚硝酸钙,亚硝酸钠,苯甲酸钠,磷酸盐或氟硅酸盐,氟铝酸盐
延缓水分渗入干燥的混凝土	硬脂酸钙或硬脂酸铵或硬脂酸丁酯油酸盐皂 石油产品
生产低密度泡沫混凝土	阳离子和阴离子表面活性剂 水解蛋白
抑制或控制细菌和真菌的生长	多卤化酚 狄氏乳剂 铜化合物
凝结前的膨胀	铝粉
根据具体应用调整灌浆性能	引气剂,速凝剂,缓凝剂,减水剂
用稳定剂和活化剂暂缓或激发水泥水化	羧酸 含磷有机酸盐
降低渗透率	乳胶 硬脂酸钙

预期效果	材料
提高泵送性能	有机合成聚合物 有机絮凝剂 石蜡,煤焦油,沥青,丙烯酸有机乳液 膨润土和热解硅石 熟石灰(ASTM C 141)
延缓凝结时间	木质素 硼砂 糖类 酒石酸和盐
提高混凝土流动性,降低水灰比	磺化三聚氰胺甲醛缩合物,磺化萘甲醛缩合物,木质素磺酸盐,聚羧酸盐
通过缓凝提高流动性,降低水灰比	超塑化剂和减水剂
减少至少5%的水分含量	木质素磺酸盐、羟基化羧酸、碳水化合物(也倾向于缓凝,因此经常添加速凝剂)
减少水分含量(至少5%)和加速凝结	减水剂,A型(添加速凝剂)
减少水分含量(至少12%)	超塑化剂
减少水分含量(至少12%)和延迟凝结	超塑化剂和减水剂
无缓凝下减少水分含量(6%～12%)	木质素磺酸盐,聚羧酸盐

注：经"加拿大版混凝土配合比设计与控制"硅酸盐水泥协会许可转载。

但这些复杂的术语更容易引起混淆。长期以来，多数混凝土外加剂是由工业副产品制得，对新拌混凝土和硬化混凝土的性能影响不止一种。由于这些副产品的性质复杂并且所含杂质不同，导致分离副产品的成本太高，有的甚至不可能分离，因此，在标准中不得不创建新的外加剂子类别。

0.6 外加剂的分类

通过研究外加剂的物理化学作用机理，而不是其对新拌合硬化混凝土性能的影响，可以很容易地简化外加剂术语（Dodson，1990）。根据作用机理，Dodson 将外加剂分为以下四类：

① 改善水泥在混凝土水相中的分散；

② 改变水泥的正常水化速率，特别是硅酸三钙相；

③ 与水泥水化的副产物如碱和氢氧化钙反应；

④ 不与水泥或其副产物发生反应。

Mindess 等（2003）也认识到外加剂术语很复杂，并提出将混凝土外加剂分为四类：

① 引气剂（ASTM C260），主要用于提高混凝土的抗冻性；

② 化学外加剂（ASTM C494 和 BS 5075），水溶性化合物，主要用于控制新拌混

凝土的凝结和早期硬化或减少其需水量；

③ 矿物外加掺合料：添加到混凝土中的磨细粉体，用于提高混凝土耐久性或提供额外的黏结性能（矿渣和火山灰是矿物掺合料的重要类别）；

④ 其他外加剂，包括所有不属于上述类别的材料，其中许多是为特殊应用而开发的。

正如引言中所述，本书中我们研究了外加剂的主要作用机理，这些外加剂改变了新拌混凝土的流变性和硬化混凝土的性能。我们还研究了外加剂分子结构的影响，以及这些外加剂对普通硅酸盐水泥相和特定辅助性胶凝材料的作用，尽管这些信息可以在专业书籍中找到（Dodson，1990；Ramachandran，1995；Ramachandran 等，1998；Rixom 和 Mailvaganam，1999）。这些积累下来的知识对于有效使用外加剂（掺量、加入顺序、效果持续时间等）非常重要。

0.7 水泥颗粒分散作用的重要性

实验表明，当水灰比低于 0.40 且只掺水和水泥时，通常混凝土坍落度不可能大于 100mm。然而，当使用超塑化剂时，可以实现将这种混凝土转变成水胶比低于 0.35 的自密实混凝土，且既能保证高工作性，又不会泌水或离析。

使用相同的水泥为何会得到不同的结果？少量的有机分子为何能对水泥浆体和混凝土的流变性产生如此显著的影响呢？

如第 3 章所述，熟料和石膏最终粉磨产生的细粉颗粒很容易结块。这种团聚是所有这些相之间固有的，但由于不同相存在不同的表面电位，团聚也会增加。当水泥颗粒与像水一样的极性液体接触时，也会发生这种现象（Kreijger，1980；Chatterji，1988；Dodson，1990；Rixom 和 Mailvaganam，1999；Flatt，2001，2004）。

通过以下简单的实验，很容易证明水泥颗粒的絮凝作用：

• 50g 水泥分别装入三个 1L 量筒中（或普通塑料瓶），其中两个装满水。在右侧量筒中，加入 5cm³ 的超塑化剂。

• 两个装满水的量筒上有橡胶塞。倒置量筒 20 次，以尽可能分散所有水泥颗粒（图 0.1，见文后彩插）。

图 0.2（见文后彩插）显示了实验开始后近 7min 内的两个量筒的底部。

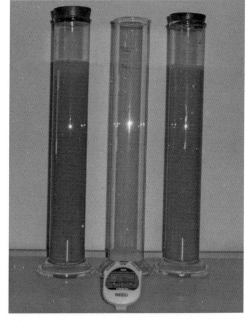

图 0.1 在 $t=0$ 时，掺加与未掺加超塑化剂的水泥悬浮液，之后静置

图 0.2 实验开始后 6.59min（a）和 7.26min（b）的量筒底部

其中左侧量筒中未掺加超塑化剂，右侧量筒中掺加了超塑化剂

图 0.2（a）显示，在实验开始后 6.59min，左侧量筒中所有的水泥颗粒都沉淀在量筒底部，量筒上部为几乎清澈的水。

图 0.2（b）显示了 7.26min 后右侧量筒的底部。可以看出，只有较粗的水泥颗粒沉淀在量筒底部，大部分颗粒（较细的）仍悬浮在量筒中。

图 0.3（见文后彩插）显示了实验开始 1d 后的三个量筒。

可见，在左侧量筒中，沉淀颗粒上方的水是澄清的，絮凝颗粒占据的体积大于图 0.3 中间量筒中干水泥的体积。在右侧量筒中，可以看到几乎所有的水泥颗粒都沉淀在量筒底部，但上面的水并不完全清澈，因为还有一些颗粒悬浮着。此外，由于超塑化剂为深棕色，顶部的水也呈浅棕色。还可以看到，沉降颗粒的厚度小于图 0.3 中间量筒中未压实干水泥粉的厚度。

图 0.4（见文后彩插）进一步观察了两个量筒的底部，以比较水泥颗粒在 24h 时的最终体积。左侧量筒显示了在未掺加超塑化剂情况下，沉淀在纯水中的絮凝水泥颗粒，右侧量筒显示了在掺加超塑化剂情况下沉淀的水泥颗粒。在该图中可以清楚地观察到水泥颗粒的絮凝作用对其最终体积的影响。

图 0.3　24h 后量筒底部

未掺加超塑化剂（左）和掺加超塑化剂（右）

图 0.4　24h 后近距离观察两个量筒底部

未掺加超塑化剂（左）和掺加超塑化剂（右）

　　通过这个简单的实验可以得出：一些有机分子能强烈降低甚至破坏水泥颗粒的絮凝倾向，使混凝土拌合过程中引入的水来有效提高混凝土的工作性（Black 等，1963；Dodson，1990）。

　　如本书第 2 部分所讨论的，水泥颗粒与这些有机分子之间的相互作用取决于水泥的物理化学特性和所使用的分散剂的分子结构。事实上，相互作用通常可以分为两部分：一个是物理效应，类似于这些分子与非反应性（与水）的悬浮颗粒（如 TiO_2、Al_2O_3、

$CaCO_3$ 等）相互作用时产生的物理效应。另一个是化学效应，该效应可能与这些分子与无水水泥颗粒中高活性位点发生化学反应有关，也可能与水泥颗粒在水化过程中发生的化学反应有关。例如，超塑化剂与水合铝酸盐相的相互作用可以导致分散效率降低，这可能是形成了有机铝酸盐化合物，也可能是形成了比表面积更高的铝酸盐水合物。

P. -C. Aïtcin[1]，A. B. Eberhardt[2]

[1] Université de Sherbrooke，QC，Canada

[2] Sika Technology AG，Zürich，Switzerland

参考文献

Black, B., Rossington, D.R., Weinland, L.A., 1963. Adsorption of admixtures on Portland cement. Journal of the American Ceramic Society 46 (8), 395–399.

Chatterji, V.S., 1988. On the properties of freshly made Portland cement paste: part 2, sedimentation and strength of flocculation. Cement and Concrete Research 18, 615–620.

Dodson, V., 1990. Concrete Admixtures. Van Nostrand Reinhold, New York.

Eckel, E.C., Burchard, E.F., 1913. Portland Cement Materials and Industry in the United States. Department of the Interior, United States Geological Survey. Washington Government Printing Office, Bulletin 522.

Flatt, R.J., 2001. Dispersants in concrete. In: Hackley, V.A., Somasundran, P., Lewis, J.A. (Eds.), Polymers in Particulate Systems: Properties and Applications. Surfactant Science Series. Marcel Dekker Inc. (Chapter 9), pp. 247–294.

Flatt, R.J., 2004. Dispersion forces in cement suspensions. Cement and Concrete Research 34, 399–408.

Garrison, E., 1991. A History of Engineering. CRC Press, Boca Raton, Fla.

Holbrook, W., 1941. Natural cement comes back. Popular Sciences Monthly 139 (4), 118–120.

Jackson, F.H., 1944. And introduction and Questions to which Answers are Thought. Journal of the American Concrete Institute 15(6). In: Concretes containing Air-Entraining Agents-A Symposium, vol. 40. A part of the Proceedings of the American Concrete Institute, Detroit, pp. 509–515.

Kreijger, P.C., 1980. Plasticizeres and Dispersing Admixtures, Admixture Concret International Concrete. The Construction Press, London, UK, pp. 1–16.

Mielenz, R.C., 1984. History of chemical admixtures for concrete. Concrete International 6 (4), 40–53.

Mindess, S., Darwin, D., Young, J.F., 2003. Concrete. Prentice Hall, Englewood Cliffs, NJ, USA.

Powers, T.C., 1968. The Properties of Fresh Concrete. John Wiley and Sons, New York, 664 pp.

Ramachandran, V.S., 1995. Concrete Admixtures Handbook, second ed. Noyes Publications, Park Ridge, NJ, USA, 102–108.

Ramachandran, V.S., Malhotra, V.M., Jolicoeur, C., Spiratos, N., 1998. Superplasticizers. Properties and Applications in Concrete. Materials Technology Laboratory, CANMET, Ottawa, Canada.

Rixom, R., Mailvaganam, N., 1999. Chemical Admixtures for Concrete. E and FN Spon, London, UK.

Tucker, G.R., 1938. US Patent 201410589, Concrete and Hydraulic Cement, 5 pp.

Science and
Technology
of Concrete
Admixtures

第一篇

硅酸盐水泥与
混凝土基础

01
水灰比和水胶比的重要性

1.1 引言

有人可能会惊讶这本关于混凝土外加剂科学和技术的书籍为什么没有先介绍什么是硅酸盐水泥以及它是如何与水反应的，而是专门写了一章来介绍水灰比（water/cement，w/c）和水胶比（water/binder，w/b）的重要性。正如 Kosmatka（1991）所说，w/c 和 w/b 是混凝土最重要的特征参数，它们控制着混凝土在新拌和硬化状态下的性能和耐久性。因此，了解水灰比与水胶比的深层含义，对于理解如何借助外加剂优化混凝土的使用，使其经济价值最大化、碳排放量最小化具有重要作用。

许多水泥化学家认为，控制混凝土抗压强度最重要的参数包括以下几个：

- 水泥用量，kg/m^3
- 用于测试"水泥抗压强度"的小立方体试样强度
- 熟料的 C_3S 和 C_3A 含量
- 水泥的细度
- "石膏"用量

但实际上，正如 19 世纪 Féret（1892）在水泥浆中发现的，控制硬化浆体抗压强度最重要的参数始终是 w/c 和 w/b。Abrams（1918）在混凝土研究中也得出了相同的结论。本书接下来的内容也会讲述这些比值可以控制水泥浆在新拌和硬化状态下的微观结构，新拌浆体的流变性，硬化浆体的力学性、渗透性、耐久性以及可持续性。

配制混凝土时，需要称量每种固体成分。因此，通常将 w/c 表示为质量比而不是体积比。根据美国混凝土协会（ACI）的术语，本书中的符号 w/c 和 w/b 代表质量比，而 W/C 和 W/B 代表体积比。请注意，RILEM（Résemblement International des Laboratoires d'Essais sur les Matériaux）中的术语是相反的。

通过水泥的相对密度，我们可以将质量比转换为体积比。在本书中，硅酸盐水泥的理论相对密度为 3.14，这个数字很容易记住，非常接近于实际的"纯"硅酸盐水泥。包含填料或辅助性胶凝材料（相对密度不同于 3.14）的混合水泥相对密度通常小于 3.14。在本章中，将表明 w/c 和 w/b 的数值不仅仅是简单的抽象数字，它们具有实际的物理意义，其大小与混凝土的抗压强度成反比。

1.2 水灰比的内在含义

Bentz 和 Aïtcin（2008）使用复杂的三维模型，证明了水泥从刚与水混合到水化之前这段时间内，水灰比与水泥颗粒之间的平均距离是直接相关的。水泥和胶凝颗粒之间的距离影响了水化条件和硬化水泥浆体的微观结构，进而影响其力学性能和耐久性。

为了说明这个基本概念，我们将用非常简单的二维（2D）模型对 w/c 的含义进行定性解释。如图 1.1 所示，四个半径为 a 的圆形水泥颗粒，将它们放置在一个边长等于 $3a$ 的正方形角上，这些水泥颗粒之间的最小距离是它们沿正方形两边的距离，等于 a。

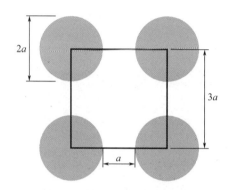

图 1.1 用于计算 w/c 和水泥
颗粒之间距离的 2D 模型图
William Wilson 提供

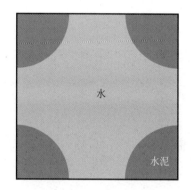

图 1.2 与前文水泥颗粒
排列相对应的晶胞
William Wilson 提供

水泥颗粒的这种排列可由图 1.2 所示的晶胞表示。

现在计算此晶胞的 w/c[❶]。晶胞的表面积为 $3a \times 3a = 9a^2$。水泥颗粒的表面积为 $4 \times (3.14a^2)/4 = 3.14a^2$。

因为水泥的理论相对密度为 3.14，所以此晶胞中水泥颗粒的质量等于 $3.14 \times (3.14 \times a^2)$。因为 3.14^2 值接近 10（精确讲是 9.86），所以我们可以假定单位晶胞中的水泥质量等于 $10a^2$。该晶胞中包含的水的体积（和质量）等于 $9a^2 - 3.14a^2 = 5.86a^2$。因此，该单位晶胞的 w/c（质量比）$= 5.86a^2/10a^2 = 0.586$，可以四舍五入至 0.60。这是抗压强度约为 25MPa 的普通混凝土的 w/c。

现在，如图 1.3 所示，我们在晶胞单元的中心放置另一个半径为 a 的水泥颗粒，其对角线长为 $4.24a$。在这种情况下，沿着对角线的两个水泥颗粒之间的最小距离为 $(4.24a - 4a)/2 = 0.12a$。

同理该新晶胞单元的 w/c 为 0.14，略低于抗压强度超过 200MPa 的超高强度混凝土的 w/c（Richard 和 Cheyrezy，1994）。

---

❶ 原著中此处为 W/C。根据后文内容，此处的水灰比应为质量比，因此应为 w/c（质量比），而不是 W/C（体积比）。——译者注

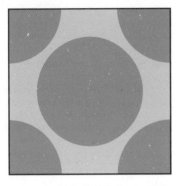

图 1.3　更紧凑系统的 2D 模型
William Wilson 提供

因此，通过用水泥颗粒取代第一个晶胞单元中心的水，可以降低以下数值：

- 两个水泥颗粒之间的最小距离为 $0.12a$，而不是 a（大约短一个数量级）
- 晶胞的 w/c 为 0.14，而不是 0.60，并将抗压强度从 25MPa 增加到了 200MPa

此外，在第二个晶胞单元中（图 1.4），可以看到水泥颗粒间距离非常近，以至于表面已经形成水化产物的水泥颗粒，仅需很短的空间距离，即可接触到相邻已水化的水泥颗粒表面（Granju 和 Maso，1984；Granju 和 Grandet，1989；Richardson，2004）。

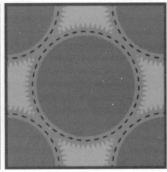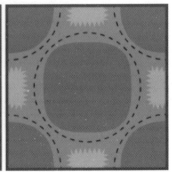

图 1.4　发生水化的水泥颗粒
William Wilson 提供

该晶胞中水泥颗粒彼此接近，可以快速形成非常牢固的结合力和非常低的孔隙率。因此，在这种水泥颗粒排列中，不必使用 C_3A 和 C_3S 含量较高、颗粒细度较小的水泥来使浆体快速水化硬化。此外，还可以看出，在这种晶胞中仅需形成非常少量的"凝胶结构"即可获得较高的抗压强度，而不是所有的水泥颗粒都必须完全水化才能形成高强度材料。最后我们还发现，在这种致密的体系中，水泥颗粒的未水化部分作为坚硬的内含物，起到了强化水化浆体的作用。

1.3　复合水泥浆体的水灰比和水胶比

为了降低硅酸盐水泥的碳排放量，现代水泥正逐渐向复合水泥方向发展，即水泥中用辅助性胶凝材料或填料取代部分熟料（Kreijger，1987；Mehta，2000）。这种体系可以用不同的 w/c 和 w/b 来表征。其中，使用 w/c 表征时，我们仅考虑系统中所包含的硅酸盐水泥量，而使用 w/b 的情况下，我们将考虑系统中水泥和辅助性胶凝材料的总量。在使用相同的 2D 模型时，这两个参数对于解释复合水泥浆体的某些物理和力学性能是非常重要的。

1.3.1　含有辅助性胶凝材料的复合水泥

回到图1.2，用与水泥颗粒直径相同的辅助性胶凝材料的圆形颗粒替换四个水泥颗粒中的其中一个，如图1.5所示。只要它与我们的理论圆形水泥颗粒具有相同的半径，就不必知道该颗粒是矿渣还是粉煤灰。该晶胞的硅酸盐水泥体积替代率为25%。

现在，可用w/c和w/b来表征新的晶胞。这种新晶胞的w/b与图1.2所示晶胞的w/c相同，但是它的w/c比更大，因为四分之三的颗粒都是硅酸盐水泥颗粒。通过简单的计算表明，此晶胞单元的w/c值为0.78。w/c值较高是因为该晶胞内硅酸盐水泥含量降低了。

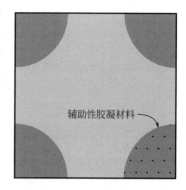

图1.5　含有25%体积的辅助性胶凝材料的复合水泥2D模型
William Wilson 提供

因为辅助性胶凝材料最初的反应活性不如硅酸盐水泥颗粒，所以这种复合水泥的初始强度会低于纯硅酸盐水泥，而且辅助性胶凝颗粒在短期内不会形成水化产物，所以与其相邻的硅酸盐水泥颗粒形成的水化产物必须生长到原来的两倍距离，才能与相邻的辅助性胶凝颗粒相接触。因此，短期内该体系的抗压强度不如前者。

但从长远来看，当辅助性胶凝颗粒与水泥颗粒水化释放出的氢氧化钙反应时，该硬化体系将与图1.2的体系同等（甚至更）坚固，但要经历较长时间的水化历程。含辅助性胶凝材料且养护环境良好的体系，硬化体系的抗压强度将大于同等的纯硅酸盐水泥体系。无水硅酸钙是大多数硅酸盐水泥的主要成分，氢氧化钙晶体是其水化副产物。在纯硅酸盐水泥体系中，氢氧化钙并不会增强水泥浆体的强度，但在具有辅助性胶凝材料的体系中，它们会被转化为二次水化硅酸钙，与纯水泥浆中形成的"凝胶"作用相同。

需要注意的是，如果熟料的化学组成不变，稀释的硅酸盐水泥会导致混凝土的短期抗压强度降低，但长期看来，它会具有与纯水泥体系相同（甚至更高）的抗压强度。

这种新体系中的毛细孔网络的特征在于，它的w/b远低于w/c。之后将发现，在分析此类体系不同形式的收缩时，w/b是一个非常重要的参数。

回到图1.2，在晶胞单元的中心引入一个与水泥颗粒半径相同的辅助性胶凝材料粒子，如图1.6所示。在该体系中，硅酸盐水泥的体积替代率为50%，是之前的两倍。

这个新晶胞单元的w/b比是0.14，w/c比是0.27。从图1.7中看出，一旦水泥颗粒开始水化，表面水化产物仅需生长很短的距离即可包围中心处的辅助性胶凝颗粒，并牢固结合。

尽管硅酸盐水泥的体积，替代率现在为50%，但当其开始与硅酸盐水泥颗粒水化产生的氢氧化钙反应时，该体系将变得更加牢固。因此，复合水泥的早期和长期抗压强度基本上不取决于硅酸盐水泥的替代率，而是取决于体系的 w/b 比。

使用超塑化剂能够大幅度降低这种包含大量辅助胶凝材料体系的 w/b。Malhotra 和 Mehta（2008）将辅助性胶材为粉煤灰的这类混凝土称为高掺量粉煤灰混凝土。ACI（2014）发布了《ACI 232.3R-14 关于建筑应用中高掺量粉煤灰混凝土的报告》。高掺量粉煤灰混凝土已在加利福尼亚的各种土木工程项目中得到使用（Mehta 和 Manmohan，2006）。

当然，可以用相同的方法制备高矿渣掺量的混凝土。但是要注意，为了提高该体系的长期强度，必须提高用水量以供该体系长期水化。

图 1.6　在四个水泥颗粒中间包含一个
辅助性胶凝颗粒的单元晶胞 2D 模型图
William Wilson 提供

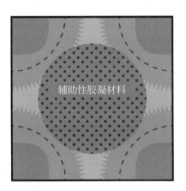

图 1.7　体系的水化反应
William Wilson 提供

1.3.2　含有填料的复合水泥

在图 1.2 所示的初始晶胞单元中，用直径与水泥颗粒相同的填料颗粒替换一个水泥颗粒，如图 1.8 所示。

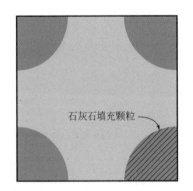

图 1.8　填充颗粒代替其中一个水泥
颗粒的复合水泥 2D 模型
William Wilson 提供

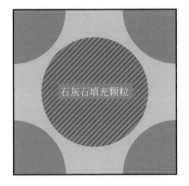

图 1.9　四个水泥颗粒中心包裹
一个填充颗粒的 2D 模型
William Wilson 提供

此复合水泥的晶胞单元与图1.5相似，不同之处在于其中一种水泥颗粒被无反应活性的石灰石填料颗粒代替。被无反应活性的颗粒替代（或在某些石灰石填料颗粒的情况下，反应活性极低）意味着在这种类型的复合水泥中，硅酸盐水泥体系的浓度已被稀释。因此，无论从短期还是长期或是力学的角度来看，该体系的性能表现都会有所下降。

为提高用于测试水泥强度的小试块的早期以及28d抗压强度，水泥化学工程师通常会修改化学熟料的组成和水泥的细度，以促进水化物的快速形成，但从混凝土长期的耐久性和可持续性角度考虑，这并不是一个好方法。

从图1.9可以看出，当在四个水泥颗粒中心引入填料颗粒时，一旦四个水泥颗粒表面形成的水化产物生长到填料颗粒表面，该体系将比原体系更坚固。此体系的水泥颗粒替代率（50%而不是25%）是前者的两倍。

从自收缩的角度分析，该系统中，硬化体系中的毛细微孔的大小由w/b控制。

因此，如果想用复合水泥获得与"纯"硅酸盐水泥相同的初始抗压强度，应降低w/b，而不是改变水泥熟料的化学成分。从耐久性和可持续性的角度来看，这个解决方案要好得多。

1.3.3　w/c和w/b的相对重要性

当硅酸盐水泥的一部分被辅助性胶凝材料或填料替代，这种新的水泥体系可以通过两个参数来表征：w/c和w/b。哪个参数在表征体系时更重要？答案是：w/b更重要（Barton，1989）。

早期，水泥体系的力学性能主要与w/c相关，因为最早赋予水泥浆体强度的水化产物是在水泥颗粒表面形成的水化产物。辅助性胶凝材料和填料的反应活性不如硅酸盐水泥颗粒，且反应活性取决于其类型。可以粗略地假设，硅灰在浇筑混凝土后的前3d内显著反应，矿粉在28d内反应，粉煤灰在56~91d反应，而填料则不发生反应。

然而，水泥浆体毛细微孔的初始孔隙率通常由w/b控制，而不是w/c。因此，w/b将决定水泥浆体中形成的弯月面大小。弯月面是在没有外部水源的情况下，硅酸盐水泥水化过程中观察到的化学收缩的结果，将在下一章中讲述。

从长远来看，w/b还会影响由辅助性胶凝材料制备的复合水泥浆体的抗压强度和耐久性。

1.4　如何降低水灰比和水胶比

由于市场上的减水剂不足以使水泥颗粒絮凝结构完全打开，目前几乎不可能用低于0.40或0.45的w/c或w/b来制备坍落度为100mm的混凝土。Kreijger（1980）指出，当水泥颗粒与水接触时，它们会产生絮凝结构，并将一定量的水包裹在其中。因为这些水不能给混凝土提供工作性，所以必须增加用水量。然而，用水量大则w/c或w/b升高，便会降低混凝土的抗压强度和耐久性。如第2章所述，由于硅酸盐水泥熟料的多相性质以及水分子的电极性，每个水泥颗粒表面都存在正负电荷，从而导致水泥浆体絮凝结构的产生。

而一旦使用具有高分散性能的超塑化剂分子，就可以降低 w/c 或 w/b，同时增加混凝土的坍落度。对于某些水泥，可以将 w/c 或 w/b 降低到 0.25，甚至在某些情况下降低到 0.20，同时保持 200mm 的坍落度来配制混凝土。这些混凝土所含的水不足以完全水化所有水泥颗粒（Powers，1968），但我们发现，决定混凝土抗压强度的并不是水泥颗粒是否完全水化，而是它们在水泥浆体中的紧密程度。

水化水泥浆体的抗压强度随着 w/c 或 w/b 的降低而大幅提高，在某些情况下，混凝土的破坏是从粗骨料颗粒内部开始的。因此，当 w/c 或 w/b 降低到 0.30 以下时，要使用由坚固的天然岩石（花岗岩、暗色岩、玄武岩或斑岩）制成的粗骨料，甚至是人造骨料，例如煅烧铝土矿（Bache，1981），来提高混凝土的抗压强度。但是，即使具有如此高强度的骨料，也难以获得抗压强度大于 150～180MPa 的混凝土。为了获得抗压强度大于 200MPa 的硅酸盐水泥基材料，必须完全去除粗骨料，制成 Pierre Richard 所称的活性粉体混凝土（现称为超高强度混凝土；Richard 和 Cheyrezy，1994）。在此类混凝土中，最粗的砂和石英颗粒的最大尺寸为 0.2mm，如第 27 章所示。Pierre Richard 发现通过用铁粉代替砂和石英颗粒，能够将该混凝土的抗压强度提高到 800MPa。

这些材料具有超高强度不是因为硅酸盐水泥颗粒完全水化了，而是由于水灰比降低到了 0.20 左右。在这些密实度非常高的新拌水泥浆料中，胶凝颗粒间的距离就会非常接近，从而使混凝土达到超高强度的效果。

1.5　结论

w/c 和 w/b 与水化时水泥浆中分散颗粒间的距离直接相关。w/c 或 w/b 越低，水化水泥浆体越密实、越耐用，且可持续性强。

在发现超塑化剂的高效性能之前，减水剂主要是木质素磺酸盐（制浆造纸工业的副产品），即便在最好的情况下，也不可能生产出 w/c 或 w/b 低于 0.45、坍落度为 100mm 的混凝土。现在情况则不同了，目前，可以生产 w/c 或 w/b 低至 0.30 的混凝土，且比 1960 年坍落度为 100mm、w/c 为 0.45 的混凝土更容易浇筑。

正如将在第 2 章中讲述的，尽管在这种混凝土中，没有足够的水分使所有水泥颗粒充分水化，但随着 w/c 或 w/b 的减小，混凝土的抗压强度仍持续增加。这是因为混凝土的抗压强度取决于硬化体系中水泥或胶凝颗粒间的距离，而不是所形成的水化产物的量。

超塑化剂几乎可以降低任意当代混凝土的 w/c 或 w/b，这也是在高层建筑中使用高性能和自密实混凝土，甚至用混凝土取代钢材的关键因素（Aïtcin 和 Wilson，2015）。

P. -C. Aïtcin

Université de Sherbrooke，QC，Canada

参考文献

Abrams, D.A., 1918. Design of Concrete Mixtures, Bulletin No1. Structural Materials Research Laboratory. Lewis Institute, Chicago, 20 pp.

ACI 232.3R-14, 2014. Report on High-volume Fly Ash Concrete for Structural Applications.

Aïtcin, P.-C., Wilson, W., 2015. The sky's the limit. Concrete International 37 (1), 53−58.

Bache, H.H., 1981. In: Densified Cement Ultra-fine Particle-based Materials, Second International Conference on Superplasticizers in Concrete, Ottawa, Canada, 10−12 June.

Barton, R.B., 1989. Water−cement ratio is passé. Concrete International 12 (11), 76−78.

Bentz, D., Aïtcin, P.-C., 2008. The hidden meaning of the water-to-cement ratio. Concrete International 30 (5), 51−54.

Férct, R., 1892. Sur la compacité des mortiers hydrauliques. Annales des Ponts et Chaussées IV, 5−161.

Granju, J.-L., Grandet, J., 1989. Relation between the hydration state and the compressive strength of hardened Portland cement pastes. Cement and Concrete Research 19 (4), 579.

Granju, J.-L., Maso, J.-C., 1984. Hardened Portland cement pastes. Modelisation of the microstructure and evolution laws of mechanical properties. Cement and Concrete Research 14 (3).

Kosmatka, S.H., 1991. In defense of the water−cement ratio. Concrete Construction 14 (9), 65−69.

Kreijger, P.C., 1980. Plasticizers and dispersing admixtures. In: Proceedings of the International Congress on Admixtures. The Construction Press, London, UK, 16−17 April, pp. 1−16.

Kreijger, P.C., 1987. Ecological properties of buildings materials. Materials and Structures 20, 248−254.

Malhotra, V.M., Mehta, P.K., 2008. High-performance Fly Ash Concrete, Supplementary Cementing Materials for Sustainable Development Inc., Ottawa, Canada, 142 pp.

Mehta, P.K., 2000. Concrete technology for sustainable development. An overview of essential elements. In: Gjorv, O., Sakai (Eds.), Concrete Technology for a Sustainable Development in the 21st Century. E and FN Spon, London, UK, pp. 83−94.

Mehta, P.K., Manmohan, R., 2006. Sustainable high performance concrete structures. Concrete International 28 (7), 32−42.

Powers, T.C., 1968. The Properties of Fresh Concrete. John Wiley & Sons, New York, 664 pp.

Richard, P., Cheyrezy, M., 1994. Reactive Powder Concrete with High Ductility and 200−800 MPa Compressive Strength. ACI Special Publication, 144, pp. 507−508.

Richardson, I.G., 2004. Tobermorite/jennite and tobermorite/calcium hydrate-based models for the structure of C-S-H: applicability to hardened pastes of tricalcium silicate, B-dicalcium silicate, Portland cement, and blends of Portland cement with blast-furnace, metakaolin, or silica fume. Cement and Concrete Research 34 (9), 1733−1777.

02
水泥的水化现象

2.1 引言

硅酸盐水泥的水化过程可以通过不同的方式描述。当硅酸盐水泥水化时：

- 产生机械键合
- 释放出大量热
- 水泥浆绝对体积减小

本章不讨论在硅酸盐水泥水化过程中所发生的复杂化学反应，只介绍对土木工程师来说非常重要的体积变化。水泥水化机理将在第 8 章进行讨论，化学外加剂的作用将在第 12 章讨论。

2.2 勒夏特列（Le Chatelier）实验

1904 年，勒夏特列（Le Chatelier）做了一个十分简单的实验：他用水泥浆将两个长颈瓶装满至颈底处（如图 2.1 所示）。在第一个长颈瓶 ［图 2.1（a）］中，用水把水泥浆覆盖至瓶颈标记处。为防止蒸发，勒夏特列用一个软木塞塞住了长颈瓶的瓶口。第二天，他发现水位低于做标记的地方，而且水位在以后的几天内持续降低，直至稳定 ［图 2.1（b）］，一段时间后瓶底破裂 ［图 2.1（c）］。在第二支长颈瓶中 ［图 2.1（d）］，水泥浆在空气中发生水化作用，他观察到，在一段时间后长颈瓶内水泥浆不再占据整个瓶底 ［图 2.11（e）］。

当水泥浆在水中水化时，由于水的渗入，绝对体积降低，但是随后，水泥浆的表观体积增大，导致长颈瓶的瓶底在一段时间后破裂。当水泥浆在空气中水化时，它的表观体积减小。勒夏特列得出结论：在水化过程中，水泥浆的体积发生了变化，且此变化取决于水泥浆的养护方式。

从体积角度分析，水化后的水泥浆和混凝土并不是稳定的材料。在水中水化时体积膨胀；在空气中水化时体积缩小。水化过程中，无论采用

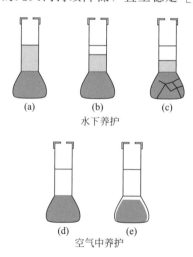

图 2.1 勒夏特列实验示意图

何种方式养护，水泥浆的绝对体积都会有 8% 的降低，这种绝对体积的收缩被称为化学收缩（在法国，称为勒夏特列收缩）。

2.3　Powers 对水泥水化的研究

Powers 和 Brownyard（1948）以及 Powers（1968）从定量的角度研究了水化反应。他们发现以下几个现象：

（1）若要达到完全水化，水泥浆体的 w/c 不得低于 0.42。

（2）一些水与水泥反应形成"固体凝胶"，这是水泥浆体具有黏结性的原因。

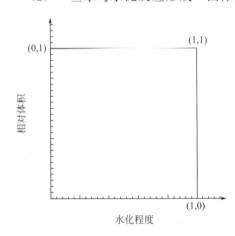

图 2.2　Powers 的水化坐标系统
（Jensen 和 Hansen，2001）
Ole Jensen 提供

（3）一些水没有与水泥发生反应而是存在于水化后的水泥浆体，Powers 称之为"凝胶水"。

尽管在 Powers 之后有很多研究来完善对水泥凝胶和凝胶水性质的认识（Richardson，2004），但本章依旧使用 Powers 模型，该模型相对简单，且可充分揭示水泥水化过程中体积的变化。

Jensen 和 Hansen 做出了 Powers 水化模型的简单图示（图 2.2）。x 轴是水泥水化的程度，即已水化的水泥所占分数，开始混合时分数为 0，完全水化时分数为 1。y 轴用数字来表示水泥和水的相对体积。在这个模型中，默认水泥浆中不包含气泡，并用于表述某些具有特定 w/c 的水泥浆的水化情况。

2.3.1　w/c 为 0.42 的水泥浆体水化反应

2.3.1.1　封闭体系中的水化

在封闭体系中，w/c 为 0.42 的水泥浆体水化过程如图 2.3 所示。

在该体系中，水泥浆体与外界环境没有任何物质交换。在水化过程中，大量的水与硅酸盐水泥反应形成固体凝胶，另一部分的水被结合为凝胶水。完全水化时，体系中已经没有水和水泥，只有一些固相凝胶、凝胶水，以及由于水泥浆绝对体积的化学收缩而形成的 8% 孔隙率（被水蒸气所填充）。在硅酸盐水泥水化过程中，水化后的水泥浆体由于化学收缩变得多孔，吸收部分毛细水后在毛细孔中出现弯月面。这些弯月面在水泥浆中产生张力，当初期水化产物形成的胶凝强度足以抵抗化学收缩产生的张力时，表观体积就会收缩。这种没有任何水分损失的收缩称为自收缩。

当弯月面出现在较大的毛细管中时，由于这些弯月面产生的拉伸应力比较弱，所以表观体积的收缩并不大。当完全水化时，所有的毛细水都与硅酸盐水泥发生了反应，体系中就不再存在弯月面。

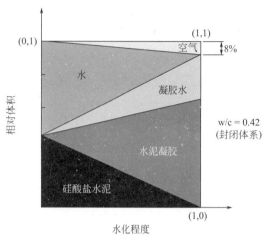

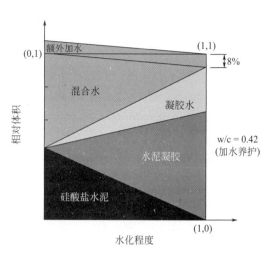

图 2.3　封闭体系中 w/c 为 0.42 的
水泥浆体水化示意图
Ole Jensen 提供

图 2.4　水养护下，w/c 为 0.42 的
水泥浆体水化示意图
Ole Jensen 提供

2.3.1.2　水中水化

同样 w/c 的水泥浆体在水中的水化过程见图 2.4。

一旦化学收缩产生了一些孔隙，这些孔隙就会被外部水源填满，水泥浆体中便不会存在弯月面。因此，水泥浆的表观体积没有降低。当完全水化时，化学收缩产生的 8% 孔隙会被水填充。此时，水泥浆体的表观体积没有变化，也就不存在自收缩现象。

为什么不在加水搅拌前加入部分水泥，使其与化学收缩而吸附在孔隙中的外部水进行水化？

2.3.2　w/c 为 0.36 的水泥浆体在水中养护的水化

Jensen 和 Hansen（2001）计算出，理论上，w/c＝0.36 的水泥浆体在水中养护，在水化结束时体系不含任何水，如图 2.5 所示。

当完全水化时，水化的水泥浆体是一种无孔材料，仅包含水化产物凝胶和凝胶水，且不会发生自收缩。

2.3.3　w/c 为 0.60 的水泥浆体在水中养护的水化

如图 2.6 所示，所用的水已经超过了水泥颗粒完全水化所需的用水量，以至于在水化过程结束后，水泥浆体中除了固体凝胶、凝胶水以外，还包含了残留的毛细水以及由于水化的水泥浆体中化学收缩产生的孔隙。

这种孔隙比毛细孔隙更细，能吸附等体积的毛细水，因此弯月面会出现在较大的毛细管中。它们产生的张力很弱，因此产生的自收缩可以忽略不计。

在水化过程结束时，水泥浆体由固体凝胶、凝胶水、毛细水和体积约 8% 且充满水蒸气的孔隙组成。这些毛细水和充满水蒸气的毛细孔构成了一个开放的孔隙体系，具有侵蚀性的物质可以通过这部分孔隙轻易地渗透到水泥浆体中，并腐蚀水泥浆体以及钢筋

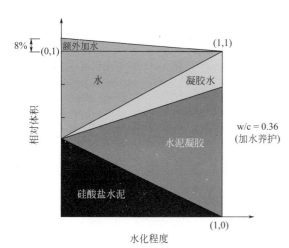

图 2.5　在水养护条件下，w/c 为 0.36 的
水泥浆体水化示意图
Ole Jensen 提供

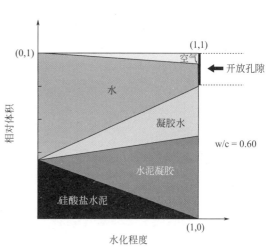

图 2.6　在空气中水化时，w/c 为 0.60 的
水泥浆体水化示意图
Ole Jensen 提供

混凝土中的钢筋。

如果 w/c 为 0.60 的水泥浆在水中养护，则不会出现任何自收缩，因为水泥浆内不会出现弯月面。在水化过程结束时，毛细网络中将充满水，渗入水泥浆体的外部水只能消除水泥浆的自收缩。

2.3.4　w/c 为 0.3 的水泥浆体的水化反应

2.3.4.1　封闭体系中水化

在封闭体系中，w/c 为 0.30 的水泥浆体的水化如图 2.7 所示。加入的水无法实现完全水化，水化反应会因缺水而终止。

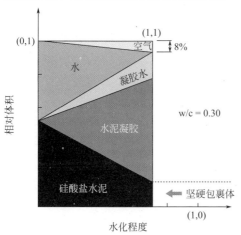

图 2.7　封闭系统中 w/c 为
0.30 水泥浆体水化的示意图
Ole Jensen 提供

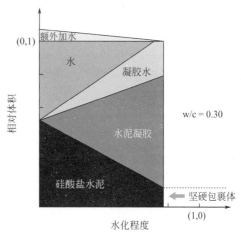

图 2.8　w/c 为 0.30 的水泥浆体水
养护条件下的水化
Ole Jensen 提供

在水化过程结束时，硬化水泥浆体由未反应的硅酸盐水泥、固体凝胶和凝胶水组成。水泥颗粒的未反应核心可视为具有很高抗压强度和弹性模量的坚硬包裹体，增加浆体强度。含有较高抗压强度和弹性模量的坚硬包裹体颗粒是目前冶金技术中一种用来增加某些金属压缩强度和弹性模量的技术。这种技术被称为强度硬化。

2.3.4.2 水中水化

如图 2.8 所示，同一水泥浆体在水中水化时，其含水量不足以使水泥浆完全水化；因此，水化由于空间的限制而停止。当水化开始时，外部水会填充化学收缩产生的孔隙，在硬化过程中水泥浆体不会产生任何的自收缩。

2.4　低水灰比混凝土的养护

由于忽略了勒夏特列的实验原理，许多工程师认为，自收缩只发生在低 w/c 的混凝土中。这是错误的：所有没有外部水源供给的混凝土都会出现一定程度的自收缩。当然，w/c 越低，自收缩越大。相反，正如勒夏特列所发现的，当混凝土在水中养护时，会膨胀。据 Vernet 描述，这种明显的体积增加可能是由于硅酸盐水泥结晶体的生长对外部产生压力所导致的。

2.4.1　收缩的不同方式

混凝土可能产生以下三种类型的收缩：
- 塑性收缩
- 自收缩
- 干燥收缩

碳化收缩在此处不作考虑。所谓的热收缩也不作考虑，因为它是任何材料在冷却时都会产生的正常体积收缩。

收缩的三种形式都有一个共同原因：水化后水泥浆体的毛细系统中出现弯月面。混凝土中弯月面的出现可能是以下原因造成的：
- 新拌混凝土水分蒸发（塑性收缩）
- 水泥浆体水化时发生的化学收缩（自收缩）
- 硬化的水泥浆体中毛细水的蒸发（干燥收缩）

然而，当有外部水源时水泥浆体的毛细系统中总是充满水，毛细系统中将不会出现弯月面，这三种类型的收缩都不会发生。

因此，为了避免塑性收缩和干燥收缩的产生，只需防止水从混凝土中蒸发即可。为了避免出现自收缩现象，只需向硬化浆体提供外部水源，使其填充化学收缩产生的孔隙。知易行难，为了消除自收缩，人们提出将饱和轻骨料或高吸水性聚合物作为外部水源。内部养护技术包括在混凝土搅拌过程中加入额外体积的"隐藏水"。

2.4.2　根据 w/c 养护混凝土

基于 Powers 的研究可知，混凝土必须根据其 w/c 进行不同方式的养护，如表 2.1 所示。

表 2.1 按 w/c 养护混凝土

w/c	内养护	喷雾	养护	
高于 0.42	不需要	不需要	养护膜	水养
低于 0.42	否	必须	防蒸发剂	
低于 0.36	是		养护膜	

w/c 大于 0.42 的混凝土中含有的水超过了使其水泥颗粒完全水化所需的水，因此必须按如下方式进行养护：混凝土表面成型后，需一直暴露在喷雾环境中直至能用养护膜养护，或其表面足够坚硬到能够用水管浇水处理或用湿土工布覆盖。如果要避免混凝土表面受干燥收缩的影响，则应在其表面涂覆养护膜。

w/c 低于 0.42 的混凝土中没有足够的水使浆体完全水化；因此，如果没有外部水源，初期会发生持续的塑性收缩和自收缩。因此，在浇筑后必须对其进行喷雾处理，直到其足够坚硬到能直接用外部水源养护。或者，用防蒸发剂而非养护膜覆盖几小时，直到其表面足够坚硬，以避免塑性收缩的产生，能够接受直接的外部水处理养护。防蒸发剂实际上是指单分子层的脂肪醇，类似于家用游泳池中用来防止水蒸发的脂肪醇。即使当低 w/c 的混凝土接受内养护处理时，给表面提供外部水源使表面得到额外水养护也是非常重要的。因为混凝土表面暴露在侵蚀环境的条件下，应使其尽可能地不受影响。因此，为了提高混凝土结构的耐久性，每一种能增加混凝土保护层的方法都应予以重视。

当 w/c 低于 0.36 时，必须进行内养护，以尽可能降低自收缩的风险。

在任何情况下，无论混凝土的 w/c 如何，都应让承包商对混凝土进行正确的养护。只需详细说明建议的养护方式，并为所需的每项操作提供单价。然而，始终有必要雇用检查员，以检查承包商是否按照要求付款。

2.5 结论

众所周知，硅酸盐水泥水化是一个复杂现象，可以根据 Jensen 和 Hansen 提出的养护模式解释水化过程中的体积变化。可惜的是，许多工程师忽略了体积变化的原因以及用来减轻这种不良影响可采用的不同方法。封闭体系的水化过程中，水泥浆体出现微小孔隙，相当于水和水泥混合后绝对体积的 8%。当没有外部水提供给水泥浆填充孔隙时，会出现弯月面；无论 w/c 如何，弯月面都会产生张力，使混凝土产生自收缩。

相反，在水化过程中，正在水化的水泥浆体可以从外部或内部水源中得到改善。这部分水可以填充弯月面产生的孔隙，并且不会产生张力；因此，混凝土不会出现自收缩现象。根据勒夏特列的发现，水养护的水泥浆会表现出体积膨胀。

根据 Powers 的研究工作，在水养护 w/c 为 0.36 的水泥浆体不会出现任何形式的体积收缩，当达到完全水化时，该水泥浆是由水化产物凝胶和凝胶水组成的无孔材料。当 w/c 小于 0.36 的混凝土在水中养护时，由于缺少水和空间，无法使所有的水泥颗粒都水化；当 w/c 为 0.36 时，观察到混凝土的抗压强度随着 w/c 的降低而持续增加。这种现象表明，混凝土抗压强度更多地取决于水泥颗粒的紧密程度而不是它们是否完全水化。水泥颗粒未水化的部分甚至起到了加固浆体硬度的作用。

随着低 w/c 混凝土的使用越来越广泛，如何根据 w/c 对其进行适当的养护是十分必要的。在 w/c 低于 0.42 的混凝土表面上涂覆一层养护膜是不可行的，因为这种保护膜会阻止外部水的渗透，导致无法填充化学收缩产生的孔隙，除非在涂覆养护膜的同时提供内部养护。

有必要向承包商单独支付养护混凝土的费用，以提供承包商实施养护措施的动力。重要的是要向他们详细解释他们必须做什么，什么时候做，以及要做多长时间。

如果为低 w/c 混凝土提供了内部养护，用外部水源对其表面进行水养也是必要的。此外，为了保护混凝土和钢筋不被侵蚀物质破坏，其表面必须要尽可能做到不渗水。

P. -C. Aïtcin

Université de Sherbrooke，QC，Canada

参考文献

Granju, J.-L., Grandet, J., 1989. Relation between the hydration state and the compressive strength of hardened Portland cement pastes. Cement and Concrete Research 19 (4), 579−585.

Granju, J.-L., Maso, J.-C., 1984. Hardened Portland cement pastes, modelisation of the microstructure and evolution laws of mechanical properties II-compressive strength law. Cement and Concrete Research 14 (3), 303−310.

Hoff, G., Elimov, R., 1995. Concrete Production for the Hibernia Platform. Supplementary Papers, Second CANMET/ACI International Symposium on Advances in Concrete Technology, Las Vegas, pp. 717−739.

Jensen, O.M., Hansen, H.W., 2001. Water-entrained cement based materials: principles and theoretical background. Cement and Concrete Research 31 (4), 647−654.

Klieger, P., 1957. Early high-strength concrete for prestressing. In: Proceedings of the World Conference on Prestressed Concrete, San Francisco, pp. A5(1)−A5(14).

Kovler, K., Jensen, O.M., 2005. Novel technique for concrete curing. Concrete International 27 (9), 39−42.

Le Chatelier, H., 1904. Recherches expérimentales sur la constitutions des mortiers hydrauliques. Dunod, Paris.

Marchon, D., Flatt, R.J., 2016a. Mechanisms of cement hydration. In: Aïtcin, P.-C., Flatt, R.J. (Eds.), Science and Technology of Concrete Admixtures. Elevier (Chapter 8), pp. 129−146.

Marchon, D., Flatt, R.J., 2016b. Impact of chemical admixtures on cement hydration. In: Aïtcin, P.-C., Flatt, R.J. (Eds.), Science and Technology of Concrete Admixtures. Elevier (Chapter 12), pp. 279−304.

Powers, T.C., 1968. The Properties of Fresh Concrete. John Wiley & Sons, New York, 664 pp.

Powers, T.C., Brownyard, T.L., 1948. Studies of the Physical Properties of Hardened Portland Cement Paste. Reprint from the Journal of the American Concrete Institute. Portland Cement Association, Detroit, MI, USA. Bulletin 22.

Richardson, I.G., 2004. Tobermorite/jennite and tobermorite/calcium hydrate-based models for the structure of C-S-H: applicability to hardened pastes of tricalcium silicate, B-dicalcium silicate, Portland cement, and blends of Portland cement with blast-furnace, metakaolin, or silica fume. Cement and Concrete Research 34, 1733−1777.

Weber, S., Reinhart, H.W., 1997. A new generation of high performance concrete: concrete with autogenous curing. Advanced Cement Based Materials 6, 59−68.

03
硅酸盐水泥

3.1　引言

　　硅酸盐水泥是由非常简单且来源丰富的材料（石灰石和黏土/页岩）制成的复杂产品。这两种基本原料的比例必须非常精确，与一些添加物混合后才能制成含有特定化学物质的生料成分，再经过高温下一系列复杂的化学反应生成熟料（如图 3.1 所示）。在窑炉内的高温煅烧过程中保持良好的运行条件并不容易，这需要工程师精湛的技术。本书中使用"熟料"一词指代"硅酸盐水泥熟料"。

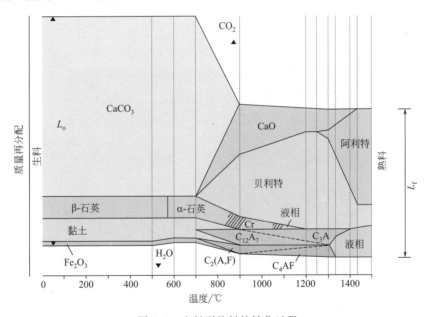

图 3.1　生料到熟料的转化过程

经 KHD Humboldt Wedag 许可（Aïtcin，2008）

　　硅酸盐水泥的生产成本与窑炉中高温煅烧消耗的燃料成本相差无几，生产过程中消耗燃料以达到足够高的窑炉温度来满足将不同生料转化成熟料的条件。熟料从窑中出来时呈灰色结块状，其颜色的深浅与铁元素的含量有关。当氧化铁含量低于 1％时熟料是白色的，氧化铁含量越低，得到的水泥越白。

　　20 世纪 80 年代，人们发现熟料在通过燃烧区后迅速淬火能产生米色熟料。这种熟料会使水泥呈现十分漂亮的浅黄色，但它只能在窑炉的最末端获得。由于生产比较困难，这种熟料很快停产了。目前获得米色水泥的方法是在白色水泥中加入棕色颜料，但由此获得的米色水泥在视觉效果上不如由米色熟料制得的水泥。

正如本章所讲，没有两种完全一样的熟料，因为没有完全相同的两种原料。即便是在同一家水泥厂的两个同种型号的窑炉中添加相同的生料，其所生产的熟料也不会完全相同，因为没有两个窑炉是完全一样的。此外，就算在一个窑炉中也不可能让煅烧区和淬火区一直稳定在一个工作条件下，所以生产出的熟料有一定程度的波动。通常，熟料在粉磨前会暂时储存在均化车间中，这是生产具有几乎恒定性能的硅酸盐水泥的最佳方法，这将有助于生产具有可预测性能的混凝土。

3.2　硅酸盐水泥熟料的矿物组成

一般情况，硅酸盐水泥生料被加热到约 1450℃。调整原料化学成分可获得遇水反应的四种矿物材料：

- 硅酸三钙 $SiO_2 \cdot 3CaO$（图 3.2）
- 硅酸二钙 $SiO_2 \cdot 2CaO$（图 3.3）
- 铝酸三钙 $Al_2O_3 \cdot 3CaO$（图 3.4）
- 铁铝酸四钙 $4CaO \cdot Al_2O_3 \cdot Fe_2O_3$［图 3.4（b）］

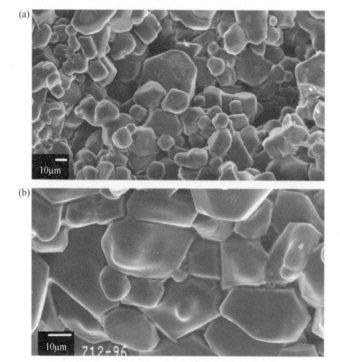

图 3.2　两种熟料中的硅酸三钙晶体

（a）细晶体，小于 $10\mu m$；（b）粗晶体，大于 $10\mu m$

Arezki Tagnit-Hamou 提供（Aïtcin，2008）

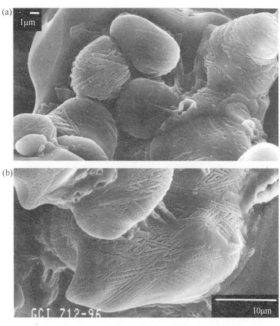

图 3.3 硅酸二钙晶体

（a）典型晶体；（b）硅酸二钙晶体的细节图

Arezki Tagnit-Hamou 提供（Aïtcin，2008）

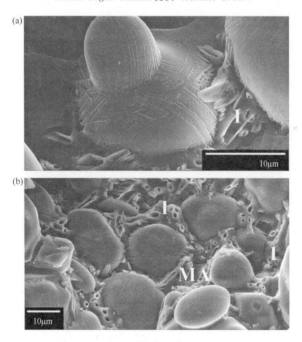

图 3.4 两种熟料中的间隙相（I）

（a）熟料的细节图，显示了两种贝利特晶体之间的间隙相（I）和铁铝酸四钙❶晶体的管状特性；

（b）熟料的细节图，显示了由结晶良好的铝酸三钙和非晶相铁铝酸四钙（MA）组成的间隙相（I）

Arezki Tagnit-Hamou 提供（Aïtcin，2008）

---

❶ 原著中此处为"铁铝酸三钙"，经核实引用文献，应为"铁铝酸四钙"。——译者注

前两种矿物构成了硅酸盐水泥的硅酸盐相，后两种构成了铝酸盐相。铝酸盐相也被称为间隙相，因为在燃烧区内，这部分熟料会有一定程度上的黏结性，将两种硅酸盐相黏合在一起，如图3.4所示。

为简化这四种矿物的书写，将使用以下取自陶瓷科学领域的符号进行缩写：

- S代表二氧化硅，SiO_2
- C代表氧化钙，CaO
- A代表氧化铝，Al_2O_3
- F代表三氧化二铁，Fe_2O_3

使用这些符号，可以把四种主要矿物写成：

- C_3S代表$SiO_2 \cdot 3CaO$（硅酸三钙）
- C_2S代表$SiO_2 \cdot 2CaO$（硅酸二钙）
- C_3A代表$Al_2O_3 \cdot 3CaO$（铝酸三钙）
- C_4AF代表$4CaO \cdot Al_2O_3 \cdot Fe_2O_3$（铁铝酸四钙）

Thorborn（Bogue，1952）于1897年提出的"阿利特"和"贝利特"代表熟料中非纯态的C_3S和C_2S。这些矿物不纯是因为煅烧区中生料及燃料反应过程中混入杂质造成了污染所致。

有些矿物可以根据其晶体结构中有无杂质而结晶成不同的晶体形态。例如，纯的C_3A结晶成立方体形状：在这种情况下，它是一种高活性的矿物，不过同时其快速水化也很容易控制。当C_3A晶格中存有一定量的碱时，它就会结晶成斜方晶体或单斜晶体。这取决于晶格内的含碱量，其反应活性比立方体C_3A要低，但其反应活性也不太容易控制。通常，熟料中的C_3A多以立方体和单斜晶体的混合形式存在（参见本章的附录Ⅰ）。

硅酸盐水泥熟料与一定量的硫酸钙（通常是石膏）一起粉磨制成硅酸盐水泥。其中的硫酸钙可以是石膏、硬石膏、半水石膏、脱水半水石膏、合成硫酸钙或是这些不同种类的混合物，这取决于所用硫酸钙的纯度、类型以及水泥最终粉磨过程中在球磨机中达到的温度（见本章附录）。

综上所述，有很多因素致使制备两种完全相同的硅酸盐水泥根本不可能。

3.3　熟料的制备

本节简明描述了装有预分解炉的现代窑炉中生料转变成熟料的各个步骤（图3.5）。

首先，将粉磨至水泥细度的生料放入由四到五个鼓风机组成的预热器中，在其从烟囱排出之前使用热窑炉气把预热器加热到$700 \sim 800℃$。但这个温度不够高，不足以把所有石灰石分解成石灰，所以还需要在预分解炉中进一步加热。

在这些附加设施开发出来之前，所有的煅烧均在窑炉内进行，因此旧式窑炉相当长，需要两三个支架支撑。现在，随着预热器和预分解炉的引入，新型窑炉的长度大大缩短，同时也使其具有了更大的直径，每天可以生产高达10000t的熟料（Bhatty等，

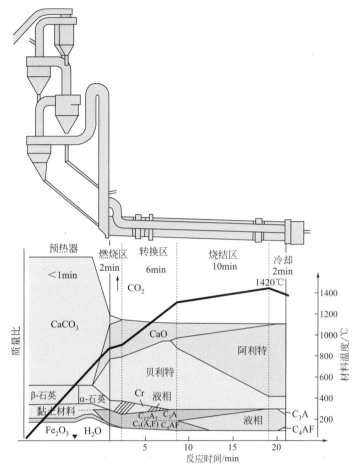

图 3.5 装有预分解炉的短窑中熟料的形成

KHD Humboldt Wedag 提供

2004)。

在预分解炉中石灰石完全煅烧后，生料进入以恒定速度旋转的倾斜窑中。随着生料向燃烧区移动，其温度逐渐升高到大约 1450℃，在此过程中 C_3S、C_2S 和间隙相形成，如图 3.1 和图 3.5 所示。燃烧区之后是温度较低的淬火区（1200℃），熟料在此淬火，在高温下得到具有稳定水硬性的 C_3S 和 C_2S。由 CaO-SiO_2 相图可以看出，如果熟料冷却缓慢，它会转变成不具备水硬性的材料（Aïtcin，2008）。

图 3.1 显示铝氧化物和铁氧化物形成各种矿物时的液化温度远低于硅酸盐相。在燃烧区，发现这些化合物具有一定的黏性。当 Al_2O_3 和 Fe_2O_3 不存在时，在远低于 2100℃ 条件下，C_2S 可向 C_3S 转化，铝酸盐相能黏结熟料中的硅酸盐相，因此又被称为间隙相。

有极少量的生料经过燃烧区没有转化成熟料，这就是为什么不时会在熟料中发现一些石灰颗粒。此外，当粗石英颗粒在燃烧区内没有足够的时间与石灰反应生成 C_3S 时，就会生成贝利特。

生料通过窑炉的第一部分通道必须短，从而可以限制初始 C_2S 晶体的大小。如果让 C_2S 晶体生长的时间太长，它们就不易在燃烧区与石灰反应生成 C_3S。

窑内气体的性质（氧化或还原）也会影响熟料的质量。最后，熟料通过燃烧区后淬火的速度也是非常重要的，因为它决定着熟料的反应活性：淬火速度越快，熟料反应活性越强。

在电子显微镜下对熟料颗粒进行观察发现，某些 C_2S 和 C_3S 晶体上以及在间隙体中存在结晶沉积，通常这些沉积物是碱性硫酸盐。事实上，生料中所含的碱性杂质通常会在窑中挥发并被热气带走，经过烟囱排放出去。但仍有少量的杂质成功地通过了燃烧区，并在淬火冷却时沉积在熟料内。尽管这些碱的含量很少，但它们可能会严重影响化学外加剂的性能，特别是关于竞争性吸附的特性，如第 10 章所示（Marchon 等，2016）。

硅酸盐水泥熟料是在 1450℃ 高温下进行的一系列复杂化学反应之后得到的产物，其在该温度下对反应环境非常敏感。因此对水泥制造商而言，一年四季生产具有恒定性能的熟料是门技术。生产熟料并不容易，这需要对整个生产过程特别熟悉，并且需要有一位熟练的操作员来迅速预测或监测出在燃烧区内可能发生的问题，以便修改窑炉的某个参数使其恢复正常工作。对熟料产品更详细的解释可以参考 Bhatty 等（2004）、Aïtcin（2008）的研究和最新的一篇从工程角度出发有关各种熟料产品改进的综述（Chatterji，2011）。

3.4　硅酸盐水泥的化学成分

表 3.1 给出了各种商用硅酸盐水泥的化学成分。通常按照化学领域的表示方法，以氧化物含量的形式表示 CaO、SiO_2、Al_2O_3、Fe_2O_3 等含量。在硅酸盐水泥中，这些氧化物不是以氧化物形式单独存在，而是相互结合形成了不同矿物，只有极少量的 CaO、SiO_2 是例外。

表 3.1　一些硅酸盐水泥的平均化学成分和 Bogue 成分（%）

氧化物	水泥类型							
	CPA 32.5	CPA 52.5	美国型号 I（不添加石灰石粉）	加拿大型号 10（添加石灰石粉）	型号 20M（低水化热）	美国型号 V（抗硫酸盐）	低碱水泥	白水泥
CaO	64.4	66.2	63.92	63.21	63.42	61.29	65.44	69.5
SiO_2	0	8	20.57	20.52	24.13	21.34	21.13	3
Al_2O_3	20.5	20.6	4.28	4.63	3.21	2.92	4.53	23.8
Fe_2O_3	5	6	1.84	2.85	5.15	4.13	3.67	0.4[①]
MgO	5.21	5.55	2.79	2.38	1.80	4.15	0.95	4.65
K_2O	2.93	3.54	0.52	0.82	0.68	0.68	0.21	0.33
Na_2O	2.09	0.90	0.34	0.28	0.17	0.17	0.10	0.49
Na_2O 当量	0.90	0.69	0.63	0.74	0.30	0.56	0.22	0.06

氧化物	水泥类型							
	CPA 32.5	CPA 52.5	美国型号 I（不添加石灰石粉）	加拿大型号 10（添加石灰石粉）	型号 20M（低水化热）	美国型号 V（抗硫酸盐）	低碱水泥	白水泥
SO_3	0.20	0.30	3.44	3.20	0.84	4.29	2.65	0.03
LOI	0.79	0.75	1.51	1.69	0.30	1.20	1.12	0.07
游离 CaO	1.60	2.40	0.77	0.87	0.40	—	0.92	1.06
不溶物	—						0.16	1.60
	1.50	—	0.18	0.64	—	—		
	—						—	—
Bogue 成分								
C_3S	61	70	63	54	43	50	63	70
C_2S	13	6.1	12	18	37	24	13	20
C_3A	8.9	8.7	8.2	7.4	0	0.8	5.8	11.8
C_4AF	8.9	10.8	5.6	8.7	15	12.6	11.2	1.0
C_3S+C_2S	74	76	75	72	80	74	76	90
C_3A+C_4AF	17.8	19.5	13.8	16.1	15.0	13.4	17.0	12.8
比表面积 /(m^2/kg)	350	570	480	360	340	390	400	460

① 原著中此处为 4。普通硅酸盐水泥中 Fe_2O_3 含量一般为 $3\%\sim4\%$，因此呈灰色；白色硅酸盐水泥颜色较浅，Fe_2O_3 含量一般为 $0.35\%\sim0.4\%$。因此这里应为 0.4。——译者注

通过化学成分表可以看出，CaO 在不同硅酸盐水泥中的含量总是很高：灰色水泥为 $60\%\sim65\%$，白水泥接近 70%。SiO_2 含量在 $20\%\sim24\%$ 之间变化。相比之下，Al_2O_3 和 Fe_2O_3 在不同类型的水泥中含量变化较大。例如 Fe_2O_3 在白水泥中的含量始终低于 1%，而在 20M 型水泥中的含量约为 5%，这种水泥具有非常低的水化热且颜色较深。Fe_2O_3 含量越高，水泥的颜色越深。

除了这些主要氧化物之外，化学分析表明还有其他含量较少的次要氧化物存在。这并不意味着它们对水泥性能影响不大，仅表明它们的含量不是很高。例如，碱金属氧化物含量通常以 Na_2O 当量计算，等于 $Na_2O\%+0.58\times K_2O\%$。

化学分析还揭示了硅酸盐水泥中其他四种低含量的化合物：

- 氧化镁，MgO
- 硫酸盐，以 SO_3 表示
- 游离石灰，以"游离 CaO"表示
- 不溶物

此外烧失量用 LOI 表示。

基于化学分析结果和一些现实假设，Bogue（1952）提出了一系列计算方法，以确

定硅酸盐水泥的 C_3S、C_2S、C_3A 和 C_4AF 的潜在（理论）组成。这种矿物组成也被称为 "Bogue 组成"。一般来说，它不能给出熟料的确切矿物组成，不同于在显微镜下计算这些矿物在熟料抛光部分上的百分比或通过使用 Rietveld 拟合的定量 X 射线衍射（XRD）分析获得的结果，但通常值相当接近。

如表 3.1 所示，对灰水泥的 C_3S 和 C_2S 含量求和时，发现绝大多数水泥的总值均在 75% 左右，仅有两种特定的水泥不同于这个平均值：白水泥中的含量高；水化热很低的 20M 型水泥的含量低。

对灰水泥的 C_3A 和 C_4AF 的含量求和时，得知这两种矿物质占水泥总质量的 15%～16%。不过白水泥和 M 型水泥在 C_3A 和 C_4AF 的总含量上也不同于平均值：白水泥中的含量低；M 型水泥中的含量高。

在表 3.1 中还可以看出在不同的硅酸盐水泥中 Na_2O 的当量值在 0.07%～0.79% 之间大幅度波动。将 Na_2O 当量低于 0.60% 的水泥称为低碱水泥。

表 3.1 的最后一行给出了不同水泥的比表面积，以此来判断细度。它们的布莱恩细度从 340～570m²/kg 不等。关于细度对混凝土性能的影响以后会讲到。

为什么表 3.1 中显示的不同水泥的硅酸盐含量均为 75%，间隙相含量均为 15%？

这是因为在该比例下更易于控制窑炉中生产的熟料。硅酸盐和间隙相含量之间的平衡为生料在燃烧区煅烧转化为熟料提供了最佳条件，并将窑炉燃烧区可能发生堵塞的风险降至最低。

从图 3.1 可以看出，铁和氧化铝起助熔剂的作用，其中铁具有更强的助熔作用。C_3A 和 C_4AF 含量之间的最佳平衡是 1∶1（即各占 8%）。在这种条件下几乎所有 C_2S 在燃烧区都会变成 C_3S。

C_3S、C_2S、C_3A 和 C_4AF 含量越偏离这些平均值，则越难以控制燃烧区生成熟料的组分含量。

3.5　硅酸盐水泥的粉磨

由于水总先与水泥颗粒表面的离子物质发生反应，因此水泥颗粒的细度对水泥水化的进程起着非常重要的作用。水泥越细，活性越强。所以在预制工厂中需要将混凝土迅速浇筑到模具里时，使用细水泥或超细水泥（450～500m²/kg）毫无问题，而在需要交付时间长达 90min 的预拌作业中，使用粒度较粗的水泥（350～400m²/kg）更佳。当制备大体积混凝土时，最好使用粒度更粗的水泥（300～350m²/kg）。

3.5.1　水泥颗粒形态的影响

如果比表面积在决定新拌混凝土的流变性中起重要作用，则水泥颗粒的形态也变得非常重要。两种具有相似矿物组成的熟料，可能表现出完全不同的反应活性。因为在粉磨过程中，每一个水泥颗粒表面的矿物成分均不同。为了说明这一点，让我们假设几类水泥颗粒，见图 3.6（Aïtcin 和 Mindess，2011）。

G1、G2 和 G3 水泥颗粒含有相同比例的硅酸盐和间隙相，但颗粒 G1 初始发生的

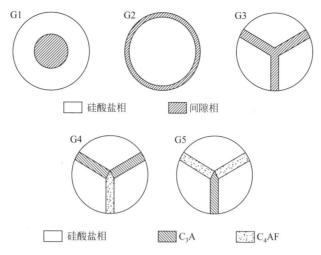

图 3.6 水泥颗粒形态的重要性

反应全都是硅酸盐反应，像是其完全是由硅酸盐相组成似的，因为它的间隙相集中在颗粒中心。相比之下，颗粒 G2 起初的反应就好像它完全是由 C_3A 组成似的；颗粒 G3 则一开始就发生两种反应。颗粒 G4 和 G5 具有相同的硅酸盐相和间隙相含量，但 G4 比 G5 反应性更强，因为其 C_3A 含量是 C_4AF 的两倍。由于 C_3A 的反应性对化学外加剂的性能有重要影响（见第 10 章和第 16 章；Marchon 等，2016；Nkinamubanzi 等，2016），因此，这些最初暴露在水中的 C_3A，其数量的变化会产生重要影响。

3.5.2 为什么在粉磨硅酸盐水泥时添加硫酸钙？

在没有硫酸钙的情况下，C_3A 会快速水化，并形成水石榴石，因此混凝土在几分钟之内就会失去坍落度。在混凝土施工中这种事故被称为"闪凝"。如不幸发生这种情况，唯一要做的是尽快向搅拌机中加水冲洗混凝土；否则，就要用锤式千斤顶破坏搅拌机中硬化的混凝土，这一过程费时又烦琐。

硫酸钙对 C_3A 活性的钝化及对 C_3S 水化的促进作用机制在第 8 章中会有详细讲述。目前我们只需知道，加水后水泥颗粒表面会快速形成钙矾石，钝化 C_3A 的进一步水化。所以如有足量的硫酸钙，即可避免闪凝的出现，水泥浆也可在浇筑前保持良好的工作性。

通常，加到熟料中硫酸钙的量不足以将所有 C_3A 均转化为钙矾石。正如第 8 章所解释的，当反应几个小时，所有硫酸钙耗尽后，钙矾石会转化为硫铝酸钙，同时会释放一些硫酸钙（Marchon 和 Flatt，2016a）。这种新形成的硫铝酸钙称为单硫型硫铝酸钙。

最初的钙矾石的转变发生在混凝土硬化的时候，所以对承包商来说并不会受多大关注。但是之后，如果因为某种原因有些硫酸钙渗透到了硬化混凝土中，则单硫型硫铝酸钙可能会转化回钙矾石。

另一个与硫酸钙有关的流变学问题时有发生：假凝现象。在水泥最终粉磨的过程中，由于磨机温度过高，熟料中添加的过量石膏会转化为半水石膏。当这种半水石膏与拌合水接触时，又迅速转变成石膏，并导致水泥浆变硬。但当石膏晶体在搅拌机作用下破碎后，部分石膏与铝酸盐反应时被消耗，此时，混凝土又恢复了初始工作性。

除了这两种意外情况，在低 w/c 或 w/b 并需要使用大量减水剂时，C_3A 的水化会导致某些水泥在流变性方面出现严重问题。当 C_3A 含量较高或 C_3A 反应活性很强时，一些低水灰比混凝土的初始流变性能便会迅速劣化，在几分钟内就会失去坍落度（见第 16 章）。相比之下，当 C_3A 含量低且活性不高时，低水灰比混凝土的坍落度损失较慢，浇筑过程也变得相对简单（Aïtcin 和 Mindess，2011）。

因此，制备低水灰比混凝土时，C_3A 的存在是不利的。当制备低水灰比混凝土或超高强度混凝土时，C_3A 的用量越低，混凝土流变性的调控越容易。

3.6 硅酸盐水泥的水化

本节仅概述硅酸盐水泥的水化作用。有关水泥水化的详细化学分析将在第 8 章介绍（Marchon 和 Flatt，2016a），外加剂对其影响将在第 12 章介绍（Marchon 和 Flatt，2016b）。

通过随时间改变的放热速率来描述硅酸盐水泥及其四个主要相 C_3S、C_2S、C_3A 和 C_4AF 的水化。图 3.7 给出了硅酸盐水泥水化放热速率随时间的变化，可以看出 C_3S 和 C_3A 的水化不是同时发生的。阶段Ⅲ和Ⅳ之间最高峰主要对应于 C_3S 的水化反应，而阶段Ⅳ中的肩峰对应于硫酸盐与 C_3A 的水化反应。阶段Ⅴ的驼峰归因于 AFt 向 AFm 的转换（参见第 8 章；Marchon 和 Flatt，2016a）。因此，可以分别研究这两相的水化，但经验表明两者之间还存在很强的相互作用。

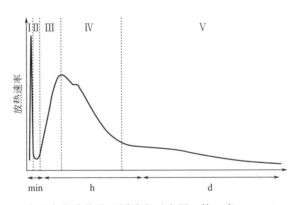

图 3.7 普通硅酸盐水泥水化放热及不同阶段示意图（第 8 章；Marchon 和 Flatt，2016a）

在阶段Ⅰ中不同离子溶解放热，且 C_3S 和 C_3A 开始水化。阶段Ⅱ对应"休眠期"，化学活性大大降低。这个休眠期先于阶段Ⅲ与Ⅳ，C_3S 和 C_3A 继续水化。大多数 C_2S 和 C_4AF 在阶段Ⅴ发生水化。

当 C_3S 和 C_2S 与水反应时，它们会转化为水化硅酸钙和熟石灰 [$Ca(OH)_2$]。水化硅酸钙的确切化学组成和形态各不相同，因此它以模糊的 C-S-H 概念表示。在水化水泥浆中发现的熟石灰晶体是氢氧化钙。由于 C_3S 的石灰含量比 C_2S 更丰富，所以 C_3S 的水化会释放出更多的氢氧化钙。

C_3S 和 C_2S 的水化反应大致可用以下方程式表示：

$$(C_2S，C_3S) + 水 \Longrightarrow C\text{-}S\text{-}H + 氢氧化钙$$

存在硫酸钙的情况下，间隙相（$C_3A + C_4AF$）转化成钙矾石和单硫铝酸盐：

$$(C_3A，C_4AF) + 硫酸钙 + 水 \Longrightarrow 钙矾石 + 单硫铝酸盐$$

结合这两个方程，可以得到以下方程：

$$(C_3S，C_2S，C_3A，C_4AF) + 硫酸钙 + 水 \Longrightarrow C\text{-}S\text{-}H + 氢氧化钙 + 单硫铝酸盐$$

如图 3.8～图 3.12 所示，在电子显微镜下很容易看到水泥或混凝土水化过程中所形成的晶体，特别是在高水灰比浆中。

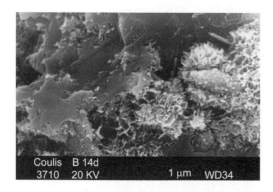

图 3.8　硅酸钙水化物（外部产物）

Arezki Tagnit-Hamou 提供

图 3.9　氢氧化钙晶体（P）

Arezki Tagnit-Hamou 提供

图 3.10　钙矾石晶体（E）

Arezki Tagnit-Hamou 提供

图 3.11　单硫型水化硫铝酸钙晶体（AFm）

Arezki Tagnit-Hamou 提供

高水灰比（0.60∶0.70）混凝土水泥浆的扫描电镜图如图 3.12 所示，图中的字母 CH 代表氢氧化钙晶体，AG 代表骨料。

从图 3.12（b）和（c）可以看出，高水灰比的水泥浆具有非常多的孔结构，特别是在水泥浆和骨料之间的过渡区域。即使在图 3.12（b）中，也可以看到石灰石骨料上的一些氢氧化钙晶体正向外生长。

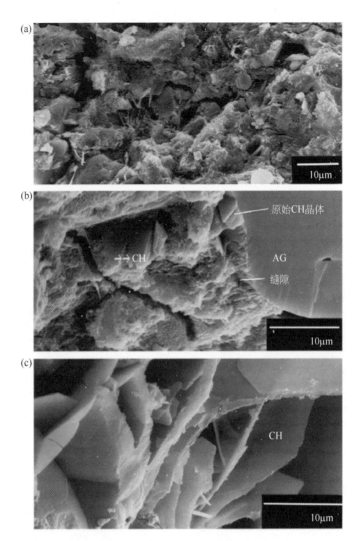

图 3.12　高水灰比混凝土的微观结构

(a) 高孔隙率和非均质性；(b) 定向晶体氢氧化钙（CH）；(c) CH 晶体

Arezki Tagnit-Hamou 提供

　　然而，低水灰比混凝土水泥浆的水化形态完全不同，六边形晶体氢氧化钙和细针状晶体钙矾石都将不再存在。相反，我们看到的致密 C-S-H 团簇结构，像是一种无定形材料，以及少量结晶性差的氢氧化钙（图 3.13）。同时，在水泥浆和骨料之间的接触区域也不存在松散的过渡区，因此水泥浆中存在的应力将直接转移到骨料上，反之同理。

　　水泥浆体形态的差异可以由水灰比的差异来解释。首先，当水灰比高时，体系内存在大量的空间和水，因此水化产物的生长不受阻碍，这会形成大面积的晶体，由于它们是在初始水泥颗粒的边界形成的，因此被称为外部的水化产物（Richardson，2004）。相反，在低水灰比中，水化产物的生长受到较大阻碍，可使用的水受到限制。当水的可

图 3.13　低水灰比混凝土水泥浆体的水化

Arezki Tagnit-Hamou 提供

利用性变低且空间变小时，可认为水泥的水化作用是通过局部化学反应进行的，而不是严格意义上的溶解-沉淀反应。

3.7　熟石灰（氢氧化钙）

硅酸盐水泥水化会生成大量的氢氧化钙，根据熟料中 C_3S 和 C_2S 各自的含量，氢氧化钙占水泥水化产物的 $20\%\sim30\%$。在高水灰比的混凝土中，这种氢氧化钙以较大的六角形晶体形式出现，如图 3.12 所示。从力学的角度看，氢氧化钙晶体产生的有利影响很小，并不能增加混凝土强度。此外，在水下混凝土中，由于水灰比和浸入到混凝土中的水的纯度不同，这种石灰通过扩散很容易从混凝土中浸出，最终会被空气中的二氧化碳碳化。唯一的优点是，能在间隙水中保持较高的 pH 值，以保护钢筋免受碳化腐蚀。但是，如果石灰被空气中的二氧化碳完全碳酸盐化，则会失去保护作用。

从力学、耐久性和可持续性的角度来看，这种石灰的最佳反应方法是使其与火山灰质材料或矿渣反应，从而将其转变为二次 C-S-H，如第 4 章所述（Aïticin，2016b）。

理论上，含有火山灰材料复合水泥的水化为：

$$熟料＋火山灰＋石膏＋水 == C\text{-}S\text{-}H＋硫铝酸盐$$

这种复合水泥还具有通过减少碳排放来提高混凝土结构可持续性的优点。

3.8　目前水泥验收标准

水泥水化的差异性表明，几乎不可能生产出完全相同的两种水泥。因此，有必要进行一系列的验收测试，以将这些变化保持在可接受的范围内，并生产出具有几乎恒定性能的水泥，同时生产出在新拌和硬化状态下均具有可预测性能的混凝土。目前已制定了一系列的验收标准。

但在过去 30 年中，混凝土制造行业发生了巨大的技术变革，人们可能提出一个问题：这些在水泥和混凝土行业中长期以来应用的标准仍然有效吗？答案当然是否定的。

目前的验收标准是在混凝土工业生产 w/c 大于 0.50 的混凝土时制定的，现被认为是低强度混凝土。这就是为什么这些标准基于对水灰比约为 0.50 的水泥浆体或砂浆进行的一系列试验的结果。在这些试验中，水泥颗粒并未完全分散。长期以来，工程师和承包商都比较倾向于使用这种类型的混凝土，但现在的事实是：混凝土市场中很大一部分（且有利可图的）是由具有耐久性和可持续性的混凝土组成，而它们的水灰比要低得多，在 0.30～0.40 之间（Aïtcin，2016a）。这些混凝土不仅具有更高的强度，而且具有更强的耐久性和更好的可持续性。此外，不需振捣即可浇筑的自密实混凝土，也在逐步扩大市场。

要想满足这两个正在增长且有利可图的市场需求，目前的水泥验收标准是不够的，因为目前这些标准在流变性能方面仅规定了初始流动度和初凝时间，还需要进行新的测试，用以追踪水泥浆和砂浆在混凝土运送时间（0～90min）内的流变性。此外，这些测试必须在水灰比为 0.35～0.40 之间的分散体系下进行。

3.9 水化反应的副作用

水化反应会迅速地将水泥浆体转变成一种硬化材料，只要存在足够的水将所有水泥颗粒水化，这种硬化材料就会随着时间的推移不断提高强度。

硅酸盐水泥水化放出的热量与水泥矿物成分存在函数关系。值得注意的是，决定混凝土放热量的不是进入搅拌机的水泥总量，而是在混凝土浇筑成型时实际发生水化的水泥量（Cook 等，1992）。

硅酸盐水泥水化还会导致体积收缩，从技术角度来看，体积收缩变得非常重要，因为自收缩的快速发展可能会对混凝土的体积稳定性产生巨大影响。

对于所有混凝土，无论其水灰比如何，都会发生一定程度的自收缩。因为这是在密闭体系中发生水化反应时不可避免的结果。但当有外部或内部水源存在的情况下发生水化反应时，可以消除大部分的自收缩，如第 5 章所述（Aïtcin，2016c）。

一些研究人员正在推广另一种控制自收缩的技术。在混合过程中引入少量膨胀剂，该外加剂会补偿由于化学收缩引起的表观体积的收缩。另一解决方案是使用减缩剂，其化学性质在第 10 章中进行了描述，性能分析在第 22 章（Marchon 等，2016；Gagné，2016）中介绍。

3.10 总结

硅酸盐水泥是由未经加工的普通天然材料（石灰石和黏土）获得的复杂产物。因此，硅酸盐水泥熟料的特性可能因水泥厂的不同而有所差异。现有的验收标准可以限制硅酸盐水泥技术性能上的差异，但目前这些标准仍不能满足整个混凝土市场的要求。低水灰比水泥的使用越来越广泛，这些混凝土需使用大量的高效减水剂来分散水泥颗粒，因此水泥工业迫切需要一种熟料，以生产出比普通强度混凝土更具可持续性的低水灰比混凝土。旧 I/II 型熟料的生产必须继续满足高利润的市场需要，因为现在我们知道如何提高混凝土的抗压强度，所以如何改善这些混凝土的流变性，使混凝土转变为一种易浇筑的流态材料是非常重要的。

附录 3.1　铝酸三钙

硅酸盐水泥中铝酸三钙通常仅占其组成的 2%～10%，为什么却如此重要？

这是因为与 C_3S 和 C_2S 相比，尽管 C_3A 的含量相对较低，但 C_3A 显著影响了新拌和硬化混凝土的性能以及一些外加剂的使用。

在硅酸盐水泥中，C_3A 可能以不同的多晶型形式存在，现已经建立了 C_3A 的各种形式的结构（Regourd，1978，1982a，b；Moranville-Regourd 和 Boikova，1993；Taylor，1997；MacPhee 和 Lachowski，1998）。

纯 C_3A 结晶体为立方晶型。当纯 C_3A 与水接触时，在不存在任何硫酸根离子的情况下，它会迅速反应并释放出大量热量，转化为水石榴石。在硫酸根离子存在的情况下，C_3A 转变为钙矾石，从而暂时终止了水化。

但是在水泥窑中，C_3A 非常容易捕获 Na^+。在立方体结构中捕获 Na^+ 会导致晶体网络的畸变，因此当 Na_2O 浓度大于 3.7% 但不超过 4.6% 时，C_3A 以斜方晶形式结晶。当 Na_2O 含量高于 4.6% 时，C_3A 以单斜晶形式结晶（Regourd，1982a，b）。商业熟料 C_3A 中的 Na_2O 含量很少达到 4.6%，所以在商业熟料中从未发现过单斜晶形式的结晶。通常在商业熟料中，C_3A 是立方晶和斜方晶形式的混合物，C_3A 网络中 Na_2O 的含量越低，立方 C_3A 的含量越高，C_3A 的反应活性就越高。相反，熟料中的 Na_2O 含量越高，斜方晶 C_3A 的含量越高，其反应活性越低。

对于水泥化学工程师而言，C_3A 首先在熟料的生产过程中发挥重要作用，其次在水泥的测试过程中（其是否符合验收标准）也具有重要作用。

如表 3.1 所示，间隙相（C_3A+C_4AF）通常占熟料质量的 15%～16%。此外，由等量的 C_3A 和 C_4AF（8%）组成的间隙相代表了熟料生产的最佳条件。C_3A 在这种含量下，必须添加硫酸钙来控制 C_3A 的水化，以及控制水泥细度，以生产符合验收标准并具有最大初始强度的水泥。但优化的重点不再是具有高 w/c 小立方体试样的初始抗压强度，而是具有低 w/c 水泥浆体的流变性。

相反，从流变学角度来看，C_3A 基本上起负面作用，同样从耐久性角度而言，C_3A 在某种程度上也起着负面作用。C_3A 是硅酸盐水泥中活性最高的矿物，尽管使用的硫酸钙能减缓它的水化，但其仍会强烈影响浆体初始的流变性。硫酸钙吸附在 C_3A 上可以使其暂时停止水化，如第 10 章和第 16 章所述，高 C_3A 含量会导致外加剂消耗过多，对流变性会产生负面影响（Marchon 等，2016；Nkinamubanzi 等，2016）。第

12 章的论述也表明，铝酸盐、硅酸盐和硫酸盐之间的反应平衡的扰动，可能会大幅延缓水化进程（Marchon 和 Flatt，2016b）。

C_3A 的含量、其多晶型形式以及水泥细度的变化解释了为什么外加剂公司推荐的减水剂或超塑化剂的用量可以在一到两倍之间变化。

白水泥中 C_3A 含量很高也解释了为什么这些水泥与磺酸盐类减水剂和高效减水剂一起使用时，其流变性会变得格外难以控制。

尝试控制混凝土流变性时，水泥的细度也是一个非常重要的因素，因为随着熟料的细化，更多的 C_3A 会暴露在水泥颗粒的表面。

水泥的颗粒形态也会影响水泥浆体的流变性，如图 3.7 所示。

此外，钙矾石不是混凝土中的稳定矿物。例如，当用于控制 C_3A 水化的各种硫酸钙消耗殆尽时，钙矾石会转化为单硫型硫铝酸盐，同时释放出一些硫酸钙，这些硫酸钙会与剩余的 C_3A 再次反应生成单硫型硫铝酸盐。如果 SO_4^{2-} ❶渗入到硬化的混凝土中，则单硫型硫铝酸钙会转变回钙矾石，从而在毛细管中结晶，这些钙矾石的结晶物称为二次钙矾石。

当将预制混凝土构件加热到 70℃ 以上时，或者当混凝土在水化过程中达到该温度时，钙矾石就会分解。当恢复到室温时，钙矾石又会再次结晶，产生钙矾石延迟形成的现象，这可能会导致混凝土严重开裂（Taylor 等，2001；Flatt 和 Scherer，2008）。

最后，当混凝土样品进行冻融循环并未通过 ASTM C666 检测时，在骨料和水泥浆之间的过渡区域，甚至在一些夹带的气泡中都可以观察到较大的钙矾石晶体簇，如图 3A.1 所示。

然而，对于混凝土生产商而言，当混凝土暴露于氯化物而不是硫酸盐的环境下时，C_3A 的存在是有利的。铝酸盐反应形成费里德尔盐，可以很大程度上减缓氯化物在混凝土中的扩散，因此 C_3A 可以通过减缓氯化物引发的腐蚀而延长混凝土使用寿命。

除此之外，值得关注的是，C_3A 具有双重作用，对水泥生产商而言是积极的，但对混凝土生产商和使用者来说是消极的。如果考虑到混凝土的长期竞争力，为了降低混凝土结构的碳排放量，应提倡使用低 w/c 的混凝土。因此，迫切需要在使用低 w/c 混凝土和提高耐久性能之间找到适合的方案。

从本章中可以得知，出于经济原因，硅酸盐水泥中肯定是要含有一些 C_3A，但多少合适？

对于水泥生产商而言，答案很简单：只掺 8％ 的 C_3A❷。

对于混凝土生产商来说，答案并非如此简单，这取决于混凝土的强度以及所使用的水泥（复合水泥或硅酸盐水泥）的性质。当制备具有高 w/c、20～30MPa 强度的普通混凝土时，最佳 C_3A 含量为 8％，因为它具有良好的初始强度。当制备低 w/c 的高性

---

❶ 原著有误，应为 SO_4^{2-}。——译者注

❷ 原著此处为 C_4AF，根据后文内容，应为 C_3A。——译者注

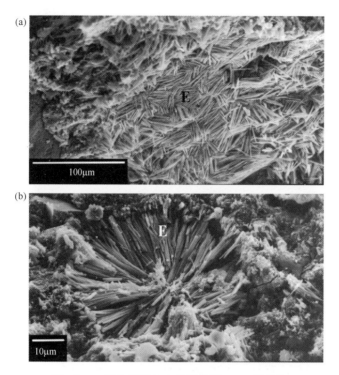

图 3A.1　某些混凝土中的钙矾石（E）晶体簇

（a）冻融循环破坏后混凝土中的钙矾石；（b）针状钙矾石几乎充满了气泡

Li Guanshu Li 拍摄的照片（Aïtcin，2008）

能混凝土时，C_3A 含量为 6% 会使混凝土流变性变得更加容易控制。

对于长期关注混凝土结构耐久性的使用者来说：C_3A 含量越低越好。

对于笔者而言，答案是越少越好。笔者坚信，使用含 5% C_3A 的 V 型熟料，可以满足使用普通低强度混凝土和高科技混凝土的建筑行业所需的所有混凝土结构（Aïtcin，2008）。这种类型的熟料可以称为"通用型熟料"，而不是 ASTM 5 类熟料。

现实中，包含 6%～6.5% C_3A 的老式 I / II 型熟料多年来一直是美国混凝土工业的最佳熟料。如果以混合水泥不能提供更高的早期强度为借口而停止生产这种熟料，那将会是很遗憾的。如果使用复合水泥时需要较高的早期强度，则仅需降低混凝土的 w/b 即可，不必增加熟料中 C_3A 和 C_3S 的含量以及水泥的细度，如第 1 章所示（Aïtcin，2016a）。

没有必要创建一种新型的熟料，依靠 I / II 型熟料来构建简单、耐用且可持续的混凝土结构就足够了。

但考虑到生产低含量 C_3A 水泥的复杂性，笔者认为水泥工业需生产以下两种类型的熟料。

• 一种 C_3A 含量不超过 8%（出于耐久性的原因），可使用硅酸盐水泥或复合水泥生产高 w/c 混凝土。

- 一种 C_3A 含量约为 6%（出于流变原因），使用可能包含辅助性胶凝材料的水泥生产低 w/c 混凝土。

附录 3.2 钙矾石

现已发现，控制 C_3A 快速水化的最简单方法是在水泥最终粉磨的过程中添加硫酸钙。这种添加的硫酸钙通常是二水石膏（$CaSO_4 \cdot 2H_2O$），易溶于水，但由于受最终粉磨的影响，球磨机内温度升高会使部分石膏转化为半水石膏（$CaSO_4 \cdot 1/2H_2O$），甚至变成完全脱水的半水化物，在工业上称之为硬石膏。半水石膏在水中的溶解速率比石膏快，会迅速释放 SO_4^{2-}，这些离子与 C_3A 迅速反应形成钙矾石，钙矾石吸附在 C_3A 上使其钝化。

球磨机内添加的石膏并不一定是纯石膏，因为在石膏采石场的周边还有一些含有硬石膏和碳酸钙的非纯石膏，它们往往比纯石膏便宜，所以备受水泥公司青睐，而纯石膏通常是用于制造石膏板。不过有时在球磨机中也会添加合成硫酸钙（$CaSO_4$）来代替石膏。合成硫酸钙在工业上经常被不恰当地称为硬石膏，但事实是，硬石膏是非水化形式的 $CaSO_4$ 结晶形态，而从脱硫过程中获得的不同合成硫酸钙则是非结晶相或结晶度很差的结晶相。

从化学角度来看，这些物质都是硫酸钙的不同形式，但在水中的溶解度却不尽相同。天然硬石膏的溶解速度较慢，完全脱水的半水石膏和合成硫酸钙的溶解速度较快。

由于 SO_4^{2-} 的快速溶解并与 C_3A 反应来控制初始水化很重要，因此通常情况下，在粉磨过程中添加一部分由石膏转化成的半水石膏是有利的。此外，熟料的碱式硫酸盐比硫酸钙更易溶解，因此它们可以提供第一批溶于水的 SO_4^{2-}，并且避免了 C_3A 与聚萘磺酸盐超塑化剂（PNS）和三聚氰胺磺酸盐超塑化剂（PMS）的反应。尤其是在高效减水剂用量较高时，如第 10 章所述（Marchon 等，2016）。

因此，调节水泥中硫酸钙的含量是一项非常精细的工作，必须考虑所有可能的因素。

由于硫酸钙吸附在 C_3A 上，在诱导（休眠）期间混凝土的流变性变化将变得缓慢，从而可以有足够的时间去运输和浇筑混凝土，且不会降低坍落度和可加工性。值得注意的是，在此阶段形成的钙矾石可被视为钝化的副产品，而不是导致钝化的原因，如第 8 章所述（Marchon 和 Flatt，2016a）。此后，水泥浆开始迅速硬化。关于水化速率变化的各种假设仍然存在，并且在第 8 章中也有相关介绍（Marchon 和 Flatt，2016a）。

钙矾石晶胞的化学组成长期以来一直是一个有争议的话题。一些书籍中指出，钙矾石的晶胞具有 30 个水分子，而另一些认为是 31 或 32。一些学者强烈批判了 31 个水分子的说法，称像钙矾石这样的对称分子不可能包含质数的水分子。

实际上，稳定固定在六边形晶胞上的水分子数量为 30，另外还有两个水分子的固定不紧密，易被分离（例如通过温和的干燥或真空），如图 3A.2，展示了不同研究人员发现水分子数量变化的原因。

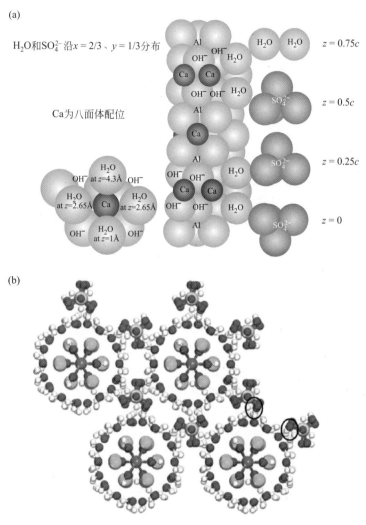

图 3A.2　钙矾石晶胞（a）及钙矾石的三角形晶体（b）

Mishra Ratan Kishore 提供

P. -C. Aïtcin

Université de Sherbrooke，QC，Canada

参考文献

Aïtcin, P.-C., 2016a. The importance of the water—cement and water—binder ratios. In: Aïtcin, P.-C., Flatt, R.J. (Eds.), Science and Technology of Concrete Admixtures, Elsevier, (Chapter 1), pp. 3—14.

Aïtcin, P.-C, 2016b. Supplementary cementitious materials and blended cements. In: Aïtcin, P.-C., Flatt, R.J. (Eds.), Science and Technology of Concrete Admixtures, Elsevier (Chapter 4), pp. 53—74.

Aïtcin, P.-C., 2016c. Water and its role on concrete performance. In: Aïtcin, P.-C., Flatt, R.J. (Eds.), Science and Technology of Concrete Admixtures, Elsevier, (Chapter 5), pp. 75−86.

Aïtcin, P.-C., 2008. Binders for Durable and Sustainable Concrete. Taylor and Francis, London, UK.

Aïtcin, P.-C., Mindess, S., 2011. Sustainability of Concrete. Spon Press, London, UK.

Aïtcin, P.-C., Mindess, S., 2015. Back to the future. Concrete International 37 (5), 45−50.

Bhatty, J.I., Mac Gregor Miller, F., Kosmatka, S.H. (Eds.), 2004. Innovations in Portland Cement Manufacturing. Portland Cement Association, Skokie, Illinois, USA, 1404p.

Bogue, R.H., 1952. La chimie du ciment Portland. Eyrolles, Paris.

Chatterji, A.K., 2011. Chemistry and engineering of the clinkerisation process incremental advances and lack of breakthroughs. Cement and Concrete Research 41, 624−641.

Cook, W.D., Miao, B., Aïtcin, P.-C., Mitchell, D., 1992. Thermal stress in large high strength concrete columns. ACI Materials Journal 89 (1), 61−66.

Flatt, R.J., Scherer, G.W., 2008. Thermodynamics of crystallization stresses in DEF. Cement and Concrete Research 38, 325−336.

Gagné, R., 2016. Expansive agents. In: Aïtcin, P.-C., Flatt, R.J. (Eds.), Science and Technology of Concrete Admixtures, Elsevier (Chapter 22), pp. 441−456.

MacPhee, D.E., Lachowski, 1998. In: Hewlett, Peter, Arnold (Eds.), Cement Composition and Their Phase Relations, fourth ed., Lea's Chemistry of Cement and Concrete London, pp. 93−129.

Marchon, D., Flatt, R.J., 2016a. Mechanisms of cement hydration. In: Aïtcin, P.-C., Flatt, R.J. (Eds.), Science and Technology of Concrete Admixtures, Elsevier (Chapter 8), pp. 129−146.

Marchon, D., Flatt, R.J., 2016b. Impact of chemical admixtures on cement hydration. In: Aïtcin, P.-C., Flatt, R.J. (Eds.), Science and Technology of Concrete Admixtures, Elsevier, (Chapter 12), pp. 279−304.

Marchon, D., Mantellato, S., Eberhardt, A., Flatt, R.J., 2016. Adsorption of chemical admixtures. In: Aïtcin, P.-C., Flatt, R.J. (Eds.), Science and Technology of Concrete Admixtures. Elsevier, (Chapter 10), pp. 219−256.

Moranville-Regourd, M., Boikova, A.I., 1993. Chemistry, structure, properties and quality of clinker. In: Proceedings of the 9th International Congress on the Chemistry of Cement, New Delhi, vol. 1, pp. 407−414.

Nkinamubanzi, P.-C., Mantellato, S., Flatt, R.J., 2016. Superplasticizers in practice. In: Aïtcin, P.-C., Flatt, R.J. (Eds.), Science and Technology of Concrete Admixtures, Elsevier (Chapter 16), pp. 353−378.

Regourd, M., 1978. Cristallisation et réactivité de l'aluminate tricalcique dans les ciments Portland. II Cemento 3, 323−336.

Regourd, M., 1982a. Structure cristalline et caractérisation de l'aluminate tricalcique-Données récentes- Séminaire International sur les aluminates de calcium. Polytecnico de Torino, Italy, pp. 44−58.

Regourd, M., 1982b. In: J.Baron, Sauterey, R. (Eds.), L'hydratation du ciment Portland, Le Béton Hydraulique. Presses de l'École Nationale des Ponts et Chaussées, pp. 193−221.

Richardson, I.G., 2004. Tobermorite/jennite and tobermorite/calcium hydrate-based models for the structure of C-S-H: applicability to hardened pastes of tricalcium silicate, B-dicalcium silicate, Portland cement, and blends of Portland cement with blast-furnace, metakaolin, or silica fume. Cement and Concrete Research 34, 1733−1777.

Taylor, H.F.W., 1997. Cement Chemistry, second ed. Thomas Telford. 459p.

Taylor, H.F.W., Famy, C., Scrivener, K.L., 2001. Delayed ettringite formation. Cement and Concrete Research 31, 683−693.

04
辅助性胶凝材料和复合水泥

4.1 引言

腓尼基人、古希腊人和古罗马人注意到，某些天然材料与石灰混合时，会产生遇水硬化的砂浆和混凝土。古罗马人在那不勒斯附近的 Puzzoli 市维苏威火山中提取了一些特别活泼的火山灰，并以此城市命名，被称为天然火山灰（natural pozzolans）。

众所周知，天然火山灰会与石灰发生反应，是由于它们含有一定量的非晶态二氧化硅。这些二氧化硅没有足够的时间结晶仍处于玻璃态，所以只有迅速冷却（淬火）的火山灰才会与石灰发生反应。当火山灰冷却过程非常缓慢时，二氧化硅便有足够的时间形成大晶体。由于它不含任何非晶态的二氧化硅，所以这种火山灰并不能与石灰反应。

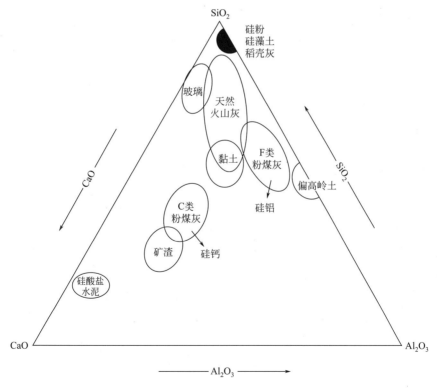

图 4.1 主要胶凝材料的化学成分

火山灰材料的使用在罗马帝国末期就消失了，直到 19 世纪下半叶，人们才发现硅酸盐水泥的水硬性。

目前，由于混凝土结构的可持续性正成为一个基本标准，使用火山灰材料（Massazza，1998）和辅助性胶凝材料变得至关重要。从可持续性的观点来看，用等量的辅助性胶凝材料或火山灰材料代替一定数量的熟料是非常重要的，原因如下：

- 减少了等量的二氧化碳排放；
- 可回收利用部分工业副产品；
- 因火山灰反应将无黏结性的熟石灰转变为水化硅酸钙（C-S-H），即混凝土"凝胶"，因此可以提高硬化混凝土的耐久性。

各种人造和天然火山灰材料在各国均有应用，并会持续增加。当然，这些火山灰材料的反应速度不同，或多或少取决于硅酸盐水泥水化过程中非晶态二氧化硅的含量、细度以及石灰的释放量（Malhotra 和 Metha，1996，2012）。

在 SiO_2-CaO-Al_2O_3 三元图中展示了这些材料的化学成分，并将其成分与硅酸盐水泥的成分进行了比较（图 4.1）。

4.2　结晶态和玻璃态

对于矿物学家来说，存在两种类型的材料：晶体结构材料 [图 4.2（b）]和非晶态（或玻璃态）材料 [图 4.2（a）]。在晶体结构的材料中，离子以重复的方式排列并形成晶格，这种晶格可称为单位单元、基本单元。不同离子的空间排列取决于其价态（共享电子的数量）及其各自的直径。例如，石英是二氧化硅的结晶形式之一，是由 SiO_4 四面体组成，该四面体在顶点上有四个大的 O^{2-}（直径 1.32nm），它们围绕着一个小的 Si^{4+}（直径 0.39nm）。

这些二氧化硅四面体可以以不同的方式排列，形成一个被称为硅酸盐的矿物族。当 X 射线的单色光源投射到晶体矿物上时，可得到具有一定数量峰的衍射图。每个峰都对应着单色 X 射线在致密离子平面上的折射，以硅酸盐水泥为例，图 4.3（a）为其 X 射线衍射图。

硅酸盐水泥 X 射线衍射图实际上反映的是在硅酸盐水泥中每种矿物特征峰的叠加。ASTM 表格给出了纯矿物的特征峰。

在结晶矿物中，内部离子处于稳定的平衡状态，并且不是很活泼。从电学角度看，在材料表面未完全饱和的那些离子反应性更高。相反，在非晶材料中，不同的离子没有系统地排列成规则的网络，而是根据它们固化时所受到的淬火的严重程度而杂乱无章地排列。当非晶材料受到 X 射线照射时，其衍射图不是一系列的峰，而是一种驼峰，如图 4.4 所示。

这个峰表明，在一个非常窄的范围内，离子具有一定的有序结构。驼峰越宽越平，非晶态的结构就越混乱，不饱和化合价的数量就越多。因此，在反应介质中，有些离子的活性足以发生化学反应，形成新的化合物。此外，非晶材料越细，反应性越强，其比表面积越大，就含有越多的可进行化学反应的不饱和离子。

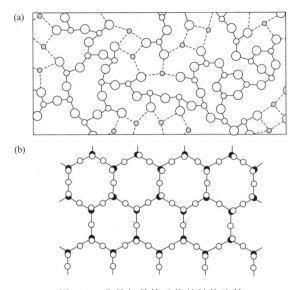

图 4.2 非晶与晶体矿物的结构比较

（a）非晶态的杂乱结构（2D）；（b）晶态矿物结构（2D）

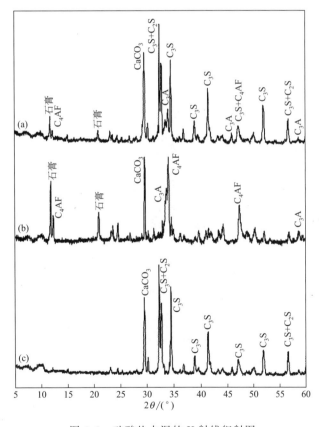

图 4.3 硅酸盐水泥的 X 射线衍射图

（a）未经处理硅酸盐水泥；（b）用水杨酸处理后；（c）氢氧化钙/蔗糖处理后

Mladenka Saric Coric 提供（Aïtcin，2008）

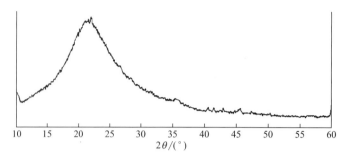

图 4.4　非晶矿渣的 X 射线衍射图

含有一定量二氧化硅的熔融岩石通常具有黏性，因此在淬火时，二氧化硅四面体没有足够的时间组织成晶体网络，从而使熔融的矿物凝固成非晶态固体。相反，熔化的材料如果冷却时间足够，则其将以结晶材料的形式固化。

4.3　高炉矿渣

图 4.5 介绍了高炉冶炼生铁的原理。

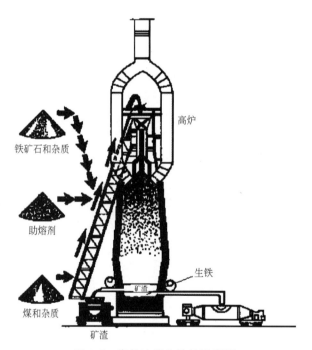

图 4.5　高炉冶炼生铁的示意图

高炉中化学反应为通过加入适量的冶金焦炭来还原含有氧化铁的铁矿石，从而得到生铁，但铁矿石颗粒和冶金焦炭中所含的杂质也必须经过熔炼才能消除。通常，这些杂质由不同的硅酸盐、碳酸盐或铝酸盐组成。观察 SiO_2-CaO-Al_2O_3 相图，可以看到在低熔点有两个特殊的点，它们的组成被称为共晶组成（图 4.6）。

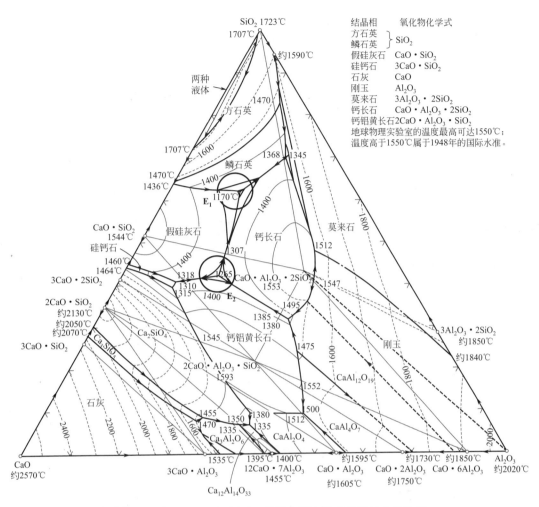

图 4.6　在 SiO_2-CaO-Al_2O_3 相图中两个熔点最低的共晶位置

当炉渣恰好含有两种化学成分（E_1 或 E_2）中的一种时，它的熔点比其他任何化学成分的熔点都要低。一种组成的熔点为 1170℃，另一种是 1265℃。为了减少冶金焦炭燃烧时金属矿与杂质的融合度，冶金工程师通过添加助熔剂来调整杂质成分，以使其与在 1260℃ 时熔化的低共熔混合物的成分相匹配。另一种富含二氧化硅的低共熔物产生的生铁中二氧化硅含量过多。在三元相图 SiO_2-CaO-Al_2O_3 中，可以看出该共晶点接近于硅酸盐水泥的共晶点。

因此，全世界生产的所有炉渣的平均化学成分约为 38% CaO、42% SiO_2 和 20% Al_2O_3。

当炉渣从炉中取出并缓慢冷却后会结晶为黄长石，它是钙铝黄长石（2CaO·Al_2O_3·SiO_2）和镁铝黄长石（2MgO·Al_2O_3·SiO_2）的固溶体。反之，如果矿渣在冷水中迅速淬冷，则会凝结成非晶状颗粒，在研磨后可与硅酸盐水泥中 C_3S 和 C_2S 水化时释放的氢氧化钙发生反应。

为什么颗粒状矿渣具有不同的反应活性？

粒化矿渣的活性不取决于其化学成分，而取决于其无序化程度（玻璃化程度）（图4.7）。

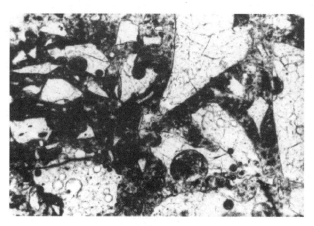

图4.7　白色玻璃状炉渣颗粒

注意具有角状结构的炉渣颗粒及孔隙率。从玻璃颗粒中看不到晶体

这一事实就可以看出，这种热熔渣是在高温下淬火形成的

无序化程度越大，炉渣的反应性就越强。无序化程度是液态渣淬火温度的函数：炉渣越热，淬火矿渣非晶化程度越大，颜色越浅。炉渣温度越低，颗粒活性越低，颜色越深。当"冷"渣被淬火后，它可能含有一些完美的黄长石晶体（图4.8）。

图4.8　在淬火后的矿渣颗粒中存在黄长石晶体

这是一种在液相线温度下淬火的冷渣

在复合水泥中，矿渣的反应性也取决于它的细度。炉渣越细，反应性越强，因为其含有更多无序排列的表面离子（Nkinanubanzi 和 Aïtcin，1999）。当试图增加矿渣水泥的细度时，矿渣通常比熟料更难研磨，因此在混合料中，部分熟料将会被磨得更细——这与预期想得到的结果相反。这就是在生产矿渣水泥时，最好将熟料和矿渣分开磨碎再混合的原因。

4.4 粉煤灰

当煤粉通过燃烧区的火焰时，电厂燃烧的煤或褐煤中所含的杂质就会熔化（图4.9）。

当这些细小的液滴离开燃烧区时，会凝固成球形（以减少其表面能量，如图4.10和图4.11所示），并与燃烧气体一起被带到除尘系统。

由于这些颗粒通常含有丰富的二氧化硅，当它们离开燃烧区时被迅速淬火冷却，没有足够的时间结晶。因此，在除尘系统中收集的粉煤灰是非晶态的，可与水泥水化过程中释放的氢氧化钙发生化学反应。

粉煤灰可视为人造火山灰，其化学成分和非晶态取决于电厂燃烧的煤或褐煤中所含的杂质。在北美，粉煤灰被分为两类：一类是 F 类粉煤灰，含有很少的石灰，另一类是 C 类粉煤灰，含有10%左右的石灰。一些 C 类的飞灰被鉴定为硫钙化物，因为它们也富含硫。

一般而言，粉煤灰的粒径分布与硅酸盐水泥相近。它们可能含有一定数量的结晶颗粒（相当粗），对应的粗杂质通过火焰的速度极快，以至于没有足够的时间熔化。粉煤灰也含有一定比例未燃烧

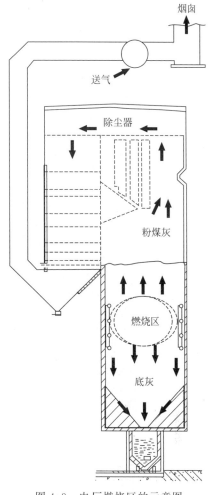

图4.9 电厂燃烧区的示意图

的煤，在某些情况下，这些颗粒会被煤烟覆盖。当使用外加剂时，由于炭和烟尘颗粒可能优先吸收一些外加剂，所以这种未燃烧的炭和烟尘的存在可能会导致严重问题。

可以采用几种处理方法来提高粉煤灰的质量。例如，当粉煤灰通过旋风分离器时，很容易消除其粗颗粒，主要是结晶颗粒（图4.12）和未燃烧炭的粗颗粒。但是，要消除覆盖在粉煤灰颗粒上的烟灰则更加困难，成本也更高。

当研究一种特定类型的粉煤灰对混凝土性能的影响时，只能或多或少地预测其具体作用，很难归纳出一个针对某一特定粉煤灰的结果。例如，Claude Bédard（2005）研究了一种完全结晶的粉煤灰，它没有任何火山灰性质，但它被称为粉煤灰，因为它是在

发电厂除尘系统中收集的灰。

Malhotra 和 Mehta（2012）赞成使用高粉煤灰含量的混凝土，以降低可持续混凝土生产中产生的碳排放。

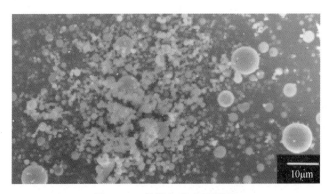

图 4.10　粉煤灰的球形颗粒

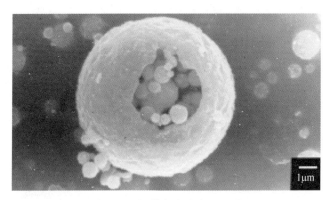

图 4.11　粉煤灰中含有空心球

图 4.12　粗晶粉煤灰颗粒

4.5 硅灰

在生产硅、硅铁或锆的过程中，硅灰会聚集在电弧炉的除尘系统中〔图 4.13（a）和（b）〕。

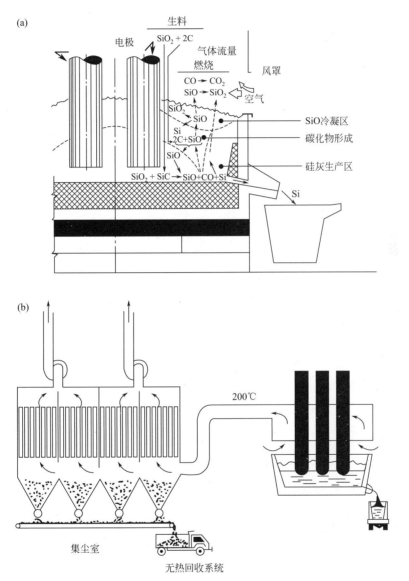

图 4.13　无回收系统生产硅粉的电弧炉示意图（a）及
无热回收系统的电弧炉"袋室"中收集硅粉（b）

在电弧中会有 SiO 蒸气形成，一旦它离开电弧并与空气中的氧气接触，就会转化为非常细小的 SiO_2 球形颗粒（以最大限度地减少它们的表面能），其中含有超过 85% 的非晶态二氧化硅。

当电弧炉配备热回收系统时，除尘系统中收集的硅灰颗粒呈白色，因为它们离开炉子时的温度约为800℃，足以燃烧所有的微量炭。

当炉内没有热回收系统时，除尘系统收集到的硅灰颗粒呈灰色，因为它们与新鲜空气混合后冷却了炉内的高温气体，在低于200℃的温度下离开炉子，因此不会烧毁用来收集垃圾的除尘袋［图4.13（b）］。

硅灰颗粒由于快速淬火而呈非晶态（图4.14）。

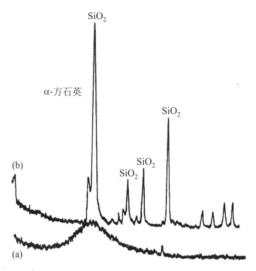

图4.14 硅粉颗粒的X射线衍射图

（a）生产中的；（b）在1100℃加热后的

再加热后，二氧化硅结晶为方石英。在产出的硅灰中发现驼峰与方石英的主尖峰相对应，这表明与硅灰颗粒相比，二氧化硅四面体在短距离中以α-方石英形态排列。

非晶硅颗粒的平均直径约为0.1mm（图4.15）。硅灰颗粒通常为灰色，根据其碳和铁含量的不同，颜色或深或浅。

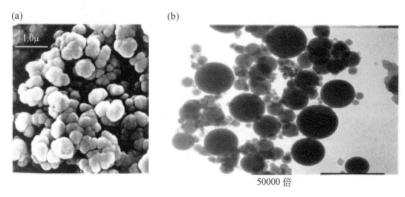

图4.15 在电子显微镜下观察到的硅粉

（a）扫描电子显微镜——硅粉颗粒自然聚集在成品硅粉中；（b）透射电子显微镜——分散的单个颗粒

4.6 煅烧黏土

黏土是由不同层离子通过 OH⁻ 离子键键合而成的硅酸盐。纯高岭石（$2SiO_2 \cdot Al_2O_3 \cdot 2H_2O$）是用来制作瓷器的黏土。它是一种铝硅酸盐，由一层 SiO_2 四面体和 $Al(OH)_3$ 八面体组成，其中 Al^{3+} 位于八面体的中心。当高岭石在 450℃ 和 750℃ 之间加热时，一些水分子会脱离高岭石层，并转化为偏高岭土，呈现出杂乱的结构（图 4.16）。

图 4.16 偏高岭土颗粒

四面体末端的 Si^{4+} 与 C_3S 和 C_2S 水化释放的石灰反应生成 C-S-H。

腓尼基人和古罗马人注意到，砖块、瓦片或陶器的碎片会产生坚固的砂浆。

高岭石本质上在煅烧后可做人工火山灰使用，而伊利石和蒙脱石由于不与石灰反应，在土木工程中并不怎么受关注。

在巴西与阿根廷交界的伊泰普水电站建设过程中，为减少卡车运到此偏远地区的水泥用量，巴西使用了大量的偏高岭土。此外，偏高岭土的使用还有助于降低大坝大型构件的温升。

4.7 天然火山灰

在不同国家，各种天然火山灰与硅酸盐水泥混合使用。这些天然火山灰本质上是富含二氧化硅的非晶态火山灰，但可能具有不同的化学成分和不同的非晶化程度。在图 4.17 中，将天然火山灰的 X 射线衍射图与两种粉煤灰的衍射图进行比较。可以看出，在三个图中，驼峰几乎位于同一位置，均对应于方石英的主峰，而方石英是高温下硅晶的稳定形态。

表 4.1 列出了某些天然火山灰的化学组成。

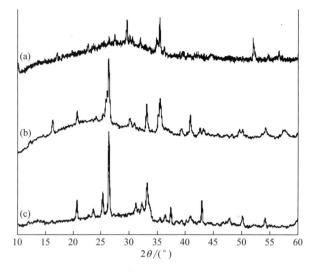

图 4.17　天然火山灰和两种粉煤灰的 XRD 衍射图

（a）天然火山灰；（b）F 级粉煤灰（加拿大）；（c）C 级粉煤灰（美国）

表 4.1　某些火山灰物质的化学组成（%）

物质	SiO₂	Al₂O₃	Fe₂O₃	CaO	MgO	K₂O	Na₂O	SO₃	LOI
圣托里尼岛火山灰	63.2	13.2	4.9	4.0	2.1	2.6	3.9	0.7	4.9
莱茵火山灰	55.2	16.4	4.6	2.6	1.3	5.0	4.3	0.1	10.1
浮岩	72.3	13.3	1.4	0.7	0.4	5.4	1.6	tr.[③]	4.2
煅烧砂岩	83.9	8.3	3.2	2.4	1.0	n.a.[②]	n.a.	0.7	0.4
煅烧黏土	58.2	18.4	9.3	3.3	3.9	3.1	0.8	1.1	1.6
煅烧页岩	51.7	22.4	11.2	4.3	1.1	2.5	1.2	2.1	3.2
高炉矿渣[①]	33.9	13.1	1.7	45.3	2.0	n.a.	n.a.	tr.	n.a.

① 高炉矿渣不再被认定是火山灰。

② n.a.，不详。

③ tr.，跟踪中。

4.8　其他辅助性胶凝材料

在硅酸盐水泥水化过程中，有可能找到其他富含非晶态二氧化硅的天然或人工材料，并与石灰发生反应。例如硅藻土（图 4.18）、珍珠岩（图 4.19）、稻壳灰（图 4.20）和一些水热石英玻璃。目前，这些非晶态二氧化硅还没有被使用，尽管它们是非晶态的，但在研磨后，它们的颗粒呈现出特别无序的形态，如图 4.21 所示。它们在 *Binders for Durable and Sustainable Concrete* 一书中有更详细的描述（Aïtcin，2008）。

图 4.18 硅藻土（a）及其放大视图（b）

图片由 I. Kelsey-Lévesque 拍摄，由 Arezki Tagnit-Hamou 提供

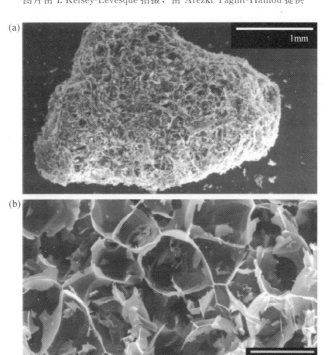

图 4.19 珍珠岩（a）及其放大视图（b）

图片由 I. Kelsey-Lévesque 拍摄，由 Arezki Tagnit-Hamou 提供

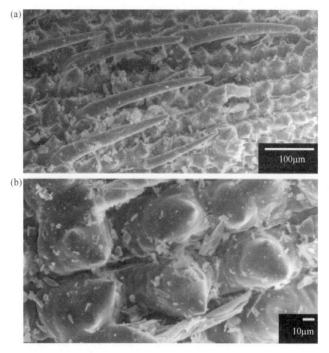

图 4.20　稻壳灰（a）及其放大视图（b）

图片由 I. Kelsey-Lévesque 拍摄，由 Arezki Tagnit-Hamou 提供

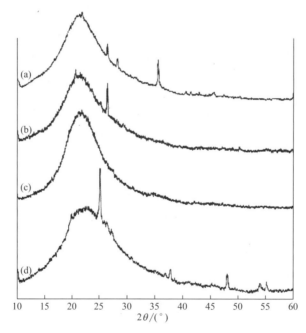

图 4.21　用作辅助性胶凝材料的各种形式非晶硅的典型 XRD 衍射图

（a）硅粉；（b）稻壳灰；（c）硅藻土；（d）偏高岭土

图片由 Arezki Tagnit-Hamou 提供

4.9 填料

根据水泥行业的一些国标，硅酸盐水泥熟料的 $15\%\sim35\%$ 可以用填料代替。填料通常是具有与硅酸盐水泥相似粒度分布的研磨材料，它本身不具有任何胶凝特性，或在某些情况下可能具有非常弱的胶凝性。

当熟料的矿物成分、细度和"石膏含量"发生变化时，就有可能获得一种复合水泥。它具有与普通硅酸盐水泥几乎相同的 28d 抗压强度，并且在温和气候条件下具有良好的耐久性。但是，在恶劣的海洋和北欧环境中，使用这种水泥必须格外谨慎。在这种情况下，最好降低由此复合水泥制成的混凝土的水灰比，以提高其早期与后期强度（Aïtcin 等，2015）。

最常见的填料是石灰石，它是通过将用于生产熟料的石灰石粉碎而获得的。对于水泥生产商来说，因为这部分复合水泥不必经过窑炉，生产成本本低廉，所以是一种非常经济的解决方案。某些情况下，如果价格低廉，也可使用二氧化硅填料。

4.10 磨细玻璃

舍布鲁克大学的 Arezki Tagnit-Hamou 教授及其研究小组发现，将回收的葡萄酒瓶以不同的特定粒度分布进行研磨后，是非常有潜力的填充物。例如，其中一些玻璃粉已用于制造超高强度混凝土（Soliman 等，2014），如图 4.22 所示，以增加强度并方便施工浇筑。即使在硬化的水泥浆中，这些玻璃颗粒也可视为非常坚硬的内掺物，其对水化水泥浆体具有强化作用。

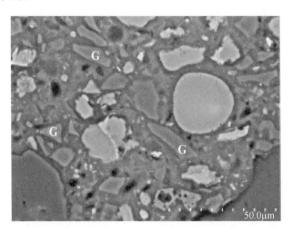

图 4.22 包含玻璃颗粒（G）的超高强度混凝土的水泥浆
图片由 Arezki Tagnit-Hamou 教授和 Nancy Soliman 教授提供

此外，磨细玻璃可使混凝土表面的颜色变浅，从而反射太阳热量。在某些情况下，如果人行道由含有玻璃粉的混凝土制成，则城市街道的环境温度最多可降低 7℃。这对于街道建筑物的气温调节是非常经济的。

4.11 复合水泥

将几种辅助性胶凝材料与波特兰水泥熟料混合，可生产更具可持续性的胶凝材料。这种复合水泥的制造当然要取决于辅助性胶凝材料在当地的可用性。这些复合水泥的生产取决于辅助胶凝材料在当地的可获得性。这些复合水泥可以标记为由二元、三元甚至四元胶凝材料组成，而无需提及复合水泥中不同组分的性质。二元水泥可以是矿渣水泥、粉煤灰水泥或硅粉水泥。三元水泥可能包含了矿渣和硅粉，或粉煤灰和硅粉。由于在低水灰比的混凝土中复合矿渣和粉煤灰时会产生协同效应，因此发现使用含矿渣、粉煤灰和硅粉的四元水泥更具有潜力（Nkinamubanzi 和 Aïtcin，1999）。

通常，在早期（1～3d），这些复合水泥的力学强度不会很高，除非降低水灰比，正如第一章（Aïtcin，2016）Aïtcin 等人（2015）所解释的那样。

4.12 结论

如今，辅助性胶凝材料或填料已被用于生产复合水泥，其环境可持续性优于纯硅酸盐水泥。实际上，每用 1kg 此类材料代替 1kg 熟料时，就会减少 1kg 二氧化碳的排放。

由于这些材料在高水灰比混凝土中的反应性比硅酸盐水泥低，因此降低了混凝土的早期抗压强度。然而，当混凝土的水灰比降低时，在温和的环境中，混凝土具有更高的早期强度和更长的耐久性。因此，复合水泥的发展不应成为为了恢复早期力学强度而一味改变水泥矿物成分、细度和石膏含量的借口。如第 2 章所述，从流变性和耐久性的角度来看，C_3A 对混凝土是有害的（Aïtcin 和 Mindess，2011，2015）。

当辅助性胶凝材料和填料颗粒与某些外加剂接触时，其反应方式与水泥颗粒不同。可以简单地认为，当辅助性胶凝材料与熟料混合时，可以降低外加剂的用量，因为这些颗粒比纯硅酸盐水泥中的颗粒反应性差。每种复合水泥都是独特的，其与外加剂的反应性必须在每种特定情况下进行测试。

P. -C. Aïtcin

Université de Sherbrooke，QC，Canada

参考文献

Aïtcin, P.-C., 2008. Binders for Durable and Sustainable Concrete. Taylor & Francis, London, UK.

Aïtcin, P.-C., 2016. The importance of the water-cement and water-binder ratios. In: Aïtcin, P.-C., Flatt, R.J. (Eds.), Science and Technology of Concrete Admixtures, Elsevier (Chapter 1) pp. 3-14.

Aïtcin, P.-C., Mindess, S., 2011. Sustainability of Concrete. Spon Press, London.

Aïtcin, P.-C., Mindess, S., 2015. Back to the Future. Concrete International 37 (5).

Aïtcin, P.-C., Mindess, S., Wilson, 2015. Increasing the compressive strength of blended cement. Concrete International 37 (x), xx.

Bédard, C., 2005. Superplasticizers−cement Interactions with Supplementary Cementitious Materials. Influence on the Rheology (Ph.D. thesis 1570). Université de Sherbrooke, Canada (in French).

Bogue, R.H., 1952. La chimie du ciment Portland. Eyrolles, Paris.

Malhotra, V.M., Mehta, P.K., 1996. Pozzolanic and Cementitious Materials. OPA, The Netherlands, Amsterdam.

Malhotra, V.M., Mehta, P.K., 2012. High-performance, High-volume Fly Ash Concrete for Building Durable and Sustainable Structures, fourth ed. Supplementary Cementing Materials for Sustainable Development Inc, Ottawa, Canada.

Massazza, F., 1998. Pozzolans and Pozzolanic Cements, Lea's Chemistry of Cement and Concrete. Arnold, London, UK, pp. 470−632.

Nkinamubanzi, P.-C., Aïtcin, P.-C., 1999. The Use of Slag in Cement and Concrete in a Sustainable Development Perspective, WABE International Symposium on Cement and Concrete. Montreal, Canada, pp. 85−110.

Soliman, N., Tagnit-Hamou, A., Aïtcin, P.-C., 2014. A New Generation of Ultra-high Performance Glass Concrete, Third All-Russian Conference on Concrete and Reinforced Concrete. Moscow, May 12−16, pp. 218−227.

05
水及其对混凝土性能的影响

5.1 引言

从第 1 章得知，制备混凝土时，用水量是和水泥用量同样重要的指标，无论对新拌混凝土还是硬化混凝土的性能而言，水都起着非常重要的物理和化学作用（Aïtcin，2016 年）。事实上，在使用外加剂的情况下，决定新拌混凝土和硬化混凝土本质特性的是有效水的质量与水泥或胶材质量的比值。正如第 1 章所述，人们对 w/c 或 w/b 这一概念最感兴趣的地方在于它与水、水泥或胶凝材料的用量同等重要。

多数人认为，在混凝土中加入水只是为了使水泥水化并形成水化产物凝胶，而水在混凝土配料和硬化过程中的物理作用常常没有被很好地理解，甚至是被忽视。

5.2 水在混凝土中的重要作用

准确计算混凝土中的有效用水量是非常重要的。通过水表很容易知道搅拌机中加入的水量，但要精确计算不同材料引入搅拌机中所包含的所有不同形式的"隐藏水"却没那么容易。

例如，当用湿砂制备混凝土时，计算它引入拌合物中的额外水量很重要。这个水量对应于超过饱和面干状态（saturated surface dry，SSD）的用水量。例如，当使用 800kg 的 SSD 砂制备混凝土时，砂总含水量为 2% 表示有 16L 水，对于普通混凝土而言，这意味着达到目标坍落度、强度和耐久性所需有效用水量的 10%。这 10% 的水量变化大致代表了 10% 的水灰比变化，同时也会显著地改变硬化混凝土的强度和耐久性。

在这一章中，有关用于制备高耐久性混凝土的水的化学性质不作讲解，这些信息在参考书（例如 Kosmatka 等，2002）中都有。本章将简要介绍两种特殊情况，即用海水或搅拌站收集的废水。我们关注的重点是水在新拌合硬化混凝土性能中的作用，以及水在混凝土表观体积尺寸变化中所起的关键作用。

在混凝土的新拌状态下，搅拌控制过程中引入的水量在很大程度上决定了下列性质：

- 有无外加剂的情况下混凝土的流变性
- 水泥颗粒开始水化时的相对位置
- 不同离子在胶凝材料中的溶解度
- 混凝土的导电性和导热性
- 泌水和离析

在硬化过程的发展进程中，水的用量起着关键的作用：

- 硅酸盐水泥四个主要阶段的水化反应发展
- 水化反应对混凝土的物理性能、热力学和体积的影响
- 自收缩的发展
- 混凝土导电性能和导热性能的演变

在硬化混凝土中，水继续参与硅酸盐水泥四个阶段的水化以及现阶段通常与水泥混合的各种胶凝材料的水化。水化反应可能因不同原因而终止：

- 水泥颗粒已完全水化，这种情况出现在混凝土 w/c 大于 0.42 时
- 没有更多的水可用来水化剩余的水泥颗粒，这种情况出现在混凝土 w/c 比较低时
- 没有更多的空间容纳水化产物，这是低水灰比混凝土的情况
- 已经形成的水泥浆体密度太大，水不易迁移到未水化的水泥颗粒中

在硬化混凝土中，毛细水是侵蚀性离子通过渗透和渗透压（离子浓度差）进入到混凝土中所用到的介质，混凝土孔溶液中的一些离子也可以通过渗透压浸出。

如下文所示，在水泥浆多孔系统中弯月面所产生的拉力（通过毛细作用力产生的静水压力）和覆盖孔壁的水膜形成的表面张力均会导致体系发生不同形式的收缩，水在其中也起着关键作用。

从实际应用的角度来看，配制混凝土时与用水有关的主要问题是，水的积极作用与它的易用性成反比。

例如，在配料过程中很容易在搅拌机中添加过量的水，或者到达现场时在罐车的滚筒搅拌机中容易添加更多的水。然而，在这些情况下，必须减少用水量以避免在耐久性和可持续性方面影响到硬化混凝土的性能。与此相反，用于现场养护混凝土时，不加限制的用水不利于承包商的施工。承包商们通常认为水养护过程烦琐，除非专门付给他们这方面的报酬。

w/c 越低，养护水就越难渗入到混凝土内部，就越不利于混凝土表层内水泥的水化。由于混凝土表层是防止钢筋锈蚀的物理屏障，因此它也是混凝土非常重要的组成部分。

5.3　水对混凝土流变性的影响

当掺有特定外加剂时，搅拌机中引入的水决定了混凝土的流变特性，相关内容将在第7章和第16章中讲述（Yahia 等，2016；Nkinamubanzi 等，2016）。首先，水开始润湿水泥颗粒，在颗粒之间产生黏结力，使混合物具有通常所说的工作性——一种黏结特性。当相同体积的石灰石或二氧化硅填料与水泥颗粒粒径相同时，则不会产生这些黏结特性，其原因在第11章减水剂与超塑化剂的作用机理（Gelardi 和 Flatt，2016）中有解释。

水泥颗粒"初始润湿效应"产生的黏结性大大降低了在均质拌合物中泌水和离析的风险。该黏结特性由以下原因导致：水泥颗粒表面初期水化产物的形成、水泥颗粒之间产生的静电力、强极性水介质，以及水泥和水之间介电性能的差异（参见第11章，Gelardi 和 Flatt，2016）。

因为填料和辅助胶凝颗粒不会像水泥颗粒那样被水"润湿",所以当其在水泥中大量存在时,会增加泌水和离析的风险,除非在拌合物中加入调黏剂。

通常,混凝土在水化初期形成的黏结性物质不会快速增加,因此,混凝土在浇筑前可以运输 90min 左右。然而,如果在混凝土运输到现场的过程中,这些黏结物质生成过快,会导致无法接受的工作性损失,则必须恢复至坍落度合格,以便于浇筑。通过加水(重新拌合)来恢复工作性是不可能的,因为所有加入的水都会导致 w/c 增加,对混凝土的抗压强度、耐久性和可持续性产生极大影响。恢复混凝土工作性的唯一方法是额外加入减水剂或超塑化剂。

当天气过热或混凝土温度过高时,可在混凝土搅拌过程中加入缓凝剂,以减缓 C_3A 和 C_3S 的水化进程,降低坍落度损失。

5.4　水和水泥水化

水化反应的内容主要在第 2 章和第 8 章(Aïtcin,2016b;Marchon 和 Flatt,2016a)介绍,外加剂作用的讨论详见第 12 章(Marchon 和 Flatt,2016b)。在本节中,由于技术上的重要性,对水化反应的某些特定方面进行回顾。

首先,水化反应开始于水泥颗粒表面离子的释放以及水泥中不同形式的硫酸盐进入溶液的过程。在溶解过程中,水泥浆体温度略有升高,导电性迅速增大。在混凝土中,由于骨料具有散热功能,所以很难观察到温度升高,但很容易注意到混凝土导电性的升高,如图 5.1 所示。

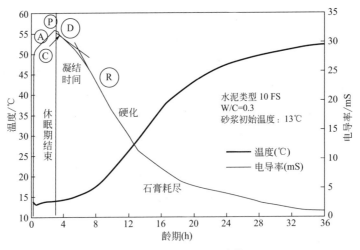

图 5.1　8％硅灰复合水泥的导电性和放热(Aïtcin,2008)

5.5　水和收缩

5.5.1　总则

在第 2 章中,从体积变化来看,混凝土并不是一种稳定的材料,其表观体积会随着养护条件的变化而变化（Aïticn，2016b），通常（但不总是）表现为表面体积减小，即混凝土收缩。当混凝土处于部分饱和状态时，毛细网络中水的迁移与混凝土收缩直接相关。从实际应用的角度来看，可以观察到四种类型的收缩：

• 在干燥多风的条件下，新拌混凝土表面会出现塑性收缩。表层水从新拌混凝土表面蒸发，由于受到干燥严重程度和是否有泌水情况的影响，内部结构会出现深浅不一的裂缝。

• 任何混凝土都会产生化学收缩，无论它的 w/c 是多少。这种收缩是由于水泥浆体绝对体积的化学收缩所引起的。

• 当水从干燥的硬化混凝土中蒸发时，就会发生干缩。

• 自收缩是一种特殊的收缩，发生在低水灰比的混凝土中，是水泥本身水化的结果。水与固体水化产物的结合导致其产生自诱导干燥，进而引发类似于干缩的过程。

从本质上讲，所有这些类型的收缩都是来自新拌或硬化混凝土的水分损失。对于化学收缩，水与水化产物的结合导致了化学反应过程中的体积损失。

Baquerizo 等（2014）研究表明，混凝土的干燥，无论是由于环境条件还是自身作用引起的，都会导致混凝土水化胶凝基体中孔隙内毛细作用力的产生，并导致水化产物自身体积的减小。前者是在孔隙壁上产生拉应力，导致胶凝基体产生收缩，后者导致固体骨架本身的塌陷收缩（如黏土中）。

由于毛细作用力对胶凝材料体积稳定的重要性，这里简要介绍一下毛细作用力的概念。混凝土多孔胶凝基体中所含的水分会与周围环境处于长期平衡，因此当部分饱和孔隙内的湿度等于周围环境的湿度时，混凝土将不再失水。孔体系排空的程度取决于孔隙的总孔隙率和孔径分布以及混凝土所处的环境湿度。

开尔文定律假设完全饱和的混凝土中水压等于大气压，则部分饱和孔隙的残余水或孔溶液的压降仅取决于相对湿度：

$$\Delta P = \frac{RT}{v_W}\ln(\mathrm{RH})$$

式中，ΔP 是液相和气相之间的压力梯度；R 是气体常数；T 是热力学温度；RH 是相对湿度。

拉普拉斯定律告诉我们，弯月面越小或最大的饱水毛细管越小，拉应力就越大：

$$\Delta P = \frac{2\gamma\cos\theta}{r}$$

式中，ΔP 是液相与气相之间的压力梯度；γ 是液相的表面张力；θ 是液相与固相之间的接触角；r 是圆柱状毛细管孔隙的半径。

这解释了孔隙的连续排空现象：从较大的孔隙开始，在剩余的最大饱水孔隙的入口处形成具有张力的弯月面，并在排空的孔壁上形成水膜。

由这些方程可以看出，孔隙水量或毛细压力的下降随着湿度的降低而增加，最大饱水孔隙的尺寸随着湿度的降低而减小：

$$\ln(\mathrm{RH})\propto\frac{1}{r}$$

科学界一致认为毛细压力是干缩的驱动力。然而，这些力如何作用于胶凝材料仍然是一个有争议的话题。

关于干燥收缩的机理，目前基本上有两种观点。第一种理论认为，毛细作用力是静水压力，通过作用于孔壁的拉应力使多孔基体收缩（Scherer，1990；Granger 等，1997a，1997b；Coussy 等，1998，2004）。第二种观点认为，水化产物表面之间的膨胀压力或表面张力不仅可以解释混凝土的收缩，还可以解释混凝土在过饱和时产生的膨胀（Badmann 等，1981；Ferraris 和 Wittmann，1987；Scherer，1990；Beltzung 和 Wittmann，2005；Setzer 和 Duckheim，2006；Eberhardt，2011）。在第 13 章中将会更详细地讨论收缩，并阐述减缩剂的工作机理（Eberhardt 和 Flatt，2016），其化学结构将在第 9 章概述（Gelardi 等，2016）。

5.5.2　如何消除塑性收缩的风险

由于混凝土表面的水分蒸发会导致塑性收缩，所以无论混凝土的水灰比是多少，消除塑性收缩的最佳方法均是使混凝土表面外的空气中充满水蒸气。可以采用类似于花卉苗圃中使用的喷雾器来完成此操作（图 5.2）。

图 5.2　喷雾防止塑性收缩
Richard Morin 提供

当混凝土的水灰比低于 0.42 时，混凝土表面不应加养护膜。因为当混凝土表面足够坚硬时，就会接受外部水的养护，如图 5.3 所示。这对于混凝土抵抗自收缩至关重要，养护膜的使用将会妨碍这一过程，在这种情况下，必须使用防蒸发剂。当使用水管进行外部养护时，这些外加剂便会被冲走。

5.5.3　如何缓解自收缩

自收缩是体积收缩的结果（Le Chatelier，1904；Lynam，1934；Davis，1940），同时也是由于水在水泥水化过程中发生了内耗所引起的。如果没有外部水源（浆体外部）使水泥浆体中孔体系饱和，这种化学收缩所产生的细小孔隙就会从已水化水泥浆中较粗的毛细管中吸收等量的水，从而导致在这些毛细管中出现弯月面。如上所述，毛细管中水分的排空导致内部湿度下降（Lura 等，2003；Jiang 等，2005；Wyrzykowski

图 5.3 浇筑后 24h 采用饱和土工布养护

Richard Morin 提供

等，2011），这种自发的干燥会引起拉应力和收缩，即自诱导干缩。

随着水化反应的进行，更多的水逐渐从越来越细的毛细管中流出，由弯月面产生的拉应力会越来越大，最终导致表观体积的显著收缩。然而在水化过程中，如果外部水源（浆体外部）填充这些孔隙，使水泥浆中毛细管的水分保持饱和，浆体中将不再产生拉应力（Aïtcin，1999）。事实上，若要缓解自收缩必须向混凝土提供外部水源（混凝土外部）或内部水源（混凝土内部、浆体外部）。

5.5.4 如何提供内部水源

学者们提出了各种相应的技术来提供内部水源，其基本思想是在搅拌时引入一种材料，它可以暂时储存一定量的水而不影响水泥浆体的水分平衡，然后在必要时释放。

有人提出使用饱和轻质粗骨料或轻质细骨料（Klieger，1957；Bentz 和 Snyder，1999；Weber 和 Reinhardt，1997；Mather，2001），或高吸水性聚合物（superabsorbent polymers，SAP）(Jensen 和 Hansen，2001；Kowler 和 Jensen，2005）。Mechtcherine 和 Reinhardt（2012）发表了在胶凝材料中使用 SAP 的进展。虽然，关键在于水泥浆可以很容易地从这些材料中获得内部水源。

这项技术在提高混凝土结构的耐久性和可持续性方面做出了重要贡献，特别是主要处于弯曲状态的构件中，因为它消除了在使用低水灰比混凝土时由于不可控自收缩而产生裂缝的风险。

饱和轻质粗骨料成功被用作一种内部水源，但由于其吸水量比同等体积的轻细骨料要少，因此若要储存同等体积的水，应使用较大体积的饱和轻质粗骨料。不过，用等量的这种粗骨料代替部分普通粗骨料，可能会在一定程度上降低混凝土的抗压强度和弹性模量。

用相同体积的饱和轻质砂代替部分普通砂的方式备受关注。因为轻质砂的孔隙率很高，通常大于 10%，所以 100kg 的轻质砂可以储存约 10L 的水。但重要的是要检查轻质砂是否由大孔隙组成，因为只有大孔隙才容易放出它们预吸的水。

Jensen 和 Hansen（2001）也建议使用 SAP 作为内部水源，这些聚合物已在婴儿尿布中得到应用。当其在拌合物中处于干燥状态时，可吸收的水质量等于其干重的 50～

200 倍。在混凝土中，当混合的水里大量离子浓度达到饱和时，SAP 的吸收能力会被限制在 50%，而达不到 200%。

对于两种类型的内养护储水材料，需注意使单个颗粒均匀分布，这样水才能通过水化胶凝基体及时到达干燥区（Henkensiefken 等，2009）。基本上，供给水的分布可以看作与引入气泡的分布相同。此外，水必须分散均匀，这样进入储水材料的速度才会足够快。

综上所述，轻骨料和 SAP 不仅要有足够的数量，还要具有足够的细度或粒径分布。

5.5.5 如何消除干缩

基本上，干燥引起的收缩可以通过消除干燥轻易避免。

如果要消除干缩的发展，只有一个办法：封闭混凝土表面的所有孔隙，使毛细水不能离开已硬化的混凝土。可在混凝土表面涂上密封剂或是任何不渗透的薄膜及涂层。

然而，即使是高质量的表面处理，这种方法的可持续性在很大程度上还是取决于密封剂或保护层的耐久性。

5.6 水与碱/骨料反应

所有研究碱/骨料反应的学者至少有一点是达成共识的：该反应需在有水的条件下发生。因此，为了阻止这种反应的发生，理论上只需要密封混凝土表面即可，但知易行难。据报道，在混凝土表面涂覆硅烷可阻止碱/硅反应（ASR）的发展。然而，重要的是要区分新施工、修复和试图通过应用这些产品来缓解 ASR 的情况。在这些情况下，表面处理的效果应该从第一种情况到第三种情况递减。特别是，在情况 2 和 3 中，已经经受 ASR 的结构可能已经有足够的水（深）。因此，笔者对通过表面处理可持续缓解 ASR 的可能性表示怀疑，特别是对大型结构，但鉴于与这些预期相反的明确证据，笔者改变了想法。

5.7 某些特殊领域水的应用

5.7.1 海水

是否可以用海水来浇筑混凝土呢？当没有其他选择时，这个经常被提出来的问题答案肯定是"可以"。海水可以用来制备无钢筋混凝土，但与纯水制备的混凝土相比，其抗压强度会降低约 20%（Mindess 等，2003）。

5.7.2 预拌操作中产生的废水

在许多国家，不允许混凝土生产商直接将废水排入下水道，必须回收或处理污水，处理后的污水才能在污水处理系统中安全排出。

除去废水中存在的固体颗粒很容易：只需要使用离心机或过滤机，或使用一种特殊的絮凝剂，使这些颗粒快速沉降。但大多数情况下，经过物理或化学处理后收集的水，通常含有许多前期配料时所用外加剂含有的离子或有机物，如果在制备高标号混凝土时使用这种处理过的水作为配料水可能会有问题，因为前几批含有的所有的这些剩余物可能会改变下一批含有的使用新外加剂的效果。因此，在这种情况下，严格控制只能有一定体积的处理水可以代替纯水。不过在低标号混凝土中，处理过的废水可以大量使用。

5.8 结论

控制混凝土配料时的用水量极为重要。对用水量的精确了解与知晓水泥或胶凝材料的用量同等重要。实际上，w/c，即水和水泥或胶凝材料之比，是控制新拌和硬化混凝土多数性能的关键因素，也是控制其耐久性和可持续性的关键因素。

长期以来，改变水的用量是改善混凝土流变性的唯一途径，但现在外加剂也可以改善这一性能。因此，现代混凝土的流变性取决于水和这些外加剂之间的微妙平衡。

在混凝土搅拌过程中，节约用水是很重要的，但与此相反，水可以大量用于混凝土的养护过程。为了确保混凝土在施工现场得到适当养护，只需要向承包商单独支付水养费用，并详细说明要做什么、如何做以及何时停止即可。当精确地给出这些指令时，承包商就会更愿意去做，因为他们也可以从水养护的工序中获利。

内养护在低水灰比混凝土中的应用将会越来越广泛，原因有二：它可以提供一些水促进辅助胶凝材料的水化，并减缓低 w/c 混凝土的自收缩发展。例如，在得克萨斯州，对含有粉煤灰的公路路面进行内养护是一种常见做法。可以预见，用复合水泥制成的混凝土整体水化速度较慢，需要有一个内部水源使其能够充分发挥潜力。这就解释了这种混凝土内养护的具体好处。

随着在市政下水道系统中清除废水的限制越来越严格，混凝土企业也必须学会如何最大限度地利用搅拌站收集的废水。

P. -C. Aïtcin

Université de Sherbrooke，QC，Canada

参考文献

Aïtcin, P.-C., 1999. Does concrete shrink or does it swell? Concrete International 21 (12), 77−80.

Aïtcin, P.-C., 2008. Binders for Durable and Sustainable Concrete. Taylor & Francis, London, UK.

Aïtcin, P.-C., 2016a. The importance of the water−cement and water−binder ratios. In: Aïtcin, P.-C., Flatt, R.J. (Eds.), Science and Technology of Concrete Admixtures. Elsevier (Chapter 1), pp. 3−14.

Aïtcin, P.-C., 2016b. Phenomenology of cement hydration. In: Aïtcin, P.-C., Flatt, R.J. (Eds.), Science and Technology of Concrete Admixtures. Elsevier (Chapter 2), pp. 15−26.

Badmann, R., Stockhausen, N., et al., 1981. The statistical thickness and the chemical potential of adsorbed water films. Journal of Colloid and Interface Science 82 (2), 534−542.

Baquerizo, L.G., Matschei, T., et al., 2014. Methods to determine hydration states of minerals and cement hydrates. Cement and Concrete Research 65, 85−95.

Beltzung, F., Wittmann, F.H., 2005. Role of disjoining pressure in cement based materials. Cement and Concrete Research 35 (12), 2364−2370.

Bentz, D.P., Snyder, K.A., 1999. Protected paste volume in concrete: extension to internal curing using saturated lightweight fine aggregates. Cement and Concrete Research 29, 1863−1867.

Coussy, O., Eymard, R., et al., 1998. Constitutive modeling of unsaturated drying deformable materials. Journal of Engineering Mechanics 124 (6), 658−667.

Coussy, O., Dangla, P., et al., 2004. The equivalent pore pressure and the swelling and shrinkage of cement-based materials. Materials and Structures 37 (1), 15−20.

Davis, R.E., 1940. A summary of the results of investigations having to do with volumetric changes in cements, mortars and concretes due to causes other than stress. Journal of the American Concrete Institute 1 (4), 407−443.

Eberhardt, A.B., 2011. On the Mechanisms of Shrinkage Reducing Admixtures in Self Consolidating Mortars and Concretes. Aachen, Shaker, ISBN 978-3-8440-0027-6.

Eberhardt, A.B., Flatt, R.J., 2016. Working mechanisms of shrinkage reducing admixtures. In: Aïtcin, P.-C., Flatt, R.J. (Eds.), Science and Technology of Concrete Admixtures. Elsevier (Chapter 13), pp. 305−320.

Ferraris, C.F., Wittmann, F.H., 1987. Shrinkage mechanisms of hardened cement paste. Cement and Concrete Research 17 (3), 453−464.

Gelardi, G., Flatt, R.J., 2016. Working mechanisms of water reducers and superplasticizers. In: Aïtcin, P.-C., Flatt, R.J. (Eds.), Science and Technology of Concrete Admixtures. Elsevier (Chapter 11), pp. 257−278.

Gelardi, G., Mantellato, S., Marchon, D., Palacios, M., Eberhardt, A.B., Flatt, R.J., 2016. Chemistry of chemical admixtures. In: Aïtcin, P.-C., Flatt, R.J. (Eds.), Science and Technology of Concrete Admixtures. Elsevier (Chapter 9), pp. 149−218.

Granger, L., Torrenti, J.M., Acker, P., 1997a. Thoughts about drying shrinkage: scale effects and modelling. Materials and Structures 30 (2), 96−105.

Granger, L., Torrenti, J.M., Acker, P., 1997b. Thoughts about drying shrinkage: experimental results and quantification of structural drying creep. Materials and Structures 30 (10), 588−598.

Henkensiefken, R., Bentz, D., et al., 2009. Volume change and cracking in internally cured mixtures made with saturated lightweight aggregate under sealed and unsealed conditions. Cement and Concrete Composites 31 (7), 427−437.

Jensen, O.M., Hansen, P.F., 2001. Water-entrained cement-based materials: I. Principles and theoretical background. Cement and Concrete Research 31 (4), 647−654.

Jiang, Z., Sun, Z., et al., 2005. Autogenous relative humidity change and autogenous shrinkage of high-performance cement pastes. Cement and Concrete Research 35 (8), 1539−1545.

Klieger, P., 1957. Early high-strength concrete for prestressing. In: Proceedings of the World Conference on Prestressed Concrete, San Francisco. A5(1) pp.

Kosmatka, S.H., Kerkoff, B., Panarese, W.C., McLeod, N.F., McGrath, R.J., 2002. Design and Control of Concrete Mixtures, EB 101, seventh ed. Cement Association of Canada, Ottawa, Canada, ISBN 0-89312-218-1. 368 pp.

Kovler, K., Jensen, O.M., 2005. Novel technique for concrete curing. ACI Concrete International 27 (9), 39−42.

Le Chatelier, H., 1904. Recherches Expérimentales Sur la Constitution des Mortiers Hydrauliques. Dunod, Paris.

Lura, P., Jensen, O.M., et al., 2003. Autogenous shrinkage in high-performance cement paste: an evaluation of basic mechanisms. Cement and Concrete Research 33 (2), 223−232.

Lynam, C.G., 1934. Growth and Movement in Portland Cement Concrete. Oxford University Press, London, pp. 25−45.

Marchon, D., Flatt, R.J., 2016a. Mechanisms of cement hydration. In: Aïtcin, P.-C., Flatt, R.J. (Eds.), Science and Technology of Concrete Admixtures. Elsevier (Chapter 8), pp. 129−146.

Marchon, D., Flatt, R.J., 2016b. Impact of chemical admixtures on cement hydration. In: Aïtcin, P.-C., Flatt, R.J. (Eds.), Science and Technology of Concrete Admixtures. Elsevier (Chapter 12), pp. 279−304.

Mather, B., January 2001. Self-curing Concrete, Why not? Concrete International 23 (1), 46−47.

Mechtcherine, V., Reinhardt, H.-W. (Eds.), 2012. Application of superabsorbent polymers (SAP) in concrete construction: state of the art report prepared by technical committee 225-SA, RILEM state-of-the-art reports, vol. 2. Springer, Dordrecht.

Mindess, S., Young, J.F., Darwin, D., 2003. Concrete, second ed. Prentice-Hall, Upper Saddle River, NJ. 644 pp.

Nkinamubanzi, P.-C., Mantellato, S., Flatt, R.J., 2016. Superplasticizers in practice. In: Aïtcin, P.-C., Flatt, R.J. (Eds.), Science and Technology of Concrete Admixtures. Elsevier (Chapter 16), pp. 353−378.

Setzer, M.J., Duckheim, C., 2006. The Solid−liquid Gel-system of Hardened Cement Paste, 2nd International RILEM Symposium on Advances in Concrete through Science and Engineering. RILEM Publications SARL, Quebec City, Canada.

Scherer, G.W., 1990. Theory of drying. Journal of the American Ceramic Society 73 (1), 3−14.

Weber, S., Reinhart, H.W., 1997. A new generation of high performance concrete: concrete with autogenous curing. Advanced Cement Based Materials (6), 59−68.

Wyrzykowski, M., Lura, P., et al., 2011. Modeling of internal curing in maturing mortar. Cement and Concrete Research 41 (12), 1349−1356.

Yahia, A., Mantellato, S., Flatt, R.J., 2016. Concrete rheology: A basis for understanding chemical admixtures. In: Aïtcin, P.-C., Flatt, R.J. (Eds.), Science and Technology of Concrete Admixtures. Elsevier (Chapter 7), pp. 97−128.

06

混凝土中引入的空气：流变性和抗冻性

6.1　引言

人们偶然发现，新拌混凝土和硬化混凝土中引入少量微小气泡（直径为 $10\sim100\mu m$）会产生有益的作用。众所周知，这些气泡能大幅度改善硬化混凝土的性能，特别是在冬季冻融循环条件下服役期间的耐久性。同时这些小气泡也极大地改善了新拌混凝土的流变性。因此，即使在北海道岛北部以外的日本地区，混凝土的抗冻融循环性能并不是主要问题，日本人还是要求在混凝土中引入 3%～5% 的空气。

6.2　残留气泡与引入气泡

当浇筑非引气混凝土时，大气泡在振捣后仍残留在硬化混凝土中。这些硬化混凝土中的大气泡形状和分布均不规则，称为残留气泡。通常，经过充分振捣的混凝土可能会包含 1%～2% 的残留气泡（$10\sim20L/m^3$）。残留气泡量取决于水化水泥浆的黏度、粗骨料的尺寸、混凝土的坍落度、振捣强度及持续时间。每个残留的气泡都会产生一个受力缺陷，降低硬化混凝土的力学性能。

为了在混凝土的砂浆中形成细小且分散均匀的气泡网络，必须使用引气剂。第 9 章将概述这些外加剂的化学性质（Gelardi 等，2016）。应当注意，"引气剂"的表达可能会产生混淆，因为这类外加剂本身不引入球形小气泡；相反，它可以稳定混凝土拌合过程中引入的气泡。这种外加剂更应称为"空气稳定剂"。引气剂的作用机理将在第 10 章和第 17 章详细讨论（Marchon 等，2016；Gagné，2016）。

如图 6.1 所示，在新拌混凝土中，这种外加剂集中在气泡表面，并形成一层足够坚固的薄膜，形成球形的稳定气泡。这些气泡足够稳定，不会在拌合过程中被破坏，且不会合并为大气泡。

因此，掺入引气剂能稳定拌合过程中的引入空气，形成数百万平均直径在 $10\sim100\mu m$ 之间的小气泡，其直径范围与混凝土中水泥颗粒的直径范围相当。

为了提高混凝土的抗冻融循环性能，通常每立方米混

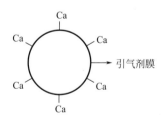

图 6.1　引气得到的气泡
（阴离子型）

凝土需要引入 50～60L 的这些细小气泡。然而最重要的是，这些气泡在混凝土中必须均匀分散，这种分散性可用气泡间距系数进行表征。显然，$1m^3$ 混凝土中心处 50～60L 充满空气的大孔不会影响该砌块的抗冻融循环性能。

6.3 引气的作用

不幸的是，在许多工程师眼里，引入空气对混凝土只有两种影响：一方面防止冻融破坏，另一方面降低抗压强度。因此，似乎如果混凝土不暴露在冻融环境中，就不需要引气，使抗压强度降低。但是这完全是一种错误的认识，因为即使只引入百分之几的气泡也会给新拌和硬化混凝土的性能带来好处。

引气的好处如下：
- 浆料体积会增加；
- 水泥浆体流态化；
- 混凝土流变性改善；
- 硬化混凝土的吸水率和渗透率降低；
- 硬化混凝土因某种原因开始破裂时，可耗散掉裂缝顶端集中的能量；
- 可以作为自由体积容纳在混凝土中形成的膨胀成分（钙矾石、二氧化硅凝胶）沉淀物。

当然，可以肯定的是，每立方米含有 50～60L 空气的混凝土不如同水灰比（w/c）、只引入 10～20L 空气的混凝土强度高。确实如此，但要达到相同的工作性水平，引气混凝土用水量较少。对于给定的水泥用量，较少的拌合水意味着降低 w/c，提高混凝土的耐久性和可持续性。混凝土的耐久性更多地取决于 w/c 而不是强度。即使在低强度混凝土（20MPa 或更小）中，引气混凝土的耐久性也稍强于用相同水泥量配制的非引气混凝土。实际上，由于其对新拌混凝土的润滑作用，引气剂可认为是减水剂。

6.3.1 引气对新拌混凝土工作性的影响

如前所述，向新拌混凝土中引入 30～60L 空气，可替代等量的砂子，使混凝土更加"乳化"。这种浆料成分可改善新拌混凝土的流变性，特别是其工作性。其作用机理为，浆体中小气泡类似滚珠轴承的滚珠，可起到润滑作用。实际上，这种解释存在着更为复杂的内部因素，因为引入的空气会同时改变浆体的黏度与黏聚力。

经验表明，引入空气可显著降低泌水和离析的风险。同样，引气也在水泥浆和骨料之间的过渡区中起作用，减少泌水和离析的风险。引入少量气泡可改善用机制砂或废弃混凝土再生砂所配制混凝土的工作性，其中再生砂因颗粒形状不一且具有吸附能力，会对混凝土工作性产生不利影响。

引气还可以用于改善使用非常粗糙的砂配制成的混凝土的工作性。在加拿大北极地区，由于用细度模数为 4.5 的砂所制混凝土难以浇筑，因此向其中引入 8%～10% 的空气。因为在北极地区，混凝土暴露在相当干燥的环境中，几乎不会经历冻融循环，因此抗冻融循环不是问题。

低 w/c 或 w/b 混凝土中水泥或胶凝材料掺量高，引气可以显著改善其工作性（Aïtcin，1998）。上述现象可在以下简单的实验中看到：

首先，使用水灰比 w/c 为 0.35 的非引气混凝土，可以看出这种混凝土黏聚性和黏度很高，很难用抹刀切开。

其次，向该混凝土中添加少量引气剂。混凝土变得更容易加工，黏聚性和黏度降低，容易切开。

由于引气可以提高低水灰比混凝土的工作性，促进混凝土的浇筑和泵送，并改善暴露面的观感，因此得到广泛使用。引入的空气是许多自密实混凝土的重要组成部分。

6.3.2　引气对裂纹扩展的影响

当水泥硬化浆体中出现裂缝时，其大部分能量集中在裂缝的尖端。当该裂缝的尖端遇到气泡时，其能量会耗散到整个气泡表面，因此裂缝扩展会停在此处。

6.3.3　引气对混凝土吸水率和渗透率的影响

引气对混凝土渗透性的影响是有争议的。例如，Adam Neville（2011）认为，引气会降低混凝土的渗透性，Kosmatka 等（2002）则认为没有任何影响。笔者认为非连通气泡网络的存在降低了水在毛细系统的迁移能力。出于同样的原因，引气混凝土的吸水率应低于具有相同水灰比非引气混凝土的吸水率。

6.3.4　容纳膨胀性水化产物

由引气产生的 50～60L 自由空间可安全填充膨胀性水化产物。在观察因冻融循环破坏的混凝土时，常常可以看到一些气泡以及水泥浆体和骨料之间的过渡区中充满了钙矾石针状物。形成钙矾石晶体所需的离子被输送到气泡中，在那里有足够的空间形成大晶体（图 6.2）。

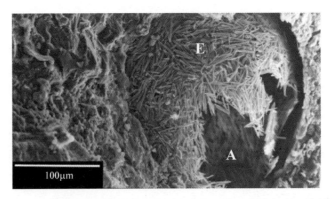

图 6.2　因冻融循环被破坏的混凝土中在气泡内形成的钙矾石针状物

图片由 Arezki Tagnit-Hamou 提供（Aïtcin，2008）

Raphaël 等（1989）在电子显微镜下观察了从魁北克水电公司（Hydro Quebec）建造的七个水坝上取下来的混凝土芯，所用花岗岩骨料组成基本为石英晶体，由于这些晶体中产生的内应力，在偏振光下具有消光性❶。现已知，这种骨料与水泥浆体中的碱有弱反应性，然而，在这七座大坝中，引入的气泡和过渡区足够大，足以容纳硅胶的沉积。碱与骨料之间的这种反应不但没有破坏混凝土，反而增强了混凝土，测试混凝土的抗压强度和弹性模量，其值远远超过初始值。这些混凝土的渗透性也很低。

相反，在另外三个用活性骨料建造的大坝中，50～60L 的气孔不足以保护这些混凝土不受破坏。这三座大坝的混凝土受损严重。

6.3.5 引气对抗冻融循环的影响

在北美，面临冻融循环的混凝土耐久性需通过非常严格的 ASTM C666 标准试验方法进行评估。该标准提出两个试验程序：

• 程序 A，包括在水中的冻融循环（在法国，此程序已编入法国标准 NF P 18-424）；

• 程序 B，在空气中进行冷冻（法国标准 NF P 18-425）。

一般情况下，冻融试验是按程序 A 进行的，该程序较为严格。混凝土块中心温度必须在 6h 内从－15℃升高到 15℃（法国标准要求 4～6h 内从－18℃升高到 9℃）。在加拿大和法国，通常认为能经受 300 次冻融循环的混凝土才可看作具有抗冻融性能。在加拿大；试样需水养 2 周后（法国标准为 4 周）才会放入冷冻柜中，因此必须等待至少 75 天（13 周）才能知道混凝土是否具有抗冻融性能。为缩短该试验周期，人们寻找一种更快速的抗冻融性评价方法。根据 Powers 的研究，气泡网络间距系数的测定可以更快速地评估混凝土的抗冻融性能。间距系数的测定参照 ASTM C457—98《硬化混凝土气孔系统参数显微测定标准试验方法》。

实际上，间距系数对应于两个气泡之间距离一半的平均值，是指水在到达气泡之前必须移动的平均距离，在气泡中，水受冻膨胀不会在水泥浆中产生破坏力。在一块 100mm×100mm 的抛光板上进行不到一周时间的测定即可获得间距系数。

但是，加拿大的 A23.1 标准认为如果对测得的间隔系数不满意，则可以根据 ASTM C666 标准对混凝土进行测试。如果混凝土能成功维持 300 或 500 次冻融循环，即使间距系数不达标，也可认为具有抗冻融性能。在使用 ASTM C666 测试时，假定快速循环的破坏作用与在现场多次温和冻融循环积累的破坏作用相同。

为了评估冻融循环对混凝土微结构的影响，可测量其超声共振频率。通常认为具有抗冻融性能的混凝土在循环周期结束时，其共振频率仍高于其初始共振频率的 60%。

关于此测试的有效性必须做两点评论：

• 这是一个非常严格的测试。

• 增加循环次数可以破坏任何类型的混凝土。

根据现行的加拿大标准 A23.1，普通混凝土间距系数的最大值为 220μm，低 w/c 混凝土为 250μm，但如前所述，如果不能满足这两个值，该标准允许对混凝土试样进

---

❶ 原文拼写错误，原文为 onduatory extinction，应为 undulatory extinction。——译者注

行 300 次冻融循环检测。

联邦大桥（Confederation Bridge）为长 13km 的预制钢筋混凝土桥，连接爱德华王子岛（Prince Edward Island）和大陆，建造过程中加拿大政府要求其服役寿命为 100 年。因此，工程师根据 ASTM C666 标准的程序 A，将混凝土试样进行 500 次的冻融循环检测。由于泵送后间距系数无法达到 220μm，当时要求所有类型混凝土均需满足该标准，因此必须进行研究，寻找间距系数的最大值使得混凝土样品能够经受 500 次冻融循环。

通过改变引气剂用量，制备了 5 种间距系数在 180～550μm 之间的混凝土。这项研究的结果表明，最大气泡间距系数为 350μm 时可抵抗 500 次循环。达到 500 次循环后，试样仍处于良好状态，随后对其进一步测试直至破坏。最后一个被破坏的试样经历了 1950 次循环，其间距系数为 180μm。其他试件随间距系数递减的顺序依序被破坏。当然，再完美的引气效果一般也无法永远保护低 w/c 混凝土免受冻融循环的破坏。在自然条件中，山区坚硬的岩石也会被冻融破坏。

加拿大标准还规定了混凝土 w/c 的最大值，该值根据暴露等级而定。人们常常忘记，低间距系数虽然是必要条件，但不是混凝土获得抗冻融性能的充分条件（Pigeon 和 Pleau，1995；Aïtcin 等，1998）。

引气剂的用量必须在现场进行微调，以确保获得满意的间距系数。考虑到搅拌机类型众多，气泡的引入可能因砂的不同而不同，引气剂稳定气泡的效率因引气剂品种的不同而不同。混凝土的温度影响气泡网络的形成，浇筑方式可以改变引气系统的初始特性。

6.4　泵送对含气量和间距系数的影响

泵送引气混凝土时，通常会改变气泡网络的两个特征：
- 增加间距系数；
- 减少空气总量（使用聚丙烯酸超塑化剂制备的一些混凝土除外）。

这就是要在泵送管线末端测量混凝土的间距系数而不是泵送之前测量的原因。间距系数的增加通常与小气泡的合并有关（几个小气泡合并形成较大的气泡），与大气泡的分布没有很大的关系。

当泵送含有聚丙烯酸超塑化剂的混凝土时，由于只有大气泡稳定下来，因此可能会增加引气的总量，但不会增加间距系数。因为小气泡在泵送过程中会发生合并，因此为了在泵送管线末端获得良好的间距系数，必须使用能够稳定极细气泡的引气剂，并增加其用量。

引气特性的改变取决于许多因素：所用泵的类型、施加的压力、拌合水的量、胶凝材料的量及其组成、引气剂的类型以及在配制混凝土时所用其他外加剂的类型。必须进行现场试验，以微调得到合适的引气剂用量。实验中可以确定搅拌结束时的含气量范围，可使泵送后在混凝土构件中的气泡间距系数适宜。

在联邦大桥的建造过程中，在搅拌后，混凝土应具有至少 6% 的含气量，以使其泵送后的间距系数小于 $350\mu m$。由于冰盾的形成，搅拌站只生产一种类型的混凝土，即平均抗压强度为 93MPa（以提高其耐磨性）的混凝土，再加上输送到泵的时间少于 10min，因此制备这种混凝土并不困难。

6.5　复合水泥中的引气

引气对硅酸盐水泥混凝土的影响已有文献报道，但对复合水泥胶凝材料的影响尚未深入研究。在某些情况下，添加辅助胶凝材料似乎不会引起任何问题。然而在其他一些情况下，却很难形成稳定良好的引气网络。这些案例中的粉煤灰含有大量未燃烧的炭（Hill 和 Sarkarm，1997；Baltrus 和 Lacount，2001；Külaots 和 Hsu，2003；Külaots 和 Hurt，2004；Pedersen 和 Jensen，2009）。这种炭以两种形式存在：未燃烧的粗颗粒炭和沉积在粉煤灰颗粒表面的煤烟（Jolicoeur 等，2009）。通常粉煤灰通过旋风分离器时很容易除去未燃烧的粗颗粒炭，然而除去煤烟是相当困难的。

引气剂似乎优先被粉煤灰中的炭颗粒和煤烟吸收，因此无法稳定气泡网络。此时必须使用两倍或三倍掺量的引气剂，才能稳定混凝土中需要的气泡网络。然而在一些案例中除了改变粉煤灰没有其他解决办法。

粉煤灰导致的另一个问题来自其碳含量的变化。一些发电厂会在夜间减少发电量，因此与同一个发电厂满负荷生产时相比，此时产生的粉煤灰中残碳量更高。在这种情况下，必须使粉煤灰均匀化或使用旋风分离器产生碳含量恒定的粉煤灰。

这是一个非常有趣的研究领域，但不幸的是它还没有得到应有的关注。希望通过增加粉煤灰的利用以降低混凝土构件的碳排放，这项研究能受到更多的关注。

6.6　结论

笔者认为，所有混凝土都应引入一定量的空气以改善其流变性，降低泌水和离析的风险，并改善混凝土构件表面观感。只有当混凝土处于冻融循环时，才应考虑气泡间距系数。

当然，向普通混凝土中引入一些空气会降低其抗压强度，同时由于气泡的润滑作用，拌合水量也会降低。因此，在一定工作性要求下，引气混凝土比相应的非引气混凝土具有更低的水灰比，这意味着它将更具有耐久性。需要重复的重要一点是，决定其耐久性的不是混凝土的抗压强度，而是其 w/c。因此，用与抗压强度较低的非引气混凝土相同的水泥用量制成的引气混凝土将更耐用。

迄今为止，在加拿大尚未发现比间距系数小的良好气泡网络更能使混凝土具有抗冻融性能的方法，即使在低 w/c 混凝土也是如此。发生冻融循环时，有除冰盐时的间距系数规范比没有除冰盐时更严格。

P. -C. Aïtcin

Université de Sherbrooke，QC，Canada

参考文献

Aïtcin, P.C., 1998. High Performance Concrete. E and FN Spon, London, UK.

Aïtcin, P.C., Pigeon, M., Pleau, R., Gagné, R., 1998. Freezing and thawing durability of high-performance concrete. In: Concrete International Symposium on High-Performance Concrete and Reactive Powder Concrete, Sherbrooke, vol. 4, pp. 383−392.

Aïtcin, P.C., 2008. Binders for durable and sustainable concrete. ISBN:978-0-415-38588-6.

Baltrus, J.P., LaCount, R.B., 2001. Measurement of adsorption of air-entraining admixture on fly ash in concrete and cement. Cement and Concrete Research 31 (5), 819−824.

Gagné, R., 2016. Air entraining agents. In: Aïtcin, P.-C., Flatt, R.J. (Eds.), Science and Technology of Concrete Admixtures, Elsevier (Chapter 17), pp. 343−350.

Gelardi, G., Mantellato, S., Marchon, D., Palacios, M., Eberhardt, A.B., Flatt, R.J., 2016. Chemistry of chemical admixtures. In: Aïtcin, P.-C., Flatt, R.J. (Eds.), Science and Technology of Concrete Admixtures, Elsevier (Chapter 9), pp. 149−218.

Hill, R.L., Sarkar, S.L., 1997. An examination of fly ash carbon and its interactions with air entraining agent. Cement and Concrete Research 27 (2), 193−204.

Jolicoeur, C., Cong, T., Benoît, E., Hill, R., Zhang, Z., Pagé, M., 2009. Fly-ash carbon effects on concrete air entrainment: fundamental studies on their origin and chemical mitigation. In: World of Coal Ash (WOCA) Conference, May 4−7, Lexington, KY, USA, 23p. Available on: http://www.flyash.info/.

Kosmatka, S.H., Kerkoff, B., Panarase, W.C., Macleod, N.F., Machrath, J., 2002. Design and Control of Concrete Mixtures, Seven Canadian Edition, 356p. ISBN 0-89312-218-1.

Külaots, I., Hsu, A., 2003. Adsorption of surfactants on unburned carbon in fly ash and development of a standardized foam index test. Cement and Concrete Research 33 (12), 2091−2099.

Külaots, I., Hurt, R.H., 2004. Size distribution of unburned carbon in coal fly ash and its implications. Fuel 83 (2), 223−230.

Marchon, D., Mantellato, S., Eberhardt, A.B., Flatt, R.J., 2016. Adsorption of chemical admixtures. In: Aïtcin, P.-C., Flatt, R.J. (Eds.), Science and Technology of Concrete Admixtures, Elsevier (Chapter 10), pp. 219−256.

Neville, A.M., 2011. Properties of Concrete, fifth ed. Prentice Hall, Harlow, UK.

Pedersen, K.H., Jensen, A.D., 2009. The effect of combustion conditions in a full-scale low-NO$_x$ coal fired unit on fly ash properties for its application in concrete mixtures. Fuel Processing Technology 90 (2), 180−185.

Pigeon, M., Pleau, R., 1995. Durability of Concrete in Cold Climates. E and FN SPON, NY, 244p.

Raphaël, S., Sarkar, S., Aïtcin, P.C., 1989. Alkali-aggregate reactivity − is it always harmful? In: Proceeding of the VIIIth International Conference on Alkali-aggregate Reaction, Kyoto, Japan, pp. 809−814.

07

混凝土流变性：认识化学外加剂的基础

7.1 引言

  本章综述了混凝土流变性中最重要的部分，并可作为其他各章讨论化学外加剂调控流变特性的基础。对混凝土流变性更详细内容感兴趣的读者可以参考《解读混凝土流变性》（*Understanding the Rheology of Concrete*）（Roussel，2012a）。

  混凝土可视为一种多尺度材料，其中固体颗粒（粗骨料）悬浮在砂浆基体中，而砂浆基体可以看作是砂粒在更细的基体（水泥浆）中的悬浮物。混凝土也可以看作是两相材料，其中刚性砂和粗骨料颗粒悬浮在水泥浆基体中。在这里需要指出的是，在本书中无论选择什么图片，化学外加剂都是作用在水泥浆体尺度上，但其影响可体现在混凝土尺度上。然而，从绝对意义上讲，我们感兴趣的是混凝土的流变行为。因此本章旨在定义混凝土的一般流变特性，尽管混凝土中某些特性不受化学外加剂直接影响。

  混凝土流变性影响拌合、装卸、运输、泵送、浇筑、凝结、精加工和硬化后的表面质量。由于用于浇筑混凝土的劳动力成本相当可观，因此具有出色长期性能和耐久性的混凝土设施的成功使用，是构建经济结构中极为重要的领域。

  长期以来，用来表征混凝土浇筑特性的通用术语一般会使用"工作性"。但从更细致的角度出发，这里提出了三种不同的工作性评价方法（表 7.1）。混凝土工作性的需求等级取决于其用途。例如，在密集堆积的钢筋段中浇筑的混凝土需要很高的工作性，另一方面，道路结构中零坍落度混凝土可压实成型。

表 7.1　基于不同评价方法的工作性定义

类别	结果
定性	
流动性	
扩展度	定性评价
稳定性	
可泵送性	

续表

类别	结果
实证评价	
坍落度	
坍落流动度	定量评价
V 形漏斗流动时间	
维勃稠度	
性能	
黏度	
屈服应力	基本流变参数
触变性	

工作性的测定对于确保混凝土质量良好必不可少，并且数十年来已通过各种形式对其进行评价。但是，这些评价结果多依赖于操作人员的判断并且适用性非常有限。坍落度试验［美国材料试验学会（American Society for Testing Materials），ASTM C143/C143M—12，2012］是评价新拌混凝土工作性的最常用方法。该测试简单，可在与屈服应力直接相关的准静态（低剪切速率）状态下充分模拟混凝土的流动行为（Roussel，2006a），但无法代表如拌合和泵送过程中所处高速状态下的行为。例如，众所周知，两种坍落度相同的混凝土拌合物可以具有不同的流动行为（Tattersall 和 Banfill，1983）。

尽管多数测试结果可能与真实的流变特性相吻合，但实际上大多数量化混凝土流变行为的测试都源于经验（Roussel，2012a）。通常需要至少两种特性指标组合起来描述混凝土的流变行为。对混凝土日益增长的需求使得我们需要更好地研究新拌混凝土的行为，流变性测试变得越来越重要。因此，现已开发出不同的流变仪来测定混凝土的基本流变特性。

7.2　流变学的定义

流变学的定义为在应力影响下物质变形和流动的科学（Tattersall 和 Banfill，1983；Barnes，2000）。这是一门介于固体力学与流体力学的交叉学科，可用于不同行业，如医疗、食品和化妆品等。流变学更具体地解决剪切应力、剪切速率和时间之间的关系。

7.2.1　剪切层流

为更好地了解流变性，须考虑简单剪切对可变形材料的影响，以定义层流剪切流动、剪应力和剪切速率。当材料受到外力作用时，其变形与应力在整个材料上的分布有关。在特定类型的应力场中会产生剪切层流，如假设两个距离为 y 平行板之间充满液体。顶板沿 x 方向滑动，而底板不动。材料变形是由不同平面的相对变形（即滑移）引起的，而材料不会从一平面转移到另一平面。如图 7.1 所示，速度仅在 y 方向上变化，而在垂直于 y 的两个方向上完全不变。

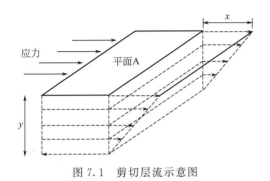

图 7.1　剪切层流示意图

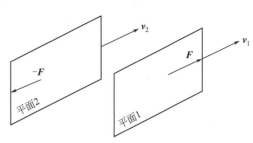

图 7.2　两个连续平面之间的相对运动

7.2.2　剪切应力

层流时，两平面会各自移动。这种相对位移产生摩擦力沿切向作用于各平面，该力称为剪切力（F）。考虑两个平行平面 1 和 2，以平行速度 v_1 和 v_2 运动（图 7.2）。假设平面 1 比平面 2 移动快（即 $v_1 > v_2$），显然，平面 1 对平面 2 施加剪切力使其加速运动。相反，平面 2 对平面 1 施加剪切力使平面 1 减速。

当考察其对单位面积（S）的作用时，可导出一项在流变性中非常重要的物理量，即剪切应力。剪切应力（τ）由以下关系定义：

$$\tau = -\frac{F}{S} \tag{7.1}$$

剪切应力 τ 是作用在单位面积上的力，在国际单位制中以帕斯卡（Pascal）表示。它是定义在材料中每个点上的函数，并且在平面与平面之间变化。由于对称性，通常将同一平面所有位点的 τ 视为常数（Couarraze 和 Grossiord，2000；Tattersall 和 Banfill，1983）。

7.2.3　剪切速率

考虑具有平面对称性的剪切层流的特殊情况，如前所述，其中材料在两个平行平面之间发生剪切作用，一个平面运动而另一个固定，由此定义剪切变形。

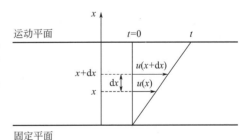

图 7.3　剪切速率的定义

转载自 Couarraze 和 Grossiord（2000），已授权

同时，考虑在时间 $t=0$ 时，颗粒分别位于距固定平面 x 和 $x+\mathrm{d}x$ 截面处（图 7.3）。随后在 t 时间，位于 x 和 $x+\mathrm{d}x$ 截面处的颗粒分别行进了距离 $u(x,t)$ 和 $u(x+\mathrm{d}x,t)$，其中 x 是颗粒相对下（固定）平面的位置。剪切变形可以通过以下关系定义：

$$\gamma(x,t) = \frac{u(x+\mathrm{d}x,t)-u(x,t)}{\mathrm{d}x} = \frac{\partial u(x,t)}{\partial x} \qquad (7.2)❶$$

要注意的是，剪切变形与位移 $u(x,t)$ 本身无关，而取决于某一平面相对另一无限紧密层的位移变化。这与剪切速率 $\dot\gamma$ 有关，它是剪切应变 γ 对时间的导数：

$$\dot\gamma = \frac{\partial \gamma}{\partial t} \qquad (7.3)$$

因此，剪切速率与时间成反比，用 s^{-1} 表示。

7.2.4 流动曲线

材料的流变行为可描述为剪切应力和剪切速率的关系，即流动曲线，并可使用流变仪进行测定。向材料施加不同剪切速率（或剪切应力），即可测定所得的剪切应力（或剪切速率）。

大多数混凝土流变仪无法直接施加或测定剪切应力和剪切速率。由于大多数流变仪都是基于同心圆柱或平行旋转板设计，因此测得的通常是扭矩和角速度。扭矩和角速度值可以转换为剪切应力和剪切速率（Murata，1984；Wallevik，2003；Yahia 和 Khayat，2006；Wallevik 和 Ivar，2011）。当剪切速率用于评定混凝土的流变性时应考虑到混凝土的应用场景。表 7.2（Roussel，2006b）中总结了不同流变仪和施工过程中的剪切速率。

表 7.2　不同混凝土施工过程中的剪切速率

流动模式	近似最大剪切速率/s^{-1}
搅拌车	10
泵送	20~40
浇筑	10
Tattersall 两点式装置，MKIII(Tattersall,1991)	5
BML 流变仪(Wallevik,2003)	10

这些流变性测定的结果表明，在需要关心的剪切速率范围内，混凝土通常表现为宾汉姆（Bingham）流体（Tattersall 和 Banfill，1983）。该模型由两个基本参数定义，即屈服应力和塑性黏度。在宾汉姆流体中，超过剪切应力阈值，即屈服应力后，剪切应力会随剪切速率线性变化。

7.3　不同的流变行为

现已提出了几种流变模型来描述材料的流动曲线。这些模型根据材料对不同剪切速率的宏观响应确定。最常见的模型如图 7.4 所示。

7.3.1 牛顿流体

牛顿流体的特征在于黏度（即剪切应力与剪切速率之比）与剪切速率无关，例如水

---

❶ 原公式错误，已订正。同时此处及式(7.3) 应当为偏导数，特此说明。——译者注

或油。这些流体在剪切应力和剪切速率之间显示为线性关系。描述该模型的唯一参数是剪切应力与剪切率的斜率（图7.4）。根据定义，该斜率与黏度 η（Pa·s）相对应。牛顿流体的特点是黏度恒定，与剪切速率无关。牛顿模型由方程（7.4）给出：

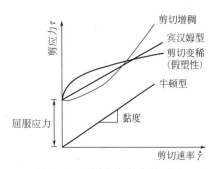

图 7.4　不同流变行为的图示
图中所示的剪切变稀与剪切增稠情况
存在屈服应力，但并不总是如此

$$\tau = \eta \dot{\gamma} \tag{7.4}$$

7.3.2　宾汉姆流体

描述新拌胶凝材料流动行为最常用的流变模型是宾汉姆模型（Tattersall 和 Banfill，1983；Tattersall，1991；Wallevik 和 Nielsson，2003）。与牛顿模型不同，宾汉姆曲线不通过原点，超过屈服应力 τ_0（Pa）时，剪切应力的增加与剪切速率的增加成正比（图7.5）。比例系数称为塑性黏度 μ_P（Pa·s），如图7.5所示。宾汉姆模型可以表示为：

$$\tau = \tau_0 + \mu_P \dot{\gamma} \tag{7.5}$$

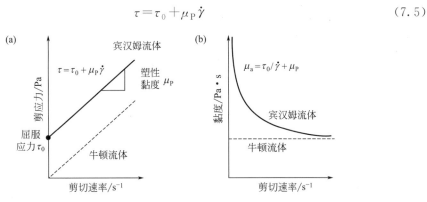

图 7.5　牛顿流体（虚线）和宾汉姆流体（实线）的示意图
（a）流动曲线；（b）黏度曲线

此外，考虑到有时在胶凝材料中观察到的非线性规律，尤其是在高剪切速率下，因此还提出了宾汉姆模型的修正式（Yahia 和 Khayat，2001；Khayat 和 Yahia，1997）：

$$\tau = \tau_0 + \mu_P \dot{\gamma} + c \dot{\gamma}^2 \tag{7.6}$$

这里 c 为常数，Pa·s^2。

低于屈服应力时，拌合物不流动，表现为弹性材料。

显然，许多其他材料不会在重力作用下流动，因此称为屈服应力材料。材料不流动的状态与观察时间有关。在悬浮液中，如胶凝材料，屈服应力是颗粒间引力的结果，包括水泥颗粒与其他可能在拌合过程中加入的细颗粒（Barnes，1997；Roussel 等，2012）。第11章（Gelardi 和 Flatt，2016）对这些力进行了概述。由于夹带砂和粗骨料，其屈服应力会增大（Mahaut 等，2008；Yammine 等，2008）。

然而，屈服应力的存在一直具有争议（Barnes 和 Walters，1985；Yahia 和 Khayat，2001；Moller 等，2009），主要是因为测定应力存在固有的困难。实际上，屈服应力是通过将流动曲线外推到零剪切速率来确定的。因此，确定屈服应力的准确性主要取决于用于描述剪切应力/剪切速率流动曲线的流变模型、流变仪的几何构型（Lapasin 等，1983；Nehdi 和 Rahman，2004）和材料行为（Roussel，2012a）。在 Banfill（2006）列出的几种模型中，线性宾汉姆模型和非线性赫-巴（Herschel-Bulkley）模型被广泛用于描述胶凝体系的流变行为。

低于屈服应力时，屈服应力材料表现为弹性行为。如图 7.5 所示，当高于屈服应力时，其流动行为类似液态流体，表现为剪切变稀。广泛认为，混凝土、砂浆和水泥浆体等胶凝悬浮液均属于此类材料。

7.3.3　具有屈服应力的剪切变稀和剪切增稠流体

非牛顿流体的黏度取决于剪切速率或流体已经历过的剪切速率历程，其中观察到两种不同的行为：剪切变稀和剪切增稠。剪切变稀流体的特征在于当剪切速率增加时表观黏度降低，例如在振动或泵压作用下，混凝土黏度降低，流动性能提高。相反，剪切增稠流体则表现为随着剪切速率增加黏度增加。最常用于描述这些流体流变行为的模型是赫-巴模型，如式(7.7) 所示。

$$\tau = \tau_0 + K\dot{\gamma}^n \tag{7.7}$$

其中，K 为稠度系数，Pa·s；τ_0 为屈服应力，Pa；n 为剪切变稀指数，若 $n < 1$，则剪切变稀，若 $n > 1$，则剪切增稠。但我们注意到，当 $n > 1$ 时，由于屈服应力，其行为会先剪切变稀，然后在高剪切速率下剪切增稠。

7.4　悬浮液的微观力学行为

混凝土的流变行为受浆体性能的影响很大，化学外加剂正作用于浆体尺度。因此，在本书的内容中专门分出一节讨论浆体（悬浮液）的微观力学行为。微观力学行为受体系中各种作用力的影响，其中最重要的作用总结如下：

• 流体动力来自颗粒相对于周围流体的相对运动，但主要影响大于大约 $10\mu m$ 的颗粒（Genovese 等，2007）。

• 悬浮颗粒之间存在胶体力，可能是引力或斥力。如范德华力（van der Waals forces）、静电力（electrostatic forces）和空间位阻力（steric forces），该部分会在第 11 章介绍（Gelardi and Flatt，2016）。

• 布朗运动是由热随机作用力引起的，会导致不断的平动和转动。然而，研究发现，在胶凝体系中，该作用力对微米级颗粒的影响是次要的（见下文）。

• 随着剪切速率的增加，惯性力变得重要。惯性力在胶凝体系的剪切增稠中发挥作用，当固体体积分数较高时，即使在相对较低的剪切速率下也可以发挥作用。

• 重力会导致悬浮液离析，除非有足够的反作用力（例如胶体化、褐变反应或黏性化）来平衡颗粒大小和密度。

下面将讨论颗粒悬浮液行为与力平衡的关系，特别关注化学外加剂对其影响的情形。

7.4.1　屈服应力

屈服应力源自高于渗流阈值（ϕ_{perc}）的絮凝系统中的颗粒间引力。尽管也存在静电力，但在高离子强度下静电力不足以抑制颗粒团聚（Israelachvili，1990；Flatt，1999）。因此，当所施加的应力足以破坏颗粒网络时，会观察到流动现象。

第 11 章（Gelardi 和 Flatt，2016）详细介绍了颗粒间作用力及其在胶凝材料中的相对重要性。在更广泛的背景下，Zhou 等（1999，2001）发现，当单分散球形氧化铝粉末的体积分数增加而粒径减小时，屈服应力会增加。经计算发现，无分散剂时相邻颗粒的最小间距约为 2nm，与粒径无关。

与常规的振捣混凝土相比，由于自密实混凝土所用粉体用量相对较高，可降低骨料之间的摩擦，因此其屈服应力相对较低。

提出描述屈服应力的模型来建立与这些参数相关的定量关系是一种挑战。屈服应力模型（Flatt 和 Bowen，2006，2007）可以解决这些挑战。它可以正确考虑颗粒间作用力、固体的体积分数、颗粒大小及其分布，并拓展到多分散的粉末拌合物中。该模型区分了影响屈服应力的三个主要因素 [式(7.8)]。首先，粉末通过粒度分布（前因子 m、颗粒平均直径 d 和接触点处颗粒的曲率半径 a^*）和 Hamaker 常数 A_0 表征。第二部分是颗粒间距 h，超塑化剂在其中起主要作用。第三个部分说明了体积分数 ϕ 的影响，它受最大堆积分数 ϕ_m 和渗流阈值 ϕ_{perc} 的影响。

$$\tau_0 \approx m\,\frac{A_0 a^*}{d^2} \times \frac{1}{h^2} \times \frac{\phi^2(\phi - \phi_{\text{perc}})}{\phi_{\text{m}}(\phi_{\text{m}} - \phi)} \tag{7.8}$$

超塑化剂在水泥表面的吸附增加了平均间距 h，因此降低了颗粒间最大引力、屈服应力和絮凝度。

该平均间距随被吸附外加剂的构象和表面覆盖率而变化。两者均以不同方式受外加剂的分子结构影响。这些关系及其对流变性的影响将在第 11 章（Gelardi 和 Flatt，2016）中讨论。吸附程度也起着重要作用，并且可能与分子结构有关（Marchon 等，2013）。超塑化剂的分子结构范围将在第 9 章（Gelardi 等，2016）中进行介绍，其吸附行为将在第 10 章（Marchon 等，2016）中介绍。

7.4.2　黏度

超塑化体系中的剪切变稀行为已有文献报道（Asaga 和 Roy，1980；Struble 和 Sun，1995；Björnström 和 Chandra，2003；Papo 和 Piani，2004）。为了更好地研究这种现象的来源，Hot 等（2014）引入了残余黏度的概念。通过式(7.9)对残余黏度的定义可将流动阻力作用与屈服应力分开：

$$\mu_{\text{res}} = (\mu_{\text{app}} - \tau_0/\dot{\gamma}) \tag{7.9}$$

他们证实在低剪切速率下，黏性耗散随着聚合物掺量的增加而降低。如第 16 章所述（Nkinamubanzi 等，2016），这主要发生在水泥颗粒的间隙液中，黏性耗散程度与已吸附或未吸附的外加剂构象有关。

在较高的剪切速率下，水泥悬浮液会发生剪切增稠行为（在高剪切速率下表观黏度增加），超塑化剂存在时常常可以观察到（Roussel 等，2010）。该现象是不利的，因为需要更多的能量来提高浆体流率，主要影响拌合、泵送和浇筑过程（参见表 7.2）。该现象的来源仍有争论。这里考虑两个主流理论：

第一种理论认为促进水团簇形成的水动力黏滞力克服了布朗运动，使颗粒在流体中均匀分布。该关系可表示为 Peclet 数，定义式为 $Pe_{\dot{\gamma}} = \eta_0 d^3 \dot{\gamma} / k_B T$，其中 η_0 为悬浮液的黏度，d 为颗粒半径，k_B 为 Boltzmann 常数，T 为热力学温度。

值得注意的是，与絮凝体系中 $10 \sim 50\text{mm}$ 范围内颗粒的引力相比，布朗运动可以忽略不计（Roussel 等，2010）。相反，当粒径减小时，布朗运动的贡献就变得很重要，并且可与减弱的胶体力相比（Neubauer 等，1998）。为了研究水泥浆体中的这种转变，Roussel 等（2010）计算出发生剪切增稠的临界剪切速率应为 10^{-3}s^{-1} 的量级，远低于实际条件。该理论似乎与当外加剂用量增加时临界剪切速率降低、剪切增稠强度增加的结果相矛盾（Feys 等，2009；Hot 等，2014）。

另一种替代理论则提出黏性的主要贡献来自颗粒惯性（Feys 等，2009；Roussel 等，2010）。临界剪切速率随 Reynold 数 $Re = \rho_0 d^2 \dot{\gamma} / \eta_0$ 的增加而减小，随粒径的增加而减小，其中 ρ_0 为悬浮流体的密度，η_0 为悬浮液黏度，d 为颗粒半径。

通过比较文献结果（Rosquoët 等，2003；Lootens 等，2003；Phan 等，2006），观察到发生剪切增稠时，随 ϕ 增加，颗粒间距减小，剪切速率减小。同样，如果考虑到上面讨论的残余黏度，对于给定的体积分数，剪切增稠的强度与外加剂的掺量无关，似乎仅在剧烈搅拌下通过颗粒间碰撞或持续摩擦接触才能产生（Hot 等，2014）。

Cyr 等（2000）早期曾提出，这种结果排除了高剪切速率导致表面覆盖率降低的可能性。若聚合物不能及时分散，部分聚合物会从表面脱落，可能导致表面覆盖率降低，颗粒间作用力增强。然而，随着聚合物掺量的增加，这些位点将很快被重新占据。从这个角度来看，剪切增稠与超塑化剂的性质不直接相关，而更多地出现在体积分数低且高度分散的体系中。

另外，随着剪切速率增加会逐渐发生剪切增稠，包括连续的剪切增稠或不连续的剪切增稠（Fernandez，2014）。最近的研究认为，两种模式之间的过渡与颗粒接触处润滑方式的变化有关（Fernandez 等，2013）。

7.4.3 触变性

触变性是指流体结构在剪切作用下破坏、在静置状态下重建的现象（Barnes，1997；Roussel，2006b；Roussel 等，2012）。触变性是可逆过程，其示意图见图 7.6。

"番茄酱"是众所周知的触变材料。搅拌番茄酱可使其从类固态转变为类液态，静置可使其恢复到初始黏度。在颗粒系统中，触变性的机理（即在剪切作用下反絮凝，静置时的絮凝）主要取决于悬浮颗粒之间的相互作用，如第 11 章所述（Gelardi 和 Flatt，2016）。

在胶凝材料中，触变性还可能表现为不可逆的结构破坏。因此，这些材料可以表现

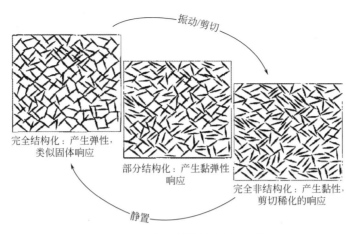

图 7.6　3D 触变结构的分解和重塑

转自 Barnes（1997），已授权

出可逆和不可逆结构破坏的组合，只有可逆破坏与触变性有关。

　　需要强调触变性的时间依赖性。拌合后水泥颗粒立即分散，静置时，水泥颗粒由于胶体引力而絮凝，相互作用的颗粒会形成渗透网络。给定剪切速率下，黏度会逐渐发展为稳态值。相反，非触变剪切变稀流体会（几乎）立即响应剪切速率的变化，达到其稳态黏度。

　　胶凝材料相当复杂，很容易将其特性贴错标签。实际上，它们结合了触变性和不可逆的结构破坏。后者由 Tattersall 和 Banfill（1983）提出，用于强调胶凝材料表现出与剪切有关的行为。特别是承受高剪切力时，如在混凝土搅拌机中，其无法完全恢复先前的屈服应力。但是"残余"屈服应力与微结构有关，其微结构在剪切作用下破坏，在静置（或低剪切速率）时恢复，这与真正的触变性有关。

　　此外，由于化学反应的进行，屈服应力将随着时间增大。这导致工作性额外的不可逆损失，同时不可逆地生成其他水化产物，这些水化产物有助于絮凝结构的团聚。

　　总之，有许多因素可以解释胶凝体系随时间变化的流变特性：不可逆的结构破坏、触变性和水化作用。如第 12 章所述，化学外加剂（包括超塑化剂）可显著改变胶凝体系时间依赖性行为（Marchon 和 Flatt，2016b），化学外加剂的化学性质、结构和掺量可影响这些性质。据笔者所知，目前尚未有学者对此进行系统研究，但稍后笔者会综述一些有关流动性保持的研究。

7.4.4　混凝土：一种黏-弹-塑性材料

　　混凝土表现出黏-弹-塑性行为，低于塑性屈服应力时会发生弹性变形，只有克服屈服应力后才流动。如上所述，在大多数情况下，最重要的参数是屈服应力，这可以通过简单的终止试验获得（Roussel，2012b），如图 7.7 所示，屈服应力决定了充填形式的难易程度，由此解释了为什么在过去几十年中仅使用坍落度试验来表征混凝土流变特性的情况下，足够保证施工成功。

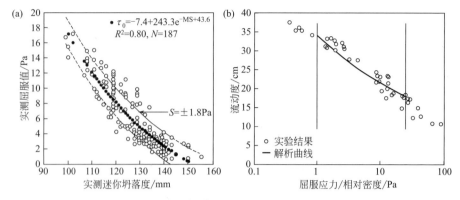

图 7.7　坍落度与屈服应力的关系

转自 Khayat 和 Yahia（1998）(a)、Roussel（2007）(b)，已授权

对于某些应用场合，塑性黏度也很重要，但许多情况下不需要高精度测试，一些简单测试足矣（Roussel，2012a）。如果需要更精确地表征混凝土流变性能，可以使用混凝土流变仪。

7.4.5　泌水与离析

泌水是一种重力驱动的离析形式，会导致颗粒在底部团聚、水向表面迁移。泌水对混凝土长期的渗透性和强度具有重要意义，因为这种置换表明存在密度梯度，可导致基体不均匀。

离析是对成分不均匀现象更笼统的说明，不一定存在水向上迁移的现象。流动过程中的剪切力（Ovarlez，2012）或静置时的重力均可能引起离析。浆体中骨料的稳定性可以通过骨料尺寸和浆体屈服应力之间的定量关系来表示（Roussel，2006c）。骨料足够大会导致离析，离析程度取决于骨料体积分数和最大堆积（Roussel，2006c）。

随着超塑化剂效果或掺量的增加，都会出现泌水和离析，该现象极为常见。然而，该现象可通过调整配合比设计或使用调黏剂（viscosity modifying admixtures，VMA）改善，在第 20 章（Palacios 和 Flatt，2016）中有详细介绍。

泌水受悬浮液中颗粒的尺寸和体积分数及其絮凝程度影响。超塑化剂的临界浓度被定义为饱和掺量，超过该值时，吸引力显著降低，重力的贡献增大（Perrot 等，2012）。因此，流变行为从根本上变为牛顿型，颗粒倾向于沉降（Neubauer 等，1998）。例如，与常规混凝土相比，表征自密实混凝土的屈服应力非常低，因此必须特别注意骨料的稳定性，并通过改变配合比设计来确保其稳定性。调整配合比时要记住，混凝土的离析取决于其基体即砂浆的屈服应力，而与混凝土本身的屈服应力无关（Roussel，2006a）。

屈服应力随固相的体积分数增加而增加，可以定义临界体积分数 ϕ，超过该临界体积分数时不会发生泌水。在浆体中，ϕ 随聚合物掺量的增加而增加（Flatt 等，1998），但是 Perrot 等（2012）表明屈服应力和泌水之间没有直接关系。尽管两者都与颗粒间作用力有关，但二者不相互影响。特别是两者对固相体积分数的依赖性不同，表明可以通过调整配合比设计来防止泌水，例如降低水灰比（w/c）、增加细粉含量或调整超塑化剂的类型或掺量，而不会影响混凝土的屈服应力。

此外，使用 VMA 还可以降低泌水率（参见第 20 章）（Palacios 和 Flatt，2016）。最初提出通过增加连续相的黏度可抑制泌水（Khayat，1998），但现有证据表明，桥接絮凝（Brumaud，2011；Brumaud 等，2014）或分散力可能在起作用（Palacios 等，2012）。最新案例表明，使用 VMA 时，观察到屈服应力和临界变形增加（Brumaud，2011；Brumaud 等，2014）。超塑化剂和 VMA 如何相互作用是目前仍在研究的主题，其中相互矛盾之处仍有待阐明。

7.5　影响混凝土流变性的因素

7.5.1　总则

混凝土的颗粒特征使其与许多其他流体（例如水和油）区别开来。实际上，混凝土由各种颗粒组成，其直径从几微米（水泥和矿物外加剂）甚至亚微米（如硅粉，若存在）到几十毫米（砂、粗骨料、纤维等）不等。此外，由于可逆的物理现象（细颗粒的絮凝）和水泥水化引起的不可逆化学反应，混凝土流变性会随时间变化，这将在第 8 章介绍（Marchon 和 Flatt，2016a）。

除了配合比设计，混凝土流变性还受到几个参数的协同作用强烈影响，下面将简述这些因素。水泥浆体的基本性能已在上一节中讨论过，因此这里仅解决水泥组成在具体问题中的作用。

7.5.2　加工能量对混凝土流变性的影响

新拌混凝土在每个生产步骤中都会发生变化，所施加的能量不同会发生不同程度的变形。表 7.2（Roussel，2006b）中给出了与每个步骤对应的典型剪切速率值。

如前所述，搅拌强度（或通俗地说是流动历程）影响胶凝材料的流变特性（Tattersall 和 Banfil，1983；Williams 等，1999；Juilland 等，2012）和水化动力学（Juilland 等，2012；Oblaket 等，2013），这一事实在文献中得到了很好的记载。

上述结果的发生可能是由于离子浓度（或边界层厚度）变化导致表面反应速率改变、蚀坑形成（Juilland 等，2012）、聚合物吸附等。因此，若要将流变性研究从混凝土缩小到浆体，或者从浆体扩大到混凝土，重点在于要将浆体置于相同的拌合能量或流动历程，否则其行为将不一样。特别要注意的是，由于骨料和砂子无法变形，导致剪切速率在这些刚性颗粒间隙的浆体处集中和放大。这就是研究胶凝体系时样品制备和预剪切制度特别重要的原因。

7.5.3　固相浓度对黏度和屈服应力的影响

颗粒系统的流变行为在很大程度上取决于颗粒体积。对于宾汉姆流体，颗粒体积的影响对于屈服应力和塑性黏度都成立。已有解析式描述了分散悬浮液的黏度与固相体积分数的相关性，但仅在较低的体积分数（<12%）下成立，因此这里不作讨论。

当颗粒浓度接近最大（ϕ_{max}）时，可用 Krieger-Dougherty 经验模型（Krieger 和 Dougherty，1959）估算悬浮液的黏度。该模型考虑了颗粒形式的影响［式(7.10)］。

$$\mu(\phi) = \mu_0 \left(1 - \frac{\phi}{\phi_{max}}\right)^{-\eta\phi_{max}} \tag{7.10}$$

其中，$\mu(\phi)$ 为固相体积分数为 ϕ 时的（表观）黏度；μ_0 为流体的（表观）黏度；ϕ 为固相含量，以体积计；η 为特性黏度，是颗粒形状的函数［对于球形颗粒＝2.5，对于水泥颗粒为 4～7（Struble 和 Sun，1995）］；ϕ_{max} 为固相临界含量，以体积计。

如图 7.8 所示，对于较低的 w/c，黏度随固体颗粒的体积分数增加。接近固相临界含量时，黏度将趋于无穷大。这代表了该模型的优势。另一点是在体积分数下限时可还原为正确解析式。但在这两个极限之间的行为匹配性较差。

混凝土的屈服应力随 w/c、水泥细度、粗骨料含量等的降低而增加。然而，浆体絮凝导致的颗粒间引力影响最显著。絮凝网络的强度随颗粒接触次数的增加而增加，随颗粒尺寸的增大而降低。屈服应力的贡献只能通过固相浓度变化来改变。但可以使用超塑化剂降低单独颗粒间引力的强度，如第 11 章所述（Gelardi 和 Flatt，2016）。

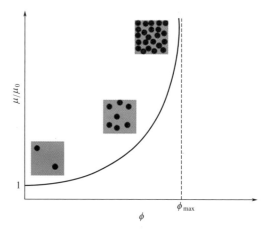

图 7.8　固相浓度和相对黏度的关系

转自 Roussel（2012a），已授权

7.5.4　水泥浆体/骨料比和砂浆/骨料比对混凝土流变性的影响

许多研究利用两相法研究混凝土的行为，该方法将混凝土表示为固相（骨料）悬浮在水泥浆体中。用这种方法，液相的体积可以分为两部分，如图 7.9 所示。

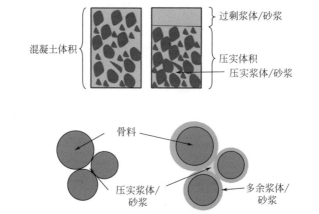

图 7.9　过剩/砂浆的作用

压实的骨料彼此之间留有一定的孔隙度，必须用浆体填充。多余的浆体
可以使骨料彼此远离，并促进流动（过剩浆体/砂浆）

改编自 Oh 等（1999），已授权

- 填充颗粒间空隙的必需浆体体积；
- 过剩浆体体积，可作为骨料周围的润滑层，促进混凝土流动。

从这个角度来看，混凝土的流变行为受浆体的流变和过剩浆体的厚度影响。

颗粒骨架的堆积密度是混凝土流变参数中影响最大的因素之一。实际上，级配良好的骨架会导致过剩浆体厚度更厚，从而使浆体的润滑效果最大化。对于屈服应力，Ferraris 和 de Larrard（1998）认为必须通过计算剪切阈值的模型来考虑每个颗粒类别对阈值的影响。该模型的结果表明（通过系数 a_i），细颗粒对屈服应力增加的影响大于大颗粒。以下各节将介绍一些表征骨料的参数，这些参数直接影响混凝土流变性。

碎石骨料的表面积大于球形骨料，因此其可湿润面积也更大。进而，由于其粒型和粗糙度更大的原因，使用碎石骨料产生的内摩擦力高于球形骨料，同时也能增大屈服应力与黏度（图 7.10）。

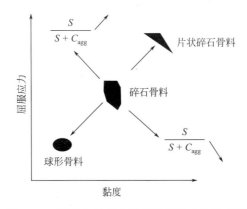

图 7.10 形状和骨料含量对流变影响的示意图

S 代表砂，C_{agg} 代表粗骨料

改编自 Wallevik 和 Wallevik（2011），已授权

7.5.5 浆体成分的影响

浆体的含量和性质对混凝土流变性都有重要影响。浆体的流变性受水泥类型及其化学组成、w/c、辅助性胶凝材料、温度、化学外加剂及其相互作用的影响。这些不同拌合物参数对浆体流变参数的影响如图 7.11 所示。

7.5.5.1 含水量的影响

含水量通常用 w/c 或 w/b 表示，对屈服应力和塑性黏度都有显著影响（图 7.12）。增加含水量会降低屈服应力和塑性黏度。

7.5.5.2 水泥的影响

水泥的物理性质（尺寸分布和细度）和化学组成对混凝土流变学影响显著。对外加剂的性能影响最大的因素是 C_3A 相、硫酸钙和可溶性碱的类型和含量。第 16 章（Nkinamubanzi 等，2016）将详细地说明其原因。

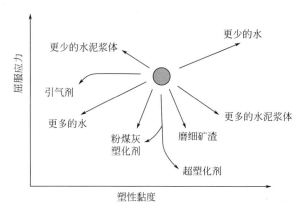

图 7.11　浆体配方参数对混凝土流变性的影响

转自 Newman 和 Choo（2003），已授权

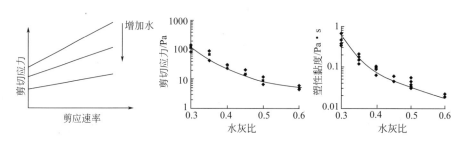

图 7.12　含水量对流变性的影响

转自 Wallevik 和 Wallevik（2011）及 Domone（2003），已授权

7.5.5.3　矿物掺合料的影响

如第 1 章所述（Aïtcin，2016a），各种各样的矿物掺合料都可用来代替混凝土中的水泥，以改善混凝土的某些性能。对所有粉体，其颗粒尺寸分布、相对密度、形貌和颗粒间作用力是影响其流变性的主要因素。

另外，应考虑由于混凝土配合料设计变化而引起的颗粒堆积变化。因此，应根据混凝土的设计、水泥类型及细度以及骨料堆积密度来选择矿物掺合料。

用粉煤灰部分替代水泥通常会降低屈服应力和塑性黏度（Tattersall 和 Banfil，1983）。但是，Kim 等（2012）研究表明，尽管在自密实混凝土中用粉煤灰替代水泥会降低屈服应力，但黏度究竟是增加还是降低，取决于粉煤灰的性质及其与水泥的相互作用。

高炉矿渣对流变性的影响通常不及粉煤灰明显。Tattersall（1991）表示，这很大程度上取决于水泥含量和矿渣类型。

如前所述，硅粉在较低替代率下使用时可以改善流变性，但是在高掺量下会使流变性改变。由于其颗粒尺寸较小，少量硅灰可以优化粒径分布。但是，使用硅灰时应同时加入分散剂。

7.5.5.4 黏土的影响

黏土矿物等杂质的存在可能会改变混凝土的流变性或增加对水和外加剂的需求量，这些内容将在第 10 章和第 16 章详细论述（Marchon 等，2016；Nkinamubanzi 等，2016）。

7.5.6 含气量对混凝土流变性的影响

如第 6 章所述，混凝土中引入空气有利于工作性以及骨料的稳定性（Aïtcin，2016b）。然而，对引入空气的利用程度主要取决于配合比的设计和操作速率。

最近的研究表明，剪切作用对引入空气的可变形性起着重要的作用（Hot，2013）。在低剪切速率（应力水平较低）下，表面张力可防止引入的气泡变形，其表现类似固体杂质，显然会增加固相体积分数，并明显增加塑性黏度。但是，对屈服应力的影响尚不清楚，因为该影响与浆体微结构中的气泡合并有关，但当前对气泡合并尚无了解。

在较高的剪切率（以及较高的应力水平）下，表面张力将无法防止引入的气泡变形，并且剪切应力将集中到这些可变形的气泡处，从而降低塑性黏度。空气对剪切速率的依赖性有利于加工混凝土，可使混凝土更容易流动，当混凝土静置时会阻碍离析。第 6 章（Aïtcin，2016b）提供了实际案例。

7.6 混凝土的触变性

如前所述，触变性定义为当先前静置的样品开始流动时黏度随时间连续降低，停止流动时其黏度逐渐恢复（Barnes，1997）。

Roussel 等（2012）研究了水泥浆体触变性的来源，并描述了新拌水泥浆体在短期、中期和长期的演变。水化产物在颗粒网络内的假接触点处开始成核，并使水泥颗粒相互桥接。第 8 章（Marchon 和 Flatt，2016a）介绍了水化过程的基础知识，第 12 章（Marchon 和 Flatt，2016b）详细介绍了化学外加剂对水化的影响。在本节中，我们着重于解释触变性对混凝土施工的影响，并概述可用于表征触变行为的方法。

7.6.1 触变性对混凝土施工的影响

混凝土触变性可能产生积极或消极的技术后果，因此在自密实混凝土（self-consolidating concrete，SCC）使用方面的相关研究引起了越来越多的关注（Roussel，2006b；ACI 237 Committee Report，2007）。例如，SCC 的高触变性可降低对模板施加的侧压力。但在多层浇筑时，最好使用触变性较低的混凝土，这样在不连续浇筑过程中，可使 SCC 与其沉积的前一层 SCC 具有良好的黏着性。在高触变情况下，必须使用振动棒深入前浇筑层充分振动，以避免形成浇筑冷缝。

7.6.2 量化触变性的实验方法

如前所述，因为水泥悬浮液的触变性来自胶体相互作用和水泥水化的综合作用，而两者均受水泥组成、细度、粒度分布以及化学外加剂或矿物掺合料的影响，因此对它的研究十分复杂。目前尚无一种被广泛接受的方法来测定胶凝材料的触变性，但是有许多测试规程，以下小节将讨论其中的一些。

7.6.2.1 滞后曲线

Ish-Shalom 和 Greenberg（1960）使用滞后测试来表征水泥浆体的触变性。在测试中，剪切速率从零增加到某个预定的最大值，然后又减小到零。如图 7.13 所示，当将剪切应力绘制为剪切速率的函数时，触变材料中的上行（加载）和下行（卸载）曲线不会重叠。

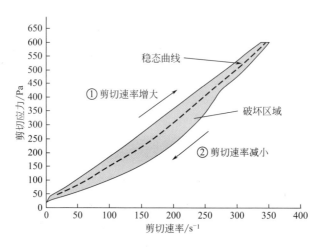

图 7.13　水泥浆体的回滞环示例，该浆体先后经历了剪切速率斜率的增大和减小

转自 Roussel（2006b），已授权

上行曲线和下行曲线之间的封闭区域（即滞后）可作为触变性的量度（Tattersall 和 Banfil，1983）。但是，一些研究人员批评了这种回滞环用法。例如，研究表明，两种触变性完全不同的悬浮液会产生相似的回滞环（Banfil 和 Saunders，1981）。此外，Roussel（2006b）指出，絮凝和反絮凝无法区分。因此，即使两种拌合物在实践中的行为差异极大，絮凝和反絮凝快的拌合物与絮凝和反絮凝慢的拌合物，其测定面积（即触变性指数）可能相同。Barnes（1997）也不推荐回滞环测试，因为触变性的发展是剪切速率和时间的函数。

7.6.2.2 结构破坏曲线

水泥基体系的触变性可以使用稳态法或平衡法来测定。该方法涉及在恒定剪切速率下测定剪切应力随时间的变化，如图 7.14 所示。在剪切速率下开始流动所需的剪切应力（τ_i）通常与悬浮液的初始微结构有关（Shaughnessy 和 Clark，1988）。另一方面，剪切应力随时间衰减，逐渐趋于平衡剪切应力（τ_e），这相当于网络的破坏和构建之间达到稳态，而该状态与剪切历程无关。通过测定不同剪切速率下，初始剪切应力和平衡剪切应力之间的面积可以确定"破坏面积"（A_b），该参数可量化单位时间和单位体积下，破坏初始结构达到平衡（稳定）状态所需的能量。

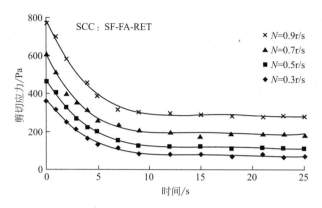

图 7.14　含有粉煤灰（FA）、硅粉（SF）和缓凝剂（set-retarding
admixture，RET）的三元 SCC 体系在不同转速（以 r/s 表示）下的结构破坏曲线

改编自 Assaad 等（2003），已授权

图 7.15 所示实例为含硅灰（SF）、粉煤灰（FA）和缓凝剂（RET）的三元 SCC 拌
合物（Assaad 等，2003）。利用式（7.11）可计算图 7.15 中的破坏面积（A_b）：

$$A_b = \int_{0.3}^{0.9} [\tau_i(N) - \tau_e(N)] \mathrm{d}N \tag{7.11}$$

其中，N 为所用剪切速率（对应转速）。

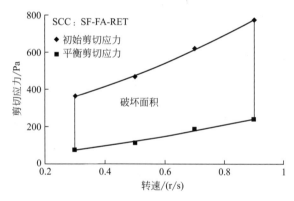

图 7.15　含有粉煤灰（FA）、硅粉（SF）和
缓凝剂（RET）的三元 SCC 系统的结构破坏面积计算

改编自 Assaad 等（2003），已授权

A_b 的值取决于测定程序，包括测试前的静置时间、所用转速和记录转速的差以及
扭矩传感器的精度。结合上述实验条件，A_b 可提供一种定量平均值，用于比较不同材
料的触变性，该方法比滞后环测试更为严格。

7.6.2.3　静置时的结构构建

另一种测定触变性的方法涉及确定静置时结构构建的速率。若在两次测定之间留有
足够的恢复时间，则可以对同一样品进行多次破坏性操作。该程序不适用于化学反应性

体系，因而限制了其对胶凝材料的适用性。但是，可以准备多个样品并在不同时间进行测定，该方法可缩短水化改变体系性质的总时间。还可以考虑非破坏性方法，包括超声谱法和振荡流变法。

由于静态屈服应力测量在混凝土研究中越来越受到人们的关注，下面对实验方法进行简要概述。静态屈服应力（也称为剪切增长屈服应力）是在低且恒定转速下对试样进行应力测量。这样就可以确定试样开始流动所承受的应力。如图 7.16 所示，数据初始显示为线性弹性，当扭矩（对应于剪切应力）达到最大值时出现屈服形变。由于絮凝颗粒之间存在键合作用，此时对应于其内部网络微观破坏的开始，然后扭矩减小并达到平台（平衡）值，表示所用剪切速率下的稳态屈服应力。屈服扭矩可作为屈服应力的量度。将其绘制为静置时间的函数可作为剪切后静置时触变恢复的指纹识别区。

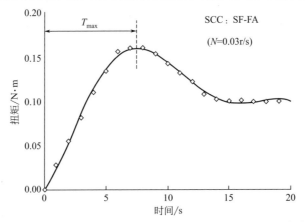

图 7.16　旋转速度为 0.03r/s 时，SCC 的典型扭矩-时间曲线

改编自 Assaad 等（2003），已授权

7.7　结论

本章的主要目的是概述影响混凝土流变性的最重要因素，以深入了解其物理机理。需强调，本书认为外加剂的作用发生在浆体尺度，并通过浆体尺度扩展从而在混凝土的宏观层面上表现出效果。因此，对浆体进行适当的研究可以对不同的混凝土从混凝土尺度上带来有益的性能（第 16 章，Nkinamubanzi 等，2016）。但是，它们不能直接给出混凝土的绝对流变性能。

因此，本章扩展了混凝土流变性的范围，超出了化学外加剂的范畴。在此特别强调以下内容。

●现有的大多数表征混凝土工作性的测试方法都是经验性的，但是最近的研究使获取真实的流变参数成为可能，尽管没有合适的流变仪，无法（轻易）完全获得流变参数对剪切速率的依赖关系。

●混凝土表现为屈服应力流体，屈服应力在许多情形中起着至关重要的作用。多数情况下，尤其是在低 w/c 的配比中，还必须考虑其黏度以及可能的剪切增稠。

● 混凝土表现出触变行为。触变行为与结构构建的速度有关，必须考虑到这一点（也可加以利用）。

在过去的几年中，从实践和理论角度对混凝土流变性方面的理解已取得很大进展。在混凝土施工方面取得了显著进展，例如，在迪拜将混凝土泵送出 600m 远（Aïtcin 和 Wilson，2015）。因为无需任何外部振动即可实现混凝土浇筑，并且具有更高的生产率，SCC 越来越多地被用于建造楼板和地面与桥面的地板。

术语和定义

本部分提供了关于流变学最重要的术语和表达的定义。

① 表观黏度（μ_{app}）。表观黏度是剪切速率的函数，是剪切应力与相应剪切速率之间的比值。

② 流动曲线。流动曲线是剪切应力和剪切速率之间关系的图形表示。

③ 牛顿型材料。剪切应力和剪切速率之间存在线性关系的材料。黏度系数是剪切应力和剪切速率之间的比例常数。

④ 非牛顿型材料。剪切应力和剪切速率之间存在非线性关系的材料。

⑤ 塑性黏度（μ_p）。剪切应力增量与超出屈服应力的相应剪切速率增量之间的比例系数。

⑥ 流变学。物质变形和流动的科学。

⑦ 流变仪。测量流变性的仪器。

⑧ 剪切速率（$\dot{\gamma}$）。剪切应变随时间的变化率，也称为切变率。

⑨ 剪切应力（τ）。应力的一部分，可导致材料的连续平行层相对移动。

⑩ 剪切增稠。剪切速率增加时，材料表观黏度增加的行为。

⑪ 剪切变稀（假塑性行为）。剪切速率增加时，材料表观黏度降低的行为。

⑫ 触变性。某些材料的可逆时间依赖性；包括开始流动时黏度随时间连续降低，静置足够的时间后黏度恢复。

⑬ 屈服应力（τ_0）。引起材料流动的最小剪切应力。低于屈服应力时，塑料材料表现为理想弹性固体（不会流动）。

A. Yahia[1]，S. Mantellato[2]，R. J. Flatt[2]

[1] Université de Sherbrooke，QC，Canada

[2] Institute for Building Materials，ETH Zürich，Zürich，Switzerland

参考文献

ACI 237, 2007. Self-consolidating Concrete (ACI 237R-07). American Concrete Institute, Farmington Hills, MI, 34 pp.

ASTM C143/C143M-12, 2012. Standard Test Method for Slump of Hydraulic-Cement Concrete. ASTM International, West Conshohocken, PA.

Aïtcin, P.-C., Willson, W., 2015. The Sky's the limit. Concrete International 37 (1), 53—58.

Aïtcin, P.-C., 2016a. The importance of the water—cement and water—binder ratios. In: Aïtcin, P.-C., Flatt, R.J. (Eds.), Science and Technology of Concrete Admixtures. Elsevier (Chapter 1), pp. 3—14.

Aïtcin, P.-C., 2016b. Entrained air in concrete: Rheology and freezing resistance. In: Aïtcin, P.-C., Flatt,, R.J. (Eds.), Science and Technology of Concrete Admixtures. Elsevier (Chapter 6), pp. 87—96.

Asaga, K., Roy, D.M., 1980. Rheological properties of cement mixes: IV. Effects of super-plasticizers on viscosity and yield stress. Cement and Concrete Research 10, 287—295. http://dx.doi.org/10.1016/0008-8846(80)90085-X·

Assaad, J., Khayat, K.H., Mesbah, H., 2003. Assessment of thixotropy of flowable and self consolidating concrete. ACI Materials Journal 100 (2), 99—107.

Banfill, P.F.G., 2006. Rheology of fresh cement and concrete. Rheology Reviews 61—130.

Banfill, P.F.G., Saunders, D.C., 1981. On the viscometric examination of cement pastes. Cement and Concrete Research 11 (3), 363—370.

Barnes, H.A., 1997. Thixotropy—a review. Journal of Non-Newtonian Fluid Mechanics 70, 1—33. http://dx.doi.org/10.1016/S0377-0257(97)00004-9.

Barnes, H.A., 2000. A Handbook of Elementary Rheology. University of Wales, Institute of Non-Newtonian Fluid Mechanics.

Barnes, H.A., Walters, K., 1985. The yield stress myth? Rheologica Acta 24, 323—326. http://dx.doi.org/10.1007/BF01333960.

Björnström, J., Chandra, S., 2003. Effect of superplasticizers on the rheological properties of cements. Materials and Structures 36, 685—692. http://dx.doi.org/10.1007/BF02479503.

Brumaud, C., 2011. Origines Microscopiques Des Conséquences Rhéologiques de L'ajout D'éthers de Cellulose Dans Une Suspension Cimentaire (Ph.D. thesis). University Paris-Est. http://hal.archives-ouvertes.fr/docs/00/67/23/23/PDF/TH2011PEST1069_complete.pdf.

Brumaud, C., Baumann, R., Schmitz, M., Radler, M., Rousse, N., January 2014. Cellulose ethers and yield stress of cement pastes. Cement and Concrete Research 55, 14—21. http://dx.doi.org/10.1016/j.cemconres.2013.06.013.

Couarraze, G., Grossiord, J.L., 2000. Initiation to Rheology (available in French), third edn. Edition TEC & DOC. 300 p.

Cyr, M., Legrand, C., Mouret, M., 2000. Study of the shear thickening effect of superplasticizers on the rheological behaviour of cement pastes containing or not mineral additives. Cement and Concrete Research 30, 1477—1483. http://dx.doi.org/10.1016/S0008-8846(00)00330-6.

Domone, P.L., 2003. Fresh conrete. Advanced Concrete Technology 1, 3—29.

Fernandez, N., 2014. From Tribology to Rheology Impact of Interparticle Friction in the Shear Thickening of Non-Brownian Suspensions. ETH Zürich, Zürich.

Fernandez, N., Mani, R., Rinaldi, D., Kadau, D., Mosquet, M., Lombois-Burger, H., Cayer-Barrioz, J., Herrmann, H., Spencer, N., Isa, L., 2013. Microscopic mechanism for shear thickening of non-Brownian suspensions. Physical Review Letters 111 (10), 108301. http://dx.doi.org/10.1103/PhysRevLett.111.108301.

Ferraris, C.F., de Larrard, F., 1998. Testing and Modelling of Fresh Concrete Rheology. Report No. NISTIR 6094 (p. 61). Gaithersburg, USA.

Feys, D., Verhoeven, R., De Schutter, G., 2009. Why is fresh self-compacting concrete shear thickening? Cement and Concrete Research 39 (6), 510—523. http://dx.doi.org/10.1016/j.cemconres.2009.03.004.

Flatt, R.J., Houst, Y.F., Bowen, P., Hofmann, H., Widmer, Sulser, J.U., Mäder, U., Bürge, A., 1998. Effect of superplasticizers in highly alkaline model suspensions containing silica fume. In: Proc. 6th CANMET/ACI International Conference on Fly-Ash, Silica Fume, Slag and Natural Pozzolans in Concrete, 2, pp. 911—930.

Flatt, R.J., Bowen, P., 2006. Yodel: a yield stress model for suspensions. Journal of the American Ceramic Society 89 (4), 1244—1256. http://dx.doi.org/10.1111/j.1551-2916.2005.00888.x.

Flatt, R.J., Bowen, P., 2007. Yield stress of multimodal powder suspensions: an extension of the YODEL (Yield stress mODEL). Journal of the American Ceramic Society 90 (4), 1038—1044. http://dx.doi.org/10.1111/j.1551-2916.2007.01595.x.

Flatt, R.J., 1999. Interparticle forces in cement suspensions. PhD Thesis EPFL, no. 2040.

Gelardi, G., Flatt, R.J., 2016. Working mechanisms of water reducers and superplasticizers. In: Aïtcin, P.-C., Flatt, R.J. (Eds.), Science and Technology of Concrete Admixtures. Elsevier (Chapter 11), pp. 257−278.

Gelardi, G., Mantellato, S., Marchon, D., Palacios, M., Eberhardt, A.B., Flatt, R.J., 2016. Chemistry of chemical admixtures. In: Aïtcin, P.-C., Flatt, R.J. (Eds.), Science and Technology of Concrete Admixtures. Elsevier (Chapter 9), pp. 149−218.

Genovese, D.B., Lozano, J.E., Rao, M.A., 2007. The rheology of colloidal and noncolloidal food dispersions. Journal of Food Science 72 (2).

Hot, J., Bessaies-Bey, H., Brumaud, C., Duc, M., Castella, C., Roussel, N., 2014. Adsorbing polymers and viscosity of cement pastes. Cement and Concrete Research 63, 12−19. http://dx.doi.org/10.1016/j.cemconres.2014.04.005.

Hot, J., 2013. Influence of Super-plastisizer and Air-Entraining Agents on the Macroscopique Viscosityof Cement-Based Materials (Ph.D. dissertation) (in French). Université Paris-Est.

Ish-Shalom, M., Greenberg, S.A., 1960. The rheology of fresh Portland cement pastes. In: Proceedings of the 4th International Symposium on Chemistry of Cement, Washington, DC, pp. 731−748.

Israelachvili, J., 1990. Intermolecular and surface forces. Academic Press, London, England.

Juilland, P., Aditya Kumar, A., Gallucci, E., Flatt, R.J., Scrivener, K.L., 2012. Effect of mixing on the early hydration of alite and OPC systems. Cement and Concrete Research 42 (9), 1175−1188. http://dx.doi.org/10.1016/j.cemconres.2011.06.011.

Kim, J.H., Noemi, N., Shah, S.P., 2012. Effect of powder materials on the rheology and formwork pressure of self-consolidating concrete. Cement and Concrete Composites 34, 746−753.

Khayat, K.H., Yahia, A., 1997. Effect of welan gum high-range water reducer combinations on rheology of cement grout. ACI Materials Journal 94 (5), 365−372.

Khayat, K.H., 1998. Viscosity-enhancing admixtures for cement-based materials — An overview. Cement and Concrete Composites 20, 171−188. http://dx.doi.org/10.1016/S0958-9465(98)80006-1.

Khayat, K.H., Yahia, A., 1998. Simple field tests to characterize fluidity and washout resistance of structural cement grout. Cement, Concrete, and Aggregates 20 (1), 145−156.

Krieger, I.M., Dougherty, T.J., 1959. A mechanism for non-Newtonian flow in suspensions of rigid spheres. Journal of Rheology 3, 137.

Lapasin, R., Papo, A., Rajgelj, S., 1983. Flow behavior of fresh cement pastes. A comparison of different rheological instruments and techniques. Cement and Concrete Research 13, 349−356. http://dx.doi.org/10.1016/0008-8846(83)90034-0.

Lootens, D., Van Damme, H., Hébraud, P., 2003. Giant stress fluctuations at the jamming transition. Physical Review Letters 90 (17), 178301. http://dx.doi.org/10.1103/PhysRevLett.90.178301.

Mahaut, F., Mokeddem, S., Chateau, X., Roussel, N., Ovarlez, G., 2008. Effect of coarse particle volume fraction on the yield stress and thixotropy of cementitious materials. Cement and Concrete Research 38 (11), 1276−1285.

Marchon, D., Flatt, R.J., 2016a. Mechanisms of cement hydration. In: Aïtcin, P.-C., Flatt, R.J. (Eds.), Science and Technology of Concrete Admixtures. Elsevier (Chapter 8), pp. 129−146.

Marchon, D., Flatt, R.J., 2016b. Impact of Chemical Admixtures on Cement Hydration. In: Aïtcin, P.-C., Flatt, R.J. (Eds.), Science and Technology of Concrete Admixtures. Elsevier (Chapter 12), pp. 279−304.

Marchon, D., Sulser, U., Eberhardt, A.B., Flatt, R.J., 2013. Molecular design of comb-shaped polycarboxylate dispersants for environmentally friendly concrete. Soft Matter 9 (45), 10719−10728. http://dx.doi.org/10.1039/C3SM51030A.

Marchon, D., Mantellato, S., Eberhardt, A.B., Flatt, R.J., 2016. Adsorption of chemical admixtures. In: Aïtcin, P.-C., Flatt, R.J. (Eds.), Science and Technology of Concrete Admixtures. Elsevier (Chapter 10), pp. 219−256.

Moller, P., Fall, A., Chikkadi, V., Derks, D., Bonn, D., 2009. An attempt to categorize yield stress fluid behaviour. Philosophical Transactions of the Royal Society: Mathematical, Physical and Engineering Sciences 367, 5139−5155. http://dx.doi.org/10.1098/rsta.2009.0194.

Murata, J., 1984. Flow and deformation of fresh concrete. Material and Construction 17, 117–129. http://dx.doi.org/10.1007/BF02473663.

Nehdi, M., Rahman, M.-A., 2004. Estimating rheological properties of cement pastes using various rheological models for different test geometry, gap and surface friction. Cement and Concrete Research 34, 1993–2007. http://dx.doi.org/10.1016/j.cemconres.2004.02.020.

Neubauer, C., Yang, M.M., Jennings, H.M., 1998. Interparticle potential and sedimentation behavior of cement suspensions: effects of admixtures. Advanced Cement Based Materials 8 (1), 17–27. http://dx.doi.org/10.1016/S1065-7355(98)00005-4.

Newman, J., Choo, B.S., 2003. Advanced Concrete Technology 2: Concrete Properties, first ed. Butterworth-Heinemann. p. 352.

Nkinamubanzi, P.-C., Mantellato, S., Flatt, R.J., 2016. Superplasticizers in practice. In: Aïtcin, P.-C., Flatt, R.J. (Eds.), Science and Technology of Concrete Admixtures. Elsevier (Chapter 16), pp. 353–378.

Oblak, L., Pavnik, L., Lootens, D., 2013. From the concrete to the paste: a scaling of the chemistry (in French). Association française de génie Civil (AFGC), Paris, pp. 91–98. http://www.afgc. asso.fr/images/stories/visites/SCC2013/Proceedings/11-pages%2091-98.pdf.

Oh, S.G., Noguchi, T., Tomosawa, F., 1999. Towards mix design for rheology of self-compacting concrete. In: Proceedings of the 1st International RILEM Symposium on Self-Compacting Concrete, PRO7, pp. 361–372.

Ovarlez, G., 2012. 2-Introduction to the rheometry of complex suspensions. In: Roussel, N. (Ed.), Understanding the Rheology of Concrete. Woodhead Publishing Series in Civil and Structural Engineering. Woodhead Publishing, pp. 23–62. http://www.sciencedirect.com/ science/article/pii/B9780857090287500029.

Palacios, M., Flatt, R.J., 2016. Working mechanism of viscosity-modifying admixtures. In: Aïtcin, P.-C., Flatt, R.J. (Eds.), Science and Technology of Concrete Admixtures. Elsevier (Chapter 20), pp. 415–432.

Palacios, M., Flatt, R.J., Puertas, F., Sanchez-Herencia, A., 2012. Compatibility between polycarboxylate and viscosity-modifying admixtures in cement pastes. In: Proceedings 10th CANMET/ACI International Conference on Superplasticizers and Other Chemical Admixtures in Concrete, Prague, ACI, SP-288, pp. 29–42.

Papo, A., Piani, L., 2004. Effect of various superplasticizers on the rheological properties of Portland cement pastes. Cement and Concrete Research 34, 2097–2101. http://dx.doi.org/ 10.1016/j.cemconres.2004.03.017.

Perrot, A., Lecompte, T., Khelifi, H., Brumaud, C., Hot, J., Roussel, N., 2012. Yield stress and bleeding of fresh cement pastes. Cement and Concrete Research 42 (7), 937–944. http://dx.doi.org/10.1016/j.cemconres.2012.03.015.

Phan, T.H., Chaouche, M., Moranville, M., 2006. Influence of organic admixtures on the rheological behaviour of cement pastes. Cement and Concrete Research 36 (10), 1807–1813. http://dx.doi.org/10.1016/j.cemconres.2006.05.028.

Rosquoët, F.A., Alexis, A., Khelidj, A., Phelipot, A., 2003. Experimental study of cement grout: rheological behavior and sedimentation. Cement and Concrete Research 33 (5), 713–722. http://dx.doi.org/10.1016/S0008-8846(02)01036-0.

Roussel, N., 2006a. Correlation between yield stress and slump: comparison between numerical simulations and concrete rheometers results. Materials and Structures 39, 501–509. http:// dx.doi.org/10.1617/s11527-005-9035-2.

Roussel, N., 2006b. A thixotropy model for fresh fluid concretes: theory, validation and applications. Cement and Concrete Research 36, 1797–1806.

Roussel, N., 2006c. A theoretical frame to study stability of fresh concrete. Materials and Structures 39 (1), 81–91. http://dx.doi.org/10.1617/s11527-005-9036-1.

Roussel, N., 2007. The LCPC Box: a cheap and simple technique for yield stress measurements of SCC. Materials and Structures 40, 889–896. http://dx.doi.org/10.1617/s11527-007-923-4.

Roussel, N., 2012a. Understanding the Rheology of Concrete. Woodhead Publishing, Cambridge, UK.

Roussel, N., 2012b. 4-From industrial testing to rheological parameters for concrete. In: Roussel, N. (Ed.), Understanding the Rheology of Concrete. Woodhead Publishing Series in Civil and Structural Engineering. Woodhead Publishing, pp. 83−95. http://www. sciencedirect.com/science/article/pii/B9780857090287500042.

Roussel, N., Ovarlez, G., Garrault, S., Brumaud, C., 2012. The origins of thixotropy of fresh cement pastes. Cement and Concrete Research 42, 148−157. http://dx.doi.org/10.1016/ j.cemconres.2011.09.004.

Roussel, N., Lemaître, A., Flatt, R.J., Coussot, P., 2010. Steady state flow of cement suspensions: a micromechanical state of the art. Cement and Concrete Research 40 (1), 77−84. http://dx.doi.org/10.1016/j.cemconres.2009.08.026.

Shaughnessy, R., Clark, P.E., 1988. The rheological behavior of fresh cement pastes. Cement and Concrete Research 18 (3), 327−341.

Struble, L., Sun, G.-K., 1995. Viscosity of Portland cement paste as a function of concentration. Advanced Cement Based Materials 2, 62−69. http://dx.doi.org/10.1016/ 1065-7355(95)90026-8.

Tattersall, G.H., 1991. Workability and Quality Control of Concrete. E&FN Spon, London, 262 pp.

Tattersall, G.H., Banfill, P.F.G., 1983. The Rheology of Fresh Concrete, Pitman Advanced Publishing Program.

Wallevik, O.H., Níelsson, I., 2003. Rheology - a Scientific Approach to Develop Self-Compacting Concrete. In: Wallevik, O., Níelsson, I. (Eds.), 3rd International RILEM Symposium on Self-Compacting Concrete. RILEM Publications, Reykjavik, Iceland, pp. 23−31.

Wallevik, O.H., Wallevik, J.E., 2011. Rheology as a tool in concrete science: the use of rheographs and workability boxes. Cement and Concrete Research 41 (12), 1279−1288. http://dx.doi.org/10.1016/j.cemconres.2011.01.009.

Wallevik, J.E., 2003. Rheology of Particle Suspensions; Fresh Concrete, Mortar and Cement Paste with Various Types of Lignosulfonates (Ph.D. thesis). The Norwegian University of Science and Technology, 411 pp.

Williams, D.A., Saak, A.W., Jennings, H.M., 1999. The influence of mixing on the rheology of fresh cement paste. Cement and Concrete Research 29 (9), 1491−1496. http://dx.doi.org/ 10.1016/S0008-8846(99)00124-6.

Yammine, J., Chaouche, M., Guerinet, M., Moranville, M., Roussel, N., 2008. From ordinary rheology concrete to self-compacting concrete: a transition between frictional and hydro-dynamic interactions. Cement and Concrete Research 38 (7), 890−896.

Yahia, A., Khayat, K.H., 2001. Analytical models for estimating yield stress of high-performance pseudoplastic grout. Cement and Concrete Research 31 (5), 731−738.

Yahia, A., Khayat, K.H., September 2006. Modification of the concrete rheometer to determine rheological parameters of self-consolidating concrete − vane device. In: Marchand, J., et al. (Eds.), Proceeding of the 2nd International RILEM Symposium. Advances in Concrete through Science and Engineering, Québec, Canada, pp. 375−380.

Yahia, A., 2011. Shear-thickening behavior of high-performance cement grouts—influencing mix-design parameters. Cement and Concrete Research 41 (2), 230−235.

Zhou, Z., Scales, P.J., Boger, D.V., 2001. Chemical and physical control of the rheology of concentrated metal oxide suspensions. Chemical Engineering Science 56, 2901−2920. http://dx.doi.org/10.1016/S0009-2509(00)00473-5.

Zhou, Z., Solomon, M.J., Scales, P.J., Boger, D.V., 1999. The yield stress of concentrated flocculated suspensions of size distributed particles. Journal of Rheology (1978-Present) 43, 651−671. http://dx.doi.org/10.1122/1.551029.

Zingg, A., Holzer, L., Kaech, A., Winnefeld, F., Pakusch, J., Becker, S., Gauckler, L., 2008. The microstructure of dispersed and non-dispersed fresh cement pastes—new insight by cryo-microscopy. Cement and Concrete Research 38 (4), 522−529. http://dx.doi.org/10.1016/ j.cemconres.2007.11.007.

08
水泥水化机理

8.1 引言

为了更好地理解混凝土外加剂对新拌以及硬化混凝土性能的影响，充分理解水泥水化的物理和化学现象十分重要。第 3 章讨论了水泥水化的物理现象（Aïtcin，2016）。本章将介绍水泥水化的化学背景知识，以便更容易理解混凝土外加剂对水泥水化的影响（第 12 章；Marchon 和 Flatt，2016）。

第 3 章介绍了普通硅酸盐水泥（OPC）由四个主要矿相组成，并添加了少量硫酸钙（过去基本上是二水石膏，现在为不同形式硫酸钙的混合物）（Aïtcin，2016）。这四个主要矿物相是：阿利特（alite），一种不纯的 C_3S 形式；贝利特（belite），一种不纯的 C_2S 形式；间隙相本身由两相组成，即铝酸三钙（C_3A）和铁铝酸四钙（C_4AF），它们形成不同程度的结晶，这主要取决于生料的组成、烧成区的最高温度及其在通过烧成区后的最终淬火。根据最终粉磨的类型，一些二水石膏可以部分脱水形成半水石膏，甚至完全脱水而形成硫酸钙，在工业上俗称为硬石膏。

OPC 水化涉及复杂化学体系中的溶解和沉淀过程，并生成不同的水化产物，导致水泥的凝结和硬化。硅酸盐水化的产物是水化硅酸钙（C-S-H）凝胶和氢氧化钙（CH）结晶相，后者也被称作氢氧钙石。铝酸盐和硫酸钙之间的水化反应会生成两种不同的相，称为三硫型水化硫铝酸钙（AFt）和单硫型水化硫铝酸钙（AFm），前者中最重要的矿相是钙矾石，后者具有层状晶体结构，由带正电荷的金属（Ca 和 Al）氢氧化物构成八面体层。不同的 AFm 相之间的差异在于其层状结构中插入不同的反粒子：硫酸盐（单硫铝酸盐）、氢氧根（水铝酸盐）、碳酸盐（单式碳铝酸盐）、碳酸盐和羟基（半式碳铝酸盐）以及氯化物（弗里德尔盐）。

8.2 C_3A 的水化

由于 C_3A 是水泥中活性最高的矿相，因此它在（极）早期水化中的作用很重要，并且影响新拌浆体的流变性能和后期的力学性能。不含硫酸盐时，C_3A 与水迅速反应，并导致快速凝结，即"闪凝"。这是由于不规则六方板状的水化铝酸钙沉淀在熟料表面，包括 C_4AH_{19}（或 C_4AH_{13}，取决于水的活度）和 C_2AH_8，两者最终将转化为立方水石榴石 C_3AH_6（Taylor，1997；Corstanje 等，1973；Breval，1976）。

为了避免这种快速凝结，并在凝结之前保持所需的工作性，须在水泥生产过程中添加硫酸钙并与熟料共研磨，以控制 C_3A 的水化。硫酸盐（此处为二水石膏）的存在可使 C_3A 水化生成钙矾石沉淀：

$$C_3A + 3C\overline{S}H_2 + 26H \longrightarrow C_6A\overline{S}_3H_{32} \tag{8.1}$$

根据过饱和程度，钙矾石呈现不同的形态，包括短的六角棱柱、长的针状结构（Mehta，1969；Meredith 等，2004）。只要能从体系中得到硫酸盐，钙矾石就能稳定存在。如果形成钙矾石，则孔溶液中的铝浓度保持在较低水平，这对 C_3S 的水化作用具有重要意义，随后将讨论这一点。

当硫酸盐耗尽，钙矾石就会与剩余的 C_3A 反应形成单硫铝酸盐：

$$2C_3A + C_6A\overline{S}_3H_{32} + 4H \longrightarrow 3C_4A\overline{S}H_{12} \tag{8.2}$$

硫酸盐存在下 C_3A 的水化反应是放热的，等温量热法将其分为三个主要阶段（图 8.1）（Minard 等，2007；Minard，2003）。

阶段 I 的高放热代表无水相的溶解和钙矾石的快速沉淀。该反应时间极短，并且紧接着反应速率降低，该过程尚未研究清楚。这可能是由于钙矾石或 AFm 相保护膜的生成（Taylor，1997；Gaidis 和 Gartner，1989；Collepardi 等，1978；Brown 等，1984；Gupta 等，1973），但更可能是硫酸根吸附在 C_3A 的活性位点上，延缓其溶解（Minard 等，2007；Skalny 和 Tadros，1977；Feldman 和 Ramach and ran，1966；Manzano 等，2009）。两种假设均有争论。对于保护膜假设，Scrivener 和 Pratt（1984）提到针状钙矾石不能提供致密的覆盖层，无法延缓水泥水化（Bullard 等，2011）。此外，无论是否存在硫酸钙均观察到 AFm 沉淀（Quennoz，2011；Sriverener 和 Nonat，2011）。但是只有含硫酸盐的体系才显示出快速的延缓效果，这与由 AFm 组成的保护层相矛盾。

在阶段 II（图 8.1），尽管放热曲线表明反应速率低，但在此阶段中期电导率降低（消耗硫酸根和钙离子的结果），表明仍有钙矾石形成（Minard，2003）。

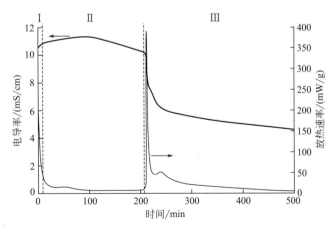

图 8.1 氢氧化钙饱和溶液中 C_3A 与石膏水化时的放热量和电导率测量值（L/S=25）

改编自 Minard 等（2007），已授权

当溶液中再无硫酸根离子时阶段Ⅲ开始，此时出现第二个尖锐的放热峰，这归因于 C_3A 的溶解以及钙矾石的快速沉淀。在阶段Ⅲ期间，钙矾石与 C_3A 反应生成单硫铝酸盐沉淀。

因为硫酸盐控制耗尽点的出现时间，控制阶段Ⅱ的时长、形成铝酸盐相的性质及其形态，因此其在体系中的来源和含量具有重要意义。在二水石膏含量较低的情况下观察无定形层覆盖在 C_3A 颗粒上，该层属于 AFm 相（Meredith 等，2004）。据报道，形成这些盐是因为硫酸化程度过低，无法完全抑制铝酸盐的正常水化。相反，二水石膏含量高时，仅有钙矾石的形成（Hampson 和 Bailey，1983）。二水石膏含量适中时，早期可观察到钙矾石正常沉淀以及水铝钙石形成（水铝钙石缓慢转化为单硫铝酸盐的固溶体）（Minard 等，2007；Scrivener 和 Pratt，1984；Hampson 和 Bailey，1983）。但是，将半水石膏用作硫酸盐载体时，由于半水石膏的溶解度较高，同时羟基-AFm 释放硫酸根离子更快，因此未观察到该矿相开始沉淀（Pourchet 等，2009）。

8.3 阿利特的水化

尽管 C_3A 是水泥中活性最高的矿相，但由于阿利特是水泥的主要成分（50%～70%），因此其水化在 OPC 水化动力学中占主导。

8.3.1 阿利特水化化学和水化阶段

如前所述，阿利特是掺杂有如铝、镁、铁或钠的硅酸三钙，其水化生成 C-S-H 和氢氧化钙（CH）晶相沉淀。C-S-H 是一种化学计量比可变的无定形或结晶度差的矿相，代表水泥水化进程：

$$C_3S+(3-x-n)H_2O \longrightarrow C_x\text{-S-}H_n+(3-x)CH \qquad (8.3)$$

在此，n 为 C-S-H 中的水与硅酸根之比。CaO 与 SiO_2 之比为 1.2～2.1。

如 Gartner 等所述（2001），阿利特水化可分为五至六个阶段，如图 8.2 所示。以下各节中将依据不同速率控制机制讨论这些阶段。由于许多相关论述仍有争论，因此难以了解化学外加剂对水泥水化的影响。本节试图总结文献中的主要观点，以便为解释化学外加剂的缓凝作用提供更广泛的基础。特别要指出笔者在溶解阶段做了大量研究工作，这对于化学外加剂非常重要。

8.3.2 阶段0和阶段Ⅰ：初始溶解

阶段0中的第一个峰是由于阿利特溶解所致，该反应过程大量放热。该阶段只持续几分钟，随后在阶段Ⅰ发生第一次减速，接着在阶段Ⅱ保持低反应速率，该阶段被称为诱导期。第一次减速的原因尚未完全明确，并存在各种争议性假设，有待讨论。

8.3.2.1 保护膜

首先假设水化产物在阿利特的表面上生成保护膜，防止其进一步溶解，减慢水化反应。这层亚稳态水化产物会转化为更具渗透性的稳定水化产物（Stein 和 Stevels，1964；Kantro 等，1962）或因渗透压的增高而破裂，可用于解释诱导期的结束。通过

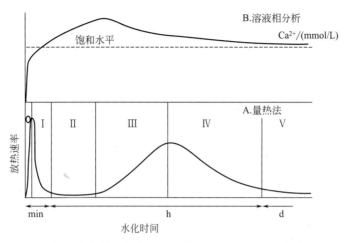

图 8.2　阿利特水化的不同阶段下 Ca^{2+} 浓度发展和相关放热量示意图

改编自 Gartner 等（2001）

比较孔溶液的浓度，Gartner 和 Jennings（1987）指出：最初的亚稳态 C-S-H 溶解度较高，可沉淀在 C_3S 表面，该亚稳态 C-S-H 经转变生成溶解度低、更稳定但可渗透的 C-S-H，导致诱导期的结束。尽管核磁共振和 X 射线光电子谱（XPS）测试显示生成了与最终 C-S-H 不同特征的中间相，但无直观证据观察到这种连续且不可渗透的水化产物层（Bellmann 等，2010，2012；Rodger 等，1988）。

8.3.2.2　溶解度控制

将地球化学结晶溶解理论应用于 C_3S 水化反应，可用来解释第一次减速和诱导期（Lasaga 和 Luttge，2001；Juilland 等，2010）。该理论认为溶解机理取决于溶液浓度及饱和度。观察到存在三个溶解阶段。高度不饱和时，无论是否有杂质，二维空位岛会在表面成核。该机理要求很高的活化能垒。当不饱和度降低时，无法再在平整表面上产生蚀坑，而是在与相交表面的错位等缺陷处产生。接近平衡时（不饱和度低），开放的蚀坑不再活化，或至少会降低活化频率，并且在先前的粗糙处逐步后退，发生缓慢的溶解。因此，溶解速率将取决于先前所产生蚀坑的密度。为了支持这一理论，Juilland 等（2010）观察到在去离子水中，阿利特表面出现大范围点蚀，而在饱和石灰溶液中水化的阿利特表面更光滑。此外，在 650℃ 下处理阿利特，去除表面缺陷，等温量热测试结果表明诱导期的时间相当长。

Nicoleau 等（2013）通过溶解实验将 C_3S 溶解速率作为不饱和度的函数，从中得到与 Juilland 等（2010）相似的示意图：阿利特的溶解动力学随溶液浓度变化（图 8.3）。

从蚀坑形成到离子相较前一阶段释放减缓，溶解机制的变化为减速和诱导期的出现提供了令人满意的解释，在此过程中，溶液中的钙离子和硅酸根积累使饱和度增大。根据这一假设，当浓度足够高，达到临界状态或可使氢氧化钙沉淀的过饱和度时，加速期开始（即诱导期结束）。形成氢氧化钙会使相对于 C-S-H 的不饱和度增大，使 C_3S 重新溶解，由此为 C-S-H 沉淀提供了更大的驱动力（Bullard 和 Flatt，2010；Young 等，

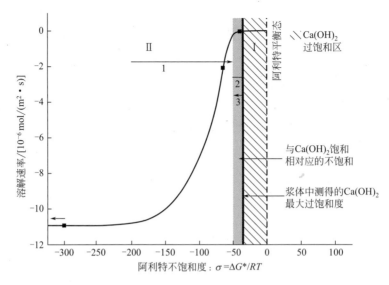

图 8.3　阿利特溶解速率与不饱和度的函数关系示意图

区域 Ⅱ 为蚀坑形成控制的溶出过程，区域 Ⅰ 为逐步后退控制的溶出过程

获许转自 Juilland 等（2010）

1977）。然而，Gartner（2011）提出了缓慢溶解阶段假设的局限性，即溶解速率降低时有效溶液浓度与根据热力学计算的 C_3S 溶解度理论值之间存在差异。但是，Scrivener 和 Nonat（2011）认为可能与阿利特的溶解度有关，该溶解度取决于其表面积，其表面积因处于水中的水解状态而不同。最近有人提出，考虑到各向异性，仅使用溶解动力学便足以解释水化动力学（Nicoleau 和 Bertolim，2015）。在同一研究中还表明，在诱导期的蚀坑开放率低，这可能对整体水化动力学产生重要影响。

表面的物理参数对于溶解过程和动力学具有重要意义，其中最重要的是粒度分布和比表面积。水泥粉体越细，比表面积越高，其反应性越高。其他物理参数包括缺陷密度（MacInnis 和 Brantley，1992）、晶体取向（Zhang 和 Lüttge，2009）、断裂表面或粉磨过程造成的破坏（Mishra 等，出版中）。

8.3.3　阶段Ⅱ：诱导期

一些学者将硅酸盐发生成核或聚合作为临界点，在此之前的潜伏时间作为诱导期（图 8.2 中的阶段Ⅱ）。该临界点标志着低化学活性阶段的结束和加速期的开始。而其他学者认为，诱导期只是减速（溶解）过程与加速（生长）过程衔接的时间段。

依据后者，水化开始时硅酸盐浓度迅速下降，证明 C-S-H 晶核在浸入水中的最初几分钟内就形成并控制了水化动力学（Garrault 等，2005a，b；Garrault 和 Nonat，2001；Thomas 等，2009）。在诱导期，C-S-H 晶核仍然在形成，一旦达到一定的临界尺寸便开始生长，代表加速期的开始。Thomas 等（2009）的研究表明了最初提供的可用表面对于进一步生长的重要性。其中将稳定的 C-S-H 晶种加入正在水化的 C_3S 中，加速期提前，主峰斜率增大，水化进程显著加快（图 8.4）。

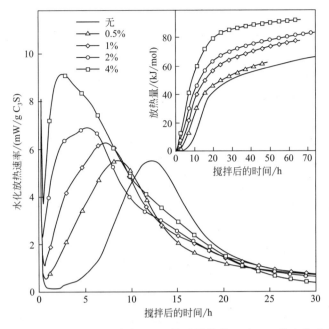

图 8.4 添加不同掺量的 C-S-H 晶种（C₃S 的质量分数）对 C₃S 的水化动力学的影响

获许转自 Thomas 等（2009）

这表明必须达到一定量的表面，才能观察到与水化产物大量沉淀。这意味着诱导期和加速期受水化产物成核和生长的控制，这当然与水相中离子浓度引起的 C₃S 溶解有关。虽然这一假设可以解释诱导期和加速期开始时发生的情况，但其不能解释第一次急剧减速的现象。

8.3.4 阶段Ⅲ：加速期

如上所述，在初期，钙离子和硅酸根的浓度会增加至临界过饱和度，此时水化产物可以成核并生长。图 8.2 中的阶段Ⅲ代表加速期，其中主放热峰对应 C-S-H 和 CH 的大量沉淀，与凝结和硬化有关。该过程与 C₃S 的溶解增加有关，可反映在测得的放热结果上。一般认为在该阶段，水化产物的异相成核和生长控制着水化速率，而通常认为水化速率取决于 C-S-H 表面积（Gartner 等，2001；Gartner 和 Gaidis，1989；Zajac，2007）。

8.3.4.1 C-S-H 的结构

如上所述，C-S-H 的结晶性差，组成其结构的薄片为被硅氧四面体链包围的钙和氧，水将生成的主要片层分割开（Taylor，1997）。人们普遍认为 C-S-H 的原子结构与托贝莫来石（tobermorite）/詹妮特石（jennite）两种晶相的原子结构相近，两种晶相的钙硅比低于 C-S-H（Bonaccors 等，2005，2004；Richardson，2004；Nonat，2004）。然而，C-S-H 的生长机制及其形态仍然存在许多争论。

目前已形成两种结构理论：纳米颗粒团聚理论（Jennings，2000；Allen 等，1987，2007；Jennings 等，2008）和大尺寸有缺陷的硅酸盐片理论（Gartner，1997；Gartner

等，2000）。在第一种情况下，C-S-H 粒子会一直生长，并达到几纳米的最大尺寸。这些纳米粒子可提供新的表面，用于异相成核或与其他先前形成的纳米粒子团聚。因此可以解释 C-S-H 的长程无序。

在第二种情况下，Gartner（1997）假设最初成核的 C-S-H 颗粒具有类托贝莫来石结构，多数产物为单层，可通过增加具有规则结晶区域的硅酸盐链生成二维产物，其他区域存在缺陷，表现出一定程度的弯曲。假设第二层在第一层中结晶完整的区域成核。第二层可沿结晶完整的区域生长至因缺陷产生的曲率处，然后在该处分离并继续独立生长。该过程导致高度有序的类托贝莫来石纳米晶体被无定形区域包围。这种支化纳米粒子的生长方式可以解释 C-S-H 的团聚性及其长程无序性。

除了 C-S-H 在纳米尺度上的生长方式不确定外，根据生长方向不同会呈现出两种类型的宏观形态。第一种是从颗粒的初始边界向颗粒间隙生长的外部产物，呈纤维状和定向形态。第二种是内部产物，在最初由无水相填充的区域中生成，其形貌更加紧凑和均匀（Richardson，1999，2000；Bazzoni，2014）。

混凝土耐久性取决于水化水泥浆体的微结构，因此与 C-S-H 的发展和生长过程有关。如前面提到的，Thomas 等（2009）研究表明，加入 C-S-H 晶种不仅能通过提供更多表面积而提高 C_3S 或水泥的水化速率，还能促进毛细孔中的水化产物沉淀，这在无晶种体系中通常是不可能的（图 8.5）。笔者认为，在图 8.4 的水化量热曲线上可以观察到这两种不同过程的发生，掺晶种的体系中肩峰出现在主水化峰之前，并且肩峰峰强随着晶种掺量的增加而增加。在同一研究中，在 C_3S 水化 28d 的扫描电镜图清楚地表明，添加晶种可使微结构更均匀，C-S-H 分布更好，孔隙更少。这意味着促进水化产物均匀生长，可通过降低毛细孔隙率对微结构产生积极影响。因此可以预期，在同等力学强度下可具有更好的耐久性。对该假设的实验研究将是一个有趣的课题，并且有着重要的现实意义。

早期水化 C_3S 的扫描透射电镜（STEM）图证实 C-S-H 生长在颗粒外，呈针状且形状良好（Bazzoni，2014）。针状体在 C_3S 表面上生成，直至完全覆盖表面，该现象常常与最大放热量相对应，而与碰撞程度无关（因此，水的含量和体积与水化产物无关）。在同一项研究中，为了解释导致图 8.2 阶段 Ⅳ 的水化减速，Bazzoni 提出外部产物生长过渡为内部产物生长。C-S-H 不会在先前生成的针状产物上沉淀新的针状产物，而会沉淀在无水颗粒和最初形成针状产物的界面处，此为另一种缓慢生长机理。

这一假设与 Dijon 模型相似（Garrault 和 Nonat，2001 年；Garrault 等，2005a，b），该作者提出 C-S-H 在颗粒表面交错沉淀和生长，直至完全覆盖。此时达到主水化峰，Dijon 模型假设 C-S-H 仅在先前形成的 C-S-H 表面（外侧）垂直生长。此时，水化速率较低的原因是离子通过水化产物时扩散较慢。人们常常利用水化层致密导致向扩散区过渡来解释减速现象，但无法解释所有条件下的实验结果。

最后，阶段 Ⅴ 的放热量较低，对应于在致密微结构间的有限传输过程。

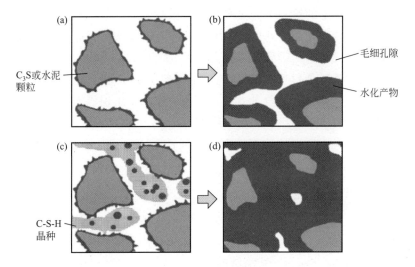

图 8.5　无晶种浆体 [(a)、(b)]及加入晶种后 [(c)、(d)]水化过程对比

无晶种浆体搅拌后几分钟（a）或几个小时（b）的水化过程示意图。水化产物在颗粒表面成核并向颗粒间隙生长。几个小时后，水化产物的厚度极限进一步增大，导致毛细孔隙率增大。

加入晶种几分钟后水化产物沉淀在颗粒和 C-S-H 晶种表面（c），数小时后孔隙率降低（d）

获许转自 Thomas 等（2009）

8.4　普通硅酸盐水泥的水化

8.4.1　水泥水化阶段

如上所述，硅酸盐水泥主要由硅酸盐和少量铝酸盐组成。因此，其表现出的放热特性与矿相的水化有关，也可分为五个主要阶段，与阿利特（或 C_3S）的水化相对应（图 8.6）。

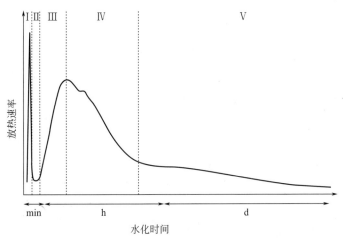

图 8.6　普通硅酸盐水泥水化过程中不同阶段放热的示意图

对于阿利特，阶段Ⅰ的第一个放热峰是由于水泥表面的湿润和矿相的快速溶解。此外，在最初的几分钟内，是由于高反应性铝酸盐和有效硫酸钙反应生成钙矾石沉淀。该尖峰之后反应迅速减慢，进入诱导期（阶段Ⅱ）。如前所述，第二主峰对应于硅酸盐水化的主要产物沉淀（阶段Ⅲ），放热速率的增加主要是由于C_3S溶解的同步增加。随后该反应减慢，第二次减速参见阶段Ⅳ。在此减速过程中，出现代表硫酸盐耗尽点的第二个峰值，如前所述，对应于钙矾石的更快沉淀和C_3A的更高程度溶解。最后阶段（Ⅴ）是由于物种在硬化材料中缓慢扩散而导致的低活性期，包括与钙矾石和C_3A反应生成AFm相对应的第三个峰值。

8.4.2　硅酸盐-铝酸盐-硫酸盐平衡

要了解水泥水化过程中涉及的所有机制，第一步是研究纯相的基本机理。然而，也必须研究各相之间的相互作用，这些相互作用可能导致其他反应，或改变在纯相体系中观察到的动力学。Lerch（1946）和随后的 Tenoutasse（1968）特别说明了硅酸盐、铝酸盐和硫酸盐之间平衡的重要性（图 8.7）。

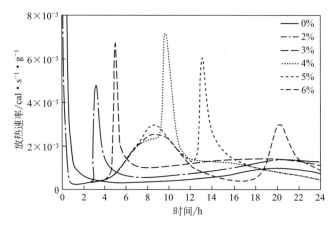

图 8.7　80％阿利特和 20％C_3A 混合物中含不同掺量石膏的等温量热测定

改编自 Tenoutasse（1968）

Tenoutase 研究表明，在含 80％（质量分数）纯 C_3S 和 20％（质量分数）C_3A 的体系中，没有硫酸盐时铝酸盐水化对硅酸盐水化有很大的抑制作用。然而加入石膏后，C_3S 的水化程度也增加。加入硫酸钙也延迟了硫酸盐消耗点的到来。在一定剂量下（图 8.7 中为约 4％），两个峰出现倒转，因此硫酸盐消耗点正好在硅酸盐主峰之后。从该剂量开始，加入更多硫酸盐会进一步延迟硫酸盐消耗点，但不会影响硅酸盐峰值。

人们认为该现象是孔溶液中可用铝离子的存在所致。确实有一些研究表明，铝离子会对 C_3S 的水化作用产生负面影响（Quennoz，2011；Odler 和 Schüppstuhl，1981；Quennoz 和 Scrivener，2013；Begarin 等，2011；Suraneni 和 Flatt，2015）。Odler 和 Schüppstuhl（1981）研究发现，向体系中添加铝离子之后诱导期延长。最近，Minard（2003）和 Quennoz（2011）研究表明，向水相中添加铝离子或通过溶解含铝的阿利特释放离子，C_3S 水化程度会降低（Quennoz 和 Scrivener，2013）。

加入硫酸盐会导致钙矾石沉淀，进而消耗游离铝离子。这种矿物的低溶解度有助于降低水相中铝离子的浓度，从而防止铝离子对阿利特水化的负面影响。同样，还有一些尚未解决的问题，例如，铝离子对阿利特水化作用的详细机制仍有争论。解释之一认为，释放的铝离子以 C-A-S-H 颗粒的形式沉淀，从而无法作为 C-S-H 进一步生长的晶种（Begarin 等，2011）。

相关研究表明，对于含二氧化硅的材料，例如石英或无定形硅酸盐，铝离子会吸附在其表面，阻止其溶解（Lewin，1961；Bickmore 等，2006；Iler，1973；Chappex 和 Scrivener，2012）。因此在水泥中，必须考虑导致其溶解降低是因铝离子的吸附而不是 C-A-S-H 的形成。事实上，Nicoleau 等（2014）研究表明，铝酸根离子不是通过物理吸附，而是通过共价作用结合在硅酸盐表面，这强烈抑制了 C_3S 的溶解。虽然在中强碱性条件下，这些铝硅酸盐物种会发生缩合，但仅在水泥水化的最初几分钟内出现，但作者提到，由于钙离子的存在，其可能在较高的 pH 值下稳定。

最重要的是，在本书中，铝离子对水泥水化的作用不容忽视。此外，随着越来越多的辅助性胶凝材料（通常铝含量高）用于更环保的现代混凝土中，其重要性日益提高。第 12 章中将讨论外加剂干扰铝酸盐-硅酸盐-硫酸盐平衡会对水化作用产生的影响（Marchon 和 Flatt，2016）。

8.5　结论

虽然在不同水化机理的理解方面已取得基础性进展，但重要的问题仍有争议。尚未解决的主要问题如下：

- 确定每个时期的速率控制步骤（这是一项复杂的任务，因为不同的水化过程无法轻易分离）；
- 描述 C-S-H 的生长机理和确切结构；
- 量化硅酸盐、硫酸盐和铝酸盐之间平衡的影响（特别是铝离子在硅酸盐水化过程中的确切作用应该得到更好的定义，这与许多辅助性胶凝材料密切相关）。

不同类型化学外加剂的使用会增加另外一复杂度，现已知这些化学外加剂会通过与上述不同方面的相互作用而干扰整个水化机制（见第 12 章；Marchon 和 Flatt，2016）。这使得含有辅助性胶凝材料和化学外加剂的现代混凝土成为一个有待深入了解的极复杂体系。本章的主要目的是介绍水泥水化的机理基础，第 12 章将以此为基础来讨论水泥的水化机理（Marchon 和 Flatt，2016）。由于低熟料混凝土配方的早期强度往往有限，该问题变得更加重要，因此与过去相比，缓凝剂的可接受性将越来越低。

D. Marchon，R. J. Flatt
Institute for Building Materials，ETH Zürich，Zürich，Switzerland

参考文献

Aïtcin, P.-C., 2016. Portland cement. In: Aïtcin, P.-C., Flatt, R.J. (Eds.), Science and Technology of Concrete Admixtures, Elsevier (Chapter 3), pp. 27−52.

Allen, A.J., Oberthur, R.C., Pearson, D., Schofield, P., Wilding, C.R., 1987. Development of the fine porosity and gel structure of hydrating cement systems. Philosophical Magazine Part B 56 (3), 263−288. http://dx.doi.org/10.1080/13642818708221317.

Allen, A.J., Thomas, J.J., Jennings, H.M., 2007. Composition and density of nanoscale calcium−silicate−hydrate in cement. Nature Materials 6 (4), 311−316. http://dx.doi.org/10.1038/nmat1871.

Bazzoni, A., 2014. Study of Early Hydration Mechanisms of Cement by Means of Electron Microscopy. EPFL, Lausanne.

Begarin, F., Garrault, S., Nonat, A., Nicoleau, L., 2011. Hydration of alite containing aluminium. Advances in Applied Ceramics 110 (3), 127−130. http://dx.doi.org/10.1179/1743676110Y.0000000007.

Bellmann, F., Damidot, D., Möser, B., Skibsted, J., 2010. Improved evidence for the existence of an intermediate phase during hydration of tricalcium silicate. Cement and Concrete Research 40 (6), 875−884. http://dx.doi.org/10.1016/j.cemconres.2010.02.007.

Bellmann, F., Sowoidnich, T., Ludwig, H.-M., Damidot, D., 2012. Analysis of the surface of tricalcium silicate during the induction period by X-ray photoelectron spectroscopy. Cement and Concrete Research 42 (9), 1189−1198. http://dx.doi.org/10.1016/j.cemconres.2012.05.011.

Bickmore, B.R., Nagy, K.L., Gray, A.K., Brinkerhoff, A.R., 2006. The effect of $Al(OH)_4^-$ on the dissolution rate of quartz. Geochimica et Cosmochimica Acta 70 (2), 290−305. http://dx.doi.org/10.1016/j.gca.2005.09.017.

Bonaccorsi, E., Merlino, S., Kampf, A.R., 2005. The crystal structure of tobermorite 14 Å (Plombierite), a C−S−H phase. Journal of the American Ceramic Society 88 (3), 505−512. http://dx.doi.org/10.1111/j.1551-2916.2005.00116.x.

Bonaccorsi, E., Merlino, S., Taylor, H.F.W., 2004. The crystal structure of jennite, $Ca_9Si_6O_{18}(OH)_6 \cdot 8H_2O$. Cement and Concrete Research 34 (9), 1481−1488.

Breval, E., 1976. C3A hydration. Cement and Concrete Research 6 (1), 129−137. http://dx.doi.org/10.1016/0008-8846(76)90057-0.

Brown, P.W., Liberman, L.O., Frohnsdorff, G., 1984. Kinetics of the early hydration of tricalcium aluminate in solutions containing calcium sulfate. Journal of the American Ceramic Society 67 (12), 793−795. http://dx.doi.org/10.1111/j.1151-2916.1984.tb19702.x.

Bullard, J.W., Flatt, R.J., 2010. New insights into the effect of calcium hydroxide precipitation on the kinetics of tricalcium silicate hydration. Journal of the American Ceramic Society 93 (7), 1894−1903. http://dx.doi.org/10.1111/j.1551-2916.2010.03656.x.

Bullard, J.W., Jennings, H.M., Livingston, R.A., Nonat, A., Scherer, G.W., Schweitzer, J.S., Scrivener, K.L., Thomas, J.J., 2011. Mechanisms of cement hydration. Cement and Concrete Research, Conferences Special: Cement Hydration Kinetics and Modeling, Quebec City, 2009 & CONMOD10, Lausanne, 2010, 41 (12), 1208−1223. http://dx.doi.org/10.1016/j.cemconres.2010.09.011.

Chappex, T., Scrivener, K.L., 2012. The influence of aluminium on the dissolution of amorphous silica and its relation to alkali silica reaction. Cement and Concrete Research 42 (12), 1645−1649. http://dx.doi.org/10.1016/j.cemconres.2012.09.009.

Collepardi, M., Baldini, G., Pauri, M., Corradi, M., 1978. Tricalcium aluminate hydration in the presence of lime, gypsum or sodium sulfate. Cement and Concrete Research 8 (5), 571−580. http://dx.doi.org/10.1016/0008-8846(78)90040-6.

Corstanje, W.A., Stein, H.N., Stevels, J.M., 1973. Hydration reactions in pastes $C_3S + C_3A + CaSO_4 \cdot 2aq + H_2O$ at 25°C.I. Cement and Concrete Research 3 (6), 791−806. http://dx.doi.org/10.1016/0008-8846(73)90012-4.

Feldman, R.F., Ramachandran, V.S., 1966. Character of hydration of $3CaO \cdot Al_2O_3$. Journal of the American Ceramic Society 49 (5), 268–273. http://dx.doi.org/10.1111/j.1151-2916.1966.tb13255.x.

Gaidis, J.M., Gartner, E.M., 1989. Hydration mechanism II. In: Skalny, J., Mindess, S. (Eds.), Materials Science of Concrete, vol. 2. American Ceramic Society, pp. 9–39.

Garrault, S., Behr, T., Nonat, A., 2005a. Formation of the C–S–H layer during early hydration of tricalcium silicate grains with different sizes. The Journal of Physical Chemistry B 110 (1), 270–275. http://dx.doi.org/10.1021/jp0547212.

Garrault, S., Finot, E., Lesniewska, E., Nonat, A., 2005b. Study of C–S–H growth on C_3S surface during its early hydration. Materials and Structures 38 (4), 435–442. http://dx.doi.org/10.1007/BF02482139.

Garrault, S., Nonat, A., 2001. Hydrated layer formation on tricalcium and dicalcium silicate surfaces: experimental study and numerical simulations. Langmuir 17 (26), 8131–8138. http://dx.doi.org/10.1021/la011201z.

Gartner, E.M., 1997. A proposed mechanism for the growth of C–S–H during the hydration of tricalcium silicate. Cement and Concrete Research 27 (5), 665–672. http://dx.doi.org/10.1016/S0008-8846(97)00049-5.

Gartner, E., 2011. Discussion of the paper 'dissolution theory applied to the induction period in alite hydration' by P. Juilland et al., Cement Concrete Research. 40 (2010), 831–844. Cement and Concrete Research 41 (5), 560–562. http://dx.doi.org/10.1016/j.cemconres.2011.01.019.

Gartner, E.M., Gaidis, J.M., 1989. Hydration mechanisms I. In: Materials Science of Concrete III, vol. 95.

Gartner, E.M., Jennings, H.M., 1987. Thermodynamics of calcium silicate hydrates and their solutions. Journal of the American Ceramic Society 70 (10), 743–749. http://dx.doi.org/10.1111/j.1151-2916.1987.tb04874.x.

Gartner, E.M., Kurtis, K.E., Monteiro, P.J.M., 2000. Proposed mechanism of C–S–H growth tested by soft X-ray microscopy. Cement and Concrete Research 30 (5), 817–822. http://dx.doi.org/10.1016/S0008-8846(00)00235-0.

Gartner, E.J., Young, J.F., Damidot, D.A., Jawed, I., 2001. Chapter 3: hydration of Portland cement. In: Bensted, J., Barnes, P. (Eds.), Structure and Performance of Cements, second ed.

Gupta, P.S., Chatterji, S., Jeffrey, W., 1973. Studies of the effect of different additives on the hydration of tricalcium aluminate: Part 5—a mechanicsm of retardation of C_3A hydration. Cement Technology 4, 146–149.

Hampson, C.J., Bailey, J.E., 1983. The microstructure of the hydration products of tri-calcium aluminate in the presence of gypsum. Journal of Materials Science 18 (2), 402–410. http://dx.doi.org/10.1007/BF00560628.

Iler, R.K., 1973. Effect of adsorbed alumina on the solubility of amorphous silica in water. Journal of Colloid and Interface Science, Kendall Award Symposium 163rd American Chemical Society Meeting 43 (2), 399–408. http://dx.doi.org/10.1016/0021-9797(73)90386-X.

Jennings, H.M., 2000. A model for the microstructure of calcium silicate hydrate in cement paste. Cement and Concrete Research 30 (1), 101–116. http://dx.doi.org/10.1016/S0008-8846(99)00209-4.

Jennings, H.M., Bullard, J.W., Thomas, J.J., Andrade, J.E., Chen, J.J., Scherer, G.W., 2008. Characterization and modeling of pores and surfaces in cement paste: correlations to processing and properties. Journal of Advanced Concrete Technology 6 (1), 5–29.

Juilland, P., Gallucci, E., Flatt, R., Scrivener, K., 2010. Dissolution theory applied to the induction period in alite hydration. Cement and Concrete Research 40 (6), 831–844. http://dx.doi.org/10.1016/j.cemconres.2010.01.012.

Kantro, D.L., Brunauer, S., Weise, C.H., 1962. Development of surface in the hydration of calcium silicates. II. Extension of investigations to earlier and later stages of hydration. The Journal of Physical Chemistry 66 (10), 1804–1809. http://dx.doi.org/10.1021/j100816a007.

Lasaga, A.C., Luttge, A., 2001. Variation of crystal dissolution rate based on a dissolution Stepwave model. Science 291 (5512), 2400–2404. http://dx.doi.org/10.1126/science.1058173.

Lerch, W., 1946. The influence of gypsum on the hydration and properties of Portland cement pastes. Proceedings of the American Society for Testing Materials 46.

Lewin, J.C., 1961. The dissolution of silica from diatom walls. Geochimica et Cosmochimica Acta 21 (3—4), 182—198. http://dx.doi.org/10.1016/S0016-7037(61)80054-9.

MacInnis, I.N., Brantley, S.L., 1992. The role of dislocations and surface morphology in calcite dissolution. Geochimica et Cosmochimica Acta 56 (3), 1113—1126. http://dx.doi.org/10.1016/0016-7037(92)90049-O.

Manzano, H., Dolado, J.S., Ayuela, A., 2009. Structural, mechanical, and reactivity properties of tricalcium aluminate using first-principles calculations. Journal of the American Ceramic Society 92 (4), 897—902. http://dx.doi.org/10.1111/j.1551-2916.2009.02963.x.

Marchon, D., Flatt, R.J., 2016. Impact of chemical admixtures on cement hydration. In: Aïtcin, P.-C., Flatt, R.J. (Eds.), Science and Technology of Concrete Admixtures, Elsevier (Chapter 12), pp. 279—304.

Mehta, P.K., 1969. Morphology of calcium sulfoaluminate hydrates. Journal of the American Ceramic Society 52 (9), 521—522. http://dx.doi.org/10.1111/j.1151-2916.1969.tb09215.x.

Meredith, P., Donald, A.M., Meller, N., Hall, C., 2004. Tricalcium aluminate hydration: microstructural observations by in-situ electron microscopy. Journal of Materials Science 39 (3), 997—1005. http://dx.doi.org/10.1023/B; JMSC.0000012933.74548.36.

Minard, H., 2003. Etude Intégrée Des Processus D'hydratation, de Coagulation, de Rigidification et de Prise Pour Un Système C_3S—C_3A—Sulfates—Alcalins. Université de Bourgogne, Dijon, France.

Minard, H., Garrault, S., Regnaud, L., Nonat, A., 2007. Mechanisms and parameters controlling the tricalcium aluminate reactivity in the presence of Gypsum. Cement and Concrete Research 37 (10), 1418—1426. http://dx.doi.org/10.1016/j.cemconres.2007.06.001.

Mishra, R.K., Geissbuhler, D., Carmona, H.A., Wittel, F.K., Sawley, M.L., Weibel, M., Gallucci, E., Herrmann, H.J., Heinz, H. Flatt, R.J., (in press). En route to multimodel scheme for clinker with chemical grinding aids. Advances in Applied Ceramics. http://dx.doi.org/10.1179/1743676115Y.0000000023.

Nicoleau, L., Bertolim, 2015. Analytical Model for the Alite (C_3S) Dissolution Topography, JACerS.

Nicoleau, L., Nonat, A., Perrey, D., May 2013. The di- and tricalcium silicate dissolutions. Cement and Concrete Research 47, 14—30. http://dx.doi.org/10.1016/j.cemconres.2013.01.017.

Nicoleau, L., Schreiner, E., Nonat, A., May 2014. Ion-specific effects influencing the dissolution of tricalcium silicate. Cement and Concrete Research 59, 118—138. http://dx.doi.org/10.1016/j.cemconres.2014.02.006.

Nonat, A., 2004. The structure and stoichiometry of C—S—H. Cement and Concrete Research 34 (9), 1521—1528. http://dx.doi.org/10.1016/j.cemconres.2004.04.035. H.F.W. Taylor Commemorative Issue.

Odler, I., Schüppstuhl, J., 1981. Early hydration of tricalcium silicate III. Control of the induction period. Cement and Concrete Research 11 (5—6), 765—774. http://dx.doi.org/10.1016/0008-8846(81)90035-1.

Pourchet, S., Regnaud, L., Perez, J.P., Nonat, A., 2009. Early C_3A hydration in the presence of different kinds of calcium sulfate. Cement and Concrete Research 39 (11), 989—996. http://dx.doi.org/10.1016/j.cemconres.2009.07.019.

Quennoz, A., 2011. Hydration of C_3A with Calcium Sulfate Alone and in the Presence of Calcium Silicate. EPFL, Lausanne.

Quennoz, A., Scrivener, K.L., February 2013. Interactions between alite and C_3A-Gypsum hydrations in model cements. Cement and Concrete Research 44, 46—54. http://dx.doi.org/10.1016/j.cemconres.2012.10.018.

Richardson, I.G., 1999. The nature of C—S—H in hardened cements. Cement and Concrete Research 29 (8), 1131—1147. http://dx.doi.org/10.1016/S0008-8846(99)00168-4.

Richardson, I.G., 2000. The nature of the hydration products in hardened cement pastes. Cement and Concrete Composites 22 (2), 97—113. http://dx.doi.org/10.1016/S0958-9465(99)00036-0.

Richardson, I.G., 2004. Tobermorite/jennite- and Tobermorite/calcium hydroxide-based models for the structure of C—S—H: applicability to hardened pastes of tricalcium silicate, B-dicalcium silicate, Portland cement, and blends of Portland cement with blast-furnace slag, Metakaolin, or silica fume. Cement and Concrete Research 34 (9), 1733—1777. H.F.W. Taylor Commemorative Issue. http://dx.doi.org/10.1016/j.cemconres.2004.05.034.

Rodger, S.A., Groves, G.W., Clayden, N.J., Dobson, C.M., 1988. Hydration of tricalcium silicate followed by 29Si NMR with cross-polarization. Journal of the American Ceramic Society 71 (2), 91—96. http://dx.doi.org/10.1111/j.1151-2916.1988.tb05823.x.

Scrivener, K.L., Nonat, A., 2011. Hydration of cementitious materials, present and future. Cement and Concrete Research 41 (7), 651—665. Special Issue: 13th International Congress on the Chemistry of Cement. http://dx.doi.org/10.1016/j.cemconres.2011.03.026.

Scrivener, K.L., Pratt, P.L., 1984. Microstructural studies of the hydration of C_3A and C_4AF independently and in cement paste. In: Proc. Br. Ceram. Soc., vol. 35.

Skalny, J., Tadros, M.E., 1977. Retardation of tricalcium aluminate hydration by sulfates. Journal of the American Ceramic Society 60 (3—4), 174—175. http://dx.doi.org/10.1111/j.1151-2916.1977.tb15503.x.

Stein, H.N., Stevels, J.M., 1964. Influence of silica on the hydration of $3CaO \cdot SiO_2$. Journal of Applied Chemistry 14 (8), 338—346. http://dx.doi.org/10.1002/jctb.5010140805.

Suraneni, P., Flatt, R.J., 2015. Use of micro-reactors to obtain new insights into the factors influencing tricalcium silicate dissolution. Cement and Concrete Research 78, 208—215. http://www.sciencedirect.com/science/article/pii/S0008884615002082.

Taylor, H.F.W., 1997. Cement Chemistry, second ed. Thomas Telford.

Tenoutasse, N., 1968. The hydration mechanism of C_3A and C_3S in the presence of calcium chloride and calcium sulfate. In: Proceedings of the 5th International Symposium on the Chemistry of Cement, No. II-118, pp. 372—378.

Thomas, J.J., Jennings, H.M., Chen, J.J., 2009. Influence of nucleation seeding on the hydration mechanisms of tricalcium silicate and cement. The Journal of Physical Chemistry C 113 (11), 4327—4334. http://dx.doi.org/10.1021/jp809811w.

Young, J.F., Tong, H.S., Berger, R.L., 1977. Compositions of solutions in contact with hydrating tricalcium silicate pastes. Journal of the American Ceramic Society 60 (5—6), 193—198. http://dx.doi.org/10.1111/j.1151-2916.1977.tb14104.x.

Zajac, M., 2007. Etude Des Relations Entre Vitesse D'hydratation, Texturation Des Hydrates et Résistance Mécanique Finale Des Pâtes et Micro-Mortiers de Ciment Portland. Dijon. http://www.theses.fr/2007DIJOS006.

Zhang, L., Lüttge, A., 2009. Morphological evolution of dissolving feldspar particles with anisotropic surface kinetics and implications for dissolution rate normalization and grain size dependence: a kinetic modeling study. Geochimica et Cosmochimica Acta 73 (22), 6757—6770. http://dx.doi.org/10.1016/j.gca.2009.08.010.

Science and
Technology
of Concrete
Admixtures

第二篇

外加剂化学与
工作机制

09
化学外加剂的化学性质

9.1 引言

现今，化学外加剂对于混凝土设计非常重要，并且对于配制绿色混凝土至关重要（Flatt 等，2012）。

化学外加剂可以在一定程度上改变新拌或硬化混凝土的性能，或者在某些情况下，同时改变两者性能。第 16 章（Nkinamubanzi 等，2016）和第 20 章（Palacios 和 Flatt，2016）分别详细讨论了超塑化剂和调黏剂对新拌混凝土流变行为的影响。缓凝剂和速凝剂对水泥水化的影响将在第 18 章和第 19 章进行讨论（Aïtcin，2016b，c）。可提高耐久性的外加剂，如引气剂和减缩剂，将在第 17 章和第 23 章（Gagne，2016a，b）进行讨论。

许多外加剂除其主要作用外，还有辅助作用。例如，大多数用作减水剂或高性能减水剂的化合物会导致水泥水化延缓，其缓凝效果取决于掺量和分子结构等因素。这些作用可能是有益的，也可能是有害的。化学外加剂对水泥水化（Marchon 和 Flatt，2016a，第 8 章）的影响详见第 12 章的讨论（Marchon 和 Flatt，2016b）。

因为作用于界面，如固-液界面（如超塑化剂）或气-液界面（如减缩剂和引气剂），许多化学外加剂在低掺量或超低掺量下便可起效。第 10 章会讨论化学外加剂在界面上的吸附行为（Marchon 等，2016）。外加剂的作用机理在本书的各个章节中都有讨论，多数情况下都需要对其化学结构有很好的了解。

本章的主要目的是重新整合有关化学外加剂的分子结构信息，以便于不同化合物间的比较。若其他章节需要相关信息，本章也可作为相关化学结构的资料来源。

在准备这一章时，笔者决定集中介绍有机化学外加剂。这样选择的原因在于新设计或改性化学外加剂时，特定有效的分子结构才能发挥作用。因此，笔者希望本章不仅可以让想了解化学外加剂的读者作为参考，还可以让工程师对实践中使用的分子结构有全面的了解，并启发他们设计结构新颖、性能优良的化合物。

9.2 减水剂和超塑化剂

9.2.1 简介

本节介绍了主要的超塑化剂（superplasticizers，SP）或高性能减水剂[1]的化学

---

❶ 依据《混凝土外加剂》（GB 8076—2008），将原文中的 low-range water reducers、mid-range water reducers、high-range water reducers 分别翻译为普通减水剂、高效减水剂、高性能减水剂。下文不再单独说明。——译者注

性质。

第一部分专门介绍天然聚合物，通常是塑化剂或高效减水剂。这种分散剂的使用可以追溯到 20 世纪 30 年代。尽管与合成聚合物相比，天然聚合物的性能有限，但值得一提的是因为其生产成本低，天然聚合物仍广泛用于混凝土工业中。

接下来讨论了线形合成聚合物。这类减水剂包括一些最常用的 SP，例如聚萘磺酸盐（polynaphthalene sulphonates，PNS）、三聚氰胺磺酸盐（polymelamine sulphonates，PMS）和乙烯基共聚物。这些化合物具有较高的分散能力，可视为真正的 SP 或高性能减水剂（与木质素磺酸盐或其他普通减水剂和高效减水剂相比）。这类减水剂在 20 世纪 60 年代引入，通常称为静电分散剂，尽管其中一些显示出了明显的空间效应。由于这类减水剂的使用，高性能混凝土得以开发，并应用于多种建筑工程中。SP 的应用实例将在第 16 章进行介绍（Nkinamubanzi 等，2016）。

本节最后介绍了新一代的 SP，即梳形共聚物。梳形 SP 在 20 世纪 80 年代的应用代表了混凝土技术的突破，这类 SP 可以使新拌混凝土在超低水灰比（w/c 为 0.20 或更低）下仍能保持良好的工作性。在这方面人们应充分认识到，这类外加剂的引入对自密实混凝土的设计和大规模使用有极大的助益（Okamura 和 Ouchi，1999）。这些聚合物也已在超高强混凝土中找到一席之地（Mitsui 等，1994）。梳形共聚物是一种空间位阻类外加剂（steric admixtures），表明其分散能力是由于空间效应引起而非静电排斥（如前所述，即使线形聚合物通常也通过空间位阻起作用，若保留这一术语，最好将梳形共聚物定义为"高性能"空间位阻分散剂）。这些 SP 成功应用的原因在于可根据化学基团和分子结构对它们进行定制设计，使其具有不同性能以满足不同的应用（预拌混凝土、预制混凝土等）。

9.2.2　天然聚合物

9.2.2.1　木质素磺酸盐

木质素磺酸盐（lignosulphonates，LS）是第一种作为减水剂添加到混凝土中的分散剂。自 20 世纪 30 年代以来，LS 一直作为塑化剂和减水剂使用（Scripture，1937），在预拌混凝土中得到广泛应用。

LS 是亚硫酸氢盐法生产纸浆的副产品，可用于溶解半纤维素和木质素来分离纯纤维素纤维。木质素是木材中的天然可再生生物质聚合物，是仅次于纤维素的第二大有机分子。木质素含量取决于木材种类：在软木中的含量（27%～37%）比在硬木中（16%～29%）高。每年提取的木质素产量达 7000 万吨，大部分被烧掉以回收能源和再生制浆化学品，只有 5% 用作化学品。天然木质素不溶于水，是木质醇单体（monolignols）随机交联构建的复杂三维网络，如香豆醇（coumaryl alcohol）、松柏醇（coniferyl alcohol[❶]）和芥子醇（synapyl alcohol）。

亚硫酸盐制浆（脱木质素）的化学过程涉及高温下（140～170℃）亚硫酸盐

---

❶ 原文拼写错误，原文为"conyferil"，应该为"coniferyl"。——译者注

（SO_3^{2-}）或亚硫酸氢盐（HSO_3^-）（通常为钠盐、镁盐、铵盐或钙盐）的使用。在该过程中，连接木质素单元的酯键断裂导致木质素分子质量降低（碎片化）。同时在脂肪族链上引入磺酸基使木质素可溶于水（磺化）。通过过滤可将不溶性纤维素纤维与 LS 分离。产生的副产物称为"废液"，其中包含分子量大小不等的磺化木质素、无机盐、木材和戊糖的提取物以及半纤维素酸性水解产生的己糖。对 LS 进行进一步改性可获得应用于混凝土所需的性能。

早期认为 LS 的结构是球形微凝胶单元，现在已被描述为随机支化的聚合电解质大分子（Myrvold，2008）。该结构由苯基丙烷单元通过醚键或 C—C 键无规则连接而成，其中 C—C 键介于芳环之间。为了同时优化水溶性和塑化效果，通过亚硫酸钠和甲醛进行磺甲基化，可将磺化程度提高到每个苯基丙烷单元为 0.5～0.7。磺酸基团主要分布在 LS 分子的表面。

LS 含有许多官能团，例如羧基、酚羟基、邻苯二酚、甲氧基、磺酸基及其各种组合。一种商用 LS 的结构如图 9.1 所示。

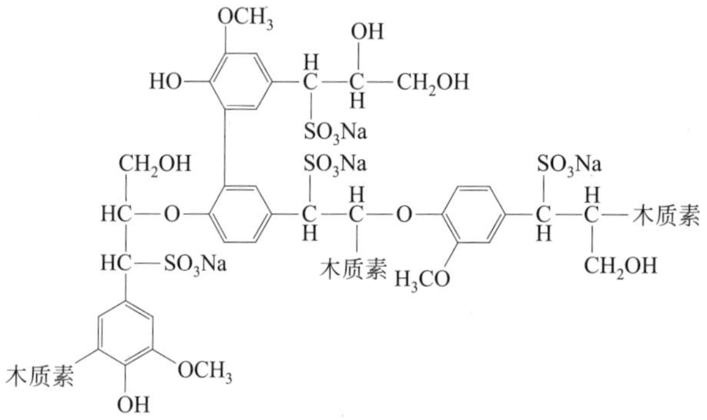

图 9.1 木质素磺酸盐的化学结构

LS 在水中的溶解度不仅受磺化程度和聚合程度的影响，还受外加剂生产中所用阳离子（通常为钠或钙）的影响。与木钙（calcium LS）不同，木钠（sodium LS）即使在低温下（−10℃以下）也更易溶，可防止在寒冷条件下沉淀。此外，在反离子浓度恒定条件下，木钠的电离度更高。但通常木钙比木钠便宜，可以抵消为达到相同分散效果的额外剂量成本。

废液的固体成分中约 25％是糖，该组分对混凝土的凝结时间具有强烈的缓凝效果（参见 Marchon 和 Flatt，2016b，第 12 章），可通过沉淀、碱热处理、超滤或胺萃取等手段提纯 LS 并降低糖含量。但是无糖的 LS 也表现出非常显著的缓凝作用，因此通常认为糖的作用是次要的或补充性的（Reknes 和 Gustafsson，2000）。

商用 LS 的分子量从几千至 150000，其多分散性高于合成的聚合物。可利用超滤来缩小摩尔质量分布。

磺化程度随分子量的降低而增加，与木材的类型无关，并且已证明硬木 LS 的分子量明显低于软木 LS（Fredheim 等，2002）。

LS 及其各组分的分子量通常通过尺寸排阻色谱联合紫外（UV）或多角度激光散射

检测器进行表征，但如今有更多技术可用（Fredhein 等，2002；Brudin 和 Schonmakers，2010）。利用280nm 处的紫外吸收标定 LS，可用于研究 LS 在水泥表面的吸附（Gustafsson 和 Reknes，2000）。

LS 作为混凝土分散剂，平均掺量约为水泥质量的 0.1％～0.3％，其表现出的减水能力有限（8％～10％）。因此，尽管 LS 是减水剂配方中使用最多的原料，但它几乎无法用于高性能混凝土的设计。现已有大量工作和研究对木质素和 LS 的结构进行改性以提高其减水效果。能够增强 LS 的亲水性，促进水泥颗粒的分散的方法包括氧化、羟甲基化、磺甲基化过程（Pang 等，2008；Yu 等，2013）、LS 与羰基脂肪族化合物的接枝共聚（Chen 等，2011）以及引入聚乙二醇（PEG）衍生物改性木质素（Aso 等，2013）。

不同分子量的 LS 测试结果表明，高分子量组分（＞80000）的塑化效果更好，减水率可达 20％并具有中等程度的缓凝作用。同时，高分子量的 LS 还能提高工作性的保持能力（Reknes 和 Gustafsson，2000；Reknes 和 Petersen，2003）。

使用商用 LS 的混凝土中含气量较低，约为 2％。这基本上与普通无外加剂混凝土的 1％～2％相当。更多详细信息参考第 6 章（Aïtcin，2016a）。但当高分子量组分存在时，含气量可能上升到 8％（Reknes 和 Gustafsson，2000；Ouyang 等，2006）。

LS 是市场上最便宜的混凝土外加剂之一，其价格比市售的聚羧酸醚类聚合物（PCE）便宜约 4/5（Kaprielov 等，2000）。2005 年，全球 LS 年产量估计为 180 万吨，商业价值约为 5 亿美元（Will 和 Yokose，2005）。2007 年，LS 生产总量的 90％都用于混凝土建筑（Tejado 等，2007）。

9.2.2.2　酪蛋白

酪蛋白是牛乳中的一种磷蛋白，占乳蛋白总量的约 80％。酪蛋白可通过酸沉淀从牛奶中获得，很容易以低成本获得高纯度的粉末。

酪蛋白的成分中 α、β 和 κ-酪蛋白的质量比约 5∶4∶1。三种酪蛋白的区别在于磷酸基团的数量不同，磷酸基团可通过酯化作用与丝氨酸相连。酪蛋白结构模型如图 9.2 所示。

酪蛋白的溶解度与 pH 有关。在中性水溶液中，酪蛋白不溶于水，会形成平均直径为 150nm 的球形胶束。当溶于碱性溶液（pH＝12～13）时，酪蛋白胶束解离形成带负电荷、约 20nm 的水溶性亚胶束（Bian 和 Plank，2012）。氨基酸残基的去质子化作用导致酪蛋白在碱性介质中有较高的阴离子电荷密度。

酪蛋白已经长期用作分散剂和硬化剂，但是直到最近才应用于现代建筑当中。适量的酪蛋白与水泥拌合时，可减少流动度损失，且对稠化时间的影响最小（Vijn，2001）。在自流平砂浆中，添加 0.1％～0.4％的酪蛋白可提高分散性能，并且能在灌浆料表面表现出自修复功能。此外，它与柠檬酸、酒石酸等 α-羟基羧酸类缓凝剂具有良好的相容性（Plank 和 Winter，2008）。

Plank 等（2008）和 Winter 等（2008）分离出酪蛋白组分，发现相对于其他组分，α-酪蛋白具有最高的负净电荷（在 pH＝6.7 时为 −24mV），并大量地附着在水泥颗粒

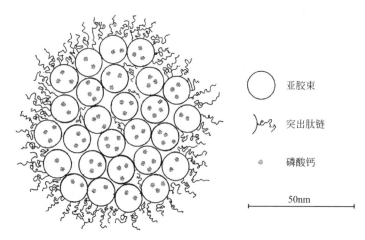

图 9.2　酪蛋白胶束模型（截面）

转载自 Walstra（1999），已授权

上，从而得出 α-酪蛋白是起分散作用的主要组分。这些结果表明 α-酪蛋白几乎不插入层状双氢氧化物（layered double hydroxides，LDH）。因此，α-酪蛋白比 β-酪蛋白和 κ-酪蛋白更有助于水泥的分散（Yu 等，2010）。此外，现已观察到酪蛋白独特的自修复特性源自 α-酪蛋白（Bian 和 Plank，2013a）。酪蛋白的塑化作用还与 κ-酪蛋白的含量有关。高比例的 κ-酪蛋白会促进在碱性 pH 值下小于 10nm 亚胶束的形成，从而导致水泥接触面的负电荷增加（Plank 和 Bian，2010）。

　　正如其他生物聚合物表现出的特性，酪蛋白基减水剂显示出一些与易变性和储存性有关的缺点。确实，酪蛋白的质量因动物的种类、采样季节、制造工艺等而异。此外，生产过程中长时间暴露于高温（80～100℃）会导致蛋白质变性，从而导致塑化效果降低（Bian 和 Plank，2013）。在胶凝体系中使用酪蛋白的另一个局限是，碱性条件下蛋白质生物降解和耐碱霉菌繁殖会产生令人不愉快的氨气（Karlssn 和 Ibertsson，1990）。

9.2.3　线形合成聚合物

9.2.3.1　聚萘磺酸盐

　　聚萘磺酸盐（polynaphthalene sulphonates，PNS）也称为磺化萘甲醛缩合物（sulphonated naphthalene formaldehyde condensates，SNFC），于 20 世纪 30 年代首次研制成功，最初用于纺织化学品和合成橡胶的开发。20 世纪 60 年代末，PNS 通常称为超塑化剂，作为第一种人工合成的高性能减水剂，被引入日本的混凝土外加剂市场。

　　PNS 合成的第一步是萘与硫酸的磺化反应，如图 9.3（a）所示。

　　由于萘的对称性，磺酸基可以在 α 或 β 两个位置取代氢（图 9.4）。

　　α 取代大多在 100℃ 以下发生，而高于 150℃ 时，β-异构体因为其热力学稳定性强，产物多为 β 构型（Piotte，1993）。磺化的质量和类型非常重要，因为大量残留的 α-萘磺酸可能会影响萘和硫酸缩合生成 PNS，而只有通过 β-萘磺酸聚合得到的 PNS 才具有预期的分散性能。Aïtcin 等（2001）提到合成控制良好的 PNS，其磺化率约为 90%。

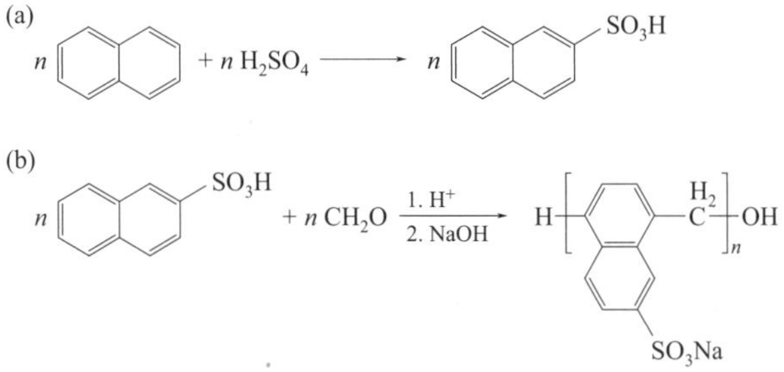

图 9.3 PNS 的制备过程

（a）萘与硫酸的磺化反应；（b）在甲醛存在下的缩聚反应

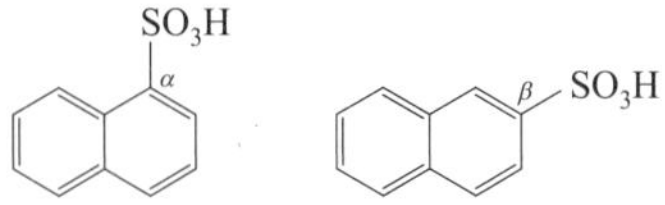

图 9.4 在 α 和 β 位带有磺酸盐基团的萘的化学结构

此外，Piotte（1993）和 Piotte 等（1995）研究了在常规条件下所制备未提纯磺化萘的质量，如 Hattori 和 Tanino（1963）及 Miller（1985）所述，约 10% 的磺化基团位于 α 位置。

PNS 制备的第二步 [图 9.3（b）] 是 β-萘磺酸与甲醛的缩合反应，生成聚亚甲基萘磺酸。这种缩聚反应类似于酚醛树脂的反应（Piotte，1993）。首先，羰基官能团质子化后，通过亲电加成将活化甲醛接到芳环上。缩合之后，新生成化合物的羟甲基官能团与第二个萘分子反应，在这两个萘分子之间形成亚甲基桥。

一旦达到所需的聚合度（分子量与时间有关），PNS 制备的第三步也是最后一步是用氢氧化钠中和聚亚甲基萘磺酸。如果需要制备不含碱的聚合物，可以使用石灰，但是反应结束时需过滤除去过量的石灰和石膏。

聚合过程中试剂配比、空间位阻和构象变化等反应条件对 PNS 分子的最终结构及其分子量都有很大影响。该结构可分为三类：线形分子、含支链分子和交联分子。Piotte 等通过超滤和高效液相色谱（HPLC）表征 PNS 的研究（1995）表明，商用产品通常表现出高度的多分散性，聚合度在 1～4 之间的低聚物含量高达 10%，其中单体含量最多。大约 20%～30% 的聚合物是线形分子，最大聚合度为 20（相应摩尔质量约 5000g/mol），大部分的聚合度约为 10（2500g/mol）。商用产品的聚合物当中，35% 的聚合度在 20～40 之间（10000g/mol），约 25% 的聚合度可能超过 200（50000g/mol），这可能是由于强交联造成的。该结果表明市售的 PNS 可能包含大量非线形分子，这些分子或多或少都具有刚性的三维构象。

PNS 的结构组成是影响其分散性的重要因素。例如，单体和低聚物（聚合度小于 4）以及摩尔质量大的交联分子不能分散水泥悬浮液。当聚合度在 5～80 之间时，PNS 分子才表现出分散性能，最优聚合度在 10 左右（Aïtcin 等，2001）。存在最优值的原因是分子的聚合度越高，支化程度越高，尽管可以通过缩合过程中甲醛含量来控制支化程度，但在反应过程中仍不能完全避免分子交联（Miller，1985）。因为这类聚合物的作用方式与在固体颗粒上的吸附和对颗粒的覆盖程度有关，因此刚性高的大分子不利于覆盖颗粒表面，分散效果低。

如上所述，对 PNS 组成、结构和摩尔质量的表征对预测分散性能非常重要。相比于其他类型的 SP，HPLC 在提供商用 PNS 的详细结构组成方面具有优势。此外，聚合度低的分子含量可以通过紫外光谱法确定（Piotte，1993）。这两种方法可以用于监测缩合反应过程。除了通过超滤按分子量提纯聚合物外，由于聚合物的溶解度随其聚合度和醇类型而变化，因此可以利用醇选择性沉淀法去除低聚物。

自 2000 年初 PNS 成为使用最为广泛的 SP 以来，PNS 对混凝土流动性的影响得到大量研究。研究内容包括前文提到的摩尔质量对吸附和分散作用的影响（Pieh，1987；Pagé 等，2000；Kim 等，2000；Aïtcin 等，2001），反离子对水泥浆中 PNS 性能的影响（Piotte，1993）及其对水泥矿相水化的影响（Singh 等，1922；Uchikawa 等，1992；Mollah 等，2000）。PNS 的最大优点是不会影响引气混凝土中孔隙网络的稳定性，进而影响抗冻融性，这有助于解释其在北美的广泛应用（Nkinamubanzi 等，2016，第 16 章）。PNS 作为混凝土分散剂的最大局限是其与低碱水泥不相容，但大量残留的硫酸盐可以改善这种情况。

9.2.3.2　三聚氰胺磺酸盐

20 世纪 70 年代发现的另一种具有分散特性的磺胺类 SP，称为三聚氰胺磺酸盐（polymelamine sulphonates，PMS）或磺化的三聚氰胺甲醛缩合物（sulphonated melamine formaldehyde condensates，SMFC），如今其仍广泛应用于混凝土工业中。

相对于 PNS，PMS 的合成涉及多个步骤。首先，甲醛在碱性条件下与三聚氰胺的氨基反应，生成羟甲基化的三聚氰胺。在相同的碱性条件下，用亚硫酸氢钠磺化其中一个羟甲基（图 9.5）。

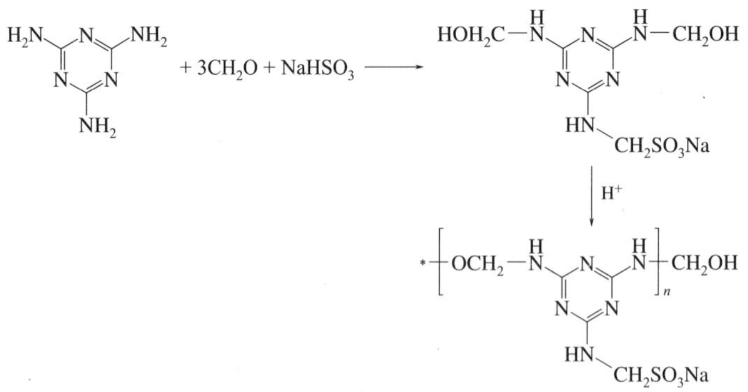

图 9.5　合成三聚氰胺磺酸盐的反应步骤

最后，在酸性条件下进行缩聚反应，将 pH 增大至碱性可以终止反应。

PMS 比 PNS 分子量分布宽。Cunningham 等（1989）通过尺寸排阻色谱法测量了 1200～44000g/mol 之间分子量分布，平均分子量为 7900g/mol。Pojana 等（2003）提到相对于 PNS（平均聚合度约为 10），PMS 的平均聚合度更高（50～60 左右），表明 PMS 结构更复杂、支链更多。

由于 PNS 和 PMS 的制备方式相同，并在同一时期开发与使用，因此对这两种外加剂的用途、稳定性和毒性进行了大量的比较研究。例如，它们具有相同的减水或塑化能力，但含有 PNS 的混凝土有更高的坍落度损失[●]。但是 PMS 对水泥水化的缓凝作用较小，因此常用在预制行业中（Flatt 和 Schober，2012）。应当指出，由于 PNS 溶液中可能存在游离甲醛，因此其使用可能受到限制，因为自 1981 年起，甲醛已被列为人类致癌物（Report 和 Carcinogens，2011）。

另一个评判毒性的重要指标是在建筑工地的混凝土中使用 SP 对环境的影响（Redin 等，1999；Ruckstuhl 和 Suter，2003；Pojana 等，2003）。Ruckstuhl 和 Suter（2003）的研究发现，在瑞士修筑的隧道附近的地下水中含有 PNS 的低聚物（聚合度达到 4）。同样，Pojana 等（2003）观察到从浸出试验中游离出的 PMS 溶液成分仅包含短链分子。这两个例子说明大分子被颗粒强吸附，几乎无法脱离。

9.2.3.3 聚氧乙烯膦酸盐或二膦酸盐

聚氧乙烯膦酸盐或二膦酸盐是在 20 世纪 90 年代初发展起来的（Guicquero 等，1999）。这些聚合物由一端带有一个或两个膦酸基团的 PEG 链组成（图 9.6）。

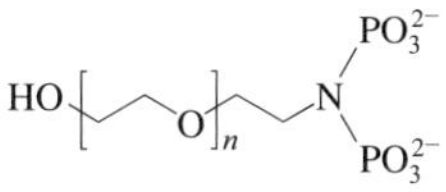

图 9.6　聚氧乙烯二膦酸盐的化学结构

开发这种分子是为了得到比羧基或磺酸基对水泥表面亲和力更高的官能团。确实，膦酸盐对钙有很强的络合能力，由于水泥悬浮液中的钙离子浓度很高，使膦酸盐对水泥颗粒有很强的亲和力。这类聚合物带来空间稳定作用的结构是聚乙二醇链，聚乙二醇链不在颗粒表面吸附，但能在颗粒表面形成一个吸附层，将其他聚合物包覆的颗粒与之分离。Mosquet 等（1997）和 Chevalier 等（1997）的研究结果表明，这类膦酸盐在 $CaCO_3$ 悬浮液中具有较高的吸附和分散效率。

聚氧乙烯膦酸盐分两步聚合，如图 9.7 所示。

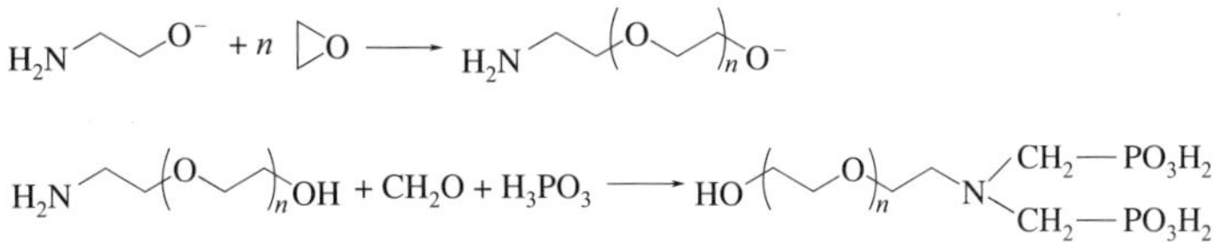

图 9.7　二膦酸聚氧乙烯的两步法合成方案

首先，由氨基醇酸钾引发，通过环氧乙烷的阴离子聚合，生成端伯氨基或端仲氨基

[●] 原文为 "cement pastes with a PMS show a higher slump loss"，由于水泥净浆通常不测试坍落度损失，此处应当是指混凝土的坍落度损失。——译者注

PEG。链一端的伯氨基或仲氨基可以与正磷酸和甲醛进行 Moedritzer 反应，得到单膦酸或二膦酸端基，其专用名词为胺甲基膦酸基（Moedritzer 和 Irani，1966）。

聚合物吸附层在颗粒上的结构由一端固定的游离链组成，其结构与聚合物分子量、溶剂种类和吸附在颗粒表面的分子密度有关。聚合物存在两种形态（图 9.8）。

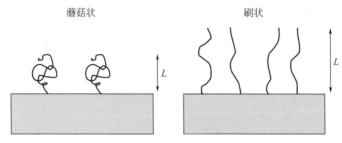

图 9.8　端固定链的构象随表面占据密度增加而由蘑菇状变为刷状的示意图

覆盖度较低时，吸附的大分子相互独立，具有不受扰动的螺旋构象，与自由水中的非功能性 PEG 链相似。现已证明"蘑菇状"（Chevalier 等，1997；Mosquet 等，1997）的聚合物层厚度 L 等于聚合物回转半径。随着吸附聚合物的密度增加，大分子开始相互影响，形成"刷状"的聚合物链沿颗粒表面径向延伸，增加吸附聚合物层的厚度和空间斥力。

除高分散性，这类 SP 还具有其他重要优点。它们可以延长坍落度保持性（Guicquero 等，1999），并且由于其吸附和分散方式特殊，因此对可溶性碱金属硫酸盐具有良好的抵抗性。然而，如 Comparet 等（2000）所述，它们对 C_3S 水化具有强烈的缓凝作用。这部分内容将在第 12 章讲述化学外加剂对水化反应的缓凝作用的影响（Marchon 和 Flatt，2016b）时进一步进行讨论。由于这些特性，膦酸盐适用于极端条件，如高温天气、长时间的坍落度要求、长距离泵送或油井固井（Mosquet 等，2003）。

9.2.3.4　乙烯基共聚物

随着新的混凝土技术发展，更需要具有复合性能的 SP，以满足预期性能。已有的研究表明，PNS 和 PMS 引入其他化学官能团可以改善性能（Page 等，2000；Shendy 等，2002）。然而，缩合反应的特殊反应条件限制了功能单体的数量和类型，进而限制了新结构 PNS 或 PMS 的发展。因此在 20 世纪 70 年代首先开发出一种新型的线形聚丙烯酸基聚合物，并于 20 世纪 80～90 年代在外加剂市场找到一席之地。

这些聚合物是由自由基共聚反应制得的，由于大量的单体都可以参与此反应，因此在结构设计上具有更多可能性。比如，单体可以带有磺酸基、羧基或膦酸基等阴离子官能团，也可以带醚、酰胺或氨基来实现桥接功能。这使得具有特定用途或预期功能的外加剂大量出现（Bradley 和 Szymanski，1984；Jeknavorian 等，1997；Bürge 等，1994）。图 9.9 给出了两个示例。

不同于 PNS 的分子量取决于反应时间，乙烯基共聚物的分子量取决于自由基聚合的条件，如引发剂的量、链转移剂的量以及单体的类型和反应活性。总的来说，这些分

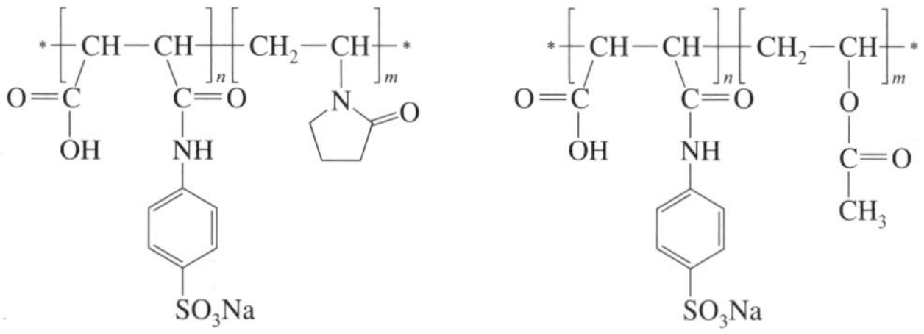

图 9.9　两种乙烯基共聚物的化学结构

子比 PNS 具有更高的分散性能和更好的坍落度保持性（Mäder 等，1999），但会导致更高的缓凝效果。

乙烯基共聚物代表了迈向新型带侧链共聚物的第一步，这种新型共聚物被称为聚羧酸醚，并在 20 世纪 90 年代后期发展起来。如下文所述，因其表现出更高的结构设计多样性，并具有更优良的性能，这类聚合物在 21 世纪初基本取代了乙烯基共聚物。

9.2.4　梳形共聚物

梳形共聚物是最新一代 SP，于 20 世纪 80 年代中期引入（Tsubakimoto 等，1984）。这类同样具有梳形结构的 SP 包含许多类型。

梳形 SP 的结构通常包括一条带有羧基的链，称为主链，聚醚构成的非离子型侧链连接在主链上（图 9.10）。这些 SP 也被称为聚羧酸醚、聚羧酸酯或聚羧酸（polycarboxylates，PCE）。

主链上羧基在水中电离，使主链带负电，带负电荷的主链负责将 SP 吸附在带正电的水泥颗粒表面，使水泥颗粒的电荷量比吸附 LS、PNS 和 PMS 时更低。PCE 的分散性能来自未吸附的侧链产生的空间位阻效应。游离羧基的数量强烈地影响吸附，而侧链的数量和长度则影响被吸附聚合物空间稳定性（Flatt 等，2009；Nawa 等，2000）。更准确地说，吸附受聚合物的所有结构参数影响，但

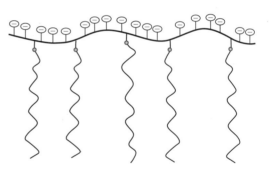

图 9.10　PCE 的梳形结构示意图

影响程度不同（Marchon 等，2013，2016）。关于梳形 SP 分散机制的更多内容见第 11 章（Gelardi 和 Flatt，2016）。

PCE 类 SP 成功的关键在于分子结构的可设计性。由于 PCE 的分子结构对性能有很大的影响，因此对其分子结构进行修饰可以得到具有不同性能的 SP，并应用于更广泛的领域。

影响聚羧酸盐性能的主要因素有：

- 主链长度
- 主链的化学性质（丙烯酸、甲基丙烯酸、马来酸等）
- 侧链长度

- 侧链的化学性质（PEG、聚环氧丙烷等）
- 侧链沿主链的分布（随机、梯度）
- 阴离子电荷密度
- 主链与侧链间连接的官能团（酯、醚、酰胺等）

PCE 有两种不同的制备方法。一种是带羧基的单体和带侧链的单体自由基共聚。这是最常见的合成路线，尤其是在工业上，其实验程序简单，成本低。此外，自由基共聚是将不同类型的单体引入主链的理想方法。这一过程可以使侧链沿主链梯度分布，从单体分布和聚合物的尺寸两个方面赋予 PCE 较高的多分散性。由于两种单体的活性不同，在自由基共聚制备的 PCE 中，侧链可能沿主链呈梯度分布。这类 PCE 的多分散指数（polydispersity index，PDI）通常在 2～3 之间。

另一种方法是用单官能团 PEG 与含羧基的预制主链进行类似聚合物的酯化或酰胺化反应。由于主链的长度是固定的，这种方法可以得到结构和分子量分布较窄的 PCE，并且这种方法引入的侧链沿主链分布更均匀。

两条主要合成路线的示意图如图 9.11 所示。

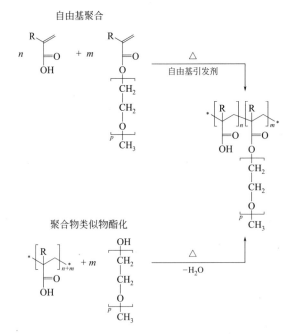

图 9.11　合成丙烯酸或甲基丙烯酸类 PCE 两个主要路线的示意图（R＝H、CH₃）

近年来，可控自由基聚合技术，如可逆加成-裂解链转移或 RAFT 聚合，可制备结构可控的甲基丙烯酸基 PCE（Rinaldi 等，2009）。这些方法应制得相对单分散的 SP，可作为 PCE 工作机制基础研究的模型。

9.2.4.1　主链的化学性质

在丙烯酸基共聚物中，主链的单体单元是丙烯酸，与侧链通过酯键或酰胺键相连（图 9.12）。

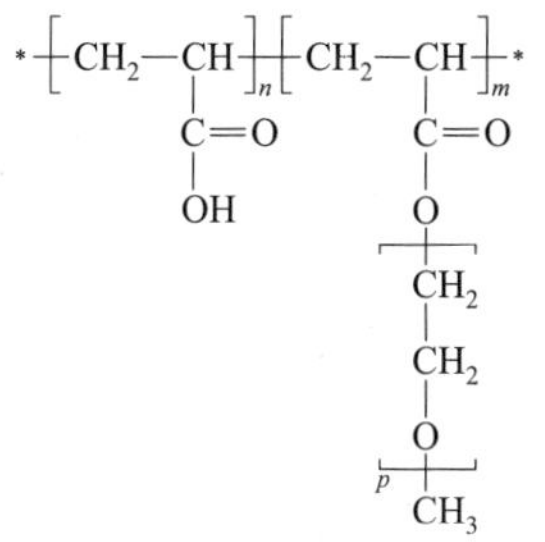

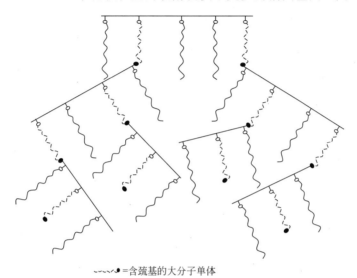

图 9.12   具有丙烯酸主链和
PEG 侧链的 PCE 的结构

SP 分子中丙烯酸基和马来酸基的酯键在碱性介质中易于水解，如在水泥体系的孔溶液中。某些侧链的断裂（分解）会导致游离羧基数目增加。因此随着时间的推移，PCE 的电荷会升高，吸附能力也会增加。吸附能力的变化可以补偿水泥净浆的流动度损失。PCE 的这一特性可用于提高水泥悬浮体系的坍落度保持能力。

交联的丙烯基 SP 也有类似保持能力。Miao 等（2013）研究的超支化结构的 PCE 就是一个例子。酯键水解为 SP 在水泥颗粒上的吸附提供了更多的锚固基团（图 9.13）。

~~~~•=含巯基的大分子单体

图 9.13   超支化 PCE 的可能结构

改编自 Miao 等（2013）

如果用甲基丙烯酸代替丙烯酸，所得 PCE 的侧链更加稳定，不易水解。

可以用更稳定的键取代酯键以减少水解。如酰胺键、亚胺键和醚键等经常被引入 PCE 的结构中来实现这一目的（图 9.14）。

烯丙基醚大单体也常与丙烯酸、马来酸或马来酸酐共聚来制备 PCE。与甲基丙烯基 PCE 相比，烯丙基醚基 SP 的吸附能力普遍较低，但坍落度保持性较好（Liu 等，2013）。此外，现已证明，该 SP 对硅灰效果更好（Schröfl 等，2012）。Plank 和 Sachsenhauser（2006）合成了 α-烯丙基-ω-甲氧基聚乙二醇-马来酸酐共聚物，该共聚物具有明确的、单体单元交替的一级结构。原因可能是马来酸酐和烯丙基醚单体都不经历均聚反应。异戊烯基氧聚（乙二醇）单体可以与丙烯酸共聚，制备出侧链由醚键连接的 PCE（Yamamoto 等，2004）。

SP 的性能受构成 PCE 主链的单体类型影响。例如，尽管丙烯酸基 SP 和马来酸基 SP 主链的化学性质相同，但这两种 PCE 的吸附行为并不相同。这是因为马来酸单元的邻二羧基具有螯合能力。对于甲基丙烯基和甲基烯丙基 SP，位于羧基 α 位的甲基降低

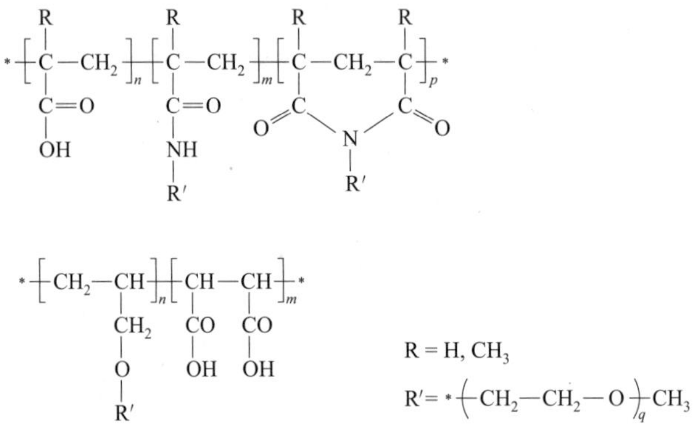

图 9.14　主链与侧链之间有亚胺键（上）和醚键（下）的 PCE 的化学结构

了主链的流动性，从而改变了聚合物的吸附行为。可以引入如苯乙烯单体等间隔分子改变主链的柔性（图 9.15）。

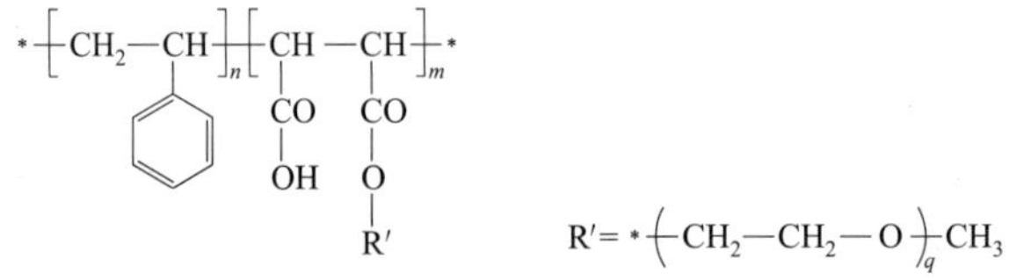

图 9.15　苯乙烯与马来酸酯侧链构成的梳形共聚物的结构

　　通过对 SP 的化学结构调整可以设计具有特殊功能的聚合物，如含有五元内酯环的烯丙基醚基 PCE 可提升硫酸盐抗性（Habbaba 等，2013），由甲基丙烯酸-马来酸单烷基酯-HBVE 制备的三元聚合物可提升抗泥性（Lei 和 Plank，2014）。

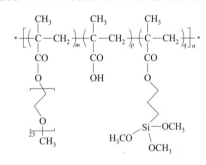

图 9.16　含硅官能团的梳形共聚物结构
改编自 Fan 等（2012）

相关研究将硅基官能团引入 PCE 的甲基丙烯酸主链中（Witt 和 Plank，2012）。这类基团引入高接枝率的甲基丙烯酸酯类 SP 主链中可以提高 SP 的吸附性。Fan 等（2012）研究表明，有机硅烷（三甲氧基硅烷）的引入可提高 SP 硫酸盐抗性（图 9.16）。

甲基烯丙基磺酸可以在丙烯酸主链上共聚（Yamada 等，2000）。

为了提高 SP 对带负电矿相的吸附能力，如二氧化硅和水化硅酸钙，设计合成了两性型PCE，吸附能力还取决于钙的浓度。两性型 PCE 是由含羧酸官能团与季铵盐官能团的单体聚合而成，其性能相当优越（Miao 等，2011）。

　　新型的梳形 SP 为聚膦酸类，其结构与 PCE 相似，但主链由膦基组成（Bellotto 和 Zevnik，2013）。该类 SP 可应用于自密实混凝土，并且使混凝土成分产生微小变化致使其结构更加坚固。但研究显示它们会导致严重的缓凝现象。

9.2.4.2 侧链的化学性质

PCE 生产中应用的侧链通常为聚乙二醇（PEG），不严格时也称为聚环氧乙烯（PEO），其摩尔质量为 750～5000g/mol。将不同分子量和长度的聚乙二醇引入聚合物中可以用来平衡电荷密度。

PEG 侧链使 PCE 具有较高的亲水性，可用环氧丙烷（PPO）侧链代替 PEG 来降低 PCE 的亲水性。据此可以调整共聚物侧链的水溶性。带有 PPO 侧链的 PCE 还有不同的性能，如它们可减少水泥基体系的引气量（Hirata 等，2000）。

PEG 通常在酯化反应和自由基共聚大单体的合成中作为单官能团聚合物引入，通常以甲氧基 PEG 的形式存在。PEG 作为一个双官能团分子，在酯化反应中会导致聚合物链发生交联，形成水不溶性凝胶。以端羟基 PEG 为侧链的 PCE，可通过甲基丙烯酸和 ω-羟基 PEG 基丙烯酸大分子单体的自由基共聚制备（Plank 等，2008）。这些 PCE 的性能均类似于端甲氧基 PCE。

梳形共聚物市场以 PEG 或 PEG/PPO 为侧链的共聚物主导，也有人尝试使用其他的侧链。已有研究表明，以乙氧基聚酰胺和 PEG 为侧链的 PCE 有非常有效的分散作用，其 w/c 可低至 0.12（Amaya 等，2003）。

9.2.4.3 梳形超塑化剂的表征

梳形 SP 和一般的聚合物一样，不是单分散的。PCE 由于主链和侧链长度不同，接枝程度也不同，具有高度多分散性。相对于其他 SP，PCE 比线形 SP 更复杂，如 PNS 或 PMS，但与 LS 相比，其多分散性较低。

表征这种复杂聚合物的第一步是测定它们的常规性能。梳形 SP 的阴离子电荷密度可用酸碱滴定法或聚二烯丙基二甲基氯化铵等阳离子聚电解质滴定法测定（Plank 和 Sachsenhauser，2009）。质子核磁共振（nuclear magnetic resonance，NMR）可用于估算梳形丙烯基 SP 的接枝度以及 PEG 侧链的平均分子量。丙烯酸基 PCE 的 ^{1}H-NMR 如图 9.17 所示。

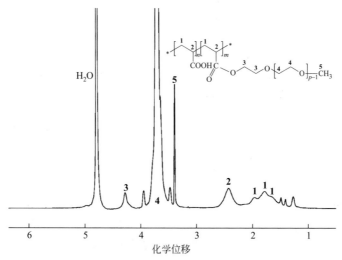

图 9.17　由丙烯酸主链和甲氧基 PEG 侧链组成的 PCE 的 ^{1}H-NMR 光谱

^{13}C-NMR 是研究这些聚合物微结构的有效手段，尤其是研究主链中共聚单体的分布（Borget 等，2005）。此外，还可以通过静态和动态光散射分别测得平均回转半径和水动力半径来研究梳形 SP 在溶液中的构象。由于 PCE 低于检测限，因此须谨慎处理检测结果。

除了确定平均性质外，还需要考虑分布性质。PCE 的摩尔质量分布在吸附行为中的作用已有报道（Winnefeld 等，2007）。此外，侧链沿主链的分布也起着重要的作用。例如，平均接枝度相同，侧链分布梯度不同的聚合物具有不同的吸附性能（Pourchet 等，2012）。

HPLC 可以用来区分聚合物的不同组分（Flatt 等，1998）。然而，要理解结构和活性之间的关系需要更先进的技术。二维色谱法可能是实现这一目的的有效方法（Adler 等，2005）。

9.2.4.4　溶液中 PCE 的构象

梳形共聚物在溶液中的构象可参考 Gay 和 Raphaël（2001）针对梳形均聚物在良溶剂中的构象提出的模型。该模型中，梳形均聚物可以看作是 n 个重复单元的集合，每个重复单元包括 N 个单体构成的主链和 P 个单体构成的侧链（图 9.18）。

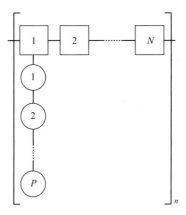

图 9.18　由 n 个重复单元组成的梳形共聚物或均聚物的结构示意图

每个重复单元都有一个由 P 个单体组成的侧链和一个由 N 个单体组成的主链

根据这三个结构参数的相对大小，均聚物可以有五种不同的构象（图 9.19）。

如图 9.19 所示，可能的构造如下：

① 点缀链（DC）。

② 柔性蠕虫状链（FBW）。

③ 伸展蠕虫状链（SBW）。

④ 伸展星形链（SBS）。

⑤ 柔性星形链（FBW）。

用作分散剂的 PCE 通常属于 FBW 结构。这是梳形聚合物的典型结构，其侧链比主链短。在这种构象中，梳形均聚物可以看作是由核构成的链，每个核的回转半径为 R_C。核的回转半径和整条链的回转半径都遵循 Flory 比例定律（Flory scaling law）。通

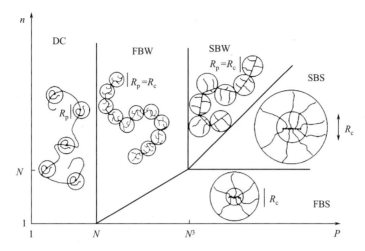

图 9.19　具有图 9.18 中定义的结构的梳形均聚物相图

转载自 Gay 和 Raphaël（2001），已授权

过最小化 Flory 自由能，可以得出 FBW 构象的梳形均聚物总回转半径的表达式：

$$R = R_C \left(\frac{n}{n_C}\right)^{3/5} = (1-2\chi)^{1/5} a P^{2/5} N^{1/5} n^{3/5} \tag{9.1}$$

式中，n_C 为每个核的侧链数量；χ 为 Flory 参数；a 为单体尺寸。

Flatt 等（2009）将这一公式推广到梳形共聚物，它们的主链和侧链上有不同大小的单体。公式(9.1) 可以改写为：

$$R = \left[\left(\frac{a_N}{a_P}\right)^2 \frac{(1-2\chi)}{2}\right]^{1/5} a_P P^{2/5} N^{1/5} n^{3/5} \tag{9.2}$$

其中，a_N 和 a_P 分别是主链和侧链单体的大小，甲基丙烯酸主链为 $a_N = 0.25\text{nm}$，PEG 侧链为 $a_P = 0.36\text{nm}$，$\chi = 0.37$。

9.3　缓凝剂

9.3.1　简介

可以用作缓凝剂的化合物种类繁多。第 12 章（Marchon 和 Flatt，2016b）和第 18 章（Aïtcin，2016b）举出了很多例子及其应用。正如 Collepardi（1996）所述，许多缓凝剂也有减水作用，许多减水剂对水泥水化也有缓凝作用，Collepardi 在《化学外加剂手册》（*Concrete Admixture Handbook*）中将缓凝剂和减水剂放在一章。在本节中，只对缓凝剂的化学性质做概述，重点关注糖类的作用。

LS（前面已经讨论过）既有缓凝作用，又有减水作用。其他化合物，如羟基羧酸及其盐，以及糖类主要起缓凝剂作用，还有小部分（微量的）减水作用。

各种无机盐也可以延缓水泥水化（参见 Aïtcin，2016b，第 18 章）。由于它们价格比有机类替代品高，在实践中并没有被大量使用（Collepardi，1996）。这与 LS 和糖衍生物形成鲜明对比，糖类有较强的缓凝作用。如果需要更强的缓凝效果，可以考虑膦酸盐超级缓凝剂（Ramachandran 等，1993）。

在本节中，笔者主要研究糖类及其衍生物的化学性质。这些化合物可以实现大范围的可控化学变化，从而有更灵活的设计空间，以便更好地研究水泥的水化作用机理。这些信息构成了第 12 章的基础内容，第 12 章讨论了化学外加剂对水泥水化的缓凝作用（Marchon 和 Flatt，2016b）。

9.3.2 碳水化合物

碳水化合物这一术语来自其组成，类似于碳的水合物 $C_m(H_2O)_n$，其中 m 和 n 可以不同，m 通常等于或大于 3。碳水化合物的结构灵活多变，包括但不限于官能团取代和聚合。

碳水化合物的分类标准有很多。其中一个标准是它们所含基础单糖的数目。所含单糖的数量对应聚合度。按此分类方法可分为四类：单糖（例如葡萄糖）、二糖（例如蔗糖）、寡糖（例如棉籽糖）和多糖（例如淀粉）。

9.3.2.1 单糖

单糖是高级糖（二糖、寡糖和多糖）的基本结构基团。通式为 $H—(CHOH)_x(C=O)—(CHOH)_y—H$。如果 x 或 y 为零，则为醛，否则为酮。糖的另一个特点是除羰基碳外的所有其他碳原子均带有羟基。

图 9.20 中间所示为单糖 D-葡萄糖的展开形式。它包含四个手性中心，因此是 16（2^4）个立体异构体系列中的一种化合物。另外，它可以通过半缩醛反应形成六元环，根据最靠近环中氧原子的羟基在—CH_2OH 基团异侧或同侧，存在两种不同构象（记为 α 和 β，Vollhardt 和 Schore，2010）。如图 9.20 所示，这两种环状结构与 D-葡萄糖之间存在化学平衡。D-葡萄糖主要以环状形式存在，其中 α-D-葡萄糖约占 38%，β-D-葡萄糖约占 62%（Robyt，1998）。

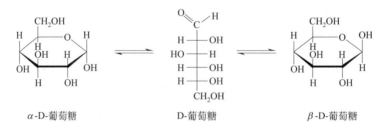

图 9.20　α 和 β-D-葡萄糖与中间展开形式之间的平衡示意图

糖的立体化学对糖的化学性质起着重要作用。值得关注的是它们在溶液中络合金属阳离子的能力（Angyal，1980；Pannetier 等，2001），在具有亲和阳离子的表面上也是如此。如第 12 章中所述，络合是缓凝的必要不充分条件（Marchon 和 Flatt，2016b）。

如果醛糖被部分氧化为相应的羧酸，络合能力会提高。还原糖开环，形成醛基，氧化成酸。虽然这个反应可以自发进行，但没有催化剂的情况下反应非常缓慢。然而，胶凝体系中的碱性条件可以催化这一反应（de Bruijn 等，1986，1987a、b、c；Yang 和

Montgomery，1996）。这会导致许多降解产物带有羧酸。

因此，必须考虑还原糖会转化为相应酸的盐，甚至是更小的物质（Thomas 和 Birchall，1983；Smith 等，2012）。非还原糖与之相反，例如蔗糖，其性质稳定，这将在下面的二糖部分讨论。这种行为的差异在使用 NMR 的胶凝体系中得到证明，明确显示葡萄糖在 95℃时会降解，而蔗糖则不会（Smith 等，2011，2012）。早期工作也通过色谱法证实了常温下蔗糖在 pH 为 13.5 的碱性溶液里是稳定的（Luke 和 Luke，2000）。从结构的角度来看，还原糖与非还原糖的区别在于还原糖具有游离的端基碳（anomeric carbon，带有羟基）。

9.3.2.2 二糖

两个单糖脱水并生成—C—O—C—键，从而结合在一起。该反应在聚合物化学中称为缩合，在碳水化合物化学中称为脱水。

糖类之间的键是种类繁多的化学键之一，称为糖苷，是连接糖中化学基团的共价键，与化学基团的性质无关（这里指另一个糖）。如果糖苷键的形成涉及异头碳上的羟基，则相关的环是稳定的，难以开环。因此，该键影响糖的氧化还原反应性，包括在碱性溶液中的稳定性，特别是胶凝体系。

以两个双糖为例来说明糖苷对环的稳定作用：麦芽糖和蔗糖（图 9.21）。两个例子中糖苷键将左侧葡萄糖环的醛基稳定化。在麦芽糖中，右侧环不稳定，因为它有游离醛，但在蔗糖是稳定的。这解释了麦芽糖（和葡萄糖）在胶凝材料的碱性水相中会降解，而蔗糖则不会（Thomas 和 Birchall，1983；Smith 等，2012）。

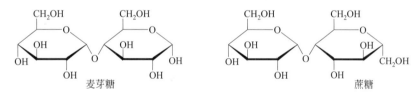

图 9.21　两种常见的二糖化学结构

研究还发现，蔗糖可以在 pH＞11 的水溶液中失去质子从而不再进一步反应（Popov 等，2006）。第 12 章（Marchon 和 Flatt，2016b）中讨论了这在络合和水泥水化方面可能的重要影响。

9.3.2.3 寡糖

寡糖是包含少量单糖的分子，通常为 3～9 个。水泥化学中，棉籽糖作为一种非常有效的缓凝剂引起了人们的特别关注（Thomas 和 Birchall，1983）。如图 9.22 所示，棉籽糖被认为是蔗糖的衍生物（图 9.21，右）。另外，它具有连接至葡萄糖单元的侧链—CH_2OH 的 α-D-半乳糖单元。与蔗糖一样，这种糖没有还原性。

9.3.2.4 多糖

多糖的单糖单元数量比寡糖更高。它们的天然产物非常多，在生物中用于储存能量（例如淀粉）或具有结构功能（例如纤维素）。它们的溶解度随分子量及分子间氢键数量的增加而降低。

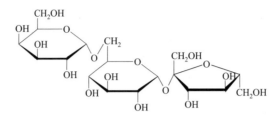

图 9.22　棉籽糖的化学结构

多糖在混凝土技术中主要用作增黏剂，下面将对此进行详细讨论。

9.4　调黏剂

9.4.1　简介

调黏剂（viscosity-modifying admixture，VMA）用于改善自密实混凝土、水下混凝土、喷射混凝土和水泥灌浆料的稳定性、黏聚性和鲁棒性。这些拌合物需要高流动性用于浇筑，但同时又必须避免离析和沉降。在这些混合物中通常使用 SP 来提高流动性和降低 w/c，同时又使用 VMA 提高稳定性。VMA 还可以减少砂浆中因多孔结构蒸发或毛细管效应导致的失水（Cappellari 等，2013；Khayat，1998）。

VMA，特别是黄原胶，自 20 世纪 60 年代被引入建筑领域（Plank，2005）以来，使用量逐渐增大。VMA 也被称为保水剂或防冲洗剂。尽管无机化合物（例如纳米二氧化硅）也用作 VMA，但使用最多的是亲水的水溶性有机聚合物。

表 9.1 中 Kawai（1987）根据性质对有机 VMA 进行分类。尽管近年来淀粉的使用量逐渐增多，但胶凝体系中最常用的 VMA 是纤维素醚衍生物和温轮胶。本章稍后将对最主要的 VMA 进行详细说明。

表 9.1　VMA 的分类

分类	常用材料
天然聚合物	淀粉 温轮胶（welan gum） 丢丁胶（diutan gum） 瓜尔胶（guar gum） 黄原胶（xanthan gum） 藻酸盐 琼脂
半合成聚合物	纤维素醚衍生物 瓜尔胶衍生物 改性淀粉 藻酸盐衍生物
合成聚合物	聚环氧乙烯 聚乙烯醇等

注：Khayat 和 Mikanovic（2012）已授权。

9.4.2 天然聚合物

9.4.2.1 温轮胶和丢丁胶

温轮胶和丢丁胶是微生物有氧发酵产生的高分子多糖（Khayat 和 Mikanovic，2012）。它们都属于鞘氨醇类。

温轮胶由 *Alcaligenes sp.* ATCC3155 的发酵工艺合成。其主链由 L-甘露糖、L-鼠李糖、D-葡萄糖和 D-葡萄糖酸四元糖组成，支链为一个 L-甘露糖或 L-鼠李糖通过 1,4 位糖苷键在葡萄糖分子的 C3 位置进行取代（Kaur 等，2014）。该多糖的分子质量约为 10^6 g/mol。

丢丁胶的结构与温轮胶类似，但丢丁胶的侧链由两个 L-鼠李糖组成。此外，丢丁胶的分子质量比温轮胶高三倍，约为 $3 \times 10^6 \sim 5 \times 10^6$ g/mol（Khayat 和 Mikanovic，2012）。

图 9.23 显示了两种多糖的结构。两种生物胶中的 D-葡萄糖酸使其带负电荷，并能吸附到水泥颗粒表面。温轮胶和丢丁胶流动性良好，并且在极端温度和 pH 下较稳定。水溶液中，两种胶均具有双螺旋构型，其侧链屏蔽了主链上的羧酸基团，防止因钙离子产生交联。由于丢丁胶侧链比温轮胶长，因此屏蔽作用可能更高（Sonebi，2006）。屏蔽作用使两种胶能在高 Ca^{2+} 浓度的介质中稳定，如水泥孔溶液（Campana 等，1990）。基于以上原因，温轮胶和丢丁胶十分适合作为胶凝体系的 VMA。但是，它们的生产成本相当高，因此需要开发低成本的合成方法（Kaur 等，2014）。

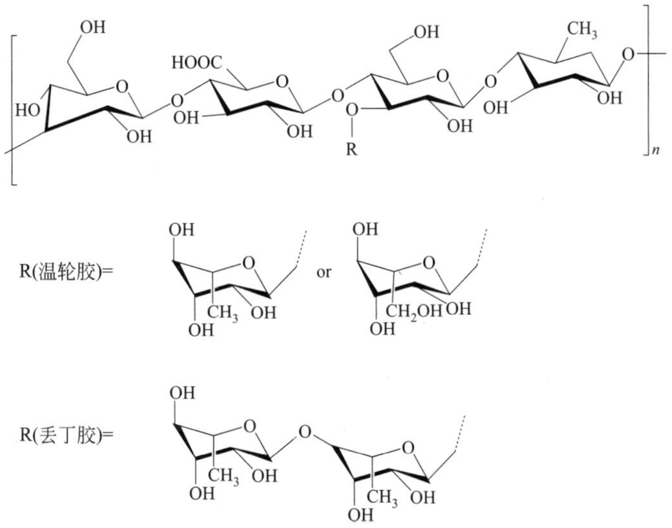

图 9.23 温轮胶和丢丁胶的化学结构

9.4.3 半合成聚合物

9.4.3.1 纤维素醚衍生物

纤维素醚（cellulose-ether，CE）衍生物是应用最广泛、最有效的保水剂。建筑行业每年消耗约 10 万吨纤维素衍生物（Plank，2005），主要用于生产砂浆。

纤维素是一种均匀的线形葡萄糖聚合物，是所有天然物质中含量最高的（Khayat 和 Mikanovic，2012）。纤维素由数百至数千个 β-1,4 糖苷键连接的 D-葡萄糖单元组成，如图 9.24 所示。它不溶于水，要使其溶解，通常可用官能团取代 C2、C3 和 C6 的羟基来修饰。

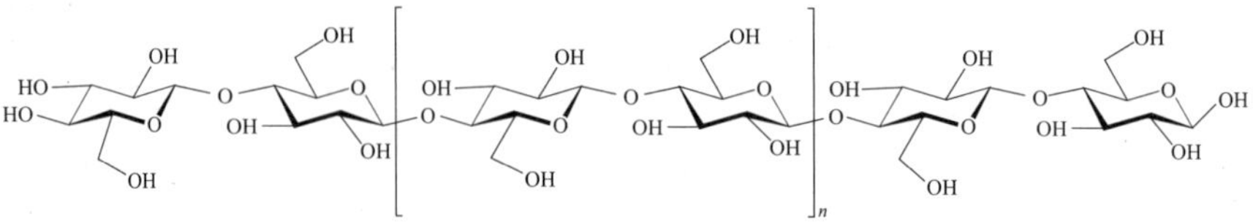

图 9.24　纤维素的化学结构

以 CE 衍生物为例，醚化发生在碱性条件下。建筑材料中使用最广泛的 CE 衍生物是羟丙基甲基纤维素、羟乙基甲基纤维素和羟乙基纤维素（图 9.25）。已有研究表明这些拌合物在胶凝体系的高碱性条件下是稳定的（Pourchez 等，2006）。

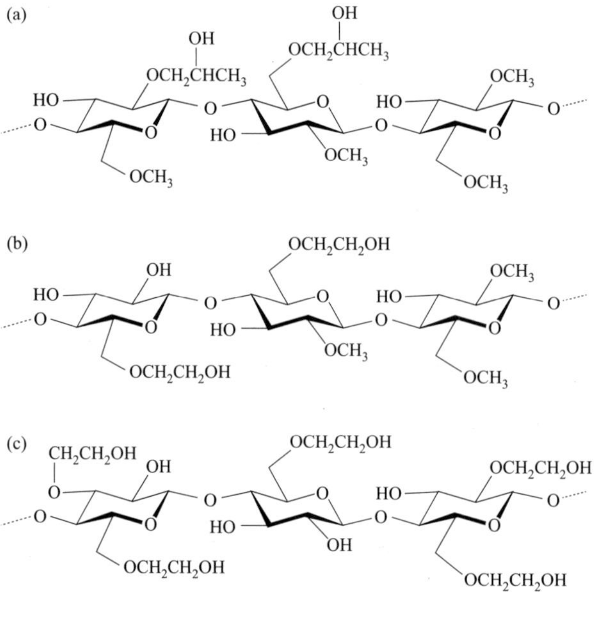

图 9.25　纤维素醚的化学结构
（a）羟丙基甲基纤维素；（b）羟乙基甲基纤维素；（c）羟乙基纤维素

CE 衍生物的性质取决于其取代度（degree of substitution，DS）、取代基的性质及其结构参数，如分子质量和取代基数量（Brumaud 等，2013）。一般来说，分子质量在 $10^5 \sim 10^6 \mathrm{g/mol}$ 之间。

DS 是每个葡萄糖分子中取代羟基的数目，一般在 0~3 之间。纤维素衍生物的溶解度取决于 DS。DS 小于 0.1 的纤维素衍生物一般不溶。DS 在 0.2~0.5 之间的可溶于碱性水溶液。DS 在 1.2~2.4 之间的纤维素衍生物可溶于冷水（Richardson 和 Gorton，2003；Brumaud，2011；Khayat 和 Mikanovic，2012）。葡萄糖分子中的羟基被化学基团取代，另外的游离羟基可进一步取代，这是通过摩尔取代来定量的，没有理论上限。

9.4.3.2 瓜尔胶衍生物

瓜尔胶是从瓜尔豆（*Cyamopsis tetragonolobus*）的种子中提取的多糖，其结构包含由 β-1,4 糖苷键连接成的 D-甘露吡喃糖主链，半乳糖通过 α-1,6 糖苷键随机连接在主链上（Poinot 等，2014）（图 9.26）。瓜尔胶的分子质量为 $1\times10^{6}\sim2\times10^{6}$ g/mol。

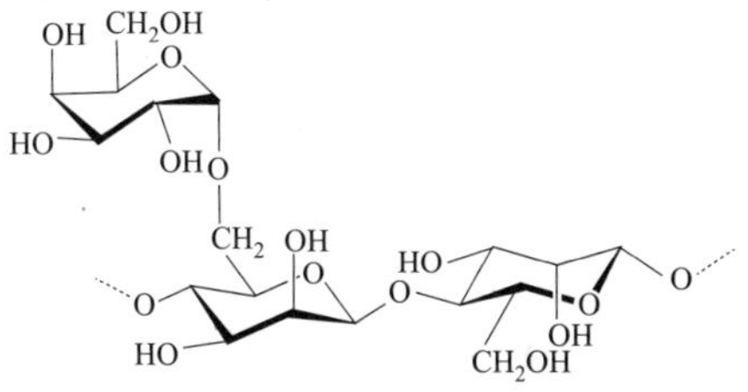

图 9.26　瓜尔胶的化学结构 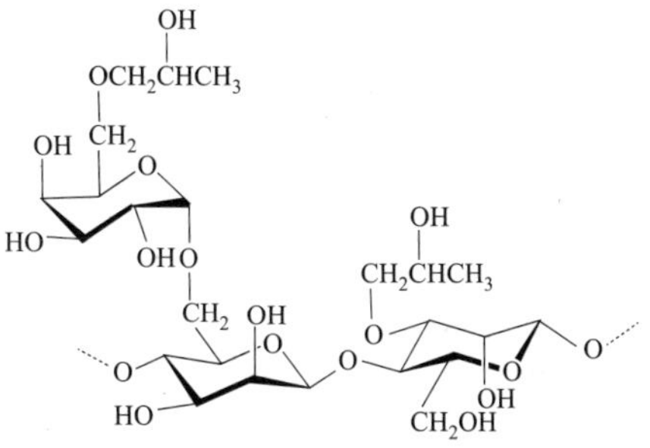　　　　图 9.27　羟丙基瓜尔胶的化学结构

瓜尔胶可溶于水，但使用过程中会出现溶液澄清度、醇溶度、水化速率不可控，黏度随时间降低，微生物污染敏感性等问题。为了克服此限制，合成了其衍生物（Iqbal 和 Hussain，2013；Risica 等，2005）。

羟丙基瓜尔胶是瓜尔胶的最常用衍生物（图 9.27）。它是由瓜尔胶在碱性催化剂存在下与环氧丙烷的不可逆亲核取代生成（Pourchez 等，2006），高度可溶，热稳定性好。羟丙基瓜尔胶的功能性质取决于其 DS。与纤维素一样，DS 最大为 3，因为每个糖单元中有 3 个羟基可用于衍生化。当将取代基引入分子中时，还会引入其他羟基，这些羟基可以进一步衍生。C6 处的伯羟基比 C2 和 C3 更容易发生反应（Brumaud 等，2013）。

9.4.3.3 改性淀粉

淀粉是除纤维素和半纤维素之外，在自然界中发现的主要碳水化合物（Richardson 和 Gorton，2003）。淀粉是由 D-葡萄糖的两种均聚物组成的多糖，分为直链淀粉和支链淀粉（图 9.28）。直链淀粉主要由 α-1,4 糖苷键连接的葡萄糖的长直链组成，尽管也有一些低聚合度的支链。

支链淀粉是一种高支化分子（大约每 20～25 个葡萄糖单位就有一个支链），包括 α-1,4 糖苷键连接的葡萄糖分子短主链和大量 α-1,6 糖苷键连接的支链。直链淀粉的分子质量约为 150000～600000g/mol，而支链淀粉的分子质量为 $10^{7}\sim10^{9}$ g/mol。直链淀粉和支链淀粉的含量随淀粉来源的不同而变化，直链淀粉占 10%～30%，支链淀粉占 70%～90%（Banks 和 Muir，1980；Vollhardt 和 Schore，2010）。提取淀粉的主要原料是玉米、马铃薯、木薯和小麦（Khayat，1998）。

天然淀粉不溶于冷水。为了在混凝土中使用，可将淀粉通过醚化或酯化反应改性，使其可溶于冷水，并在高 pH 的胶凝体系中稳定。直链淀粉和支链淀粉的羟基会在醚化和酯化过程中被取代（Khayat 和 Mikanovic，2012）。在建筑中，羧甲基淀粉和羟丙基

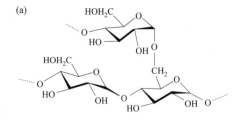

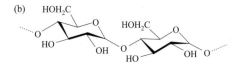

图 9.28 支链淀粉（a）和
直链淀粉（b）的化学结构

淀粉是最常用的改性淀粉（Plank，2005；Khayat 和 Mikanovic，2012）。

9.4.4 合成聚合物

9.4.4.1 聚环氧乙烷

聚环氧乙烷（polyethylene oxide，PEO）是一种高分子量的非离子聚合物，具有亲水、线形且无交联的特点，在水和有机溶剂中的溶解度很高。

图 9.29 展示了环氧乙烷重复单元的化学结构。该重复单元包含一个疏水的乙烯基和一个亲水的氧，这里的氧也是一个氢键位点（Zhang，2011）。

环氧乙烷在金属催化剂作用下聚合生成 PEO。所得 PEO 的分子质量范围很宽，$200 \sim 7.0 \times 10^6 \, g/mol$，低分子量的 PEO 称为 PEG。它们全溶于冷水和温水。

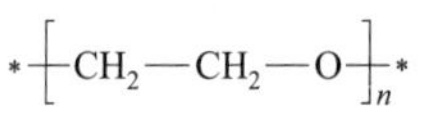

图 9.29 环氧乙烷中重复单元的结构

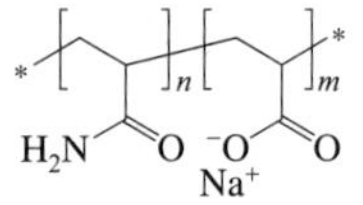

图 9.30 阴离子聚丙烯酰胺的结构

9.4.4.2 聚丙烯酰胺

聚丙烯酰胺是一类高分子量的水溶性聚合物。阴离子聚丙烯酰胺（anionic polyacrylamide，aPAM）在建筑领域用作增黏剂或絮凝剂。它们的化学结构如图 9.30 所示。aPAM 是通过丙烯酰胺和丙烯酸盐的自由基聚合或非离子聚丙烯酰胺的部分水解合成的（Cheng，2004；Bessaies-Bey 等，2015），其分子质量为 $10^3 \sim 20 \times 10^6 \, g/mol$。

aPAM 的分子量、结构（直链或支链）和电荷密度不同可赋予其不同的特性。在高 pH 值的水泥孔溶液中，aPMA 容易发生水解（Cheng，2004）。

9.4.5 无机粉体

通过添加高比表面积的无机粉末（例如胶体二氧化硅、超细碳酸钙、硅灰或粉煤灰），可以提高高流动性混凝土配合料的设计稳定性。此外，膨润土等膨胀性粉体可增加水泥拌合物的保水率。

9.5 引气剂

9.5.1 简介

本节将介绍引气外加剂（air entraining admixture，AEA）（也称为引气剂）化学。这些分子也是表面活性剂，因此要了解其作用机理，就需要引入一些有关表面活性剂的概念，特别是亲水亲油平衡参数（hydrophile-lipophile balance，HLB），它表征了表面活性剂的亲水特性。尽管这一概念存在很多局限性，但本章中将用该参数来说明表面活性剂分子结构对水油平衡的影响。

第一代商业 AEA 可以追溯到 1954 年（Torrans 和 Ivey，1968），可将其分为：

- 木质树脂盐（松木类）
- 合成洗涤剂（石油馏分）
- 木质素磺酸盐（纸浆工业）
- 石油酸盐（石油精制）
- 蛋白质盐（兽皮的加工）
- 脂肪酸和树脂酸及其盐（纸浆和兽皮加工）
- 烃基磺酸盐（石油精制）

该列表说明 AEA 最初主要是根据原材料来源及其处理方法进行分类。最近美国进行的一次筛查（Nagi 等，2007），根据红外分析将 41 种商用 AEA 细分为五类：

- α 烯烃磺酸盐（6 种外加剂）
- 苯磺酸盐（4 种外加剂）
- 树脂/松香和脂肪酸（13 种外加剂）
- 乙烯溶胶树脂（14 种外加剂）
- 复合品（表面活性剂、尿素、妥尔油等）

由德国化学建材协会（Deutsche Bauchemie）发布的《混凝土外加剂与环境：最新进展报告（2011）》[*Concrete Admixture and the Environment：State-of-the-Art Report* (2011)]中，将 AEA 分为两大类：天然树脂（根系树脂❶、木质素树脂❷、松香类树脂及其衍生物）和合成表面活性剂（烷基聚乙二醇醚、烷基硫酸盐和烷基磺酸盐）。由于天然原料紧缺，特别是木材树脂/松香，因而人工合成表面活性剂的使用有所增加，但是 AEA 仍按照使用与合成表面活性剂来源和类型分类。

大量文献选择用引气剂或类似名称为其命名，并将其应用到混凝土当中。但很少有人直接指出表面活性剂或 AEA 的性质。

本节提出了一种根据表面活性剂性质对 AEA 进行分类的方法。在此过程中，笔者尝试填补表面活性剂科学方面的空白，遗憾的是在引气剂应用于混凝土后，这种空白一直在加剧。首先，简要概述表面活性剂的主要特性。

9.5.2 表面活性剂的通性

9.5.2.1 基本结构特征

本节总结了表面活性剂的通性，数据来自 Rosen（2004），考虑到它们在混凝土中的应用，这些特性值得关注。

表面活性剂是具有表面活性的双亲分子，包括疏水性"尾巴"（通常是长烷基链）

---

❶ 根系树脂（root resins）是指从植物根部提取的树脂。——译者注

❷ 木质素树脂（tall resins）是指纤维素硫化工艺的副产物。——译者注

和亲水性"头部"（通常是离子或极性基团）。当表面活性剂在水溶液环境中时，尾巴会尽可能少地接触溶剂，在气-液界面处形成表面活性剂分子的单层，其中尾部远离溶剂并伸向空气（非极性）。亲水基团的存在能够阻止表面活性剂完全排出形成分离相。

基于亲水头部的化学性质，表面活性剂可分为：

- 阴离子型
- 阳离子型
- 两性型
- 非离子型

表面活性剂的疏水部分可以进行许多修饰以调整其性能。这些修饰包括：

- 增加疏水链的长度。这会降低在水中的溶解度，并增加在油或有机溶剂中的溶解度；可能导致界面处分子紧密堆积；会增加界面处的溶液吸附或自缔合成胶束的趋势；有离子型表面活性剂存在时，会增加反离子从水中析出的趋势。

- 引入支链或不饱和键。相对于相应的线形链或饱和键，可以增加在水或有机溶剂中的溶解度；降低自缔合形成液晶的趋势（该过程会降低表面活性剂的利用率及性能）。

- 芳香核的存在会增强表面活性剂在带正电物相上的吸附效果，例如水泥表面，并可能使之在气-液界面排列松散。

9.5.2.2　亲水亲油平衡的概念

HLB 由 Griffin（1949）提出，用于描述表面活性剂的乳化行为。它定量表示分子亲水性和亲油性（疏水）之间的平衡。HLB 越大，表面活性剂的亲水性越强。

HLB 决定表面活性剂最适用范围。表 9.2 给出了表面活性剂的主要应用，并给出了相应的 HLB 适用范围。

表 9.2　表面活性剂应用实例

HLB 范围	应用	HLB 在水中分散的范围
3～6	油包水乳化剂	<4 不分散 3<分散性差<6
7～9	润湿剂	6<剧烈搅拌后呈乳状分散<8
8～18	水包油乳化剂	8<稳定的乳状分散体<10 10<半透明至透明分散<12 >13 明确分层
13～15	洗涤剂	明显分层
15～18	增溶剂	明显分层

注：引用自 Tadros（2005）。

Davies（1957）提出了一个累积的概念，指可根据基团数定义分子的亲水性和疏水性，HLB 可以通过分子中亲水和疏水部分各自的贡献获得（表 9.3）。第一种 HLB 计算方法仅限于非离子表面活性剂，后来 Davies 的单个基团贡献法扩展，使 HLB 理论也适用于离子表面活性剂。

根据 Davies 使用基团数计算表面活性剂的 HLB 值为：

$$HLB = \sum_{k=0}^{n} (i_k GN_k) \qquad (9.3)$$

其中，k 为 0，$\cdots$，n 个独立基团（亲水和疏水）；i 为基团 k 的数量；GN 为表 9.3 中的基团数。

该方法进一步发展了有效链长的概念，并得出表 9.3 中所示的值（Guo 等，2006）。

表 9.3　HLB 基团数

亲水基团	基团数		疏水基团	基团数	
	来自 Davies	来自 Guo 等		来自 Davies	来自 Guo 等
$-SO_4^- Na^+$	38.7	38.4	$-CH-$；$-CH_2-$；CH_3-；$=CH-$	-0.475	-0.475
$-COO^- K^+$	21.1	20.8	$-CF_2-$	—	-0.87
$-COO^- Na^+$	19.1	18.8	$-CF_3$	—	-0.87
$-SO_3 Na^+$	—	10.7	苯基	—	-1.601
N(三元胺)	9.4	2.4	$-CH_2CH_2CH_2O-$(PO)	-0.15	-0.15
酯基(游离)	2.4	2.316	$-CH(CH_3)CH_2O-$	—	-0.15
$-COOH$	2.1	1.852	$-CH_2CH(CH_3)O-$	—	-0.15
$-OH$(游离)	1.9	2.255	脱水山梨醇环		-20.565
$-CH_2OH-$	—	0.724			
$-CH_2CH_2OH-$	—	0.479			
$-CH_2CH_2CH_2OH-$	—	0.382			
$-O-$	1.3	1.3			
$-CH_2CH_2O-$(EO)	0.33	0.33			
$-CH_2CH_2OOC-$	—	3.557			
OH(脱水山梨醇环)	0.5	5.148			
酯基(脱水山梨醇环)	6.8	11.062			

注：摘自 Davice（1957）和 Guo 等（2006）。

在表 9.3 中可以看出，阴离子头部基团对亲水性的贡献相对较高（基团数大）。这与环氧乙烷（EO）基团的个体贡献形成对比。因此，为了达到与离子基团相同的亲水性，需要大量头部为乙氧基的非离子型表面活性剂。表 9.2 和表 9.3 显示，无论是离子型还是非离子型的表面活性剂分子结构改变，都会影响 HLB 及其相应的应用范围。

9.5.3　引气混合物的来源

AEA 的传统来源是木质树脂和动植物油脂的酸。木质树脂中得到的主要化合物是松香酸（abietic acid）、海松酸（pimaric acid）（图 9.31）及其异构体，通过水解天然油脂可得到天然脂肪酸和甘油酯。天然脂肪酸是中长链羧酸，碳原子数在 4～26 之间（Black，1955）。饱和脂肪酸的结构如图 9.32 所示。

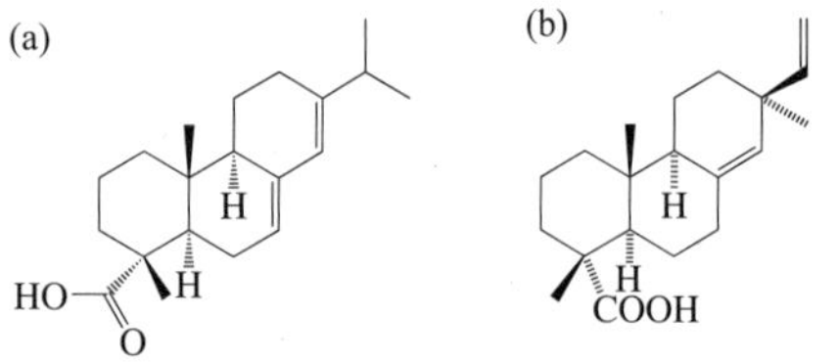

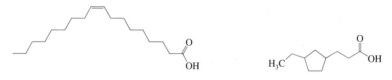

图 9.31　松香酸（a）和海松酸（b）的化学结构 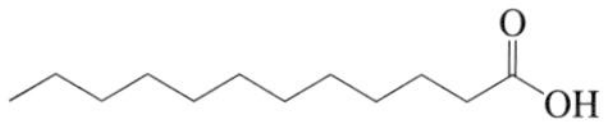　　图 9.32　月桂酸或十二烷酸（C12）的化学结构

另一种 AEA 的酸源是妥尔油（tall oil）原油，是造纸行业的副产品。在其他化合物中，它包含树脂酸（见图 9.31）和脂肪酸，主要是棕榈酸（palmitic acid，C16，饱和酸）、油酸 [oleic acid，C18，不饱和酸，一个双键；（9Z）-十八烯-9-烯酸，（9Z）-oc-tadec-9-enoic] 和亚油酸 [linoleic acid，C18，不饱和酸，两个双键；（9Z，12Z）-9,12-十八碳二烯酸，（9Z，12Z）-9,12-octadecadienoic acid]。通过对妥尔油的进一步分馏和还原，可以得到以油酸为主的脂肪酸（图 9.33）。

石油酸盐可从含有环烷酸的原油中加碱提取得到。环烷酸是由环戊基和环己基羧酸组成的混合物。图 9.34 所示为一种环烷酸。

图 9.33　油酸或（9Z)-十八烯-9-烯酸的化学结构　　图 9.34　环烷酸的化学结构

9.5.4　阴离子表面活性剂

阴离子表面活性剂的亲水部分带负电。根据 Tadros（2005），阴离子表面活性剂最常用的头部基团是羧酸根、硫酸根、磺酸根和磷酸根。表 9.4 展示了这类阴离子表面活性剂的通式和特性。

表 9.4　阴离子表面活性剂的种类和 HLB 基团数

表面活性剂类型		基团和基团数		HLB	应用
头基	化学式	钠头基	C12 烷基		
羧酸盐	$C_nH_{2n+1}COO^-X$	18.8	−5.7	20.1	油包水型乳化剂
硫酸盐	$C_nH_{2n+1}OSO_3^-X$	38.4		39.7	润湿剂
磺酸盐	$C_nH_{2n+1}SO_3^-X$	10.7		12.0	水包油型乳化剂
磷酸盐	$C_nH_{2n+1}OPO(OH)O^-X$	—		—	—

注：摘自 Guo 等（2006）。

带负电的头部基团使表面活性剂具有水溶性，但由于存在二价或三价阳离子，导致其倾向于吸附在水泥颗粒上并沉淀在水泥孔溶液中。这是优点也是缺点。

颗粒表面上固定或聚集的表面活性剂可通过疏水作用捕获并稳定引入气泡。然而，早期的吸附作用在某种程度上导致表面活性剂损失，因此需视情况增加剂量。

水泥孔溶液中表面活性剂的析出也是如此。虽然科学界普遍认为阴离子表面活性剂的沉淀或盐析能稳定气泡，但很明显，气泡形成之前的过早沉淀会导致表面活性剂不必要的损失。

通常认为来自天然原料的阴离子表面活性剂是相当稳定的外加剂，可以调节含气量，但掺量高于其他合成化合物。

Rosen（2004）总结了疏水基团的影响，特别指出，尽管水泥基材料中使用的阴离子表面活性剂的带电头部影响固体吸附，但改变疏水基团长度可增加从水溶液吸附的效率。

下节将给出阴离子表面活性剂的例子，包括天然外加剂和人工合成外加剂。

9.5.4.1 羧酸盐

根据 Torrans 和 Ivey（1968）对商业产品的分类，羧酸基表面活性剂可分为：

- 木质树脂盐（松香酸和海松酸）
- 石油酸盐（石油精炼）
- 脂肪酸盐和树脂酸盐（纸浆和兽皮加工）

根据 Rosen（2004）的研究，这种化合物可以通过中和天然脂肪或植物油中的酸或甘油三酯的皂化来制备。得到的表面活性剂是皂类（$RCOO^- M^+$），可以看作是原始的 AEA。如前所述，在胶凝体系中，它们的缺点是易与二价或三价金属离子形成不溶于水的皂类，并且容易被电解质溶解。

但经验告诉我们，这种外加剂的优点在于其相对稳定性，易控制引气量。此外，Mayer 和 Axmann（2006）的研究表明含气量与搅拌强度或搅拌时间等外部条件无关。与其他原料制得的皂类相比，用木质树脂制得的皂类在钙离子存在时的沉淀要少得多。

对于松香酸类阴离子表面活性剂，在其含油树脂酸主链中引入—SO_3H 基团，可以解决沉淀问题（Mayer 和 Axmann，2006）。另一种方法是添加石灰皂类分散剂，如磺酸盐和硫酸盐（阴离子表面活性剂的相容性将在本节之后讨论）(Rosen，2004)。

利用三乙醇胺或二乙醇胺等胺类中和树脂酸和脂肪酸，可得到一种特殊的阴离子AEA，这是应用广泛的表面活性剂制备过程（McCorkle 和 Brow，1955）。该过程可以生产出具有阴离子表面活性剂金属盐的稳定皂类前体，效率更高，沉淀或在固体表面吸附更少（Sychra 和 Steindl，1998）。

9.5.4.2 磺酸盐

在磺酸盐中，硫原子直接连接到烷基的碳原子上。与硫酸盐（在下节中介绍）相比，该分子在碱性介质中也不容易水解（Tadros，2005）。

一类作用于 AEA 的表面活性剂是直链烷基苯磺酸盐，其结构通式为 $RC_6H_4SO_3^- M^+$。通常烷基部分的链长约为 12 个碳。直链烷基苯磺酸盐相对廉价。

至于亲水头部，不同阳离子有不同的特性。钙盐和镁盐是水溶性的，在硬水中不受影响。钠盐在大多数电解质中都能充分溶解。

可用作商品 AEA 的表面活性剂是直链十二烷基苯磺酸钠，如图 9.35 所示。

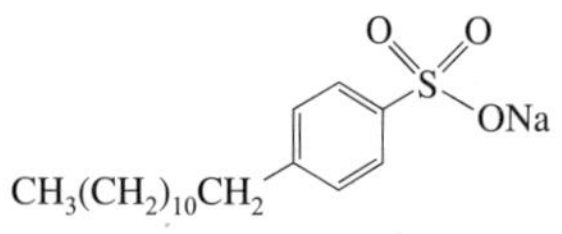

HLB 在 11～14 之间的其他表面活性剂也可作为商业产品：

- C_{10}～C_{16} 苯磺酸钠
- 三乙醇胺十二烷基苯磺酸

图 9.35 十二烷基苯磺酸钠的化学结构

α-烯基磺酸盐可通过直链 α-烯烃与三氧化硫反应生成，产物通常为烯基磺酸盐（60%～70%）、羟基烷基磺酸盐（约 30%）、一些二磺酸盐和其他物质的混合物（Tadros，2005）。上述三类磺酸盐的化学式如下[❶]：

- 3,4-烯基磺酸盐：$R-CH=CH(CH_2)_2SO_3^-$
- 4-羟基烷基磺酸盐：$R-CHOH-(CH_2)_3SO_3^-$
- 二磺酸盐（硫酸磺酸盐）：$R-CH_2-\underset{\underset{OSO_3^-}{|}}{CH}-CH_2-SO_3^-$

此类含有 C_{14} 或 C_{16} 羟基烷基磺酸盐（分别为 C_{14} 和 C_{16} 的偶碳数烯基磺酸盐；10 < HLB$_{计算值}$ < 11）的表面活性剂可用作混凝土 AEA。

9.5.4.3　硫酸酯盐

硫酸盐是人工合成的阴离子表面活性剂，它由醇与硫酸反应生成，也称硫酸酯。带有碱金属反离子的硫酸盐具有良好的水溶性，但容易受电解质影响（Tadros，2005）。其中也包含烷基硫酸铵。

硫酸盐通常用链长为十二烷到十六烷的醇制备（Rosen，2004）。疏水基团中甲基支链的存在能提高表面活性剂对钙离子的耐受性。

十二烷基硫酸钠是一种重要的硫酸盐表面活性剂，其结构如图 9.36 所示。它被广泛用于基础研究和工业应用，以及用作混凝土和石膏的引气剂。碳链为 8 和 10 的烷基硫酸钠也可以作为引气剂使用。

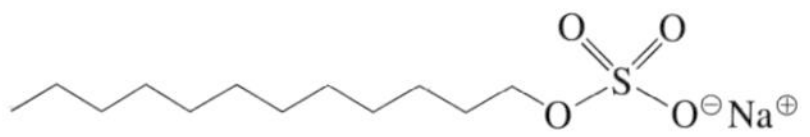

图 9.36　十二烷基硫酸钠的化学结构

通过引入一些 EO 单元来修饰疏水基团，所制得的引气剂比直链醇有更高的溶解性和更低的敏感性，并且其与水溶液中的电解质相容性更好。这类硫酸盐被称为醇醚硫酸盐或硫酸聚环氧乙烯基直链醇（Tadros，2005）。商业产品主要包括 C_{12} 和 EO 单元，其聚环氧乙基链长分布范围较宽（Rosen，2004；Tadros，2005）。最新产品的链长范围狭窄，未反应的疏水残基（非乙氧基化）含量也低，使其对硬水的耐受性更强（Rosen，2004）。

据笔者所知，用于混凝土引气剂的市售烷基醚硫酸钠包括：

- 带有两个 EO 单元和 C_{12}～C_{14} 链的烷基醚硫酸钠

---

❶原著中未对这三类磺酸盐的化学式做出描述，此处特增加此表述，以完善行文逻辑。——译者注

- 带有三个 EO 单元和 $C_{12}\sim C_{15}$ 链的烷基醚硫酸钠

商品引气剂烷基醚硫酸铵可以分为：

- 带有 2.2 个 EO 单元和 $C_8\sim C_{10}$ 链的烷基醚硫酸铵
- 带有 2.5 个 EO 单元和 $C_9\sim C_{11}$ 链的烷基醚硫酸铵
- 带有三个 EO 单元的十二烷基铵硫酸铵

在上述情况下，表面活性剂的 HLB 可以通过盐的类型改变亲水头，或增加一定数量的 EO 单位来调整疏水性。

Rosen（2004）总结了烷基醚硫酸盐相对于烷基硫酸盐的优势：

- 更好的水溶性
- 更高的电解质耐受性
- 更好的石灰皂分散能力
- 泡沫更耐水硬度和蛋白质污染

在这四个优点中，对于混凝土引气剂第二个和第三个尤为重要。

9.5.4.4 牛磺酸

牛磺酸及其盐是较温和的阴离子表面活性剂，对非离子或其他阴离子表面活性剂有良好的相容性，具有抗水解稳定性以及良好的石灰皂分散能力。因此，它们在引气剂中作为"助表面活性剂"来提高表面活性剂主剂的效率。

牛磺酸盐的一般形式如图 9.37 所示，其中 R 主要是饱和 $C_{12}\sim C_{18}$ 脂肪酸、油酸或椰子脂酸。根据 Rosen（2004）的研究，N-甲基衍生物的溶解度、起泡性、去污力和分散能力（图 9.37 中的 $R_1 = CH_3$）与相应的脂肪酸皂相似，在软硬水中均有效。

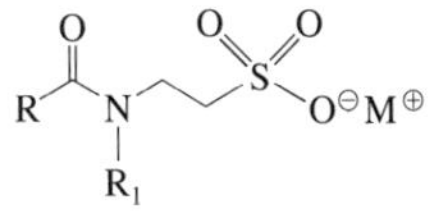

图 9.37 牛磺酸正酰基-正烷基的碱金属盐的化学结构

市售产品的样品有油酸牛磺酸甲酯、椰子脂酸牛磺酸甲酯的钠盐。

9.5.5 阳离子表面活性剂

阳离子表面活性剂具有带正电荷的亲水性头部，其优点是与非离子或两性表面活性剂相容，但大多与离子表面活性剂不相容（Rosen，2004；Tadros，2005）。

乙氧基胺有时被称为"阳离子"表面活性剂，但这仅适用于 pH 值低和 EO 单元数少的情况。考虑到水泥孔溶液中 pH 值较高，其表面活性剂性质更接近"非离子"化合物（在本节后面讨论）。

季铵盐就是 pH 不敏感的阳离子表面活性剂。分子中季氨基上的电荷不受 pH 变化影响，即在酸性、中性和碱性介质中均为正电荷。

研究表明，在混凝土中存在黏土污染的情况下，使用阳离子表面活性剂可以保持引气剂效率（Hill 等，2002）。

在 AEA 的专利中可以找到阳离子表面活性剂的参考文献。然而，这些化合物被用作副产物或添加物。

9.5.6　两性表面活性剂

两性表面活性剂的亲水基团带有负电荷和正电荷，分子的净电荷为零。两性表面活性剂的性质取决于 pH 值。在酸性溶液中，分子带正电荷，表现为阳离子表面活性剂；在碱性溶液中，分子带负电荷，表现为阴离子表面活性剂。在两性表面活性剂等电点处的性质与非离子表面活性剂非常相似（Tadros，2005）。

用作引气剂的两性表面活性剂有甜菜碱、氧化胺和胺。但是，这些化合物主要用作配制表面活性剂产品中的组分之一。

在有关 AEA 的专利文献中，甜菜碱或其盐和衍生物与非离子表面活性剂结合在一起使用，如乙氧基醇或烷基芳基聚醚醇、聚环氧乙烯共聚物表面活性剂等。该系列表面活性剂用于 AEA 中，与非离子表面活性剂和助溶剂或增溶剂混合得到的减缩剂（shrinkage-reducing admixture，SRA）相容。可以推测，助溶剂和增溶剂的存在会提高 AEA 的溶解度。稳定气泡中的能量增益也随之降低，但甜菜碱能弥补这一点。

专利文献中甜菜碱型表面活性剂是 R＝CH₃ 的三甲基甘氨酸衍生物（Bour 和 Childs，1992；Kerkar 和 Dallaire，1997；Kerkar 等，2001；Budiansky 等，2001a；Hill 等，2002）。通过修饰表面活性剂的疏水和亲水部分，可以得到几种类型的甜菜碱衍生物。例如，烷基三甲铵乙内酯的头部基团可以进行磺化反应，生成烷基磺基三甲铵乙内酯［图 9.38（b）］。其他三甲铵乙内酯型表面活性剂如图 9.38 所示。

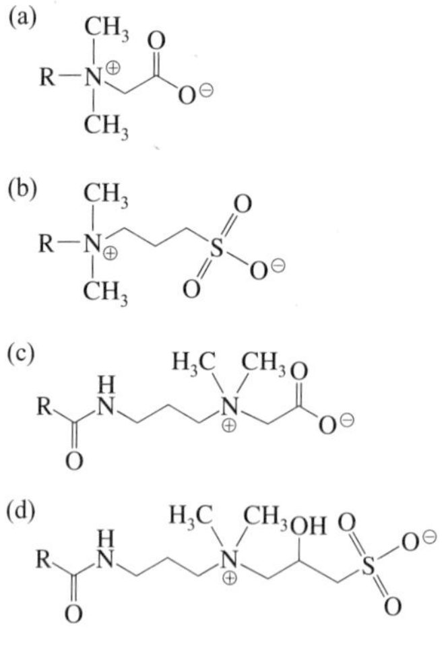

图 9.38　三甲铵乙内酯型表面活性剂（具有 R-长疏水链）的化学结构

（a）烷基三甲铵乙内酯 ;(b) 烷基磺基三甲铵乙内酯；(c) 烷基酰氨基丙基三甲铵乙内酯；
d) 烷基酰氨基丙基羟基磺基三甲铵乙内酯

烷基酰氨基丙基磺基甜菜碱是市售甜菜碱的一种（Bour 和 Childs，1992），其疏水基团可以是癸基、十六烷基、油基、月桂基和椰油基（C₆~₁₈H₁₃~₃₇）。

据笔者所知，商业产品包含以下化合物：

- 可可酰氨基丙基三甲铵乙内酯
- 可可酰氨基丙基羟基磺基三甲铵乙内酯

所用 AEA 中第二种重要的两性表面活性剂是胺类氧化物，但 Tadros（2005）分类为阳离子型，Rosen（2004）分类为非离子型。

可可烷基二甲基氧化胺（图 9.39）是混凝土引气剂的一种指定商品。椰子脂酸的烷基链长分布在 $C_8 \sim C_{20}$ 范围内。商用引气剂碳链范围较窄，例如 $C_{12} \sim C_{18}$、$C_{12} \sim C_{16}$、$C_{12} \sim C_{14}$ 和 C_{14}。

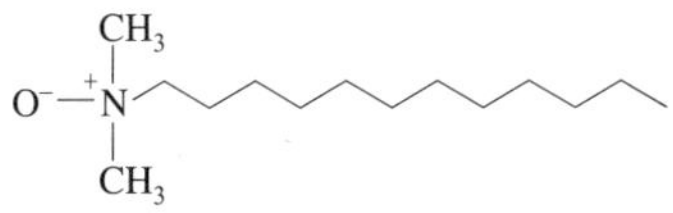

图 9.39　可可烷基二甲基氧化胺的化学结构，其中烷基链具有 12 个碳原子

据笔者所知，除上文所提的商业产品中表面活性剂成分外，还包括月桂胺氧化物和癸基二甲基胺氧化物等物质。

9.5.7　非离子表面活性剂

非离子表面活性剂主要基于 EO，通常称为乙氧基表面活性剂。Tadros（2005）将其分为以下几类：

- 聚乙二醇醚
- 烷基酚聚乙二醇酯
- 脂肪酸聚乙二醇酯
- 单链烷醇酰胺聚氧乙烯醚❶
- 山梨醇酯聚乙二醇醚
- 脂肪胺聚乙二醇醚
- 环氧乙烷-环氧丙烷共聚物（也称为聚合表面活性剂）

也有多羟基产品，例如：

- 乙二醇酯
- 甘油和聚甘油酯
- 葡萄糖苷和多糖苷
- 蔗糖酯

混凝土的应用中，非离子表面活性剂具有与所有其他类型表面活性剂良好的相容性。由于它们的非离子性，这些表面活性剂在带电表面上吸附能力不强，并不会聚集在固-液表面，而是更多地聚集在气-液表面，从而形成气泡，因此与类似离子表面活性剂相比，所需的剂量更少。

非离子表面活性剂的主要缺点是它们形成的空气体系不稳定，不能减缓合并，气泡易粗化。与阴离子表面活性剂不同，它们不能在气-液界面与水泥孔溶液中的电解质形

---

❶ 原文单词有误，不是 monoalkaolamide ethoxylates，而是 monoalkanolamide ethoxylates。

成盐，而离子表面活性剂的带电头则形成壳状结构，并通过沉淀增加了气泡刚性（例如石灰皂）。

这可能就是非离子表面活性剂很少在 AEA 中单独使用的原因（Ziche 和 Schweizer，1982），它们主要配合不同的表面活性剂使用（Bour 和 Childs，1992；Hill 等，2002；Budiansky 等，1999，2001a，b；Wombacher 等，2014；Berke 等，2002）。因此，它们主要在外加剂中起辅助功能，如第 15 章所述（Mantellato 等，2016）。

助表面活性剂的这种作用，可以提高离子型表面活性剂的溶解度，并降低在固-液界面上吸附的趋势。掺粉煤灰的复合水泥会因未燃烧碳而污染，由于某些非离子表面活性剂是优良的碳分散剂，因此可作为牺牲剂。

乙氧基脂肪酸及其胺可作为单组分引气剂（Ziche 和 Schweizer，1982），用于刚度较高的胶凝材料中（石膏）。自密实混凝土中的引气剂也使用单组分非离子表面活性剂。

椰子脂肪胺是一种商用表面活性剂，其 EO 单元数在 2～20 之间。

Berke 等（2002）发现了一种三嵌段聚氧亚烷基共聚物表面活性剂，可用作 AEA。这是其通式：

$$R_1O—(EO)_x—(PO)_y—(EO)_x—R_2$$

其中，R_1、R_2 为 $C_1～C_7$ 烷基、$C_5～C_6$ 环烷基或芳基；x 为 42～133；y 为 21～68。

更常用的表面活性剂结构是：

$$HO—(EO)_x—(PO)_y—(EO)_x—H$$

其摩尔质量为 8000～12000g/mol；HLB 为 20～30。

该聚合物表面活性剂在混凝土中表现出良好性能，可作为与 SRA 性质相同的表面活性剂。

Budiansky 等（1999，2001a，b）介绍了与氧烷基 SRA 相容性很好的聚合表面活性剂。表面活性剂具有二嵌段结构：

$$R_1O—(EO)_m—(PO)_n—R_2$$

其中优先考虑下述结构：

R_1、R_2	H 或 CH_3
m、n	30～60

该表面活性剂摩尔质量 $M > 2000g/mol$。通常与二亚丙基叔丁基醚（DPTB）配合用作 SRA。这种结构中，$14.2 < HLB < 19.6$，摩尔质量大致在 3000～6000g/mol 之间。

实际上，配方设计师的经验表明，SRA 与 AEA 的兼容性是个大问题，其中乙氧基 SRA 与常见的引气剂的混合使用要么减少引气量，要么需增大剂量。Berke 等（2002）只使用非离子表面活性剂解决了这种相容性问题。然而，Budiansky 等（1999，2001a，b）研究表明，AEA 不仅包含二嵌段聚合物表面活性剂，而且还包含甜菜碱基表面活性剂。

非离子型聚合物表面活性剂比其他非离子型表面活性剂的主要优势在于高自由度，可调整分子大小、HLB 以及亲水/疏水基团及其位置分配。

上述嵌段共聚物体现了这种灵活性。三嵌段共聚物表面活性剂可以看作是两亲试剂，其包含两个亲水基团（EO 单位）和一个疏水基团（环氧丙烯-PO 单位），而二嵌段共聚物表面活性剂包括一个亲水基团和一个疏水基团。

9.6 减缩剂

9.6.1 简介

在本节中，所提到的主要 SRA 的化学成分授权摘自 Eberhardt（2011）的研究，并作了补充。

首先，概述了 SRA 的通性及其历史背景。与引气剂一样，SRA 主要由表面活性剂组成，关于这类分子的基本信息已在 AEA 一节中介绍过。笔者将重点介绍非离子表面活性剂或在 SRA 中使用的增溶剂。这有助于从分子结构方面解释和区分这两种外加剂的作用机理。

最后一节列出了商用 SRA 中的化合物，以及专利文献中提到的化合物。

9.6.2 SRA 的历史和工作机制

SRA 这类表面活性剂可以降低孔溶液和多孔胶凝材料干燥过程中固体暴露面上水膜的表面张力。Sato 等（1983）在研究中引入 SRA，认为 SRA 能降低水泥孔溶液表面张力从而减少收缩。其提出的干缩过程的毛细收缩力理论，认为混凝土减缩、水泥浆中 SRA 的掺量和表面张力对 SRA 水溶液浓度的依赖性存在一定相关性。

此外，早在 1983 年引入 SRA 之前，Ostrikov 等（1965）在干燥前替换水泥浆中的溶剂得到过类似的结果。这项研究的重点是混凝土的干缩机理而非减缩机理，但巧妙的是得到了一些有趣的结果。Ostrikov 等尝试利用几种有机液体渗透替代孔溶液，降低表面张力，消除毛细效应。正己烷的表面张力约为水的 25%（$\gamma_{正己烷}$ 约 18mN/m，$\gamma_水$ 约 73mN/m）时，干燥收缩变形也意外地降低约 25%。然而，当时并未考虑孔溶液的表面张力降低与干缩变形降低之间的普遍联系。

从热力学中可以推导出气-液界面（弯月面）表面张力降低将导致减缩效应（Eberhardt，2011）。因为微孔拥有大量的气-液界面，SRA 能降低表面张力，进而大幅降低胶凝基体的自由能。具体来说，SRA 能增大气-液暴露面的自由能，减少变形过程中的自由能，表明只要表面张力保持在足够低的水平，就能较少收缩。SRA 的工作机理将在第 13 章详细讨论（Eberhardt 和 Flatt，2016）。

9.6.3 用作 SRA 的表面活性剂的通性和概述

关于 SRA 的性质，Eberhardt（2011）对用作 SRA 的材料进行了专利检索，并将结果分为两大类外加剂：

- 包含一种非离子表面活性剂或增溶剂的 SRA

• 包含非离子表面活性剂、助溶剂和增溶剂混合物的 SRA

这两类外加剂体现了 SRA 和 AEA 间的相似性，即均包含两性化合物。但是 SRA 与 AEA 的作用方式不同。AEA 吸附在固体上能一定程度上增强气泡的稳定性（稳泡），SRA 表面活性剂只有吸附在气-液界面才起作用。

SRA 中使用的表面活性剂是非离子表面活性剂，不会强烈地吸附在水泥或其水化产物的带电表面上。第 10 章将更详细地讨论表面活性剂在水泥上的吸附（Marchon 等，2016）。SRA 中使用的非离子表面活性剂通常比 AEA 中使用的疏水性小、分子量小，这也与其作用方式不同有关。在表 9.5 中，使用标准混凝土估算了 AEA 和 SRA 的实际界面面积或作用区域，标准混凝土中硅酸盐水泥为 300kg，空气体积为 50L/m³，引入的气体为 100μm 的球体。

可以看出，理论上被 SRA 表面活性剂覆盖的界面要高出 1000～2000 倍。这也是 AEA 的用量很低（每千克胶凝材料只添加几克 AEA）而 SRA 的用量为胶凝材料质量 1‰～2‰的原因。更重要的是要求 SRA 的非离子表面活性剂在水泥浆体的强电解质溶液中具有更高的溶解度。

表 9.5   1m³ 混凝土中，SRA 与 AEA 界面面积/作用区域的比较

引气剂的作用区域	气泡产生的界面区域	
假设条件		
1m³ 混凝土中的气泡体积	0.05	m³
气泡假设直径	100	μm
气泡体积	5.2×10^{-13}	m³
气泡数	9.5×10^{10}	—
每 1m³ 混凝土的气泡面积	3×10^{3}	m²
SRA 的作用区域	干燥期间的暴露区域	
假设条件		
1m³ 新拌混凝土(立方体)的表面	6	m²
反应后的水泥水化产物含量(300kg 水泥)	378	kg
水泥水合物的比表面积(BET 法)	8～150	m²/kg
1m³ 混凝土干燥时暴露的界面(气-液)	3×10^{6}～57×10^{6}	m²

非离子助溶剂和增溶剂的使用有效地解决了前面提到的非离子型表面活性剂在水泥孔溶液中的溶解问题。为此，需要解决表面活性剂与水相之间的混溶性差，以及降低表面活性剂与水泥水相电解质共沉淀倾向的问题。

上一节有关 AEA 的部分介绍了 HLB 概念。利用式(9.3)，通过表面活性剂分子结构中亲疏水部分或基团的个体贡献（基团数）可以计算非离子表面活性剂的 HLB。根据 Tadros（2005），对于表面活性剂混合物，如 SRA，可以通过加和性计算得到混合物的整体 HLB，其公式如下：

$$HLB = \sum_{i=1}^{n}(x_i HLB_i) \tag{9.4}$$

其中，i 为整数，混合物中表面活性剂的数量；x_i 为表面活性剂 i 的质量分数；HLB_i 为表面活性剂 i 的 HLB。

实际上，SRA 还包含其他成分，如分散剂、速凝剂或引气剂，这表明表面活性剂可能会影响胶凝材料的水化作用及力学性能。

因为不同 HLB 的表面活性剂具有相互助溶的作用，因此其混合物存在协同作用，能强化干缩的减弱作用（Wombacher 等，2000，2002，2012；Gartner，2008；Shawl 和 Kesling，1995）。助溶剂能增加表面活性剂的溶解度，减少不必要的表面聚集（水合物）、盐析（与孔溶液中的电解质共沉淀）和自团聚（液晶）现象。

在混凝土中混合使用不同种外加剂的表面活性剂时也是如此，特别是 AEA 和 SRA 的相容性：SRA 中更易溶的表面活性剂（或其中使用的助溶剂和增溶剂）可作为助溶剂促进低溶解度 AEA 溶解，有时还会影响 AEA 的性能。根据 Berke（2002）、Budiansky 等（1999，2001a，b）以及 Kerkar 和 Dallaire（1997）的研究，为了保持 AEA 的性能，可以使用两性表面活性剂来提高 SRA 和 AEA 之间的相容性（参见前面关于 AEA 的部分）。

值得注意的是，虽然有一些声称是 SRA 的表面活性剂，但是其分子设计限制了它们对砂浆和混凝土中的适用性。还有些材料价格过于昂贵而无法用于混凝土。另一些低分子量的外加剂因为存在易燃易爆的问题也被排除在外（Wombacher 等，2000，2002，2012；Gartner，2008）。

关于胶凝体系中表面活性剂的其他几个重要的材料特性，以及基本的工作机理，都可以从非离子表面活性剂的相关知识中得出，这些内容见上一部分关于 AEA 化学部分的概述。

在下一部分中将介绍商用 SRA 中使用的非离子表面活性剂的化学性质，以及关于 SRA 的专利文献中提到的表面活性剂。

9.6.4　SRA 中使用的化合物的类别

本节介绍了 SRA 中使用的非离子表面活性剂和增溶剂的分子结构。

SRA 中使用的化合物可分为：

- 一元醇
- 二元醇
- 聚氧亚烷基二醇烷基醚
- 聚合物表面活性剂

除了这些化合物，其他化合物也可以用作 SRA。

9.6.4.1　一元醇

一元醇是含羟基官能团的有机化合物，可用化学通式 R—OH 表示，其中 R 为烷基（直链、支链或环状）。

Umaki 等（1993）认为含有少量碳原子的醇类，也称为低级醇类，能有效地减少收缩。叔丁醇是其中最有效的 SRA。

一元醇在水中的溶解度取决于烷基的化学性质。$C_4 \sim C_6$ 直链醇在水中的溶解度有限，但叔丁醇可与水完全混溶。与作为引气剂的表面活性剂相比，其 HLB 的应用范围更像润湿剂（wetting agent）（HLB＝7～9），而不是油水乳化剂（oil in water emulsifier）（HLB＝8～18）。

SRA 中包含的一元醇可与聚氧亚烷基二醇、聚氧亚烷基二醇烷基醚或聚合表面活性剂结合（Shawl 和 Kesling，1995，1997，2001）（见下文）。

9.6.4.2　二元醇

严格来说，二元醇是指同一个碳原子带有两个羟基官能团的醇。但是广义上二元醇也包括其他拥有两个羟基官能团的醇。

可作为 SRA 的二元醇有烷二醇（或烷基二醇）和聚氧烷基二醇。烷二醇的化学通式如图 9.40 所示。

Schulze 和 Baumgartl（1989，1993）的研究中，碳原子数介于 5～10 之间的烷二醇，尤其是图 9.41 所示的 2,2-二甲基-1,3-丙二醇（新戊二醇），有利于减少收缩。因为兼有溶剂和表面活性剂的特性，Lunkenheimer 等（2004）将这类表面活性分子归类为溶剂型表面活性剂（solvo-surfactant）或增溶清洁剂（hydrotropic detergent）。

$$HO—C_nH_{2n}—OH$$

图 9.40　烷二醇的化学结构

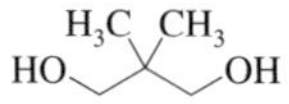

图 9.41　2,2-二甲基-1,3-丙二醇的化学结构

2,2-二甲基-1,3-丙二醇在水中具有良好的溶解性（20℃时为 830g/L），可作为单组分 SRA 使用，也可作为助溶剂与低 HLB 的非离子表面活性剂复配作为 SRA 使用。

作为这些多组分 SRA 的一个例子，烷二醇与非离子氟化聚酯（Gartner，2008）结合使用，能够将水的表面张力降低到 30mN/m 以下。乙二醇与表面活性剂联用对减少收缩具有协同作用。

$$HO{\left[\!AO\!\right]}_n H$$

图 9.42　聚氧亚烷基二醇的化学结构

另一类属于二醇的化合物是聚氧亚烷基二醇，其化学结构如图 9.42 所示。需要提醒一下，AO 表示一个氧亚烷基单元。

分子中氧亚烷基的单元数可以变化，但范围很小（$1 < n < 8$）。Berke 和 Dallaire（1997）声称利用水泥外加剂二醇烯，即 2-甲基-2,4-戊二醇或聚氧亚烷基二醇，可以抵抗干燥收缩，对使用硅灰和稳定剂作为第二组分混凝土，能够保持其抗压强度。

乙二醇和聚氧亚烷基二醇烷基醚联用对减缩有协同作用（Wombacher 等，2000，2002，2012；Gartner，2008）。

9.6.4.3　聚氧亚烷基二醇烷基醚

聚氧亚烷基二醇烷基醚的通式如图 9.43 所示。

R 基可以是直链、支链或环烷基，作为表面活性剂的疏水尾部。亲水头部由水合氧亚烷基链（AO）组成。

Sato 等（1983）认为聚氧亚烷基二醇烷基醚是良好的 SRA。利用毛细力收缩模型和表面张力降低原理，理论上可减少干缩 50%。1985 年，作者借此获得了美国专利（Goto 等，1985）。

根据专利文献，烷基 R 可以变化，但碳原子较少（C<20），而烯基可以是 EO、PO 或同比例的嵌段或无规共聚物。分子中氧亚烷基的单位数（n）在 1~10 之间（Sato 等，1983；Goto 等，1985）或更多（Sakuta 等，1990，1992，1993）。

据报道，环己基的减缩效果更好，而 EO 和 PO 单元在分子极性部分的随机构型倾向于低发泡性（Goto 等，1985）。

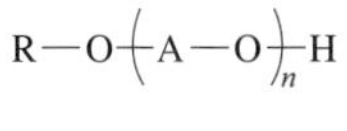

$$R-O+A-O \big)_n H$$

图 9.43　聚氧亚烷基二醇烷基醚的化学结构

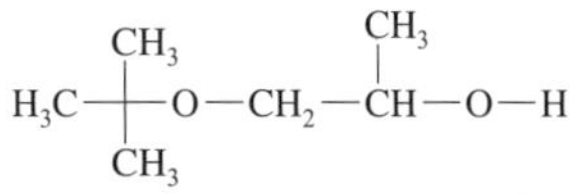

$$H_3C-\underset{CH_3}{\overset{CH_3}{\underset{|}{\overset{|}{C}}}}-O-CH_2-\underset{}{\overset{CH_3}{\underset{|}{\overset{|}{CH}}}}-O-H$$

图 9.44　二丙基二醇叔丁基醚的化学结构

在商品外加剂中，这类化合物的代表之一是二丙基二醇叔丁基醚（DPTB）（图 9.44），HLB 为 7.05。

HLB 为 7.05，说明 DPTB 为润湿剂（表 9.2），只有通过剧烈搅拌才能分散在水中。HLB 与溶解度的关系有助于我们理解物质的组合，例如商品 SRA（Eberhardt，2011）。在这种情况下，HLB 值相差很大的化合物（11.2 和 2.9）的混合会导致足够的溶解度，可以根据 HLB 值的平均值（10.1）来评估。

多组分 SRA 包括聚氧亚烷基二醇烷基醚和其他常规水泥外加剂，如聚羧酸基 SP（Collepardi，2006）、萘磺酸甲醛缩合物和三聚氰胺磺酸甲醛缩合物（Berke 等，2000）。

由于减缩剂有消泡性，并为混凝土提供适当引气量，Berke 等（1997）和 Kerkar 等（2000）将聚氧亚烷基二醇烷基醚的减缩组分和妥尔油脂肪酸的有机胺盐或 AEA 混合使用。

9.6.4.4　聚合物表面活性剂

Akimoto 等（1988，1990a，1992）从 1988 年开始研究一种聚氧亚烷基衍生物与马来酸酐共聚物的水解产物及其盐作为水泥外加剂，该外加剂可以有效地降低收缩。Akimoto 等（1990b）在申请的另一项美国专利中声称一种分散性化合物的成分与图 9.45 所示的结构相似。

在图 9.45 中，B 为带有 2~8 个羟基的残基，X 和 R 是长度和化学性质不同的烃链。氧亚烷基的数目从 1~1000 个不等。l 和 n 在 1~7 之间，而 m 可以在 0~2 之间。

该聚合物可归类为非离子表面活性剂。与一元醇和聚氧亚烷基二醇烷基醚相比，该表面活性剂可制成双头或三头的。在防止坍落度损失和减少干燥收缩方面，可溶于水的共聚物性能最佳（Akimoto 等，1990b）。

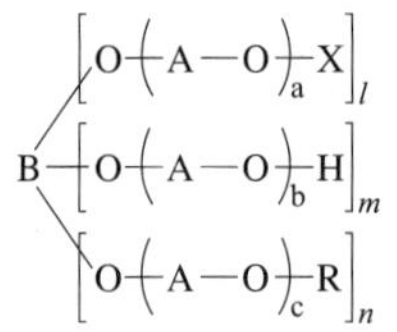

$$\begin{bmatrix} O\!-\!\!\left(\!A\!-\!O\!\right)_a\!\!\!-\!X \\ \\ B\!-\!\left[O\!-\!\!\left(\!A\!-\!O\!\right)_b\!\!\!-\!H\right]_m \\ \\ O\!-\!\!\left(\!A\!-\!O\!\right)_c\!\!\!-\!R \end{bmatrix}_l$$

$$\begin{matrix} CH_2\!-\!\!\left(OA\right)_n\!\!-\!O\!-\!R_1 \\ | \\ CH\!-\!\!\left(OA\right)_n\!\!-\!O\!-\!R_2 \\ | \\ CH_2\!-\!\!\left(OA\right)_n\!\!-\!O\!-\!R_3 \end{matrix}$$

图 9.45　SRA 中使用的聚合物表面
活性剂的化学结构

根据 Akimoto 等（1990b）

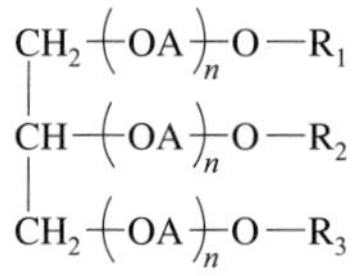

图 9.46　SRA 中使用的聚合物表面
活性剂的化学结构

改编自 Shawl 和 Kesling（2001）

如前所述，需要借助表面活性剂来提高某些作为 SRA 的分子的性能。如图 9.46 中给出通式的化合物，这些化合物可以与其他已知的单独使用的表面活性剂配合使用，如 SRA（Shawl 和 Kesling，2001）。

在该分子中，氧亚烷基最好有 2～4 个碳原子，R 可以是氢或烷基（$C_1 \sim C_{16}$）。该表面活性剂可归为多元醇（$n=0$）或两头和三头聚合物表面活性剂。

从 1997 年开始，公布的几项专利（Berke 和 Dallaire，1997；Berke 等，1997，1998，2000，2001；Kerkar 等，1997，2000；Kerkar 和 Gilbert，1997）中提出了双组分外加剂，其中包含减缩组分 A 和分散剂组分 B。

Berkeetal（2001）描述了不同 SRA（聚氧亚烷基二醇、聚氧亚烷基二醇烷基醚、多元醇）和梳形聚合物分散剂组成的混合物，该分散剂具有游离羧基和含有氧亚烷基单元的侧链。该分子如图 9.47 所示，基本上是图 9.12 所示结构更通用的表达式。上述专利中的权利要求声明 B 基团是羧酸酯、酰胺、亚烷基醚或醚。R 基团可以有 1～10 个碳原子，氧亚烷基单位从 25～100 个不等。Kerkar 和 Gilbert（1997）提出了类似的梳形共聚物（图 9.48）。

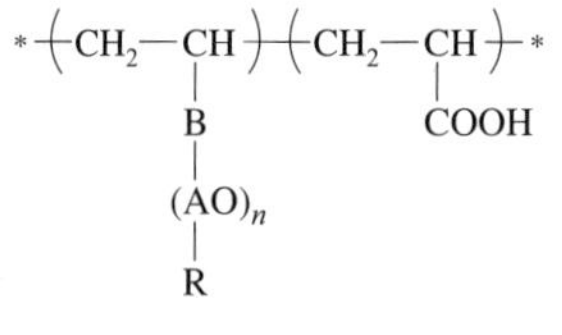

$$*\!\!\left(CH_2\!-\!CH\right)\!\!\left(CH_2\!-\!CH\right)\!\!-\!* \\ \quad\quad | \quad\quad\quad\quad\quad | \\ \quad\quad B \quad\quad\quad\quad COOH \\ \quad\quad | \\ \quad (AO)_n \\ \quad\quad | \\ \quad\quad R$$

$$*\!\!\left(CH_2\!-\!CH\right)_m\!\!\left(CH\!-\!CH\right)_n\!* \\ \quad\quad\quad\quad\quad | \quad\quad | \\ \quad\quad CH_2 \;\; O\!=\!C \quad C\!=\!O \\ \quad\quad | \quad\quad\quad | \quad\quad | \\ \quad\quad O \quad\quad O \\ \quad\quad | \\ \quad (AO)_p \\ \quad\quad | \\ \quad\quad R$$

图 9.47　SRA 中使用的梳形聚合物
分散剂的化学结构（Berke 等，2001）

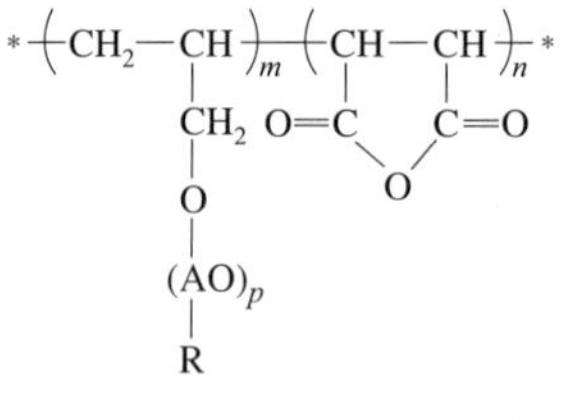

图 9.48　SRA 中使用的梳形聚合物
分散剂的化学结构（Kerkar 和 Gilbert，1997）

这些结构是梳形共聚物分散剂的典型结构（请参见第 9.2.4 节），但也可以归类为聚合物表面活性剂，其中亲水头由支链组成，而马来酸单元则是疏水性的"头基间隔物"。

9.6.4.5　其他 SRA

其他 SRA 包括氨基醇，其化学结构如图 9.49 所示。根据 Abdelrazig 等（1995）所述，氨基醇的 R 基团是短的直链或支链烷基或氢原子，具有良好的减缩性能。

首选的氨基醇是 2-氨基丁醇和 2-氨基-2-甲基丙醇。由于 pH 值的依赖性，这类化合物的 HLB 值的估算比较复杂。在水泥孔溶液（pH＞12.5）中，氨基无法质子化，因此表现出非离子性质。亲水性主要来自醇部的游离羟基，HLB 约为 8。

氨基醇与二醇、二元醇、烷基醚二醇或新戊二醇一起用于配方中（Wombacher 等，2000，2002，2012）。氨基醇表面活性剂的化学结构如图 9.50 所示。

根据 Wombacher 等（2000，2002，2012）所述，R 基团为 $C_1 \sim C_6$ 烷基（直链、支链或环状），亚烷基为乙基（C_2H_4）或丙基（C_3H_6）。

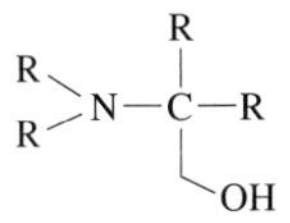

图 9.49 氨基醇的化学结构   图 9.50 氨基醇表面活性剂的化学结构

氨基醇表面活性剂的结构与聚氧亚烷基二醇烷基醚的结构相似，不同之处在于其醚键被仲氨基取代。

通过单独或复合实验测试氨基醇、二元醇或烷基醚二醇的不同成分改良后的砂浆的收缩，结果说明几种外加剂存在的协同作用能降低收缩作用。Shawl 和 Kesling（1995）对聚氧亚烷基二醇烷基醚和乙二醇或二醇的研究也发现了类似的现象。

Abdelrazig 等（1994，1995）开发了含有酰氨基或甲酰基化合物的外加剂，化学通式如图 9.51 所示。

在图 9.51 中，R_1 是 C4～6 的烷基醇或烷基，X 是氧原子或仲氨基，R_2 是伯氨基，如果 X 是氧原子，R_2 是—CH_2C—(O)—CH_3 基团。

Abdelrazig 等（1994，1995）提出，首选 SRA 为正丁基脲 [图 9.52（a）]和乙酰乙酸正丁酯 [图 9.52（b）]。

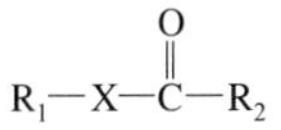

图 9.51 酰氨基或甲酰基
化合物的化学结构

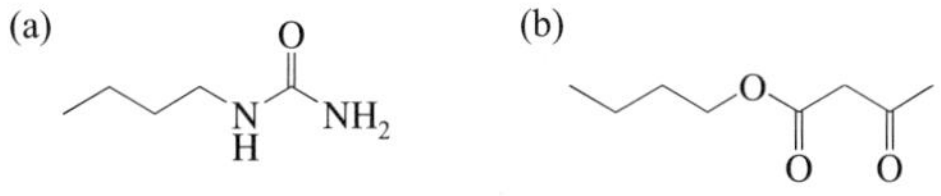

图 9.52 正丁基脲（a）和
乙酰乙酸正丁酯（b）的化学结构

对于氨基醇，由于氨基在其等电点处发生了脱质子作用，因此估算正丁基尿素的 HLB 较困难。考虑到水泥孔溶液的 pH 值高，亲水性主要来自氧。对于乙酰乙酸正丁酯，由于基团数量未知，HLB 也很难计算。HLB 约为 7～9。

Engstrand 和 Sjogreen（2001）发现了一种粉末状的 SRA，由三聚醇或多聚醇的环状缩醛和无定形二氧化硅（如硅酸）组成。具体来说，缩醛可视为三羟基醇、三羟甲基-$C_1 \sim C_8$-烷烃或三羟烷氧基醇的 1,3-二氧环六烷。

9.7 结论

化学外加剂包括许多种类的化合物。在这一章中，笔者重点讨论了有机分子，小到有机化合物，大到具有一定多分散性的聚合物，有天然的，也有人工合成的。本章概述了不同有机化学外加剂的化学特性。

笔者这样做是为给化学家提供参考，使他们能够通过对结构与功能的关系来调整性能，并以提高性能为目标合成新的外加剂。化学外加剂的其他重要方面会在后面的章节中更详细地说明，其中包括化学外加剂的工作机理。第 11 章 (Gelardi 和 Flatt，2016)、第 13 章 (Eberhardt 和 Flatt，2016) 和第 20 章 (Palacios 和 Flatt，2016) 分别讨论了分散剂、SRA 和 VMA 的工作机理，第 12 章解释了外加剂对水泥水化可能产生的影响 (Marchon 和 Flatt，2016b)。

最后，笔者回顾了与化学外加剂使用相关的其他方面，例如生产成本、原料的可得性和性能，这在实践中非常重要，本章也提到了这些方面。与商业产品配方有关的内容在第 15 章中单独讨论 (Mantellato 等，2016)。

G. Gelardi[1]，S. Mantellato[1]，D. Marchon[1]，M. Palacios[1]，A. B. Eberhardt[2]，R. J. Flatt[1]

[1] Institute for Building Materials，ETH Zürich，Zürich，Switzerland

[2] Sika Technology AG，Zürich，Switzerland

参考文献

Abdelrazig, B.E.I., Gartner, E.M., Myers, D.F., 1994. Low Shrinkage Cement Composition. US Patent 5326397, filed July 29, 1993 and issued July 5, 1994.

Abdelrazig, B.E.I., Scheiner, P.C., 1995. Low Shrinkage Cement Composition. US Patent 5389143, filed July 29, 1993 and issued February 14, 1995.

Adler, M., Rittig, F., Becker, S., Pasch, H., 2005. Multidimensional chromatographic and hyphenated techniques for hydrophilic copolymers, 1. Macromolecular Chemistry and Physics 206 (22), 2269−2277.

Aïtcin, P.-C., 2016a. Entrained air in concrete: Rheology and freezing resistance. In: Aïtcin, P.-C., Flatt, R.J. (Eds.), Science and Technology of Concrete Admixtures. Elsevier (Chapter 6), pp. 87−96.

Aïtcin, P.-C., 2016b. Retarders. In: Aïtcin, P.-C., Flatt, R.J. (Eds.), Science and Technology of Concrete Admixtures. Elsevier (Chapter 18), pp. 395−404.

Aïtcin, P.-C., 2016c. Accelerators. In: Aïtcin, P.-C., Flatt, R.J. (Eds.), Science and Technology of Concrete Admixtures. Elsevier (Chapter 19), pp. 405−414.

Aïtcin, P.-C., Jiang, S., Kim, B.-G., 2001. L'interaction ciment-superplastifiant. Cas Des Polysulfonates. Bulletin des laboratoires des ponts et chausses 233, 87−98.

Akimoto, S.-I., Honda, S., Yasukohchi, T., 1988. Additives for Cement. EP Patent 0291073 A2, filed May 13, 1988 and issued November 17, 1988.

Akimoto, S.-I., Honda, S., Yasukohchi, T., 1990a. Polyoxyalkylene Alkenyl Ether-Maleic Ester Copolymer and Use Thereof. EP Patent 0373621 A2, filed December 13, 1989 and issued June 20, 1990.

Akimoto, S.-I., Honda, S., Yasukohchi, T., 1990b. Additives for Cement. US Patent 4946904, filed May 13, 1988 and issued August 7, 1990.

Akimoto, S.-I., Honda, S., Yasukohchi, T., 1992. Additives for Cement. EP Patent 0291073 B1, filed May 13, 1988 and issued March 18, 1992.

Amaya, T., Ikeda, A., Imamura, J., Kobayashi, A., Saito, K., Danzinger, W.M., Tomoyose, T., 2003. Cement Dispersant and Concrete Composition Containing the Dispersant. EP Patent 1184353 A4, filed December 24, 1999 and issued August 13, 2003.

Angyal, S.J., 1980. Haworth Memorial Lecture. Sugar−cation complexes—structure and applications. Chemical Society Reviews 9 (4), 415−428.

Aso, T., Koda, K., Kubo, S., Yamada, T., Nakajima, I., Uraki, Y., 2013. Preparation of novel lignin-based cement dispersants from isolated lignins. Journal of Wood Chemistry and Technology 33 (4), 286−298.

Banks, W., Muir, D.D., 1980. Structure and chemistry of the starch granule. In: Preiss, J. (Ed.), The Biochemistry of Plants, 3. Academic Press, New York, pp. 321−369.

Bellotto, M., Zevnik, L., 2013. New poly-phosphonic superplasticizers particularly suited for the manufacture of high performance SCC. In: Rheology and Processing of Construction Materials − 7th RILEM International Conference on Self-compacting Concrete and 1st RILEM International Conference on Rheology and Processing of Construction Materials. RILEM Publications SARL, pp. 269−276.

Berke, N.S., Dallaire, M.P., 1997. Drying Shrinkage Cement Admixture. US Patent 5622558 filed September 18, 1995 and issued April 22, 1997.

Berke, N.S., Dallaire, M.P., Abelleira, A., 1997. Cement Admixture Capable of Inhibiting Drying Shrinkage and Method of Using Same. US Patent 5603760 A filed September 18, 1995 and issued February 18, 1997.

Berke, N.S., Dallaire, M.P., Kerkar, A.V., 1998. Shrinkage Reduction Cement Composition. EP Patent 0777635 A4, filed August 23, 1995 and issued December 2, 1998.

Berke, N.S., Dallaire, M.P., Kerkar, A.V., 2000. Cement Composition. EP Patent 0813507 B1, filed February 13, 1996 and issued May 17, 2000.

Berke, N.S., Dallaire, M.P., Gartner, E.M., Kerkar, A.V., Martin, T.J., 2001. Drying Shrinkage Cement Admixture. EP Patent 0851901 B1, filed August 13, 1996 and issued March 21, 2001.

Berke, N.S., Hicks, M.C., Malone, J.J., 2002. Air Entraining Admixture Compositions. US Patent 6358310 B1, filed June 14, 2001 and issued March 19, 2001.

Bessaies-Bey, H., Baumann, R., Schmitz, M., Radler, M., Roussel, N., 2015. Effect of Polyacrylamide on Rheology of Fresh Cement Pastes. Cement and Concrete Research 76 (October), 98−106. http://dx.doi.org/10.1016/j.cemconres.2015.05.012.

Bian, H., Plank, J., 2012. Re-association behavior of casein submicelles in highly alkaline environments. Zeitschrift Für Naturforschung B 67b, 621−630.

Bian, H., Plank, J., April 2013a. Fractionated and recombined casein superplasticizer in self-leveling underlayments. Advanced Materials Research 687, 443−448.

Bian, H., Plank, J., September 2013b. Effect of heat treatment on the dispersion performance of casein superplasticizer used in dry-mix mortar. Cement and Concrete Research 51, 1−5.

Black, H.C., 1955. Basic chemistry of fatty acids. In: Fatty Acids for Chemical Specialties, pp. 131−133.

Borget, P., Galmiche, L., Le Meins, J.-F., Lafuma, F., 2005. Microstructural characterisation and behaviour in different salt solutions of sodium polymethacrylate-g-PEO comb copolymers. Colloids and Surfaces A: Physicochemical and Engineering Aspects 260 (1−3), 173−182.

Bour, D.L., Childs, J.D., 1992. Foamed Well Cementing Compositions and Methods. US Patent 5133409 A, filed December 12, 1990 and issued July 28, 1992.

Bradley, G., Szymanski, C.D., 1984. Cementiferous Compositions. EP Patent 0097513 A1, filed June 20, 1983 and issued January 4, 1984.

Brudin, S., Schoenmakers, P., 2010. Analytical methodology for sulfonated lignins. Journal of Separation Science 33 (3), 439−452.

Brumaud, C., 2011. Origines microscopiques des conséquences rhéologiques de l'ajout d'éthers de cellulose dans une suspension cimentaire (Ph.D. thesis). Université Paris-Est.

Brumaud, C., Bessaies-Bey, H., Mohler, C., Baumann, R., Schmitz, M., Radler, M., Roussel, N., 2013. Cellulose ethers and water retention. Cement and Concrete Research 53, 176−184.

de Bruijn, J.M., Kieboom, A.P.G., van Bekkum, H., 1986. Alkaline degradation of mono-saccharides III. Influence of reaction parameters upon the final product composition. Recueil Des Travaux Chimiques Des Pays-Bas 105 (6), 176−183.

de Bruijn, J.M., Kieboom, A.P.G., van Bekkum, H., 1987a. Alkaline degradation of mono-saccharides V: kinetics of the alkaline isomerization and degradation of monosaccharides. Recueil Des Travaux Chimiques Des Pays-Bas 106 (2), 35−43.

de Bruijn, J.M., Kieboom, A.P.G., van Bekkum, H., 1987b. Alkaline degradation of mono-saccharides Part VII. A mechanistic picture. Starch - Stärke 39 (1), 23−28.

de Bruijn, J.M., Touwslager, F., Kieboom, A.P.G., van Bekkum, H., 1987c. Alkaline degra-dation of monosaccharides Part VIII. A ^{13}C NMR spectroscopic study. Starch - Stärke 39 (2), 49−52.

Budiansky, N.D., Williams, B.S., Chun, B.-W., 1999. Air Entrainment with Polyoxyalkylene Copolymers for Concrete Treated with Oxyalkylene SRA. WO Patent 9965841 A1, filed June 14, 1999 and issued December 23, 1999.

Budiansky, N.D., Williams, B.S., Chun, B.-W., 2001a. Air Entrainment with Polyoxyalkylene Copolymers for Concrete Treated with Oxyalkylene SRA. EP Patent 1094994 A1, filed June 14, 1999 and issued May 2, 2001.

Budiansky, N.D., Williams, B.S., Chun, B.-W., 2001b. For Increasing Resistance of Hydraulic Cementitious Compositions, Such as Mortar, Masonry, and Concrete, to Frost Attack and Deterioration Due to Repeated Freezing and Thawing. US Patent 6277191 B1, filed June 14, 1999 and issued August 21, 2001.

Bürge, T.A., Schober, I., Huber, A., Widmer, J., Sulser, U., 1994. Water-Soluble Copolymers, a Process for Their Preparation and Their Use as Fluidizers in Suspensions of Solid Matter. EP Patent 0402563 B1, filed January 15, 1990 and issued August 10, 1994.

Campana, S., Andrade, C., Milas, M., Rinaudo, M., 1990. Polyelectrolyte and rheological studies on the polysaccharide welan. International Journal of Biological Macromolecules 12 (6), 379−384.

Cappellari, M., Daubresse, A., Chaouche, M., 2013. Influence of organic thickening admixtures on the rheological properties of mortars: relationship with water-retention. Construction and Building Materials, 25th Anniversary Session for ACI 228 − Building on the Past for the Future of NDT of Concrete 38, 950−961.

Chen, G., Gao, J., Chen, W., Song, S., Peng, Z., 2011. Method for Preparing Concrete Water Reducer by Grafting of Lignosulfonate with Carbonyl Aliphatics. US Patent 0124847 A1, filed May 4, 2008 and issued May 26, 2001.

Cheng, P., 2004. Chemical and Photolytic Degradation of Polyacrylamides Used in Potable Water Treatment (PhD, Thesis). University of South Florida.

Chevalier, Y., Brunel, S., Le Perchec, P., Mosquet, M., Guicquero, J.-P., 1997. Polyoxyethylene di-phosphonates as dispersing agents. In: Rosenholm, J.B., Lindman, B., Stenius, P. (Eds.), Trends in Colloid and Interface Science XI, Progress in Colloid & Polymer Science, 105, pp. 6−10.

Collepardi, M., 2006. Concrete Composition with Reduced Drying Shrinkage. EP Patent 1714949 A1, filed April 18, 2005 and issued October 25, 2006.

Collepardi, M., 1996. 6-Water Reducers/Retarders. In: Ramachandran, V.S. (Ed.), Concrete Admixtures Handbook, second ed. William Andrew Publishing, Park Ridge, NJ, pp. 286−409.

Comparet, C., Nonat, A., Pourchet, S., Guicquero, J.P., Gartner, E.M., Mosquet, M., 2000. Chemical Interaction of Di-phosphonate Terminated Monofunctional Polyoxyethylene Superplasticizer with Hydrating Tricalcium Silicate. In: ACI Special Publication, 195. American Concrete Institute, pp. 61−74.

Concrete Admixtures and the Environment; State-of-the-art Report, fifth ed., 2011. Deutsche Bauchemie e.V.

Cunningham, J.C., Dury, B.L., Gregory, T., 1989. Adsorption characteristics of sulphonated melamine formaldehyde condensates by high performance size exclusion chromatography.

Cement and Concrete Research 19 (6), 919—928.

Davies, J.T., 1957. A quantitative kinetic theory of emulsion type: 1. Physical chemistry of the emulsifying agent. In: Gas/Liquid and Liquid/Liquid Interface (Proceedings of the International Congress of Surface Activity), pp. 426—438.

Eberhardt, A.B., 2011. On the Mechanisms of Shrinkage Reducing Admixtures in Self Consolidating Mortars and Concretes. Bauhaus Universität Weimar, 270.

Eberhardt, A.B., Flatt, R.J., 2016. Working mechanisms of shrinkage-reducing admixtures. In: Science and Technology of Concrete Admixtures. Aïtcin, P.-C., Flatt, R.J. (Eds.), Elsevier (Chapter 13), pp. 305—320.

Engstrand, J., Sjogreen, C.-A., 2001. Shrinkage-Reducing Agent for Cement Compositions. US Patent 6251180 B1, filed March 30, 1998 and issued June 26, 2001.

Fan, W., Stoffelbach, F., Rieger, J., Regnaud, L., Vichot, A., Bresson, B., Lequeux, N., 2012. A new class of organosilane-modified polycarboxylate superplasticizers with low sulfate sensitivity. Cement and Concrete Research 42 (1), 166—172.

Flatt, R.J., Houst, Y.F., Oesch, R., Bowen, P., Hofmann, H., Widmer, J., Sulser, U., Mäder, U., Bürge, T.A., 1998. Analysis of superplasticizers used in concrete. Analusis 26 (2), M28—M35.

Flatt, R.J., Schober, I., Raphael, E., Plassard, C., Lesniewska, E., 2009. Conformation of adsorbed comb copolymer dispersants. Langmuir 25 (2), 845—855.

Flatt, R.J., Schober, I., 2012. Superplasticizers and the rheology of concrete. In: Roussel, N. (Ed.), Understanding the Rheology of Concrete, Woodhead Publishing Series in Civil and Structural Engineering. Woodhead Publishing (Chapter 7), pp. 144—208.

Flatt, R.J., Roussel, N., Cheeseman, C.R., 2012. Concrete: an eco material that needs to be improved. Journal of the European Ceramic Society, Special Issue: ECerS XII, 12th Conference of the European Ceramic Society 32 (11), 2787—2798.

Fredheim, G.E., Braaten, S.M., Christensen, B.E., 2002. Molecular weight determination of lignosulfonates by size-exclusion chromatography and multi-angle laser light scattering. Journal of Chromatography A 942 (1—2), 191—199.

Gagnè, R., 2016a. Air entraining agents. In: Aïtcin, P.-C., Flatt, R.J. (Eds.), Science and Technology of Concrete Admixtures. Elsevier (Chapter 17), pp. 379—392.

Gagnè, R., 2016b. Shrinkage-reducing admixtures. In: Aïtcin, P.-C., Flatt, R.J. (Eds.), Science and Technology of Concrete Admixtures. Elsevier (Chapter 23), pp. 457—470.

Gartner, E., 2008. Cement Shrinkage Reducing Agent and Method for Obtaining Cement Based Articles Having Reduced Shrinkage. EP Patent 1914211 A1, filed October 10, 2006 and issued April 23, 2008.

Gay, C., Raphaël, E., 2001. Comb-like polymers inside nanoscale pores. Advances in Colloid and Interface Science 94 (1—3), 229—236.

Gelardi, G., Flatt, R.J., 2016. Working mechanisms of water reducers and superplasticizers. In: Aïtcin, P.-C., Flatt, R.J. (Eds.), Science and Technology of Concrete Admixtures. Elsevier (Chapter 11), pp. 257—278.

Goto, T.I., Narashino Sato, T., Kyoto Sakai, K., Motohiko II, U., 1985. Cement-Shrinkage-Reducing Agent and Cement Composition. US Patent 4547223 A, filed March 2, 1981 and issued October 15, 1985.

Griffin, W.C., 1949. Classification of surface active agents by HLB. Journal of the Society of Cosmetic Chemists 1 (5), 311—326.

Guicquero, J.-P., Mosquet, M., Chevalier, Y., Le Perchec, P., 1999. Thinners for Aqueous Suspensions of Mineral Particles and Hydraulic Binder Pastes. US Patent 5879445 A, filed October 11, 1993 and issued March 9, 1999.

Guo, X., Rong, Z., Ying, X., 2006. Calculation of hydrophile—lipophile balance for poly-ethoxylated surfactants by group contribution method. Journal of Colloid and Interface Science 298 (1), 441—450.

Gustafsson, J., Reknes, K., 2000. Adsorption and dispersing properties of lignosulfonates in model suspension and cement paste. In: 6th CANMET/ACI International Conference on Superplasticizers and Other Chemical Admixtures in Concrete, 195, pp. 196—210.

Habbaba, A., Lange, A., Plank, J., 2013. Synthesis and performance of a modified poly-carboxylate dispersant for concrete possessing enhanced cement compatibility. Journal of Applied Polymer Science 129 (1), 346−353.

Hattori, K.-I., Tanino, Y., 1963. Separation and molecular weight determination of the fraction from the paper chromatography of the condensates of sodium β-naphthalene sulfonate and formaldehyde. The Journal of the Society of Chemical Industry, Japan 66 (1), 55−58.

Hill, C.L., Jeknavorian, A.A., Ou, C.-C., 2002. Air Management in Cementitious Mixtures Having Plasticizer and a Clay-Activity Modifying Agent. EP Patent 1259310 A1, filed February 15, 2001 and issued November 27, 2002.

Hirata, T., Kawakami, H., Nagare, K., Yuasa, T., 2000. Cement Additive. EP Patent 1041053 A1, filed March 9, 2000 and issued October 4, 2000.

Iqbal, D.N., Hussain, E.A., 2013. Green biopolymer guar gum and its derivatives. International Journal of Pharma and Bio Sciences 4 (3), 423−435.

Jeknavorian, A.A., Roberts, L.R., Jardine, L., Koyata, H., Darwin, D.C., 1997. Condensed polyacrylic acid-aminated polyether polymers as superplasticizers for concrete. In: 5th CANMET/ACI International Conference on Superplasticizers and Other Chemical Admixtures in Concrete, 173, pp. 55−82.

Kaprielov, S.S., Batrakov, V.G., Scheinfeld, A.B., 2000. Modified concretes of new generation-the reality and perspectives. Russian Journal of Concrete and Reinforced Concrete 14 (3), 1.

Karlsson, S., Albertsson, A.-C., 1990. The biodegradation of a biopolymeric additive in building materials. Materials and Structures 23 (5), 352−357.

Kaur, V., Bera, M.B., Panesar, P.S., Kumar, H., Kennedy, J.F., April 2014. Welan gum: microbial production, characterization, and applications. International Journal of Biological Macromolecules 65, 454−461.

Kawai, T., 1987. Non-dispersible underwater concrete using polymers. Marine concrete. In: International Congress on Polymers in Concrete. Chapter 11.5. Brighton, UK.

Kerkar, A.V., Dallaire, M.P., 1997. Cement Admixture Capable of Inhibiting Drying Shrinkage While Allowing Air Entrainment, Comprising Oxyalkylene Ether Adduct, Betaine. US Patent 5679150 A, filed August 16, 1996 and issued October 21, 1997.

Kerkar, A.V., Berke, N.S., Dallaire, M.P., 1997. Cement Composition. US Patent 5618344 A, filed November 6, 1995 and issued April 8, 1997.

Kerkar, A.V., Berke, N.S., Dallaire, M.P., 2000. Cement Composition. EP Patent 0813507 B1, filed February 13, 1996 and issued May 17, 2000.

Kerkar, A.V., Gilbert, B.S., 1997. Drying Shrinkage Cement Admixture. US Patent 5604273 A, filed September 18, 1995 and issued February 18, 1997.

Kerkar, A.V., Walloch, C.T., Hazrati, K., 2001. Masonry Blocks and Masonry Concrete Admixture for Improved Freeze-Thaw Durability. US Patent 6258161 B1, filed September 29, 1999 and issued July 10, 2001.

Khayat, K.H., 1998. Viscosity-enhancing admixtures for cement-based materials—an overview. Cement and Concrete Composites 20 (2−3), 171−188.

Khayat, K.H., Mikanovic, N., 2012. Viscosity-enhancing admixtures and the rheology of Concrete. In: Roussel, N. (Ed.), Understanding the Rheology of Concrete, Woodhead Publishing Series in Civil and Structural Engineering. Woodhead Publishing (Chapter 8), pp. 209−228.

Kim, B.-G., Jiang, S., Aïtcin, P.-C., 2000. Effect of sodium sulfate addition on properties of cement pastes containing different molecular weight PNS superplasticizers. In: 6th CANMET/ACI International Conference on Superplasticizers and Other Chemical Admixtures in Concrete, 195, pp. 485−504.

Lei, L., Plank, J., 2014. Synthesis and properties of a vinyl ether-based polycarboxylate superplasticizer for concrete possessing clay tolerance. Industrial & Engineering Chemistry Research 53 (3), 1048−1055.

Liu, M., Lei, J.-H., Du, X.-D., Huang, B., Chen, Li-na, 2013. Synthesis and properties of methacrylate-based and allylether-based polycarboxylate superplasticizer in cementitious system. Journal of Sustainable Cement-Based Materials 2 (3−4), 218−226.

Luke, G., Luke, K., 2000. Effect of sucrose on retardation of Portland cement. Advances in Cement Research 12 (1), 9−18.

Lunkenheimer, K., Schrödle, S., Kunz, W., 2004. Dowanol DPnB in water as an example of a solvo-surfactant system: adsorption and foam properties. Trends in Colloid and Interface Science XVII − Progress in Colloid and Polymer Science 126, 14−20.

Mäder, U., Kusterle, W., Grass, G., 1999. The rheological behaviour of cementitious materials with chemically different superplasticizers. In: International RILEM Conference on the Role of Admixtures in High Performance Concrete, 5, pp. 357−376.

Mantellato, S., Eberhardt, A.B., Flatt, R.J., 2016. Formulation of commercial products. In: Aïtcin, P.-C., Flatt, R.J. (Eds.), Science and Technology of Concrete Admixtures. Elsevier (Chapter 15), pp. 343−350.

Marchon, D., Sulser, U., Eberhardt, A.B., Flatt, R.J., 2013. Molecular design of comb-shaped polycarboxylate dispersants for environmentally friendly concrete. *Soft Matter*. http://dx.doi.org/10.1039/C3SM51030A.

Marchon, D., Flatt, R.J., 2016a. Mechanisms of cement hydration. In: Aïtcin, P.-C., Flatt, R.J. (Eds.), Science and Technology of Concrete Admixtures. Elsevier (Chapter 8), pp. 129−146.

Marchon, D., Flatt, R.J., 2016b. Impact of chemical admixtures on cement hydration. In: Aïtcin, P.-C., Flatt, R.J. (Eds.), Science and Technology of Concrete Admixtures. Elsevier (Chapter 12), pp. 279−304.

Marchon, D., Mantellato, S., Eberhardt, A.B., Flatt, R.J., 2016. Adsorption of chemical admixtures. In: Aïtcin, P.-C., Flatt, R.J. (Eds.), Science and Technology of Concrete Admixtures. Elsevier (Chapter 10), pp. 219−256.

Mayer, G., Axmann, H., 2006. Air-entraining Admixtures. EP Patent 1517869 B1, filed July 7, 2003 and issued October 25, 2006.

McCorkle, M.R., Brow, P.L.du, 1955. Nitrogen-containing derivates of the fatty acids. In: Fatty Acids for Chemical Specialties, pp. 138−141.

Miao, C., Qiao, M., Ran, Q., Liu, J., Zhou, D., Yang, Y., Mao, Y., 2013. Preparation Method of Hyperbranched Polycarboxylic Acid Type Copolymer Cement Dispersant. US Patent 0102749 A1, filed December 22, 2010 and issued April 25, 2013.

Miao, C., Ran, Q., Liu, J., Mao, Y., Shang, Y., Sha, J., 2011. New generation amphoteric comb-like copolymer superplasticizer and its properties. Polymers & Polymer Composites 19 (1), 1−8.

Miller, T.G., 1985. Characterization of neutralized β-naphthalenesulfonic acid and formaldehyde condensates. Journal of Chromatography A 347, 249−256.

Mitsui, K., Yonezawa, T., Kinoshita, M., Shimono, T., 1994. Application of a new superplasticizer for ultra high-strength concrete. In: 4th CANMET/ACI International Conference on Superplasticizers and Other Chemical Admixtures in Concrete, 148, pp. 27−46.

Moedritzer, K., Irani, R.R., 1966. The direct synthesis of α-aminomethylphosphonic acids. Mannich-Type reactions with orthophosphorous acid. The Journal of Organic Chemistry 31 (5), 1603−1607.

Mollah, M.Y.A., Adams, W.J., Schennach, R., Cocke, D.L., 2000. A review of cement−superplasticizer interactions and their models. Advances in Cement Research 12 (4), 153−161.

Mosquet, M., Chevalier, Y., Brunel, S., Pierre Guicquero, J., Le Perchec, P., 1997. Polyoxyethylene di-phosphonates as efficient dispersing polymers for aqueous suspensions. Journal of Applied Polymer Science 65 (12), 2545−2555.

Mosquet, M., Maitrasse, P., Guicquero, J.P., 2003. Ethoxylated di-phosphonate: an extreme molecule for extreme applications. In: 7th CANMET/ACI International Conference on Superplasticizers and Other Chemical Admixtures in Concrete, 217, pp. 161−176.

Myrvold, B.O., 2008. A new model for the structure of lignosulphonates: Part 1. Behaviour in dilute solutions. Industrial Crops and Products, 7th Forum of the International Lignin Institute "Bringing Lignin back to the Headlines" 27 (2), 214−219.

Nagi, M.A., Okamoto, P.A., Kozikowski, R.L., 2007. Evaluating Air-entraining Admixtures for Highway Concrete. National Cooperative Highway Research Program. Report 578.

Nawa, T., Ichiboji, H., Kinoshita, M., 2000. Influence of temperature on fluidity of cement paste containing superplasticizer with polyethylene oxide graft chains. In: 6th CANMET/ACI International Conference on Superplasticizers and Other Chemical Admixtures in Concrete, 195, pp. 181−194.

Nkinamubanzi, P.-C., Mantellato, S., Flatt, R.J., 2016. Superplasticizers in practice. In: Aïtcin, P.-C., Flatt, R.J. (Eds.), Science and Technology of Concrete Admixtures. Elsevier (Chapter 16), pp. 353−378.

Okamura, H., Ouchi, M., 1999. Self-compacting concrete. Development, present and future. In: First International RILEM Symposium on Self-Compacting Concrete, 7, pp. 3−14.

Ostrikov, M.S., Dibrov, G.D., Petrenko, T.P., 1965. Deforming effect of osmotically dehydrating liquid media. Kolloidnyi Zhurnal 27 (1), 82−86.

Ouyang, X., Qiu, X., Chen, P., July 2006. Physicochemical characterization of calcium ligno-sulfonate—a potentially useful water reducer. Colloids and Surfaces A: Physicochemical and Engineering Aspects 282−283, 489−497.

Pagé, M., Moldovan, A., Spiratos, N., 2000. Performance of novel naphthalene-based copolymer as superplasticizer for concrete. In: 6th CANMET/ACI International Conference on Superplasticizers and Other Chemical Admixtures in Concrete, 195, pp. 615−637.

Palacios, M., Flatt, R.J., 2016. Working mechanism of viscosity-modifying admixtures. In: Aïtcin, P.-C., Flatt, R.J. (Eds.), Science and Technology of Concrete Admixtures. Elsevier (Chapter 20), pp. 415−432.

Pang, Yu-X., Qiu, X.-Q., Yang, D.-J., Lou, H.-M., 2008. Influence of oxidation, hydroxymethylation and sulfomethylation on the physicochemical properties of calcium ligno-sulfonate. Colloids and Surfaces A: Physicochemical and Engineering Aspects 312 (2−3), 154−159.

Pannetier, N., Khoukh, A., François, J., 2001. Physico-chemical study of sucrose and calcium ions interactions in alkaline aqueous solutions. Macromolecular Symposia 166 (1), 203−208.

Pieh, S., 1987. Polymere Dispergiermittel I. Molmasse Und Dispergierwirkung Der Melamin- Und Naphthalin-Sulfonsäure-Formaldehyd-Polykondensate. Die Angewandte Makromolekulare Chemie 154 (1), 145−159.

Piotte, M., 1993. Caractérisation du poly(naphtalènesulfonate): influence de son contre-ion et de sa masse molaire sur son interaction avec le ciment (Ph.D. thesis). Université de Sherbrooke.

Piotte, M., Bossányi, F., Perreault, F., Jolicoeur, C., 1995. Characterization of poly (naphthalenesulfonate) salts by ion-pair chromatography and ultrafiltration. Journal of Chromatography A 704 (2), 377−385.

Plank, J., 2005. Applications of biopolymers in construction engineering. Biopolymers Online 10.

Plank, J., Bian, H., 2010. Method to assess the quality of casein used as superplasticizer in self-levelling compounds. Cement and Concrete Research 40 (5), 710−715.

Plank, J., Andres, P.R., Krause, I., Winter, C., 2008. Gram scale separation of casein proteins from whole casein on a Source 30Q anion-exchange resin column utilizing fast protein liquid chromatography (FPLC). Protein Expression and Purification 60 (2), 176−181.

Plank, J., Sachsenhauser, B., 2006. Impact of molecular structure on zeta potential and adsorbed conformation of α-Allyl-ω-methoxypolyethylene glycol − maleic anhydride superplasticizers. Journal of Advanced Concrete Technology 4 (2), 233−239.

Plank, J., Sachsenhauser, B., 2009. Experimental determination of the effective anionic charge density of polycarboxylate superplasticizers in cement pore solution. Cement and Concrete Research 39 (1), 1−5.

Plank, J., Pöllmann, K., Zouaoui, N., Andres, P.R., Schaefer, C., 2008. Synthesis and performance of methacrylic ester based polycarboxylate superplasticizers possessing hydroxy terminated poly(ethylene glycol) side chains. Cement and Concrete Research 38 (10), 1210−1216.

Plank, J., Winter, C., 2008. Competitive adsorption between superplasticizer and retarder molecules on mineral binder surface. Cement and Concrete Research 38 (5), 599−605.

Poinot, T., Govin, A., Grosseau, P., 2014. Influence of hydroxypropylguars on rheological behavior of cement-based mortars. Cement and Concrete Research 58 (April), 161–168.

Pojana, G., Carrer, C., Cammarata, F., Marcomini, A., Crescenzi, C., 2003. HPLC determination of sulphonated melamines-formaldehyde condensates (SMFC) and lignosulphonates (LS) in drinking and ground waters. International Journal of Environmental Analytical Chemistry 83 (1), 51–63.

Popov, K.I., Sultanova, N., Rönkkömäki, H., Hannu-Kuure, M., Jalonen, J., Lajunen, L.H.J., Bugaenko, I.F., Tuzhilkin, V.I., 2006. ^{13}C-NMR and electrospray ionization mass spectrometric study of sucrose aqueous solutions at high pH: NMR measurement of sucrose dissociation constant. Food Chemistry 96 (2), 248–253.

Pourchet, S., Liautaud, S., Rinaldi, D., Pochard, I., 2012. Effect of the repartition of the PEG side chains on the adsorption and dispersion behaviors of PCP in presence of sulfate. Cement and Concrete Research 42 (2), 431–439.

Pourchez, J., Govin, A., Grosseau, P., Guyonnet, R., Guilhot, B., Ruot, B., 2006. Alkaline stability of cellulose ethers and impact of their degradation products on cement hydration. Cement and Concrete Research 36 (7), 1252–1256.

Ramachandran, V.S., Lowery, M.S., Wise, T., Polomark, G.M., 1993. The role of phosphonates in the hydration of Portland cement. Materials and structures 26 (7), 425–432.

Redín, C., Lange, F.T., Brauch, H.-J., Eberle, S.H., 1999. Synthesis of sulfonated naphthalene-formaldehyde condensates and their trace-analytical determination in wastewater and river water. Acta Hydrochimica et Hydrobiologica 27 (3), 136–143.

Reknes, K., Gustafsson, J., 2000. Effect of modifications of lignosulfonate on adsorption on cement and fresh concrete properties. In: 6th CANMET/ACI International Conference on Superplasticizers and Other Chemical Admixtures in Concrete, 195, pp. 127–142.

Reknes, K., Petersen, B.G., 2003. Novel lignosulfonate with superplasticizer performance. In: 7th CANMET/ACI International Conference on Superplasticizers and Other Chemical Admixtures in Concrete, 217, pp. 285–299.

Report on Carcinogens, 2011. National Toxicology Program, twelfth ed. National Institute of Health. DIANE Publishing.

Richardson, S., Gorton, L., 2003. Characterisation of the substituent distribution in starch and cellulose derivatives. Analytica Chimica Acta 497 (1–2), 27–65.

Rinaldi, D., Hamaide, T., Graillat, C., D'Agosto, F., Spitz, R., Georges, S., Mosquet, M., Maitrasse, P., 2009. RAFT copolymerization of methacrylic acid and poly(ethylene glycol) methyl ether methacrylate in the presence of a hydrophobic chain transfer agent in organic solution and in water. Journal of Polymer Science Part A: Polymer Chemistry 47 (12), 3045–3055.

Risica, D., Dentini, M., Crescenzi, V., 2005. Guar gum methyl ethers. Part I. Synthesis and macromolecular characterization. Polymer 46 (26), 12247–12255.

Robyt, J.F., 1998. Transformations. In: Essentials of Carbohydrate Chemistry. Springer Advanced Texts in Chemistry. Springer, New York, pp. 48–75.

Rosen, M.J., 2004. Surfactants and Interfacial Phenomena, third ed. John Wiley & Sons, Inc.

Ruckstuhl, S., Suter, M.J.-F., 2003. Sorption and mass fluxes of sulfonated naphthalene formaldehyde condensates in aquifers. Journal of Contaminant Hydrology 67 (1–4), 1–12.

Sakuta, M., Saito, T., Yanagibashi, K., 1990. Durability Improving Agent for Cement-Hydraulic-Set Substances, Method of Improving Same, and Cement-Hydraulic-Set Substances Improved in Durability. US Patent 4975121, filed July 13, 1989 and issued December 4, 1990.

Sakuta, M., Saito, T., Yanagibashi, K., 1992. Durability Improving Agent for Cement-Hydraulic-Set Substances, Method of Improving Same, and Cement-Hydraulic-Set Substances Improved in Durability. US Patent 5174820 A, filed February 11, 1992 and issued December 29, 1992.

Sakuta, M., Saito, T., Yanagibashi, K., 1993. Durability Improving Agent for Cement-Hydraulic-Set Substances, Method of Improving Same, and Cement-Hydraulic-Set

Substances Improved in Durability. EP Patent 0350904 B1, filed July 13, 1989 and issued March 31, 1993.

Sato, T., Goto, T., Sakai, K., 1983. Mechanism for reducing drying shrinkage of hardened cement by organic additives. Cement Association of Japan Review 52–54.

Schröfl, C., Gruber, M., Plank, J., 2012. Preferential adsorption of polycarboxylate superplasticizers on cement and silica fume in ultra-high performance concrete (UHPC). Cement and Concrete Research 42 (11), 1401–1408.

Schulze, J., Baumgartl, H., 1989. Mittel Zur Reduzierung Des Schwundmaßes von Zement. EP Patent 0308950 A1, filed September 23, 1998 and issued March 29, 1989.

Schulze, J., Baumgartl, H., 1993. Shrinkage-Reducing Agent for Cement. EP Patent 0308950 B1, filed September 23, 1998 and issued March 17, 1993.

Scripture Jr., E.W., 1937. Indurating Composition for Concrete. US Patent 2081643 A, filed February 5, 1937 and issued May 25, 1937.

Shawl, E.T., Kesling Jr., H.S., 1995. Cement Composition. US Patent 5413634 A, filed May 5, 1994 and issued May 9, 1995.

Shawl, E.T., Kesling Jr., H.S., 1997. Cement Composition. EP Patent 0637574 B1, filed August 3, 1994 and issued October 1, 1997.

Shawl, E.T., Kesling Jr., H.S., 2001. Cement Composition. EP Patent 0758309 B1, filed January 25, 1995 and issued June 13, 2001.

Shendy, S., Vickers, T., Lu, R., 2002. Polyether derivatives of β-naphthalene sulfonate polymer. Journal of Elastomers and Plastics 34 (1), 65–77.

Singh, N.B., Sarvahi, R., Singh, N.P., 1992. Effect of superplasticizers on the hydration of cement. Cement and Concrete Research 22 (5), 725–735.

Smith, B.J., Rawal, A., Funkhouser, G.P., Roberts, L.R., Gupta, V., Israelachvili, J.N., Chmelka, B.F., 2011. Origins of saccharide-dependent hydration at aluminate, silicate, and aluminosilicate surfaces. Proceedings of the National Academy of Sciences 108 (22), 8949–8954.

Smith, B.J., Roberts, L.R., Funkhouser, G.P., Gupta, V., Chmelka, B.F., 2012. Reactions and surface interactions of saccharides in cement slurries. Langmuir 28 (40), 14202–14217.

Sonebi, M., 2006. Rheological properties of grouts with viscosity modifying agents as diutan gum and welan gum incorporating pulverised fly ash. Cement and Concrete Research 36 (9), 1609–1618.

Sychra, M., Steindl, H., 1998. Air Entraining Agent for Concretes and Mortars. EP Patent 0752977 B1, filed March 30, 1995 and issued October 28, 1998.

Tadros, T.F., 2005. Applied Surfactants: Principles and Applications. Wiley-VCH Verlag GmbH & Co. KGaA, Weinheim.

Tejado, A., Peña, C., Labidi, J., Echeverria, J.M., Mondragon, I., 2007. Physico-chemical characterization of lignins from different sources for use in phenol–formaldehyde resin synthesis. Bioresource Technology 98 (8), 1655–1663.

Thomas, N.L., Birchall, J.D., 1983. The retarding action of sugars on cement hydration. Cement and Concrete Research 13 (6), 830–842.

Torrans, P.H., Ivey, D.L., 1968. Review of Literature on Air-entrained Concrete. Texas transportation institute; Texas A&M University.

Tsubakimoto, T., Hosoidi, M., Tahara, H., 1984. Copolymer and Method for Manufacture Thereof. EP Patent 0056627 B1, filed January 15, 1982 and issued October 3, 1984.

Uchikawa, H., Hanehara, S., Shirasaka, T., Sawaki, D., 1992. Effect of admixture on hydration of cement, adsorptive behavior of admixture and fluidity and setting of fresh cement paste. Cement and Concrete Research 22 (6), 1115–1129.

Umaki, Y., Tomita, R., Hondo, F., Okada, S., 1993. Cement Composition. US Patent 5181961 A, filed August 29, 1991 and issued January 26, 1993.

Vijn, J.P., 2001. Dispersant and Fluid Loss Control Additives for Well Cements, Well Cement Compositions and Methods. US Patent 6182758 B1, filed August 30, 1999 and issued February 6, 2001.

Vollhardt, K.P.C., Schore, N.E., 2010. Organic Chemistry: Structure and Function, sixth ed. W. H. Freeman.

Walstra, P., 1999. Casein sub-micelles: do they exist? International Dairy Journal 9 (3−6), 189−192.

Will, R.K., Yokose, K., 2005. Chemical Economics Handbook, Product Review: Lignosulfonates. Chemical Industry Newsletter, SRI Consulting.

Winnefeld, F., Becker, S., Pakusch, J., Götz, T., 2007. Effects of the molecular architecture of comb-shaped superplasticizers on their performance in cementitious systems. Cement and Concrete Composites 29 (4), 251−262.

Winter, C., Plank, J., Sieber, R., 2008. The efficiences of α-, β- and κ-casein fractions for plasticising cement-based self levelling grouts. In: Fentiman, C., Mangabhai, R., Scrivener, K. (Eds.), Calcium Aluminate Cements, pp. 543−556.

Witt, J., Plank, J., 2012. A novel type of PCE possessing silyl functionalities. In: 10th CANMET/ACI International Conference on Superplasticizers and Other Chemical Admixtures in Concrete, 288, pp. 1−14.

Wombacher, F., Bürge, C., Kurz, C., Schmutz, M., 2014. Air Void-Forming Material for Cementitious Systems. WO Patent 2014/060352 A1, filed October 14, 2013 and issued April 24, 2014.

Wombacher, F., Bürge, T.A., Mäder, U., 2000. Method for the Reduction of the Degree of Shrinkage of Hydraulic Binders. EP Patent 1024120 A1, filed January 26, 2000 and issued August 2, 2000.

Wombacher, F., Bürge, T.A., Mäder, U., 2002. Method for the Reduction of the Degree of Shrinkage of Hydraulic Binders. US Patent 0157578 A1, filed April 25, 2002 and issued October 31, 2002.

Wombacher, F., Bürge, T.A., Mäder, U., 2012. Method for the Reduction of the Degree of Shrinkage of Hydraulic Binders. EP Patent 1024120 B1, filed January 26, 2000 and issued March 7, 2012.

Yamada, K., Takahashi, T., Hanehara, S., Matsuhisa, M., 2000. Effects of the chemical structure on the properties of polycarboxylate-type superplasticizer. Cement and Concrete Research 30 (2), 197−207.

Yamamoto, M., Uno, T., Onda, Y., Tanaka, H., Yamashita, A., Hirata, T., Hirano, N., 2004. Copolymer for Cement Admixtures and Its Production Process and Use. US Patent 6727315 B2, filed June 1, 2002 and issued April 27, 2004.

Yang, B.Y., Montgomery, R., 1996. Alkaline degradation of glucose: effect of initial concentration of reactants. Carbohydrate Research 280 (1), 27−45.

Yu, B., Bian, H., Plank, J., 2010. Self-assembly and characterization of Ca−Al−LDH nanohybrids containing casein proteins as guest anions. Journal of Physics and Chemistry of Solids, 15th International Symposium on Intercalation Compounds − ISIC 15 May 10−15, 2009, Beijing 71 (4), 468−472.

Yu, G., Li, B., Wang, H., Liu, C., Mu, X., 2013. Preparation of concrete superplasticizer by oxidation-sulfomethylation of sodium lignosulfonate. BioResources 8 (1), 1055−1063.

Zhang, Q., 2011. Investigating Polymer Conformation in Poly (Ethylene Oxide) (PEO) Based Systems for Pharmaceutical Applications a Raman Spectroscopic Study of the Hydration Process (Master's thesis). Chalmers University of Technology.

Ziche, H., Schweizer, D.D., 1982. Mixtures of Mortar and Their Use. EP Patent 0054175 A1, filed October 30, 1981 and issued June 23, 1982.

10

化学外加剂的吸附

10.1 引言

许多化学外加剂的作用机理涉及水溶性化合物在固-液界面上的吸附，尤其是减水剂和高性能减水剂，本章大部分内容都涉及减水剂和高性能减水剂。此外本章的讨论还涉及缓凝剂。引气剂和减缩剂利用水不溶性化合物或对表面亲和力较高的物质（表面活性剂）的吸附作用来改变混凝土气-液界面的性质。虽然这些表面活性剂对气-液界面的亲和力很高，但也可能吸附在固-液界面上或自缔合形成胶束或液晶，因此难以精准描述表面活性剂的吸附作用，就像在 10.4.3 节和 10.7 节中对固-液界面和气-液界面的讨论。

对于给定的分散剂，只要它能持续吸附在固体颗粒表面使其分散，流动度就会随掺量的增加而增加（第 10.2 节）。事实上如第 11 章所述，分散剂中被吸附的部分对流动度的影响尤其重要（Gelardi 和 Flatt，2016）。外加剂的吸附率和在溶液中的残留率之间可能存在平衡，并且这种平衡与外加剂的类型及掺量有关。这种关系通常以吸附等温线的形式反映，10.3 节对此进行了介绍。

除表面性质外，这种关系还受分散剂化学性质的影响。现有化学成分和结构存在多样性，很难建立通用的关系，10.4 节概述了影响分散剂吸附的一些化学通性。

如果条件改变，对表面亲和力低的分子可能会解吸（10.5 节），如溶液可以用水替换（Platel，2005，2009）或增加硫酸盐或氢氧根离子浓度来改变溶液的离子组成（Yamada 等，2001；Marchon 等，2013）。因此，外加剂可能会受到竞争性吸附的影响，导致性能下降，如 10.5.2 节所述。

吸附量过高也可能是影响外加剂性能的另一个因素（10.6）。其中大多数是与测试吸附的标准溶液消耗有关的人为因素。在这种方法中，吸附量是通过测试外加剂掺量与一定时间后其在溶液中的残留率之差来确定的。但如果存在沉淀（10.6.1 节）或插层（10.6.2 节）导致外加剂消耗，则外加剂的表观吸附量会增加。分散剂或真正起作用的外加剂，其吸附量可能增加，可能保持不变，甚至减少。如果外加剂的沉淀或插层现象严重，会降低颗粒的表面覆盖率，从而影响分散。如果外加剂影响铝酸盐的成核和生长过程，使固-液界面面积增加，也可能出现类似的情况（10.6.3 节）。

上述有关吸附量解释的问题与实验方法密切相关。因此，本章末尾对实验方面进行了扩展介绍（10.8 节）。

10.2　吸附和流动度

10.2.1　初始流动度

　　吸附量随着聚合物掺量的增加而增加，直至固体颗粒表面完全被覆盖。同时，流动度增加并达到最大，其最大值由聚合物的吸附构象和表面饱和吸附量决定（Yamada等，2000；Hanehara和Yamada，2008)(图10.1)。

　　聚合物的亲和力对覆盖表面所需的必需添加量有重要影响。例如，对覆盖表面亲和力较低的聚合物掺量即使很大，其中很大一部分也会残留在溶液中，而未被吸附。因此笔者定义了饱和掺量，达到饱和掺量后，继续添加聚合物对流动度的影响不大。

　　文献中关于聚合物掺量的另一个概念是临界掺量，即刚开始观察到分散效应时的掺量。然而，该掺量的测试结果非常依赖于实验条件，例如水灰比（w/c）或体积分数、水泥类型以及聚合物的类型和化学结构。

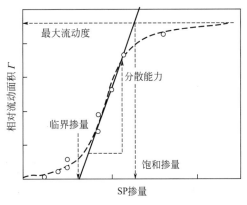

图 10.1　分散能力相关的临界掺量和饱和掺量

经许可改编自 Hanehara 和 Yamada（2008）

10.2.2　流动度保持

　　Vickers 等证明流动度损失与聚合物在溶液中的残留量有关（Vickers 等，2005）。这部分在溶液中残留的聚合物可吸附在新形成的水化产物表面（Flatt，2004a，b）。最初不吸附的聚合物存在延迟吸附的原因有两个。第一，如果聚合物在固体颗粒表面的吸附量和溶液内的残留量之间存在平衡，其分布与固体表面积与溶液体积的比值有关。因此，如果产生新表面，即使原表面没有被完全覆盖，也会有部分未吸附聚合物移动到新产生的表面。第二，在水化的最初 1～2h 内，形成的水化产物大多数是铝酸盐，如上所述，聚合物对铝酸盐具有更高的亲和力。因此，可以认为铝酸盐表面一开始就被完全覆盖，而硅酸盐没有。只要溶液中存在聚合物，聚合物就会大量地吸附在铝酸盐上，同时溶液中残留的聚合物会与硅酸盐表面部分覆盖的聚合物保持平衡。

　　除此之外，另一个普遍认同的观点是，体系中颗粒表面部分覆盖时已发生工作性损失，无需等待表面全部覆盖（Schober 和 Flatt，2006）。其原因在于已吸附的外加剂能够改变水泥水化的化学动力学，产生新表面，进而影响工作性。还可能是因为部分覆盖的颗粒使聚合物在其表面重新排列，产生内聚力强的接触点。

10.3　吸附等温线

10.3.1　吸附基础现象学

　　通常将吸附数据绘制成吸附等温线，用于表现聚合物吸附量与溶液中残余量之间的关系。如果能建立聚合物在表面和溶液之间的平衡，将很有意义。下面先讨论吸附等温线的基本特征，后面 10.3.2 节将讨论可能的模型。

许多吸附等温线的理论认为，在表面和溶液浓度均较低时，吸附量应与溶液浓度成正比（Langmuir，1918；Degennes，1976；Bouchaud 和 Daoud，1987；Fleer，1993；Marchon 等，2013）。然而，这些方法在线性区域内的预测结果可能存在显著差异。

初始阶段的斜率代表吸附平衡常数 K，与吸附质-溶剂、吸附质-吸附剂表面和表面-溶剂相互作用的自由能有关。在溶液与表面之间，聚合物构象熵的变化起着重要的作用，其变化与聚合物的分子结构有关。现已提出不同的表达式描述线形链的结构（Degennes，1976；Bouchaud、Daoud，1987；Fleer，1993）。

对于表面亲和力足够高的化合物，增加掺量，化合物主要富集在表面，溶液中的浓度仍然很低。表面浓度的增加导致被吸附的聚合物处于半稀释状态，吸附质之间开始出现体积排斥，此时聚合物在表面自重组使体系自由能最小化。聚合物在此阶段经历的构象变化程度与吸附能相关（吸附能越高，吸附量越大）。最低能量状态对应于所谓的吸附平台期（adsorption plateau），此时的吸附量与溶液浓度无关（Degennes，1976；Bouchaud 和 Daoud，1987）。

对于单一的聚合物链，当溶液中的浓度达到半稀释状态时，不利于吸附，吸附量随掺量的增加而减少。我们目前认为这种情况与大多数化学外加剂无关，因此不再进一步讨论。

10.3.2　简单吸附等温模型

在 10.2 节中已经指出，在低浓度时，存在吸附量与溶液浓度成正比的线性区间。而在溶液浓度较高时，吸附量达到平台期。这是任何吸附等温线都具备的两个基本特征。

下面将要介绍 Langmuir 吸附等温线（Langmuir，1918）及该模型的常见用法。但由于该模型无法完全解释中间状态的数据，为了更好地强调这一点，本书将提出另一种推导这一关系的方法，并提出一种更适用于聚合物的模型。

考虑如下化学反应，吸附质 A 可以与自由位点 S 发生可逆反应，生成被占据的表面位点 SA：

$$S+A \Longleftrightarrow SA \tag{10.1}$$

该化学反应的平衡常数为 K，如下所示：

$$K=\frac{[SA]}{[S][A]} \tag{10.2}$$

其中，[A] 是溶液中吸附质的活度；[S] 是自由表面位点的活度；[SA] 是被占据的表面位点的活度。

对于理想混合物，[S] 和 [SA] 可以由表面的面积分数表示。当不含其他物质时，有：

$$[SA]+[S]=1 \tag{10.3}$$

将式(10.3) 代入式(10.2) 可得到 Langmuir 等温线的第一个表达式：

$$[SA] = \frac{K[A]}{1 + K[A]} \tag{10.4}$$

通常将该方程用最大吸附量表示，即：

$$m_{SA} = \frac{m_{SA}^{\infty} K c_A}{1 + K c_A} \tag{10.5}$$

其中，m_{SA} 为吸附质量；m_{SA}^{∞} 为平台期吸附量；c_A 为溶液浓度。

如前一节所述，聚合物的吸附平台期与它们在表面上紧密排列的能力有关，受其吸附能影响。对于线形的聚合物链，平台期吸附量（m_{SA}^{∞}）与吸附能的立方根成正比（Fleer，1993），而 K 随吸附能增大呈指数变化。虽然平台期吸附量对吸附能的相关性比 K 低得多，但不可忽略。因为式(10.5) 认为只有 K 与吸附能相关，因此该式存在误差。如 10.5.2 节所述，吸附能的减少会影响吸附平台期。

由于应用该方程计算聚合物吸附会引起其他严重的问题，因此将对上述推导过程进行简单的修正。

考虑 n 个位点 S 被一个聚合物 P 占据的情况。式(10.1) ～式(10.3) 变为：

$$nS + P \Longrightarrow S_n P \tag{10.6}$$

$$K = \frac{[S_n P]}{[S]^n [P]} \tag{10.7}$$

$$[S_n P] + [S] = 1 \tag{10.8}$$

结合式(10.7) 和式(10.8) 可以写出：

$$[P] = \frac{[S_n P]}{K(1 - [S_n P])^n} \tag{10.9}$$

需指出，吸附量和溶液中残留量之间的关系与 n 有关。可以看到，平衡常数 K 对 n 有很强的相关性。因此，吸附等温线的初始斜率最初要陡得多，但当溶液中浓度较大时，曲线会向上方弯曲，达到真正的吸附平台期。

这个模型侧重于自由位点的活度。对于聚合物的吸附，实际上认为只有一小部分表面位点发生吸附行为，使聚合物覆盖表面（Marchon 等，2013）。此时，聚合物浓度在很大范围内，自由位点的活度基本为表面的单位活度（或在有小分子物质竞争吸附的情况下保持恒定）(Degennes，1976；Bouchaud 和 Daoud，1987；Marchon 等，2013)。在这种情况下，式(10.2) 可以改写如下：

$$K \approx \frac{[SA]}{[A]} \tag{10.10}$$

在下一节中将研究超塑化剂吸附的实验数据，来确定这些预测各自可能的准确的程度。

10.3.3 超塑化剂吸附等温线的线性区

对超塑化剂吸附性能的研究表明，随着掺量的增加，被吸附聚合物的比例保持不变。此外，在很大的掺量范围内，该比例均不为 1（Perche 等，2003）。线性区域大的原因有两种解释。首先，这可能是多分散性的结果，只有一部分聚合物吸附性强，另一部分几乎不吸附。其次，如前一节所述，因为聚合物覆盖的表面上发生吸附的位点数量很少，自由位点的活度大致保持不变。在后一种情况中，吸附量和掺量之间的比例是式(10.10) 所示平衡的结果。

　　为进一步确定吸附与掺量成正比，可以绘制吸附量与掺量的关系图，图中的两个刻度应使用相同的单位，如聚合物的折固质量（表面质量）。木质素磺酸盐（LS）的例子如图 10.2 所示。结果表明在吸附的初始阶段，吸附量与掺量呈线性关系。进一步分析发现，初始斜率完全不同，略低于 1（0.82～0.98）。表明在初始阶段，只有固定比例的聚合物被吸附（82％～98％），这很可能是由于尺寸或分子结构的多分散性导致。从图中还可以看出，在该线性区间上方，一些聚合物处于平台期，而另一些则随着掺量的增加而逐渐被吸附。

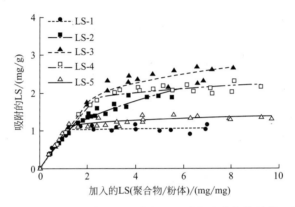

图 10.2　不同木质素磺酸盐聚合物的吸附与聚合物掺量的函数图

经许可改编自 Houst 等（2008）

　　不同聚羧酸醚（polycarboxylate ether，PCE）分散剂也具有类似情况，如图 10.3 所示。此时也存在一个明显的初始线性区域，且为掺量的函数。然而，这里的斜率明显较低且差异更大（0.37～0.58）。在此图中，应注意聚合物 PCP-3 未达到平台期，这可能是沉淀的结果，如 10.6.1 节所述。

　　聚合物在线性区域末端的吸附量远远超出按照 Langmuir 型等温线预期的结果（真正的等温线未在此处显示）。对于 LS，由于所吸附的聚合物比例较高，可应用式(10.9) 中给出的关系式。实际情况下，在平台期很难达到真正的平衡，因此不排除使用式(10.10)。

　　然而，对于 PCE，只有相当有限的聚合物在线性区内吸附，可能是由于其多分散性。超塑化剂表现为典型的多分散结构，这意味着它们含有很多不同分子量或结构的组分。其原因可认为是不同组分之间吸附过程的差异导致（Flatt 等，1998；Winnefeld 等，2007）。

　　然而即使没有多分散性效应的影响，也可以推断式(10.9) 不适用。相反，由于自由位点的活度恒定，因此可以得出存在一个扩展的线性区域，因此可适用式(10.10)。为了区分这两种情况，需要比较在固液比不同的两个悬浮液体系中获得的吸附数据。

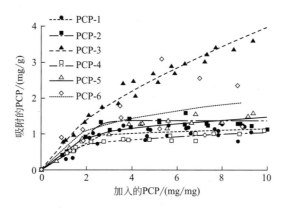

图 10.3　不同聚羧酸聚合物（PCP）的吸附函数

经许可改编自 Houst 等（2008）

Platel（2005）进行了这样的实验，其结果显示超过一定的吸附阈值时，PCE 吸附具有可逆性（见 10.5.1 节）。

10.3.4　水泥基体系吸附的具体问题

测定聚合物吸附等温线的关键之一是确认聚合物是否达到了真正的平衡。在表面覆盖度高的情况下，聚合物的重排需要一定的时间，尤其是吸附能较高时。在水泥基体系中，由于化学反应使表面积随时间而变化，吸附只能在有限的接触时间中进行，这使问题更加严重。

水泥基体系的另一个问题是，聚合物不能均匀地吸附在水泥不同物相上。事实上，对纯水泥熟料相和水化产物进行的几项研究表明，与表面带负电荷的硅酸盐相比，表面带正电荷的铝酸盐相（钙矾石的亲和力最高）更容易吸附超塑化剂（Yoshioka 等，2002；Plank 和 Hirsch，2007；Zingg 等，2008）。这些研究表明，了解减水剂对控制水泥浆体和混凝土流动度非常重要。

10.4　分子结构与吸附

10.4.1　通性

控制聚合物吸附的能量平衡并不能忽略，因为熵与聚合物在溶液和表面之间的构象变化有关。因此，解析解只能在有限的情况下使用，而此时的构象通常可使用比例定律很好地描述，如线形链（Degennes，1976；Bouchaud 和 Daoud，1987；Fleer，1993）。除了这些有限的情况，还需要使用分子模拟。

尽管如此，概述这一复杂进程的基本原则仍然是有意义的。例如，可以定义一个无量纲的吸附能参数 x_S（单位 $k_B T$）来表示聚合物段的吸附和溶剂分子的解吸过程中自由能的变化。准确地说，根据定义，这种交换的自由能变化是 $-k_B T x_S$，则 x_S 是正值时有利于吸附。

若 x_S 大于临界值 x_{SC}，则聚合物吸附（Fleer，1993）。此时的能量差可以用已吸附聚合物的熵损失补偿。单体的 x_{SC} 值低于其在聚合物中相应的片段，这些片段可能是流动度损失的原因（Cohen Stuart 等，1984a）。因此，单体不能使聚合物解吸。

然而，如果低分子量化合物的吸附能 $x_{S(置换剂-溶剂)}$ 足够大，它们可以充当置换剂并解吸聚合物（Cohen Stuart 等，1984b）。这一竞争吸附过程将在 10.5.2 节中进一步讨论。

严格地说，如果已吸附段控制了聚合物的构象熵损失，则上述一阶分析❶成立。该条件下，单体吸附更倾向于遵循 Langmuir 型等温线，而聚合物吸附可利用式(10.9)定性描述。

后一种情况显然过于简单化。如前一节所述，超塑化剂的吸附量与溶液浓度（或掺量）呈线性关系。这可能是由于前面提到的多分散性（Flatt 等，1998；Winnefeld 等，2007）。然而，PCE 的这个扩展的线性区域与平衡有关，因此式(10.10)在表面覆盖率较高时仍适用，至少对分子结构分布相关的吸附分数是适用的。其原因将在下一节末尾进一步阐述。

10.4.2　超塑化剂的吸附

无论其分子性质如何，分子量都在超塑化剂吸附过程中起着重要作用。相关研究涉及磺化萘甲醛缩合物（SNFC）(Piotte，1993)、LS（Reknes 和 Gustafsson，2000；Reknes 和 Peterson，2003）、乙烯基共聚物（Flatt 等，1998）和 PCE（Peng 等，2012；Magarotto 等，2003；Winnefeld 等，2007）。因此，调整分子量是一种改善超塑化剂性能的方法。对于天然产物的衍生物，如 LS，可以通过超滤来实现（Zhor，2005；Zhor 和 Bremmer，1997）。对于合成聚合物，可以通过改变合成条件来实现，例如单体和链转移剂的浓度、温度和反应时间等。此外，如前所述，还应考虑到超塑化剂在尺寸和结构上是多分散的，因此在吸附过程中会存在某种差异（Flatt 等，1998；Winnefeld 等，2007）。

根据 PCE 的合成特性，原则上可以通过改变主链的化学性质及其长度、离子基团与侧链的相对含量［用羧醚比（C/E）或技枝度表示］、侧链的长度等，来获得所需性能的化合物（第 9 章，Gelardi 等，2016）。大量文献证明，所有这些因素都会影响吸附，进而影响流变特性（Yamada 等，2000；Winnefeld 等，2007；Papo 和 Piani，2004；Schober 和 Flatt，2006；Peng 等，2012；Kirby 和 Lewis，2004；Li 等，2005）。

第 9 章（Gelardi 等，2016）中关于 PCE 化学的部分，梳形共聚物在溶液中的构象［具体来说是其回转半径（式 9.2）］用结构参数 P、N 和 n（图 9.18）以及主链或侧链中不同单体的大小来定义（Flatt 等，2009a）。如图 10.4 所示，PCE 在溶液中可视为一串浓稠的液滴（其大小与前面提到的参数有关）。

吸附在水泥颗粒上的梳形共聚物的构象，可用一个类似半球链的方式表达（见图 10.4）。这些半球的半径 R_{AC} 定义如下：

$$R_{AC} = \left[2\sqrt{2}(1-2\chi)\frac{a_P}{a_N}\right]^{1/5} a_P P^{7/10} N^{-1/10} \tag{10.11}$$

---

❶ 这里指对等温吸附曲线一阶导数（斜率）的分析。

图 10.4　溶液中梳形共聚物（球核链，每个半径 R_C）和吸附在矿物表面上的

梳形共聚物（半球链，每个半径 R_{AC}）的示意图

经许可改编自 Flatt 等（2009a）

其中，a_N 和 a_P 分别为主链和侧链中单体的大小；P 为侧链中单体的数量；N 为含一条侧链的主链中的单体数量。颗粒上每个分子所占据的表面 S，可以通过下式计算：

$$S_A = \frac{\pi}{\sqrt{2}} a_N a_P \left[2\sqrt{2}\,(1-2\chi)\frac{a_P}{a_N} \right]^{2/5} P^{9/10} N^{3/10} n \tag{10.12}$$

吸附过程中最重要的参数是主链中离子基团的密度。PCE 的吸附随着主链中离子基团的密度增大而增加（Yamada 等，2000；Regnaud 等，2006）。有趣的是，Regnaud（2006）和 Winnefeld 等（2007）各自的研究表明，对于 C/E 低于 2 的 PCE，无论侧链的长度如何，吸附都会大大降低（Flatt 和 Schober，2012）。

利用 Marchon 等（2013）提出的第一原理平衡常数，可以在一定程度上理解离子电荷的强效应。在这项研究中，作者认为电荷与表面上存在的其他离子竞争，而这些离子的数量要多得多。为了支持这种近似，可以认为在 PCE 占据的区域中，官能团的密度是：

$$\sigma_A = \frac{n(N-1)}{S_A} \tag{10.13}$$

对表面电荷密度 σ_S 进行简单近似，考虑在给定的区域 $a_P * a_N$ 中存在一个电荷。这样，则表面电荷密度与已吸附聚合物的官能团密度之比为：

$$\frac{\sigma_S}{\sigma_A} = \frac{\dfrac{\pi}{\sqrt{2}} \left[2\sqrt{2}\,(1-2\chi)\dfrac{a_P}{a_N} \right]^{2/5} P^{9/10} N^{3/10}}{(N-1)} \tag{10.14}$$

这表明电荷密度比随 P 近似线性增加，它对 N 的依赖较小，其一阶导数呈 $-7/10$

次幂减小 [$(N-1)$ 近似于 N]。因为 N 增大会直接增加官能团的数量，N 的值越大，这个比例越小。但这种相关不是线性的。在定量方面，可以考虑具有聚乙二醇（PEG）侧链的聚甲基丙烯酸基 PCE，其中 $a_P=0.36$，$a_N=0.25nm$，$\chi=0.37$。取 $P=23$ 和 $N=4$ 的典型值，得到电荷密度比约为 20。由此，在一个典型的 PCE 所占据的表面上，预计只有大约 5% 的表面电荷被官能团占据。虽然这种近似受 σ_S 的估算值的影响，但不影响主要结论。特别是该结论表明无需考虑电荷的表面占有率，即可得到形如式（10.10）的吸附等温线（Marchon 等，2013）。

为了估算吸附平衡常数对 PCE 分子结构的函数，Marchon 等（2013）考查了官能团的吸附和解吸速率之间的平衡。具体来说，将该过程的速率常数分别定义为 k_A^a 和 k_A^d。对于每个常数，作者提出其与聚合物结构参数存在以下关系：

$$k_A^a = \frac{n(N-1)z}{S_A} \times \frac{1}{n} = \frac{(N-1)z}{S_A} \tag{10.15}$$

$$k_A^d = \frac{S_A}{n(N-1)z} \tag{10.16}$$

其中，z 为主链中每个单体携带的电荷数；S_A 分子所占据的表面，其与 $P^{9/10}N^{3/10}n$ 成正比，如式（10.12）所示。

吸附动力学速率常数与 $n(N-1)z/S_A$ 成正比，表示吸附分子后的表面电荷密度，同时与侧链 n 的数量成反比，此处考虑了侧链引起的空间位阻。解吸速率常数与表面电荷密度成反比。

按照以上假设，吸附平衡常数等于两个常数之间的比，得出：

$$K_A = \frac{k_A^a}{k_A^d} = \frac{z^2(N-1)^2}{nP^{9/5}N^{3/5}} \tag{10.17}$$

利用这个吸附平衡常数，可以将聚合物的结构参数与其吸附能力联系起来。

10.4.3　表面活性剂在固-液界面的吸附

在水泥基材料中，表面活性剂主要作用于气-液界面 [如引气剂（AEA）、减缩剂（SRA）]。但同样可能吸附在固-液界面上，导致在给定掺量下的有效性下降。本节将讨论后一个过程。

在固-液界面上，对表面活性剂吸附的分析比对聚合物吸附的分析简单。首先，已吸附表面活性剂的构象可以从它们的两亲结构、溶剂的性质和固体的性质来推断。其次，吸附过程通常可逆，可直接用热力学方法处理（Tadros，2005）。

对于聚合物而言，影响表面活性剂在固-液界面上吸附的因素很多：分子结构 [如亲水链长度（Partyka 等，1984）]、pH（Denoyel 和 Rouquerol，1991）、温度（Rosen，2004；Tadros，2005；Partyka 等，1984）和溶解的盐（Denoyel 和 Rouquerol，1991；Partyka 等，1984；Nevskaia 等，1998）。离子型表面活性剂和非离子型表面活性剂在吸附机理上的最大区别是它们对亲水或疏水固-液表面的亲和力。因为涉及 SRA 或 AEA 在混凝土中的使用，这里将讨论这些不同情况的组合。一般来说，外加剂在固体界面上的吸附消耗了应该在其他地方发挥作用的外加剂，这正是人们想要避免的情况。

10.4.3.1 离子型表面活性剂的吸附

在混凝土中，离子型表面活性剂可能同时吸附在亲水表面和疏水表面。第二种情况的例子是含有粉煤灰的混凝土，粉煤灰本身可能包含疏水性的炭颗粒，有报道称它们可能吸附 AEA（Chen 等，2003；Külaots 等，2004；Pedersen 等，2010；Baltrus 和 La-Count，2001；Hill 等，1997；Külaots 等，2003；Pedersen 等，2009，2008）。

离子型表面活性剂的吸附主要受疏水性表面活性剂尾部与固体基体表面的疏水相互作用控制。在亲水性表面上，表面活性剂的吸附取决于电解质表面的电荷和反离子以及其尾部的疏水相互作用的控制（Tadros，2005）。对于高电荷表面，可能发生离子交换和配对以及疏水键合机制（Rosen，2004）。

基本上，按其特征可将表面活性剂的吸附分为四个区域，如图 10.5 所示。

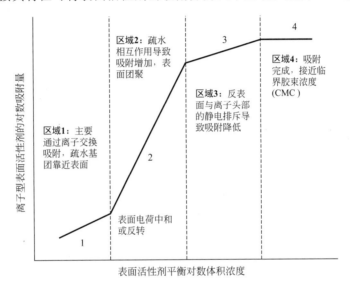

图 10.5　表面活性剂吸附各步骤示意图

对于表面活性剂浓度较低的区域 1，吸附量逐渐增加，溶液中电解质提供的离子被表面活性剂的离子型头基交换。

区域 2 中，吸附急剧增加，并导致表面活性剂与先前吸附的表面活性剂之间发生疏水作用。在临界表面活性剂浓度下，表面活性剂之间的疏水作用使其在界面处形成半胶束。发生临界聚集的浓度（critical aggregation concentration，CAC）远低于临界胶束浓度（critical micellation concentration，CMC）。

区域 3 中，在区域 2 中形成的反表面与表面活性剂离子头部之间的静电排斥增加，吸附剂会随着表面活性剂在液相主体浓度的增加而降低。

区域 4 的 CMC 附近完成表面吸附。

10.4.3.2 非离子型表面活性剂的吸附

本节将讨论非离子型表面活性剂在亲水表面的吸附。相应的吸附等温线一般表现为 Langmuir 型吸附，两阶段（L2）Langmuir 型吸附，甚至四阶段（L4）Langmuir 型吸附，以及一个接近 CMC 的平台期。吸附等温线的形状因吸附质-吸附质、吸附质-吸附剂和吸附剂-溶剂的相互作用而异（Rosen，2004；Tadros，2005；Denoyel 和 Rouquerol，1991；Levitz，2002；Narkiewicz-Michafek 等，1992；Partyka 等，1984；Narkis 和 Ben-David，1985；Liu 等，1992；Portet 等，1997；Nevskaia 等，1998；Kjellin 等，2002；Gonzalez-García 等，2004；Paria 和 Khilar，2004；Kharitonova 等，2005；Chao 等，2008）。非离子型表面活性剂在几种固体上的吸附研究证明了这一点，如沉淀二氧化硅（Denoyel 和 Rouquerol，1991；Levitz，2002；Narkiewicz-Michafek 等，1992；Partyka 等，1984）、石英粉（Denoyel 和 Rouquerol，1991；Nevskaia 等，1998；Kharitonova 等，2005）、热解二氧化硅（Denoyel 和 Rouquerol，1991；Portet 等，1997）、土壤（Liu 等，1992；Chao 等，2008）、黏土（Denoyel 和 Rouquerol，1991；Narkis 和 Ben-David，1985；Nevskaia 等，1998；Chao 等，2008）和活性炭（Narkis 和 Ben-David，1985；Gonzalez-García 等，2004）。

对于水泥基材料，亲水表面的吸附应由极性基团（亲水头）与硅羟基（二氧化硅、非晶石英等）或铝羟基（黏土）的氢键作用驱动。然而，当这些体系的 pH 值升高时，这些基团大多数去质子化（Nicoleau 等，2014；Labbez 等，2006），无法形成氢键（Merlin 等，2005）。Zhang 等（2001）对已水化水泥浆体进行吸附测试，结果表明体系中一些低分子量的非离子型表面活性剂未吸附。Merlin 等（2005）发现乙氧基化非离子型表面活性剂对 C-S-H 的吸附处于检测限（约 $1\mu mol/g_{C-S-H}$ 或约 $0.01\mu mol/m^2$）。但需注意的是，上述研究中使用的非离子型表面活性剂与 SRA 中使用的非离子型表面活性剂具有明显不同的化学性质（Eberhardt，2011）。

在液相主体浓度低时，非离子型表面活性剂单体固定在表面上。随着浓度的增加，表面覆盖率增加，吸附等温线斜率相当低。对于离子型表面活性剂，其吸附量远高于 CAC。

10.5 表面与溶液之间的动态交换

10.5.1 吸附的可逆性

外加剂在界面上的吸附是一个可逆过程，不同的外加剂对吸附界面的亲和性不同，吸附和解吸均与表面覆盖率有关。例如，对于溶液和固相界面处均含有大量外加剂的悬浮液，如果用纯水代替水溶液，则部分外加剂会发生解吸。随着体系中外加剂含量减少，这些外加剂主要吸附在表面。因此，即使用纯水代替溶液也几乎不会解吸。这种影响被广泛认同，并且也在水泥悬浮液中用超塑化剂进行了测试（Platel，2005，2009）。

产生这种现象的根本原因是被吸附的外加剂不会在表面固定。特别是当表面覆盖度高时，表面的平衡是动态过程。Pefferkorn 等（1985）对此进行了研究。他们将带标记的聚合物吸附在颗粒上，然后用含有未标记的相同聚合物溶液取代连续相。通过测试标记聚合物，发现放射性衰变与标记聚合物的覆盖范围（Γ^*）和未标记聚合物的体积浓度（C_b）成正比。因此，当聚合物在溶液中的浓度较高时，交换速度较快，反之则较慢。这解释了为什么用纯溶剂反复洗涤也很难完全去除聚合物（de Gennes，1987）。有趣的是，由于聚合物的流动性，该体系能使聚合物在表面重排，使其在整个表面范围内达到真正的平衡。但即使聚合物对表面的亲和性较强，该过程的动力学仍然较慢。

这一发现强调了一个重要的事实：已吸附的聚合物并不会不可逆地固定。它们可以被类似的聚合物取代，但更多的是被其他物质取代。这引出了竞争吸附的概念，这将在下一小节中讨论。

10.5.2 竞争吸附

如第 16 章所述，某些水泥-超塑化剂不相容的原因之一是水泥中的可溶性硫酸盐（Nkinamubanzi 等，2016）。超塑化剂的性能也会受到各种离子的干扰，由于竞争性吸附而导致分散效果显著损失。氢氧根（Flatt 等，1997；Marchon 等，2013）、硫酸根（Yamada 等，2001）、柠檬酸根和酒石酸根（Plank 和 Winter，2008）以及其他聚合物外加剂（Plank 等，2007）都会与超塑化剂竞争固体表面，减弱其吸附效果。

在处理竞争性吸附时，不仅初始斜率 K 受到吸附能的影响，而且平台期也受到吸附能的影响（见 10.3 节和 Flatt 等，1997）。另外，从吸附等温线中提取数据时，模型的选择也对结果有明显的影响。

Yamada 等（2001）研究了 PCE 与硫酸盐之间的竞争吸附。通过交替加入 $CaCl_2$ 和 Na_2SO_4 改变溶液中硫酸根的浓度，作者发现所用 PCE 聚合物中，至少部分的吸附过程表现出可逆性 [图 10.6 (a)]，并对流变学产生影响 [图 10.6 (b)]。

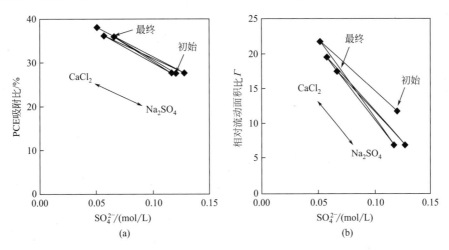

图 10.6　在交替添加 $CaCl_2$ 和 Na_2SO_4 的循环中，硫酸盐对 PCE 超塑化剂性能的影响
（a）已吸附 PCE 与水相中硫酸盐浓度的关系；（b）浆体流动试验的相对流动面积与
水相中硫酸盐浓度的函数关系

其后，对掺不同 PCE 水泥浆的研究证明硫酸盐敏感性与聚合物结构参数之间具有相关性（Zimmermann 等，2009）。通过改变硫酸盐含量的类似试验，发现 PCE 的硫酸盐敏感性与 P/N^2 成正比。通过理论方法，Flatt 等（2009b）利用称为硫酸盐敏感性参数（sulfate sensitivity parameter，SSP）的分子结构依赖参数来细化敏感性的依赖

性，该参数由 $P^{4/5}N^{3/5}(N-1)^{-2}$ 得出。

最近，有关超塑化复合水泥碱激发的研究关注了 PCE 对氢氧化物的敏感性（Marchon 等，2013）。通过用 HCl 中和氢氧化物，作者证明对于具有甲基丙烯酸酯主链的 PCE，在 NaOH 激发体系中分散性的损失不是由于连接支链与主链的酯键水解导致，而是竞争吸附。此外，PCE 对外加碱的敏感性与式（10.17）中所给出吸附平衡常数的变化有关。该标准特别适合确定极端条件下分子结构对吸附行为的影响，如碱激发体系中，已观察到 PCE 超塑化剂与溶液中的离子之间存在强烈不相容现象。最近的工作还研究通过 PCE 化学修饰以降低硫酸盐敏感性，如通过引入硅烷基团（Fan 等，2012）、改变羧基主链单体（Dalas 等，2015a，b）或侧链在主链上的分布（Pourchet 等，2012）。

10.6　消耗（无效吸附）

10.6.1　沉淀

关于分散剂的作用，需要关注的是那些被吸附并降低最大吸引力的分子（第 11 章；Gelardi 和 Flatt，2016）。如果外加剂与水化产物沉淀形成新的有机矿相，则无法作为分散剂发挥作用。

如果颗粒表面发生沉淀并形成沉淀层，则沉淀层的介电性质对整体范德华力有贡献。根据经验，沉淀层的密度越低，对范德华力的贡献就越小（Flatt，2004b）。但除非只有几纳米厚，否则可以预见低密度层在颗粒间范德华力的作用下会被压缩，直到无法进一步压缩为止，此时颗粒之间的吸引力将由沉淀层和颗粒两者的介电特性共同决定。因此，这种表面沉淀物可能有助于降低范德华力，但作用有限。如果在液相主体发生沉淀，除非形成凝胶网络，否则对流变性能的影响一般较小。

但这种沉淀反应可能对水化动力学有重要作用。外加剂在表面的沉淀，特别是在高能位点附近的沉淀能够减缓扩散（见第 8 章和第 12 章；Marchon 和 Flatt，2016a，b）。在液相主体的沉淀大部分可能有间接的作用。事实上，它会消耗溶液中的一些离子，从而增加溶解的驱动力。

如图 10.3 中 PCE 聚合物 PCP-3 所示，即使在高掺量下，若吸附量未达到平台期，也会出现沉淀迹象。这表明没有发生"正常的"吸附。然而，沉淀物形成的性质或其位置（溶液或表面）并不确定。

10.6.2　有机铝酸盐

有机铝酸盐相可能是沉淀的一种（Giraudeau 等，2009；Fernon 等，1997；Plank 等，2006a，b）。如第 8 章所述，铝酸盐的水化产物由带正电荷的片层和当中插入的反离子组成（Marchon 和 Flatt，2016a）。有机铝酸盐相是层状双氢氧化物，层间插入聚合物，能部分平衡氢氧化物的表面电荷（Giraudeau，2009）。

相关的理论模型认为，该相形成可能包裹聚合物，使其无法分散水泥颗粒（Flatt 和 Houst，2001）。通过各种观察推测这种过程：

① 延迟加入超塑化剂通常会带来更好的流动性，即使仅在加入水后的一分钟内。

② Uchikawa 等（1997）利用原子力显微镜测试，发现存在远大于聚合物尺寸的空间层（10~100 倍）。这说明它们倾向于在熟料表面生成凝胶，而不是吸附聚合物产生空间位阻。

③ 硫酸盐的添加往往会减少聚合物的吸附，对添加时间敏感的聚合物，能提高其流动性（Jiang 等，1999）。

现已通过不同的方法证明了形成新物相的可能性，包括 C_3A 和 PCE 在水中的反应（Plank 等，2006a，b），将铝酸钠-聚合物溶液与氢氧化钙溶液混合沉淀（Giraudeau 等，2009），或将聚合物加入到预沉淀的水化铝酸钙的悬浮液中（Giraudeau 等，2009）。

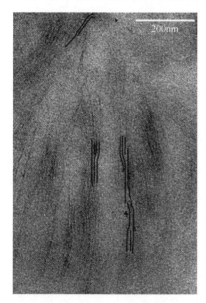

图 10.7 聚（甲基丙烯酸酯-g-PEO）/
水化铝酸钙复合材料的 TEM 图像
辅助线所示，在这些线之间测得的
层间间隔在 7~10nm 之间变化
转载自 Giraudeau 等（2009）

热分析、X 射线衍射、核磁共振（NMR）和透射电子显微镜（TEM）都观察到在没有硫酸盐的情况下能生成这些相（Giraudeau 等，2009；Plank 等，2010），证实有机铝酸盐层确实可以形成。聚甲基丙烯酸酯 PCE 的一个例子如图 10.7 所示。在这种情况下，层间距在 7~10nm 之间。该研究的作者发现，小角度 X 射线散射产生的小角度峰值也与这种距离相符，认为聚合物主链吸附和侧链卷曲有关，如第 9 章和第 11 章所述（Gelardi 等，2016；Gelardi 和 Flatt，2016）。NMR 极化转移测试提供了进一步的证据来支持卷曲构象。此外，层间距对侧链长度的比例指数与卷曲构象相同。

关于侧链的卷曲构象和相对大的层间距的结论，提出了关于这种层状相的稳定性的重要问题。确实，在这样的距离下，很难理解哪种内聚力将各层保持在一起，因为聚合物更像空间分散剂。一种可能的解释是，片层实际上是分散的，在样品制备过程中，其中一小部分排列在一起。这将与由低角度 X 射线散射确定的相干长度一致，这表明平均叠加层数只有 3~4 层（Giraudeau，2009）。

另一个重要观察结果是有机铝酸盐相在硫酸盐的存在下不稳定，以单硫酸盐或钙矾石为主（Giraudeau 等，2009；Plank 等，2010）。Giraudeau 等（Giraudeau 等，2009；Giraudeau，2009）的实验证明，通过溶解、成核和生长过程完成转化。更重要的是观察到，转化前的诱导期取决于 PCE 的性质。离子型 PCE 越多，诱导期越长。

这些观察结果表明硫酸盐的存在对有机铝酸盐的形成起着至关重要的作用（Habbaba 等，2014）。混合过程会影响颗粒表面的离子浓度，进而影响此现象。的确，如果有机铝酸盐有形成的机会，它们在混合之后仍保持稳定，从而影响流变特性及其演化。如果它们立即失稳，则可能在钙矾石成核过程中起重要作用，下一节将对此进行讨论。

10.6.3　比表面积的变化

正如 Yamada（2011）所解释的那样，多分散性在很大程度上取决于系统的比表面积。这一基本原理有深远意义。其中之一是对实验方法的影响，主要涉及用于 BET 测试的水化产物样品制备，如 10.8.6 节所述。

第二个含义是，在大多数情况下，用比表面积更高的组分替换任何组分通常都会降低表面覆盖率（除非最初使用过量聚合物）。第 11 章讨论了表面覆盖减少对屈服应力的负面影响（Gelardi 和 Flatt，2016）。此外，即使表面覆盖面积保持不变，平均粒径的减小也会对屈服应力产生不利影响，这一章也将解释这一点。

上一节定义的有机铝酸盐可以从比表面积增加的角度来理解。如果该矿相含有夹层，无论是内表面或是外表面，其结果是相同的。

有机矿物的含量和表面是水化反应的结果。如第 12 章所述（Marchon 和 Flatt，2016b），化学外加剂的存在可以改变这些反应。例如超塑化剂存在时，钙矾石的形态会改变（Rössler 等，2007；Prince 等，2002）。对于等量的钙矾石，给定体系的表面积增大，表面覆盖减少。因此，外加剂影响早期水化反应，也影响其流变性。对后期水化的影响可能有，也可能没有，不存在直接关系。具体来说，想要分散超塑化剂，无需延缓水化作用。第 12 章（Marchon 和 Flatt，2016b）给出了关于化学外加剂对水化作用更完整的讨论。

黏土矿物是胶凝材料中最后一个大表面积来源，更具体点，是膨胀黏土矿物。膨胀黏土矿物必须同时考虑外表面和内表面，下一节将对此进行解释。

10.6.4　黏土矿物吸附

超塑化剂，特别是"标准"PCE，会大量吸附到膨胀黏土矿物上。如果混凝土拌合物的任何组分中存在这种矿物（骨料、沙子、填料等），大部分超塑化剂都会被黏土吸附，使其无法再分散其他颗粒。一项专利（1997 提交）首先报告了该效应，该专利描述了解决这个问题的方法（Jardine 等，2002），并在一次会议上做了报告（Jeknavorian 等，2003）。

正如这些作者所说并在最近的研究中证实的那样，膨胀黏土（例如蒙脱土）是关键成分，非膨胀黏土的问题则要少得多（如高岭石、白云母、云母；Lei 和 Plank，2014）。非常重要的是，因为 PEG 侧链可以插入这些矿物的层间，所以膨胀黏土是消耗 PCE 超塑化剂的主要因素（Svensson 和 Hansen，2010；Suter 和 Coveney，2009）。由于黏土矿物的比表面积，这种效应会使吸附量急剧增加，特别是膨胀黏土。

低羧酸 PCE 与独立 PEG 的吸附饱和平台期非常匹配，证明 PEG 具有这种重要作用（Ng 和 Plank，2012）。然而，由于吸附等温线的初始斜率更高（见 10.3 节），所以 PCE 对黏土的亲和力要比单独的 PEG 高得多。因为在掺量低时，静电相互作用起主导作用（Ng 和 Plank，2012）。但值得注意的是，在比较 PCE 和 PEG 时，可能还需考虑熵对吸附能贡献的差异。

可采取不同的策略来抵抗 PEG 在黏土矿物消耗 PCE 过程中的实质作用（Jardine 等，2002；Jeknavorian 等，2003；Ng 和 Plank，2012；Lei 和 Plank，2012，2013），

包括以下内容：

① 改变搅拌顺序：例如，在条件允许的情况下，先将水泥、水和超塑化剂混合在一起，再加入含有复合材料的膨胀黏土，虽然这不是很实用（Jardine 等，2002）。

② 使用牺牲剂，例如聚环氧乙烯（PEO）（Jardine 等，2002；Jeknavorian 等，2003；Ng 和 Plank，2012）。

③ 使用无 PEO 的 PCE（Lei 和 Plank，2012，2013，2014）。

④ 各种其他溶液，如多价阳离子、季铵等（Jardine 等，2002）。

10.7　表面活性剂在气-液界面的吸附

外加剂吸附的基本原理和表面活性剂在液-固界面吸附的具体问题见 10.4 节。这些概念同样可以应用于气-液界面的吸附，并决定了特定的表面活性剂的效果，如 AEA 和 SRA。AEA 主要是各种化学性质的表面活性剂的混合物，SRA 中主要使用非离子型表面活性剂或增溶剂，以及非离子型表面活性剂与助表面活性剂、溶剂型表面活性剂和亲水化合物的混合物。这两类外加剂的表面活性剂主要吸附在气-液界面上。然而，它们也会因其化学性质吸附在液-固界面上，并可能通过自缔合形成团聚体。第 9 章（Gelardi 等，2016）概述了这些产品的化学性质（Gelardi 等，2016）。考虑到这类表面活性剂在胶凝环境中的吸附特性对其在混凝土中选择性的影响，为了获得预期的性能，选择合适的方法来测试它们的吸附很重要。

10.7.1　表面活性剂吸附和形成胶束的驱动力

在水溶液环境中，表面活性剂的疏水性部分破坏水分子之间的氢键，使疏水基团附近的水结构扭曲，增加体系的自由能，这就是表面活性剂会从溶液主体中被排出的原因。

表面活性剂吸附的驱动力一般是体系中界面或表面自由能的降低。如果表面活性剂定向吸附在界面或表面，使其与水的接触最小化，也是自由能最小化。从液相中完全去除表面活性剂分子需要亲水性基团的完全脱水，这一过程需要能量，所以亲水性基团仍然是水相的一部分。表面活性剂的两亲结构决定了其在表面或界面上的浓度和它们的取向，即亲水基团朝向溶剂，疏水基团远离水（Rosen，2004）。

界面面积不足或不合适且浓度一定的条件下，表面活性剂分子自缔合成胶束（CMC）。吸附在界面上的推动力是通过减少疏水基团与水的接触而降低自由能。这个过程主要是熵驱动（Rosen，2004；Tadros，2005；Evans，1988；Garnier，2005；Molyneux 等，1965；Wattebled，2006），熵的增加有两种解释（Rosen，2004；Tadros，2005）：

- 水的熵增加是由于在胶束油状核中疏水段的疏水键合和先前结构水的释放；
- 表面活性剂的熵增加是由于在胶束的非极性核中疏水段自由度的增加。

此外据报道，非离子型表面活性剂形成胶束的单体数量与溶液主体和固液界面处形成的团聚体相似。这表明，表面团聚的自由能与胶束的自由能相似（Denoyel 和 Rouquerol，1991；Levitz，2002；Narkiewicz-Michafek 等，1992）。

10.7.2 表面活性剂在气-液界面的吸附●

表面活性剂在气-液界面的吸附降低了水溶液或电解质水溶液的表面张力。烃类表面活性剂可以将表面张力降低到 30mN/m 左右，氟碳表面活性剂可以降低到 20mN/m 左右（Rosen，2004；Tadros，2005；Garnier，2005）。

由于表面活性剂的两亲性，它吸附在气-液界面上，亲水头朝向水，疏水尾朝向空气。这种吸附行为可以用 Gibbs 吸附等温线来描述（Rosen，2004；Tadros，2005）。如 Eberhardt（2011）所述，通过 Gibbs-Duhem 方程可以推导出表面活性剂在溶液主体中表面张力与活度之间的热力学关系：

$$\Gamma_{1,2}^{\sigma} = -\frac{1}{RT}\left(\frac{\mathrm{d}\gamma}{\mathrm{d}\ln a_2^{\mathrm{L}}}\right) \tag{10.18}$$

其中，$\Gamma_{1,2}$ 为表面活性剂（2）对水（1）的相对吸附量；a_2^{L} 为表面活性剂在溶液主体中的活度，等于 $C_2 f_2$ 或 $x_2 f_2$，C_2 为表面活性剂在溶液主体中的浓度，x_2 为表面活性剂在溶液主体中的摩尔分数，f_2 为活度系数；R 为气体常数，$R = 8.31\mathrm{J/(mol \cdot K)}$；$T$ 为温度，K。

虽然必须明确区分活度和浓度，但活度自然对数的导数受非理想性的影响要小得多。因此，通常用浓度代替上式中的活度：

$$\mathrm{d}\ln a_2 = \frac{\mathrm{d}a_2}{a_2} = \frac{C_2 \mathrm{d}f_2 + f_2 \mathrm{d}C_2}{f_2 C_2} \approx \frac{\mathrm{d}C_2}{C_2} \approx \mathrm{d}\ln C_2 \tag{10.19}$$

表面活性剂水溶液与表面活性剂溶液主体的表面张力关系图一般如图 10.8 所示。

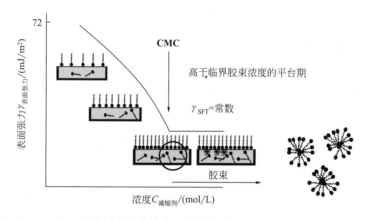

图 10.8　表面活性剂水溶液的表面张力与表面活性剂溶液主体的关系

经 Eberhardt（2011）许可转载

随着溶液主体浓度的增加，更多的表面活性剂分子吸附在气-液界面上，降低水溶液的表面张力，降低体系自由能。在临界溶液主体浓度下，图 10.8 所示表面张力降低存在一个尖锐的断点。高过该点时表面张力几乎保持不变：

● 本节内容来自 Eberhardt（2011）的文字和图片片段，均有授权。

$$\left(\frac{\partial \gamma}{\partial \ln C_2}\right)=0;\ 其中\ C_2>CMC \tag{10.20}$$

这个断点可解释为表面活性剂在气-液界面的富集结束。在此基础上，表面活性剂分子自缔合形成胶束。因此断点处的表面活性剂溶液主体浓度代表 CMC。

这一表面活性剂吸附的介绍为更详细地讨论第 13 章中提出的 SRA 的工作机制提供了基础（Eberhardt 和 Flatt，2016）。

10.8　吸附测试的实验问题

正如在引言中提到的，吸附测试通常是通过溶液浓度求差值来测试的。该过程包括用已知量的外加剂制备悬浮液或浆体（10.8.1 节），从悬浮液或浆体中分离液相（10.8.2 节），使溶液不受沉淀影响（10.8.3 节），并测试外加剂含量（10.8.4 节）。

用得到的浓度乘以液体体积，就得到未吸附的外加剂的总量。这个值可以从外加剂的总初始量中推导出来，从而得到吸附量。这些结果可以有多种测试方式。考虑到扩散效应，根据表面覆盖率来报告结果是有意义的。为此，必须知道被完全覆盖的表面吸附了多少外加剂。特别是在存在物质的竞争吸附（10.5.2 节）或由于动力学原因没有达到平衡（10.5.1 节）的情况下，该结果可能高于平台期吸附量。

该问题的解决方法之一是找一个确信可以达到平台期的分子作为参考。然而，与其用质量比来表示表面覆盖，还不如计算被占据的表面更有意义，如果用另一个分子来计算参考平台期值，就有必要这样做。为此，需要每个分子所占表面的模型。对于 PCE 可以使用式(10.12)。

如果这样的模型不可行（或者不够可靠），或者没有一个好的参考分子来确定平衡，那么次佳的表面覆盖表征就是相对固体表面的吸附物质量。此时可获得表面覆盖与实际表面覆盖有关数值常数（被吸附物质单位质量的表面覆盖）。尽管数值常数不同，如果使用所考虑外加剂的平台期值，也能得到类似的情况。在这种情况下，常数与单位质量所占的表面无关，而是与所考虑的物质在平台期上所能达到的实际覆盖面积有关。如第 11 章（Gelardi 和 Flatt，2016）所述，由于颗粒间作用力对表面覆盖的非线性依赖，这种关于表面覆盖的未知问题在计算颗粒间作用力时是有问题的。

最后的手段是直接选择相对固体初始质量的吸附量，这种方法提供的物理意义最少，但却是最简易的选择。考虑到真实确定平台 H 值或可靠地测试水化水泥悬浮液的比表面积的难度，该方法是一种实用的选择（10.8.6 节）。

10.8.1　悬浮液制备

如 10.3 节和 10.5 节所述，吸附涉及外加剂在溶液和表面之间的可逆交换。这有助于建立一种化学平衡，其中 Langmuir 等温线可以用来从理论上考虑吸附过程的一些主要方面。特别是该平衡涉及外加剂相对液体体积和界面面积的含量。因此，改变其中任何一种都会导致外加剂在表面和溶液之间的分布迁移。

因此，采用相同液固比悬浮液测试流变性能和吸附量是可取的，但可能存在从水含量低的浓缩体系中提取液体问题。下一节将讨论这个问题的解决方案。

除了这些技术方案，还需要一种方法简易地测试不同固含量的吸附量，并使用吸附等温线重新计算其他固体组分上的吸附量。这里需要使用吸附等温线可靠表达溶液和界面之间化学平衡。确保这一点的关键是使浓缩和稀释悬浮液中的离子组成相等。对于胶凝体系或其惰性模型表征（其他方面具有足够相似性能的惰性粉末），可溶碱的测定尤其重要。因此，需要对离子组成进行初步测试和调整才能取得成功（Dalas 等，2015a；b）。

在胶凝体系中，铝酸盐最初的高反应活性会造成额外难题。事实上外加剂可以改变相关的溶解、成核或晶体生长过程，从而改变比表面积（第 12 章：Marchon 和 Flatt，2016b）。如何在稀释和浓缩体系之间建立最佳的联系，是一个尚未解决的已知问题，因此有两种方法可以考虑。

首先，可以系统地测试浆体的比表面积，以确定其吸附量。虽然涉及大量实验工作，但避免了与外加剂对铝酸盐反应活性影响与掺量的相关问题。为了说明这一点，先设想以下概念示例。假设使用两个不同掺量的同种外加剂，并且在其最低掺量时，外加剂对铝酸盐相水化的影响不大，不会对比表面积产生实质性的改变。相反掺量为两倍时，同种外加剂会强烈影响铝酸盐的水化，增加比表面积，这与 PCE 的情况相同（Dalas 等，2015b）。因此，虽然外加剂掺量差异很大，但单位表面积吸附外加剂的量可能是相似的，因此，它们对流变学的影响可能也相当相似。当然，这只是理论上的，但它有助于说明铝酸盐相水化产生的表面与外加剂对它的影响。

第二种解决某些体系（如铝酸盐）早期活性高的方法是，只在初始反应大大减慢之后才加入外加剂（Flatt 等，1998；Hot 等，2014；Perche，2004，2013）。这种方法的显著优点是消除了一个非常复杂的问题。然而，尽管这在实践中可能是有利的，但它通常不容易实现，甚至不可能实现。因此，虽然使用这种方法的实验研究可以有助于深入了解工作机制，但也消除了铝酸盐水化极为重要的影响。此外，在低 w/c 下制备无外加剂的水泥浆料可能会有问题。特别是，为了使拌合物充分混合，所需水量存在最低限度，且通常比混合体系的正常需水量要高得多。因此，对于不同的外加剂，至少在与低 W/C 混合有关的掺量下，存在离析风险。

在处理胶凝体系时，混合和混合能是另一个需要关注的问题（Tattersall 和 Banfill，1983；Williams 等，1999；Juilland 等，2012）。关于混合过程对水化动力学（Juilland 等，2012；Oblak 等，2013）和流变特性的显著影响，将在第 7、12 和 16 章进行解释（Yahia 等，2016；Marchon 和 Flatt，2016b；Nkinamubanzi 等，2016）。该问题的可能解决方法之一是使用等温量热法作为混合效应的区别性特征（Oblak 等，2013）。因此，可以调整稀释悬浮液的混合条件（可能还有离子组成），使其热过程与浓缩体系相似。但是必须对这种方法的可靠性进行详细的研究。

另一种选择是，可以考虑在一定时间后，使用具有相同离子组成的溶液稀释浓缩体系。但又会回到前面讨论过的情况，此时必须使用吸附等温线来将稀释体系中的吸附数据转换成浓缩体系中的吸附数据。不同之处在于，该体系的所有早期反应都是在相同的条件下进行的，所以比表面积应该与参考值相似，尽管这取决于初始的外加剂掺量。

上述考虑说明，一个明显的基本而微不足道的测试背后隐藏着许多复杂性。要赋予这些数据物理解释时，这些问题尤为重要，特别是有关它的分散效果。

10.8.2　液相分离

稀的悬浮液很容易用离心分离。然后对上清液进行过滤，过滤过程可以通过安装在注射器上的过滤器方便进行。过滤器必须耐高 pH 值，并且不能浸出有机化合物。为了保证样品有效，建议丢弃第一部分滤液。

对于体积分数较大的固体，采用压力过滤。一般通过连接真空使过滤器下方产生低压，或在悬浮液上方增加空气压强。随着过滤的进行，过滤器上的颗粒床层高度增加，同时分散良好的体系其颗粒床层的渗透率会降低，这两个因素都有助于增加过滤样本所需的时间，这个时间可能导致水泥水化方面出现问题，特别是铝酸盐的早期反应。因此，建议在此类实验中将过滤时间规范化。

体积分数较高时可采用类似于陶瓷生产中使用的压滤方法（Gruber，2010）。这种方法要求最高。此外，由于目前还不清楚聚合物吸附是否对压力敏感，因此应该谨慎对待结果。因此同样是使用压力过滤，尽管在这种情况下施加的压力低，但会减少出现问题的风险。

在任何情况下，确定是否有其他有机物从粉末中浸出都很重要，如助磨剂。如果用总有机碳（total organic carbon，TOC）等方法测定吸附量，这一点尤其重要。事实上，在这种情况下，测试无法区分磨助剂与其他化学外加剂，特别是那些特意添加到体系中的外加剂。因此，每次测试都必须用从空白组测试得到的值进行修正，空白组为不添加任何化学外加剂时制备的样品。受混合的限制，高固相含量时无法进行测试。因此，人们必须借助于对更稀的悬浮液进行的空白测试。最理想的情形是测试时已调整其离子组成。

以上所有过程都需要一个过滤阶段。这是一个限制因素，如果纳米水化产物形成且稳定，很可能与化学外加剂有关。例如，Comparet（2004）发现必须使用孔径小至 $0.1\mu m$ 的过滤器才能截留 SNFC 存在时形成的钙矾石晶体。然而，最新的成果（Lange 和 Plank，2015；Caruso 等，ETHZ，尚未发表的成果）表明，PCE 会导致钙矾石颗粒或含 PCE 团聚体的铝酸盐[1]小于 $0.1\mu m$。

Sowoidnich 等（2012）使用超速离心法证明 PCE 存在时可以形成更小的颗粒。这一结果提出了一个问题：从流变学行为来看，吸附在纳米颗粒上的外加剂有什么影响。这是一个悬而未决的问题，对此本书提出以下思路。据推测，通过过滤器的颗粒数量相对较低。此外，它们必须很好地分散；否则，它们将会团聚而无法经过过滤器。这表明，无论是这些纳米颗粒还是它们吸附的外加剂，都对浆体的流变性能有很大影响。因此，从流变学的角度来看，可以认为它们是不吸附的，可以忽略纳米颗粒在产生比表面积上的作用。从化学动力学的观点来看，情况会有所不同。因此，这是个开放性问题，没有明确的答案。

---

[1] 原文为"aluminum"，应当为"aluminate"。——译者注

10.8.3 提取后的液相稳定

从早期胶凝体系中提取的液相，往往至少相对一种水化产物是过饱和的。因此，一定时间后可能形成沉淀，吸附一些外加剂，并干扰外加剂浓度的测试。此外，一些外加剂在高 pH 值下不稳定，因此建议使用中和法［如果使用高效液相色谱法（HPLC）或尺寸排阻色谱法（size exclusion chromatography，SEC），也称为凝胶渗透色谱法（gel permeation chromatography，GPC）］。

上述问题可以通过中和悬浮液解决。此外，同样的步骤会使大多数纳米水化产物溶解，因此通常认为其上是未吸附外加剂的。然而，考虑到上一节末尾的注解，使用吸附数据解释流变行为时，这部分吸附可能无关紧要。

根据所用的分析技术不同，所用的酸可能不同。对于分离有机分子的 HPLC 和 SEC 或 GPC，可以使用乙酸（Flatt 等，1998）。对于 TOC，不能使用有机酸。对于无机酸，应避免与所提取水相中的阳离子发生沉淀。例如，必须避免使用硫酸，因为它可能与钙离子形成石膏沉淀。相比之下，盐酸和硝酸则是合理的选择。

如果想要模拟孔溶液，可以做一些小的调整来避免特定矿物过饱和。例如，如果水相相对于钾石膏［$K_2Ca(SO_4)_2 \cdot H_2O$］过饱和，则可以用钠离子代替钾离子来重新构成溶液（有关此类溶液的示例，请参见 Houst 等，2008 或 Kjeldsen 等，2006）。

10.8.4 液相分析

当液相被提取和稳定后，就必须测试外加剂的含量。最直接的测试方法是紫外线（UV）或可见光（Vis）的光吸收。必须使用已知浓度的参考样品建立校准曲线。值得注意的是，UV/Vis 光谱只能应用于吸收相应波长光的聚合物，如 PNS、PMS 和 LS。

对于 PCE 聚合物，可以考虑其他方法。其中包括对溶液中总有机碳（TOC）的测试。这种方法也相当简单，但无法区分有机化合物。

蒸发光散射（evaporative light scattering）是另一种用于胶凝体系中 PCE 分析的技术。这种方法将溶液经过闪蒸并通过一个光源，然后被聚合物部分衍射。光强在给定角度的变化与聚合物掺量有关，只要事先建立了校准曲线，就可以对聚合物掺量进行量化。

UV/Vis 和蒸发光散射可以作为色谱系统上的检测器，如 HPLC 或 GPC[❶]（也需要校准曲线）。这种联用使确定分子分布的特定部分是否被吸附成为可能。例如，低聚物、残余单体和未接枝的 PCE 侧链通常不吸附，在色谱测试中能完全检测到。聚合物的峰不仅因吸附作用而降低，而且其形状或相对强度也会发生变化。这证实所有聚合物组分对固体表面的亲和力均不同（Flatt 等，1998；Winnefeld 等，2007）。

关于色谱分离，需要强调的是，HPLC 是基于化学性质分离成分，而 GPC 是基于物理性质（分子大小）分离。在 HPLC 中，与固定相的化学性质或表面形貌最接近的分子最后出来。对于聚合物，这种亲和力随着摩尔质量的增加而增加，所以最大的聚合物最后才会离去。

---

❶ 对于水流动相中水溶性聚合物，更适合尺寸排阻色谱（SEC）而非凝胶渗透色谱（GPC），但因为 GPC 应用更广泛，因此本文剩余部分将主要讨论 GPC。

在 GPC 中，最大的分子最先离去。在这种情况下，应选择溶剂和色谱柱防止聚合物吸附。在这些条件下，具有较高迁移率的小分子将花费更多时间在多孔网络中游走，最后离去。因此，GPC 提供了一种基于尺寸而非化学性质的物理分离方法。

GPC 分离可以用不同的方法校准。其中一种使用的标准不必与待分析聚合物具有相同的分子性质。但是，GPC 色谱柱提供的分辨率不是很高。相比之下，HPLC 可以提供高得多的分辨率，但如果没有标准液分析，就很难确定这些峰的性质。

GPC 要求使用特定的溶剂成分并保持恒定，但 HPLC 提供了随时间改变洗脱物成分的可能性，从而可以得到高峰值分辨率和低总洗脱时间的组合（Flatt 等，1998）。对色谱法，特别是 GPC 的更多细节感兴趣的读者可以参考 Striegel 等（2009）。

最后，最近提出了利用溶液的动态光散射（dynamic light scattering，DLS）来定量检测溶液中剩余外加剂的含量（Bessaies-Bey，2015）。有趣的是，它能检测尺寸明显不同的不同化合物，而 TOC 无法区分。

10.8.5　利用 zeta 电位间接测定吸附量

有时认为 zeta 电位测试是一种有效评价聚合物吸附的方法（Houst 等，2008；Nachbaur 等，1998；Jolicoeur 等，1994；Nkinamubanzi，1994）。事实上，由于已吸附聚合物通常会改变表面电荷，因此 zeta 电位能够反映吸附量。然而，除了一阶关系之外，还有许多限制需要说明。首先，必须检测到足够的电荷变化。其次，已吸附聚合物会引起双电层不正常变化和剪切面位置外移（第 11 章；Gelardi 和 Flatt，2016）。因此，zeta 电位并不（必然）随吸附聚合物含量线性变化。这意味着，zeta 电位滴定可以用来确定必须添加多少聚合物才能达到表面完全覆盖（超过该点，再添加聚合物不会改变 zeta 电位）。然而，这无法得到聚合物的吸附量，因此用颗粒间作用力来解释流变性的结果是有限的。

10.8.6　比表面积的测试

水化水泥浆体的比表面积（specific surface area，SSA）的测试分为新拌水泥浆体（Yamada，2011）和水化水泥浆体（Garci Juenger 和 Jennings，2001；Odler，2003；Thomas 等，1999）。在测试干燥过程中水化产物（部分）产生脱水现象，特别是 BET 测试。对于新拌浆体，这涉及铝酸盐水化产物，特别是钙矾石（Yamada，2011），但也涉及石膏（Mantellato 等，2015）。

例如，石膏脱水可使无水水泥的 BET 比表面积提高 50%。这是因为石膏热分解产生的半水产物具有很高的比表面。另外，铝酸盐水化产物也对温度和相对湿度高度敏感（Zhou 等，2004），建议 BET 测试（Yamada，2011）之前在 60℃ 干燥。实际上，在 40℃ 的 N_2 流中干燥 16h，这对石膏来说条件过于苛刻。

由于胶凝材料处于新拌状态时，钙矾石和石膏的含量变化很大，因此在进行 BET 测试前选择合适的干燥条件是很重要的。现有资料表明，上述条件似乎是最合适的，但目前的研究正在完善这个问题，Mantellato 等（2015）正在准备发表最新的研究成果。无论如何，作者在发表胶凝材料的比表面积数据时，明确地描述他们的制样条件十分重要。

10.9 结论

正如对减水剂或缓凝剂的观察，大多数混凝土外加剂的性能来自于它们吸附在水泥颗粒表面的能力。其他外加剂如引气剂或减缩剂，必须吸附在气-液界面上才能达到预期的效果。外加剂的吸附量不仅与其化学组成、大小、分子结构和掺量有关，还与吸附剂表面的性质和液相的组成有关。这是一个重要的方面，因为水泥是一个多组分体系，不同的生产商之间存在差异，同一工厂的不同批次之间可能存在很大的差异。此外，在前几个小时的水泥水化过程会产生第一个新相，从而导致外加剂不必要的消耗，其次增加孔溶液中的离子活度，影响硫酸盐和 PCE 超塑化剂之间的竞争吸附。

实际上，通过测定吸附等温线可以比较外加剂的吸附行为。胶凝体系中已吸附分子量最常用的定量方法是溶液消耗法（solution depletion method）。但难以区分分子吸附和另一个过程中的分子消耗，这一消耗过程可能会阻止外加剂发挥作用。由于拟合吸附等温线并非易事，其解释也变得更加复杂。

最后，吸附是控制大多数混凝土外加剂功效的基本现象。因此，确定和模拟外加剂的分子结构与它在不同水泥相上的吸附行为之间的确切联系需要认真研究。

D. Marchon[1]，S. Mantellato[1]，A. B. Eberhardt[2]，R. J. Flatt[1]

[1] Institute for Building Materials，ETH Zürich，Zürich，Switzerland
[2] Sika Technology AG，Zürich，Switzerland

参考文献

Baltrus, J.P., LaCount, R.B., 2001. Measurement of adsorption of air-entraining admixture on fly ash in concrete and cement. Cement and Concrete Research 31 (5), 819−824. http://dx.doi.org/10.1016/S0008-8846(01)00494-X.

Bessaies-Bey, H., 2015. Polymères et propriétés rhéologiques d'une pâte de ciment : une approche physique générique. PhD Thesis Paris-Est.

Bouchaud, E., Daoud, M., 1987. Polymer adsorption − concentration effects. Journal De Physique 48 (11), 1991−2000. http://dx.doi.org/10.1051/jphys:0198700480110199100.

Chao, H.-P., Chang, Y.-T., Lee, J.-F., Lee, C.-K., Chen, I.-C., 2008. Selective adsorption and partitioning of nonionic surfactants onto solids via liquid chromatograph mass spectra analysis. Journal of Hazardous Materials 152 (1), 330−336. http://dx.doi.org/10.1016/j.jhazmat.2007.07.001.

Chen, X., Farber, M., Gao, Y., Kulaots, I., Suuberg, E.M., Hurt, R.H., 2003. Mechanisms of surfactant adsorption on non-polar, air-oxidized and ozone-treated carbon surfaces. Carbon 41 (8), 1489−1500. http://dx.doi.org/10.1016/S0008-6223(03)00053-8.

Cohen Stuart, M.A., Fleer, G.J., Scheutjens, J.M.H.M., 1984a. Displacement of polymers. II. Experiment. Determination of segmental adsorption energy of Poly(vinylpyrrolidone) on silica. Journal of Colloid and Interface Science 97 (2), 526−535. http://dx.doi.org/10.1016/0021-9797(84)90324-2.

Cohen Stuart, M.A., Fleer, G.J., Scheutjens, J.M.H.M., 1984b. Displacement of polymers. I. Theory. Segmental adsorption energy from polymer desorption in binary solvents. Journal of Colloid and Interface Science 97 (2), 515−525. http://dx.doi.org/10.1016/0021-9797(84)90323-0.

Comparet, C., 2004. Etude Des Interactions Entre Les Phases Modèles Représentatives D'un Ciment Portland et Des Superplastifiants Du Béton (Ph.D. thesis). University of Bourgogne, Dijon.

Dalas, F., Nonat, A., Pourchet, S., Mosquet, M., Rinaldi, D., Sabio, S., 2015a. Tailoring the anionic function and the side chains of comb-like superplasticizers to improve their adsorption. Cement and Concrete Research 67, 21−30. http://dx.doi.org/10.1016/j.cemconres.2014.07.024.

Dalas, et al., 2015b. Modification of the rate of formation and surface area of ettringite by poly-carboxylate ether superplasticizers during early C3A−CaSO$_4$ hydration. Cement and Concreate Research. http://www.sciencedirect.com/science/article/pii/S000888461400249X.

Denoyel, R., Rouquerol, J., 1991. Thermodynamic (including microcalorimetry) study of the adsorption of nonionic and anionic surfactants onto silica, kaolin, and alumina. Journal of Colloid and Interface Science 143 (2), 555−572. http://dx.doi.org/10.1016/0021-9797(91)90287-I.

Eberhardt, A.B., 2011. On the Mechanisms of Shrinkage Reducing Admixtures in Self Consolidating Mortars and Concretes. Aachen, Shaker.

Eberhardt, A.B., Flatt, R.J., 2016. Working mechanisms of shrinkage reducing admixtures. In: Aïtcin, P.-C., Flatt, R.J. (Eds.), Science and Technology of Concrete Admixtures, Elsevier (Chapter 13), pp. 305−320.

Evans, D.F., 1988. Self-organization of amphiphiles. Langmuir 4 (1), 3−12. http://dx.doi.org/10.1021/la00079a002.

Fernon, V., Vichot, A., LeGoanvic, N., Columbet, P., Corazza, F., Costa, U., 1997. Interaction between Portland Cement Hydrates and Polynaphtalene Sulfonates. In: Proceedings of the 5th Canmet/ACI Int. Conf. Superplasticizers and Other Chemical admixtures in Concrete, SP 173-12. ACI, Rome, pp. 225−248.

Fan, et al., 2012. Cement and Concreate Research. http://www.sciencedirect.com/science/article/pii/S0008884611002511.

Flatt, R.J., 2004a. Towards a prediction of superplasticized concrete rheology. Materials and Structures 37 (5), 289−300. http://dx.doi.org/10.1007/BF02481674.

Flatt, R.J., 2004b. Dispersion forces in cement suspensions. Cement and Concreate Research. http://www.sciencedirect.com/science/article/pii/S0008884603002989.

Flatt, R.J., Houst, Y.F., Oesch, R., Bowen, P., Hofmann, H., Widmer, J., Sulser, U., Maeder, U., Burge, T.A., 1998. Analysis of superplasticizers used in concrete. Analusis 26 (2), M28−M35.

Flatt, R.J., Houst, Y.F., Bowen, P., Hofmann, H., Widmer, J., Sulser, U., Maeder, U., Burge, T.A., 1997. Interaction of superplasticizers with model powders in a highly alkaline medium. In: Proceedings of the 5th Canmet/ACI Int. Conf. Superplasticizers and Other Chemical Admixtures in Concrete, vol. 173. ACI, Rome, pp. 743−762. http://dx.doi.org/10.14359/6211. Special Publications.

Flatt, R.J., Houst, Y.F., 2001. A simplified view on chemical effects perturbing the action of superplasticizers. Cement and Concrete Research 31 (8), 1169−1176. http://dx.doi.org/10.1016/S0008-8846(01)00534-8.

Flatt, R.J., Schober, I., Raphael, E., Plassard, C., Lesniewska, E., 2009a. Conformation of adsorbed comb copolymer dispersants. Langmuir 25 (2), 845−855. http://dx.doi.org/10.1021/la801410e.

Flatt, R.J., Zimmermann, J., Hampel, C., Kurz, C., Schober, I., Frunz, L., Plassard, C., Lesniewska, E., 2009b. The role of adsorption energy in the sulfate-polycarboxylate competition. In: Proceedings of the 9th Canmet/ACI Int. Conf. Superplasticizers and Other Chemical Admixtures in Concrete, vol. 262. ACI, Sevilla, Spain, pp. 153−164. http://dx.doi.org/10.14359/51663229. Special Publications.

Flatt, R.J., Schober, I., 2012. Superplasticizers. In: Roussel, N. (Ed.), Understanding the rheology of concrete. Woodhead publishing, pp. 144−208.

Fleer, G., 1993. Polymers at Interfaces. Springer Science & Business Media.

de Gennes, P.G., 1976. Scaling theory of polymer adsorption. Journal De Physique 37 (12), 1445−1452. http://dx.doi.org/10.1051/jphys:0197600370120144500.

de Gennes, P.G., 1987. Polymers at an interface; a simplified view. Advances in Colloid and Interface Science 27 (3—4), 189—209. http://dx.doi.org/10.1016/0001-8686(87)85003-0.

Garci Juenger, M.C., Jennings, H.M., 2001. The use of nitrogen adsorption to assess the microstructure of cement paste. Cement and Concrete Research 31 (6), 883—892. http://dx.doi.org/10.1016/S0008-8846(01)00493-8.

Garnier, S., 2005. Novel Amphiphilic Diblock Copolymers by RAFT-Polymerisation, Their Self-organization and Surfactant Properties. Universität Potsdam, Potsdam.

Gelardi, G., Mantellato, S., Marchon, D., Palacios, M., Eberhardt, A.B., Flatt, R.J., 2016. Chemistry of chemical admixtures. In: Aïtcin, P.-C., Flatt, R.J. (Eds.), Science and Technology of Concrete Admixtures, Elsevier (Chapter 9), pp. 149—218.

Gelardi, G., Flatt, R.J., 2016. Working mechanisms of water reducers and superplasticizers. In: Aïtcin, P.-C., Flatt, R.J. (Eds.), Science and Technology of Concrete Admixtures, Elsevier (Chapter 11), pp. 257—278.

Giraudeau, C., 2009. Interactions Organo — Aluminates Dans Les Ciments. Intercalation de Polyméthacrylates-G-PEO Dans L'hydrocalumite (Ph.D. thesis). University Pierre et Marie Curie, Paris.

Giraudeau, C., d'Espinose de Lacaillerie, J.-B., Souguir, Z., Nonat, A., Flatt, R.J., 2009. Surface and intercalation chemistry of polycarboxylate copolymers in cementitious systems. Journal of the American Ceramic Society 92 (11), 2471—2488. http://dx.doi.org/10.1111/j.1551-2916.2009.03413.x.

González-García, C.M., González-Martín, M.L., González, J.F., Sabio, E., Ramiro, A., Gañán, J., 2004. Nonionic surfactants adsorption onto activated carbon. Influence of the polar chain length. Powder Technology 148 (1), 32—37. http://dx.doi.org/10.1016/j.powtec.2004.09.017.

Gruber, M., 2010. α-Allyl-ω-Methoxy-polyethylenglykol-comaleat- basierte Polycarboxylat-Fließmittel für ultra-hochfesten Beton (UHPC): Synthese, Eigenschaften, Wirkmechanismus und Funktionalisierung. TU Munich, Munich.

Habbaba, A., Dai, Z., Plank, J., 2014. Formation of organo-mineral phases at early addition of superplasticizers: the role of alkali sulfates and C3A content. Cement and Concrete Research 59, 112—117. http://dx.doi.org/10.1016/j.cemconres.2014.02.007.

Hanehara, S., Yamada, K., 2008. Rheology and early age properties of cement systems. In: Cement and Concrete Research, Special Issue—The 12th International Congress on the Chemistry of Cement. Montreal, Canada, July 8—13, 2007, vol. 38 (2), pp. 175—195. http://dx.doi.org/10.1016/j.cemconres.2007.09.006.

Hill, R.L., Sarkar, S.L., Rathbone, R.F., Hower, J.C., 1997. An examination of fly ash carbon and its interactions with air entraining agent. Cement and Concrete Research 27 (2), 193—204. http://dx.doi.org/10.1016/S0008-8846(97)00008-2.

Hot, J., 2013. Influence Des Polymères de Type Superplastifiants et Agents Entraineurs D'air Sur La Viscosité Macroscopique Des Matériaux Cimentaires. Université Paris-Est, Paris. http://tel.archives-ouvertes.fr/tel-00962408.

Hot, J., Bessaies-Bey, H., Brumaud, C., Duc, M., Castella, C., Roussel, N., 2014. Adsorbing polymers and viscosity of cement pastes. Cement and Concrete Research 63, 12—19. http://dx.doi.org/10.1016/j.cemconres.2014.04.005.

Houst, Y.F., Bowen, P., Perche, F., Kauppi, A., Borget, P., Galmiche, L., Le Meins, J.-F., et al., 2008. Design and function of novel superplasticizers for more durable high performance concrete (superplast project). Cement and Concrete Research 38 (10), 1197—1209. http://dx.doi.org/10.1016/j.cemconres.2008.04.007.

Jardine, L.A., Koyata, H., Folliard, K.J., Ou, C.-C., Jachimowicz, F., Chun, B.-W., Jeknavorian, A.A., Hill, C.L., 2002. Admixture and Method for Optimizing Addition of EO/PO Superplasticizer to Concrete Containing Smectite Clay-Containing Aggregates. http://www.google.es/patents/US6352952.

Jeknavorian, A.A., Jardine, L.A., Koyata, H., Folliard, K.J., 2003. Interaction of super-plasticizers with Clay-Bearing aggregates. In: Proceedings of the 7th Canmet/ACI Int. Conf. Superplasticizers and Other Chemical Admixtures in Concrete, SP-216:1293—1316. ACI, Berlin.

Jiang, S.P., Kim, B.G., Aitcin, P.C., 1999. Importance of adequate soluble alkali content to ensure cement superplasticizer compatibility. Cement and Concrete Research 29 (1), 71−78. http://dx.doi.org/10.1016/S0008-8846(98)00179-3.

Jolicoeur, C., Nkinamubanzi, P.-C., Simard, M.A., Piotte, M., 1994. Progress in understanding the functional properties of superplasticizers in fresh Concrete. In: Proceedings of 4th Canmet/ACI Int. Conf. on Superplasticizers and Other Chemical Admixtures in Concrete, SP-148−4. ACI, Montreal, pp. 63−88.

Juilland, P., Kumar, A., Gallucci, E., Flatt, R.J., Scrivener, K.L., 2012. Effect of mixing on the early hydration of alite and OPC systems. Cement and Concrete Research 42 (9), 1175−1188. http://dx.doi.org/10.1016/j.cemconres.2011.06.011.

Kharitonova, T.V., Ivanova, N.I., Summ, B.D., 2005. Adsorption of cationic and nonionic surfactants on a SiO_2 surface from aqueous solutions: 1. Adsorption of dodecylpyridinium bromide and Triton X-100 from individual solutions. Colloid Journal 67 (2), 242−248. http://dx.doi.org/10.1007/s10595-005-0087-3.

Kirby, G.H., Lewis, J.A., 2004. Comb polymer architecture effects on the rheological property evolution of concentrated cement suspensions. Journal of the American Ceramic Society 87 (9), 1643−1652. http://dx.doi.org/10.1111/j.1551-2916.2004.01643.x.

Kjeldsen, A.M., Flatt, R.J., Bergström, L., 2006. Relating the molecular structure of comb-type superplasticizers to the compression rheology of MgO suspensions. Cement and Concrete Research 36 (7), 1231−1239. http://dx.doi.org/10.1016/j.cemconres.2006.03.019.

Kjellin, U.R.M., Claesson, P.M., Linse, P., 2002. Surface properties of tetra(ethylene oxide) dodecyl amide compared with poly(ethylene oxide) surfactants. 1. Effect of the headgroup on adsorption. Langmuir 18 (18), 6745−6753. http://dx.doi.org/10.1021/la025551c.

Külaots, I., Hsu, A., Hurt, R.H., Suuberg, E.M., 2003. Adsorption of surfactants on unburned carbon in fly ash and development of a standardized foam index test. Cement and Concrete Research 33 (12), 2091−2099. http://dx.doi.org/10.1016/S0008-8846(03)00232-1.

Külaots, I., Hurt, R.H., Suuberg, E.M., 2004. Size distribution of unburned carbon in coal fly ash and its implications. Fuel 83 (2), 223−230. http://dx.doi.org/10.1016/S0016-2361(03)00255-2.

Labbez, C., Jönsson, B., Pochard, I., Nonat, A., Cabane, B., 2006. Surface charge density and electrokinetic potential of highly charged minerals: experiments and Monte Carlo simulations on calcium silicate hydrate. The Journal of Physical Chemistry B 110 (18), 9219−9230. http://dx.doi.org/10.1021/jp057096+.

Langmuir, I., 1918. The adsorption of gases on plane surfaces of glass, mica and platinum. Journal of the American Chemical Society 40 (9), 1361−1403. http://dx.doi.org/10.1021/ja02242a004.

Lange, A., Plank, J., 2015. Formation of nano-sized ettringite crystals identified as root cause for cement incompatibility of PCE superplasticizers. In: Proceedings of the 5th International Symposium on Nanotechnology in Construction, Chicago.

Lei, L., Plank, J., 2012. A concept for a polycarboxylate superplasticizer possessing enhanced clay tolerance. Cement and Concrete Research 42 (10), 1299−1306. http://dx.doi.org/10.1016/j.cemconres.2012.07.001.

Lei, L., Plank, J., June 2014. A study on the impact of different clay minerals on the dispersing force of conventional and modified vinyl ether based polycarboxylate superplasticizers. Cement and Concrete Research 60, 1−10. http://dx.doi.org/10.1016/j.cemconres.2014.02.009.

Lei, L., Plank, J., 2013. Synthesis and properties of a vinyl ether-based polycarboxylate superplasticizer for concrete possessing clay tolerance. Industrial and Engineering Chemistry Research 53 (3), 1048−1055. http://dx.doi.org/10.1021/ie4035913.

Levitz, P.E., 2002. Non-ionic surfactants adsorption: structure and thermodynamics. Comptes Rendus Geoscience 334 (9), 665−673. http://dx.doi.org/10.1016/S1631-0713(02)01806-0.

Li, C.-Z., Feng, N.-Q., Li, Y.-D., Chen, R.-J., 2005. Effects of polyethlene oxide chains on the performance of polycarboxylate-type water-reducers. Cement and Concrete Research 35 (5), 867−873. http://dx.doi.org/10.1016/j.cemconres.2004.04.031.

Liu, Z., Edwards, D.A., Luthy, R.G., 1992. Sorption of non-ionic surfactants onto soil. Water Research 26 (10), 1337−1345. http://dx.doi.org/10.1016/0043-1354(92)90128-Q.

Magarotto, R., Torresan, I., Zeminian, N., 2003. Influence of the molecular weight of polycarboxylate ether superplasticizers on the rheological properties of fresh cement pastes, mortar and concrete. In: Proceedings 11th International Congress on the Chemistry of Cement, Durban/South Africa, vol. 2, pp. 514—526, 11-16 May 2003.

Mantellato, S., Palacios, M., Flatt, R.J., January 2015. Reliable specific surface area measurements on anhydrous cements. Cement and Concrete Research 67, 286—291. http://dx.doi.org/10.1016/j.cemconres.2014.10.009.

Marchon, D., Flatt, R.J., 2016a. Mechanisms of cement hydration. In: Aïtcin, P.-C., Flatt, R.J. (Eds.), Science and Technology of Concrete Admixtures, Elsevier (Chapter 8), pp. 129—146.

Marchon, D., Flatt, R.J., 2016b. Impact of chemical admixtures on cement hydration. In: Aïtcin, P.-C., Flatt, R.J. (Eds.), Science and Technology of Concrete Admixtures, Elsevier (Chapter 12), pp. 279—304.

Marchon, D., Sulser, U., Eberhardt, A.B., Flatt, R.J., 2013. Molecular design of comb-shaped polycarboxylate dispersants for environmentally friendly concrete. Soft Matter 9 (45), 10719—10728. http://dx.doi.org/10.1039/C3SM51030A.

Merlin, F., Guitouni, H., Mouhoubi, H., Mariot, S., Vallée, F., Van Damme, H., 2005. Adsorption and heterocoagulation of nonionic surfactants and latex particles on cement hydrates. Journal of Colloid and Interface Science 281 (1), 1—10. http://dx.doi.org/10.1016/j.jcis.2004.08.042.

Molyneux, P., Rhodes, C.T., Swarbrick, J., 1965. Thermodynamics of micellization of N-alkyl betaines. Transactions of the Faraday Society 61, 1043—1052. http://dx.doi.org/10.1039/TF9656101043.

Nachbaur, L., Nkinamubanzi, P.-C., Nonat, A., Mutin, J.-C., 1998. Electrokinetic properties which control the coagulation of silicate cement suspensions during early age hydration. Journal of Colloid and Interface Science 202 (2), 261—268. http://dx.doi.org/10.1006/jcis.1998.5445.

Narkiewicz-Michałek, J., Rudzinski, W., Keh, E., Partyka, S., 1992. A combined calorimetric—thermodynamic study of non-ionic surfactant adsorption from aqueous solutions onto silica surface. Colloids and Surfaces 62 (4), 273—288. http://dx.doi.org/10.1016/0166-6622(92)80053-5.

Narkis, N., Ben-David, B., 1985. Adsorption of non-ionic surfactants on activated carbon and mineral clay. Water Research 19 (7), 815—824. http://dx.doi.org/10.1016/0043-1354(85)90138-1.

Nevskaia, D.M., Guerrero-Ruiz, A., de D. López-González, J., 1998. Adsorption of polyoxyethylenic nonionic and anionic surfactants from aqueous solution: effects induced by the addition of NaCl and CaCl$_2$. Journal of Colloid and Interface Science 205 (1), 97—105. http://dx.doi.org/10.1006/jcis.1998.5617.

Ng, S., Plank, J., 2012. Interaction mechanisms between Na montmorillonite clay and MPEG-based polycarboxylate superplasticizers. Cement and Concrete Research 42 (6), 847—854. http://dx.doi.org/10.1016/j.cemconres.2012.03.005.

Nicoleau, L., Schreiner, E., Nonat, A., May 2014. Ion-specific effects influencing the dissolution of tricalcium silicate. Cement and Concrete Research 59, 118—138. http://dx.doi.org/10.1016/j.cemconres.2014.02.006.

Nkinamubanzi, P.-C., 1994. Influence des dispersants polymériques, superplastifiants, sur les suspensions concentrées et les pâtes de ciment [microforme] (Ph.D. thèse). Université de Sherbrooke.

Nkinamubanzi, P.-C., Mantellato, S., Flatt, R.J., 2016. Superplasticizers in practice. In: Aïtcin, P.-C., Flatt, R.J. (Eds.), Science and Technology of Concrete Admixtures, Elsevier (Chapter 16), pp. 353—378.

Oblak, L., Pavnik, L., Lootens, D., 2013. From the Concrete to the Paste: A Scaling of the Chemistry. Association française de génie Civil (AFGC), Paris, pp. 91—98. http://www.afgc.asso.fr/images/stories/visites/SCC2013/Proceedings/11-pages%2091-98.pdf.

Odler, I., 2003. The BET-specific surface area of hydrated Portland cement and related materials. Cement and Concrete Research 33 (12), 2049—2056. http://dx.doi.org/10.1016/S0008-8846(03)00225-4.

Papo, A., Piani, L., 2004. Effect of various superplasticizers on the rheological properties of Portland cement pastes. Cement and Concrete Research 34 (11), 2097—2101. http://dx.doi.org/10.1016/j.cemconres.2004.03.017.

Paria, S., Khilar, K.C., 2004. A review on experimental studies of surfactant adsorption at the hydrophilic solid—water interface. Advances in Colloid and Interface Science 110 (3), 75—95. http://dx.doi.org/10.1016/j.cis.2004.03.001.

Partyka, S., Zaini, S., Lindheimer, M., Brun, B., 1984. The adsorption of non-ionic surfactants on a silica gel. Colloids and Surfaces 12, 255—270. http://dx.doi.org/10.1016/0166-6622(84)80104-3.

Pedersen, K.H., Jensen, A.D., Berg, M., Olsen, L.H., Dam-Johansen, K., 2009. The effect of combustion conditions in a full-scale low-NO_x coal fired unit on fly ash properties for its application in concrete mixtures. Fuel Processing Technology 90 (2), 180—185. http://dx.doi.org/10.1016/j.fuproc.2008.08.012.

Pedersen, K.H., Jensen, A.D., Dam-Johansen, K., 2010. The effect of low-NO_x combustion on residual carbon in fly ash and its adsorption capacity for air entrainment admixtures in concrete. Combustion and Flame 157 (2), 208—216. http://dx.doi.org/10.1016/j.combustflame.2009.10.018.

Pedersen, K.H., Jensen, A.D., Skjøth-Rasmussen, M.S., Dam-Johansen, K., 2008. A review of the interference of carbon containing fly ash with air entrainment in concrete. Progress in Energy and Combustion Science 34 (2), 135—154. http://dx.doi.org/10.1016/j.pecs.2007.03.002.

Pefferkorn, E., Carroy, A., Varoqui, R., 1985. Dynamic behavior of flexible polymers at a solid/liquid interface. Journal of Polymer Science: Polymer Physics Edition 23 (10), 1997—2008. http://dx.doi.org/10.1002/pol.1985.180231002.

Peng, X., Yi, C., Qiu, X., Deng, Y., 2012. Effect of molecular weight of polycarboxylate-type superplasticizer on the rheological properties of cement pastes. Polymers and Polymer Composites 20 (8), 725—736.

Perche, F., Houst, Y.F., Bowen, P., Hofmann, H., 2003. Adsorption of lignosulfonates and polycarboxylates — depletion and electroacoustic methods. In: Proceedings 7th CANMET/ACI International Conference on Superplasticizers and Other Chemical Admixtures in Concrete (V.M. Malhotra), Berlin, Germany, 2003, Supplementary Papers, pp. 1—15.

Perche, F., 2004. Adsorption de Polycarboxylates et de Lignosulfonates Sur Poudre Modèle et Ciments (Ph.D. thesis), EPFL, Lausanne. http://dx.doi.org/10.5075/epfl-thesis-3041.

Piotte, M., 1993. Caractérisation du poly(naphtalènesulfonate) [microforme]: influence de son contre-ion et de sa masse molaire sur son interaction avec le ciment (Ph.D. thèse). Université de Sherbrooke.

Plank, J., Dai, Z., Andres, P.R., 2006a. Preparation and characterization of new Ca—Al—polycarboxylate layered double hydroxides. Materials Letters 60 (29—30), 3614—3617. http://dx.doi.org/10.1016/j.matlet.2006.03.070.

Plank, J., Keller, H., Andres, P.R., Dai, Z., 2006b. Novel organo-mineral phases obtained by intercalation of maleic anhydride—allyl ether copolymers into layered calcium aluminum hydrates. Inorganica Chimica Acta, Protagonist in Chemistry: Wolfgang Herrmann 359 (15), 4901—4908. http://dx.doi.org/10.1016/j.ica.2006.08.038.

Plank, J., Winter, C., 2008. Competitive adsorption between superplasticizer and retarder molecules on mineral binder surface. Cement and Concrete Research 38 (5), 599—605. http://dx.doi.org/10.1016/j.cemconres.2007.12.003.

Plank, J., Brandl, A., Lummer, N.R., 2007. Effect of different anchor groups on adsorption behavior and effectiveness of poly(N,N-dimethylacrylamide-co-Ca 2-acrylamido-2-methylpropanesulfonate) as cement fluid loss additive in presence of acetone—formaldehyde—sulfite dispersant. Journal of Applied Polymer Science 106 (6), 3889—3894. http://dx.doi.org/10.1002/app.26897.

Plank, J., Hirsch, C., 2007. Impact of zeta potential of early cement hydration phases on superplasticizer adsorption. Cement and Concrete Research 37 (4), 537—542. http://dx.doi.org/10.1016/j.cemconres.2007.01.007.

Plank, J., Zhimin, D., Keller, H., van Hössle, F., Seidl, W., 2010. Fundamental mechanisms for polycarboxylate intercalation into C3A hydrate phases and the role of sulfate present in cement. Cement and Concrete Research 40 (1), 45—57. http://dx.doi.org/10.1016/j.cemconres.2009.08.013.

Platel, D., 2009. Impact of polymer architecture on superplasticizer efficiency. In: Proceedings of the 9th Canmet/ACI Int. Conf. Superplasticizers and Other Chemical Admixtures in Concrete, vol. 262. ACI, Sevilla, Spain, pp. 381−394. http://dx.doi.org/10.14359/51663229. Special Publications.

Platel, D., 2005. Impact de L'architecture Macromoléculaire Des Polymères Sur Les Propriétés Physico-Chimiques Des Coulis de Ciment. (Ph.D. thesis) Université Pierre et Marie Curie - Paris VI. http://pastel.archives-ouvertes.fr/pastel-00001497.

Portet, F., Desbène, P.L., Treiner, C., 1997. Adsorption isotherms at a silica/water interface of the oligomers of polydispersed nonionic surfactants of the alkylpolyoxyethylated series. Journal of Colloid and Interface Science 194 (2), 379−391. http://dx.doi.org/10.1006/jcis.1997.5113.

Pourchet, et al., 2012. Cement and Concreate Research. http://www.sciencedirect.com/science/article/pii/S0008884611002961.

Prince, W., Edwards-Lajnef, M., Aïtcin, P.-C., 2002. Interaction between ettringite and a polynaphthalene sulfonate superplasticizer in a cementitious paste. Cement and Concrete Research 32 (1), 79−85. http://dx.doi.org/10.1016/S0008-8846(01)00632-9.

Regnaud, L., Nonat, A., Pourchet, S., Pellerin, B., Maitrasse, P., Perez, J.-P., Georges, S., 2006. Changes in cement paste and mortar fluidity after mixing induced by PCP: a parametric study. In: Proceedings of the 8th CANMET/ACI International Conference on Superplasticizers and Other Chemical Admixtures in Concrete., Sorrento, October 20−23, pp. 389−408. http://hal.archives-ouvertes.fr/hal-00453070.

Reknes, K., Gustafsson, J., 2000. Effect of modifications of lignosulfonate on adsorption on cement and fresh Concrete properties. In: Proceedings of the 6th CANMET/ACI International Conference on Superplasticizers and Other Chemical Admixtures in Concrete., Nice, ACI, SP-195, pp. 127−141.

Reknes, K., Peterson, B.G., 2003. Novel lignosulfonate with superplasticizer performance. In: Proceedings 7th CANMET/ACI International Conference on Superplasticizers and Other Chemical Admixtures in Concrete. ACI, Berlin. Supplementary Papers, pp. 285−299.

Rosen, M.J., 2004. Surfactants and Interfacial Phenomena, third ed. John Wiley & Sons, Inc.

Rössler, C., Möser, B., Stark, J., 2007. Influence of Superplasticizers on C3A Hydration and Ettringite Growth in Cement Paste. In: Proceedings of the 12th International Congress on the Chemistry of Cement, Montréal.

Schöber, I., Flatt, R.J., 2006. Optimizing polycaboxylate polymers. In: Proceedings 8th CANMET/ACI International Conference on Superplasticizers and Other Chemical Admixtures in Concrete, Sorrento, ACI, SP-239, pp. 169−184.

Sowoïdnich, T., Rössler, C., Ludwig, H.-M., Völkel, A., 2012. The formation of C-S-H phase in the aqueous phase of C3S pastes and the role of superplasticizers. Prague. In: Supplementary Papers of the 10th International Conference on Superplasticizers and Other Chemical Admixtures in Concrete, pp. 418−435.

Striegel, A., Yau, W.W., Kirkland, J.J., Bly, D.D., 2009. Modern Size-Exclusion Liquid Chromatography: Practice of Gel Permeation and Gel Filtration Chromatography. John Wiley & Sons.

Suter, J.L., Coveney, P.V., 2009. Computer simulation study of the materials properties of intercalated and exfoliated poly(ethylene)glycol clay nanocomposites. Soft Matter 5 (11), 2239−2251. http://dx.doi.org/10.1039/B822666K.

Svensson, P.D., Hansen, S., 2010. Intercalation of smectite with liquid ethylene glycol— Resolved in time and space by synchrotron X-ray diffraction. Applied Clay Science 48 (3), 358−367. http://dx.doi.org/10.1016/j.clay.2010.01.006.

Tadros, T.F., 2005. Applied Surfactants: Principles and Applications. Wiley-VCH Verlag GmbH & Co. KGaA, Weinheim.

Tattersall, G.H., Banfill, P.F.G., 1983. The Rheology of Fresh Concrete. Pitman Advanced Publishing Program.

Thomas, J.J., Jennings, H.M., Allen, A.J., 1999. The surface area of hardened cement paste as measured by various techniques. Concrete Science and Engineering 1, 45−64.

Uchikawa, H., Hanehara, S., Sawaki, D., 1997. The role of steric repulsive force in the dispersion of cement particles in fresh paste prepared with organic admixture. Cement and Concrete Research 27 (1), 37−50. http://dx.doi.org/10.1016/S0008-8846(96)00207-4.

Vickers Jr., T.M., Farrington, S.A., Bury, J.R., Brower, L.E., 2005. Influence of dispersant structure and mixing speed on concrete slump retention. Cement and Concrete Research 35 (10), 1882−1890. http://dx.doi.org/10.1016/j.cemconres.2005.04.013.

Wattebled, L., 2006. Oligomeric Surfactants as Novel Type of Amphiphiles: Structure − Property Relationships and Behaviour with Additives. Universität Potsdam, Potsdam.

Williams, D.A., Saak, A.W., Jennings, H.M., 1999. The influence of mixing on the rheology of fresh cement paste. Cement and Concrete Research 29 (9), 1491−1496. http://dx.doi.org/10.1016/S0008-8846(99)00124-6.

Winnefeld, F., Becker, S., Pakusch, J., Götz, T., 2007. Effects of the molecular architecture of comb-shaped superplasticizers on their performance in cementitious systems. Cement and Concrete Composites 29 (4), 251−262. http://dx.doi.org/10.1016/j.cemconcomp.2006.12.006.

Yahia, A., Mantellato, S., Flatt, R.J., 2016. Rheology of concrete. In: Aïtcin, P.-C., Flatt, R.J. (Eds.), Science and Technology of Concrete Admixtures, Elsevier (Chapter 7), pp. 97−128.

Yamada, K., Ogawa, S., Hanehara, S., 2001. Controlling of the adsorption and dispersing force of polycarboxylate-type superplasticizer by sulfate ion concentration in aqueous phase. Cement and Concrete Research 31 (3), 375−383. http://dx.doi.org/10.1016/S0008-8846(00)00503-2.

Yamada, K., 2011. Basics of analytical methods used for the investigation of interaction mechanism between cements and superplasticizers. Cement and Concrete Research 41 (7), 793−798. http://dx.doi.org/10.1016/j.cemconres.2011.03.007.

Yamada, K., Takahashi, T., Hanehara, S., Matsuhisa, M., 2000. Effects of the chemical structure on the properties of polycarboxylate-type superplasticizer. Cement and Concrete Research 30 (2), 197−207. http://dx.doi.org/10.1016/S0008-8846(99)00230-6.

Yoshioka, K., Tazawa, E., Kawai, K., Enohata, T., 2002. Adsorption characteristics of superplasticizers on cement component minerals. Cement and Concrete Research 32 (10), 1507−1513. http://dx.doi.org/10.1016/S0008-8846(02)00782-2.

Zhang, T., Shang, S., Yin, F., Aishah, A., Salmiah, A., Ooi, T.L., 2001. Adsorptive behavior of surfactants on surface of Portland cement. Cement and Concrete Research 31 (7), 1009−1015. http://dx.doi.org/10.1016/S0008-8846(01)00511-7.

Zhor, J., 2005. Molecular Structure and Performance of Lignosulfonates in Water-Cement Systems (Ph.D. thesis). University of New Brunswick.

Zhor, J., Bremmer, T.W., 1997. Influence of lignosulphonate molecular weight fractions on the properties of fresh cement. In: Proceedings of the 5th Canmet/ACI Int. Conf. Superplasticizers and Other Chemical Admixtures in Concrete, vol. 173. ACI, Rome, pp. 781−806. http://dx.doi.org/10.14359/6213. Special Publications.

Zhou, Q., Lachowski, E.E., Glasser, F.P., 2004. Metaettringite, a decomposition product of ettringite. Cement and Concrete Research 34 (4), 703−710. http://dx.doi.org/10.1016/j.cemconres.2003.10.027.

Zimmermann, J., Hampel, C., Kurz, C., Frunz, L., Flatt, R.J., 2009. Effect of polymer structure on the sulfate-polycarboxylate competition. In: Proceedings of the 9th Canmet/ACI Int. Conf. Superplasticizers and Other Chemical Admixtures in Concrete, vol. 262. ACI, Sevilla, Spain, pp. 165−176. http://dx.doi.org/10.14359/51663230. Special Publications.

Zingg, A., Winnefeld, F., Holzer, L., Pakusch, J., Becker, S., Gauckler, L., 2008. Adsorption of polyelectrolytes and its influence on the rheology, zeta potential, and microstructure of various cement and hydrate phases. Journal of Colloid and Interface Science 323 (2), 301−312. http://dx.doi.org/10.1016/j.jcis.2008.04.052.

11
减水剂与超塑化剂的作用机理

11.1 引言

水泥悬浮液的屈服应力一方面取决于颗粒间引力和斥力之间的平衡，另一方面取决于剪切应力的平衡。如果引力为主，则颗粒发生团聚，悬浮液内部会产生屈服应力。若斥力为主，则分散稳定。超塑化剂通过引入颗粒间斥力对屈服应力产生影响，这一影响会降低水泥颗粒间的总吸引力，进而降低屈服应力。

本节将讨论水泥悬浮液中颗粒间作用力的性质以及超塑化剂对它的影响。

11.2 色散力

色散力，也称范德华力（van der Waals force）[1]，"是一个粒子受其他粒子诱导引起的偶极波动，通过电磁波对其他粒子产生的相互作用"（Russel 等，1992）。这种相互作用在由相同各向同性物质组成的两个粒子之间常表现为引力。粒子间色散力的作用范围比单个偶极子大得多，因为在凝聚体中，偶极子的波动是相互影响的。

色散力的第一种表述基于相互作用偶极子的成对求和的微观理论。间距为 h、半径为 a_1 和 a_2 的两个球形粒子之间的色散力所引起的引力势可由下式表达：

$$\Psi_{vdW} = -AH_{(a_1, a_2, h)} \tag{11.1}$$

其中 A 是 Hamaker 常数；H 是几何因子。Hamaker 常数取决于粒子和粒子间介质的光学性质，而几何因子取决于粒子尺寸和间距。几何因子可写作：

$$H_{(a_1, a_2, h)} = \frac{1}{6} \left\{ \frac{2a_1a_2}{2(a_1+a_2)h + h^2} + \frac{2a_1a_2}{4a_1a_2 + 2(a_1+a_2)h + h^2} \right.$$
$$\left. + Ln \left[\frac{2(a_1+a_2)h + h^2}{4a_1a_2 + 2(a_1+a_2)h + h^2} \right] \right\} \tag{11.2}$$

色散力等于相互作用势对间距的导数：

$$F_{vdW} = -\frac{\partial \Psi_{vdW}}{\partial h} = A \frac{\partial H_{(a_1, a_2, h)}}{\partial h} \tag{11.3}$$

---

[1] 范德华力（van der Waals force）包括色散力（dispersion force）、诱导力（induction force）和取向力（orientation force），但通常色散力为范德华力的主要组成部分，不严格讨论时色散力可看作范德华力。——译者注

如果球体的半径远大于间距（a_1，$a_2 \gg h$）[1]，则范德华力的表达式可简化为：

$$F_{\text{vdW}} \approx -A\,\frac{\bar{a}}{12h^2} \tag{11.4}$$

其中 $\bar{a}$ 为调和平均半径：

$$\bar{a} = \frac{2a_1 a_2}{a_1 + a_2} \tag{11.5}$$

微观理论认为，Hamaker 常数 A 与间距无关。但当超过一定距离时（$>5\sim10$nm），粒子的偶极子将不再相互影响，因此 Hamaker 常数的值会随间距的增加而减小，这种现象称为滞后效应（retardation）。Lifshitz（1956）提出的连续介质理论（the continuum theory）考虑了 Hamaker 常数的滞后效应。在水泥悬浮液中，粒子的分离程度极小时引力达到最大，这一引力与屈服应力的计算有关。即使吸附聚合物后会增大间距，但该距离仍然很小。因此，可以用微观理论来估计水泥悬浮液中该距离范围内的色散力大小。

Hamaker 常数取决于电解质浓度。电解质的加入会增大电磁场波动，从而降低引力。计算（有延迟或无延迟）屏蔽 Hamaker 常数时需考虑这种屏蔽效应。关于水泥悬浮液中色散力的更多细节可以参阅 Flatt（2004）。

11.3 静电力

水中的大多数固体表面带电。水的介电常数较高，是离子的良溶剂。固体表面基团的电离或某些离子或离子聚合物的选择性吸附会导致固体表面带电。

Goüy-Chapman-Stern 双电层模型[2]很好地描述了带电界面上的离子分布，该模型将界面分为两个区域，即 Stern 层和扩散层。Stern 层或称内层，由粒子表面固定的反离子组成（不受布朗运动影响）。扩散层，或称外层，由移动的离子组成，这些移动的离子中存在大量与表面电荷同号的离子。与溶液主体相比，反离子的浓度在接近表面处较高，在扩散层中较低。

在连续介质理论的范畴内，双电层中的离子产生电势，电势随距离 x 呈指数衰减：

$$\Psi_{\text{ES}} = \Psi_0 e^{-\kappa x} \tag{11.6}$$

其中 Ψ_0 是表面电势。κ^{-1} 为衰减长度，也称为德拜（Debye）长度，定义为：

$$\kappa^{-1} = \sqrt{\frac{\varepsilon\varepsilon_0 k_B T}{e^2 \sum_i c_i Z_i^2}} \tag{11.7}$$

其中，ε 为水的相对介电常数；ε_0 为真空的介电常数；k_B 为玻尔兹曼常数；T 为热力学温度；e 为电子的电荷；c_i 为 Z 价离子的第 i 种电解质的体积浓度。

---

[1] 原文为 "a1，a2>h"，数学符号表达不严谨，特此订正。——译者注

[2] 原文为 "the double-layer model of Goüy-Chapman"，但该模型并未提出 Stern 层的概念，此处应当为 "the double-layer model of Goüy-Chapman-Stern"，即 "Goüy-Chapman-Stern 双电层模型"，已订正。——译者注

德拜长度是扩散层的厚度，表示排斥势能显著的表面之间的距离。

当两个带有同种电荷的表面靠近时，其双电层重叠，两者间的离子浓度升高，这在两个表面之间处尤为显著（图 11.1）。

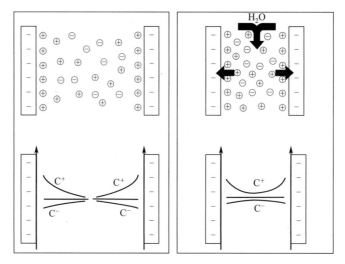

图 11.1　静电斥力基本原理的示意图

当带电表面靠近时，双电层重叠，离子浓度增大，两界面中点最大。

产生的渗透压会阻止带电表面靠近。这种力随着连续相离子强度降低而增加

由此产生的渗透压会导致从液相主体吸水，使表面间的离子稀释，颗粒间的水增多会使两个表面分开。因此静电斥力不需要两个物体直接物理接触。

德拜长度随离子强度的增加而减小（图 11.2）。在高盐浓度下，溶液中离子对表面电荷的屏蔽更显著，静电斥力的作用范围降低。在水泥悬浮液中也是这样，其离子强度值可高达约 $100\sim200mM$（Yang 等，1997）。因此，在水泥悬浮液中，静电斥力作用距离很短，范德华引力占主导。

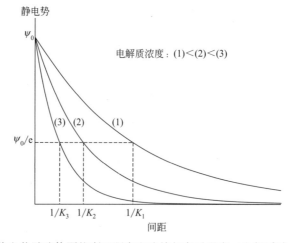

图 11.2　静电势随胶体颗粒表面距离和连续相离子强度（电解质浓度）的变化

水泥悬浮液中静电力大小的估计十分复杂，因为该体系并不是一个理想体系，离子活度不近似于浓度。Flatt 和 Bowen（2003）发现静电力可以通过扩展的三参数德拜-休克尔理论近似描述，适用范围为 1mol/L。此外，水泥悬浮液中也会产生离子吸引的相互作用力。事实上，二价钙离子可以引起 C-S-H 的负电荷表面相互吸引。随着水化的进行，C-S-H 接触点的数量增加，这种作用会随着时间的推移而加剧（Pellenq 等，1997；Lesko 等，2001）。

当具有相同表面电势时，利用连续介质理论，静电斥力可表示为：

$$F_{ES} \approx -2\pi\varepsilon\varepsilon_0 \overline{a} \psi_{ES}^2 \frac{\kappa e^{-\kappa h}}{(1+e^{-\kappa h})} \tag{11.8}$$

表面电势和 Stern 电势均不能直接测量。实验确定的电势是 zeta 电势。这是剪切面的电势，它位于比 Stern 平面更远离表面的扩散层中。因此，使用 zeta 电势得出的静电力可能会偏低（图 11.3）。

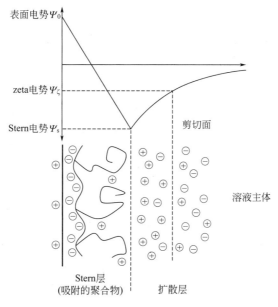

图 11.3　吸附化学外加剂的带电表面电势示意图

改编自 Uchikawa 等（1997）

电势的测量存在固有局限性。最常用的检测技术之一是微电泳，但这种方法要求使用极稀的悬浮液，而这种悬浮液不能代表水泥浆体。此外，直径大于几微米的颗粒容易沉降，只有细颗粒才能被测量。声泳可以测量浓悬浮液的 zeta 电势，但这项技术有一定的局限性，如 Flatt 和 Ferraris（2002）的报告所述。

水泥相的静电势取决于其解离常数和表面可电离基团的数量，而这些基团是矿物特有的。由于水泥是一种多矿相粉体，相互作用在粉体表面可能产生不同的电势，从而产生额外的吸引力。这种相互作用可能简单地存在于正、负电荷表面之间，也可能存在于同种电荷、不同电势表面之间（Russel 等，1992）。由于静电引力有存在的可能性，表面电荷的均匀化可以降低粒子之间的总引力，从而降低屈服应力。例如，可以在水泥颗粒上吸附电荷平衡分子的零厚度薄膜来实现电荷均匀化。

实际上，如果颗粒表面吸附一定数量的尺寸有限的分子（图 11.3），特别是聚合物，其静电力的表达式可以重新定义，通过对吸附层厚度 L 积分得到：

$$F_{ES} \approx -2\pi\varepsilon\varepsilon_0 \overline{a}\psi^2 \frac{\kappa e^{-\kappa(h-2L)}}{1+e^{-\kappa(h-2L)}} \tag{11.9}$$

事实上，上述计算中使用的电势是 zeta 电势，其原点平面位于吸附层外，甚至更远。因此，静电力的作用距离为 $(h-2L)$。然而，计算色散力所需的距离仍然是粒子本身表面之间的距离 h。

11.4 DLVO 理论

Derjaguin、Landau、Verwey 和 Overbeck 提出一种理论，利用范德华引力和静电斥力之间的平衡来解释水分散体系的稳定性（Derjaguin 和 Landau，1993；Verwey 等，1999）。该理论以作者姓名首字母命名，即 DLVO 理论，其基本假设是表面之间的力（和势能）具有加和性，不相互影响。

虽然 DLVO 理论最初是为结合范德华力和静电力而提出的，但其常被用于更广泛的意义上，包括具有加和性的其他力。图 11.4 所示为范德华引力势能和静电排斥势能的 DLVO 总和。

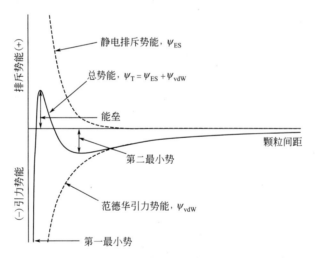

图 11.4 带电表面间相互作用势能与距离的函数示意图

正势表示静电斥力，负势表示范德华引力。此时总势能包括一个第一最小势、一个能垒和一个第二最小势

由于范德华势能和静电势能与距离的关系不同，因此总势能存在最小值和最大值。

在距离为零的极限情况下，色散力趋于无穷大，而静电力有限大［见式(11.4)和式(11.8)］，表明间距小时范德华引力占优势。此时总相互作用能称为第一最小势。

距离稍远时的总相互作用能与范德华力和静电力的平衡有关，其中静电力又与静电势和离子强度有关。离子强度是溶液中离子对静电势影响的表达式。根据离子强度的不同，可将观察到的情况分为三类（图 11.5）。

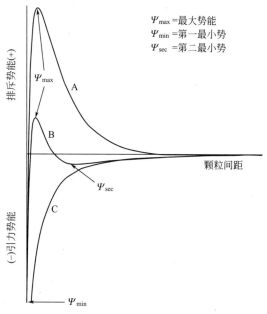

图 11.5 颗粒间势能的各种类型示意图

所有情况都表明间距短时，因为范德华引力大于静电力导致存在第一最小势。

根据表面电荷和离子浓度，还可以得到：

A—高能垒；B—能垒和第二最小势；C—无能垒

改编自 Yang 等（1997）

① 情形 A 当离子强度低时，静电斥力的作用范围较大，与范德华力相比更占优势。斥力随间距减小而增大最终达到最大值。此处讨论的势能指能垒。能垒越大，悬浮液越稳定。如果克服了能垒，势能会达到第一最小势，粒子间就会粘在一起，很难再分离。在此之前，体系仍然是分散的。

② 情形 B 随着离子强度的增加，静电斥力的作用范围减小。如曲线 B 所示，势能-间距图上存在明显的第二最小势。此时为亚稳态平衡（絮凝悬浮液），体系如果不能获得足够的能量，就将维持在这个状态，粒子相互分离。相反，如果能量大于能垒，粒子就会靠近并团聚，在第一最小势处被"捕获"。

③ 情形 C 在高离子强度下，能垒消失，颗粒间势能只存在第一最小势。

我们通常根据势垒的高度来讨论胶体粒子的稳定性（情形 B）。具体而言，对于一个分散且流动性良好的悬浮体，可以用热能 kT 的倍数来表征其稳定性，这里的热能来自布朗运动。但水泥悬浮液的颗粒间势能类似于曲线 C。此时的布朗运动不能提供必要的能量来保持或移动颗粒使之相互分离。因此对于水泥颗粒而言，由剪切力作为标准来决定体系的性能而非布朗运动，并且这些颗粒太大，布朗运动不明显，进一步加剧了这种情况。因此，对于水泥类悬浮液，必须用引力（抵抗剪切力的作用）而不是势能来讨论分散作用。因此，我们应该研究流动过程中使颗粒分散需要克服哪种力，而不是要确定势垒是否足够大以防止团聚。

本章使用软件 Hamaker 2 计算了胶凝体系中颗粒间作用力（Aschauer 等，2011），该软件能构建水泥悬浮液模型。

图 11.6 所示为按颗粒半径标准化的颗粒间作用力对体系中分离间距的函数，该体系代表水泥悬浮液，其 zeta 电位为 5mV（Plank 和 Winter，2008；Plank 和 Sachsenhauser，2006）。粒子间作用力用 kT 表示，k 是玻尔兹曼常数，T 是热力学温度。本章所有计算中的温度均为 300K。

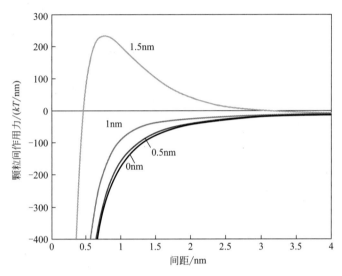

图 11.6　计算直径为 $1\mu m$，相对密度为 3.15 的水泥颗粒的标准化颗粒间作用力作为间距的函数
电位是 5mV。将 zeta 势面置于表面 0nm、0.5nm、1.0nm 和 1.5nm 处

计算力的参数为颗粒直径 $1\mu m$，相对密度 3.15 和未屏蔽的 Hamaker 常数 1.757×10^{-20} J（Flatt，2004）。在 w/c 为 0.35 的水泥浆体孔溶液电解质组成下，德拜长度为 0.67nm（Flatt 和 Bowen，2003）。

图 11.6 为利用上述参数，计算模拟水泥颗粒间不同位置的静电势面时的合力。斥力为正值，引力为负值。结果表明，在合理的 δ_ζ 值下，电荷所处的距离（δ_ζ）对粒子间作用力没有显著的影响。

然而，电荷平面电势高时，δ_ζ 变得很重要，例如当颗粒表面吸附了线形聚电解质时（图 11.7，见文后彩插），为了说明该情况，需首先考虑 zeta 电位在粒子表面的情况。无论 zeta 电位是多少，如果电荷直接位于水泥表面，静电斥力是无效的。最大引力由范德华引力决定，并随间距趋近于零而减小至无穷小。

然而实际情况下间距不会减少并趋近到零，但可以定义团聚颗粒之间的最小间距（Zhou 等，1999，2001；Flatt 和 Bowen，2006，2007）。对于水泥，建议最小的间距为 1.6nm 左右，因此可以假设一个约 0.8nm 的"溶剂"层 δ_0 无法从颗粒中去除（Perrot 等，2012）。由此可得出在纯水泥中计算出的最大引力在间距为 1.6nm 处。

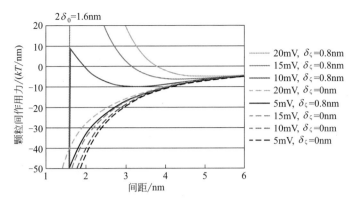

图 11.7　按图 11.6 定义的体系，标准化的颗粒间作用力对间距的函数

虚线表示电荷位于粒子表面的情况

现在我们来探讨电荷位于离表面一定距离处的情况。基于以上对溶剂层的考虑，我们认为 δ_ζ 的值为 0.8nm。如图 11.7 所示，此时静电斥力逐渐起作用，静电势值接近或大于 10mV。在上述条件下，达到最大引力的距离大于 $2\delta_\zeta$。

这种效应可以归为电空间位阻效应（electrosteric）。但只有带电平面距离粒子表面一定距离时，静电斥力才起重要作用。这个距离可以由聚合物提供。上述研究结果表明，如果电荷足够高，聚合物本身无需额外提供足够的空间位阻。

原子力显微镜（atomic force microscope，AFM）可以直接测量表面的力。利用所谓的胶体探针技术（colloidal probe technique），可以测量液体中胶体颗粒间几微米大小范围内的力。Pedersen 和 Bergström（1999）用 AFM 测量了氧化锆表面间的颗粒间作用力。图 11.8（左）显示了离子强度对斥力大小的影响：正如 DLVO 理论预测的那样，随着介质离子强度的增加，斥力减小。在一个非常高的离子强度（$I = 0.01\text{mol/L}$）下，如图 11.8（右）所示，只能测量到引力。值得注意的是，水泥孔溶液的离子强度是这个值的 10 倍。

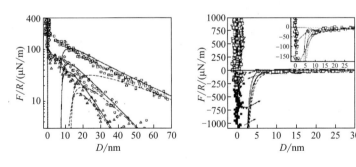

图 11.8　氧化锆表面（球体和平板）之间的胶体探针测量示意图

根据探头半径 R 对力标准化。（左）NaCl 浓度为 0.0001mol/L（正方形），0.0005mol/L（圆形）和 0.001mol/L（三角形）。（右）NaCl 浓度 0.01mol/L；数据存在跳跃，说明刚性尖端无法抵抗强大的引力

授权自 Pedersen 和 Bergstr（1999）

11.5 空间位阻力

空间位阻力来自吸附在粒子表面的聚合物。最重要的空间位阻力源于斥力和熵（entropic origin）。被吸附的聚合物在表面具有优势构象。当一个吸附了聚合物的颗粒接近另一个颗粒时，聚合物分子必须从优势构象扭曲变形，从而导致构象熵的损失。与此同时，相对于整体溶液，颗粒间聚合物的浓度增加，从而产生渗透压，阻止颗粒相互靠近。

因此，聚合物层重叠时就会产生空间斥力。当进一步压缩聚合物层时，空间斥力会显著增加，并且当达到最大压缩时发散到无穷大。

人们提出了各种表达式来描述空间斥力。它们主要是研究颗粒间距减小到吸附层厚度的两倍以下时，吸附层重叠导致的不利的混合熵。这种力的大小不仅取决于被吸附聚合物的构象，而且还取决于被吸附的聚合物表面覆盖的量以及溶剂的性质。

假设超塑化剂以所谓的蘑菇形态吸附（聚合物链的密度最高处不是在表面，而是在距离表面一定距离处），就可以用 de Gennes（1987）提出的尺度理论来计算空间位阻力。将基于平板模型提出的表达式代入球体模型，利用 Derjaguin 近似法积分可得到如下表达式：

$$F_{Ste} = \bar{a}\, \frac{3\pi k_B T}{5 s^2} \left[\left(\frac{2L}{h} \right)^{5/3} - 1 \right] \tag{11.10}$$

其中 s 为相邻两个蘑菇中心之间的距离；L 为伸入溶剂的最大长度。

Flatt 等（2009）从 AFM 测量结果中推导出，在高表面覆盖假设下吸附梳状共聚物的空间力表达式：

$$F = \beta \left\{ \frac{5}{2^{1/3}} R_{AC}^{2/3} - \frac{1}{2} D^{-1/3} \left[3D + 4(2^{2/3}) R_{AC} \left(\frac{R_{AC}}{D} \right)^{2/3} \right] \right\} \tag{11.11}$$

和

$$\beta = \frac{2\pi k_B T R_{tip}}{\alpha} P^{-29/30} N^{-13/30} \tag{11.12}$$

其中 R_{tip} 为 AFM 悬臂端半径，设为半球形；R_{AC} 为一层梳状超塑化剂的吸附层厚度，得到：

$$\alpha = \pi 2^{-3/10} a_P^{5/3} a_N \left[(1 - 2\chi) \frac{a_P}{a_N} \right]^{2/15} \tag{11.13}$$

$$R_{AC} = \left[2\sqrt{2}\,(1 - 2\chi) \frac{a_P}{a_N} \right]^{1/5} a_P P^{7/10} N^{-1/10} \tag{11.14}$$

有关这些聚合物的更多信息，包括溶液构象，化学性质以及竞争性吸附，请参阅第9章和第10章（Gelardi 等，2016；Marchon 等，2016）。一般来说，无论使用什么模型，一旦吸附层开始重叠，空间位阻力就会平衡范德华力。因此，当间距等于吸附层厚度的两倍时，颗粒间的最大引力约等于范德华力。然而，这仅严格适用于具有高表面覆盖率的体系。当聚合物没有完全覆盖表面时，情况变得更加复杂。可以在统计的基础上计算平均力（Kjeldsen 等，2006；Flatt 和 Schober，2012）来扩展这种计算的使用。但因为在热力学上内聚接触比分散接触（对于大颗粒）更有利，因此这种方法在统计颗粒接触时可能存在偏差。

低表面覆盖时的另一个复杂性是由于除了斥力外，还存在引力。事实上，当聚合物吸附在两个表面上时会产生桥接力。由此产生的桥接絮凝作用可以解释 AFM 测量中在大间距下测得吸引力，在紧密接近后，表面彼此分开。因为聚羧酸不存在桥接作用，因此在实践中，这种桥接可能是传统超塑化剂在低剂量下比 PCE 表现差得多的原因。

此外，不吸附的聚合物会引起排空作用力（depletion force）。如果两个颗粒之间的间隙小于聚合物分子的直径，就会形成一个纯溶剂区域。在聚合物阻挡区，会产生渗透压，从而产生引力，这在第 20 章解释了调黏剂的工作机理（Palacios 和 Flatt，2016）。

11.6 超塑化剂的作用

超塑化剂的吸附作用可防止水泥颗粒彼此过于靠近。颗粒分散会降低范德华引力的大小，从而会降低悬浮液流动时必须克服的最大引力的大小。

11.6.1 静电斥力作用[1]

对于没有添加聚合物的水泥悬浮液，已报道的 zeta 电位有正有负，但总是很小（Nägele 1985，1986；Uchikawa 等，1997）。超塑化剂吸附在水泥颗粒表面并产生负的 zeta 电位，大于水泥的初始电位。已报道的成果表明，在含有线形超塑化剂的水泥悬浮液，zeta 电位在 $-30 \sim -50$mV 之间（Ernsberger 和 France 1945；Daimon 和 Roy，1979；Andersen 等，1987）。这很可能不仅是聚合物吸附带到表面的电荷造成的，而且其中一些电荷位于吸附层的外部（Lewis 等，2000）。由于早期的超塑化剂提高了 zeta 电位的绝对值（更负），多年来一直认为静电稳定是超塑化剂在水泥悬浮液中的主要稳定机制。近期的测量表明，白硅酸盐水泥的电位最大值约为 7.5mV（Lewis 等，2000）。正如 Lewis 等（2000）所述，这些较低的 zeta 电位值反映了测量是在比以前的研究中使用的浓度更高的溶液中进行的。事实上，同一作者（Lewis 等，2000）还发现，因为稀释后溶液中的钙离子浓度较低，因此聚萘磺酸盐（PNS）吸附在白水泥上以及 γ-C_2S（惰性粉末）上时 zeta 电位值要大得多。

图 11.9 所示为吸附了线形聚电解质（如 PNS）后，水泥颗粒的颗粒间作用力对分散距离的函数。基于 Palacios 等（2012）的 AFM 研究，我们认为该吸附层的厚度 δ_p 为 1.8nm。

聚合物加入后的 zeta 电位为 15mV。图 11.9 中的结果再次强调了电荷所处距离的重要性。事实上，如果电荷位于表面（$\delta_\zeta = 0$nm），静电稳定的任何影响都可以忽视（见图 11.7）。如果电荷位于聚合物吸附层之外，则静电力对体系的稳定发挥作用。

---

[1] 原著中 11.6.1 与 11.6.2 均属"静电斥力作用"，因此译著做合并处理。——译者注

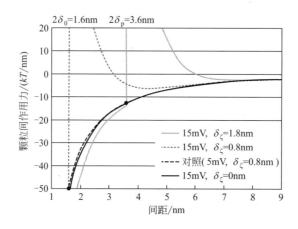

图 11.9　按图 11.6 定义的体系，吸附了层厚度为 1.8nm 的线形聚电解质后，
标准化颗粒间作用力对分散距离的函数
吸附引起的 zeta 电位为 15mV

定量地说，在纯水泥浆和掺 PNS 的水泥浆中，如果电荷位于水泥表面，则最大引力为 $50kT/nm$。如果 PNS 作为一个完美的空间势垒而不产生静电作用，那么吸引力将下降到 $13kT/nm$。如果 PNS 的电荷位于 PNS 层内 0.8nm 处，吸引力则进一步降低到 $6kT/nm$。最后，如果电荷在 PNS 层的外面，则吸引力只有 $3kT/nm$。

实际情况下，zeta 电位在 7.5mV 左右（Lewis 等，2000），静电电势平面上不同位置的颗粒间作用力与图 11.6 所示的纯水泥状况类似。因此，当电荷占吸附了聚合物的颗粒存在一定距离时，静电力才对体系的稳定起重要作用。

不幸的是，要确定哪种情形最接近实际状况并不容易。但这些例子表明，PNS 的稳定作用应当归因为电空间位阻效应。因为没有电荷平面的移动，静电斥力就没有发挥作用，不能称其为静电作用。还需指出，如 11.3 节所述，二价离子的存在可能导致分散作用的根本性损失，损失量甚至比使用简单的连续体模型计算得到的损失量还大。

Banfill（1979）在一篇针对 Daimon 和 Roy 文章的讨论中指出，吸附这类线形 SP（超塑化剂）能形成 40nm 厚的吸附层，因此认为空间位阻作为一种分散机制同样重要。

11.6.2　空间位阻作用

随着梳状共聚物的引入，人们越来越认识到空间斥力在超塑化剂分散机制中的重要性（Uchikawa 等，1997；Yoshioka 等，1997；Flatt 等，2001）。事实上，即使聚羧酸超塑化剂（PCE）降低的 zeta 电位不如线形 SP，但分散性能更好。

如前所述，尤其当 PCE 存在时，无法明确解释测得的 zeta 电位。因为每个分子中可电离基团的比例较低，PCE 在水泥颗粒降低的 zeta 电位较少。按照其假设的吸附构象，电荷靠近颗粒表面，剪切面由于未吸附侧链而向溶液主体伸展（Lewis 等，

2000)(图 11.3)。在胶凝体系中,吸附层厚度至少为 2.5nm 左右,而德拜长度 κ^{-1} 在 0.7nm 左右 (Flatt 和 Bowen,2003)。考虑到表面电势呈指数衰减 [式(11.6)],若电荷位于吸附层内,则在 2.5nm 的吸附层外测得的电势仅为该层内层电势的 3% 左右。

Uchikawa 等(1997)认为空间斥力是水泥颗粒分散的原因。他们用 AFM 测量了吸附聚合物后熟料颗粒间的相互作用力,并将结果与用 zeta 电位计算出的静电力进行比较。结果(见图 11.10)表明,当梳状聚合物吸附在熟料颗粒表面时,空间位阻力占主导,而吸附 PNS 或线形聚羧酸盐时,空间位阻力对总斥力的贡献仅为 30% 和 20%。

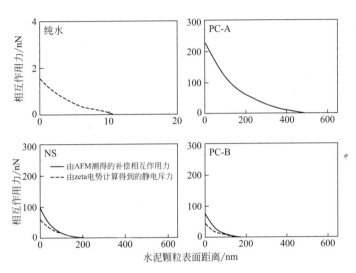

图 11.10 通过原子力显微镜对超塑化剂分散效果的首次研究报道中关于作用力的图示

Uchikawa 等(1997)授权转载

当未掺加 SP 且距离大于 10nm 时表现出斥力。当掺加 SP 时,表现出斥力的距离增大。对于 PNS(NS)或线形聚羧酸盐(PC-B),距离 90nm 左右开始表现出斥力。当梳状共聚物(PC-A)被吸附时,开始表现出斥力的间距更大,约为 500nm。考虑到报道的梳状共聚物侧链长度约为 20nm,这一间距比预期的高一个数量级。有机铝酸盐化合物的形成可能是导致测得距离较大的原因(Flatt 和 Houst,2001)。因此,虽然图 11.10 中所述的测量值让人们认为空间位阻存在且十分重要,但其结果本身必然存在严重的实验假象。

在计算方面,总的颗粒间作用力可由色散力(F_{vdW})、静电力(F_{ES})和空间位阻力(F_{Ste})之和来确定。可以看到,所有这些力都与不同大小的球形颗粒 a_1 和 a_2 的调和平均半径呈线性依赖关系。因此,可以引入颗粒间作用力参数 $G_{(h)}$,可得:

$$G_{(h)} = \frac{F_{vdW} + F_{ES} + F_{Ste}}{\bar{a}} \qquad (11.15)$$

11.6.3 聚羧酸分子结构的具体作用

由于梳状共聚物分散剂的广泛使用和其分子结构设计的灵活性（Gelardi 等，2016），我们专门用一个章节来研究这些变化如何影响最大引力。由于 PCE 产生的静电电荷低，且电荷极有可能非常靠近表面，所以我们忽略了静电作用的贡献。

图 11.11 为水泥颗粒上吸附 PCE 的结果，其侧链长度分别为 1000g/mol 和 5000g/mol，每种侧链的聚合物设置三种不同的接枝比例，并假设表面覆盖率为 100%。聚合物的这些参数是影响空间位阻的主要因素（11.5 节）。结果表明侧链长度是主要的影响因素，接枝度（C/E）对颗粒间作用力存在轻微的不利影响，且是次要的，但对吸附的影响十分重要，如第 10 章（Marchon 等，2016）所述。这里我们认为，体系中存在足够多的聚合物，可以完全覆盖颗粒表面。

从图 11.11 中我们可以看出，在间距分别为 5.5nm 和 17nm 时引力达到最大，该结果与用式(11.14) 计算所得吸附层厚度的两倍非常接近，表明在吸附层开始重叠时，空间位阻力就会克服范德华引力。这说明最大引力可以用式(11.4) 来计算，其间距是式(11.14) 中所得的吸附层厚度的两倍。对这一假设的第一个检验是绘制所有情况下确定的最大引力与 R_{AC} 层厚度平方倒数的曲线，见图 11.11。如图 11.12 所示，经过原点的线性回归结果对这些数据拟合得很好。表明，最大引力确实与吸附层厚度的二次幂成反比。然而，比例常数与由式(11.4) 导出的结果相差约 40%，这一误差可能是因为理论模型中的各种近似造成的。虽然存在误差，但力和吸附层厚度之间的尺度关系仍然成立，这对于比较 PCE 完全覆盖颗粒表面时的色散力非常有用（Flatt 和 Schober，2012；Kjeldsen 等，2006）。

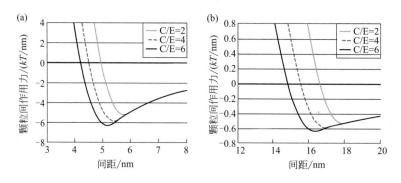

图 11.11　当超塑化剂覆盖率为 100% 时，含不同侧链长度的
超塑化剂时颗粒间作用力的影响

（a）侧链长度 1000g/mol；（b）侧链长度 5000g/mol。每种侧链考虑
三种羧醚比（carboxylate-to-ester，C/E）

不完全表面覆盖的情况更为复杂。如 11.5 节所述，聚合物未完全覆盖水泥颗粒表面时会产生额外的引力。利用软件 Hamaker 2 可以计算给定 PCE 在不同表面覆盖率时（侧链摩尔质量＝1000g/mol；C/E＝3）的最大引力（Aschauer 等，2011）。图 11.13 的结果表明，当表面覆盖率降低至 0.3 时，最大引力几乎保持不变。表面覆盖率为

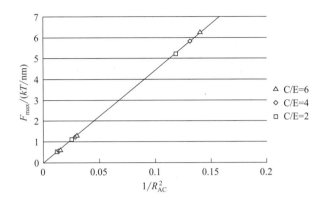

图 11.12　最大引颗粒间作用力与吸附层厚度（R_{AC}）的平方成反比

这三组点分别代表侧链为 1000g/mol、3000g/mol 和 5000g/mol 的三种不同 C/E 值的聚合物。这条直线是
通过原点的线性拟合，表明了最大引力与层厚的平方成正比

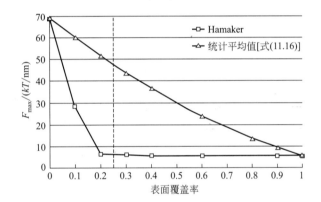

图 11.13　最大引力与 PCE 表面覆盖率的函数

PCE 的结构参数 P 和

N 分别为 23 和 4。颗粒间作用力通过 Hamaker 2.1（正方形）和式（11.16）（三角形）计算

0.25 时，能坐在几十 kT 的量级，对应于亚稳平衡；这种情况与图 11.5 所绘（曲线 B）
相同。表面覆盖率更低时，由于没有吸附聚合物，颗粒间作用力激增，无法产生有效的
稳定作用。

利用纯水泥颗粒和吸附了聚合物的颗粒之间接触点的统计分布，可以计算出平均最
大引力（Kjeldsen 等，2006）：

$$F_{max} \approx \left[\frac{\theta^2}{\delta_P^2} + 8 \frac{\theta(1-\theta)}{(\delta_P + \delta_0)^2} + \frac{(1-\theta)^2}{\delta_0^2} \right] \tag{11.16}$$

其中 θ 为表面覆盖率；δ_P 为全覆盖时的吸附层厚度；δ_0 为纯水泥颗粒最小间距的
一半，取 0.8nm（Perrot 等，2012）。

平均层厚可由 Hamaker 式(11.4) 计算所得的最大引力值来估计。平均层厚是表面覆盖度的函数：当表面覆盖度为 1 时，平均层厚等于 δ_P；当表面覆盖度为 0 时，该平均层厚等于 δ_0。利用式(11.16) 计算最大引力，不同表面覆盖下的平均层厚如图 11.13 所示。

表 11.1 所示为接触点间不同相互作用对最大引力的贡献。

这些数据表明，在一定程度上可以用统计方法计算不完全表面覆盖下的最大引力。当 P-B 和 B-B 的相互作用超过 P-P 时，$\theta \leqslant 0.6$，无法正确地计算最大引力。表明表面完全覆盖时，所得的吸附聚合物的比例定律可以扩展到低至 0.6 的表面覆盖率下使用。为了获得一致的最大颗粒间作用力值，需要重新推导描述纯水泥和吸附聚合物的颗粒之间相互作用的方程。

表 11.1 吸附聚合物的颗粒之间 (P-P)、吸附聚合物与纯水泥颗粒 (P-B) 和纯水泥颗粒之间 (B-B) 的相互作用对不同表面覆盖下最大引力的贡献

表面覆盖率	P-P	P-B	B-B
1.0	100%	0%	0%
0.8	26%	53%	21%
0.6	8%	45%	47%
0.4	2%	29%	68%
0.2	1%	21%	78%
0.1	0%	7%	93%
0.0	0%	0%	100%

11.7 结论

悬浮稳定性可以用颗粒间势能来表示，并且可以通过吸引项和排斥项的平衡来控制。这些概念也可用于水泥基体系，但不能比较能垒与热能的倍数，而要比较颗粒间最大引力与切应力。关于水泥悬浮液流变学的更多内容见第 7 章（Yahia 等，2016）。

水泥悬浮液的特殊性在于离子强度高，通过静电斥力使该体系稳定非常困难。长期以来，水泥研究中将早期的超塑化剂分散作用归因于静电斥力。本章所示数据表明，在表面完全覆盖的情况下，必须考虑空间位阻力，这是对这些聚合物最有利的条件，如第 16 章所述（Nkinamubanzi 等，2016）。

通常认为 PCE、SP 通过空间位阻起作用。本章揭示了另一个关于其分子结构有效性的误解来源。事实上，由于这些聚合物非常有效，其掺量通常较低，不足以完全覆盖颗粒表面，由于吸附量是决定吸附层厚度最主要的分子结构参数，因此聚合物的吸附量十分重要。

本章介绍的简化方法可以部分描述表面未完全覆盖的情况。但也有证据表明，在表面覆盖率低的情况下，这些数据并不可靠，因此可能还需要对这些情况进行更深入的分析。

G. Gelardi，R. J. Flatt

Institute for Building Materials，ETH Zürich，Zürich，Switzerland

参考文献

Andersen, P.J., Roy, D.M., Gaidis, J.M., 1987. The effects of adsorption of superplasticizers on the surface of cement. Cement and Concrete Research 17 (5), 805−813. http://dx.doi.org/10.1016/0008-8846(87)90043-3.

Aschauer, U., Burgos-Montes, O., Moreno, R., Bowen, P., 2011. Hamaker 2: a toolkit for the calculation of particle interactions and suspension stability and its application to mullite synthesis by colloidal methods. Journal of Dispersion Science and Technology 32 (4), 470−479. http://dx.doi.org/10.1080/01932691003756738.

Banfill, P.F.G., 1979. Rheological properties of cement mixes − discussion. Cement and Concrete Research 9 (6), 795−796. http://dx.doi.org/10.1016/0008-8846(79)90075-9.

Daimon, M., Roy, D.M., 1979. Rheological properties of cement mixes: II. Zeta potential and preliminary viscosity studies. Cement and Concrete Research 9 (1), 103−109. http://dx.doi.org/10.1016/0008-8846(79)90100-5.

Derjaguin, B., Landau, L., 1993. Theory of the stability of strongly charged lyophobic sols and of the adhesion of strongly charged particles in solutions of electrolytes. Progress in Surface Science 43 (1−4), 30−59. http://dx.doi.org/10.1016/0079-6816(93)90013-L.

Ernsberger, F.M., France, W.G., 1945. Portland cement dispersion by adsorption of calcium lignosulfonate. Industrial and Engineering Chemistry 37 (6), 598−600. http://dx.doi.org/10.1021/ie50426a026.

Flatt, R.J., Ferraris, C.F., 2002. Acoustophoretic characterization of cement suspensions. Materials and Structures 35 (9), 541−549. http://dx.doi.org/10.1007/BF02483122.

Flatt, R.J., Houst, Y.F., Bowen, P., Hofmann, H., 2001. Electrosteric repulsion induced by superplasticizers between cement particles-an overlooked mechanism?. In: Malhotra, V.M. (Ed.), The Sixth Canmet/ACI Conference on Superplasticizers and Other Chemical Admixtures in Concrete, vol. 195, pp. 29−42.

Flatt, R., Schober, I., 2012. Superplasticizers and the rheology of concrete. In: Roussel, N. (Ed.), Understanding the Rheology of Concrete. Woodhead Publishing Series in Civil and Structural Engineering. Woodhead Publishing, pp. 144−208 (Chapter 7). http://www.sciencedirect.com/science/article/pii/B9780857090287500078.

Flatt, R.J., Bowen, P., 2003. Electrostatic repulsion between particles in cement suspensions: domain of validity of linearized Poisson−Boltzmann equation for nonideal electrolytes. Cement and Concrete Research 33 (6), 781−791. http://dx.doi.org/10.1016/S0008-8846(02)01059-1.

Flatt, R.J., Houst, Y.F., 2001. A simplified view on chemical effects perturbing the action of superplasticizers. Cement and Concrete Research 31 (8), 1169−1176. http://dx.doi.org/10.1016/S0008-8846(01)00534-8.

Flatt, R.J., 2004. Dispersion forces in cement suspensions. Cement and Concrete Research 34 (3), 399−408. http://dx.doi.org/10.1016/j.cemconres.2003.08.019.

Flatt, R.J., Bowen, P., 2006. Yodel: a yield stress model for suspensions. Journal of the American Ceramic Society 89 (4), 1244−1256. http://dx.doi.org/10.1111/j.1551-2916.2005.00888.x.

Flatt, R.J., Bowen, P., 2007. Yield stress of multimodal powder suspensions: an extension of the YODEL (Yield stress mODEL). Journal of the American Ceramic Society 90 (4), 1038−1044. http://dx.doi.org/10.1111/j.1551-2916.2007.01595.x

Flatt, R.J., Schober, I., Raphael, E., Plassard, C., Lesniewska, E., 2009. Conformation of adsorbed comb copolymer dispersants. Langmuir 25 (2), 845−855. http://dx.doi.org/10.1021/la801410e.

de Gennes, P.G., 1987. Polymers at an interface; a simplified view. Advances in Colloid and Interface Science 27 (3−4), 189−209. http://dx.doi.org/10.1016/0001-8686(87)85003-0.

Gelardi, G., Mantellato, S., Marchon, D., Palacios, M., Eberhardt, A.B., Flatt, R.J., 2016. Chemistry of chemical admixtures. In: Science and Technology of Concrete Admixture (Chapter 9), pp. 149−218.

Hamaker, H.C., 1937. The London—van der Waals attraction between spherical particles. Physica 4 (10), 1058−1072. http://dx.doi.org/10.1016/S0031-8914(37)80203-7.

Kjeldsen, A.M., Flatt, R.J., Bergström, L., 2006. Relating the molecular structure of comb-type superplasticizers to the compression rheology of MgO suspensions. Cement and Concrete Research 36 (7), 1231−1239. http://dx.doi.org/10.1016/j.cemconres.2006.03.019.

Lesko, S., Lesniewska, E., Nonat, A., Mutin, J.C., Goudonnet, J.P., 2001. Investigation by atomic force microscopy of forces at the origin of cement cohesion. Ultramicroscopy 86 (1−2), 11−21. http://dx.doi.org/10.1016/S0304-3991(00)00091-7.

Lewis, J.A., Matsuyama, H., Kirby, G., Morissette, S., Young, J.F., 2000. Polyelectrolyte effects on the rheological properties of concentrated cement suspensions. Journal of the American Ceramic Society 83 (8), 1905−1913. http://dx.doi.org/10.1111/j.1151-2916.2000.tb01489.x.

Lifshitz, E.M,, 1956. The theory of molecular attractive forces between solids. Soviet Physics JETP 2, 73−83.

Marchon, D., Mantellato, S., Eberhardt, A.B., Flatt, R.J., 2016. Adsorption of chemical admixtures. In: Aïtcin, P.-C., Flatt, R.J. (Eds.), Science and Technology of Concrete Admixtures, Elsevier (Chapter 10), pp. 219−256.

Nägele, E., 1985. The zeta-potential of cement. Cement and Concrete Research 15 (3), 453−462. http://dx.doi.org/10.1016/0008-8846(85)90118-8.

Nägele, E., 1986. The zeta-potential of cement: Part II: effect of pH-value. Cement and Concrete Research 16 (6), 853−863. http://dx.doi.org/10.1016/0008-8846(86)90008-6.

Nkinamubanzi, P.-C., Mantellato, S., Flatt, R.J., 2016. Superplasticizers in practice. In: Aïtcin, P.-C., Flatt, R.J. (Eds.), Science and Technology of Concrete Admixtures Elsevier (Chapter 16), pp. 353−378.

Palacios, M., Flatt, R.J., 2016. Working mechanism of viscosity-modifying admixtures. In: Aïtcin, P.-C., Flatt, R.J. (Eds.), Science and Technology of Concrete Admixtures, Elsevier (Chapter 20), pp. 415−432.

Palacios, M., Bowen, P., Kappl, M., Butt, H.J., Stuer, M., Pecharromán, C., Aschauer, U., Puertas, F., 2012. Repulsion forces of superplasticizers on ground granulated blast furnace slag in alkaline media, from AFM measurements to rheological properties. Materiales de Construcción 62 (308), 489−513. http://dx.doi.org/10.3989/mc.2012.01612.

Pedersen, H.G., Bergström, L., 1999. Forces measured between zirconia surfaces in poly(acrylic acid) solutions. Journal of the American Ceramic Society 82 (5), 1137−1145. http://dx.doi.org/10.1111/j.1151-2916.1999.tb01887.x.

Pellenq, R.J.-M., Caillol, J.M., Delville, A., 1997. Electrostatic attraction between two charged surfaces: a (N, V, T) Monte Carlo simulation. The Journal of Physical Chemistry B 101 (42), 8584−8594. http://dx.doi.org/10.1021/jp971273s.

Perrot, A., Lecompte, T., Khelifi, H., Brumaud, C., Hot, J., Roussel, N., 2012. Yield stress and bleeding of fresh cement pastes. Cement and Concrete Research 42 (7), 937−944. http://dx.doi.org/10.1016/j.cemconres.2012.03.015.

Plank, J., Winter, C., 2008. Competitive adsorption between superplasticizer and retarder molecules on mineral binder surface. Cement and Concrete Research 38 (5), 599−605. http://dx.doi.org/10.1016/j.cemconres.2007.12.003.

Plank, J., Sachsenhauser, B., 2006. Impact of molecular structure on zeta potential and adsorbed conformation of α-allyl-ω-methoxypolyethylene glycol − maleic anhydride super-plasticizers. Journal of Advanced Concrete Technology 4 (2), 233−239.

Russel, W.B., Saville, D.A., Schowalter, W.R., 1992. Colloidal Dispersions. Cambridge

University Press.

Uchikawa, H., Hanehara, S., Sawaki, D., 1997. The role of steric repulsive force in the dispersion of cement particles in fresh paste prepared with organic admixture. Cement and Concrete Research 27 (1), 37–50. http://dx.doi.org/10.1016/S0008-8846(96)00207-4.

Verwey, E.J.W., Overbeek, J.Th.G., Overbeek, J.T.G., 1999. Theory of the Stability of Lyophobic Colloids. Courier Dover Publications.

Yahia, A., Flatt, R.J., Mantellato, S., 2016. Concrete rheology: A basis for understanding chemical admixtures. In: Aïtcin, P.-C., Flatt, R.J. (Eds.), Science and Technology of Concrete Admixtures Elsevier. (Chapter 7), pp. 97–128.

Yang, M., Neubauer, C.M., Jennings, H.M., 1997. Interparticle potential and sedimentation behavior of cement suspensions: review and results from paste. Advanced Cement Based Materials 5 (1), 1–7. http://dx.doi.org/10.1016/S1065-7355(97)90009-2.

Yoshioka, K., Sakai, E., Daimon, M., Kitahara, A., 1997. Role of steric hindrance in the performance of superplasticizers for concrete. Journal of the American Ceramic Society 80 (10), 2667–2671. http://dx.doi.org/10.1111/j.1151-2916.1997.tb03169.x.

Zhou, Z., Scales, P.J., Boger, D.V., 2001. Chemical and physical control of the rheology of concentrated metal oxide suspensions. Chemical Engineering Science NEPTIS 8, 56 (9), 2901–2920. http://dx.doi.org/10.1016/S0009-2509(00)00473-5.

Zhou, Z., Solomon, M.J., Scales, P.J., Boger, D.V., 1999. The yield stress of concentrated flocculated suspensions of size distributed particles. Journal of Rheology (1978-Present) 43 (3), 651–671. http://dx.doi.org/10.1122/1.551029.

12
化学外加剂对水泥水化的影响

12.1　引言

众所周知，许多化学外加剂会延缓水泥水化，对缓凝剂而言这当然是有利影响，但是对许多其他外加剂则是不必要的。第 16 章和第 18 章中给出了使用缓凝剂和不使用缓凝剂的示例（Nkinamubanzi 等，2016；Aïtcin，2016）。水泥水化基础已在第 3 章和第 8 章中进行了介绍（Aïtcin，2016a；Marchon 和 Flatt，2016），读者可着重参考第 8 章中不同矿相的水化机理，讨论化学外加剂对水化的影响（Marchon 和 Flatt，2016）。

本章的第一部分按惯例分析大多数化学外加剂对水泥水化的影响机理（12.2 节）。本章重点关注超塑化剂，给出的例子大多数都与之有关。其原因在于，对超塑化剂而言，缓凝大多是一种不希望出现的效果，而且笔者认为在低熟料水泥中，缓凝的后果会带来持续的问题。此外，由于聚羧酸类（PCE）超塑化剂的重要性（见第 9 章：Gelardi 等，2016）及其分子设计的灵活性，笔者专门用一节（12.3 节）介绍其对水泥水化的影响。最后，因为糖类（一般称为碳水化合物）是最常用的缓凝剂，因此着重研究其对缓凝作用的影响，相关内容将在最后一节详细说明。此外，它们还具有多种可能的分子结构，因此也具有设计灵活性（另见第 9 章：Gelardi 等，2016）。

一般来说，化学外加剂的缓凝作用不仅取决于其掺量、化学性质、分子结构和添加时间（图 12.1），还取决于水泥特性，如矿物成分、细度以及有效硫酸盐含量。此外，如第 15 章所述，商用外加剂通常含有多种复配成分。例如，除了聚合物分散剂

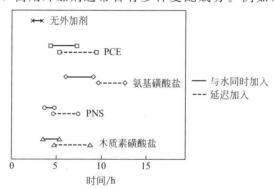

图 12.1　不同外加剂添加时间对普通硅酸盐水泥凝结时间（初凝和终凝）的影响示意图

改编自 Hanehara 和 Yamada（1999）

之外，商用超塑化剂还可能含有消泡剂、速凝剂和调黏剂，这些成分均会影响缓凝效果。

在量热测试中，缓凝效果通常表现为诱导期延长。然而，化学外加剂对水化作用的影响并不总是延迟水化主峰的出现。例如，化学外加剂还可以改变加速期的斜率以及最大放热（即主峰峰高）或取代硫酸盐耗尽峰。这种变化会导致水化过程的量热特征完全不同，如图 12.2 中两种不同的超塑化剂和图 12.3 中用作硅酸盐水泥缓凝剂的葡萄糖对水泥水化的影响。这意味着在水化过程中，化学外加剂和水泥之间会发生复杂的相互作用，并且从根本上改变不同矿相的溶解、成核或生长速率。这些变化也可能会改变水泥水化中控速步骤的性质，这将在本章后面介绍。

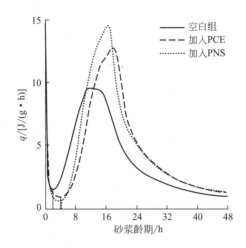

图 12.2　等温量热法示例

图中为聚羧酸类（PCE）超塑化剂和聚萘磺酸盐（PNS）超塑化剂对普通硅酸盐水泥砂浆水化的影响。曲线形状的差异显著

经许可转自 Robeyst 等（2011）

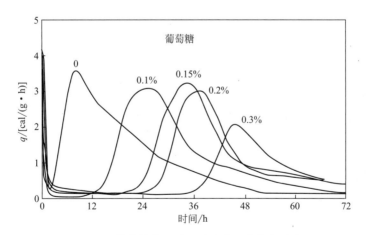

图 12.3　葡萄糖掺量对硅酸盐水泥水化的影响

经许可转自 Ramachandran 和 Lowery（1992）

12.2 缓凝机理

前面的例子说明了不同化学性质和分子结构的一系列外加剂如何以各种方式影响水泥水化。尽管许多研究以此为主题，但外加剂改变水化过程的机理仍不清楚（Cheung等，2011；Bishop 和 Barron，2006）。目前提出的假设包括：

- 钙离子的络合作用；
- 抑制无水矿相的溶解；
- 抑制水化产物成核；
- 扰动铝酸盐-硅酸盐-硫酸盐平衡。

下面分小节讨论每种情况。

12.2.1 溶液中钙离子的络合

化学外加剂与溶液中的离子（特别是钙离子）相互作用，可以延缓水化产物成核所需的过饱和状态形成时间。众所周知，在纯净环境中（即一般只含一种盐的聚合物的纯溶液），有机外加剂能以不同的方式与离子形成络合物，其稳定性取决于化学作用的性质、所涉及的金属离子以及环境条件（Smith 等，2003）。

关于 PCE 聚氧乙烯侧链与阳离子的相互作用，Heeb 等（2009），Tasaki（1999），Masuda 和 Nakanishi（2002），提到第一种作用方式，其类似于冠醚的离子络合作用，即阳离子通过与醚氧原子的离子化偶极作用固定在聚醚环内。Plank 和 Sachsenhauser（2009）提到了第二种 PCE 可能的络合方式，其中，主链的羧基与钙离子形成单齿或双齿配体，络合形式取决于主链上的离子电荷密度。

不同研究表明，在 C_3S 水化过程（Comparet，2004 年）或 C-S-H 成核过程（Picker，2013）中，高电荷羧酸聚合物和钙离子之间形成了络合物。然而，体系中引入的低掺量缓凝分子和真正参与络合过程的电荷数量会限制钙络合物的迁移量。此外，超塑化剂和其他外加剂，如膦酸盐或糖类，在溶液中的络合稳定性太低，不足以显著影响钙浓度，也不能解释显著缓凝的情况（Comparet，2004；Lothenbach 等，2007；Richter 和 Winkler，1987；Popov 等，2009；Young，1972）。此外，Thomas 和 Birchall（1983）对糖类的研究中提出，络合能力和缓凝效果之间未发现直接的对应关系。例如，缓凝能力最强的糖，络合能力最低。尽管相对简单，但至少在提出进一步证据之前，这一论点提供了一个合理的解释来说明钙的络合作用与水泥水化的延缓作用并无直接的对应关系。

12.2.2 抑制无水矿相的溶解

化学外加剂可以通过吸附作用溶解无水相，降低离子释放到溶液中的速率。通过电导率测试，Comparet（2004）观察到 PCE 因延缓了无水 C_3S 溶解和 C-S-H 自由生长而导致电导率增加，由此得出，PCE 能强烈延缓 C_3S 溶解，可能对水化产物的生长产生额外的影响，甚至对电荷密度最高的聚合物起到了阻碍作用。Nicoleau（2004）和

Pourchet 等（2007）证实了该结论，当表面带有羧基、核为苯乙烯和丁二烯共聚物的乳液吸附后，强烈延缓了硅酸盐的溶解（图 12.4）。这一结论是运用电感耦合等离子体发射光谱（ICP-OES）测量 C_3S 在含有乳液的氢氧化钙饱和稀溶液中，溶解期间钙和硅的浓度得出的。

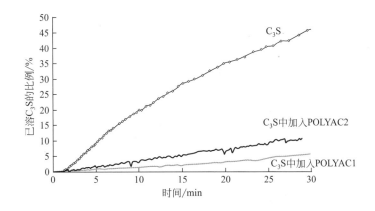

图 12.4　羧基乳液延缓硅酸盐的溶液

1.5mg C_3S 溶于 200mL 11mmol/L 的氢氧化钙饱和溶液中，并加入两种羧基乳液

POLYAC1 和 POLYAC2 各 0.4g。该乳液表面带有羧基、核为苯乙烯和丁二烯共聚物

经许可改编自 Nicoleau（2004）

值得注意的是，上述两个例子均为氢氧化钙的饱和稀溶液体系，外加剂掺量很高，不能代表水泥浆体早期水化的实际情况。但上述结果表明，含有羧基的外加剂能显著降低 C_3S 的溶解速率和初始 C-S-H 的成核速率，从而引出下一个假说。然而还必须强调一个事实，即外加剂可能会通过阻碍腐蚀坑扩展而延缓溶解（Suraneni 和 Flatt，2015b）。这种情况可能会使水化主峰后移，结果与使用 PCE 后观察到的延缓现象一致。由于大部分腐蚀坑会在水化过程中扩展，而化学外加剂可降低其扩展的概率，近年来人们也开始重视外加剂对腐蚀坑扩展的可能影响（Nicolau 和 Bertolim，2015）。

12.2.3　抑制水化产物成核和生长

化学外加剂可以影响和改变矿物的成核和生长（Grif finetal，1999；Fricketal，2006）。一些研究表明，C_3S 和水泥水化过程中，化学外加剂可通过不同方式干扰水化产物的沉淀和生长。例如，通过在晶核或颗粒表面吸附使晶核中毒或抑制水化产物生长（Picker，2013；Thomas 和 Birchall，1983；Garci Juenger 和 Jennings，2002）；通过超塑化剂的分散效应改变溶解动力学（Ridi 等，2003，2012；Sowoidnich 和 Rössler，2009）；阻碍原本有利的方向的晶体生长。对于第一种情况，一些研究（Thomas 和 Birchall，1983；Garci Juenger 和 Jennings，2002）表明，蔗糖的缓凝能力来自对氢氧化钙晶核的毒化（将在 12.4 节进一步说明）。如果氢氧化钙的沉淀受到抑制，C_3S 无法继续溶解，由于溶液的饱和度没有改变，因此 C-S-H 无法沉淀，从而导致诱导期延长（Bullard 和 Flatt，2010）。

以 PCE 超塑化剂为例，研究 PCE 对水泥水化产物沉淀析出影响的模型体系，已有一些探讨了线形和梳形聚羧酸对 $CaCO_3$ 沉淀的影响（Rieger 等，2000；Falini 等，2007；Keller 和 Plank，2013）。Rieger 等（2000）研究表明，非晶态 $CaCO_3$ 前驱体可通过溶解和重结晶形成方解石，由线形羧酸链组成的网络可通过 Ca^{2+} 桥接固定前驱体，避免其溶解及重结晶。Falini 等（2007）认为，高掺量聚羧酸外加剂[1]不仅可抑制 $CaCO_3$ 沉淀，并且其侧链的长度和密度也会影响晶体生长、尺寸和形态的改变。Keller 和 Plank（2013）也证实了这一点，作者提到 $CaCO_3$ 晶核通过羧基与 Ca^{2+} 的络合作用沿聚合物主链分布。因此，作者得出结论，当 PCE 存在时，PCE 稳定的初始方解石纳米晶体可通过自组装形成介晶。

C-S-H 沉淀过程也存在类似机理，同时 Ca^{2+} 的参与可以解释 C_3S 水化的延迟。事实上，有人提出在 C-S-H 成核的第一步，Ca^{2+} 引发硅酸盐低聚反应，这些低聚物桥接形成更大的团聚体（Picker，2013）。PCE 存在条件下，水化产物前驱体可以通过 Ca^{2+} 桥接吸附到聚合物带负电的位置上，从而稳定下来防止团聚，抑制 C-S-H 成核。Picker（2013）利用钙滴定来研究高电荷聚丙烯酸链对 C-S-H 在 Na_2SiO_3 和 $CaCl_2$ 溶液中成核的影响。结果表明，首先，聚合物改变了预成核反应的斜率（图 12.5 中的位置 1），表明 Ca^{2+} 和硅酸盐的相互作用发生了变化。然后第一个成核点（位置 2）被推迟，并发生在较高的过饱和度。初级粒子可能被聚合物稳定，但不能吸收额外的 Ca^{2+}（位置 3）。接着钙电位下降，表明 C-S-H 通过异相成核过程在初级粒子上二次形成（位置 4）。

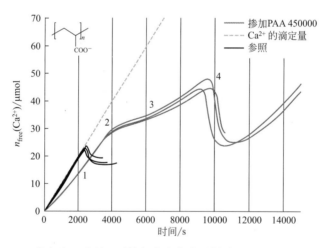

图 12.5　掺加和（参照）不掺加高电荷聚丙烯酸（PAA 450000）时，$CaCl_2$ 溶液加入 Na_2SiO_3 过程中游离 Ca^{2+} 的变化

经授权转自 Picker（2013）

---

[1] 根据下文内容，此处应当是指"聚羧酸类外加剂"，而非单纯指"含羧酸的外加剂"，为避免歧义予以订正。——译者注

最后一项研究对水泥水化缓凝的可能原因提供了有益的见解。然而，它只针对简单条件下的C-S-H沉淀，并没有解释为什么在PCE的常规掺量下（含羧基的浓度远低于该研究），浆体中的延迟可增加至数小时甚至数天，其中一部分分子不仅可以吸附在C-S-H上，还可以吸附在其他水化产物和无水相上。简而言之，作者认为不应忽视水泥的多组分特性。由此引出了关于缓凝的最后一个假设。

12.2.4　扰动硅酸盐-铝酸盐-硫酸盐平衡

超塑化剂会干扰铝酸盐-硅酸盐-硫酸盐的平衡，从而导致严重的缓凝。相较于其他机理，该过程极难预测，原因可能在于对聚合物掺量的非线性依赖（Cheung等，2011）。该过程还可能突然出现在成分相似的水泥中，在这些水泥中并不缓凝。

笔者认为，当扰动发生时，这种缓凝机制是最棘手的问题之一，因为其会产生高度非线性，增加缓凝的不可预测性。这也是研究最少、对其机制理解最少的过程之一。因此，本节主要介绍相关的最新进展，以揭示与解释超塑化剂的缓凝机理。

为了更好地理解缓凝机理，我们认为当同时考虑主要水泥相、硅酸盐、铝酸盐和硫酸盐时，会增加额外的复杂性。这一点是不可忽略的，因为如第10章所述，减水剂在各个阶段的吸附并不相同（Marchon等，2016）。因此，尽管对掺加超塑化剂的纯C_3S体系进行研究有助于理解它们对基本机理的影响，但仍需要外加剂在含硅酸盐-铝酸盐-硫酸盐体系中的行为数据，以便更好地理解在这种情况下偶尔会出现的严重缓凝现象（Marchon等，2014）。这需要研究硅酸盐-铝酸盐-硫酸盐之间平衡的重要性，正如第8章和Lerch（1946）或Tenoutasse（1968）的研究中所阐名的。在这些工作中，研究了高效减水剂对水泥模型的影响（Marchon等，2014），而不是对硅酸盐水泥的影响，可以分离出在普通硅酸盐水泥中无法区分和控制的重要参数，如碱的用量和种类以及硫酸盐的影响。

在这种耦合的化学体系中掺加超塑化剂的研究是一个复杂而富有挑战性的课题。事实上，除了第8章讨论的C_3S水化与铝酸盐反应的关系外（Marchon和Flatt，2016），减水剂和超塑化剂还可以改变铝酸盐与硫酸盐的相互作用。有证据表明，它们通过干扰钙矾石的形成或单硫型水化硫铝酸钙（AFm）的转变等来影响铝酸盐的反应（Comparet，2004；Young，1972；Collepardi，1996；Prince等，2003；Roncero等，2002；Chen和Struble，2011；Prince等，2002）。许多研究的一个重要特点是，C_3A水化会消耗一部分添加的化学外加剂，如通过增大比表面积或使外加剂嵌入有机矿相（见第10章；Marchon等，2016）。

水泥水化过程中主要相之间平衡的微扰表现为所谓硫酸盐耗尽峰的形状和出现时间的改变。例如，在研究PCE与C_3A含量不同的水泥间相互作用时可以观察到这一点（Zingg等，2009），其中对硫酸盐耗尽峰影响最大的是C_3A含量最高的水泥。特别是如图12.6所示，在电荷密度最高的PCE（PCE 23-6）存在下，无法区分主水化峰和硫酸盐耗尽峰。

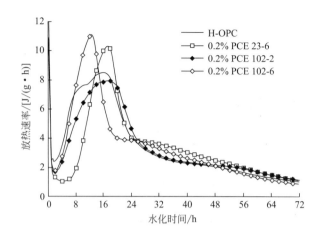

图 12.6　掺加不同类型 PCE 水泥浆体的水化效率速率曲线

图例 PCE X-Y 中，X 表示侧链中环氧乙烷（EO）单元的数目，Y 表示接枝率

经许可转自 Zingg 等（2009）

其他研究（Lothenbach 等，2007；Jansen 等，2012；Winnefeld 等，2009；Sandberg 等，2007）也观察到了这一点，在超塑化剂存在条件下，硫酸盐耗尽峰会迁移至早于硅酸盐水化峰。两峰合并会导致主峰变窄和最大放热速率值改变。放热速率的变化意味着硫酸盐消耗加速或有效硫酸盐含量改变。事实上，如上所述，关于超塑化剂对水泥中铝酸盐反应影响的研究（Comparet，2004；Young，1972；Collepardi，1996；Prince 等，2003；Roncero 等，2002；Chen 和 Struble，2011；Prince 等，2002；Jansen 等，2012；Rössler 等，2007；Jiang 等，2012）表明，外加剂可以影响钙矾石沉淀从而影响硫酸盐的反应。目前已提出了各种机制来解释这一点，概述如下：

① 第一种假设是 PCE 吸附在硫酸盐上阻碍或减缓其溶解（Rössler 等，2007）。因此，硫酸盐供应速率无法控制 C_3A 溶解，导致假凝，也可称为"假"硫酸盐耗尽点（体系表现为没有更多可用硫酸盐，但其仍以未反应的形式存在）。

② 第二种解释是 PCE 存在的条件下，未水化颗粒的分散性更好，加快了 C_3A 溶解，导致硫酸盐消耗更快（Jansen 等，2012）。支持该解释的一项观察结果是，PCE 的掺加促进了钙矾石沉淀（Jansen 等，2012；Jiang 等，2012）。

③ 然而钙矾石沉淀的增加主要发生在水化的第一分钟内，由此作者提出第三个假设，即 PCE 有利于钙矾石成核（Comparet，2004）。由此可为钙矾石生长提供较大的表面积，导致硫酸盐消耗加快，使硫酸盐消耗点提前。虽然多次观察到钙矾石沉淀的这种增加，但其原因尚不清楚。

最后还应指出，上述任何一种机理都可能导致在 PCE 存在条件下钙矾石形貌的改变。例如，分子在钙矾石上的吸附会阻碍其进一步生长或影响特定晶面的生长速率（Rössler 等，2007；Eusebio 等，2011）。此外，PCE 在晶核上的吸附会改变钙矾石的饱和度，从而改变钙矾石的成核速率（Comparet，2004）。除了这些比较笼统的说法之外，文献中似乎没有更清楚地说明 PCE 如何通过其用量或分子结构来改变钙矾石的形貌。

如上所述，尽管不常见，但化学外加剂通过干扰铝酸盐-硅酸盐-硫酸盐平衡而导致硅酸盐强烈缓凝仍是一个非常复杂的现象，但这并不意味着可以忽略化学外加剂与铝酸盐的相互作用。事实上，已经证明水泥中 C_3A 和碱含量对超塑化剂存在时的缓凝有重要影响（Zingg 等，2009；Winnefeld 等，2007b；Regnaud 等，2011）。这些研究指出，PCE 在铝酸盐上的强烈吸附会减少用于延缓 C_3S 水化的 PCE 量。这意味着，在一定掺量下，铝酸盐含量较高的水泥，其硅酸盐峰的延迟应较小。这方面的挑战在于确定聚合物与铝酸盐相互作用的比例，以及分子结构以何种方式控制这种比例。据笔者所知，这仍然是该研究领域的一个重要挑战。

12.3　超塑化剂的缓凝作用

对比相关研究（Hanehara 和 Yamada，1999；Robeyst 和 De Belie，2009；Comparet，2004；Wang 等，2009）可知，对于所有超塑化剂，相同掺量下 PCE 的缓凝作用最强（除了木质素磺酸盐❶）。如上所述，通常认为该缓凝作用源自 PCE 在体系中某一矿相（反应物或产物）上的吸附。

可以定性地预测，相同的分子结构会影响其在这些矿相上的吸附，尽管吸附的程度应有所不同。若是如此，我们在研究超塑化剂的流变性能与其分子结构的关系时，可从早龄期的吸附研究中获益。

12.3.1　PCE 超塑化剂分子结构的作用

如上所述，吸附量是衡量超塑化剂分散效果最重要的参数之一（更多相关的处理方法参见第 10 章和第 11 章；Marchon 等，2016；Gelardi 和 Flatt，2016）。对于 PCE，吸附主要受主链和侧链的长度以及接枝度影响（Marchon 等，2013）。Winnefeld 等（2007b）研究表明，聚合物的电荷密度（单位质量的电荷数）越高，聚合物的消耗量越大（即吸附性越好），水泥浆体的屈服应力越低（即分散性越好），如图 12.7 所示。聚合物（电荷密度最高的聚合物）吸附越多，诱导期越长，加速期越晚开始（实验中每种聚合物掺量为 0.3%）。

关于侧链长度和接枝度的相对影响，一些研究结果表明（Comparet，2004；Pourchet，2007；Winnefeld，2007a、b；Yamada，2000），羧醚比（C/E）一定、侧链较短，与侧链一定、C/E 增大均能提高缓凝效果。这并不奇怪，两种情况下，羧酸基团相对聚合物质量分数均增加，导致吸附效率提高，缓凝效果延长。因此，将聚合物掺量表示为引入羧基数量或每个分子羧基浓度的函数，而不是聚合物相对于水泥的质量分

---

❶ 木质素磺酸盐应被视为高效减水剂。单独使用会引起明显的缓凝作用，这可以通过残余糖来增加。糖对水化作用的影响将在第 12.4 节中讨论。关于与木质素磺酸盐和缓凝有关的文献综述可参考 Collepardi（1996）。

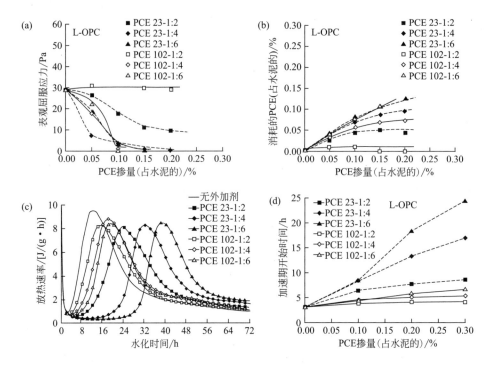

图 12.7　聚甲基丙烯酸分子结构对普通硅酸盐水泥屈服应力（a）、
吸附（b）、等温量热（c）和加速期开始时间（d）的影响

经许可转自 Winnefeld 等（2007）

数（Kirby 和 Lewis，2004；Moratti 等，2011）是有意义的。然而，吸附是一个复杂的
过程，与分子结构参数的具体组合有关，因此单变量分析不太有效。相比之下，与例如
吸附能等参数的组合可能更有意义（Marchon 等，2013）。

12.3.2　化学组成的作用

除了 PCE 的分子结构外，主链中单体的性质和有无侧链也很重要。例如，主链由
甲基丙烯酸单体组成的无侧链聚合物具有最高电荷密度，其对水泥水化的影响最大
（Winnefeld 等，2007a；Middendorf 和 Singh，2007）。

然而，Eusebio 等人（2011）的研究表明，仅由聚丙烯酸单体组成的主链不影响
C_3S 水化。这种差异很有可能是由于生成了聚丙烯酸的一种难溶钙盐沉淀，阻止了这种
聚合物对水泥水化的负面影响。然而，对于比其主链可溶性大得多的 PCE，丙烯酸酯
基和甲基丙烯酸酯基 PCE 也有类似的差异报道（Borget 等，2005）。

Regnaud 等（2011）研究了不同丙烯酸酯基 PCE 和甲基丙烯酸酯基 PCE 存在时，
不同碱含量和 C_3A 含量硅酸盐水泥的水化。其研究表明，由甲基丙烯酸酯基 PCE 引起
的缓凝取决于最初的聚合物吸附量，而由丙烯酸酯基 PCE 引起的缓凝取决于孔溶液中
的聚合物含量。由此得出，在第一种情况下，吸附的甲基丙烯酸酯基 PCE 作用于初始

C₃S 溶解，而在第二种情况下，未吸附的丙烯酸酯基 PCE 主要作用于 C-S-H 成核。然而当碱含量或 C₃A 含量改变时，作者确实观察到两种聚合物之间的行为差异。

此时应当回顾，丙烯酸酯基 PCE 的侧链在碱性介质中逐渐水解，而甲基丙烯酸酯的侧链则更加稳定（见第 9 章：Gelardi 等，2016）。虽然这有利于调控流动度保持性（见第 15 章：Mantellat 等，2016），但在研究含丙烯酸酯主链 PCE 对水化作用的影响时还存在问题。事实上，其离子电荷随着时间的推移而增加，这必然影响它们的吸附和对水化的影响。

12.4　糖的缓凝作用

12.4.1　综述

众所周知，糖是高效缓凝剂。然而，它们之间存在巨大差异，有些甚至根本无法延缓混凝土的硬化。几十年来，该课题一直吸引着众多研究者，并成为许多文献的研究对象，Collepardi（1996）总结了 1990 年以前关于该课题的工作。

关于这一课题的早期研究，笔者建设读者参阅 Thomas 和 Birchall（1983）关于糖分子结构在缓凝中的作用的里程碑式论文，以及 Young（1972）关于该课题极有见地的综述。本节中将根据该主题的最新研究进展，总结一些重要特征，试图揭示糖的分子结构在缓凝程度上的作用。在本节中，笔者从理化方面进行更多的探讨，想了解糖的化学结构细节的读者可以参阅第 9 章中的相关章节（Gelardi 等，2016）。

12.4.2　研究概况

经常可以观察到下面的现象，即许多缓凝剂会延迟加速期的开始，而加速期的反应速率又高于参照组，因此将糖和其他具有相同效果的产品称为延迟加速剂（delayed accelerators）（Young，1972；Milestone，1979）。具体到糖类，这在脂肪族糖类中已有广泛的报道（Zhang 等，2010）。但正如上节所述，这一点在聚羧酸超塑化剂中一般不会观察到，至少在低掺量下如此。

还观察到，添加糖不会对强度等后期性能产生不利影响（提供足够的水化时间以达到与参照组相似的水化程度)(Zhang 等，2010)。但一些文献报道提到，糖的添加可使强度有轻微增加，但缺乏耐久性的相关研究。这是一个值得研究的课题，因为糖（和一般缓凝剂）倾向于促进水泥颗粒的整体生长，而不是表面生长，至于成核（见第 8 章：Marchon 和 Flatt，2016），原则上可促进毛细管孔更有效地封闭。

大多数涉及不同葡萄糖的比较研究往往得出这样的结论，即蔗糖是最有效的缓凝剂（Thomas 和 Birchall，1983；Zhang，2010；Smith，2012），不同糖之间的差异非常大，原因下面将会介绍。

最后，关于葡萄糖对液相组成的影响，所有文献都指出，葡萄糖会导致铝和硅的浓度增加（Thomas 和 Birchall，1983；Luke 和 Luke，2000），然而在对钙的影响方面存在一些差异。多数文献指出掺加蔗糖会增加钙的浓度（Thomas 和 Birchall，1983；

Luke 和 Luke，2000），但 Luke 和 Luke（2000）的研究结果正好相反。最有可能的原因是固液比不同［Luke 和 Luke（2000）使用的是浆体，而其他研究大多数使用的是稀悬浮液］。事实上，如图 12.8 所示，在稀悬浮液中，钙浓度随时间和蔗糖浓度持续增加［图 12.8（a）］。在较浓的悬浮液中［图 12.8（b）］，不含蔗糖的悬浮液显示出与氢氧化钙成核相对应的预期钙浓度峰值，最大值约为 25mmol。在蔗糖浓度最低的情况下，该浓度要低得多，约 15mmol，明显低于氢氧化钙的饱和度，表明矿相溶解受到阻碍。然而，随着蔗糖浓度增加，钙浓度也随之增加，最终超过未掺加蔗糖悬浮液中的钙浓度。如 12.4.5.1 节所述，这可能是由于 pH 变化造成的。因此，糖对水化作用的影响取决于固液比，在对文献进行比较研究时必须仔细。

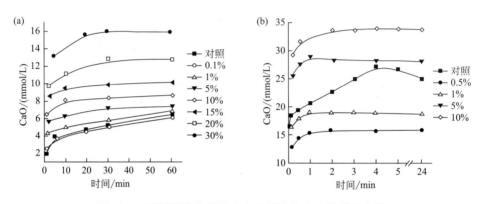

图 12.8 不同蔗糖掺量下 C_3S 悬浮液中 CaO 浓度的变化

（a）1g/L 的 C_3S 溶液中含 0、0.1%、1%、5%、10%、15%、20% 和 30% 的蔗糖；

（b）15g/L 的 C_3S 溶液中含 0、0.5%、1%、5% 和 10% 的蔗糖

改编自 Andreeva 等（1980）

12.4.3 分子结构的作用

Thomas 和 Birchall（1983）将文献中研究的糖根据缓凝效果分为三类（表 12.1）。图 12.9 和图 12.10 分别给出了相应还原糖和非还原糖的分子结构。

表 12.1 **Thomas 和 Birchall（1983）依据缓凝效果对碳水化合物进行的分类**

无延迟	良好的缓凝剂	优良的缓凝剂
甲基葡萄糖苷[2]	葡萄糖[1]	蔗糖[2]
海藻糖[2]	麦芽糖[1]	棉籽糖[2]
	乳糖[1]	
	纤维二糖[1]	

[1] 还原糖。

[2] 非还原糖。

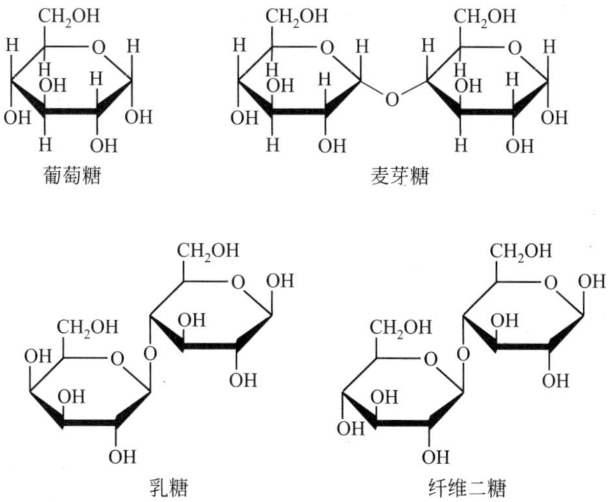

图 12.9　Thomas 和 Birchall（1983）研究的还原糖的分子结构

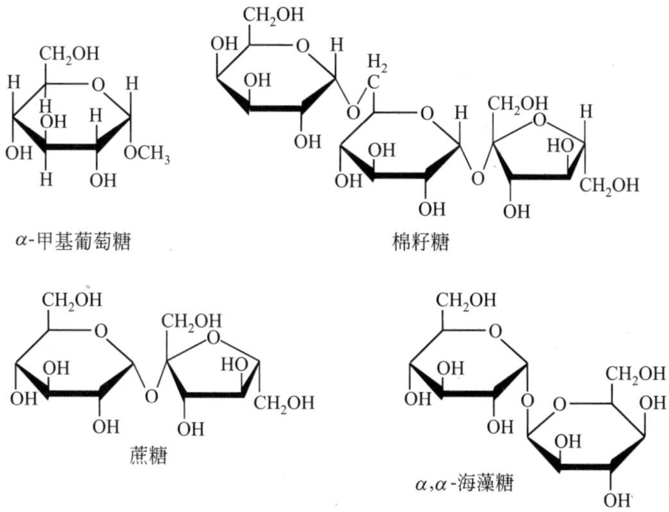

图 12.10　Thomas 和 Birchall（1983）研究的非还原糖的分子结构

Zhang 等（2010）研究了涵盖不同立体异构体和链长的各种短线形糖类的缓凝效果。表 12.2 列出了所用分子及其不同掺量下的缓凝时间。图 12.11 给出了 C_3S 反应程度随时间变化的示意图。

从分子结构对缓凝作用的影响来看，含有苏式二羟基官能团（*threo*-dihydroxy functionality）的脂肪糖醇对 C_3S 和普通硅酸盐水泥均有缓凝作用（Zhang 等，2010）。这类糖的立体碳上相邻的羟基以锯齿形投影在平面的同一侧（表 12.2 中所用投影类型）。这种非对映异构体也被称为具有顺式构象。Zhang 等（2010）得出，这些脂肪族糖的相对有效性随苏式羟基对数量的增加而增加，并且在较小程度上随着分子上羟基总数的增加而增加。

表 12.2 在选定掺量下糖类的缓凝作用

糖类	外加剂	浓度/%		达到 40%水化程度所需时间/d
		摩尔分数	质量分数	
赤藻糖醇(0)①	(化学结构式)	—	—	0.3
		1.9	1.0	0.3②
核糖醇(0)	(化学结构式)	1.5	1.0	0.3②
苏糖醇(1)	(化学结构式)	2.0	1.1	<0.3③
		4.0	2.1	<0.3③
		6.0	3.2	1.5③
阿拉伯糖醇(1)	(化学结构式)	2.0	1.3	1.5③
		4.0	2.7	约 20
		6.0	4.0	>56
甘露醇(1)	(化学结构式)	1.3	1.0	2③
木糖醇(2)	(化学结构式)	0.50	0.33	<0.3
		1.0	0.67	2
		1.5	1.0	约 10
		2.0	1.3	约 20
山梨糖醇(2)	(化学结构式)	0.25	0.20	0.5④
		0.50	0.40	2④
		1.0	0.80	>56
蔗糖	(化学结构式)	0.025	0.037	2④
		0.10	0.15	>56

① 糖醇上苏式(*threo*) 二羟基对的数目。

② 在整个养护期间的影响可忽略不计。

③ 在第 3 天水化程度达到 80% (对照组在第 14 天水化 80%)。

④ 在第 7 天水化 80%。C_3S，硅酸三钙。

注：在水固比为 0.6、温度为 21℃±1℃的条件下对 C_3S 浆体进行了实验。

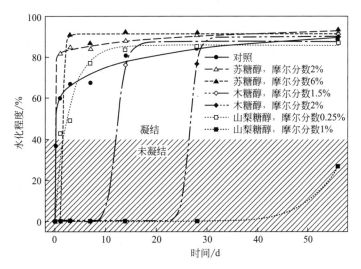

图 12.11　在 21℃±1℃下，糖醇对硅酸三钙水化程度和终凝时间的影响

经许可转自 Zhang 等（2010）

12.4.4　络合和稳定性的作用

研究人员一致认为，无论以何种形式，无论在溶液中还是水化产物或未水化相的表面，络合作用在缓凝反应中均起一定作用。然而，溶液中的络合作用与缓凝程度并不成正相关（Thomas 和 Birchall，1983）。例如，在表 12.1 中，非还原糖蔗糖（优良的缓凝剂）和甲基葡萄糖苷（无缓凝效果）的钙结合能力低于葡萄糖（中等缓凝剂）。

还原糖具有较高的络合能力，是由于在高 pH 条件下它们能通过大量开环反应和降解进行化学改性（见第 9 章；Gelardi，2016；De Bruijn，1986，1987a，b；Smith，2011，2012）。为研究油井水泥的应用，Smith 等研究了在 95℃下蔗糖、葡萄糖与麦芽糖对水泥浆体、C_3S 以及 C_3A 和石膏混合物的影响（Smith，2011，2012）。相对于混凝土普通施工条件，这种高温会改变铝酸盐的稳定性，其他预期变化包括络合与吸附。然而这些研究的结果非常有趣，为糖对水泥的缓凝作用机理提供了新的见解。特别是有关报道称：

- 葡萄糖完全降解，蔗糖未降解。
- 葡萄糖的降解产物吸附在铝酸盐水化产物上，也可能吸附在硅酸盐上。
- 蔗糖不吸附在铝酸盐水化产物上，但可能吸附在 C_3A 和硅酸盐上。
- 在后一种情况下，吸附似乎与 C_3S 表面的羟基化位点有关。

即使在极端条件下，蔗糖也具有稳定性，这促使笔者接下来主要考虑该分子的作用。

在高 pH 条件下，^{13}C 和 ^{29}Si 的核磁共振（NMR）实验结果表明，蔗糖不与硅酸盐形成络合物（Thomas 和 Birchall，1983）。但 pH 高于 10.5 时，^{13}C-NMR 测试的化学位移发生变化（pH＝12 时第一次观察到），棉籽糖也是如此（Thomas 和 Birchall，

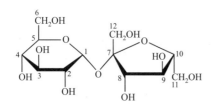

图 12.12　Popov 等（2006）研究蔗糖
分子结构所用的碳编号

1983）。这与 Popov 等人（2006）最近一项详细研究的结果一致，他们发现 pH 高于 11 时，C8 碳上醇羟基的质子（图 12.12）发生去质子化。要具体地说，它位于蔗糖和棉籽糖共有的五元环上。尽管未发生化学降解，高 pH 值下的去质子化也可使这两种糖成为良好的络合剂。这也可能使它们具有较小分子量的降解产物（例如葡萄糖）更强烈地吸附在矿相上（Smith，2011，2012）。

12.4.5　吸附的作用

12.4.5.1　在氢氧化钙上的吸附

Thomas 和 Birchall（1983）根据他们的研究结果提出，还原糖形成的双齿络合物不会毒化氢氧化钙或 C-S-H 的生长，而蔗糖和棉籽糖与钙形成的单齿络合物则会毒化。

关于氢氧化钙，这些结论与最近的一项研究一致，即该矿物会大量吸附蔗糖（Reiter 等，2015）。该研究还发现，向掺加蔗糖的水泥浆体中再掺加氢氧化钙可降低其缓凝作用，如图 12.13 所示。更有趣的是，缓凝降低效果随氢氧化钙掺加量呈线性变化，并且在氢氧化钙与蔗糖吸附饱和的相应掺量下缓凝几乎完全消失。这表明，蔗糖对氢氧化钙的亲和力高于其最初吸附的其他矿相，因此会造成缓凝。

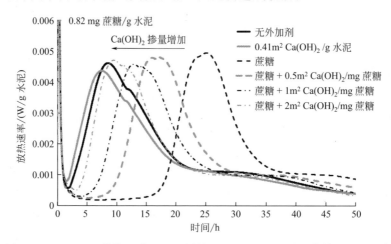

图 12.13　0.82mg 蔗糖/g 水泥和不同掺量 $Ca(OH)_2$ 的水泥浆体的放热速率

改编自 Reiter 等（2015）

蔗糖由一种矿相向另一种矿相的转移必须发生在溶液中。其中，蔗糖吸附在氢氧化钙上，导致溶液中蔗糖浓度下降，相应地，蔗糖会从 C_3S（或其他矿相）中脱附，从而重新建立吸附化学平衡（见第 10 章；Marchon，2016）。该耦合过程的速率得益于溶液中蔗糖的初始浓度不是极低。这表明蔗糖可干扰氢氧化钙的生长。这与蔗糖可使氢氧化钙晶体伸长（形貌变化）的观察是一致的（Zhang 等，2010）。

然而，影响生长是一回事，毒化成核是另一回事。若氢氧化钙存在，即使其形貌改变，其在溶液中的离子活度积也不可能比正常饱和度高太多。因此，不可能满足"终止"机理的条件（Bullard 和 Flatt，2010），因为它们需要增加氢氧化钙的离子活度积。Luke 和 Luke（2000）进一步证实了该结论，他们通过测试含蔗糖水泥浆体中的钙浓度，发现其中钙浓度低于纯水泥浆体中的氢氧化钙饱和度。

12.4.5.2　在硅酸钙上的吸附

上文提到掺加氢氧化钙可以降低甚至消除蔗糖的缓凝作用。Thomas 等（2009）通过掺加分散良好的 C-S-H 晶种也得到类似结果。对这一现象最普遍的解释是，对于氢氧化钙，掺加的 C-S-H 提供了一个蔗糖可以吸附的表面，可将蔗糖从其最初吸附的活性表面上置换，可能是 C-S-H 的表面（生长受阻）或 C_3S 的表面（羟基化或未羟基化）。

利用微型反应器研究阿利特的溶解动力学间接支持了蔗糖在 C_3S 表面吸附的可能性（Suraneni 和 Flatt，2015a）。该实例中，将蔗糖掺加到 pH＝13 的 KOH 溶液中，蔗糖会完全阻止溶解，而添加到纯水中则不会，这表明高 pH 下蔗糖可能为多层吸附。事实上，使用表面力仪（SFA）在 pH＝12.7 的云母上也观察到该现象（Smith 等，2011）。

另外值得注意的是，高 pH 下阻碍溶解的可能性可能解释了固液比对蔗糖缓凝的影响（图 12.8）。实际上，在高度稀释条件下，pH 值的上升幅度会小得多［虽未出现在图 12.8 中，但 Andreeva 等（1980）的研究中也观察到这一点］。pH 较低会导致蔗糖吸附减少，阻碍不利于溶解的钝化层的形成。然而，当固液比较高时，可以达到足够高的 pH。这还需限制蔗糖的用量，因为其酸性会对 pH 值产生负面影响。因此可根据 pH 的变化定性地解释图 12.8（a）和（b）中的不同行为。然而，在低固含量体系中蔗糖似乎也出现吸附现象（Ivanova 等，1980）。尽管如此，笔者推测该现象不会对溶解造成不利影响。

12.4.5.3　在铝酸钙上的吸附

Smith 等利用 2D ^{27}Al $\{^1H\}$ HETCOR NMR 和 2D ^{13}C $\{^1H\}$ HETCOR NMR 对硅酸盐水泥进行测试，发现蔗糖不能吸附在铝酸盐的水化产物上（Smith 等，2011，2012）。考虑到水化铝酸钙质子与蔗糖的 ^{13}C MAS 谱没有相关性，说明蔗糖并不靠近水化铝酸钙表面，由此得出蔗糖必须吸附在 C_3A 上才能阻碍其溶解（Smith 等，2011）。

由于 ^{29}Si 的天然丰度较低，Smith 等（2011）无法对硅酸盐相进行类似的测试，但可以确定在测试期间未生成 C-S-H（缺少 Q^1 和 Q^2 信号）。然而它们测试蔗糖吸附时得出，蔗糖一定吸附在 C_3S 或氢氧化钙表面，并在此发挥缓凝作用。

如上所述，须记住该研究的特殊条件（95℃ 和 1％掺量，蔗糖掺量极高）。尽管如此，这些实验为了解缓凝剂可能的工作机理提供了非常重要的见解，并说明了现代测试工具如何为古老的问题提供新的见解。

12.4.6　其他问题

综上所述，糖对水泥水化的影响并非微不足道。我们已经指出蔗糖的主要作用可能是吸附在 C_3S 表面。然而这似乎强烈依赖于 pH 值，因此碱浓度的变化（如稀释）可能产生重要影响。

部分糖在碱性条件下会降解，可能会失去吸附能力与选择性。可同时吸附在铝酸盐和硅酸盐上的物质，会由于铝酸盐相水化而消耗，因此缓凝效果较差。然而，在这种情况下，铝酸盐-硅酸盐平衡可能会被打破，由此进入另一种缓凝模式（Cheung 等，2011；Meyer 和 Perenchio，1979）。

最后，本章讨论的蔗糖在 C_3S 上的吸附与 Luke 和 Luke（2000）研究报道中蔗糖在水化铝酸钙凝胶上的吸附是不同的。区别在于：

- 与 NMR 测试结果（Smith 等，2011，2012）不一致
- 与原子力显微镜测试的层厚度结果不一致
- 在纯 C_sS 中是不可能出现的，蔗糖也可使其缓凝

12.5 结论

外加剂对水泥水化的缓凝作用是复杂的耦合体系问题。尽管该研究主题涉及所有类型超塑化剂，但其中的重要方面还没有得到细致的阐述：

- 吸附分子缓凝水化作用的确切机理。本章描述了三个基本假设：与钙离子的络合、溶解速率的降低以及对成核和生长的扰动。虽然这些假说中的大多数都有证据（通常基于对纯矿相的研究），但关于它们的相对重要性和可能的相互作用的质疑仍然存在。解决这类问题当然有赖于对水泥水化基本知识的总体理解，其他尚得解决的问题也是如此（见第 8 章：Marchon 和 Flatt，2016）。

- 硅酸盐-铝酸盐-硫酸盐平衡的不稳定性。显然外加剂影响铝酸盐水化，从而干扰硅酸盐水化，然而其作用尚未完全明确。为解决该问题，需要更多关于外加剂对铝酸盐或硅酸盐不同吸附行为的信息，以及由此引起的铝酸盐水化产物对比表面积变化的影响。事实上在大量应用中，超塑化剂正变得不可或缺，而使用大掺量超塑化剂的复合水泥体系，其早期强度有限。因此，了解分子结构与缓凝之间的关系是一个重要的课题，深入理解这一课题有助于设计具有巨大市场潜力的产品。

D. Marchon，R. J. Flatt

Institute for Building Materials，ETH Zürich，Zürich，Switzerland

参考文献

Aïtcin, P.-C., 2016a. Portland cement. In: Aïtcin, P.-C., Flatt, R.J. (Eds.), Science and Technology of Concrete Admixtures. Elsevier (Chapter 3), pp. 27−52.

Aïtcin, P.-C., 2016b. Retarders. In: Aïtcin, P.-C., Flatt, R.J. (Eds.), Science and Technology of Concrete Admixtures. Elsevier (Chapter 18), pp. 395−404.

Andreeva, E.P., Ivanova, E.V., Stukalova, N.P., 1980. Mechanism of the effect of sucrose on the hydration of beta-dicalcium and tricalcium silicates in dilute suspensions. Colloid Journal of the USSR 42 (1), 1−7.

Bishop, M., Barron, A.R., 2006. Cement hydration inhibition with sucrose, tartaric acid, and lignosulfonate: analytical and spectroscopic study. Industrial & Engineering Chemistry Research 45 (21), 7042−7049. http://dx.doi.org/10.1021/ie060806t.

Borget, P., Galmiche, L., Meins, J-F.Le, Lafuma, F., 2005. Microstructural characterisation and behaviour in different salt solutions of sodium polymethacrylate-g-PEO comb copolymers. Colloids and Surfaces A: Physicochemical and Engineering Aspects 260 (1−3), 173−182. http://dx.doi.org/10.1016/j.colsurfa.2005.03.008.

Bullard, J.W., Flatt, R.J., 2010. New insights into the effect of calcium hydroxide precipitation on the kinetics of tricalcium silicate hydration. Journal of the American Ceramic Society 93 (7), 1894−1903. http://dx.doi.org/10.1111/j.1551-2916.2010.03656.x.

Chen, C.T., Struble, L.J., 2011. Cement−dispersant incompatibility due to ettringite bridging. Journal of the American Ceramic Society 94 (1), 200−208. http://dx.doi.org/10.1111/j.1551-2916.2010.04030.x.

Cheung, J., Jeknavorian, A., Roberts, L., Silva, D., 2011. Impact of admixtures on the hydration kinetics of Portland cement. Cement and Concrete Research, 41 (12), 1289−1309. http://dx.doi.org/10.1016/j.cemconres.2011.03.005.

Collepardi, M.M., 1996. Water reducers/retarders. In: Ramachandran, V.S. (Ed.), Concrete Admixtures Handbook, second ed. William Andrew Publishing, Park Ridge, NJ, pp. 286−409 (Chapter 6). http://www.sciencedirect.com/science/article/pii/B9780815513735500106.

Comparet, C., 2004. Etude Des Interactions Entre Les Phases Modèles Representatives D'un Ciment Portland et Des Superplastifiants Du Béton. Université de Bourgogne, Dijon, France.

De Bruijn, J.M., Kieboom, A.P.G., van Bekkum, H., 1986. Alkaline degradation of monosaccharides III. Influence of reaction parameters upon the final product composition. Recueil Des Travaux Chimiques Des Pays-Bas 105 (6), 176−183. http://dx.doi.org/10.1002/recl.19861050603.

De Bruijn, J.M., Kieboom, A.P.G., van Bekkum, H., 1987a. Alkaline degradation of monosaccharides V: kinetics of the alkaline isomerization and degradation of monosaccharides. Recueil Des Travaux Chimiques Des Pays-Bas 106 (2), 35−43. http://dx.doi.org/10.1002/recl.19871060201.

De Bruijn, J.M., Touwslager, F., Kieboom, A.P.G., van Bekkum, H., 1987b. Alkaline degradation of monosaccharides Part VIII. A13C NMR spectroscopic study. Starch − Stärke 39 (2), 49−52. http://dx.doi.org/10.1002/star.19870390206.

Eusebio, L., Goisis, M., Manganelli, G., Gronchi, P., 2011. Structural Effect of the Comb-Polymer on the Hydration of C3S Phase. In: Proceedings of the 13th International Conference of Cement Chemistry, Madrid, Spain.

Falini, G., Manara, S., Fermani, S., Roveri, N., Goisis, M., Manganelli, G., Cassar, L., 2007. Polymeric admixtures effects on calcium carbonate crystallization: relevance to cement industries and biomineralization. CrystEngComm 9 (12), 1162. http://dx.doi.org/10.1039/b707492a.

Fricke, M., Volkmer, D., Krill, C.E., Kellermann, M., Hirsch, A., 2006. Vaterite polymorph switching controlled by surface charge density of an amphiphilic dendron-calix[4]arene. Crystal Growth & Design 6 (5), 1120−1123. http://dx.doi.org/10.1021/cg050534h.

Garci Juenger, M.C., Jennings, H.M., 2002. New insights into the effects of sugar on the hydration and microstructure of cement pastes. Cement and Concrete Research 32 (3), 393−399. http://dx.doi.org/10.1016/S0008-8846(01)00689-5.

Gelardi, G., Mantellato, S., Marchon, D., Palacios, M., Eberhardt, A.B., Flatt, R.J., 2016. Chemistry of chemical admixtures. In: Aïtcin, P.-C., Flatt, R.J. (Eds.), Science and Technology of Concrete Admixtures. Elsevier (Chapter 9), pp. 149−218.

Gelardi, G., Flatt, R.J., 2016. Working mechanisms of water reducers and superplasticizers. In: Aïtcin, P.-C., Flatt, R.J. (Eds.), Science and Technology of Concrete Admixtures. Elsevier (Chapter 11), pp. 257−278.

Griffin, J.L.W., Coveney, P.V., Whiting, A., Davey, R., 1999. Design and synthesis of macrocyclic ligands for specific interaction with crystalline ettringite and demonstration of a viable mechanism for the setting of cement. Journal of the Chemical Society, Perkin Transactions 2 (10), 1973−1981. http://dx.doi.org/10.1039/a902760b.

Hanehara, S., Yamada, K., 1999. Interaction between cement and chemical admixture from the point of cement hydration, absorption behaviour of admixture, and paste rheology. Cement and Concrete Research 29 (8), 1159—1165. http://dx.doi.org/10.1016/S0008-8846(99)00004-6.

Heeb, R., Lee, S., Venkataraman, N.V., Spencer, N.D., 2009. Influence of salt on the aqueous lubrication properties of end-grafted, ethylene glycol-based self-assembled monolayers. ACS Applied Materials & Interfaces 1 (5), 1105—1112. http://dx.doi.org/10.1021/am900062h.

Ivanova, E., Andreeva, E., Stukalova, N., 1980. Adsorption interactions in hydration of individual binders in carbohydrate solutions. Colloid Journal of the USSR 42 (1), 35—39.

Jansen, D., Neubauer, J., Goetz-Neunhoeffer, F., Haerzschel, R., Hergeth, W.-D., 2012. Change in reaction kinetics of a Portland cement caused by a superplasticizer — calculation of heat flow curves from XRD data. Cement and Concrete Research 42 (2), 327—332. http://dx.doi.org/10.1016/j.cemconres.2011.10.005.

Jiang, Y., Zhang, S., Damidot, D., 2012. Ettringite and monosulfoaluminate in polycarboxylate type admixture dispersed fresh cement paste. Advanced Science Letters 5 (2), 663—666. http://dx.doi.org/10.1166/asl.2012.1798.

Keller, H., Plank, J., December 2013. Mineralisation of $CaCO_3$ in the presence of poly-carboxylate comb polymers. Cement and Concrete Research 54, 1—11. http://dx.doi.org/10.1016/j.cemconres.2013.06.017.

Kirby, G.H., Lewis, J.A., 2004. Comb polymer architecture effects on the rheological property evolution of concentrated cement suspensions. Journal of the American Ceramic Society 87 (9), 1643—1652. http://dx.doi.org/10.1111/j.1551-2916.2004.01643.x.

Lerch, W., 1946. The influence of gypsum on the hydration and properties of Portland cement pastes. In: Proceedings of the American Society for Testing Materials, vol. 46.

Lothenbach, B., Winnefeld, F., Figi, R., 2007. The Influence of Superplasticizers on the Hydration of Portland Cement. In: Proceedings of the 12th International Congress on the Chemistry of Cement, Montréal.

Luke, G., Luke, K., 2000. Effect of sucrose on retardation of Portland cement. Advances in Cement Research 12 (1), 9—18. http://dx.doi.org/10.1680/adcr.2000.12.1.9.

Mantellato, S., Eberhardt, A.B., Flatt, R.J., 2016. Formulation of commercial products. In: Aïtcin, P.-C., Flatt, R.J. (Eds.), Science and Technology of Concrete Admixtures. Elsevier (Chapter 15), pp. 343—350.

Marchon, D., Juilland, P., Jachiet, M., Flatt, R.J., 2014. Impact of Polycarboxylate Super-plasticizers on Polyphased Clinker Hydration. In: Proceedings of the 34th Annual Cement and Concrete Science Conference, pp. 79—82. Sheffield, England.

Marchon, D., Sulser, U., Eberhardt, A.B., Flatt, R.J., 2013. Molecular design of comb-shaped polycarboxylate dispersants for environmentally friendly concrete. Soft Matter 9 (45), 10719. http://dx.doi.org/10.1039/c3sm51030a.

Marchon, D., Flatt, R.J., 2016. Mechanisms of cement hydration. In: Aïtcin, P.-C., Flatt, R.J. (Eds.), Science and Technology of Concrete Admixtures. Elsevier (Chapter 8), pp. 129—146.

Marchon, D., Mantellato, S., Eberhardt, A.B., Flatt, R.J., 2016. Adsorption of chemical admixtures. In: Aïtcin, P.-C., Flatt, R.J. (Eds.), Science and Technology of Concrete Admixtures. Elsevier (Chapter 10), pp. 219—256.

Masuda, Y., Nakanishi, T., 2002. Ion-specific swelling behavior of poly(ethylene oxide) gel and the correlation to the intrinsic viscosity of the polymer in salt solutions. Colloid and Polymer Science 280 (6), 547—553. http://dx.doi.org/10.1007/s00396-002-0651-x.

Meyer, L.M., Perenchio, W.F., 1979. Theory of concrete slump loss as related to the use of chemical admixtures. Concrete International 1 (1), 36—43.

Middendorf, B., Singh, N.B., 2007. Poly (Methacrylic Acid) Sodium Salt Interaction with Hydrating Portland Cement. In: Proceedings of the 12th International Congress on the Chemistry of Cement, Montréal.

Milestone, N.B., 1979. Hydration of tricalcium silicate in the presence of lignosulfonates, glucose, and sodium gluconate. Journal of the American Ceramic Society 62 (7—8), 321—324. http://dx.doi.org/10.1111/j.1151-2916.1979.tb19068.x.

Moratti, F., Magarotto, R., Mantellato, S., 2011. Influence of Polycarboxylate Side Chains Length on Cement Hydration and Strengths Development. In: Proceedings of the 13th International Conference of Cement Chemistry, Madrid, Spain.

Nicoleau, L., 2004. Interactions Physico-Chimiques Entre Le Latex et Les Phases Minérales Constituant Le Ciment Au Cours de L'hydratation. Université de Bourgogne, Dijon, France.

Nicoleau, L., Bertolim, M.A., 2015. Analytical Model for the Alite (C3S) Dissolution Topography. Journal of the American Ceramic Society. n/a—n/a. http://dx.doi.org/10.1111/jace.13647.

Nkinamubanzi, P.-C., Mantellato, S., Flatt, R.J., 2016. Superplasticizers in practice. In: Aïtcin, P.-C., Flatt, R.J. (Eds.), Science and Technology of Concrete Admixtures. Elsevier (Chapter 16), pp. 353—378.

Picker, A., 2013. Influence of Polymers on Nucleation and Assembly of Calcium Silicate Hydrates. (Ph.D. thesis) Universität Konstanz, Konstanz.

Plank, J., Sachsenhauser, B., 2009. Experimental determination of the effective anionic charge density of polycarboxylate superplasticizers in cement pore solution. Cement and Concrete Research 39 (1), 1—5. http://dx.doi.org/10.1016/j.cemconres.2008.09.001.

Popov, K.I., Sultanova, N., Rönkkömäki, H., Hannu-Kuure, M., Jalonen, J., Lajunen, L.H.J., Bugaenko, I.F., Tuzhilkin, V.I., 2006. 13C NMR and electrospray ionization mass spectrometric study of sucrose aqueous solutions at high pH: NMR measurement of sucrose dissociation constant. Food Chemistry 96 (2), 248—253. http://dx.doi.org/10.1016/j.foodchem.2005.02.025.

Popov, K., Rönkkömäki, H., Lajunen, L.H.J., 2009. Critical evaluation of stability constants of phosphonic acids (IUPAC technical report). Pure and Applied Chemistry 73 (10), 1641—1677. http://dx.doi.org/10.1351/pac200173101641.

Pourchet, S., Comparet, C., Nicoleau, L., Nonat, A., 2007. Influence of PC Superplasticizers on Tricalcium Silicate Hydration. In: Proceedings of the 12th International Congress on the Chemistry of Cement, Montréal.

Prince, W., Edwards-Lajnef, M., Aïtcin, P.-C., 2002. Interaction between ettringite and a polynaphthalene sulfonate superplasticizer in a cementitious paste. Cement and Concrete Research 32 (1), 79—85. http://dx.doi.org/10.1016/S0008-8846(01)00632-9.

Prince, W., Espagne, M., Aïtcin, P.-C., 2003. Ettringite formation: a crucial step in cement superplasticizer compatibility. Cement and Concrete Research 33 (5), 635—641. http://dx.doi.org/10.1016/S0008-8846(02)01042-6.

Ramachandran, V.S., Lowery, M.S., January 1992. Conduction calorimetric investigation of the effect of retarders on the hydration of Portland cement. Thermochimica Acta 195, 373—387. http://dx.doi.org/10.1016/0040-6031(92)80081-7.

Regnaud, L., Rossino, C., Alfani, R., Vichot, A., 2011. Effect of Comb Type Superplasticizers on Hydration Kinetics of Industrial Portland Cements. In: Proceedings of the 13th International Conference of Cement Chemistry, Madrid, Spain.

Reiter, L., Palacios, M., Wanger, T., Flatt, R.J., 2015. Putting concret to sleep and waking it up with chemical admixtures. In: Proceedings of the 11th Canmet/ACI Int. Conf. Superplasticizers and Other Chemical Admixtures in Concrete. ACI, Ottawa.

Richter, F., Winkler, E.W., 1987. Das Calciumbindevermögen. Tenside Detergents 24 (4), 213—216.

Ridi, F., Dei, L., Fratini, E., Chen, S.-H., Baglioni, P., 2003. Hydration kinetics of tri-calcium silicate in the presence of superplasticizers. The Journal of Physical Chemistry B 107 (4), 1056—1061. http://dx.doi.org/10.1021/jp027346b.

Ridi, F., Fratini, E., Luciani, P., Winnefeld, F., Baglioni, P., 2012. Tricalcium silicate hydration reaction in the presence of comb-shaped superplasticizers: boundary nucleation and growth model applied to polymer-modified pastes. The Journal of Physical Chemistry C 116 (20), 10887—10895. http://dx.doi.org/10.1021/jp209156n.

Rieger, J., Thieme, J., Schmidt, C., 2000. Study of precipitation reactions by X-ray microscopy: $CaCO_3$ precipitation and the effect of polycarboxylates. Langmuir 16 (22), 8300—8305. http://dx.doi.org/10.1021/la0004193.

Robeyst, N., De Belie, N., 2009. Effect of Superplasticizers on Hydration and Setting Behavior of Cements. 9th Canmet/ACI Int. Conf. Superplasticizers and Other Chemical Admixtures in Concrete, ACI, Sevilla, Spain, pp. 61−73.

Robeyst, N., De Schutter, G., Grosse, C., De Belie, N., 2011. Monitoring the effect of admixtures on early-age concrete behaviour by ultrasonic, calorimetric, strength and rheometer measurements. Magazine of Concrete Research 63 (10), 707−721.

Roncero, J., Valls, S., Gettu, R., 2002. Study of the influence of superplasticizers on the hydration of cement paste using nuclear magnetic resonance and X-ray diffraction techniques. Cement and Concrete Research 32 (1), 103−108. http://dx.doi.org/10.1016/S0008-8846(01)00636-6.

Rössler, C., Möser, B., Stark, J., 2007. Influence of Superplasticizers on C3A Hydration and Ettringite Growth in Cement Paste. In: Proceedings of the 12th International Congress on the Chemistry of Cement, Montréal.

Sandberg, P., Porteneuve, C., Serafin, F., Boomer, J., Loconte, N., Gupta, V., Dragovic, B., Doncaster, F., Alioto, L., Vogt, T., 2007. Effect of Admixture on Cement Hydration Kinetics by Synchrotron XRD and Isothermal Calorimetry. In: Proceedings of the 12th International Congress on the Chemistry of Cement, Montréal.

Smith, B.J., Rawal, A., Funkhouser, G.P., Roberts, L.R., Gupta, V., Israelachvili, J.N., Chmelka, B.F., 2011. Origins of saccharide-dependent hydration at aluminate, silicate, and aluminosilicate surfaces. Proceedings of the National Academy of Sciences 108 (22), 8949−8954. http://dx.doi.org/10.1073/pnas.1104526108.

Smith, B.J., Roberts, L.R., Funkhouser, G.P., Gupta, V., Chmelka, B.F., 2012. Reactions and surface interactions of saccharides in cement slurries. Langmuir 28 (40), 14202−14217. http://dx.doi.org/10.1021/la3015157.

Smith, R.M., Martell, A.E., Motekaitis, R.J., 2003. NIST Critically Selected Stability Constants of Metal Complexes Database. NIST Standard Reference Database 46.

Sowoidnich, T., Rössler, C., 2009. The Influence of Superplasticizers on the Dissolution of C3S. In: Proceedings of the 9th Canmet/ACI Int. Conf. Superplasticizers and Other Chemical Admixtures in Concrete, Sevilla, Spain, vol. 262, pp. 335−346.

Suraneni, P., Flatt, R.J., 2015a. Micro-reactors to study alite hydration. Journal of the American Ceramic Society 98 (5), 1634−1641.

Suraneni, P., Flatt, R.J., 2015b. Use of micro-reactors to obtain new insights into the factors influencing tricalcium silicate dissolution. Cement and Concreate Research. http://dx.doi.org/10.1016/j.cemconres.2015.07.011.

Tasaki, K., 1999. Poly(oxyethylene)−cation interactions in aqueous solution: a molecular dynamics study. Computational and Theoretical Polymer Science 9 (3−4), 271−284. http://dx.doi.org/10.1016/S1089-3156(99)00015-X.

Tenoutasse, N., 1968. The hydration mechanism of C3A and C3S in the presence of calcium chloride and calcium sulfate. In: Proceedings of the 5th International Symposium on the Chemistry of Cement, No. II-118, pp. 372−378.

Thomas, J.J., Jennings, H.M., Chen, J.J., 2009. Influence of nucleation seeding on the hydration mechanisms of tricalcium silicate and cement. The Journal of Physical Chemistry C 113 (11), 4327−4334. http://dx.doi.org/10.1021/jp809811w.

Thomas, N.L., Birchall, J.D., 1983. The retarding action of sugars on cement hydration. Cement and Concrete Research 13 (6), 830−842. http://dx.doi.org/10.1016/0008-8846(83)90084-4.

Wang, Z.-M., Zhao, L., Tian, N., 2009. The Initial Hydration Behaviors of Cement Pastes with Different Types of Superplasticizers, 9th Canmet/ACI Int. Conf. Superplasticizers and Other Chemical Admixtures in Concrete, Sevilla, Spain, pp. 267−278.

Winnefeld, F., Becker, S., Pakusch, J., Götz, T., 2007a. Effects of the molecular architecture of comb-shaped superplasticizers on their performance in cementitious systems. Cement and Concrete Composites 29 (4), 251−262. http://dx.doi.org/10.1016/j.cemconcomp.2006.12.006.

Winnefeld, F., Zingg, A., Holzer, L., Figi, R., Pakusch, J., Becker, S., 2007b. Interaction of Polycarboxylate-Based Superplasticizers and Cements: Influence of Polymer Structure and C3A-Content of Cement. In: Proceedings of the 12th International Congress on the Chemistry of Cement, Montréal.

Winnefeld, F., Zingg, A., Holzer, L., Pakusch, J., Becker, S., 2009. The Ettringite − Superplasticizer

Interaction and Its Impact on the Ettringite Distribution in Cement Suspensions. In: Supplementary Papers. 9th Canmet/ACI Int. Conf. Superplasticizers and Other Chemical Admixtures in Concrete. Sevilla, Spain.

Yamada, K., Takahashi, T., Hanehara, S., Matsuhisa, M., 2000. Effects of the chemical structure on the properties of polycarboxylate-type superplasticizer. Cement and Concrete Research 30 (2), 197−207. http://dx.doi.org/10.1016/S0008-8846(99)00230-6.

Young, J.F., 1972. A review of the mechanisms of set-retardation in Portland cement pastes containing organic admixtures. Cement and Concrete Research 2 (4), 415−433. http://dx.doi.org/10.1016/0008-8846(72)90057-9.

Zhang, L., Catalan, L.J.J., Balec, R.J., Larsen, A.C., Esmaeili, H.H., Kinrade, S.D., 2010. Effects of saccharide set retarders on the hydration of ordinary Portland cement and pure tricalcium silicate. Journal of the American Ceramic Society 93 (1), 279−287. http://dx.doi.org/10.1111/j.1551-2916.2009.03378.x.

Zingg, A., Winnefeld, F., Holzer, L., Pakusch, J., Becker, S., Figi, R., Gauckler, L., 2009. Interaction of polycarboxylate-based superplasticizers with cements containing different C3A amounts. Cement and Concrete Composites 31 (3), 153−162. http://dx.doi.org/10.1016/j.cemconcomp.2009.01.005.

13

减缩剂的作用机理

13.1 引言

在本章中，笔者将介绍减缩剂（SRA）降低水泥收缩的作用机理，其中减缩剂的化学结构可参考第 9 章（Gelardi 等，2016）。虽然内容涉及的是干燥收缩的情况，但主要的原理可以转移到自收缩，关于机理的主要结论保持不变。在第 23 章中，将通过 SRA 用于控制自收缩或干缩的各种实际案例来讨论 SRA 的应用（Gagné，2016 年）。

收缩的另一种形式是在混凝土发展至具有实质性强度之前形成的塑性收缩。在这种情况下，缓解策略主要是通过各种养护措施来避免不必要的水分损失，其中许多措施已在第 5 章中进行过介绍（Aïtcin，2016）。但这种情况下 SRA 也是有用的，可以辅助减少塑性收缩（Engstrand，1997；Holt，1999，2000；Holt 和 Leivo，2004；Bentz，Geiker 等，2001；Lura 等，2007；Mora-Ruacho 等，2009；Sant 等，2010；Saliba 等，2011；Oliveira 等，2015）以及混凝土开裂（Bentz 等，2001；Mora 等，2003；Lura，2007 等；Leemann 等，2014）。此外，在水养护不完善或根本不养护的情况下，SRA 可发挥重要作用，因此可直接添加在混凝土中，且不依赖混凝土浇筑工艺。

就减少塑性收缩而言，SRA 的作用更容易解释，因为其与界面能变化的关联更为直接。鉴于此，本章的重点放在略微复杂且相关机理不太完善的 SRA 对干燥收缩的影响的问题上。

如第 10 章所述，SRA 是一种表面活性剂，能够降低孔溶液的表面张力（Marchon 等，2016）。但是，仅此并不足以有效降低收缩率，因为外加剂均会停留在液-气界面上。例如，聚羧酸（PCE）超塑化剂也可以有效降低表面张力，但由于其倾向于吸附在水泥颗粒上，因此对干缩的影响很小。

与其他外加剂相比，SRA 的掺量相对较高，除了（超）高性能混凝土外，其掺量比超塑化剂高 10 倍左右。我们将在本章中看到这种较高的掺量与它们必须作用的界面面积在干燥过程中急剧增加有关。这源于胶凝材料具有较大的内表面积（混凝土为 $3\sim60km^2/m^3$；与表 23.1 相比）。当仅被液膜覆盖时，这是一个非常大的界面区域，SRA 必须保持活性。在低相对湿度下较大的界面面积基本限制了 SRA 的最终效果，因此有助于确定此类产品的效果极限。

由于 SRA 必须以高浓度使用，而其分子结构中需要疏水部分（第 9 章；Gelardi 等，2016），所以部分 SRAs 的溶解性有限。因此一些商业配方通过引入辅助表面活性剂来解决这个问题，如第 15 章所述（Mantellato，2016）。溶解度问题也可能通过形成胶束表现出来（第 10 章；Marchon 等，2016）。如果这在低表面张力下发生，那就不是问题。事实上随着界面区域的形成，SRA 将从胶束中消耗以保持界面浓度恒定（见图 10.8）。但在固体表面上的吸附会限制其效果，本章最后将对此进行更广泛的讨论。

深入理解 SRA 的作用需要对干燥收缩或自收缩的过程进行适当的描述。该过程十分复杂，对此主题感兴趣的读者可以查阅 Scherer（2015）的相关研究。在本章中笔者主要介绍干燥收缩的基本知识，为从力学角度讨论 SRA 的主要影响做的铺垫。笔者发现分压理论可提供有用的见解，因此将着重讨论这一理论，此外简要概述了毛细管压力的作用。

13.2 胶凝体系收缩的基本原理

最早尝试将多孔材料的干燥和收缩与标准热力学联系起来的是 Bangham 对木炭的研究（Bangham 和 Fakhoury，1930；Bangham 等，1932；Bangham，1934，1937）。随后 Powers（1968）《体积变化与蠕变热力学》（*Thermodynamics of Volume Change and Creep*）一文中提出多孔胶凝材料内部的表面自由能、分离压（disjoining pressure）和毛细压力的耦合作用，这些内容均源于标准热力学。

之后，Setzer（1973）提出一种利用水蒸气吸附等温线计算孔分布的热力学方法，为多孔材料干燥模型的建立提供了依据。在此基础上，利用 Bangham 法建立了水泥净浆干燥变形与表面自由能变化之间的关系，主要针对相对湿度低于 50%RH 的水泥浆体（Setzer 和 Wittmann，1974；Hansen，1987）。Ferraris 和 Wittmann（1987）研究得出，在低湿度范围内，Bangham 定律可描述润湿长度（hygral length）的变化，而高于该湿度时（甚至高于 40%RH）则应考虑分离压，近期的研究也得出了类似结论。

胶凝材料的干缩模型通常将孔隙流体的毛细压力看作变形的驱动力（Mackenzie，1950；Granger 等，1997；Bentz 等，1998）。Coussy 等（1998，2004）提出一种用于干燥胶凝材料的热力学框架以及平均孔隙压的概念。

但是大多数用于预测干燥收缩率的模型和方法都未能正确考虑液-气界面处表面张力的影响。实际上，这些模型和方法认为在干燥过程中界面的产生不会消耗能量。这样就忽略了决定胶凝材料自由能最小化的关键因素，更具体地说，忽略了这一因素如何影响界面能和变形能的分配（即收缩）。

可以看到，SRA 对表面张力会产生一定影响，这对解释 SRA 的作用机理起着重要作用。因此，值得一提的是，关于表面张力如何影响收缩，文献中有两个主要理论：毛细管压力和分离压。在以下各节中将对这两种理论进行解释，随后将建立 SRA 减缩作用的通用热力学框架，这将成为后面讨论作用机理的基础。

13.2.1 毛细管压力理论

气相压强 P_V 与液体压强 P_L 的压差 ΔP_C 由下式给出：

$$\Delta P_C = P_L - P_V = \kappa_{LV} \gamma_{LV} \tag{13.1}$$

式中，κ_{LV} 为液-气界面的曲率；γ_{LV} 为界面能（或表面张力）。

干燥过程中，毛细管中产生的压力称之为毛细管压力。如果液体润湿孔，所形成弯液面的 κ_{LV} 为负值，表明液体中的压力低于大气压。因此如果固体骨架也处于大气压下，则受力不平衡，从而导致固体收缩、孔变小（Scherer，1990）。

毛细管压力已成功地用于解释孔径大于 10nm 的材料的干燥收缩（Scherer，2015；Hua 等，1995），如处于塑性状态的胶凝材料（Lura，2003；Lura 等，2003）。但在随后的水化过程中，胶凝材料的孔隙减少到只有几纳米，此时该理论就不再适用。相对湿度低于 40％～50％RH 时该理论常常失效（Coussy，2004a、b；Coussy 等，2004），为此有必要考虑分离压理论。

13.2.2 分离压理论

在水化水泥浆体的干燥和收缩过程的文献中，人们会对毛细管压力的重要性产生严重怀疑，而分离压通常被认为起主要作用（Wittmann，1973；Badmann 等，1981；Ferraris 和 Wittmann，1987；Setzer，1991；Beltzung 和 Wittmann，2005；Setzer 和 Duckheim，2006）。

由 Setzer 和 Duckheim（2006）重新定义的分离压概念可以描述整个湿度范围的干缩，即使在孔隙率非常细的材料中也是如此。该理论认为孔隙是在水合物之间形成的，这些水合物相互之间的距离为 h。当这种分离距离较小时，可以通过间隙感受到范德华或静电力等表面力（见第 11 章；Gelardi 和 Flatt，2016）。分离压理论认为水的存在产生的斥力可以抵消范德华力引力。更重要的是该理论提出若除去水，相对表面之间的受力平衡会变为相互吸引，导致固体收缩。该效应在小孔隙中尤为重要，是充分水化的胶凝材料中干燥收缩的主要驱动力。

但该力的确切性质尚未进一步确定。如第 11 章所述（Gelardi 和 Flatt，2016），当间距较小且处于浓电解质中时，该作用力可能是水化力（hydration forces），该结论与存在的最小距离一致，约为 1～2nm。但是，水还必须能够在尚未完全饱和的孔隙中改变吸引力，而这不能用水化力来解释。相反，水层的存在可能会降低范德华引力或引起表面电荷解离并产生相应的静电斥力。因为水对力平衡的改变方式尚不清楚，因此无法了解分离压的确切形式。

在本章中，重点在于从分离压的观点出发，通过考虑以下现象解释干燥收缩：

① 除去水后，孔壁上的液膜厚度减小（Badmann 等，1981；Bentz 等，1998）。

② 因此，净界面力平衡变为引力，表面彼此接近直至达到新的平衡点（Wittmann，1973；Badmann 等，1981；Ferraris 和 Wittmann，1987；Setzer，1991；Beltzung 和 Wittmann，2005；Setzer 和 Duckheim，2006）。

③ 相应的位移取决于材料的刚性（Nielsen，1973；Granger 等，1997；Bentz 等，1998；Coussy 等，1998，2004；Coussy，2004a、b；Setzer 和 Duckheim，2006）。因此，当水饱和时，塑料材料可能收缩（Eberhardt，2011）。相反，刚性材料则形成大孔并形成液膜，在其多孔网络内形成固-液界面区域。

④ 这种收缩机制大多对孔隙的影响很小，使相对孔壁的界面力相互作用（Horn，1990；Scherer，1990；Grabbe 和 Horn，1993）。

关于胶凝材料收缩如何发展的观点对解释 SRA 的影响非常有用，因此将用它解释 SRA 减缩的作用机理。但首先，将在下一节建立所需的通用热力学框架。

13.2.3　收缩的热力学框架

首先我们将干燥的胶凝材料作为一种可与环境进行水交换的开孔体系。从热力学的角度来看，干燥包含一系列步骤，即先逐步去除水，随后恢复平衡。逐步去除水会改变体系的亥姆霍兹自由能，正是在这种新条件下寻求新的平衡。这就涉及在变形能和界面能之间重新分配可用的亥姆霍兹自由能总量（Eberhardt，2011）。因此在每个相对湿度下，亥姆霍兹自由能的能量平衡式可表示为：

$$\psi_{tot} = \psi_{def} + \psi_{int} \tag{13.2}$$

式中，ψ_{def} 为与固体变形相关的变形能；ψ_{int} 为与水分损失相关的界面能。

此外，在特定相对湿度下，通过该能量最小化实现平衡，因此：

$$d\psi_{tot} = d\psi_{def} + d\psi_{int} = 0 \tag{13.3}$$

换言之，界面能变化应与变形能变化大小相等，符号相反。下文中将对这些术语依次进行正式描述。

13.2.3.1　变形能

变形能的微分形式为：

$$d\psi_{def} = p_{disj.}\,dh + h\,dp_{disj.} \tag{13.4}$$

式中，h 为固体表面的平均距离；$p_{disj.}$ 是分离压。

对于弹性固体，利用宏观材料特性可得：

$$\psi_{def} = \frac{K}{2}\int d^2\varepsilon \tag{13.5}$$

式中，K 为体积模量；ε 为体积收缩应变。

注意在有关水泥浆体干燥的文献中，作者常关注其弹性性质，并采用线性弹性法区分孔结构的模量和材料形成固体骨架的模量（Bentz 等，1998；Coussy 等，1998，2004；Coussy，2004a，b）。

收缩应变、体积模量与式（13.2）中能量平衡的第一项有关，而与所用方法无关。这就得到了微分形式，并可用来表示除了 dp 外还可以用可测量值表示的 dψ_{def}。

对此，通过下列假设可进一步将压差表示为相对湿度的函数：

① 液相和气相中水的化学势仅取决于压力（温度固定）。

② 液相和气相处于平衡状态，因此可用 Clausiuse-Clapeyron 关系描述两相之间的压差。结合开尔文定律，该压差可以写成 RH 的函数，得出：

$$\Delta p = \frac{RT}{v_{m,w}}\ln(RH) \tag{13.6}$$

式中，R 为理想气体常数；T 为热力学温度；$v_{m,w}$ 为组分的摩尔体积；RH 为相对湿度。

13.2.3.2 界面能

界面能 ψ_{int} 的微分变化可以表示为液-气界面面积 a 和液-气界面的表面张力 γ 的函数：

$$\mathrm{d}\psi_{int} = \gamma \mathrm{d}a + a \mathrm{d}\gamma \tag{13.7}$$

不含 SRA 的胶凝材料中，干燥过程中 γ 不变，因此第二项可忽略。由于在水化初始阶段存在胶束，则 γ 也保持恒定（见第 10 章，图 10.7），但其值较低。因此含与不含 SRA 体系之间的主要区别来自于式（13.7）中的第一项，涉及以下内容：

① 张力的绝对差异。

② 所产生液-气界面面积的差异。

13.2.3.3 总亥姆霍兹自由能的变化

亥姆霍兹自由能可通过脱附等温线每一步增量计算得到，从 100%RH 开始，此时自由能为零。每步中除去的水量可根据实验获得的脱附等温线确定。失水导致的能量变化可通过每步中的累计失水量和相应相对湿度下水化学势的乘积得到。虽然我们是在描述干燥收缩的过程，但类似方法也可以应用于自收缩。事实上，体系中的水分并没有去除，而是被固定在了水化物中。这个问题还有一个额外的复杂性，那就是固体的体积增加了，但另一方面，它受到样品中可能存在的梯度的影响较小。

通过上述步骤，可获得总亥姆霍兹自由能随 RH 的变化函数，如图 13.1 所示。此外，利用式（13.5），通过类似的过程可获得累计变形能，如图 13.1 所示。

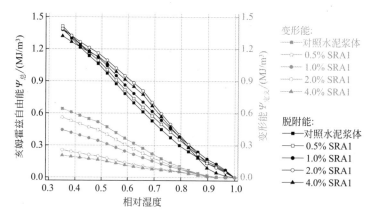

图 13.1 含 SRA 的水泥浆体中亥姆霍兹自由能和变形能的计算

经授权转自 Eberhardt（2011）

13.3 SRA 对干缩的影响

上一节中，笔者解释了有关胶凝材料收缩驱动力的不同理论，并详细阐述了分离压力（界面的作用）对建立考虑收缩的热力学框架的影响以及 SRA 可能对其进行的修正。本节中将从机理角度详述 SRA 的作用机理。但首先将简要概括 SRA 的主要宏观效应。主要目的是确定热力学框架中所需的输入参数。

13.3.1 宏观变化

13.3.1.1 孔隙饱和度

当刚性多孔材料干燥时，失水体积没有通过体积收缩来补偿。孔隙排空，孔壁会残留液膜，形成液-气界面。对于含细小孔隙的材料，如胶凝材料，产生的液-气界面极大。如式（13.7）所示，界面能的产生对亥姆霍兹自由能中界面能项有重要作用。

然而，对其重要性的量化并不简单，需要对多孔结构进行可靠（足够）的表征。为此，这里使用 Eberhardt（2011）提出的方法，即 NormCube。该方法包含刚性人工多孔网络，通过调整其几何形状以匹配不含 SRA 水泥浆体的脱附等温线。基于该代表性多孔结构，利用脱附等温线来考虑当体系含 SRA 时干燥过程如何变化。具体而言，显然外加剂有助于液-气界面的形成。

该理论可以解释当 RH 为中间值时，SRA 能够最大限度地降低液体饱和度。图13.2 显示其与表面张力有关（使用 Norm-Cube 建模）。如图 13.3 所示，对不含或含不同掺量 SRA 水泥浆的类似结果（测量

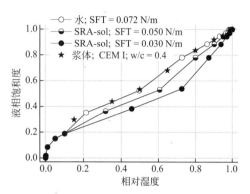

图 13.2　表面张力（SFT）对水蒸气吸附的影响是相对湿度的函数

经许可转自 Eberhardt（2011）

值），图 13.3 中的不同曲线代表不同掺量的 SRA，而非给出精确的表面张力，应将掺量增加理解为表面张力降低。

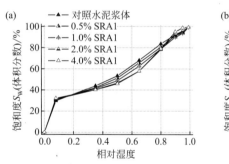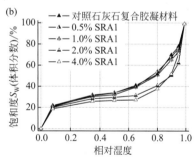

图 13.3　含 SRA1 浆体的饱和等温线

（a）水泥浆体（CP），w/b＝0.4；（b）石灰石复合胶凝材料（LP），w/b＝0.4

经许可转自 Eberhardt（2011）

13.3.1.2 干燥过程中内表面的产生

关于 SRA 的效果，需要认识到在胶凝材料中，随着干燥过程空孔壁上形成液膜，液-气界面相应增加。根据 Eberhardt（2011）的研究，孔隙水体积与暴露的液-气界面面积之比，在水饱和混凝土中为 3.3×10^{-2} m，在完全干燥后的水化水泥浆体中低于 10^{-8} m。利用 NormCube 对每步干燥过程中对应生成表面的变化进行量化。通过调整

NormCube 几何形状可以测量水泥浆体的吸附等温线，如图 13.2 所示，可获得干燥过程中增加的绝对内表面积。

由此可知悉在液-气界面处的 SRA 浓度如何作为 RH 的函数而降低。特别在低 RH 下，由于表面积大幅增加，其浓度急剧下降（与表 23.1 比较），导致表面张力增加，SRA 失效。由此可以（部分）解释掺加或未掺加该外加剂时，低于某确定 RH 时的累积收缩是相似的（Eberhardt，2011）。

为说明该影响的重要性，将表面张力对界面面积变化的依赖性进行计算（Eberhardt，2011）。图 13.4 所示结果表明，随着液-气界面的逐渐形成，表面张力急剧增加（即 v/a 比降低）。为解决该问题，唯一正确的解决方案是增加 SRA 掺量，如图 13.4 所示。

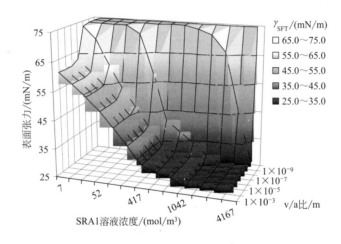

图 13.4　剩余孔溶液体积/界面面积（v/a）比对 SRA1 表面活性的影响

经许可转自 Eberhardt（2011）

但是应注意，随着 SRA 掺量增加，最终会形成胶束（高于临界胶束浓度，CMC）。由此可解释图 13.4 中高 v/a（约 25mN/m）时表面张力的低平台期。虽然胶束不影响表面张力，但其很重要，随着干燥过程中界面面积的增加，该胶束可以提供表面活性剂。从这个意义上说，胶束可充当表面张力缓冲剂。

这说明通常 SRA 的掺量可能超过 CMC，该方案的缺点在于可能发生表面聚集，并抑制部分 SRA 的作用（见本章最后一节）。如第 15 章所述（Mantellato 等，2016），通过加入辅助表面活性剂可部分缓解该负面影响。

总之，考虑到液-气界面的表面张力取决于所吸附表面活性剂分子的数量，因此不仅要考虑体积浓度，而且还要考虑界面面积。这是了解 SRA 如何影响胶凝材料干燥的关键。

13.3.1.3　收缩应变

如前所述，可利用式（13.5）通过弹性固体的收缩应变确定变形能。这种可能性被用来确定不同 SRA 掺量下干燥过程中弹性能的变化。因此，图 13.1 所示结果通过不同相对湿度下测得的收缩应变数据获得（见图 13.5）。

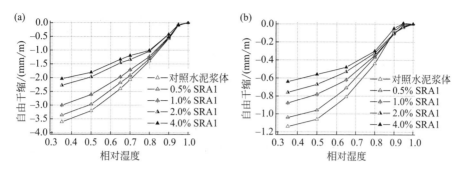

图 13.5 不同掺量 SRA 下浆体和砂浆的收缩等温线

（a）含/不含 SRA1 的水泥浆体；（b）含/不含 SRA1 的砂浆。其中 SRA1 为 Eberhardt（2011）中
使用和分析的市售 SRA 经许可摘自 Eberhardt（2011）

图 13.5 具体显示高于 50％RH 时 SRA 的减缩作用。低于该 RH 时，收缩率随湿度降低而增加与 SRA 的存在无关，对此的解释是，液-气界面面积过大，使 SRA（界面处）浓度过低，无法显著降低界面张力。前文中给出的 NormCube 分析也支持该结论。

13.3.2 减缩的作用机理

利用 13.2.3.3 节所述方法，可计算总亥姆霍兹自由能 ψ_{tot}、变形能 ψ_{def} 对相对湿度的函数。图 13.1 的示例表明，总能量不会因 SRA 的存在而发生很大变化。但变形能，即两者之差的变化很大，如图 13.6 中特定相对湿度结果所示。

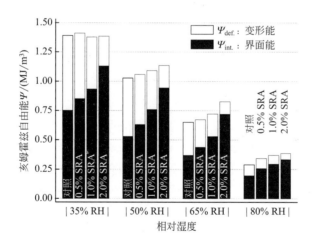

图 13.6 不同相对湿度下不含或含不同掺量 SRA1 的水泥浆体中总
亥姆霍兹自由能、变形能以及界面能

经许可转自 Eberhardt（2011）

为了估计 SRA 的效果，一种简便方法是按总能量将其归一化。图 13.7 显示界面能的分数随 SRA 掺量的增加而增加，这使得可用于变形的能量减少，直接导致收缩减少。

图 13.7 中另一个有趣的特征是，用于变形的能量分数随 SRA 掺量的增加而减少，基本与相对湿度无关。

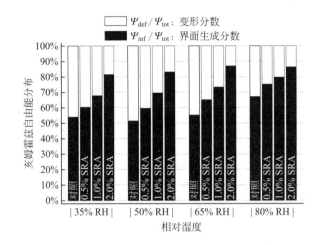

图 13.7 不同相对湿度下不含或含不同掺量 SRA1 的水泥浆体中
变形能以及界面能

经许可转自 Eberhardt（2011）

13.4 SRA 对干燥收缩的掺量响应

本节将说明一个与 SRA 有关的表面活性剂吸附实例，特别研究溶液中 SRA 的实际掺量。实例中的 SRA 由非离子表面活性剂和乙二醇助溶剂组成（Eberhardt，2011）。图 13.8 显示了在 10min 至 28d 之间提取的水泥孔溶液中该 SRA 的体积浓度。阐述了实测值与 SRA 掺量（"无损失"理论浓度）的关系。

研究者还测量了这些样品中的含水量，以便重新计算每个阶段剩余液相中的 SRA 浓度。事实上，正在进行的水泥水化正在压缩孔溶液同时水化产物的表面也在增长（第 8 章；Marchon 和 Flatt，2016a），导致固-液界面的界面面积增加。

图 13.8 的解释需要考虑两个主要现象。首先，在胶凝材料（即带电表面和强电解质水溶液）中，非离子表面活性剂在临界聚集浓度（CAC）下与表面结合。其次，表面活性剂浓度更高时（CMC），表面活性剂分子开始自缔合成胶束。

图 13.8 的结果表明，SRA 在最低掺量下，所有 SRA 均保留在液相中，数据遵循 $y=x$ 线（点划线）。该区间内 SRA 不会吸附在固体表面，并均可用于减少液-气界面。在约 50g/L 时，数据偏离 $y=x$ 线，对应于 CAC。此时，并非所有掺加的 SRA 均用于降低表面张力。应当指出，CAC 明显低于 CMC，后者在水泥孔溶液中约为 160g/L（实线）。

此外，表面聚集过程中 SRA 的损失量受其供应量限制，与体系的比表面积无关，说明实验结果与水化时间无关。但同其他化学外加剂（第 12 章；Marchon 和 Flatt，

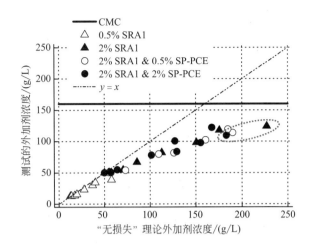

图 13.8　不同水化阶段、不同掺量 SRA 水泥浆体中
的外加剂损失量

经许可转自 Eberhardt（2011）

2016b）一样，表面上吸附 SRA 可以改变水化动力学（Eberhardt，2011）。另外，SRA
在液相和界面间的分布可能受竞争吸附过程影响（第 10 章；Marchon 等，2016），分子
结构直接影响其对表面的亲和力（Marchon 等，2013）。

所用浓度高于图 13.8 中浓度时，溶液最终浓度将达到 CMC。超过该点时，溶液中
的外加剂浓度将再次与掺量成正比，并平行于 $y=x$ 线（虚线）。虽然胶束无助于降低
表面张力，但可充当缓冲剂，以维持较低的表面张力，因为在干燥过程中液-气界面增
加。原则上，在固体表面聚集的表面活性剂也是如此，然而只有当其未被包裹在生长中
的微结构时，才具有该作用。事实上，Eberhardt（2011）的浸出实验表明，只能提取
部分表面活性剂，明确证实部分表面活性剂不可逆地结合在固体表面，无法用于降低表
面张力。

总而言之，图 13.8 中最重要的信息表明大量的外加剂与固体表面有关。这会大大
降低 SRAs 的效果，并且若其被不断生成的水化产物微结构包裹，使表面活性剂分子在
干燥过程中无法迁移至液-气界面，则其效果更差。Eberhardt（2011）进行的浸出实验
结果支持这种可能性，表明约 40% 的外加剂无法提取。

13.5　结论

总之，上述结果表明干燥过程中获得的亥姆霍兹自由能用于两个过程：变形和界
面产生。SRA 通过降低液-气界面的表面张力来提高界面生成所需的能量分数，由
此可直接得出用于变形的能量减少，收缩减少。随着干燥进行，液-气界面增加成为
该机制的限制因素。该界面处的表面活性剂浓度降低，表面张力改变消失。可通过

增加表面活性剂掺量部分抵消该问题，由此可以解释为何 SRA 掺量通常高于其他外加剂。然而随着干燥进行，界面增加过大，低于约 50％RH 时的累积收缩量不受 SRA 影响。

从这些角度来看，毛细管压力理论与分离压理论的主要区别在于界面变化所起的作用。虽然两者都确认了表面能变化的重要性，但只有分离压能够显示干燥过程中界面变化的作用，以及这对 SRA 最终效果的影响。

最后，笔者注意到吸附在固体表面是表面活性剂的限制因素。如果某些表面活性产物能更好地吸附在固-液界面上，则可完全抑制其作为 SRA 的作用。应避免添加部分可降低表面张力的外加剂，防止其降低部分 SRA 的效果。

A. B. Eberhardt[1]，R. J. Flatt[2]

[1]Sika Technology AG，Zürich，Switzerland

[2]Institute for Building Materials，ETH Zürich，Zürich，Switzerland

参考文献

Aïtcin, P.C., 2016. Water and its role on concrete performance. In: Aïtcin, P.-C., Flatt, R.J. (Eds.), Science and Technology of Concrete Admixtures. Elsevier (Chapter 5), pp. 75−86.

Badmann, R., Stockhausen, N., Setzer, M.J., 1981. The statistical thickness and the chemical potential of adsorbed water films. Journal of Colloid and Interface Science 82 (2), 534−542.

Bangham, D.H., Fakhoury, N., Mohamed, A.F., 1932. The swelling of charcoal. Part II. Some factors controlling the expansion caused by water, benzene and pyridine vapours. Proceedings of the Royal Society of London. Series A, Containing Papers of a Mathematical and Physical Character 138 (834), 162−183.

Bangham, D.H., 1934. The swelling of charcoal. Part III. Experiments with the lower alcohols. Proceedings of the Royal Society of London. Series A, Mathematical and Physical Sciences 147 (860), 152−175.

Bangham, D.H., Fakhoury, N., 1930. The swelling of charcoal. Part I. Preliminary experiments with water vapour, carbon dioxide, ammonia, and sulphur dioxide. Proceedings of the Royal Society of London. Series A, Containing Papers of a Mathematical and Physical Character 130 (812), 81−89.

Bangham, D.H., 1937. The Gibbs adsorption equation and adsorption on solids. Transactions of the Faraday Society 33, 805−811.

Beltzung, F., Wittmann, F.H., 2005. Role of disjoining pressure in cement based materials. Cement and Concrete Research 35 (12), 2364−2370.

Bentz, D.P., Garboczi, E.J., Quenard, D.A., 1998. Modelling drying shrinkage in reconstructed porous materials: application to porous Vycor Glass. Modelling and Simulation in Materials Science and Engineering 6 (3), 211−236.

Bentz, D.P., Geiker, M.R., et al., 2001. Shrinkage-reducing admixtures and early-age desiccation in cement pastes and mortars. Cement and Concrete Research 31 (7), 1075−1085.

Coussy, O., Dangla, P., Lassabatère, T., Baroghel-Bouny, V., 2004. The equivalent pore pressure and the swelling and shrinkage of cement-based materials. Materials and Structures 37 (1), 15−20.

Coussy, O., Eymard, R., Lassabatere, T., 1998. Constitutive modeling of unsaturated drying deformable materials. Journal of Engineering Mechanics 124 (6), 658−667.

Coussy, O., 2004a. Unsaturated Thermoporoelasticity. In: Poromechanics, pp. 151–187. http://dx.doi.org/10.1002/0470092718.ch6.

Coussy, O., 2004b. Poroviscoelasticity. In: Poromechanics, pp. 261–277. http://dx.doi.org/10.1002/0470092718.ch9.

Duckheim, C., 2008. Hygrische Eigenschaften des Zementsteins. In: Mitteilungen Aus Dem Institut Für Bauphysik Und Materialwissenschaft, vol. Heft 13. Universität Duisburg-Essen: Cuvillier Verlag Goettingen.

Eberhardt, A.B., 2011. On the Mechanisms of Shrinkage Reducing Admixtures in Self Consolidating Mortars and Concretes. Shaker Verlag GmbH, Aachen, ISBN 978-3-8440-0027-6.

Engstrand, J., 1997. Shrinkage reducing admixture for cementious composition. ConChem Journal - Verlag für Chemische Industrie H.Ziolkowsky GmbH 5 (4), 149–151.

Ferraris, C.F., Wittmann, F.H., 1987. Shrinkage mechanisms of hardened cement paste. Cement and Concrete Research 17 (3), 453–464.

Gagné, R., 2016. Shrinkage-reducing admixtures. In: Aïtcin, P.-C., Flatt, R.J. (Eds.), Science and Technology of Concrete Admixtures, Elsevier (Chapter 23), pp. 457–470.

Gelardi, G., Flatt, R.J., 2016. Working mechanisms of water reducers and superplasticizers. In: Aïtcin, P.-C., Flatt, R.J. (Eds.), Science and Technology of Concrete Admixtures, Elsevier (Chapter 11), pp. 257–278.

Gelardi, G., Mantellato, S., Marchon, D., Palacios, M., Eberhardt., A.B., Flatt, R.J., 2016. Chemistry of chemical admixtures. In: Aïtcin, P.-C., Flatt, R.J. (Eds.), Science and Technology of Concrete Admixtures, Elsevier (Chapter 9), pp. 149–218.

Grabbe, A., Horn, R.G., 1993. Double-layer and hydration forces measured between silica sheets subjected to various surface treatments. Journal of Colloid and Interface Science 157 (2), 375–383. http://dx.doi.org/10.1006/jcis.1993.1199.

Granger, L., Torrenti, J.-M., Acker, P., 1997. Thoughts about drying shrinkage: scale effects and modelling. Materials and Structures 30 (2), 96–105.

Hansen, W., 1987. Drying shrinkage mechanisms in Portland cement paste. Journal of the American Ceramic Society 70 (5), 323–328. http://dx.doi.org/10.1111/j.1151-2916.1987.tb05002.x.

Holt, E., 1999. Reducing early-age concrete shrinkage with the use of shrinkage reducing admixtures Nordic Concrete Research Meeting, Reykjavik, IS.

Holt, E., 2000. Methods of reducing early-age shrinkage. In: Shrinkage, RILEM, Paris.

Holt, E., Leivo, M., 2004. Cracking risks associated with early age shrinkage. Cement and Concrete Composites 26 (5), 521–530.

Horn, R.G., 1990. Surface forces and their action in ceramic materials. Journal of the American Ceramic Society 73 (5), 1117–1135.

Hua, C., Acker, P., Ehrlacher, A., 1995. Analyses and models of the autogenous shrinkage of hardening cement paste: 1. Modeling at macroscopic scale. Cement and Concrete Research 25 (7), 1457–1468.

Leemann, A., Nygaard, P., et al., 2014. Impact of admixtures on the plastic shrinkage cracking of self-compacting concrete. Cement and Concrete Composites 46, 1–7.

Lura, P., 2003. Autogenous Deformation and Internal Curing of Concrete. Technical University Delft, Delft.

Lura, P., Jensen, O.M., van Breugel, K., 2003. Autogenous shrinkage in high-performance cement paste: an evaluation of basic mechanisms. Cement and Concrete Research 33 (2), 223–232.

Lura, P., Pease, B., et al., 2007. Influence of shrinkage-reducing admixtures on development of plastic shrinkage cracks. Aci Materials Journal 104 (2), 187–194.

Mackenzie, J.K., 1950. The elastic constants of a solid containing spherical holes. Proceedings of the Physical Society. Section B 63 (1), 2.

Mantellato, S., Eberhardt, A.B., Flatt, R.J., 2016. In: Aïtcin, P.-C., Flatt, R.J. (Eds.), Formulation of commercial products. Elsevier (Chapter 15), pp. 343–350.

Marchon, D., Flatt, R.J., 2016a. Mechanisms of cement hydration. In: Aïtcin, P.-C., Flatt, R.J. (Eds.), Science and Technology of Concrete Admixtures. Elsevier (Chapter 8), pp. 129–146.

Marchon, D., Flatt, R.J., 2016b. Impact of chemical admixtures on cement hydration. In: Aïtcin, P.-C., Flatt, R.J. (Eds.), Science and Technology of Concrete Admixtures. Elsevier (Chapter 12), pp. 279–304.

Marchon, D., Sulser, U., Eberhardt, A.B., Flatt, R.J., 2013. Molecular design of comb-shaped polycarboxylate dispersants for environmentally friendly concrete. Soft Matter 9 (45), 10719−10728. http://dx.doi.org/10.1039/C3SM51030A.

Marchon, D., Mantellato, S., Eberhardt, A.B., Flatt, R.J., 2016. Adsorption of chemical admixtures. In: Aïtcin, P.-C., Flatt, R.J. (Eds.), Science and Technology of Concrete Admixtures. Elsevier (Chapter 10), pp. 219−256.

Mora-Ruacho, J., Gettu, R., et al., 2009. Influence of shrinkage-reducing admixtures on the reduction of plastic shrinkage cracking in concrete. Cement and Concrete Research 39 (3), 141−146.

Mora, I., Aguado, A., et al., 2003. The influence of shrinkage reducing admixtures on plastic shrinkage. Materiales De Construccion 53 (271-72), 71−80.

Nielsen, L.F., 1973. Rheologische eigenschaften für isotrope linear-viskoelastische kompositmaterialien. Cement and Concrete Research 3 (6), 751−766.

Oliveira, M.J., Ribeiro, A.B., et al., 2015. Curing effect in the shrinkage of a lower strength self-compacting concrete. Construction and Building Materials 93, 1206−1215.

Powers, T., 1968. The thermodynamics of volume change and creep. Materials and Structures 1 (6), 487−507.

Saliba, J., Rozière, E., et al., 2011. Influence of shrinkage-reducing admixtures on plastic and long-term shrinkage. Cement and Concrete Composites 33 (2), 209−217.

Sant, G., Scrivener, P.L.K., Weiss, J., 2010. An overview of the mechanism of shrinkage reducing admixtures in mitigating volume changes in fresh and hardened cementitious systems at early ages. International RILEM Conference on Use of Superabsorbent Polymers and Other New Additives in Concrete, RILEM Publications SARL.

Scherer, G.W., 2015. Drying, shrinkage, and cracking of cementitious materials. Journal of Transport in Porous Media, 1−21. http://dx.doi.org/10.1007/s11242-015-0518-5.

Scherer, G.W., 1990. Theory of drying. Journal of the American Ceramic Society 73 (1), 3−14. http://dx.doi.org/10.1111/j.1151-2916.1990.tb05082.x.

Setzer, M., 1973. In: Modified Method to Calculate Pore Size Distributions from Water Vapour Adsorption Data. Academia, Prague.

Setzer, M., 1991. Interaction of water with hardened cement paste. In: Mindess, S. (Ed.), Ceramic Transactions, vol. 16. American Ceramic Society, Westerville, pp. 415−439.

Setzer, M., Wittmann, F., 1974. Surface energy and mechanical behaviour of hardened cement paste. Applied Physics A: Materials Science & Processing 3 (5), 403−409.

Setzer, M.J., Duckheim, C., 2006. In: Bissonnette, B., Gagné, R., Jolin, M., Paradis, F., Marchand, J. (Eds.), The Solid-Liquid Gel-System of Hardened Cement Paste, 16. RILEM Publications SARL. http://dx.doi.org/10.1617/2351580028.

Wittmann, F.H., 1973. Interaction of hardened cement paste and water. Journal of the American Ceramic Society 56 (8), 409−415. http://dx.doi.org/10.1111/j.1151-2916.1973.tb12711.x.

14
钢筋混凝土的阻锈剂

14.1 引言

在混凝土外加剂的相关书籍中，关于阻锈剂的一章需要说明三点：第一，其他章节中介绍的混凝土外加剂是为了改善新拌或硬化混凝土的性能，而添加阻锈剂是为了延长钢筋混凝土的服役寿命，其主要作用于钢筋表面，不应对混凝土有害。第二，这本书着重介绍混凝土外加剂，因此阻锈剂与拌合水一起加入到新拌混凝土中，并从一开始就存在于钢筋表面。传输性能起次要作用，硬化数年或数十年后混凝土表面的所有阻锈剂均不予讨论，可参考相关文献（Elsener，2001，2007；Söylev 和 Richardson，2008；Bolzoni 等，2014）。第三，根据定义，只有与钢筋表面显示出化学或电化学相互作用的物质才会被视为混凝土的钢筋阻锈剂，这与越来越多的多组分混合物的发展形成了鲜明对比，这些混合物被称为具有不同复合机理的"阻锈剂"（如"孔隙阻滞剂"）。

结构的服役寿命这一概念由 Tuuti（1982）引入，分为初始阶段和扩散阶段（图14.1）。防腐主要是在设计阶段通过指定优质混凝土和设计足够的保护层来实现。因此，原则上作为外加剂的阻锈剂可以通过两种方式实现预防作用：延长初始阶段时间和降低扩散阶段的锈蚀速率。由于大多数设计规范（保守地）假设去钝化时间作为服役寿命的结束，因此大多数阻锈剂的研究都集中在延迟阻锈作用。

在本章中，简要介绍了钢筋在混凝土中的主要锈蚀机理，重点是氯离子引起的点

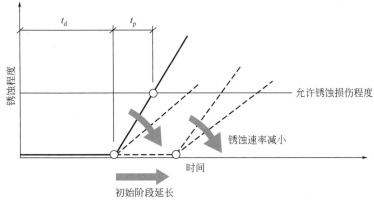

图 14.1　服役寿命示意图和阻锈剂的预估效果
t_d 为去钝化时间；t_p 为从锈蚀扩散到服役寿命结束的时间

蚀，因为这通常是基础设施建设中的主要锈蚀机理。随后总结了自欧洲锈蚀联合会（European Federation of Corrosion；Elsener，2001）上发表《阻锈剂的最新研究报告》（*State of the Art Report on Corrosion Inhibitors*）以来，现有的掺加阻锈剂的文献。我们重点关注长期研究，特别是使用阻锈剂的现场研究。最后，对将阻锈剂作为预防性手段在钢筋混凝土结构中的使用进行了严格讨论，提高钢筋混凝土结构耐久性的其他方法见本书第 24 章（Aïtcin，2016）。

14.2 混凝土中钢筋的锈蚀机理

水泥水化使混凝土中形成高碱孔溶液（pH 介于 12.5～13.8，取决于所用水泥类型），孔溶液可形成非常薄的氧化膜（钝化膜）保护钢筋，防止钢筋锈蚀。钝化膜可在孔溶液组成不变时保持稳定，其厚度和成分随孔溶液的 pH 值轻微变化（Elsener，2000；Bertolinietal 等，2013）。当初始阶段大量氯离子（来自除冰盐或海水）穿透混凝土覆盖并到达钢筋，或当孔溶液的 pH 值因碳化而降低时，保护膜被破坏使钢筋去钝化（时间 t_d，图 14.1）。混凝土中去钝化的钢筋存在锈蚀风险，但只有存在氧气和水（湿度）时才可能发生显著的金属溶解（锈蚀成铁锈、横截面损失等）。锈蚀扩散时间 t_p 由容许损伤程度（横截面损失、剥落）和锈蚀速率得出，初始阶段和扩散阶段由不同因素控制，需分别处理。

14.2.1 初始阶段

在初始阶段，能使钢筋去钝化的锈蚀性物质（氯化物、CO_2）会从表面渗透到混凝土基体中。在时间 t_d 时钢筋完全去钝化，此时初始阶段结束（图 14.1）。初始阶段的持续时间取决于混凝土覆盖的深度、锈蚀性物质的渗透速度以及可使钢筋去钝化的锈蚀性物质的必需浓度。混凝土保护层的影响是显而易见的，所有新设计规范都根据预期的环境等级确定了保护层深度（fib，2013，p.9）。锈蚀性物质的渗透速率取决于混凝土保护层的质量（孔隙率、渗透性）和混凝土表面的微气候条件（湿润、干燥）。

可通过施加预防措施延长初始阶段：

● 通过向水泥（如高炉矿渣、粉煤灰、硅灰）中添加降低水化水泥基体孔隙率的活性胶凝材料，或通过生产低渗透保护层混凝土，可降低去钝化剂（如氯化物）的渗透速率。

● 通过使用环氧涂层钢筋、不锈钢筋或非金属材料等增强材料，通过施加电化学保护（阴极保护）或使用保护性外加剂（阻锈剂），可增加去钝化剂的允许浓度。

14.2.1.1 氯离子引发的去钝化

氯离子可以通过不同的传输机理渗透到硬化混凝土中：离子向水饱和的混凝土中扩散（如海工水下结构），通过毛细管抽吸到干燥或部分干燥的混凝土中（随水的对流实现氯离子的快速传输）或离子迁移（电场作用）。氯离子扩散可发生在水饱和（浸没）混凝土中。长久以来，人们认为氯化物侵入主要受水泥浆和混凝土的低水灰比（w/c）限制（Page，1981）。此外，在含活性胶凝材料（粉煤灰、高炉矿渣、硅灰）的混凝土中，有效氯离子扩散系数可能比普通硅酸盐水泥低约一个数量级。Rasheeduzzafar 和

Mukarram（1987）对锈蚀初始阶段时间的研究表明，抗硫酸盐（低 C_3A）水泥对氯化物的结合能力低，会加速初始锈蚀。

钢筋的去钝化只与混凝土孔溶液中游离氯化物直接相关。渗透到硬化混凝土中的氯离子，可以在混凝土孔隙结构中进行物理和化学作用。因此，只有部分（酸溶性）氯化物是游离的。结合氯化物的含量（与混凝土质量有关）与氯化物含量、水泥类型和含量、孔隙率和孔径分布以及孔溶液的 pH 值有关。由于氢氧根与氯离子对结合位点的竞争性，因此氢氧化物浓度（即孔溶液的 pH 值）对氯离子有明显的影响（Tritthardt，1989；Tang 和 Nilsson，1993）。用于水泥浆和砂浆的氯敏传感元件，可以无损测量孔溶液中的游离氯离子浓度（Angst 等，2010；Elsener 等，2003）。

从电化学角度看，在氯化物的作用下，钢筋的去钝化条件为 $E_{corr} > E_L$；当点蚀电位 E_L 低于钢筋的锈蚀电位 E_{corr} 时，就会发生去钝化和随后的点蚀（Elsener，2000；Bertolini 等，2013）。实际上，（钝化）钢筋的锈蚀电位或多或少会有一个恒定值，这取决于孔溶液的 pH 值和氧含量。降低点蚀电位 E_L 可达到去钝化条件。当钢筋表面的氯化物浓度增加时会降低点蚀电位。实验证实，达到去钝化所需的时间不是常数，而是分布在平均值附近（Breit，1998；Zimmermann 等，2000；Fankel，1998）。

土木工程实践中经常报道有关于点蚀的"临界氯化物含量"。基于 Richartz（1996）对结合氯化物的实验结果，通常认为临界氯化物含量为水泥质量的 0.4%。Angst 等（2009）的综述显示，文献中关于氯化物阈值的分散性极大。若无其他原因，不存在关于点蚀的通用"临界氯化物含量"，每个临界氯化物浓度都具有一定的潜在锈蚀：孔溶液的 pH、混凝土湿度以及因此预期的锈蚀可能性在实验室样品和建筑中的差异很大。

14.2.1.2 碳化导致去钝化

从环境中进入混凝土的酸会改变其 pH 值，主要是空气中的 CO_2 和酸雨。碳化会中和混凝土碱性孔溶液，并且需要二氧化碳和水才能发生。一旦钢筋的 pH 值接近中性，钢筋就会钝化（ACI，1996）。钢筋去钝化的时间取决于碱性水化产物的总量以及有效二氧化碳和水。将混凝土中和至一定深度所需的二氧化碳总量与混凝土中碱性水泥水化产物的量有关。若混凝土的水泥含量较高，且这类水泥不通过火山灰反应等反应消耗 $Ca(OH)_2$，则碳化前沿会更缓慢地渗透到混凝土中（Hobbs，1994）。

碳化速率也取决于二氧化碳对混凝土的渗透性。环境条件决定了混凝土覆盖区的含水量，反过来含水量决定了孔隙的饱和程度，从而决定了孔隙对二氧化碳等气体的渗透性。实验表明，在 60%～70% 的相对湿度（RH）下，碳化速率最高（Wierig，1984）。无论是在受控的实验室环境（20℃和 65% RH）还是在避开降雨的自然暴露条件下，在这种恒定微气候条件下，碳化前沿的渗透速率近似为时间的平方根规律。暴露在干湿循环条件下，典型碳化深度很小。由于湿润（毛细吸力引起孔隙快速吸水）和干燥（蒸发导致孔隙相对缓慢排空）造成时间滞后，强烈限制了碳化前沿渗透部分饱和混凝土的时间（Bakker，1988）。通常潮湿的高品质密实混凝土（低 w/c）不易碳化。在恒定和相对干燥的气候条件下（70% 相对湿度）进行的实验室试验是最坏的情况。

最后，混凝土中的碱 $[NaOH、KOH、Ca(OH)_2]$ 与 CO_2 的化学反应需要液态水。因此，在非常干燥的条件下（相对湿度＜50％），由于大部分孔隙未充满水，二氧化碳会迅速扩散到混凝土中。但由于缺水，不会发生明显的碳化。

14.2.2 扩散阶段

一旦钢筋从氯化物或碳化中去钝化，在有氧和湿度条件下就会发生锈蚀和相应的钢截面损失。锈蚀速率决定了结构件服役寿命结束的时间（图 14.1）。然而，该速率可能因温度、湿度和混凝土电阻率的不同而剧烈变化（Andrade 等，1996；Zimmermann 等，1997）。

14.2.2.1 氯化物引起的锈蚀

氯离子诱导混凝土中钢筋锈蚀（点蚀）的特征之一是宏电池（macro-cell）的发展（图 14.2）。在同一根钢筋同时存在空间分离的钝化和活化区域，其形成短路的电流元件称为宏电池，活化区域作为阳极，钝化区域表面作为阴极。铁离子在阳极溶解（蚀坑）并水解，导致蚀坑中的 pH 值降低。由此产生局部酸性环境，提高了铁离子的溶解度。另一方面，在阴极产生氢氧根离子，增大 pH 值，稳定钝化膜。

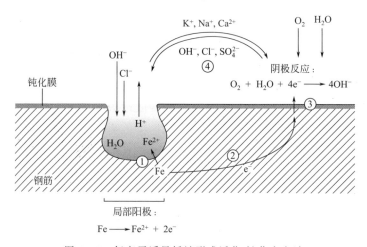

图 14.2　氯离子诱导锈蚀形成活化-钝化宏电池

经验上，锈蚀速率（蚀坑中的铁溶解速率）与混凝土的电阻率有关，进而与温度、孔溶液的电导率和混凝土的孔隙率有关（Hornbostel 等，2013）。根据暴露条件不同，在实验室风化样品和桥梁结构上观察到混凝土电阻率、湿度和瞬时锈蚀速率的急剧变化，图 14.1 所示为锈蚀扩散速率的平均值。

14.3　混凝土中钢筋的阻锈剂

如上所述，构件的服役寿命可以通过延长初始阶段来实现。作用于钢筋表面的混凝土外加剂（阻锈剂）可作为此类预防措施。阻锈剂是适量（尽量少）加入混凝土拌合水即可延缓或预防钢筋锈蚀的一类化合物。这些外加剂不应对混凝土性能（如抗压强度）产生不利影响，但可能影响水泥浆体的微结构。对于钢筋混凝土，自 1960 年起已开始研究阻锈剂，主要针对由氯离子引起的锈蚀。关于混凝土中钢阻锈剂的信息摘要和欧洲锈蚀联合会（European Federation of Corrosion）的最新报告（Elsener，2000）已经出版，本节将更新此信息。

14.3.1 机理

通常将作为阻锈剂使用的化学品的长期经验和良好成绩作为阻锈剂成功使用的案例（例如石油、天然气或石油行业），并将这种成功的案例借用到钢筋混凝土的应用中。这是一个先验错误，因为阻锈剂作用机理不同：

- 在石油和天然气行业（和大多数其他行业）的应用中，被保护的钢材在微酸性或中性介质中会均匀锈蚀。因此阻锈剂必须保护裸金属表面，例如作为吸附型阻锈剂在锈蚀过程的阳极或阴极部分反应上起特殊作用，或作为成膜型阻锈剂或多或少完全覆盖表面（Trabanelli，1986；Nürnberger，1996）。通常只需很低的阻锈剂浓度（约 $10^{-3} \sim 10^{-2}\,mol/L$）即可使锈蚀速率降低 95%～99%。

- 另一方面，未碳化混凝土中的钢筋处于高碱性环境中，高浓度的氢氧根离子可作为钝化阻锈剂。事实上混凝土中的钢筋是钝化的，受到一层薄薄的氧化物-氢氧化物层的保护。该钝化层被氯离子的作用破坏（见前一节），破坏后的区域就是阻锈剂在混凝土中发挥作用的地方。

作用于氯化物引起点蚀的阻锈剂研究远远少于针对均匀锈蚀的阻锈剂（DeBerry，1993）。针对点蚀的阻锈剂可通过增强钝化、氯化物渗透前成膜、缓冲蚀坑局部环境中的 pH 值、与氯离子竞争表面吸附或与氯离子竞争向蚀坑迁移等方面起作用，从而抑制蚀坑的稳定生长。

14.3.2 掺入阻锈剂的实验室研究

许多化学物质可作为阻锈剂，但只有一小部分被详细研究过。20 世纪 70 和 80 年代，着重关注阳极阻锈剂，特别是亚硝酸钙、亚硝酸钠、氯化亚锡、苯甲酸钠和一些其他钠盐和钾盐（如铬酸盐）(Griffin，1975；Berke，1989)。随后，研究有机物和混合物的阻锈作用（Laamanen 和 Byfors，1996；Nmai 等，1992）。在许多可作为混凝土钢筋阻锈剂的物质中，这里只讨论亚硝酸钙〔由 Grace Construction Products（DCI 或 DCI-S）、Euclid Chemical Company（Armatect，Eucon CIA/BCN）和 BASF（Rheocrete CNI）出售〕、复合有机阻锈剂和基于乳化酯、醇和胺的有机阻锈剂〔如由 Sika（Ferrogard 901）、Cortec（MCI 2000）和 BASF（Rheocrete222＋）出售〕。

单氟磷酸盐（MFP）不能用作预先添加的阻锈剂，因为它会与新拌混凝土发生反应，除去混凝土孔溶液中的活性物质，并强烈延缓混凝土凝固。因此，MFP 只能在混凝土表面施涂使用。

要注意，大多数商品名不同的商品阻锈剂，其复配了多种未知成分，这些成分甚至可能已经或在不可预知的情况下改变。因此，即使在实验室研究中，其作用机理也可能是多重而难以识别的。

14.3.2.1 亚硝酸钙

包括亚硝酸钠、亚硝酸钾和亚硝酸钙在内的不同亚硝酸盐阻锈剂均已有广泛研究。第一篇关于混凝土阻锈剂的文献可追溯到 20 世纪 50 年代末 (Moskwin 和 Alekseyeev，1958)。研究发现，亚硝酸钠或亚硝酸钾会造成混凝土抗压强度中度或重度损失，并可能增加发生碱-骨料反应 (alkalie-aggregate reaction，AAR) 的风险。另一方面，亚硝酸钙可提高混凝土的抗压强度，并且没有关于 AAR 敏感性报告 (Berke 和 Rosenberg，2004)。然而亚硝酸钙可作为水泥水化的速凝剂，因此通常需要在混凝土拌合物中添加减水剂和缓凝剂。亚硝酸钙已被用于停车场、海洋和公路混凝土结构中，并有一个长期而普遍的良好使用记录，主要是在美国、日本和中东 (Gaidis 和 Rosenberg，1987；El Jazairi 和 Berke，1990；Page 等，2000)。

（1）机理

由于亚硝酸盐的氧化特性，因此可作为钝化阻锈剂，使钝化膜稳定。相关反应如下：

$$2Fe^{2+} + 2OH^- + 2NO_2^- \longrightarrow 2NO + Fe_2O_3 + H_2O$$

$$Fe^{2+} + OH^- + NO_2^- \longrightarrow NO + \gamma FeOOH$$

在锈蚀位置，亚硝酸盐与氯化物竞争，与释放的亚铁离子反应。因为上述反应的发生比溶解的水合亚铁离子迁移更快，水合亚铁离子由于与氯化物络合而保持可溶，因此即使在氯化物存在的情况下，亚硝酸盐也能稳定钝化膜。这表明用作锈蚀阻锈剂会消耗亚硝酸盐，并且相对于氯离子浓度，亚硝酸盐浓度需足够高。

同时增加 $Ca(NO_2)_2$ 的掺量会延迟海水中混凝土钢筋的去钝化时间 (图 14.3)，但即使 $Ca(NO_2)_2$ 掺量高至 4% 也无法避免钢筋在恶劣条件下的锈蚀 (Hartt 和 Rosenberg，1989)。研究清楚地表明由于点蚀的随机性，锈蚀开始时间的变化很大，因此，应对阻锈剂效率的结果进行统计处理。

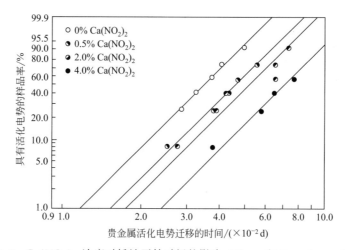

图 14.3 $Ca(NO_2)_2$ 浓度对锈蚀开始时间的影响 (Hartt 和 Rosenberg，1989)

利用不同实验技术对溶液、砂浆和混凝土的研究结果表明，可预防锈蚀的临界阻锈剂（亚硝酸盐）与氯化物浓度比约为 0.6（有些变化范围为 0.5～1）。这意味着：①混凝土孔溶液中亚硝酸盐浓度相对较高；②亚硝酸钙的掺量应考虑结构设计寿命中预期的氯离子浓度，以实现有效的防腐。对钢筋梁开裂的实验室研究中发现 (Nürnberger，1996)，劣质混凝土中亚硝酸盐浓度过低可能增加锈蚀风险。与这些结果相比，对开裂梁的宏电池锈蚀试验结果表明，即使阻锈剂掺量较低，添加 Ca(NO$_2$)$_2$ 仍能显著提高开裂处预埋钢筋的耐锈蚀性（Berke 等，1993）。由于环境法规和对于阻锈剂浓度不足可能导致锈蚀速率增加的担忧，欧洲几乎不再使用亚硝酸盐。

（2）长期效率

混凝土中的亚硝酸盐浸出一直是文献关注的问题。例如，Nürnberger 和 Beul（1991）发现，在氯化物和亚硝酸盐混合的情况下，两种离子的浸出率几乎相同。另一方面室外暴露 2 年（Tomosawa 等，1990）和 7 年的桥面数据显示，几乎所有亚硝酸盐都保存在混凝土中。通过使用特定密实混凝土（低水灰比、使用辅助性胶凝材料）并确保混凝土覆盖层深度符合国家标准和国际标准对中重度氯化物暴露条件的规定，可以避免亚硝酸盐的浸出。

另一个长期关注的问题是亚硝酸钙对氯化物引起的锈蚀的长期抑制效率。如上所述，阻锈剂与氯离子竞争，因此必须存在一定浓度的阻锈剂以对应氯离子浓度。然而稳定钝化膜的反应中会消耗亚硝酸钙，表明阻锈剂的浓度随着其作用而降低，一定时间后可能过低，无法进一步发挥阻锈作用。

总之，必须向混凝土添加相对高浓度的亚硝酸盐（取决于钢筋表面的氯离子最大预期浓度），以便延缓暴露在氯化物环境中的锈蚀发生。亚硝酸钙形式的阻锈剂对混凝土抗压强度没有负面影响，不会促进 AAR。当亚硝酸钙用于高质量混凝土且混凝土保护层适当（以避免淋溶）时，美国、日本和中东地区的记录显示其具有长期而久经考验的性能。但是另一方面，亚硝酸钙在欧洲国家的应用并不多。

14.3.2.2　烷醇胺和胺

（1）纯物质

许多烷醇胺和胺类及其与有机酸和无机酸的盐可作为混凝土中钢筋的阻锈剂（Mäder，1994 及其引文）。这些物质本质上是气相阻锈剂（vapor phase inhibitors，VPI）或挥发性阻锈剂（volatile corrosion inhibitors，VCI），典型的化合物有二乙醇胺、二甲基丙醇胺、单乙醇胺和二甲基乙醇胺。掺入混凝土后，混凝土抗压强度和凝结[1]时间的变化不会超过 20%（European Patent，1987；Heren 和 Oelmez，1996）。

图 14.4 所示为在实验室条件下，添加不同羟烷基胺或其混合物的钢筋混凝土样品在溶液中的锈蚀速率。与对照样品（A）相比，所有物质均能降低锈蚀速率。另一项对软钢在添加用单甲胺、二甲胺和乙胺的 NaHCO$_3$ 溶液中的实验室研究表明，当阻锈剂浓度超过 0.1mol/L 时，点蚀电位显著增加（Abd El Halem 和 Killa，1980）。抑制点蚀所需的阻锈剂浓度随着溶液中氯离子浓度的增加和 pH 值的降低而增加。

为了确定最佳的抑制物质，对 80 多种有机化合物（主要是胺类、氨基醇类和羧酸类）进行了筛选试验（Ormellese，2009）。其中九种最有效的物质都含有氨基或羧基或两者都有，普遍认为是这两个官能团对钝化膜的吸附并对氯化物锈蚀起保护作用（Bolzoni 等，2014）。

---

[1] 原文拼写错误。已订正。——译者注

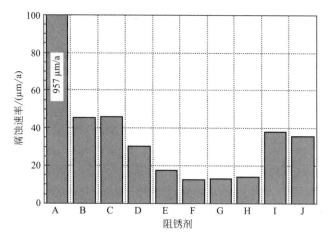

图 14.4 掺有不同阻锈剂的混凝土中钢材的锈蚀速率（μm/a）(European，1987)

A—对照组；B—二甲基氨基乙氧基乙醇（85%）和双(二甲基氨基乙基）醚（15%）；

C—N,N,N'-三甲基-N'-(羟乙基)乙二胺；D—N,N,N'-三甲基(羟乙基)-1,3-丙二胺；

E—N,N-二甲基-N',N'-二(2-羟丙基)-1,3-丙二胺，F—甲基二乙醇胺；

G—三乙醇胺；H—单乙醇胺；I—二甲基乙醇胺；J—二环己胺❶

（2）专有配方混合物

一些来自不同生产商［例如，Sika（Ferrogard 901），Cortec（MCI 2000）或 BASF（Rheocrete 222＋）］的专有配方混合物都是基于烷基醇胺、胺及其与有机酸和无机酸形成的盐。这些阻锈剂有时被称为 AMA。对这些有机阻锈剂进行独立评价的主要困难在于其成分未知或至少是无法确定。例如，有一种产品的描述为无色至淡色液体，有氨臭味，pH＝11～12，密度为 0.88g/cm³，蒸气压为 4mmHg（20℃），含有 1.5%的非挥发性产品（Cortec，产品表），没有进一步的成分信息。这些信息不足以确保客户获得的产品与测试报告中记录的相同。

使用含 1.2%（质量分数）氯化物的溶液模拟混凝土孔溶液，对比测试不同有机胺（Phanasgaonkar 等，1997）作为阻锈剂添加和补救工作的情况。当浓度为 1%（质量分数）时，商品阻锈剂 Cortec MCI 2000 表现出很好的阻锈效果，而纯二甲乙醇胺实际上是无效的。

苏黎世联邦理工学院的 Elsener 等（1999，2000）研究了作为混合阻锈剂的商品迁移型阻锈剂（MCI 2000），结果表明饱和 Ca(OH)₂ 溶液中 Cl⁻/MCI 2000 的临界摩尔浓度比约为 1，非常高。图 14.5 所示为不同含量阻锈剂对砂浆样品（柱状样品 w/c＝0.5）中氯化物诱导锈蚀的预防或延迟效果。加入阻锈剂后锈蚀开始时间增加：阻锈剂浓度最高的样品在 90 天后开始锈蚀，而未加入阻锈剂的样品在 50 天后开始锈蚀。但发现锈蚀开始后，锈蚀速率没有显著降低。

---

❶ 原文图名错误。其中物质 B［85% dimethylamino-ethoxyethanol，15% bis(dimethylaminoethyl)ether］、D［N,N,N'-trimethyl-N'-(hydroxyethyl)-1,3-propane diamine］名称不完整，物质 C［N,N,N'-trimethyl-N'-(hydroxyethyl)ethylene diamine］缺少名称，物质 E［N,N-dimethyl-N',N'-di(2-hydroxypropyl)-1,3-propane diamine］名称错误。已订正。——译者注

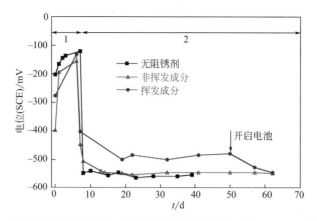

图 14.5　含两种阻锈剂组分的溶液中钢筋试样的锈蚀电位（Elsener 等，1999）

Laamanen 和 Byfors（1996）先前总结了使用专用阻锈剂 Sika Ferrogard 901 的测试结果。溶液电化学测量表明，阻锈剂混合物在氯化物加入之前是有效的，且阻锈剂浓度越高效果越明显。对将阻锈剂混合物作为外加剂的砂浆和混凝土样品进行了测试，这些样品暴露在海水中，并喷洒氯化钠。1 年后，w/c＝0.6 的试样开始锈蚀。含阻锈剂样品的氯化物阈值（以水泥质量计为 4％～6％ Cl⁻）均高于对照样品（1％～3％ Cl⁻）。w/c 较低（0.45）、含 3％ Ferrogard 901 的试样 15 个月后仍未开始锈蚀。Cigna 等（1997，2007）报道该专有阻锈剂混合物的锈蚀初始延迟两倍（最小值）至四倍（最大值）。

将含有四种用于水泥基材料的商品阻锈剂的砂浆样品循环浸泡暴露于氯化物环境中，对其阻锈效果进行比较研究［图 14.6（a）］。在推荐掺量下所有阻锈剂均可延迟锈蚀的开始，但发现只有亚硝酸钙在掺量为 30L/m³ 混凝土（CN30）时的延迟。然而锈蚀开始后的锈蚀速率中等程度降低［图 14.6（b）］（Trépanier 等，2001）。Ormellese

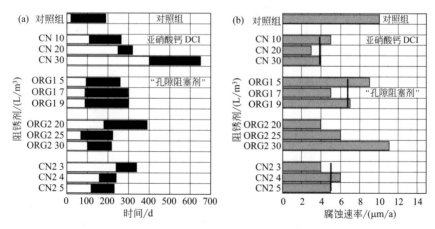

图 14.6　不同阻锈剂对砂浆锈蚀开始时间（a）和开始锈蚀后的锈蚀速率（b）的影响

w/c＝0.5、养护 20 天的砂浆柱状试样部分浸泡在 3.5％ NaCl 中

（钢筋表面 62.7cm²）（Trépanier 等，2001）

（2006）在一项对四种商品阻锈剂的研究中证实了这些结果，研究表明添加阻锈剂可以延长锈蚀初始时间，但结果分散性高，未发现与锈蚀速率有关的显著影响。

另一种专利阻锈剂混合物为油/水乳液，其中油相为脂肪酸和一元醇、二元醇或三元醇构成的不饱和脂肪酸酯，水相包含饱和脂肪酸、两性化合物、乙二醇和皂类（Bobrowski 等，1993 年），该阻锈剂延缓了锈蚀的开始，其主要作用是作为孔隙阻滞剂减少水和氯化物进入混凝土（Nmai 和 McDonald，1999）。

14.3.3 有机阻锈剂混合物的作用

如前所述，有机"阻锈剂"独立评估的主要困难在于其复杂的未知成分。大多数已发表的研究都基于市售的共混物，但它们的组成可能会随时间而变化且无法察觉。

苏黎世联邦理工学院的研究工作表明，阻锈剂混合物 Cortec MCI 2000 主要由两部分组成：二甲基乙醇胺（约 95%）为主的挥发性胺和非挥发性部分（约 5%）（Elseneral，1999，2000）。碱溶液电化学测量表明，阻锈剂的两种成分都需要防止锈蚀（图 14.7）。挥发性或非挥发性成分单独存在无法发挥阻锈剂的效果。在含有 10% 阻锈剂混合物 MCI 2000 的饱和 $Ca(OH)_2$ 溶液中对钢筋进行电化学阻抗谱（EIS）测量，结果显示高频下存在第二时间常数，表明阻锈剂可在钝化的钢筋表面成膜（Elsener 等，2000）。现代表面分析技术［X 射线光电子能谱（XPS）、飞行时间二次离子质谱（ToF-SIMS）］的应用表明，碱性溶液中的阻锈剂混合物可在钢筋表面形成有机层（Rossi 等，1997），结果验证了 Elsener 等的电化学结果。然而当所用阻锈剂混合物含未知成分时，这种解释仍然只是推测。

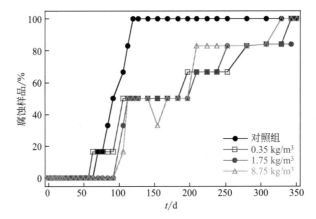

图 14.7　砂浆中锈蚀钢筋百分比与循环氯化物处理时间之比（Elsener 等，1999）

总结这些实验室研究，几种纯有机物和商品阻锈剂混合物可以延缓钝化钢筋在碱性溶液和砂浆/混凝土中的氯离子诱导锈蚀。研究发现阻锈剂的存在可使锈蚀时间延长约 1.5～3 倍。然而由于局部锈蚀的随机性，阻锈剂存在与否对锈蚀开始时间影响很大（见图 14.3 和图 14.7）。大量研究似乎表明，要使阻锈剂发挥作用，必须超过临界摩尔比阻锈剂/氯化物（约 0.5～1），与阻锈剂类型无关。表明为了防止氯化物从混凝土表面渗透，混凝土孔溶液中必须存在较高浓度的阻锈剂。为了限制氯化物渗入而使用过高浓度的阻锈剂也可避免阻锈物质的浸出，因此仅建议高质量（密实）混凝土配合使用混合阻锈剂。

14.4 阻锈剂的临界评价

假设在实验室试验中，对于给定的物质有明显的阻锈效果，那么在钢筋混凝土构件上应用还存在几个临界点和有待解决的问题：

- 如何在实验室中精确地测试缓蚀物质以获得与实践相关的结果？
- 如何确保阻锈剂在钢筋中以足够高的浓度存在于侵蚀性离子（氯）中，并且持续很长时间？
- 与无阻锈剂的混凝土相比，如何量化阻锈剂对混凝土中钢筋锈蚀的影响?

14.4.1 阻锈剂测试

新研制的钢筋混凝土阻锈剂必须在实验室中进行试验才能安全投入使用。实验室试验可能包括在溶液和砂浆、混凝土中的筛选试验。最好使用加速试验，以便能够迅速评价抑制物质的性能并确定必要的掺量。然而将这些实验室结果转换为长期或工作现场的性能仍然是最大的挑战。只有随阻锈剂作用机理进行阐释才能消除两者之间的差距，本章讨论了一些可用于研究混凝土中钢筋的阻锈剂性能的选定测试方法。

宏电池型试验由美国材料与试验协会（American Society for Testing and Materials，ASTM）在 ASTM G109—02《混凝土暴露于氯化物环境时确定化学混合物对埋置钢筋锈蚀作用的标准试验方法》中进行标准化。该测试需一根带有三根预埋钢筋的混凝土梁（28cm×15cm×11cm），一根在梁的顶部，两根在底部。将梁的顶部用 3％NaCl 溶液循环浸泡 2 周，随后干燥 2 周。测量顶部钢筋（阳极）和底部钢筋（阴极）之间的宏电池电流以及钢筋的开路电位（参考电极位于浸泡溶液中），无阻锈剂对照样品的平均宏电池电流超过 10mA 时为测试终点（测试持续时间的 95％极限约为 6 个月）。为了进行评估，计算对照样品和测试样品随时间的积分电流并检查了钢筋，该测试的一个缺点是持续时间长。

通常，电化学技术已广泛应用于检测阻锈性能的不同实验测试装置中。最简单的测试即半电池电位测量，可以精确地通过测试钢筋锈蚀电位的下降来确定锈蚀开始时间（图 14.1），必须考虑锈蚀开始时间的统计分布（图 14.3 和图 14.6）。在实验室中利用极化电阻技术测定锈蚀速率可作为替代方案，原则上也适用于大样本或现场。强烈建议在测试结束时对钢筋进行详细检查，以评估锈蚀坑的面积和深度。

综上所述，通常可以很清楚地确定掺入阻锈剂引起的锈蚀延迟效果（若存在），但其对长期现场条件的适用性存在问题。在锈蚀发生后锈蚀速率的降低难以量化，并且难以将结果应用到现场条件。

14.4.2 浓度依赖性

现有文献表明阻锈剂存在浓度依赖效应，即必须超过临界阻锈剂-氯盐比（见上文）。因此对于新制构件，阻锈剂的掺量必须根据结构设计寿命的预期氯化物浓度来确定。由于缺乏检测阻锈剂浓度的分析方法，因此很难检测阻锈剂掺量是否存在于钢筋处（Page，2005）。关于长期的效率，必须考虑到阻锈剂从混凝土中浸出、挥发性成分蒸发或阻锈物质在其作用过程中被消耗的可能性。

14.4.3 阻锈剂作用的测量和控制

在实际构件或现场试验中评估阻锈剂性能的主要困难之一在于评估阻锈剂对钢筋锈蚀的"原位"阻锈作用。由于混凝土湿度和电阻率随时间的变化，或由于阻锈物质引入的氧化还原牺牲剂的存在，解释半电池电位的测量结果存在困难。此外阻锈剂引起的锈蚀速率降低并不总是直接反映在半电池电位中。

现场锈蚀速率测量的结果取决于许多因素，如使用的设备类型或温度和混凝土湿度的日变化和季节变化。这种时变性使得难以评价阻锈剂随时间变化的有效性。在分离的阳极和周围阴极之间的宏电池电流测量（例如，埋入的探头，如"梯子"或宏电池元件）可能给出最具指示性的结果。

14.5 结论

本章介绍了混凝土阻锈剂的研究现状，包括早期的文献综述（Elsener，2001）和最近更新的内容（Elsener，2011）。这一领域的情况与10～15年前类似，可概括如下：

• 在足够高的掺量下，混合阻锈剂可以强烈延迟氯离子诱导锈蚀（在时间上延迟2～3倍），实验室和现场研究中均明显观察到该现象，已经成为普遍共识。

• 关于锈蚀的扩散，没有确切的研究成果表明阻锈剂可以降低锈蚀速率。

• 特别是对于有机阻锈剂，具有决定性的长期现场结果证实了短期实验室结果的缺失。

• 与是否存在阻锈剂相比，混凝土质量（w/c比、辅助性胶凝材料、养护、施工等）似乎对锈蚀性能的影响更为明显。显然，可以通过将高质量的混凝土与阻锈剂结合使用制备最耐用的构件。

• 在混凝土维修领域工作的工程师和承包商应该意识到，商品名不同的市售专用阻锈剂其成分可能随时间和地域改变。

B. Elsener[1,2]，U. Angst[1,3]

[1]Institute for Building Materials，ETH Zürich，Zürich，Switzerland

[2]University of Cagliari，Italy

[3]Swiss Society for Corrosion Protection，Zürich，Switzerland

参考文献

Abd El Halem, S.M., Killa, H.M., 1980. Inhibition of pitting corrosion of mild steel by organic amines. In: Proc. 5th European Symposium on Corrosion Inhibitors, Università degli Studi di Ferrara, pp. 725−740.

ACI Committe 222, 1996. Corrosion of Metals in Concrete. American Concrete Institute, Detroit, USA.

Aitcin, P.-C., 2016. Corrosion inhibition. In: Aitcin, J.P., Flatt, R. (Eds.), Science and Technology of Concrete Chemical Admixtures (Chapter 24), pp. 471−480.

Andrade, C., Sarria, J., Alonso, C., 1996. Statistical study on simultaneous monitoring of rebar corrosion rate and internal RH in concrete structures exposed to the atmosphere. In: Page, C.L., Bamforth, P., Figg, J.W. (Eds.), Corrosion of Reinforcement in Concrete Construction. SCI, pp. 233−242.

Angst, U., Elsener, B., Larsen, C.K., Vennesland, Ø., 2010. Potentiometric determination of the chloride ion activity in cement based materials. Journal of Applied Electrochemistry 40, 564−573.

Angst, U., Elsener, B., Larsen, C., Vennesland, O., 2009. Critical chloride content in reinforced concrete−a review. Cement and Concrete Research 39 (2009), 1122−1138.

Bakker, R.F., 1988. Initiation period. In: Schiessl, P. (Ed.), Corrosion of Steel in Concrete, RILEM Report. Chapman and Hall, pp. 22−42.

Berke, N.S., 1989. Corrosion Inhibitors in Concrete. Corrosion 89, New Orleans. Paper 445.

Berke, N.S., Dallaire, M.P., Hicks, M.C., Ropes, R.J., 1993. Corrosion of steel in cracked concrete. Corrosion NACE 49, 934−943.

Berke, N.S., Rosenberg, A.M., 2004. Calcium nitrite corrosion inhibitor in concrete. In: Vazques, E. (Ed.), Admixtures for Concrete: Improvement of Properties. CRC press, pp. 282−299.

Bertolini, L., Elsener, B., Redaelli, E., Polder, R., Pedeferri, P., 2013. Corrosion of Steel in Concrete−Prevention, Diagnosis, Repair, second ed. WILEY VCH.

Bobrowski,G.S., Bury, M.A., Farrington, S.A., Nmai, C.K., 1993. Admixtures for Inhibiting Corrosion of Steel in Concrete, United States Patent, Patent No. 5.262.089.

Bolzoni, F., Brenna, A., Fumagalli, G., Goidanich, S., Lazzari, L., Ormellese, M., Pedeferri, M.P., 2014. Experiences on corrosion inhibitors for reinforced concrete. International Journal of Corrosion and Scale Inhibition 3, 254−278.

Breit, W., 1998. Critical chloride content−investigations of steel in alkaline chloride solutions. Materials and Corrosion 49 (1998), 539−550.

Browne, R.D., 1980. Mechanisms of corrosion of steel in concrete in relation to design, inspection and repair of offshore and coastal structures. In: Malhotra, V.M. (Ed.), Performance of Concrete in Marine Environment. ACI Publication SP-65, pp. 169−204.

Cigna, R., Mercalli, A., Peroni, G., Grisoni, L., Mäder, U., 1997. Influence of corrosion inhibitors containing aminoalcohols on the prolongation of service life of RC structures. In: Int. Conf. on Corrosion and Rehabilitation of RC Structures, Orlando USA (on CD).

Cigna, R., Mercalli, A., Grisoni, L., Mäder, U., 2007. Effectiveness of mixed in organic inhibitors on extending the service life of reinforced concrete structures. In: Raupach, M., Elsener, B., Polder, R., Mietz, J. (Eds.), EFC publication 38, pp. 203−210.

Cortec Company, Product Information Sheet. http://www.cortecvci.com/Publications/PDS/MCI-2000.pdf (last access 09.09.15).

DeBerry, D.W., 1993. Organic inhibitors for pitting corrosion. In: Raman, A., Labine, P. (Eds.), Review on Corrosion Inhibitor Science and Technology. NACE, Houston.

El-Jazairi, B., Berke, N., 1990. In: Page, C.L. (Ed.), Corrosion of Reinforcement in Concrete Construction. Elsevier Applied Science, London, p. 571.

Elsener, B., Büchler, M., Stalder, F., Böhni, H., 1999. A migrating corrosion inhibitor blend for reinforced concrete, Part I: prevention of corrosion. Corrosion 55, 1155−1163.

Elsener, B., 2000. Corrosion of steel in concrete. In: Corrosion and Environmental Degradation. Materials Science and Technology Series, vol. 2. John Wiley, p. 389−436.

Elsener, B., Büchler, M., Böhni, H., 2000. Organic corrosion inhibitors for steel in concrete. In: Mietz, J., Polder, R., Elsener, B. (Eds.), Corrosion of Reinforcement in Concrete−Corrosion Mechanism and Corrosion Protection. IOM Communication, London, pp. 61−71.

Elsener, B., 2001. Corrosion Inhibitors for Steel in Concrete−State of the Art Report. EFC Publication 35, Maney Publishing.

Elsener, B., Zimmermann, L., Böhni, H., 2003. Non-destructive determination of the free chloride content in cement based materials. Materials and Corrosion 54, 440−446.

Elsener, B., 2007. In: Raupach, M., Elsener, B., Polder, R., Mietz, J. (Eds.), Corrosion Inhibitors for Reinforced Concrete−an EFC State of the Art Report. EFC publication 38, pp. 170−184.

Elsener, B., 2011. Corrosion Inhibitors—An Update on On-going Discussion, 3, Länder Korrosianstagung "Möglichkeiten des Korrosionsschutzes in Beton" 5/6. Mai. Wien GfKorr Frankfurt am Main, pp. 30—41.

European Patent Application, 1987. No. 8630438.2, Publication No. 0 209 978, published 28.01.87 Bulletin 87/5.

fib, 2013. Model Code for Concrete Structures 2010 (MC2010). International Federation for Structural Concrete.

Frankel, G.S., 1998. Journal of Electrochemical Society 145, 2186—2198.

Gaidis, J.M., Rosenberg, A.M., 1987. Cement, Concrete and Aggregates 9, 30.

Griffin, D.F., 1975. Corrosion inhibitors for reinforced concrete. In: Corrosion of Metals in Concrete, ACI SP-49. American Concrete Institute, p. 95.

Hartt,W.H., Rosenberg, A.M., 1989. American Concrete Institute, Detroit, SP 65-33, pp. 609—622.

Heren, Z., Oelmez, H., 1996. Cement and Concrete Research 26, 701—705.

Hobbs, D.W., 1994. Carbonation of concrete containing PFA. Magazine Concrete Research 46, 35—38.

Hornbostel, K., Larsen Claus, K., Geiker Mette, R., 2013. Relationship between concrete resistivity and corrosion rate—a literature review. Cement and Concrete Composites 39, 60—72.

Laamanen, P.H., Byfors, K., 1996. Corrosion inhibitors in concrete—alkanolamine based inhibitors. In: Nordic Concrete Research No. 19, 2/1996, Nordic Concrete Research Oslo.

Mäder, U., 1994. In: Swamy, N. (Ed.), A New Class of Corrosion Inhibitors, Corrosion and Corrosion Protection of Steel in Concrete, vol. II. Sheffield University Press, p. 851.

Moskwin, V.M., Alekseyeev, S.M., 1958. Beton i Zhelezobeton 2, 21.

Nmai, C.K., Farrington, S.A., Bobrowski, G.S., 1992. Concrete International, American Concrete Institute 14, 45.

Nmai, C.K., McDonald, D., 1999. Long term effectiveness of corrosion inhibiting admixture and implications for the design of durable reinforced concrete structures: a laboratory investigation. In: RILEM Int. Symp. on the Role of Admixtures in High Performance Concrete.

Nürnberger, U., Beul, W., 1991. Materials and Corrosion 42, 537—546.

Nürnberger, U., 1996. Corrosion inhibitors for steel in concrete. Otto Graf Journal 7, 128.

Ormellese, M., Berra, M., Bolzoni, F., Pastore, T., 2006. Corrosion inhibitors for chloride induced corrosion in reinforced concrete structures. Cement and Concrete Research 36, 536—547.

Ormellese, M., Lazzari, L., Goidanich, S., Fumagalli, G., Brenna, A., 2009. Corrosion Science 51, 2959.

Page, C.L., Short, H.R., El-Tarra, A., 1981. Diffusion of chloride ions in hardened cement paste. Cement and Concrete Research 11 (1981), 395—406.

Page, C.L., Ngala, V.T., Page, M.M., 2000. Corrosion inhibitors in concrete repair systems. Magazine of Concrete Research 52 (2000), 25—37.

Page, M.M., 2005. Journal of Separation Science 28 (2005), 471—476.

Phanasgaonkar, A., Cherry, B., Forsyth, M., 1997. Corrosion inhibition properties of organic amines in a simulated Concrete environment. In: Proc. Int. Conference "Understanding Corrosion Mechanisms of Metals in Concrete—A Key to Improving Infrastructure Durability", Massachusetts Institute of Technology, MIT (Cambridge, USA) section 6.

Rasheeduzzafar, F.D., Mukarram, K., 1987. Influence of cement composition and content on the corrosion behaviour of reinforcing steel in concrete. In: Malhotra, V.M. (Ed.), Concrete Durability. ACI SP-100, Detroit, pp. 1477—1502.

Richartz, W., 1996. Die Bindung von Chlorid bei der Zementerhärtung. Zement-Kalk-Gips 10, 447—456.

Rossi, A., Elsener, B., Textor, M., Spencer, N.D., 1997. Combined XPS and ToF-SIMS analyses in the study of inhibitor function—organic films on iron. Analusis 25 (5), M30.

Söylev, T.A., Richardson, M.G., 2008. Corrosion inhibitors for steel in concrete: state of the art report. Construction and Building Materials 22, 609—622.

Tang, L., Nilsson, L.O., 1993. Chloride binding capacity and binding isotherms of OPC pastes and mortars. Cement and Concrete Research 23, 347−353.

Tomosawa, F., Masuda, Y., Fukushi, I., Takakura, M., Hori, T., 1990. Experimental study on the effectiveness of corrosion inhibitor in reinforced concrete. In: Proc. Int. RILEM Symp. Admixture for Concrete Improvement and Properties (1990), pp. 382−391.

Trabanelli, G., 1986. Corrosion inhibitors. In: Mansfeld, F. (Ed.), Corrosion Mechanisms. Marcel Dekker, N.Y (Chapter 3).

Trépanier, S.M., Hope, B.B., Hansson, C.M., 2001. Corrosion inhibitors in concrete. Part III: effect on time to chloride induced corrosion initiation and subsequent corrosion rate of steel in mortar. Cement and Concrete Research 31, 713−718.

Tritthart, J., 1989. Chloride binding in cement: the influence of the hydroxide concentration in the pore solution of hardened cement paste on chloride binding. Cement and Concrete Research 19, 683−691.

Tuutti, K., 1982. Corrosion of Steel in Concrete. Swedish Cement and Concrete Research Institute, Stockholm.

Wierig, H.J., 1984. Long-term studies on the carbonation of concrete under normal outdoor exposure. In: RILEM Seminar Hannover.

Zimmermann, L., Schiegg, Y., Elsener, B., Böhni, H., 1997. Electrochemical techniques for monitoring the conditions of concrete bridge structures, repair of concrete structures. Svolvaer Norway. In: Blankvoll, A. (Ed.), Norwegian Road Research Laboratory (1997), pp. 213−222.

Zimmermann, L., Elsener, B., Böhni, H., 2000. Critical Factors for the Initiation of Rebar Corrosion, Corrosion of Reinforcement in Concrete: Corrosion Mechanisms and Corrosion Protection. EFC Publication No. 31, The Institute of Materials, London, pp. 25−33.

Science and
Technology
of Concrete
Admixtures

第三篇

外加剂技术

15
商业产品配方

15.1 引言

商品化学外加剂根据其在混凝土中的主要作用进行分类，如 EN206-1（ASTM C494，2013）所列。大多数外加剂通常以低浓度水溶液形式提供，质量分数范围为15%~40%。此外也提供粉末产品，如用于预拌砂浆。

选择化学外加剂时需要考虑多种因素，其中最主要的是它的最终应用效果。例如对于预拌混凝土，主要要求在混凝土浇筑前拥有良好的坍落度保持性，时间跨度可能从很短到几个小时不等。在某些情况下，例如发生交通拥堵或混凝土搅拌站到施工现场的距离过长时，应长期保持工作性。另一方面，预制混凝土需要高减水率，而坍落度保持仅在搅拌后的前 30min 才重要。此外，预制混凝土要求快硬，以此增加工作时间内的变形循环次数。为加快施工过程，该方面在预拌应用中变得十分重要。对这些外加剂的化学性质感兴趣的读者可以参考 Gelardi 等（2016）提出的综述。

15.2 性能目标

遗憾的是，单一的纯超塑化剂通常不能有效地同时满足上述所有要求。因此，商品混凝土外加剂通常是多组分产品，经过适当的复配以适应不同用户对性能的需求。将不同类型的超塑化剂以及其他外加剂复配到一个配方中以达到要求的性能，并不是一件容易的事。一种化合物的存在会影响其他化合物的性能，例如各类化合物在水泥上的竞争性吸附（Plank 和 Winter，2008；Plank 等，2010；Bey 等，2014；Marchon 等，2016；Marchon，2013）。此外，不同化学物质的组合可能导致配方不稳定，有时甚至会导致相分离。

大多数常规组分及其组合（主要是速凝剂和缓凝剂）在 20 世纪 80~90 年代之间已被开发并申请专利，并且如今仍在商业配方中使用（Ramachandran，1996）。在当时普遍使用聚萘磺酸盐（PNS）超塑化剂和三聚氰胺磺酸盐（PMS）超塑化剂来实现减水效果。

随着聚羧酸（PCE）超塑化剂引入市场，以及复合水泥的大量使用和施工工艺的进一步优化，在 21 世纪初出现了创新的转折点。涉及产品稳定性和新材料的相容性等有关的新问题，促进了新型商业产品的研究与开发。

15.2.1 坍落度保持

典型的商品外加剂可以由具有高减水能力的聚合物与表现出良好坍落度保持能力的其他聚合物组成。例如，通过将超塑化剂与木质素磺酸盐复合，可以增强超塑化剂的工作性，如 PNS 和 PMS，且最终配方具有成本低廉（Chang 等，1995）的额外优势。

其他解决方案还有纯 PCE 的复合。在这些共混物中，坍落度保持聚合物可以是接枝度高（主链上电荷量少）的共聚物，也可以是侧链能够在碱性孔溶液中水解的丙烯酸酯基 PCE（Mäder 等，2004）。

15.2.2 环境条件

在选择外加剂时，混凝土的使用环境条件起着重要作用。在夏季或气候炎热的国家，水泥水化速率会加快，工作性会迅速丧失，从而影响商混车的出货量、可泵送性、最终浇筑和表面光洁度。在这种情况下，必须在混凝土中加入缓凝剂，以延缓水化过程；另一方面，寒冷的环境会延迟凝结和硬化，建议在混凝土中加入速凝剂，以保持施工过程处于合理速度。在冬季或寒冷国家，混凝土也应满足能抵抗冻融循环的要求。

15.2.3 凝结和硬化控制

商品外加剂可与各种速凝剂和缓凝剂复配，以适应气候条件或一种或多种成分的缓凝效果。使用此类化合物还可以获得所需的凝结或硬化时间。速凝剂和缓凝剂可包括无机盐、有机盐或酸类化合物，Marchon 和 Flatt（2016）对其工作机理进行了讨论。

作为速凝剂，在预制混凝土的配方中常用硝酸盐、亚硝酸盐、甲酸盐、硫代硫酸盐和硫氰酸盐，而三异丙醇胺（TIPA）和三乙醇胺（TEA）在预拌混凝土工程应用中更为常见（Ramachandran，1996）。氯化物盐的使用逐渐减少，因为氯离子会引起钢筋的腐蚀。近年来，还开发出了基于 C-S-H 晶种悬浮液的新一代速凝剂被引入使用（Nicoleau 等，2013）。

在超塑化剂配方中，木质素磺酸盐和碳水化合物（例如蔗糖和葡萄糖）以及羟基羧酸及其盐（例如葡萄糖酸钠、柠檬酸和酒石酸）常用作缓凝剂（Ramachandran，1996）。磷酸盐（ATMP、HEDP 等）在一些对缓凝效果要求更高的特定应用中常被使用。

在喷射混凝土中，通常使用无碱外加剂，例如使用铝盐（如氢氧化铝、硫酸铝、甲酸铝等）、硅酸盐或无定形氧化铝作为速凝剂[1]。基于硫酸铝的产品通常还含有有机酸或无机酸，可稳定高浓度溶液，使其在使用前不会沉淀（延长保质期）（Lootens 等，2008）。

---

[1] 结合文章语义及生产实际，参考《混凝土外加剂术语》（GB/T 8075—2017）规定，此处的"accelerators"译作速凝剂。——译者注

15.2.4 消泡剂

某些含有 PCE 和调黏剂（VMA）的混凝土外加剂，无论单独使用还是复配使用，都会在混凝土中产生大气泡，特别在黏性混凝土中即使振动也无法消除（ACI Materials Journal，2002；Łaźniewska-Piekarczyk，2013）。与引气剂所产生的气泡不同，这种状况引入气泡的数量和质量无法控制，将导致强度降低且没有任何抗冻性（Dolch，1996；Nkinamubanzi 等，2016）。为了避免这种情况，建议使用消泡剂，例如磷酸三丁酯（TBP）、邻苯二甲酸二丁酯、聚硅氧烷、酯类或碳酸，以及环氧乙烷/环氧丙烷（EO/PO）共聚物（Lorenz 等，2010；Darwin 等，2000 年）。消泡剂在低掺量下可在混凝土中具有良好的效果，可以以液体或乳液形式添加到配方中（Shendy 等，2003；Shendy 等，2005）。

原则上消泡剂应在混合时使体系保持较低的空气含量（无螺旋效应）并显示出良好的稳定性。然而，消泡剂的一部分可能向上离析并在长期存放后分层，导致外加剂成分不均匀，且大多数消泡剂具有高疏水性（水溶性 TBP 除外），导致水溶性配方不稳定。因此，消泡剂的选择主要取决于其相容性，相容性与共用的超塑化剂和其他成分的类型、极性、浓度，以及最终产品的稀释液有关。

15.2.5 辅助表面活性剂和水溶性化合物

对于所有包含疏水性化合物的外加剂，例如超塑化剂配方中的水不溶性消泡剂或减缩剂（SRA）中的非离子表面活性剂，可通过添加辅助表面活性剂（Rosen，2004）或亲水物质（Lunkenheimer 等，2004）提高水溶液的增溶能力。由于水溶性物质影响水结构（水结构破坏剂），辅助表面活性剂可作为溶剂增加分子溶解度，促进胶束或微乳液的形成。

在外加剂中加入增溶剂可使非水溶性化合物溶于水溶液中，能防止疏水性化合物在运输和储存过程中发生相分离，因此外加剂可以无需事先搅拌或重新混合即可精确计量，以确保混凝土均匀分布。

特别的，新拌混凝土水相中电解质的存在会显著降低疏水性化合物的溶解度。因此，配置外加剂需加入一定量的辅助表面活性剂或水溶性化合物，以减少由于相分离、自团聚或表面聚集导致的疏水性化合物损失（Alexandridis 和 Holzwarth，1997；Bauduin 等，2009；Kabalnov 等，1995；Leontidis，2002；Morini 等，2005；Partyka 等，1984；Tadros，2006）。

在某些减缩剂中（Eberhardt 和 Flatt，2016），乙二醇被用作水结构破坏剂，以溶解配方中的非离子表面活性剂并减少混凝土中非离子表面活性剂的自团聚（Eberhardt，2011）。在超塑化剂中添加辅助表面活性剂可使聚合物分散剂和非水溶性消泡剂稳定复配，获得足够的增溶作用（Lorenz 等，2010）或形成微乳液（Darwin 等，2000；Shendy 等，2003；Shendy 等，2005）。

15.2.6 抗菌剂

另一个需要考虑的方面是有机外加剂水溶液在运输和储存过程中对微生物侵袭的稳

定性。在最坏的情况下，污染和变质可能导致各组分发生相分离，并在储罐中产生气体或难闻的气味。因此，需在配方中添加掺量远低于 1% 的抗菌剂。基于甲醛和异噻唑酮的衍生物以及两者的混合物、布罗波尔（溴硝醇）、戊二醛配制的溶液是混凝土外加剂中常见的抗菌剂。抗菌剂应具有低毒性、良好的生物降解性，且通常是不含挥发性有机碳（VOC）的化合物。

15.3　成本问题

纯合成的 PCE 比上一代的超塑化剂价格昂贵，因此这种产品的广泛使用并不总是经济的。使用 PCE 复配其他外加剂可以作为一种降低配方成本的方法。然而，复配PCE 的使用仍然有限。实际上，复配的 PNS 和 PCE 聚合物在坍落度方面表现为负协同作用，且在配方中多数比例下的效果都不稳定（Coppola 等，1997）。但这种复配物黏度急剧增加，可能有利于喷射混凝土的具体应用（Pickelmann 和 Plank，2012）。另外，无论何种水泥，PMS-PCE 复配物均性能表现一般，成本/收益比也不理想（Coppola等，1997）。然而，PCE 聚合物可以有效地与木质素磺酸盐一起使用，木质素磺酸盐显示出与纯 PCE 聚合物相当的初始流动性和坍落度保持能力（Coppola 等，1997；GonÇalves 和 Bettencourt-Ribeiro，2000）。

除了主要的活性成分、超塑化剂或其复配物外，还经常在配方中添加具有高性价比的化合物，以根据用户的需求调整最终产品的性能。

15.4　结论

流动性、强度以及耐久性方面的高性能要靠先进的技术来实现，并且对每种混凝土配合比都需要进行针对性优化。然而，并非所有性能与特定外加剂的类型或掺量的关系都是一致的。

这就是配方艺术发挥作用之处。通过丰富的经验对有限数量的化合物进行平衡和配比，可以提供广泛的产品组合，以涵盖更广泛的性能范围。但是，胶凝体系（特别是复合体系）的复杂性对配方的效果提出了很高的要求。因此，需要找到更多基于理论知识的混凝土配方设计，既减少环境影响又具有可靠的性能。

这是一个令人兴奋的挑战，在这项挑战中可以将涉及水泥-外加剂相互作用的基础科学整合在一起，以在外加剂配方的研究中快速获得成果。

S. Mantellato[1], A. B. Eberhardt[2], R. J. Flatt[1]

[1] Institute for Building Materials，ETH Zürich，Zürich，Switzerland

[2] Sika Technology AG，Zürich，Switzerland

参考文献

Air-void stability in self-consolidating concrete. ACI Materials Journal 99 (4), 2002. http://dx.doi.org/10.14359/12224.

Alexandridis, P., Holzwarth, J.F., 1997. Differential scanning calorimetry investigation of the effect of salts on aqueous solution properties of an amphiphilic block copolymer (Poloxamer). Langmuir 13 (23), 6074−6082. http://dx.doi.org/10.1021/la9703712.

ASTM C494, 2013. Specification for chemical admixtures for concrete. ASTM International. http://enterprise.astm.org/filtrexx40.cgi?+REDLINE_PAGES/C494C494M.htm#_ga=1.237524416.1533275664.1378974238.

Bauduin, P., Wattebled, L., Touraud, D., Kunz, W., 2009. Hofmeister ion effects on the phase diagrams of water-propylene glycol propyl ethers. Zeitschrift Für Physikalische Chemie/International Journal of Research in Physical Chemistry and Chemical Physics 218 (6/2004), 631−641. http://dx.doi.org/10.1524/zpch.218.6.631.33453.

Bey, H.B., Hot, J., Baumann, R., Roussel, N., 2014. Consequences of competitive adsorption between polymers on the rheological behaviour of cement pastes. Cement and Concrete Composites 54, 17−20. http://dx.doi.org/10.1016/j.cemconcomp.2014.05.002.

Chang, D.Y., Chan, S.Y.N., Zhao, R.P., 1995. The combined admixture of calcium lignosulphonate and sulphonated naphthalene formaldehyde condensates. Construction and Building Materials 9 (4), 205−209. http://dx.doi.org/10.1016/0950-0618(95)00011-4.

Coppola, L., Erali, E., Troli, R., Collepardi, M. (Eds.), 1997. Blending of Acrylic Super-plasticizer with Napthalene, Melmine or Lignosulfonate-Based Polymers In: Proceedings 5th CANMET/ACI International Conference on Superplasticizers and Other Chemical Admixtures in Concrete (V.M. Malhotra), Rome, Italy, pp. 203−224.

Darwin, D.C., Taylor, R.T., Jeknavorian, A.A., Shen, D.F., 2000. Emulsified Comb Polymer and Defoaming Agent Composition and Method of Making Same. Patent: US6139623 A.

Dolch, W.L., 1996. 8-Air-Entraining admixtures. In: Ramachandran, V.S. (Ed.), Concrete Admixtures Handbook, second ed. William Andrew Publishing, Park Ridge, NJ, pp. 518−557. http://www.sciencedirect.com/science/article/pii/B978081551373550012X.

Eberhardt, A.B., 2011. On the Mechanisms of Shrinkage Reducing Admixtures in Self Consolidating Mortars and Concretes. Bauhaus University, Weimar.

Eberhardt, A.B., Flatt, R.J., 2016. Working mechanisms of shrinkage-reducing admixtures. In: Aïtcin, P.-C., Flatt, R.J. (Eds.), Science and Technology of Concrete Admixtures, Elsevier (Chapter 13), pp. 305−320.

Gelardi, G., Mantellato, S., Marchon, D., Palacios, M., Eberhardt, A.B., Flatt, R.J., 2016. Chemistry of chemical admixtures. In: Aïtcin, P.-C., Flatt, R.J. (Eds.), Science and Technology of Concrete Admixtures, (Chapter 9), pp. 149−218.

GonÇalves, A., Bettencourt-Ribeiro, A., 2000. Comparative study of influence of super-plasticizers and superplasticizer/plasticizer blends on slump-loss. In: Proceedings of the 6th CANMET/ACI International Conference on Superplasticizers and Other Chemical Admixtures in Concrete, Nice, ACI, SP-195, pp. 321−333.

Kabalnov, A., Olsson, U., Wennerstroem, H., 1995. Salt effects on nonionic microemulsions are driven by adsorption/depletion at the surfactant monolayer. The Journal of Physical Chemistry 99 (16), 6220−6230. http://dx.doi.org/10.1021/j100016a068.

Łaźniewska-Piekarczyk, B., April 2013. The influence of admixtures type on the air-voids parameters of non-air-entrained and air-entrained high performance SCC. Construction and Building Materials 41, 109−124. http://dx.doi.org/10.1016/j.conbuildmat.2012.11.086.

Leontidis, E., 2002. Hofmeister anion effects on surfactant self-assembly and the formation of mesoporous solids. Current Opinion in Colloid and Interface Science 7 (1−2), 81−91. http://dx.doi.org/10.1016/S1359-0294(02)00010-9.

Lootens, D., Lindlar, B., Flatt, R.J., 2008. In: Sun, W., VanBreugel, K., Miao, C., Ye, G., Chen, H. (Eds.), Some Peculiar Chemistry Aspects of Shotcrete Accelerators, vol. 61. R I L E M Publications, Bagneux.

Lorenz, K., Yaguchi, M., Sugiyama, T., Albrecht, G., 2010. Defoaming Agent for Cementitious Compositions. Patent: US7662882 B2.

Lunkenheimer, K., Schrodle, S., Kunz, W., 2004. Dowanol DPnB in water as an example of a solvo-surfactant system: adsorption and foam properties. In: Cabuil, V., Levitz, P., Treiner, C. (Eds.), Trends in Colloid and Interface Science XVII, 126. Springer-Verlag Berlin, Berlin, pp. 14−20.

Mäder, U., Schober, I., Wombacher, F., Ludirdja, D., 2004. Polycarboxylate polymers and blends in different cements. Cement, Concrete, and Aggregates 26 (2), 1−5. http://dx.doi.org/10.1520/CCA12314.

Marchon, D., Flatt, R.J., 2016. Impact of chemical admixtures on cement hydration. In: Aïtcin, P.-C., Flatt, R.J. (Eds.), Science and Technology of Concrete Admixtures, Elsevier (Chapter 12), pp. 279−304.

Marchon, D., Mantellato, S., Eberhardt, A.B., Flatt, R.J., 2016. Adsorption of chemical admixtures. In: Aïtcin, P.-C., Flatt, R.J. (Eds.), Science and Technology of Concrete Admixtures (Chapter 10), pp. 219−256.

Marchon, D., Sulser, U., Eberhardt, A.B., Flatt, R.J., 2013. Molecular design of comb-shaped polycarboxylate dispersants for environmentally friendly concrete, Soft Matter. http://dx.doi.org/10.1039/C3SM51030A.

Morini, M.A., Messina, P.V., Schulz, P.C., 2005. The interaction of electrolytes with non-ionic surfactant micelles. Colloid and Polymer Science 283 (11), 1206−1218. http://dx.doi.org/10.1007/s00396-005-1312-7.

Nicoleau, L., Gädt, T., Chitu, L., Maier, G., Paris, O., 2013. Oriented aggregation of calcium silicate hydrate platelets by the use of comb-like copolymers. Soft Matter 9 (19), 4864−4874. http://dx.doi.org/10.1039/C3SM00022B.

Nkinamubanzi, P.-C., Mantellato, S., Flatt, R.J., 2016. Superplasticizers in practice. In: Aïtcin, P.-C., Flatt, R.J. (Eds.), Science and Technology of Concrete Admixture (Chapter 16), pp. 353−378.

Partyka, S., Zaini, S., Lindheimer, M., Brun, B., 1984. The adsorption of non-ionic surfactants on a silica gel. Colloids and Surfaces 12, 255−270. http://dx.doi.org/10.1016/0166-6622(84)80104-3.

Pickelmann, J., Plank, J., 2012. A mechanistic study explaining the synergistic viscosity increase obtained from polyethylene oxide (PEO) and B-naphthalene sulfonate (BNS) in shotcrete. Cement and Concrete Research 42 (11), 1409−1416. http://dx.doi.org/10.1016/j.cemconres.2012.08.003.

Plank, J., Lummer, N.R., Dugonjić-Bilić, F., 2010. Competitive adsorption between an AMPS®-based fluid loss polymer and Welan gum biopolymer in oil well cement. Journal of Applied Polymer Science 116 (5), 2913−2919. http://dx.doi.org/10.1002/app.31865.

Plank, J., Winter, C.H., 2008. Competitive adsorption between superplasticizer and retarder molecules on mineral binder surface. Cement and Concrete Research 38 (5), 599−605. http://dx.doi.org/10.1016/j.cemconres.2007.12.003.

Ramachandran, V.S., 1996. 17-Admixture formulations. In: Ramachandran, V.S. (Ed.), Concrete Admixtures Handbook, second ed. William Andrew Publishing, Park Ridge, NJ, pp. 1045−1076. http://www.sciencedirect.com/science/article/pii/B9780815513735500210.

Rosen, M.J., 2004. Surfactants and Interfacial Phenomena. John Wiley & Sons.

Shendy, S., Bury, J.R., Luciano, J.J., Vickers Jr., T.M., 2003. Solubilized Defoamers for Cementitious Compositions. Patent: US6569924 B2.

Shendy, S.M., Bury, J.R., Vickers Jr., T.M., Ong, F., 2005. Mixture of Cements, Water Insoluble Antifoam Agent and Amine Solubilizer. Patent: US6875801 B2.

Tadros, T.F., 2006. Applied Surfactants: Principles and Applications. John Wiley & Sons.

16

超塑化剂

16.1 引言

超塑化剂能够在不添加过多水的情况下增加混凝土的流动性。如第 11 章（Gelardi 和 Flatt，2016）所述，这些分子通过空间阻力和（或）静电斥力抵消其引力作用来分离水泥颗粒。因此，混凝土更易于放置，而且其工作性可以保持很长一段时间（1～2h 或更长），这有利于运输、浇筑、泵送、压实和浇筑等。

由于这些重要作用，超塑化剂已成为现代混凝土组成的关键组分。例如，可用于在不改变水胶比（w/b）情况下提高工作性，从而控制混凝土耐久性和强度（见第 11 章；Gelardi 和 Flatt，2016）。还可用于在不影响工作性时降低混凝土的水灰比（Aïtcin，1998；Dodson，1990）。当用与水的反应不那么快的矿物掺合料替代一部分水泥时，其可以用来补偿初始强度的不足（Bilodeau 和 Malhotra，2000；Saric Coric，2001）。

由此得出的一个重要结论是，超塑化剂可以通过降低单位立方米混凝土的水泥含量来减少混凝土施工对环境的影响（见前言）。其他几项环境效益包括减少用水量、减少达到规定承载能力所需的混凝土量，以及通过提高耐久性来提高混凝土使用寿命（Flatt 等，2012）。

现代混凝土可以含有多种化学外加剂，混凝土生产商必须确保混凝土在新拌和硬化状态下满足所有要求。应防止不同外加剂之间和（或）外加剂与水泥之间的不相容情况。在这种情况下，可能会出现意外，有时会迫使生产商放弃特定批次的混凝土。这使得混凝土的质量难以长时间保持，混凝土的"鲁棒性"也受到影响。

幸运的是，人们对水泥和化学外加剂之间的相互作用规律正变得越来越清楚，因此混凝土的相容性和鲁棒性会更加受到重视。为了恰当地解决这些问题，本文简要介绍了使用最常见的超塑化剂所带来的实际效益。然后，将理想的预期行为和水泥超塑化剂不相容性的影响结合起来，详细阐述了外加剂对流变学的基本影响。

16.2 超塑化剂的应用基础

16.2.1 超塑化剂的主要类型

在第 9 章中，对化学外加剂的化学性质，特别是超塑化剂的化学性质进行了广泛的概述（第 9 章，Gelardi 等，2016）。这里列出了最常用的超塑化剂，其中减水能力依次增加。

● 木质素磺酸盐（LS），具有约 10％的有限减水能力，目前在配方中使用主要是增强预拌混凝土中的工作性保持。

● 萘磺酸盐甲醛缩合物，也称为聚萘磺酸盐（PNS），与黏土矿物的相互作用较弱。它们的减水能力高达 30％。

● 三聚氰胺磺酸盐甲醛缩合物，也称为三聚氰胺磺酸盐（PMS），可使混凝土中的用水量降低超过 20％～30％。

● 合成聚合物，如聚羧酸盐和丙烯酸共聚物（PCE），具有多种化学结构，可实现高达 40％的减水率，但通常对黏土矿物的耐受性较低。

16.2.2 超塑化剂分散的实际效用

如图 16.1 所示，使用超塑化剂的方法不同会导致胶凝材料含量或用水量恒定时屈服应力降低，或在恒定屈服应力下，胶凝材料含量增加（或降低 w/c）(Ramachandran 等，1998)。可以通过降低水灰比同时增加混凝土坍落度来实现各种应用（Aïtcin，1998；Saric Coric，2001)，例如对于需要有高初始坍落度和高硬化强度的自密实混凝土。

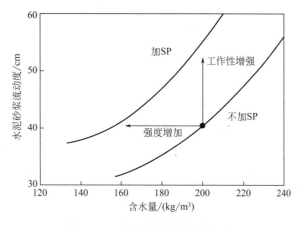

图 16.1　减水剂的不同使用方法

经 Ramachadran 等许可复制（1998）

在这些实际效益中，外加剂发挥了举足轻重的作用，特别是在一些通过使用辅助胶凝材料和更先进的工程技术制得的质量稳定的混凝土中（如高性能混凝土、自密实混凝土、水下混凝土、纤维增强混凝土、大体积粉煤灰混凝土、大体积矿渣混凝土、活性粉末混凝土等）。

16.2.3 胶凝体系中超塑化剂的流变试验

为了通过有限的试验次数来确定水泥和超塑化剂的哪些组合可能不相容，笔者已经进行了几次尝试。然而，由于使用不同的减水剂测量的性能变化很大，部分尝试失败了。此外，使用有限的标准规范无法完全推测水泥行为，在适当的操作条件下，直接进行逐个测试仍然是唯一的解决方案。

值得一提的是，曾有人试图将减水剂的标准扩大到超塑化剂，结果却发现它并不总是有效。此外，一些标准组织决定使用特定的水泥作为参考，或使用三种常见水泥的混合物制成的复合水泥。然而，这些方法仅适用于所使用的特定水泥或复合水泥，其结果无法预测实际使用更广泛的水泥行为。因此，除了直接测试水泥/超塑化剂组合之外，没有其他方法。

由于混凝土测试对材料、能量、时间和空间的要求很高，研究者们开发了更容易、更快捷的简灌浆和砂浆实验程序（Roussel，2012）。流变学的最新发展确立了许多此类实验与基本流变特性之间的基本联系（Roussel，2012）。最广泛使用的测试方法是微型坍落度、流量扩散和 Marsh 筒法测试。这些测试通常在拌合后的 90min 内进行，以评估混凝土在实际静置时流变特性如何变化。前两个与屈服应力直接相关，第三个主要由塑性黏度控制，前提是屈服应力足够低（Roussel，2012）。

令人惊讶的是，研究者在使用 PNS 时发现了 Marsh 筒实验和微型坍落度试验之间的良好相关性。事实上，研究结果表明，塑性黏度也取决于超塑化剂的吸附，但程度低于屈服应力（Hot 等人，2014）。这可以解释这两个测试结果之间的相关性。尤其，该结果可以支持 Marsh 筒法也可有效地确定超塑化剂的饱和掺量的观点。饱和掺量下超塑化剂可覆盖整个表面，超过该掺量后，几乎或完全没有进一步的影响（图 16.2）。

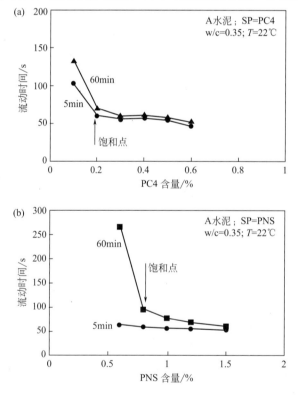

图 16.2　水泥饱和掺量（Marsh 筒法）

（a）PC4 的例子说明饱和点随时间稳定；（b）PNS 的例子说明流动性快速损失，如第 16.4.5.1 节所述

经 Nkinamubanzi 和 Aïtcin（2004）许可复制

这些简单的实验通常适用于水泥浆，而不是混凝土。因此，值得一提的是，这些材料流变性之间的主要差异来自于混凝土中粗骨料和砂的存在。这些骨料之间的水泥浆受到高剪切力（和剪切能）的影响，这就是为什么如果单独制备，必须将其充分混合，以经历与混凝土相似的剪切条件。这一点在含有化学外加剂的混凝土中更为重要。

其次，混凝土中的砂浆必须使骨料保持悬浮状态，反过来，砂浆中的水泥浆体必须支撑住砂粒。如果不满足这些条件，则会出现骨料和（或）砂的离析。

除了骨料的混合能和离析问题外，其组成也起着关键作用。实际上，膨胀黏土对含有 PCE 超塑化剂混凝土的流动性有非常负面的影响，如第 10 章（Marchon 等，2016）和 Jeknavorian 等（2003）、Ng 和 Plack（2012）所述。

在混凝土中经常观察到，水泥浆或砂浆中使用的减水剂的实际用量较高，在最坏的情况下，会导致泌水、离析和缓凝（Nkinamubanzi 和 Aïtcin，1999、2004；Aïtcin 等，2001）。这可能会阻碍人们使用这种简易的实验来研究超塑化剂体系的性能。然而，经验丰富的操作人员可以根据所需性能调整混凝土中减水剂的用量，从这些实验中快速获得适宜的结果，轻松克服这一不便。例如，发现混凝土中使用 PNS 时，必须使用超过饱和点的 20%～25%的实际用量才可避免离析。

使用浆体流动实验来优化超塑化剂的用量是一种相对有效的方法，因为根据 Roussel（2006a）给出的关系，可以确定维持混凝土中所用骨料所需的特定屈服应力。该方法也为混凝土配合比设计提供了一种相对有效的方法。

16.3 超塑化剂对流变性的影响

众所周知，减水剂的主要作用是降低屈服应力。屈服应力可以定义为极限应力，低于该极限应力，材料将停止流动，这是非常重要的结论。因此，是屈服应力控制着浇筑过程（Roussel，2007）。事实上，通过坍落度试验（Saak 等，2004；Roussel，2006b；Murata，1984）或微型锥体扩展试验（Roussel 等，2005；Zimmermann 等，2009；Pierre 等，2013）测得混凝土的屈服应力与混凝土形状之间已建立了理论关联。

超塑化剂是否也会影响屈服应力以外的流变性能，这是多年来争论的话题。下一节将总结这个问题新的研究结果。

16.3.1 屈服应力

本节总结了超塑化剂对屈服应力的主要影响。该影响主要是由于外加剂引起的颗粒间作用力改变所致，第 11 章将更详细地讨论这个问题（Gelardi 和 Flatt，2016）。

随着超塑化剂掺量的增加，屈服应力降低。当水泥颗粒表面被 PCE 覆盖完成后，就可以基于 PCE 侧链的两倍卷曲尺寸来估算粒子间距离（Flatt 等，2009）。只要范德华力不足以引起吸附聚合物的实质性压缩，这个近似就是有效的（见第 11 章；Gelardi 和 Palt，2016）。对于一个摩尔质量为 1000g/mol 的普通侧链，粒子间距离在 5nm 范围内。屈服应力、聚合物结构和掺量之间的关系已通过实验得到证实（Kjeldsen 等，2006）。此结果特别适用于高表面覆盖率的情况。表面覆盖率较低的情况更为复杂，也更具实际意义。因此，低表面覆盖率下性能的可靠预测仍然是一个重要且具有挑战性的课题。

实际上，在极低 w/c 下，与低 C/E 和短侧链的 PCE 聚合物相比，长侧链和高酸醚比（C/E）的 PCE 聚合物可以更有效地抵消吸引力（Winnefeld 等，2007）。超塑化剂对胶凝材料流变性能的影响与其在水泥颗粒表面的吸附量密切相关（Schober 和 Flatt，2006；Winnefeld 等，2006）（图 16.3）。

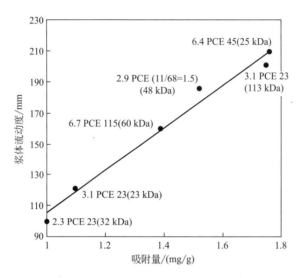

图 16.3　聚合物的吸附量与水泥浆体流动度之间的关系

PCE 聚合物具有聚甲基丙烯酸主链，其中聚合物表示法：第一个数为 C/E 比；第二个数为 PEO 单体单元数，表示侧链长度；括号中为分子量（M_w）结合 Schober 和 Flatt（2006）和 Houst 等（2008）报道的数据，获得了聚合物的特征数据

值得注意的是，在硫酸盐竞争吸附（Yamada 等，2001）和有机铝酸盐相形成（Fernon，1994；Giraudeau 等，2009）的情况下，超塑化剂与水泥的不相容性可以改变这种简单的关系。更多细节见第 10 章（Marchon 等，2016）。

当聚合物掺量低于饱和掺量时，水泥颗粒表面仅部分被聚合物覆盖，在未吸附聚合物的区域，颗粒往往团聚在一起。相反，高掺量时的稳定期（平台期）对应于颗粒表面被完全覆盖，此时颗粒分散良好，屈服应力达到最小值（Kjeldsen 等，2006）。第 11 章给出了在完全和不完全表面覆盖条件下计算粒子间力所需的表达式（Gelardi 和 Flatt，2016）。

饱和掺量和临界掺量可通过吸附等温线以及与屈服应力有关的流动度测量（Yamada 等，2000）得出。关于饱和掺量，早期的研究也提出了用 Marsh 筒法来获得。然而，对于低屈服应力流体，该试验主要提供有关塑性黏度的信息（Roussel 和 Le Roy，2005）。因此，尽管 Marsh 筒法可以检测出流动性差的浆体的差异，但不能准确、可靠地检测流动性好的浆体之间的差异。

临界掺量的确定不像饱和掺量那样简单，因为它极其依赖于实验条件。在流动度试验中，如果浆体的屈服应力小于样品上的重力载荷（取决于样品的高度），则会发生流动（Roussel 和 Coussot，2005；Pierre et al.，2013）。因此，对于每个不同的模具高度，可获得不同的临界屈服应力。此外，对于特定的胶凝体系，通过体积分数和颗粒间作用力的正确组合，可以达到模具特定的极限屈服应力。因此，结果也应该很大程度上取决于水灰比。如果能认识到并理解这些限制，那么临界剂量也可以作为高效减水剂之间有效的比较标准。

16.3.2 塑性黏度

在实际情况下（主要是极低水灰比的情况下），如掺加足够的超塑化剂，混凝土可能在拥有非常低的屈服应力的同时仍有很大的黏度。这种黏度很可能与塑性黏度或剪切增稠有关。在这两种情况下，将剪切速率提高至屈服应力以上所需的多余能量随固体填充率的增加而增加，例如，当 w/c 降低时。

相关文献（Struble 和 Sun，1995；Asaga 和 Roy，1980；Bjornstrom 和 Chandra，2003；Papo 和 Piani，2004）中报道了超塑化剂体系中的剪切稀化行为，且说明是由屈服应力引起的。当对体系施加的剪切应力大于屈服应力时，该剪切应力与剪切速率呈线性关系，这就是经常使用宾汉模型的原因。如第 7 章所述，该线性区域的斜率称为塑性黏度（Yahia 等，2016）。然而，线性区域的适用范围仍在争论。

这个问题的答案可以在 Hot 等人的研究中找到。Hot 等（2014）介绍了残余黏度的概念。通过将剩余黏度定义为 $(\mu_{\mathrm{app}} - \tau_0/\dot{\gamma})$，分离了屈服应力对流体动力的贡献。在宾汉姆模型的极限范围内，剩余黏度被证实与剪切速率无关。然而，超过临界剪切速率后，剩余黏度增加，表明剪切增稠的开始。关于剪切增稠将在下一节中讨论。

就塑性黏度而言，Hot 等（2014）提供了一个不太确定的剪切速率范围，在此范围内可以计算塑性黏度。利用该方法测试了不同聚合物在不同掺量下的流变性能，发现黏滞耗散随聚合物吸附量的增加而减小。这表明超塑化剂也会影响塑性黏度的依赖性，尽管比屈服应力要小得多。这主要是由于超塑化剂能够保持体系颗粒处于分散状态。未吸附的超塑化剂的其他作用不能被排除，但这似乎不那么重要。

16.3.3 剪切增稠

剪切增稠（在高剪切速率下表观黏度增加）的发生与固体体积分数增加有关。悬浮液的剪切增稠行为与剪切增加时颗粒间润滑状态的变化有关（Fernandez 等，2013）。提出的方法包括确定 Bagnold 体制下的干扰体积分数。离心相关的实验被认为是确定这一重要参数的有效手段。

在对基于聚甲基丙烯酸酯基 PCE 作用的相关体系研究中，发现 PCE 在颗粒表面的锚固是增加阻塞体积分数，并因此阻止向剪切增稠过渡的最重要因素（Fernandez，2014）。特别是，高密度的离子基团或较强的钙络合能力是必不可少的特征，这表明如果吸附能量不够高，聚合物可能会在高剪切力下从表面脱附。在设计可能发生剪切增稠的浆体的超塑化剂时，应着重考虑这一点（Fernandez，2014）。

16.3.4　拌合方案的重要性

胶凝材料为触变性流体，在剪切作用下可发生不可逆的结构破坏，并随着持续进行的反应而改变。这意味着它们的流变行为取决于时间和剪切过程。因此，拌合方案对混凝土的流动性影响很大。如 16.2.3 节所述，当将流变特性从混凝土缩放到浆体时，必须特别小心。

如第 10 章所解释的，化学外加剂的添加时间是水泥体系流变性能的一个非常重要的因素（Marchon 等，2016）：如果它们是以加入到拌合水中的形式添加，很容易被水化铝酸盐相形成有机矿物相或钙矾石吸附（Flatt 和 Houst，2001；Plank 等，2006；Giraudeau 等，2009），其中外加剂可以增加钙矾石的比表面积（Dalas 等，2012）。因此，尽管聚合物似乎可以被更充分地吸附，仍有一部分聚合物不能用于分散水泥颗粒，致使水泥浆体的流动性降低。因此，聚合物的吸附在具有高铝酸盐含量的水泥中更加明显（Schober 和 Mader，2003）。这种效应可能在某种程度上随着聚合物的延迟加入而减弱（Uchikawa 等，1995；Aiad，2003）。

16.3.5　流动性保持

众所周知，新拌混凝土随着时间的推移会失去其工作性。在众多因素中，这种情况的发生程度取决于外加剂的种类、掺量以及混合方法。研究表明，浆体中未吸附的聚合物会随着时间的推移影响流动性（Vickers 等，2005）。这可以通过溶液中的残留聚合物随着时间的推移与新生成的表面相互作用或者聚合物与铝酸盐的优先相互作用来解释。在这两种情况下，较高的表面覆盖率保持时间更长，因此流动性保持时间也更长（图 16.4）。

实际上，就分子结构而言，如果希望提高工作性，应该优先选择具有较低电荷主链（初始吸附较低）和较短侧链的聚合物（Vickers 等，2005；Yamada 等，2000）。在预混料应用中更是如此。在预制应用中，对工作性保持要求不太高，通常优先选择离子聚合物。

延迟添加也可获得更好的流动度保持性，因为聚合物最初没有被充分吸附，需要更长时间将其耗尽（Aaid，2003）。这也可能影响初始流动性。在许多情况下，延迟添加外加剂初始流动性会增加，还可能会达到更高的分散程度，但可能发生离析。因此，在大多数情况下，应减少超塑化剂的掺量。然而，这反过来又会减少工作性的保持时间，因此最终的效果并不明显。

在前面的章节中提到，拌合过程会影响混凝土的初始流动性。其对流动度的保持性也是如此。例如，Vickers 等（2005）研究发现，在相同的水灰比、拌合时间和聚合物掺量条件下，700r/min 转速下，混凝土中聚合物的消耗量远远高于水泥浆。这归因于以下事实：施加在混凝土中水泥浆上的高能量可能形成表面积较大的颗粒，聚合物被吸附在该颗粒上。由于在较高的剪切力作用下这些额外表面的生成，颗粒表面可以更有效地进行溶液交换，导致了大量的蚀坑形成，且加快了水化（Juilland 等，2010，2012）。

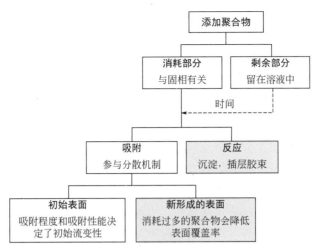

图 16.4　通常被认为吸附（消耗）的聚合物和实际上在分散机制中有效的聚合物

经许可复制自 Flatt（2004）

然而，重要的宏观观察结果显示：当在初始拌合过程中施加高剪切速率时，通常观察到更快的坍落度损失。这些效应很可能是由于水泥水化反应产生比表面积的速率不同，以及通过剪切或化学外加剂对其进行改性而造成的，这在第 10 章和第 12 章中有所论述（Marchon 等，2016；Marchon 和 Flatt，2016b）。

16.3.6　延迟流化

在混凝土中，可以测得流动性会随着时间的推移而增加，这称为过流化。Regnaud 等（2006）证明，较高的拌合能量和延长拌合时间可以使过流化较低。在这项研究中，硫酸盐和 PCE 之间的竞争导致流化延迟。

对于表面亲和力较低的 PCE，此效果更为明显。实际上，由于初始硫酸盐的浓度高，它们不能被充分吸附。因此，需要更高掺量的 PCE 才能达到目标流动性。随着铝酸盐水化的进行和硫酸盐的消耗，溶液中的 PCE 被吸附到水泥颗粒上，从而增加了分散性和流动性。

该研究还表明，半水化合物的存在会促进过流化，因为它会大大增加溶液中硫酸盐的初始浓度。随着钙离子的溶解，硫酸盐发生反应形成钙矾石，与碱金属硫酸盐相比，硫酸盐浓度随时间变化性更强。

掺加丙烯酸酯主链的超塑化剂的浆体体系也可以观察到延迟流化现象，因为该类超塑化剂在高 pH 下会通过水解迅速失去侧链（Gelardi 等，2016；第 9 章）。随着时间的推移，它们的电荷会增加，分散效率也会提高（只要聚合物上还有足够多的侧链）。

因此，延迟流化是一种可能有益也可能有害的特性。在许多情况下，随着时间的推移，是不希望发生分散性增加的，因为在运输过程中可能会发生泌水或离析，甚至在浇筑后更严重。反过来，延迟流化有利于延长工作性保持时间，特别是通过在配方产品中掺加不同类型的聚合物（见第 15 章；Mantellato 等，2016）。

16.4 意外或不期望行为

16.4.1 基本情况

目前超塑化剂的技术和经济潜力已被广泛认识,人们投入前所未有的研究,致力于深入了解导致不相容性和坍落度损失问题的相互作用机理。然而,使用超塑化剂不仅会对工作性造成损失。实际上还可能会对其他化学外加剂的效果产生不利的影响,例如在存在引气剂的情况下(见 16.4.6 节)。这不同于减水剂和超塑化剂工作在固-液界面上的情况,而是涉及液-气界面上的竞争吸附。

如前几节所述,超塑化剂的有效性取决于吸附分子的数量(表面覆盖率)和吸附状态下的结构。任何影响它们的因素都可能影响混凝土的性能。特别是各种工艺会减少悬浮物中每单位颗粒表面可用的超塑化剂的数量。第 10 章(Marchon 等,2016)详细讨论了这些问题,总结如下:

• 竞争吸附。优先吸附阻碍超塑化剂吸附的化合物(如硫酸盐、羟基和缓凝剂)。这取决于表面竞争化合物的相对纯度及其相对浓度。

• 比表面积增加。通过与水化产物的相互作用,改变外加剂可吸附的表面,比无水相具有更高的比表面积。

• 有机铝酸盐相的形成。外加剂被螯合在钙钒石相内层。

• 黏土矿物上的吸附。PCE 超塑化剂对于这一过程需要特别关注,因为聚乙二醇侧链对黏土矿物(主要是蒙脱石)具有很强的亲和力。

这些不相容性与水泥成分及其变化密切相关。因此,将在另一小节专门讨论这个问题。在此基础上,讨论了控制性能变化的过程。

16.4.2 标准实验不足以鉴别不相容性

看似可以认为,满足同样标准要求的水泥,在用同样的超塑化剂进行实验时,其性能应该是相同的。在文献记载的案例中,在低水灰比的混凝土中使用超塑化剂会有其他问题的出现。

不幸的是,用于鉴定水泥质量的工作性实验是在标准条件下没有掺加外加剂的砂浆中进行的,这意味着使用的是 0.50 的高水灰比(ASTM C109)。这类测试中砂浆的流变性基本上是由水控制的。在这些条件下,即使是中等剪切力也足以破坏体系中的絮凝结构,并发生流动。如第 7 章所述,这是由于单位体积内的细颗粒数量较少,而细颗粒数量又由选定的 w/c 控制(Yahia 等人,2016)。

这也意味着,这一标准测试几乎不可能检测与使用超塑化剂有关的问题。这就是为什么在实际使用条件下,必须对每种水泥在低水灰比下进行常规的超塑化剂测试。通常,单位体积的浆体中存在较多的颗粒间接触,其黏聚性必须降低,才能使物料在与以前相同的条件下流动。因此,在低 w/c 下与超塑化剂配合使用,控制工作性的是超塑化剂对水泥颗粒的有效表面覆盖率[见 16.3.1 节,第 11 章(Gelardi 和 Flatt,

2016）〕——这是标准砂浆实验无法评估的。

最后，在没有外加剂的体系中，流动度在时间上的发展取决于第一水化产物的形成速率。而在超塑化体系中，由于超塑化剂可以降低水泥颗粒的表面覆盖率，这些反应可以有更大的效率。

16.4.3　混凝土中水泥/超塑化剂的鲁棒性

当混凝土中一种成分的组成稍有变化不会导致其性能有较大变化时，则认为混凝土具有鲁棒性（图 16.5）。

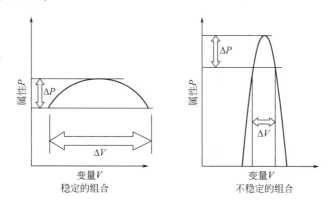

图 16.5　工业过程的鲁棒性

就水泥/超塑化剂组合的有效性而言，变量 V 通常代表超塑化剂用量、骨料级配或砂湿度，而属性 P 代表混凝土的坍落度、凝结时间或初始强度

经 Aïtcin 等（2001），Nkinamubanzi 和 Aïticn（2004）许可转载

用水泥和超塑化剂的不同组合进行的实验表明，良好的相容性和优化后的混凝土并不一定意味着稳定。实际上，外加剂用量的微小变化可能会导致有害的副作用，如离析、过度的缓凝或引入过多的含气量。

在所谓的不相容水泥/超塑化剂组合中，始终有可能找到在新拌混凝土中获得良好性能所需的非常窄的超塑化剂用量范围。然而，与理想用量的微小偏差可能会导致坍落度快速损失、泌水或离析、过度的缓凝或过多的含气量。这种行为通常是指非鲁棒的组合或过程（Nkinamubanzi 和 Aïtcin，2004）。

当然，任何行业都在寻找具有鲁棒性的组合或体系，并会避免使用有效但不稳定的组合，而选择有效性较低但更稳定的组合。然而，出于成本原因，人们还希望使用一种高效产品，只需使用较少的剂量即可达到预期效果。然而，随着对掺量斜率的响应增加，这种低剂量下的高效性违背了鲁棒性原则。一般来说，现代工业总是在有效性和鲁棒性之间做出折中：前者通常与成本费用问题有关，后者则是为了获得稳定的性能。

16.4.4　水泥组分的作用

从前面的例子可以看出，水泥的组成和理化性质影响着水泥与超塑化剂的相容性。其中，C_3A 含量、细度、用于控制铝酸盐相反应的硫酸钙（$CaSO_4$）的性质以及可溶性碱的含量被认为是控制胶凝体系流变性能的最重要因素。

16.4.4.1 可溶性碱及其与铝酸盐的关系

大部分基于 Na 和 K 的硫酸盐为可溶性碱，几乎能立即溶解并向水相提供硫酸根离子。这些带负电荷的硫酸根离子与超塑化剂（也带负电荷）竞争，并与铝酸盐水化物结合（Yoshioka 等，2002；Giraudeau 等，2009；Yamada 等，2001）和（或）吸附在水化相和（或）无水相的表面（Yamada 等，2001）。

在碱含量低的水泥中，与铝酸盐水化物结合（或比表面改性）的方式似乎占主导地位。事实上，这种水泥在几分钟内就能很快地吸附超塑化剂，使得孔溶液中的外加剂过少，从而无法长期保持流动性（见 16.3.5 节）。

这些解释得到以下事实的支持：当水泥浆体中的碱金属和碱金属硫酸盐含量增加时，吸附在水泥颗粒上的 PNS 量呈近似线性减少（图 16.6）。

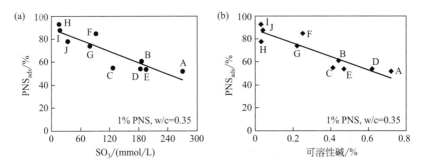

图 16.6　PNS 的吸附与水泥中可溶性碱金属和硫酸盐的关系

测量混合后 5min PNS 在孔溶液中的含量

授权转载自 Nkinamubanzi 和 Aïtcin（2004）

但是，添加少量的硫酸钠可以改善低碱水泥的坍落度保留率，这是因为有机矿物相对减水剂消耗减少和（或）限制比表面积的增加（Aïtcin 等，2001；Kim 等，2000；Flatt 和 Houst，2001；Giraudeau 等，2009）。

根据上述结果，降低吸附程度将改善工作性（保持性），但这与基本分散机理相矛盾。有人提出，在这种情况下，硫酸盐减少了铝酸盐相对超塑化剂的包覆作用，从而留下大量可用于分散的超塑化剂（Flatt 和 Houst，2001）。这应该与 C_3A 的反应活性和硫酸盐载体的有效性以及碱的含量有关。

C_3A 和可溶性硫酸盐的含量以及水泥的细度是需要考虑的关键参数，因为它们在水化反应的早期阶段起着重要作用，影响水泥与外加剂之间的相互作用（Jiang 等，1999；Kim，2000；Tagnit-Hamou 等，1992；Flatt 和 Houst，2001）。一些学者的（Nkinamubanzi 等，2002）研究中提及，C_3A 含量与其可溶性硫酸盐（SO_3）之比（以可溶性 SO_3/C_3A 表示）是决定相容性和鲁棒性的关键参数（图 16.7）。

最近在一项关于 PCE 的研究中也得到了类似的结论（Habbaba 等，2014）。作者调整了水泥浆中 PCE 的掺量，使其表现出相同的初始流动度，并评估了直接添加和延迟添加 PCE 引起的流动度变化。他们认为，在铝酸盐水合物的初始形成过程中，一定量

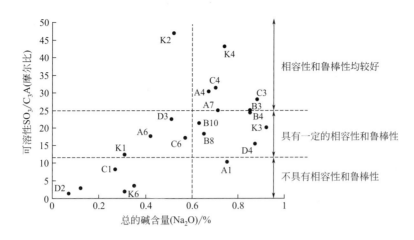

图 16.7　水泥的相容性和鲁棒性随其 Na_2O 含量和可溶性 SO_3/C_3A 含量的变化

经授权转载自 Nkinamubanzi 等（2002）

的超塑化剂被掺杂/包覆铝酸盐水合物中，从而证明了延迟添加的情况下流动度增大是合理的。相反，如果流动度相似，则仍可以使用超塑化剂。在选择水泥时，如果可溶性硫酸盐与 C_3A 的摩尔比大于 2，就会出现这种情况。在此基础上，这些作者得出了类似的结论，即可溶性硫酸盐的量决定了 C_3A 初始水化过程中对聚合物的"捕获作用"的量。

这个结果既有趣又有用。然而，目前还不清楚摩尔比为 2 是否具有化学意义，以及它是否可以推广。的确，在水和水泥的初始接触中，大部分的硫酸盐碱发生溶解，但只有小部分的 C_3A 发生反应。这就引出了水泥中矿物相的初始反应性和它们与水接触的问题，这将在下一节中介绍。

16.4.4.2　表面矿物学

水泥与超塑化剂之间的相互作用是一种界面现象。水泥颗粒的表面矿物学决定了电荷的性质和密度，铝相富集正电位，硅相富集负电位。近年来，这方面的研究相对较少。在这一节中，笔者概略地提出了一些概念，以说明水泥颗粒表面组成变化可能产生的影响。

为此，我们回到第 3 章中提出的水泥颗粒的五种假设（图 3.7）。这五类颗粒具有相同的铝相/硅相比例，然而，它们暴露在水和减水剂下的表面有很大的不同（G1 为 C_3S，G2 为 C_3A 和 C_4AF，G3 为少量铝相等）。这对初始反应活性（新表面的形成速率）有很大的影响，但也会影响超塑化剂对这些表面的亲和性。因此，这些外加剂的性能在不同的情况下会有很大差异。

这些例子稍极端，实际水泥之间的差异并没有这么大。然而，它们说明了在水泥水化的初始阶段，是表面矿物学而不是本体矿物学影响减水剂与水泥的相互作用。因此，最根本的问题是表面矿物组成是否与本体矿物组成相同。在粉磨过程中，如果裂纹在晶界处不发生明显的偏移，就会出现这种情况。该过程的最新数值模拟结果并未表明此类偏移很重要（Carmona 等，2015；Mishra 等，2015）。因此，本体成分可以相对较好地代表表面成分的初步近似值。

16.4.5 超塑化剂的作用

16.4.5.1 PNS 与 PMS

目前，已熟练掌握了 PNS 和 PMS 在混凝土技术中的应用质量。优质的商用 PNS 聚合物的磺化度在 90%左右，其中超过 85% 的基团在 β 位。交联也可以得到很好的控制，以保持聚合物链的最大柔性（Piotte，1993；Nkinamubanzi，1993；Jolicoeur 等，1994；Spiratos 等，2003）。除了这些工艺参数外，真正影响这些超塑化剂作用的是它们的分子质量，对于 PNS，它们的分子质量在 32～75kDa 之间（Spiratos 等，2003）。这个变化范围很小，因此与水泥的不相容性应主要来自水泥。更具体地说，如上节所述，可溶性碱和 C_3A 的含量起着重要作用。

图 16.2(a) 中的结果表明，超过饱和掺量后非鲁棒性组合的泌水和离析风险会急剧增加。此外，超过该饱和掺量掺加额外的超塑化剂会导致强烈的缓凝作用。相反，较低的超塑化剂掺量可以获得较高的初始流动性，PNS 的用量为 0.6%～0.8%时，使用不同的水泥/超塑化剂组合可以在 20℃下轻松维持这种流动性 2h［图 16.2(b)］。PNS 对水泥组成的敏感度符合 16.4.4 节中描述的原则。

16.4.5.2 PCE 的不同敏感度

聚羧酸梳状共聚物在分子设计上有更大的灵活性（Gelardi 等，2016，第 9 章）。从这个角度来看，重要的是要坚持一个事实，即不是具体的一种 PCE 而是一系列 PCE 可能有完全不同的行为。具体来说，它们与水泥的不相容敏感度与它们的分子结构有关。

为了说明这一点，我们可以使用具有高（足够的）碱含量的水泥，以清除 PCE 的不敏感性。在这些情况下，碱含量的变化会影响竞争性吸附的程度。具体而言，碱金属硫酸盐的增加会同时降低吸附和流动度（Yamada 等，2001）。此时超塑化剂的敏感度取决于其对表面的亲和力，这可能与分子结构有关（Marchon 等，2016，第 10 章）。

对于低碱水泥，Habbaba 等（2014）(参见 16.4.4.1 节）的研究表明，聚合物之间存在差异，但并未确定这些差异与分子结构的关系。在接下来的内容中，将考察从直接添加法到延迟添加法的转变而导致的流动度增加。

对于 PCE，流动度直径随聚合物吸附量线性变化（图 16.3）。因此，在铝酸盐初始反应过程中，后续的流动度增加与吸附聚合物的量成正比。如图 16.8 所示，聚合物侧链长度有一个明显的趋势：侧链越长，PCE 消耗越少，流动性越低，如 Habbaba 等（2014）所述。此外，无论是否考虑碱含量最低（几乎为零）的水泥或可溶碱与 C_3A 的平均值比率低于 2 的水泥，这种趋势在质量上都是相同的（其他因素与本讨论无关）。

由因及果，可以假设聚合物的消耗与聚合物对表面的亲和力有关。从这个角度出发，笔者建议使用 Marchon 等（2013）提出的吸附平衡常数比例规律，在第 10 章（Marchon 和 Flatt，2016a）中进行过解释。而且，因为吸附能可能是过量聚合物消耗

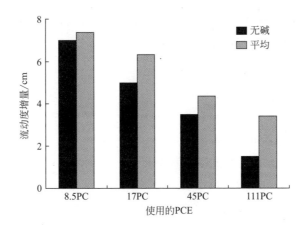

图 16.8　流动度增加示意图［Habbaba 等（2014）］

这里显示的值是接近于零的碱性水泥以及五种水泥的平均值，其中可溶性碱/$C_3A<2$，

PC 前面的数字表示侧链上 EO 单位的基团数量

的驱动力，所以具有较高吸附能的聚合物必须通过形成铝酸盐水化物以实现更有效的消耗。因此，将数据与吸附平衡常数的对数作图，该平衡常数与吸附能有关。如图 16.9 所示，获得了具有较高相关系数的线性关系。它通过原点可能是偶然的，因为存在未知的数值常数，其变化会使曲线向上或向下移动。尽管如此，在本节中，该结果至少显示出用基于分子结构的理论来解释铝酸盐水化过程中 PCE 的消耗现象的可能性。

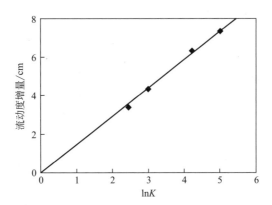

图 16.9　吸附平衡常数对数（根据分子结构计算得到）与流动度

（假设与消耗的聚合物的量成正比）增加的关系（Marchon 等，2013）

使用所有聚合物 C/E 值为 6 且摩尔质量信息由 Plank 等（2010）给出

　　总而言之，必须强调分子结构设计合理的 PCE 在等效表面覆盖范围内比 PNS 更有效。如第 11 章（Gelardi 和 Flatt，2016）所述，这是由于 PCE 具有较厚的聚合物层，拥有更有效的空间位阻所致。因此，低掺量的 PCE 即可获得相同或更好的工作性（前提是 PCEs 有足够的吸附性）。由于孔溶液中可用的 PCE 较少，它们调节 C_3A 初始反应活性的能力可能会降低。当然，这是一种简化的表述，因为掺量、分子结构和配方起着

非常重要的作用。但该表述的优点是可以帮助人们记住，即使保持了初始的流动度，减少外加剂的用量也很难保证有较好的流动度保持性。

16.4.6　与其他外加剂的相互作用

现代混凝土通常含有两种或两种以上的化学外加剂，以改善其新拌和（或）硬化性能。除了在前几节中讨论的外加剂-水泥相互作用外，掌握由于外加剂-外加剂相互作用或不相容性而可能出现的问题也很重要。

在有（或没有）除冰盐的情况下，获得混凝土抗冻性所必需的新拌混凝土的含气量稳定性和硬化材料的气孔体系质量是最常见的问题。与在固-液界面上作用的减水剂和超塑化剂不同，这种情况是在液-气界面上存在竞争性吸附。

大部分的减水剂都可能影响引气水泥和引气剂（AEA）的引气能力（Rixom 和 Mali-vaganam，1999）。木质素磺酸盐引气量从 2%～6% 不等，也有报道称该量值会更高。Be-dard 和 Mailvaganam（2005）研究得出，将木质素减水剂（WRA）和 AEA 结合使用的混凝土比仅添加 AEA 的混凝土的含气量要高得多。但 WRA 处理后的新拌混凝土气泡比表面积明显减小。此外，WRA 的延迟加入进一步破坏了气孔体系的稳定性。

如第 6 章所述，加入超塑化剂（在某种程度上也可以被视为表面活性剂）可以改变含气量与间隔系数之间的关系（Aïtcin，2016b），有时还会严重破坏气孔体系的稳定性（Rixom 和 Mailvaganam，1999）。第 10 章和第 15 章（Marchon 等，2016；Mantellato 等，2016）讨论了混凝土中的引气机制。与普通引气混凝土相比，使用高效减水剂的混凝土会产生更大的空隙和更高的空隙间距系数（Baalbaki 和 Aïtcin，1994；Plante 等，1989；Nkinamubanzi 等，1997）。这通常表示抗冻融性降低。然而，实验表明，使用超塑化剂的中等坍落度混凝土即便空隙间距系数稍高，但仍具有良好的抗冻融性（Rixom 和 Mailvaganam，1999）。

萘系和三聚氰胺系超塑化剂对高性能混凝土引气性能的影响已有广泛研究。研究表明，当使用这些系列的超塑化剂时，需要更多的引气剂才能在高性能混凝土中形成足够的气孔体系（Lessard 等，1993；Pigeon 等，1991；Baabaki 和 Aïtcin，1994）。实验室和现场实验表明，使用这些类型的超塑化剂，可以制备新拌状态下含气量充足、硬化后具有所需的气孔参数的高性能混凝土（Aïtcin 和 Lessard，1994；Rixom 和 Mailvaganam，1999）。

众所周知，聚羧酸超塑化剂会引起严重的引气问题（Macdonald，2009；Eickschen 和 Muller，2013）。这是北美市场上最严重的问题之一。实际上，尽管新拌混凝土的总含气量符合要求，但在硬化混凝土上测得的气孔参数仍有可能不符合要求。将合适的消泡剂与聚羧酸超塑化剂在配方中组合使用，基本上解决了这个问题（Xuan 等，2003；第 15 章，Mantellato 等，2016）。然而，目前使用的一些消泡剂在该领域产生了不良影响（Kuo，2010）。过去几年在北美，由于 PCE 和消泡剂的不相容性而使含气量波动进而导致的现场混凝土被弃用的案例也是不容忽视的。在北美，当气孔体系的性能（间距系数）很关键时，PNS 可能是首选。

16.5 结论

　　超塑化剂是现代混凝土的重要组成部分，可生产高耐久性的混凝土结构，并减少对环境的影响。它们的工作机理取决于其分子结构及其与水泥颗粒表面之间发生的物理化学相互作用。不幸的是，水泥标准中的工作性测试并不足以测试这些相互作用，所以水泥和减水剂的组合必须在个案的基础上进行测试。在某些情况下，很难或不可能找到一种可靠的组合，在不过度缓凝的情况下，既能提供所需的初始工作性又有良好的工作保持性。这种情况被描述为水泥-超塑化剂的不相容性。

　　这种情况是实践中的主要问题。然而，它们在文献中记录相对较少。这可能是由于不相容性可能有多个原因并以各种形式表现出来。这也是典型的源自实际情况的问题，在这种情况中，通过更改物料设计可以迅速获得经验性的快速解决方案。在大多数情况下，这种方法短期内可能会有效，但可能会因为一种或多种混合成分（含量、性质或纯度）的微小变化导致混凝土质量问题，如非鲁棒性组合所显示的那样。

　　本章试图更好地界定这些不相容性的根源，重点介绍了可溶性碱、C_3A 和比表面的作用。希望能提供有用的见解及测试方法帮助用户更好地控制混凝土的质量。

P. -C. Nkinamubanzi[1], S. Mantellato[2], R. J. Flatt[2]

[1] National Research Council Canada, Ottawa, ON, Canada

[2] Institute for Building Materials, ETH Zürich, Zürich, Switzerland

参考文献

Aiad, I., 2003. Influence of time addition of superplasticizers on the rheological properties of fresh cement pastes. Cement and Concrete Research 33 (8), 1229−1234. http://dx.doi.org/10.1016/S0008-8846(03)00037-1.

Aïtcin, P.-C., Lessard, M., October 1, 1994. Canadian experience with air entrained high-performance concrete. Concrete International 16 (10), 35−38.

Aïtcin, P.-C., 1998. High-Performance Concrete. E&FN SPON, London, 591 p.

Aïtcin, P.-C., 2016. Entrained air in concrete: Rheology and freezing resistance. In: Aïtcin, P.-C., Flatt, R.J. (Eds.), Science and Technology of Concrete Admixtures. Elsevier, (Chapter 6), pp. 87−96.

Aïtcin, P.-C., Jiang, S., Kim, B.-G., Nkinamubanzi, P.-C., Petrov, N., July−August 2001. Cement/superplasticizer interaction. The case of polysulfonates. Bulletin des Laboratoires des ponts et chaussées 233, 89−99. RÉF. 4373.

Asaga, K., Roy, D.M., 1980. Rheological properties of cement mixes: IV. Effects of super-plasticizers on viscosity and yield stress. Cement and Concrete Research 10 (1980), 287−295. http://dx.doi.org/10.1016/0008-8846(80)90085-X.

ASTM C109 Compressive Strength of Hydraulic Cement Mortars, Copyright © 2014 ASTM International, West Conshohocken, PA, USA, All rights reserved, www.astm.org.

Baalbaki, M., Aitcin, P.C., 1994. Cement superplasticizer/air entraining agent compatibility. In: 4th Int. CANMET/ACIConf. On Superplasticizers and Other Chemical Admixtures, Montreal, Que., Canada, pp. 47−62.

Bedard, C., Mailvaganam, N.P., 2005. The use of chemical admixtures in concrete: Part II: admixture-admixture compatibility and practical problems. ASCE Journal of Performance of Constructed Facilities 263−266.

Bilodeau, A., Malhotra, V.M., January−February 2000. High-volume fly ash concrete systems: concrete solution for sustainable development. ACI Material Journal Vol. 97, No.1.

Björnström, J., Chandra, S., 2003. Effect of superplasticizers on the rheological properties of cements. Materials and Structures 36, 685−692. http://dx.doi.org/10.1007/BF02479503.

Carmona, H.A., Guimaraes, A.V., Andrade, J.S., Nikolakopoulos, I., Wittel, F.K., Herrmann, H.J., 2015. Fragmentation processes in two-phase materials. Physical Review E, Statistical, Nonlinear, and Soft Matter Physics 91 (1), 012402 (012407 pp.).

Dalas, F., Pourchet, S., Nonat, A., Rinaldi, D., Mosquet, M., Korb, J.-P., 2012. Surface area measurement of $C_3A/CaSO_4/H_2O$/Superplasticizers system. In: Proceedings 10th CANMET/ACI International Conference on Superplasticizers and Other Chemical Admixtures in Concrete, Prague, ACI, SP-288, pp. 103−117.

Dodson, V.H., 1990. Concrete Admixtures. Van Nostrand Reinhold, Technology & Engineering, 211 p.

Eickschen, E., Müller, C., 2013. Interactions of air-entraining agents and plasticizers in concrete. Cement International 2, 88−101.

Fernandez, N., 2014. From Tribology to Rheology Impact of Interparticle Friction in the Shear Thickening of Non-brownian Suspensions. ETH Zürich, Zürich.

Fernandez, N., Mani, R., Rinaldi, D., Kadau, K., Mosquet, M., Lombois-Burger, H., Cayer-Barrioz, J., Herrmann, H.J., Spencer, N., Isa, L., 2013. Microscopic mechanism for shear thickening of non-brownian suspensions. Physical Review Letters 111 (10), 108301. http://dx.doi.org/10.1103/PhysRevLett.111.108301.

Fernon, V., 1994. Caractérisation des produits d'interaction adjuvants/hydrates du ciment. Journées techniques adjuvants, Technodes, Guerville, France, 14 pp.

Flatt, R.J., 2004. Towards a prediction of superplasticized concrete rheology. Materials and Structures 37 (269), 289−300.

Flatt, R.J., Houst, Y.F., 2001. A simplified view on chemical effects perturbing the action of superplasticizers. Cement and Concrete Research 31 (8), 1169−1176. http://dx.doi.org/10.1016/S0008-8846(01)00534-8.

Flatt, R.J., Roussel, N., Cheeseman, C.R., 2012. Concrete: an eco material that needs to be improved. Journal of the European Ceramic Society 32 (11), 2787−2798. http://dx.doi.org/10.1016/j.jeurceramsoc.2011.11.012.

Flatt, R.J., Schober, I., Raphael, E., Plassard, C., Lesniewska, E., 2009. Conformation of adsorbed comb copolymer dispersants. Langmuir 25 (2), 845−855. http://dx.doi.org/10.1021/la801410e.

Gelardi, G., Flatt, R.J., 2016. Working mechanisms of water reducers and superplasticizers. In: Aïtcin, P.-C., Flatt, R.J. (Eds.), Science and Technology of Concrete Admixtures. Elsevier, (Chapter 11), pp. 257−278.

Gelardi, G., Mantellato, S., Marchon, D., Palacios, M., Eberhardt, A.B., Flatt, R.J., 2016. Chemistry of chemical admixtures. In: Aïtcin, P.-C., Flatt, R.J. (Eds.), Science and Technology of Concrete Admixtures. Elsevier, (Chapter 9), pp. 149−218.

Giraudeau, C.-, D'Espinose De Lacaillerie, J.-B., Souguir, Z., Nonat, A., Flatt, R.J., 2009. Surface and intercalation chemistry of polycarboxylate copolymers in cementitious systems. Journal of the American Ceramic Society 92 (11), 2471−2488. http://dx.doi.org/10.1111/j.1551-2916.2009.03413.x.

Habbaba, A., Dai, Z., Plank, J., 2014. Formation of organo-mineral phases at early addition of superplasticizers: the role of alkali sulfates and C3A content. Cement and Concrete Research 59 (May), 112−117. http://dx.doi.org/10.1016/j.cemconres.2014.02.007.

Hot, J., Bessaies-Bey, H., Brumaud, C., Duc, M., Castella, C., Roussel, N., September 2014. Adsorbing polymers and viscosity of cement pastes. Cement and Concrete Research 63, 12−19. http://dx.doi.org/10.1016/j.cemconres.2014.04.005.

Houst, Y.F., Bowen, P., Perche, F., Kauppi, A., Borget, P., Galmiche, L., Le Meins, J.-F., et al., 2008. Design and function of novel superplasticizers for more durable high performance concrete (superplast project). Cement and Concrete Research 38 (10), 1197−1209. http://dx.doi.org/10.1016/j.cemconres.2008.04.007.

Jeknavorian, A.A., Jardine, L.A., Koyata, H., Folliard, K.J., 2003. Interaction of super-plasticizers with clay-bearing aggregates. In: Proceedings of the 7th Canmet/ACI Int. Conf. Superplasticizers and Other Chemical Admixtures in Concrete, SP-216. ACI, Berlin, pp. 1293−1316.

Jiang, S., Kim, B.-G., Aïtcin, P.-C., 1999. Importance of adequate soluble alkali content to ensure cement/superplasticizer compatibility. Cement and Concrete Research 29 (1), 71−78.

Jolicoeur, C., Nkinamubanzi, P.-C., Simard, M.A., Piotte, M., 1994. Progress in understanding the functional properties of superplasticizers in fresh concrete. In: Malhotra, V.M. (Ed.), Proceedings of the 4th CANMET/ACI International Conference on Superplasticizers and Other Chemical Admixtures in Concrete, Montreal, pp. 63−87. ACI SP-148.

Juilland, P., Gallucci, E., Flatt, R.J., Scrivener, K., 2010. Dissolution theory applied to the induction period in alite hydration. Cement and Concrete Research 40 (6), 831−844. http://dx.doi.org/10.1016/j.cemconres.2010.01.012.

Juilland, P., Kumar, A., Gallucci, E., Flatt, R.J., Scrivener, K.L., 2012. Effect of mixing on the early hydration of alite and OPC systems. Cement and Concrete Research 42 (9), 1175−1188. http://dx.doi.org/10.1016/j.cemconres.2011.06.011.

Kim, B.-G., 2000. Compatibility between Cement and Superplasticizers in High-performance Concrete: Influence of Alkali Content in Cement and the Molecular Weight of PNS on the Properties of Cement Pastes and Concrete. Ph.D. Thesis. Université de Sherbrooke.

Kim, B.-G., Jiang, S., Aïtcin, P.-C., 2000. Slump improvement of alkalies in PNS super-plasticized cement pastes. Materials and Structures 33 (230), 363−639.

Kjeldsen, A.M., Flatt, R.J., Bergström, L., 2006. Relating the molecular structure of comb-type superplasticizers to the compression rheology of MgO suspensions. Cement and Concrete Research 36 (7), 1231−1239. http://dx.doi.org/10.1016/j.cemconres.2006.03.019.

Kuo, L.L., 2010. Defoamers for hydratable cementitious compositions. U.S. Patent 8,187,376 filed August 24, 2010, and issued April 26, 2012.

Lessard, M., Gendreau, M., Gagné, R., 1993. Statistical analysis of the production of a 75 MPa air-entrained concrete. In: 3rd International Symposium on High Performance Concrete, Lillehammer, Norway, June, ISBN 82-91 341-00-1, pp. 793−800.

MacDonald, K., 2009. Polycarboxylate Ether and Slabs, Understanding How They Work in Floor Construction, Concrete Construction.

Mantellato, S., Eberhardt, A.B., Flatt, R.J., 2016. Formulation of commercial products. In: Aïtcin, P.-C., Flatt, R.J. (Eds.), Science and Technology of Concrete Admixtures. Elsevier, (Chapter 15), pp. 343−350.

Marchon, D., Flatt, R.J., 2016a. Mechanisms of cement hydration. In: Aïtcin, P.-C., Flatt, R.J. (Eds.), Science and Technology of Concrete Admixtures. Elsevier, (Chapter 8), pp. 129−146.

Marchon, D., Flatt, R.J., 2016b. Impact of chemical admixtures on cement hydration. In: Aïtcin, P.-C., Flatt, R.J. (Eds.), Science and Technology of Concrete Admixtures. Elsevier, (Chapter 12), pp. 279−304.

Marchon, D., Sulser, U., Eberhardt, A.B., Flatt, R.J., 2013. Molecular design of comb-shaped polycarboxylate dispersants for environmentally friendly concrete. Soft Matter 9 (45), 10719−10728. http://dx.doi.org/10.1039/C3SM51030A.

Marchon, D., Mantellato, S., Eberhardt, A.B., Flatt, R.J., 2016. Adsorption of chemical admixtures. In: Aïtcin, P.-C., Flatt, R.J. (Eds.), Science and Technology of Concrete Admixtures Elsevier, (Chapter 10), pp. 219−256.

Mishra, R.K., Geissbuhler, D., Carmona, H.A., Wittel, F.K., Sawley, M.L., Weibel, M., Gallucci, E., Herrmann, H.J., Heinz, H., Flatt, R.J., 2015. En route to multimodel scheme for clinker comminution with chemical grinding aids. Advances in Applied Ceramics.

Murata, J., 1984. Flow and deformation of fresh concrete. Matériaux et Construct. 17 (2), 117−129. http://dx.doi.org/10.1007/BF02473663.

Ng, S., Plank, J., 2012. Interaction mechanisms between Na montmorillonite Clay and MPEG-based polycarboxylate superplasticizers. Cement and Concrete Research 42 (6), 847−854. http://dx.doi.org/10.1016/j.cemconres.2012.03.005.

Nkinamubanzi, P.-C., 1993. Influence des dispersants polymériques (superplastifiants) sur les suspensions concentres et les pâtes de ciment. Ph.D. thesis, No. 853. Université de Sherbrooke, 180 p.

Nkinamubanzi, P.-C., Aïtcin, P.-C., 1999. Compatibilité Ciment-adjuvant projet 98−06, ATILH II.

Nkinamubanzi, P.-C., Aïtcin, P.-C., 2004. Cement and superplasticizer combinations: compatibility and robustness. Cement and Concrete Aggregates 26 (2), 1−8.

Nkinamubanzi, P.-C., Baalbaki, M., Aïtcin, P.-C., 1997. Comparison of the performance of four superplasticizers on high-performance concrete. In: Malhotra, V.M. (Ed.), Proceedings of the Fifth CANMET/ACI International Conference on Superplasticizers and Other Chemical Admixtures in Concrete, Supplementary Papers, Rome, 1997, pp. 199−206.

Nkinamubanzi, P.-C., Kim, B.G., Aïtcin, P.-C., February 2002. Some Key Cement Factors that Control the Compatibility between Naphthalene-based Superplasticizers and Ordinary Portland Cements. L'Industria Italiana Del Cemento, pp. 192−202.

Papo, A., Piani, L., 2004. Effect of various superplasticizers on the rheological properties of Portland cement pastes. Cement and Concrete Research 34, 2097−2101. http://dx.doi.org/10.1016/j.cemconres.2004.03.017.

Pierre, A., Lanos, C., Estellé, P., 2013. Extension of spread-slump formulae for yield stress evaluation. Applied Rheology 23 (6), 63849.

Pigeon, M., Gagné, R., Aïtcin, P.-C., Banthia, N., 1991. Freezing and thawing tests of high-strength concretes. Cement and Concrete Research 21 (5), 844−852.

Piotte, M., 1993. Caractérisation du poly(naphtalènesulfonate): influence de son contre-ion et de sa masse molaire sur son interaction avec le ciment. Thèse (Ph.D.). Université de Sherbrooke.

Plank, J., Keller, H., Andres, P.R., Dai, Z., 2006. Novel organo-mineral phases obtained by intercalation of Maleic anhydride−allyl ether copolymers into layered calcium aluminum hydrates. Inorganica Chimica Acta 359 (15), 4901−4908. Protagonist in Chemistry: Wolfgang Herrmann. http://dx.doi.org/10.1016/j.ica.2006.08.038.

Plank, J., Zhimin, D., Keller, H., Hössle, F.v., Seidl, W., 2010. Fundamental mechanisms for polycarboxylate intercalation into C3A hydrate phases and the role of sulfate present in cement. Cement and Concrete Research 40 (1), 45−57. http://dx.doi.org/10.1016/j.cemconres.2009.08.013.

Plante, P., Pigeon, M., Foy, C., 1989. The influence of water reducers on the production and stability of the 28 air-void system in the concrete. Cement and Concrete Research 19, 621−633.

Ramachandran, V.S., Malhotra, V.M., Jolicoeur, C., Spiratos, N., 1998. Superplasticizers: Properties and Applications in Concrete, CANMET. Minister of Public Works and Government Services, Canada.

Regnaud, L., Nonat, A., Pourchet, S., Pellerin, B., Maitrasse, P., Perez, J.-P., Georges, S., 2006. Changes in cement paste and mortar fluidity after mixing induced by PCP: a parametric study. In: Proceedings of the 8th CANMET/ACI International Conference on Super-plasticizers and Other Chemical Admixtures in Concrete, Sorrento, October 20−23, 2006, pp. 389−408. http://hal.archives-ouvertes.fr/hal-00453070.

Rixom, R., Mailvaganam, N., 1999. Chemical Admixtures for Concrete. E & FN Spon, London.

Roussel, N., 2006a. A theoretical frame to study stability of fresh concrete. Materials and Structures 39 (1), 81−91. http://dx.doi.org/10.1617/s11527-005-9036-1.

Roussel, N., 2006b. Correlation between yield stress and slump: comparison between numerical simulations and concrete rheometers results. Materials and Structures 39 (4), 501−509. http://dx.doi.org/10.1617/s11527-005-9035-2.

Roussel, N., 2012. 4-From industrial testing to rheological parameters for concrete. In: Roussel, N. (Ed.), Understanding the Rheology of Concrete. Woodhead Publishing Series in Civil and Structural Engineering. Woodhead Publishing, pp. 83−95. http://www. sciencedirect.com/science/article/pii/B9780857090287500042.

Roussel, N., Le Roy, R., 2005. The Marsh cone: a test or a rheological apparatus?. Cement and Concrete Research 35, 823−830.

Roussel, N., Coussot, P., 2005. Fifty-cent Rheometer' for yield stress measurements: from slump to spreading flow. Journal of Rheology (1978-Present) 49 (3), 705−718. http://dx.doi.org/10.1122/1.1879041.

Roussel, N., Stefani, C., Leroy, R., 2005. From mini-cone test to Abrams cone test: measurement of cement-based materials yield stress using slump tests. Cement and Concrete Research 35 (5), 817−822. http://dx.doi.org/10.1016/j.cemconres.2004.07.032.

Roussel, N., 2007. Rheology of fresh concrete: from measurements to predictions of casting processes. Materials and Structures 40 (10), 1001−1012. http://dx.doi.org/10.1617/s11527-007-9313-2.

Saak, A.W., Jennings, H.M., Shah, S.P., 2004. A generalized approach for the determination of yield stress by slump and slump flow. Cement and Concrete Research 34 (3), 363−371. http://dx.doi.org/10.1016/j.cemconres.2003.08.005.

Saric-Coric, M., 2001. Interactions superplastifiant-laitier dans les ciments au laitier: propriétés du béton. Ph.D. Thesis. Université de Sherbrooke, 582 p.

Schober, I., Flatt, R.J., 2006. Optimizing polycaboxylate polymers. In: Proceedings 8th CANMET/ACI International Conference on Superplasticizers and Other Chemical Admixtures in Concrete, Sorrento, ACI, SP-239, pp. 169−184.

Schober, I., Mäder, U., 2003. Compatibility of polycarboxylate superplasticizers with cements and cementitious blends. In: Proceedings 7th CANMET/ACI International Conference on Superplasticizers and Other Chemical Admixtures in Concrete, Berlin, ACI, SP-217, pp. 453−468.

Spiratos, N., Pagé, M., Mailvaganam, N.P., Malhotra, V.M., Jolicoeur, C., 2003. Super-plasticizers for Concrete: Fundamentals, Technology and Practice. Supplementary Cementing Materials for Sustainable Development, Ottawa, Canada.

Struble, L., Sun, G.-K., 1995. Viscosity of Portland cement paste as a function of concentration. Advanced Cement Based Materials 2, 62−69. http://dx.doi.org/10.1016/1065-7355(95)90026-8.

Tagnit-Hamou, Baalbaki, M., Aïtcin, P.C., 1992. Calcium sulfate optimization in low water/cement ratio concretes for rheological purposes. In: 9th International Congress on the Chemistry of Cement, New Delhi, India, vol. 5, pp. 21−25.

Uchikawa, H., Sawaki, D., Hanehara, S., 1995. Influence of kind and added timing of organic admixture on the composition, structure and property of fresh cement paste. Cement and Concrete Research 25 (2), 353−364. http://dx.doi.org/10.1016/0008-8846(95)00021-6.

Vickers Jr., T.M., Farrington, S.A., Bury, J.R., Brower, L.E., 2005. Influence of dispersant structure and mixing speed on concrete slump retention. Cement and Concrete Research 35 (10), 1882−1890. http://dx.doi.org/10.1016/j.cemconres.2005.04.013.

Winnefeld, F., Becker, S., Pakusch, J., Götz, T., 2006. Polymer structure/concrete property relations of HRWR. In: Proceedings 8th CANMET/ACI International Conference on Superplasticizers and Other Chemical Admixtures in Concrete, Sorrento, ACI, Supple-mentary Papers, pp. 159−177.

Winnefeld, F., Becker, S., Pakusch, J., Götz, T., 2007. Effects of the molecular architecture of comb-shaped superplasticizers on their performance in cementitious systems. Cement and Concrete Composites 29 (4), 251−262. http://dx.doi.org/10.1016/j.cemconcomp.2006.12.006.

Xuan, Z., Ho-Wah, J. and Jeknavorian, A.A., 2003. Defoamer for water reducer admixture. U.S. Patent 6,858,661 filed October 15, 2003, and issued April 26, 2005.

Yamada, K., Ogawa, S., Hanehara, S., 2001. Controlling of the adsorption and dispersing force of polycarboxylate-type superplasticizer by sulfate ion concentration in aqueous phase. Cement and Concrete Research 31 (3), 375−383. http://dx.doi.org/10.1016/S0008-8846(00)00503-2.

Yamada, K., Takahashi, T., Hanehara, S., Matsuhisa, M., 2000. Effects of the chemical structure on the properties of polycarboxylate-type superplasticizer. Cement and Concrete Research 30 (2), 197−207. http://dx.doi.org/10.1016/S0008-8846(99)00230-6.

Yoshioka, K., Tazawa, E., Kawai, K., Enohata, T., 2002. Adsorption characteristics of superplasticizers on cement component minerals. Cement and Concrete Research 32, 1507−1513.

Yahia, A., Mantellato, S., Flatt, R.J., 2016. Concrete rheology: A basis for understanding chemical admixtures. In: Aïtcin, P.-C., Flatt, R.J. (Eds.), Science and Technology of Concrete Admixtures. Elsevier, (Chapter 7), pp. 97−128.

Zimmermann, J., Hampel, C., Kurz, C., Frunz, L., Flatt, R.J., 2009. Effect of polymer structure on the sulfate-polycarboxylate competition. In: Holland, T.C., Gupta, P.R., Malhotra, V.M. (Eds.), Procedure of the 9th ACI Interntational Conference on Superplasticizers and Other Chemical Admixtures in Concrete. American Concrete Institute, Detroit, SP-262-12, pp. 165−176.

17
引气剂

17.1　引言

混凝土总包含一定量气泡，这些气泡是在混凝土搅拌过程中形成的。在未掺加引气剂（air entraining agents，AEA）或未掺加其他有引气能力的物质的情况下，混凝土的含气量通常在 1%～3%之间。为了增加混凝土含气量，在混凝土中加入 AEA 是十分必要的（参见第 6 章；Aïtcin，2016b）。

一般来说，存在少量微小气泡有助于提高新拌和硬化混凝土的一些性能（参见第 6 章；Aïtcin，2016a）。在北欧地区，冻融循环下的混凝土中是否使用引气剂，取决于是否存在除冰盐。

17.2　引气机理

搅拌机的剪切桨产生漩涡，在浆体和砂浆中引入气泡。在未掺加 AEA 的情况下，留在浆体或砂浆中的气泡不稳定，会聚集形成大气泡。这些大气泡会在浮力作用下上升，最终消失在混凝土上表面。此外，振动也有助于消除残留在新拌混凝土中的大气泡，使混凝土中最终的含气量极低，通常低于 3%。这些滞留的气泡直径为 0.3～5mm，接近砂粒的直径。因此这些气泡不能有效地保护混凝土免受冻融循环的危害（Pigeon 和 Pleau，1995）。

在混凝土拌合过程中，引入 AEA 有利于形成大量非常稳定且不聚集的微气泡。这些特意引入的微气泡直径通常为 5～100μm，接近水泥颗粒。当配制混凝土拌合物时，可以通过选择合适的 AEA 及掺量，来控制引入空气的体积和气泡网络的结构。

如第 6 章和第 9 章所述，AEA 是具有不同化学成分的有机分子，属于一种表面活性剂（Aïtcin，2016b；Gelardi 等，2016）。如第 9 章所述（Gelardi 等，2016），这些分子通常具有相连的亲水末端和疏水链。AEA 的疏水和亲水末端会分别吸附在空气-水或水泥-水的相界面上（见第 10 章；Marchon 等，2016）。吸附行为大大降低了空气-水的表面张力。表面活性剂浓度越高，溶液表面张力下降幅度越大，AEA 使空气-水界面的表面张力下降，从而有利于小气泡的稳定。

Kreijger（1967）提出了两种主要的机理来解释 AEA 的稳定作用。第一种机理强调了引气分子的亲水末端可以与水泥颗粒表面的活性位点结合。气泡之间保持一定距离，并固定在悬浮液中的固体表面上。

第二种机理涉及某些分子能形成不溶的疏水沉淀物，这些形成的沉淀物在水-气界面成膜，使气泡被足够厚且坚固的固体膜包裹，产生有利于气泡分散并避免其聚集的空间效应（Mielenz 等，1958）。

17.3 气泡网络的主要特征

气泡网络的主要特征参数如下：
- 引气的总体积
- 该体系的平均比表面积
- 网络中气泡的间距

气泡的总体积通常用混凝土总体积的百分比表示。在非引气的混凝土中，该体积通常小于 3%，在引气混凝土中，空气总量可根据规格在 4%～10% 之间调整。

现有两种标准测试方法可用于测量新拌混凝土中的含气量，对于骨料相对密实的普通混凝土，采用 ASTM C231/231M 试验方法（压力法新拌混凝土含气量）基于压力变化时混凝土体积的变化。该方法使用一种便携式设备（空气计）来测量，其基本操作设计采用了波义耳定律的原理（ASTM，2010）。对于轻骨料混凝土或多孔骨料混凝土，采用 ASTM C173/C173M 试验方法（体积法测量新拌混凝土空气含量）测量混凝土中砂浆所含的空气，但不受多孔骨料颗粒内部可能存在的空气的影响。该方法使用便携式仪器（空气计）测量加水和异丙醇排除空气和泡沫后的体积变化（ASTM，2012a）。使用这些测试方法能测量含气量，但不能获得气泡的尺寸和间距。

气泡间距是影响混凝土抗冻融循环保护程度的一个极其重要的参数，它也被称为间

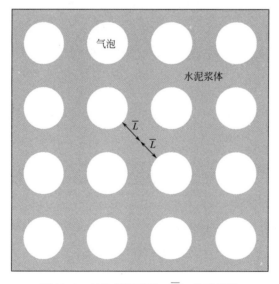

图 17.1 气泡间隔系数（$\overline{L}$）的示意图

Richard Gagné 提供

隔系数($\overline{L}$)。事实上，间隔系数表征的是在光学显微镜下观察抛光混凝土表面出现的气泡截面时的气泡平均间距（ASTM C457/C457M，2012b；第 6 章；Aïtcin，2016b）。$\overline{L}$的计算考虑了气泡的总体积及其尺寸。对于由平均尺寸的气泡组成的均匀气泡网络，$\overline{L}$是相邻两个气泡之间距离的一半（图 17.1）。非加气普通混凝土的间隔系数通常大于 $700\mu m$，而对于理想的引气网络保护下的混凝土，其间隔系数为 $100\sim200\mu m$。

气泡网络的平均体积比表面积（α）对应于平均尺寸气泡的表面积与体积的比值（以 mm^{-1} 表示）。采用 ASTM C457/457M 标准程序计算间隔系数，可得到 α。当气泡平均尺寸减小时，α 增大。使用适当掺量的 AEA 可获得令人满意的气泡网络，其 α 通常大于 $25mm^{-1}$（Pigeon 和 Pleau，1995）。图 17.2 表明满足这一要求时，间隔系数通常会小于 $200\mu m$（Saucier 等，1991）。

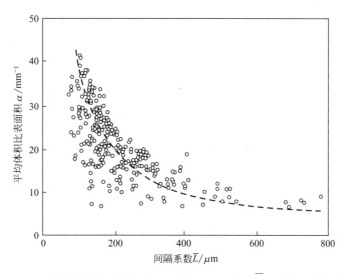

图 17.2　混凝土中气泡网络的平均体积比表面积（α）与间隔系数（$\overline{L}$）的典型关系（Saucier 等，1991）

17.4　气泡网络的形成

为了优化加气混凝土的组成，需要选择合适的 AEA 掺量，使得能够形成气泡网络且总体积和间隔系数在质量标准范围内。同时也需要检验气泡网络的稳定性，以确保它不会在运输、泵送和浇筑过程中被破坏。

配制加气混凝土的过程并不容易，需要反复试配。外加剂企业不可能提供其专利产品的精确掺量，这使得买方不能够立即制得相对应规格的气泡网络。因为商用 AEA 具有广泛的多样性，且配合比设计以及浇筑参数众多，这都会影响气泡网络生成。选择最佳 AEA 掺量必须从 AEA 现有技术说明书中的数值开始尝试，即从最低值开始，到平均值，最后到最高值（确定最终参数的重要数值），然后，很容易进行插值。

最佳掺量的选择取决于配制一定水灰比（w/c）或水胶比（w/b）的混凝土的所有材料（水泥、辅助胶凝材料、骨料特别是砂子和其他外加剂）、拌合方法、搅拌机类型和浇筑条件（温度、振捣等）。

在使用拌合体系和环境条件进行现场试验之前，需在实验室中进行试配试验，以找到最接近最佳掺量的数据。毋庸置疑的是，AEA 掺量的增加会导致引气体积增加，但这不一定是线性的。还必须指出，随着引气量的增加，混凝土的工作性会提高，但抗压强度有所降低。因此，在某些情况下，需降低 w/c、w/b 或调整用水量，以同时满足对工作性和强度的要求。然而，在规定范围内，引入的空气总量并不能保证形成的气泡网络有令人满意的间隔系数。但商品 AEA 具有令人满意的间隔系数，在抵抗冻融循环方面有良好的保护作用。ASTM C233/C233M 和 C260/260M 涵盖了混凝土引气剂的试验方法和标准规范（ASTM 2011，2010b）。

获得 $200\mu m$ 间隔系数所需的引气量是可变的，这取决于 AEA 的种类、混凝土的类型以及生产 AEA 的搅拌设备。图 17.3 给出的实验数据，表明了间隔系数与空气总体积之间的关系（Saucier，1991）。相同的空气总量可能对应不同的间距系数。就空气总量而言，气泡的平均尺寸越小，气泡的间隔系数就越小（气泡彼此更接近）。气泡的平均尺寸很大程度上取决于 AEA 的类型和掺量，当然还有拌合设备的类型。图 17.3 的数据表明，通常规定的空气总量范围（4%～8%）对应的间隔系数在 100～400μm之间。

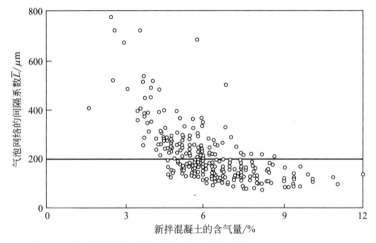

图 17.3　气泡网络中间隔系数与含气量的关系（Saucier，1991）

17.4.1　配方参数的影响

17.4.1.1　水泥

在商用 AEA 的技术参数中，AEA 的掺量通常表示为水泥质量的函数（mL AEA/kg 水泥）。当 $1m^3$ 混凝土中水泥掺量增加时浆体体积增大，因此必须引入更多稳定的气泡以抵抗冻融或改善混凝土流变性。因此，将 AEA 掺量表示为水泥质量的函数更容易确定能获得目标含气量所需的 AEA 掺量。此外，AEA 的高效使用与混凝土中的用水量直接相关。用水量越高，引气的作用越小，需要添加更多的 AEA。水泥掺量大的混凝土通常用水量高，因此将 AEA 掺量表示为水泥质量的函数，更容易将 AEA 最优掺量作为混凝土用水量的函数。

水泥颗粒越细，引入等量的空气所需的 AEA 掺量就越高。对于同样质量的水泥，细度越高，固体表面吸附的 AEA 量越高（见第 10 章；Marchon 等，2016）。因此溶液中可用于稳定气泡的 AEA 减少（Du 和 Folliard，2005）。

水泥的碱含量也会影响气泡网络的形成和稳定性。水泥的碱含量（Na_2O）从 0.6％增加到 1.25％，使得混凝土（掺加或未掺加引气剂）的空气总量增加 0.5％（Samoui 等，2005）。高碱水泥可增加气泡网络的稳定性（Plante 等，1989）。

17.4.1.2 稠度[1]与超塑化剂

混凝土的稠度和流变性对气泡网络的产生有很大影响。气泡是由搅拌机的搅拌桨形成的涡流产生的。如果混凝土流动性过大，涡流很容易形成，但浆体和砂浆不能充分稳定气泡。气泡在浮力作用下迅速迁移到混凝土表面，在搅拌、运输和浇筑（振捣）过程中迅速消失。相反，当混凝土的稠度增大时，混凝土在搅拌过程中会更难剪切，因此必须提供更多的能量来产生涡流以形成气泡，但得到的气泡网络通常是非常稳定的，因为浆体的稠度很大，限制了气泡的移动。经验表明，高掺量的 AEA 可以在高黏度混凝土中产生良好的气泡网络。例如，对于给定量的 AEA，当混凝土坍落度由 75mm 增加到 150mm 时，引气量增加；当坍落度超过 150mm 时，由于上移到混凝土表面的大气泡的不稳定性增加，引气量可能会减少（Dodson，1990）。

w/c 的变化会影响混凝土的稠度，从而影响引气。例如，w/c 的降低会增加浆体屈服应力和黏度。根据 Du 和 Foliard（2005）的研究，浆体的屈服应力和黏度增加会产生"能量壁垒"，阻碍气泡的形成。此外，还可以确定浆体的屈服应力和具有与浆体不同密度的最大稳定气泡的大小之间的关系（Roussel，2006）。

超塑化剂可以增加引气量，也有可能减少引气量，与超塑化剂的掺量、化学性质及混凝土的坍落度有关。本质上取决于两个方面：

- 对水泥浆体稠度的调整程度
- 与 AEA 发生化学作用的可能性

根据上述机理，掺加超塑化剂通常通过降低浆体的屈服应力和黏度来促进气泡网络的形成（Du 和 Foliard，2005）。因为浆体的屈服应力过低会造成气泡的不稳定（运输和存放过程中空气会损失），因此必须避免过量使用超塑化剂。

超塑化剂的化学性质会影响气泡网络的生成机理和稳定性（另见第 16 章；Nkinamubanzi 等，2016）。萘系超塑化剂通常很少与 AEA 发生化学作用。例如对于一种指定的萘系超塑化剂，AEA 掺量与引气量之间的关系更趋近于线性的，因此很容易优化 AEA 的掺量以获得所需的引气量。

由于其化学性质，当前的聚羧酸超塑化剂通常具有引气的副效应。为了防止这种引气作用，商品聚羧酸配方通常含有一定量的消泡剂，以防止引入过量空气。此外，目前聚羧酸超塑化剂的化学成分变化较大，因此聚羧酸超塑化剂与 AEA 相互作用的可能性更大且难以预测。当聚羧酸超塑化剂中含有一定量的消泡剂时，通常需要使用较高掺量

---

[1] 原文此处用的是 vicosity，但根据上下文，此处应为 consistence，特此订正。——译者注

的 AEA 来抵消消泡剂的作用。

PCE 超塑化剂与 AEA 的掺量和气体总量呈非线性关系。例如，低掺量的 AEA 引气量很低，但一旦达到 AEA 的临界掺量，引气量会迅速增加。掺入特定聚羧酸超塑化剂的混凝土，从搅拌站到施工现场的运输过程中，空气总量急剧增加 10% 以上（Gagné 等，2004）。

当将聚羧酸超塑化剂与 AEA 联合使用时，大部分空气由超塑化剂而非 AEA 引入。超塑化剂引入的气泡通常比 AEA 引入的气泡粗大（Pigeon 等，1989；Plante 等，1989）。超塑化剂引入的大气泡无法降低间隔系数，因此无法保护混凝土不受冻融循环的影响。就某些水泥/AEA 组合而言，引入超塑化剂可使间隔系数从 $200\mu m$ 提高到接近 $400\mu m$（Plante 等，1989）。

从实际的角度来看，一个能够抵制冻融循环的良好气泡网络的形成，主要与 AEA 有关，而非超塑化剂的辅助作用。这种特性表明，由于水泥类型的作用，无法通过相同方法得出超塑化剂和 AEA 之间的通用关系。意识到可能的问题是寻找解决方法的一部分。

17.4.1.3　辅助性胶凝材料

辅助性胶凝材料颗粒的大小和反应性对气泡网络的产生和 AEA 掺量有很大的影响。

硅粉掺量为水泥质量的 5%～10% 时，对气泡网络的形成影响很小（Pigeon 等，1989）。在某些情况下，硅粉的存在可能会降低体积比表面积（较小的气泡），并使引气量略有增加。只有在使用超塑化剂来补偿拌合料的较大需水量时，才会观察到空气体积的增加（Pigeon 等，1989）。

粉煤灰的使用往往会降低 AEA 的效果。Zhang（1996）研究表明，含有一定量粉煤灰的混凝土需要较高的 AEA 掺量，在某些情况下，其掺量是仅含硅酸盐水泥的混凝土的 5 倍。粉煤灰的几个理化特性是 AEA 掺量增加的原因。从物理性质看，粉煤灰的比表面积大于其在拌合料中取代的同体积水泥的比表面积。粉煤灰的密度显著低于硅酸盐水泥，给定质量的水泥被较高体积的粉煤灰取代，因此材料具有较高的表面积，从而使更多的 AEA 被吸附在细颗粒的表面。此外，一些粉煤灰颗粒可能是空心的（见第 5 章；Aïtcin，2016a）或多孔的，对 AEA 的吸附量更高。从化学性质来看，粉煤灰可能含有高吸附性的未燃炭颗粒，特别是当未燃炭以非常薄的灰层覆盖在粉煤灰颗粒上时（Du 和 Folliard，2005），可以中和部分 AEA。粉煤灰中炭的吸附性能取决于颗粒的大小、颗粒的表面化学性质和反应位点的形状（Du 和 Folliard，2005）。

尽管存在这些干扰，大多数情况 FAEA 仍能产生具有所需的且符合其他设计要求的间隔系数的有效气泡网络，为混凝土提供冻融循环下的有效保护（Bouzoubaa 等，2003；Langley 和 Leaman，1998；Zhang，1996）。

高炉矿渣会降低 AEA 的效果。对于给定体积的引气量，当炉渣掺量增加时，需要增加 AEA 掺量。Saric-Coric 和 Aïtcin（2003）的研究结果表明，在含 50%～80% 矿渣的混凝土中，AEA 掺量要增加 2～4 倍。这些作者认为，矿渣掺量的增加导致 Ca^{2+} 浓度降低。这些离子与 AEA 的亲水末端作用形成不溶性盐，对气泡网络的稳定起着关键作用。

17.4.1.4 骨料

骨料颗粒的形状和质地、粒度分布以及粗骨料的最大粒径都可能降低引气量（Du 和 Folliard，2005）。对于恒定的水泥和 AEA 掺量，增加细骨料可以增加引气量。直径在 $160\mu m$ 和 $630\mu m$ 之间的砂粒有利于增加引气量，而直径小于 $160\mu m$ 的砂粒比例增加，则会显著地减少引气量（Du 和 Folliard，2005），一些被油或有机物污染的骨料可能会显著影响引气效果。

17.4.1.5 外加剂

AEA 可与混凝土配方中的其他外加剂（减水剂、超塑化剂、缓凝剂、速凝剂等）发生物理化学作用，这些作用通常与无机电解质或极性有机分子有关（Du 和 Folliard，2005）。

商品外加剂中所含分子种类繁多且复杂，因此无法制定能够消除不相容组合的一般性建议。但是，一些技术数据表清楚地表明某些类型的外加剂之间存在不相容性。在没有此类建议的情况下，除了检查试验拌合料和商品外加剂之间的相容性之外，没有其他解决办法。

17.4.1.6 纤维

在拌合过程中，纤维的存在减少了产生气泡的涡流形成，从而极大地降低了 AEA 的效果。在许多情况下，需要将 AEA 掺量增加 50% 以弥补搅拌机形成涡流造成的损失。纤维对引气的负作用随着纤维的长度、刚度和掺量的增加而增大。尽可能在添加纤维之前就开始在混凝土中建立稳定的气泡网络。Gagné 等（2008）已经证明，在含有 60mm 长的 0.5% 的钩状钢纤维或 0.5% 的合成纤维的混凝土中，有可能形成一个质量良好的气泡网络，其间隔系数小于 $200\mu m$。

17.4.2 拌合工艺参数的影响

17.4.2.1 搅拌机类型

搅拌机的类型影响引气机理以及浆体和砂浆中气泡的分布（分离和合并）。拌合参数（例如材料的添加顺序、搅拌时间、速度、转矩、剪切）影响气泡网络的形成（Du 和 Folliard，2005）。搅拌机中混凝土的量也有重要影响：搅拌机中混凝土的量过低或过高都会影响拌合料的剪切程度和涡流的形成。

搅拌桨的磨损度和清洁度可能降低气泡的夹带量和分散，因此有时需要增加拌合时间以确保所需的引气量。

17.4.2.2 温度

混凝土温度升高会降低引气量。在冬季，在混凝土中加热水可能会使 AEA 损失部分作用；此时，最好是先加热水，当混凝土的温度提高后再加 AEA，否则需要增加 AEA 的掺量，并且间隔系数有减小的趋势。反之，如果考虑到混凝土温度的下降而减少 AEA 掺量，间隔系数就会增大。一些相对复杂的理化机理已被提出以试图解释当混凝土温度升高时 AEA 效果的降低（Du 和 Folliard，2005）。

17.5 气泡网络的稳定性

气泡网络的稳定性是一个非常重要的参数。混凝土在运输过程中的搅拌、外加剂的现场添加、泵送和振捣都会导致新拌混凝土的一些气泡在表面处消失，并使小气泡合并成大气泡。这种气体损失和大气泡的形成增加了间隔系数。从实际应用的角度看，从拌合开始到放置结束，气泡网络的特性（总体积和间隔系数）保持稳定很重要。

17.5.1 新拌混凝土运输的影响

在运输过程中，新拌混凝土的搅动会导致小气泡融合形成大气泡，也会导致它们的消除。这种气泡网络的改性导致它的一些特征发生变化，特别是间隔系数，但是对于商品 AEA，通常会调整其组成以适应运输和浇筑过程，从而形成稳定的气泡网络。

Saucier 等（1900）测试了从搅拌站搅拌结束到现场浇筑过程中混凝土中引入的气泡网络的特性演变。在水泥和水刚接触 15min、25min、70min 和 90min 后，分别测量硬化混凝土样品中气泡网络的特性。这些混凝土是用中央搅拌机直接在预拌车（干料）中生产的。研究了两种 AEA、两种超塑化剂和三种不同的水泥。在不添加超塑化剂的情况下，研究中的两种 AEA 在运输和放置过程中形成了稳定的气泡网络。在搅拌站添加超塑化剂，有时会破坏气泡网络，导致引气量或间隔系数增加或减少。在 AEA 掺量最低的情况下，气泡网络的稳定性较差。

17.5.2 振捣和泵送的影响

随着内部振捣时间的增加，引气量会减少。当混凝土具有较高的坍落度和较大的引气量时，引气损失影响更大。但振动控制良好时通常引气损失相对较低。在这种情况下，引气损失对应于大气泡的损失，这从力学性能的角度来看是有利的。这种大气泡的损失对间隔系数影响很小，有利于冻融耐久性。

从搅拌车卸出的混凝土初始含气量为 8%，相关文献研究了在地面上浇筑桥板构件过程中浇筑工艺对气泡网络的影响（Hover 和 Phares，1996）。考虑以下四种浇筑工艺：

- 从卡车上直接浇筑
- 泵送（两种配置）
- 用料仓浇筑
- 用输送机浇筑

所有例子中均使用平板式振捣器来平整表面。

从整体上看，新拌和硬化混凝土气泡网络的测量结果表明，浇筑方法对混凝土的引气量影响很小。泵送配置导致泵送线最后垂直段混凝土自由下降，产生 0.5%～2% 的引气损失。使用柔性端在泵的垂直导通端形成半环，造成的引气损失较小。料仓浇筑产生的引气损失在 0.5%～1% 之间，使用输送机浇筑，引气损失在 1%～1.5% 之间。用平板式振捣器修整表面，产生的引气损失为 0.5%。尽管有这些引气损失，但所有工艺中气泡网络的间隔系数都在 $200\mu m$ 以下。

采用水平铺设在地面上的管道进行泵送，这种方式对引气量和间隔系数的影响很小（Lessard，1996）。这种管道的垂直末端部分使混凝土自由下落，产生较少量的引气损失非常有限，仅为 1% 左右，但是间隔系数可能会从 $180\mu m$ 显著地增加到 $300\mu m$（Lessard，1996）。在泵送管道的垂直末端进行收缩管口的优化设计，可以避免混凝土的自由下落，使得间隔系数不会降低太多。在垂直截面中测量的间隔系数的增加基本上是由气泡的聚集、减压过程中产生的冲击力以及泵送管道垂直截面上的混凝土自由下落造成的。

17.6 结论

引气可以改善混凝土的流变性及其抗冻融循环的耐久性。引气气泡网络的特征参数包括引气体积（以混凝土体积分数表示）、气泡直径（以 μm 或 mm 为单位）、间隔系数（两个相邻气泡之间的平均距离，以 μm 为单位）以及平均体积比表面积（mm^{-1}）。只有当混凝土要求必须抗冻融时，间隔系数才是重要的。

由 AEA 引入的空气以非常微小的球形气泡的形式存在，其直径从 $1\mu m$ 到 $100\mu m$ 不等——直径与水泥颗粒的直径相似。相反，被截留下来的粗糙气泡直径为 $0.5\sim 5mm$，其直径与砂粒的直径相似。

有许多因素会影响气泡网络的特征，如配方参数、水泥类型和细度、稠度、超塑化剂掺量、辅助性胶凝材料掺加、其他类型外加剂的使用、纤维的使用、搅拌和运输技术以及混凝土温度等。此外，确保引气网络在运输、浇筑、泵送和成型过程中保持稳定也很重要。

尽管所有这些因素的作用都很复杂，但通常通过反复试验就可以确定拌合物的配方，并形成满足设计要求的气泡网络。

R. Gagné
Université de Sherbrooke，QC，Canada

参考文献

Aïtcin, P.-C., 2016a. Water and its role on concrete performance. In: Aïtcin, P.-C., Flatt, R.J. (Eds.), Science and Technology of Concrete Admixtures. Elsevier (Chapter 5), pp. 75−86.

Aïtcin, P.-C., 2016b. Entrained air in concrete: Rheology and freezing resistance. In: Aïtcin, P.-C., Flatt, R.J. (Eds.), Science and Technology of Concrete Admixtures. Elsevier (Chapter 6), pp. 87−96.

ASTM Standard C231/C231M-10, 2010. Standard Test Method for Air Content of Freshly Mixed Concrete by the Pressure Method. ASTM International, West Conshohocken, PA.

ASTM Standard C260/C260M-10, 2010b. Standard Specification for Air-Entraining Admixtures for Concrete. ASTM International, West Conshohocken, PA.

ASTM Standard C233/C233M-10, 2011. Standard Test Method for Air-Entraining Admixtures for Concrete. ASTM International, West Conshohocken, PA.

ASTM Standard C173/C173M-12, 2012a. Standard Test Method for Air Content of Freshly Mixed Concrete by the Volumetric Method. ASTM International, West Conshohocken, PA.

ASTM Standard C457/C457M-12, 2012b. Standard Test Method for Microscopical Determination of Parameters of the Air-void System in Hardened Concrete. ASTM International, West Conshohocken, PA.

Bouzoubaa, N., Fournier, B., Bilodeau, A., 2003. De-icing salt scaling resistance of concrete incorporating supplementary cementing materials. In: Proceedings of the Sixth Canmet/ACI Conference on Durability of Concrete, Supplementary Papers, Thessaloniki, pp. 791−821.

Dodson, V.H., 1990. Concrete Admixtures. Van Nostrand Reinhold, New York, 208 pp.

Du, L., Folliard, K.J., 2005. Mechanisms of air entrainment in concrete. Cement and Concrete Research 35, 1463−1471.

Gagné, R., Bissonnette, B., Lauture, F., Morin, R., Morency, M., 2004. Reinforced concrete bridge deck repair using a thin adhering overlay: results from the Cosmos bridge experimental repair. In: International RILEM TC 193-RLS Workshop on Bonded Concrete Overlays, June, Stockholm, 16 pp.

Gagné, R., Bissonnette, B., Morin, R., Thibault, M., 2008. Innovative concrete overlays for bridge-deck rehabilitation in Montréal. In: 2nd International Conference on Concrete Repair, Rehabilitation and Retrofitting, Cape Town, 24−26 November, 6 pp.

Gelardi, G., Mantellato, S., Marchon, D., Palacios, M., Eberhardt, A.B., Flatt, R.J., 2016. Chemistry of chemical admixtures. In: Aïtcin, P.-C., Flatt, R.J. (Eds.), Science and Technology of Concrete Admixtures. Elsevier (Chapter 9), pp. 149−218.

Hover, K.C., Phares, R.J., September 1996. Impact of concrete placing method on air content, air-void system parameters, and freeze-thaw durability. Transportation Research Record 1532, 1−8.

Kreijger, P.C., 1967. Action of A-E agents and water-reducing agents and the difference between them. In: Rilem-abem International Symposium on Admixtures for Mortar and Concrete, Bruxelles, 30 August−1 September, Topic II, pp. 33−37.

Langley, W.S., Leaman, G.H., 1998. Practical Uses for High-volume Fly Ash Concrete Utilizing a Low Calcium Fly Ash, vol. 1. American Concrete Institute, ACI Special Publication SP-178, pp. 545−574.

Lessard, M., Baalbalki, M., Aïtcin, P.-C., September 1996. Effect of pumping on air characteristics of conventional concrete. Transportation Research Record 1532, 9−14.

Marchon, D., Mantellato, S., Eberhardt, A.B., Flatt, R.J., 2016. Adsorption of chemical admixtures. In: Aïtcin, P.-C., Flatt, R.J. (Eds.), Science and Technology of Concrete Admixtures. Elsevier (Chapter 10), pp. 219−256.

Mielenz, R.C., Wolkodoff, J.S., Backstrom, H.L., Flack, H.L., 1958. Origin, evolution, and effects of the air void system in concrete : part 1. entrained air in unhardened concrete. Journal of the American Concrete Institute 30 (1), 95−121.

Nkinamubanzi, P.-C., Mantellato, S., Flatt, R.J., 2016. Superplasticizers in practice. In: Aïtcin, P.-C., Flatt, R.J. (Eds.), Science and Technology of Concrete Admixtures. Elsevier (Chapter 16), pp. 353−378.

Pigeon, M., Plante, P., Plante, M., 1989. Air void stability - part I: influence of silica fume and other parameters. ACI Materials Journal 86 (5), 482−490.

Pigeon, M., Pleau, R., 1995. Durability of Concrete in Cold Climates, Modern Concrete Technology 4. E & FN SPON, London, 244 pp.

Plante, P., Pigeon, M., Saucier, F., 1989. Air void stability - part II: influence of superplasticizer and cements. ACI Materials Journal 86 (6), 581−587.

Roussel, N., 2006. A theoretical frame to study stability of fresh concrete. Materials 797 and Structures 39, 75−83.

Saric-Coric, M., Aïtcin, P.-C., 2003. Bétons à haute performance à base de ciments composés contenant du laitier et de la fumée de silice. Revue Canadienne de Génie Civil 30 (2), 414−428.

Saucier, F., Pigeon, M., Plante, M., 1990. Field tests of superplasticized concretes. ACI Materials Journal 87 (1), 3—11.

Saucier, F., Pigeon, M., Cameron, M., 1991. Air-void stability - part V: temperature, general analysis, and performance index. ACI Materials Journal 88 (1), 25—36.

Smaoui, N., Bérubé, M.A., Fournier, B., Bissonnette, B., Durand, B., 2005. Effects of alkali addition on the mechanical properties and durability of concrete. Cement and Concrete Research 35 (2), 203—212.

Zhang, D.S., 1996. Air entrainment in fresh concrete with PFA. Cement and Concrete Composite 18 (6), 905—920.

18

缓凝剂

18.1 引言

在有些情况下，出于各种原因，必须延迟混凝土的初始凝结时间，例如：

• 在夏天，当混凝土温度很高时，如不延迟凝结时间会导致混凝土坍落度损失过快。

• 混凝土运输时间超过 1.5h。

• 在大体积混凝土施工中必须避免冷接缝。

• 混凝土成型过慢时。

有两种不同的方法来延迟混凝土凝结时间，一种是物理方法，另一种是化学方法：

• 可以使用冰或液氮冷却混凝土。使用这种"物理方法"，混凝土的初始凝结时间最多可以延迟几个小时。

• 可在拌合过程中掺入化学缓凝剂。同时，可根据需要延缓混凝土凝结，必要时最多延缓 24h 或更长时间，并且对混凝土的最终强度和耐久性没有负面影响。

因为第二种方法易于实现且成本不高，所以最为常用。然而，化学缓凝剂的初凝控制并不容易，因为同时影响这一延缓的因素很多，例如混凝土计划的配料系统的精度和用于制造混凝土的所有原料的温度。

所有外加剂公司都可以提供不同类型的缓凝剂，通常与减水剂或超塑化剂结合使用。就个人而言，笔者更倾向于单独使用减水剂或超塑化剂，并调整缓凝剂掺量，以微调这些基本外加剂的具体掺量。使用这种方法，考虑到混凝土不同原料组分的初始温度、环境温度、输送时间长短等因素，有可能获得延缓凝结时间的预期效果。

在纽芬兰的海博尼尔（Hibernia）海上平台施工期间，要求混凝土的凝结时间达到 24h，以便浇筑工人有足够的时间在直径为 100m 平台基座周围非常拥挤的区域内浇筑混凝土。在这种情况下，考虑到环境温度的影响，有必要调整缓凝剂的用量，因为在滑模操作中，当继续提升模板时，混凝土必须具有合适的稠度和强度。有时，当环境温度变化非常快时，需要多次调整缓凝剂的用量。如果某区域的混凝土没有充分凝结，则会在提升过程中坍塌；但如果硬化过度，则会粘在模板上，撕裂刚变形的表面。

18.2 冷却混凝土以延缓凝结

硅酸盐水泥的水化反应，或者更确切地说，硅酸盐水泥不同水化阶段的水化反应都是放热的，因此根据阿伦尼乌斯定律，其符合自激发反应（Baron 和 Sauterey，1982）：

$$K = A \mathrm{e}^{-\frac{E_a}{RT}}$$

式中，K 为特定的水化速率；A 为常数；E_a 为活化能；R 为气体常数；T 为温度，K。由此符合如下实际关系：

$$\frac{t_1}{t_2} = \exp \frac{E}{R}\left(\frac{1}{T_1} - \frac{1}{T_2}\right)$$

式中，t_1 和 t_2 为在温度 T_1 和 T_2 下的水化时间。

因此，通过冷却混凝土，可以延缓其凝结。从实用角度来看，降低混凝土温度非常容易，而且成本也不高。仅当更换的搅拌水不足以将混凝土温度降低到目标值时，才需要用等量的冰更换部分搅拌水或使用液氮。

加拿大通常租用便携式制冰机来生产冰片，以降低夏天混凝土的温度。但是，当混凝土必须引入一定量的空气时，必须使用最少的水使得引气量符合规定。若用冰代替大部分拌合水时，混凝土的温度仍不能满足要求，此时必须使用液氮，例如多伦多市中心的加拿大国家电视塔在夏季施工时所做的那样（Bickley，2012）（图 18.1）。

图 18.1 用液氮冷却混凝土

由 JohnA. Bickley 提供

使用以下公式可以很容易计算冰替代量 M_i 对新拌混凝土温度的影响（Mindess 等，2003）：

$$T = \frac{0.22(T_a M_a + T_c M_c) + T_w M_w + T_{wa} M_{wa} - 80 M_i}{0.22(M_a + M_c) + M_w + M_{wa} + M_i}$$

式中，T 为新拌混凝土的温度，℃；T_a、T_c、T_w、T_{wa} 分别为骨料、水泥、拌合水、骨料上自由水的温度，℃，通常为 $T_a = T_{wa}$；M_a、M_c、M_w、M_{wa} 分别为骨料、水泥、拌合水、骨料上自由水[❶]的质量，kg；M_i 为冰的质量，kg。

更难计算的是与一定量的冰对应的凝结延缓时间。从实用的角度来看，找到它的最佳方法是制作三批，例如 25kg、50kg 和 100kg 冰，并测量这些替代量对凝结时间的影

---

❶ 此处原著有误，已订正。——译者注

响。在大体积混凝土浇筑中，也通常使用等量冰代替部分拌合水，以限制混凝土的最高温度和热开裂的风险。

用冰代替水时，始终需要在拌合物中保留最少的液态水，以确保均匀混合。

18.3 缓凝剂的使用

当需要将混凝土的凝结时间延缓数小时时，必须使用缓凝剂。

18.3.1 用于延缓混凝土凝结的不同化学品

已发现以下化学物质会延缓混凝土凝结：

- 一些木质素磺酸的盐，称为木质素磺酸盐（特别是钠盐），这些缓凝剂也可作为分散剂；
- 一些作为分散剂的羧酸盐；
- 仅用作缓凝剂的糖或糖衍生物；
- 某些无机盐。

在 20 世纪 50 年代，混凝土行业使用了一些无机盐，例如氧化锌（ZnO❶）、偏硼酸钠（$NaBO_2$）、四硼酸钠（$Na_2B_4O_7$）、硫酸锡（$SnSO_4$）、醋酸铅［$Pb(C_2H_3O_2)_2$］和磷酸钙［$Ca_3(PO_4)_2$］。然而，现今没有使用这些无机盐，目前混凝土生产商更倾向于使用液态有机缓凝剂，这类缓凝剂可以通过输水管道自动引入搅拌机中。

但是，了解这些化学品对混凝土凝结时间的影响很重要，因为其中一些化学品会污染混凝土组分并造成凝结问题（见 18.6.1 节）。不同缓凝剂的化学性质不同，其缓凝机理也有不同的解释。氟化物和磷酸盐通过形成不溶盐使未水化水泥颗粒与孔溶液隔离（Young，1976）。氧化锌和铅延缓 C_3S 水化而不影响 C_3A 水化。

18.3.2 北美不同的缓凝剂标准化

ASTM 将缓凝剂分为三种类型，分别标记为 B 型、D 型和 G 型。事实上，只有 B 型缓凝剂才是真正的缓凝剂，D 型和 G 型缓凝剂同时也是分散剂。D 型缓凝剂是延缓水泥凝结的减水剂，而 G 型是含有缓凝剂的超塑化剂。在本章仅讨论 B 型缓凝剂，更准确地说，讨论将仅限于糖类缓凝剂。

18.3.3 糖作为缓凝剂

尽管 Ramachandran（1995）的研究表明，糖可用来延缓水泥水化，近年来也已取得一些进展，但糖的缓凝作用机理仍不是很清楚（参见第 12 章）。我们仍然无法清楚地解释为什么某些糖是非常有效的缓凝剂，而另一些则不是（Mardon 和 Flatt，2016b）。文献中的所有解释都涉及吸附、沉淀、络合和成核现象。第 10 章对这些现象进行了概述（Marchon 等，2016），而在第 9 章和第 8 章中分别介绍了有关化学和水泥化学的基

---

❶ 原著此处化学式错误。原著中氧化锌（zinc oxide）的化学式为 "Z_nO"，偏硼酸钠（sodium metaborate）的化学式为 "$Na_2B_2O_7$"，磷酸钙（calcium phosphate）的化学式为 "CaP_2O_3"，均已订正。——译者注

本信息（Gelardi 等，2016；Marchon 和 Flatt，2016a）。

蔗糖似乎是最好的缓凝剂。葡萄糖、麦芽糖和乳糖具有中等程度的缓凝作用，而其他糖类（如海藻糖）则完全没有缓凝作用。关于糖的缓凝作用，最为公认的解释是，糖及其衍生物通过阻碍 $Ca(OH)_2$ 沉淀进而阻碍了 C_3S 的水化。

蔗糖是非常有效的缓凝剂。一定掺量下获得特定的缓凝效果非常简单，我们也知道如何使用它。尚未解决的问题是蔗糖为什么以及如何阻碍水泥水化。这些问题在第 12 章中进行了讨论（Marchon 和 Flatt，2016b）。

如图 18.2 所示，糖可与温度结合使用来延缓水泥水化，这表示混凝土温度及缓凝剂用量对其凝结时间的综合影响[❶]。

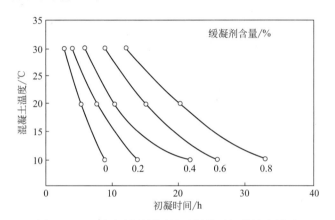

图 18.2 温度和缓凝剂用量对凝结时间的综合影响

摘自 Neville（2011），Massaza 和 Testolin（1980）

糖还有利于孔溶液中钙离子的溶解，从而延缓氢氧化钙的沉淀。众所周知，正是氢氧化钙沉淀导致 C_3S 迅速形成 C-S-H。

大多数学者认为糖也会影响 C_3A 的水化。因此，可改变 C_3S 的缓凝作用，因为 C_3A 会吸附部分缓凝剂，使其随后无法用于延缓 C_3S 的水化，最终。这对确定拌合过程中缓凝剂的加入时间具有重大意义。

18.3.4 掺量

外加剂企业提供的技术数据表明，缓凝剂的掺量通常相差两倍。这些值通常是根据与水泥量有关的固体有效含量计算得出。实际上，一定量的固体有效含量的效果受以下因素影响，其中包括：

- 需缓凝的水泥组成
- 混凝土初始温度
- 环境温度
- 所需的缓凝时间

---

❶ 原著此处叙述错误。原文为 "… which represents the combined effect of the temperature of a concrete temperature and its dosage of retarder on its setting time."，已订正。——译者注

• 水泥运输时间

在 18.2 节中讨论了混凝土的初始温度和环境温度的影响，因为水化反应遵循阿伦尼乌斯定律。因此，必须通过实验微调缓凝剂掺量，且实验混凝土初始温度应与现场相同。

在实验过程中，应设计不同的掺量以覆盖制造商的推荐掺量。第一个掺量应选择低于推荐掺量，第二个选择中间值，第三个高于推荐掺量。为了保证试验混凝土达到预期的缓凝性能，所选三种掺量间距应尽可能大。在掺量选择时应采用内插法而非外推法。这是获得正确缓凝剂掺量、提供正确缓凝时间的最快方法。

如果同时使用缓凝剂与超塑化剂（而不是使用 G 型缓凝剂，因为缓凝剂和超塑化剂的比例已由外加剂制造商确定），则最好进行析因设计实验（请参见附录 2），为特定应用找到最佳缓凝剂掺量。

18.4 添加时间

大多数外加剂企业根据当地市场的经验向客户提供缓凝剂的推荐掺量，但很少提供有关拌合过程中缓凝剂最佳加入时间的数据。外加剂掺加时间与其掺量的绝对值一样重要。在大多数配料厂中，几乎所有的外加剂都同时加入水管线。然而，对于复杂的浇筑情况，例如缓慢滑动成型，必须使用相对较大掺量的缓凝剂，最好尽可能地延迟缓凝剂的加入。这种方法可以使水泥生产研磨过程中添加的硫酸钙提供的硫酸根离子有足够的时间中和水泥中的 C_3A。这样与 C_3A 反应的缓凝剂较少，并且大多数缓凝剂的固体有效成分将保留在拌合物中以控制 C_3S 的凝结。这也适用于水灰比或水胶比低的高性能混凝土（HPC）的缓凝需求。

18.5 一些过度缓凝的案例

18.5.1 拆模后预制板开裂

由于一些预制板要暴露在非常恶劣的环境条件下，因此需要使用镀锌钢筋。但在订购了钢筋之后，预制工人被告知该项目被推迟了几个月。交付镀锌钢筋时，它们没有任何特殊保护就被存储在外部堆场。6 个月后，当预制板最终浇筑时，没有人注意到钢筋上已覆盖了一层白色的氧化锌膜（称为白锈）。

当第一批混凝土板拆模后，尽管混凝土表面相当坚硬，且试样具有预期的抗压强度，可使其在操作时不会出现任何问题，但在运至堆场的过程中，所有预制板均出现严重开裂，第二天，为查找造成异常严重开裂的原因，停止了生产。最终发现开裂问题与存在于钢筋表面的氧化锌层有关，氧化锌层对与钢筋接触的混凝土起到了强缓凝剂的作用。由于氧化锌的缓凝作用，钢筋与硬化混凝土被一层未水化的混凝土分离，因此这些混凝土预制板的性能与无钢筋混凝土板几乎相同。为了解决该开裂问题，仅需在使用钢筋之前只需先除去钢筋表面的氧化锌层。

18.5.2　一个特别勤奋的集装卡车司机

几年前，11 月中旬的一个星期二上午，蒙特利尔一家大型混凝土预拌料生产商的质量控制（QC）经理接到多个电话，表示星期一早晨交付的混凝土仍未硬化。QC 经理意识到所有问题混凝土大约都是在星期一上午 10 点至中午之间交付的。星期一上午10 点之前交付的混凝土和下午交付的混凝土均未出现问题。由于所有批次混凝土都使用了同一批水泥配料，因此他认为这不是水泥问题。周三上午所有批次混凝土都已硬化，但是负责保龄球道建造的一名工程师要求拆除保龄球道。这并不容易，因为拆除时混凝土已经相当坚硬了。

这周之后的时间里混凝土的生产完全正常。

在下周星期二早上，发生了同样的问题。所有面临该问题的客户都被告知，由于未知原因，搅拌站在上午 10 点到正午之间生产的混凝土表现出强烈的缓凝现象，尽管对混凝土生产进行了多次详尽的检查，但尚不清楚缓凝的原因。

该现象在 11 月连续发生 4 周然后奇迹般地停止了。

在企业的圣诞晚会上，混凝土工厂的员工都在讨论这种奇怪的现象。在 QC 经理和调度员进行讨论时，该调度员告诉 QC 经理，自从雇用了新的独立卡车司机来运输骨料以来，不再存在与骨料交付有关的任何问题，骨料始终按时交付，卡车司机随时准备加班。调度员还补充说，这名卡车司机是一个非常勤奋的人，在 11 月的周末期间，他一直在运送附近糖厂的废料。

QC 经理突然意识到 11 月的星期二早晨发生了什么。由于卡车司机在运送糖厂废料后没有清洗过卡车的车斗，因此星期一早上运送的第一批沙子被残留在车斗中的糖污染了。由于这种砂子在星期一[注1]运抵后的次日上午 10 点左右开始使用，受污染的砂子导致在上午 10 点至中午之间生产的混凝土发生缓凝。当下午开始使用第二批砂子时，由于卡车的车斗已被第一批沙子清洁，因此不再出现过度缓凝的问题。因此，卡车司机被告知在为水泥厂运输除沙子以外的其他物料后要清洗卡车的车斗，他非常谨慎地照做。第二年的 11 月，卡车司机在周末继续为糖厂运输废料，但没有对混凝土的硬化产生任何不良影响，因为每个星期天晚上，他都会清洁卡车的车斗。

应当强调，这个问题发生的第一个星期二早上，QC 经理从保龄球道的混凝土上取了一些样本并进行 28d 的测试，他很高兴地将结果发送给要求拆除混凝土球道的工程师。

18.5.3　缓凝剂的意外过量

魁北克省的水力发电公司魁北克水电公司（Hydro Quebec）正在维修一座大坝，该大坝距离最近的混凝土搅拌站有 5h 的车程。由于该维修工程仅需约 $30m^3$ 的混凝土，因此决定利用搅拌站生产，而不是在现场使用便携式配料设备。当然搅拌站必须对生产的混凝土进行缓凝处理，以确保在运输 5h 后，其坍落度仍在 $100\sim150mm$ 之间，同时

[注1] 原文错误。依照语境和逻辑，此处应当为"星期一"，而不是原文中的"星期五"。——译者注

还要确保第二天拆模时混凝土足够坚硬。如果维修工作被延误，按合同将每天处以10000美元罚款以补偿电力生产损失。

由于一些前期准备工作的延误，混凝土在项目交付截止期限的四天前才开始安排运输浇筑。小型搅拌站老板决定由他来负责操作，并亲自为六辆预拌卡车中的混凝土拌合物添加缓凝剂，他在工厂中准备了6桶缓凝剂。

在第三批混凝土的配料过程中，工厂老板接到紧急电话，迫使他离开拌合现场15min左右。工厂的操作员认为他的老板没有添加缓凝剂，因此在卡车上加了一桶缓凝剂。

最终当准备运输第六批混凝土时，老板意识到最后一桶缓凝剂不见了，因此他意识到有辆预拌卡车的混凝土加了两倍掺量的缓凝剂。他知道自己亲自给卡车1、2、3、4和5添加了缓凝剂，他询问配料员是否在某辆卡车上加了缓凝剂。操作员回答："是的，在装载第三辆卡车您打电话时添加了。"

因此，添加了双倍掺量缓凝剂的混凝土已经被加入模具中。第二天早晨果不其然，第1、2、4、5、6批装运的混凝土已经硬化，但是在第三批装运的混凝土浇筑的模具上开了一个洞，发现该混凝土尚未开始凝结。为避免10000美元罚款，搅拌站迅速对混凝土进行加热，以便在完工日期前24h完成拆模，混凝土的加热足以抵消过量缓凝剂的缓凝作用。

18.5.4　海上平台的重力基座滑模施工

在寒冷、晴朗但有风的三天时间里，负责重力基座混凝土生产的QC经理面临着一个严重的问题。圆形重力基座的南面暴露在阳光下，不受寒冷的北风影响，而北面则暴露在寒冷的环境下。

这种温差会在脱模时出现问题。如果在北面混凝土足够坚硬时脱模，则南面混凝土会因过硬而粘在模具上，混凝土表面会在脱模过程中严重撕裂。如果在南面混凝土足够坚硬时脱模，则北面混凝土会因没有时间充分凝结而太软塌陷。

这种困境持续3d后，冬季气候恢复正常，不再干扰成型作业。该问题未发生在底座的内表面，因为它未暴露在与外表面相同的温热条件下。破损表面的修复成本是非常高的（图18.3）。

图18.3　滑模过晚的海上平台外表面

为可避免此类问题，仅需将 50mm 的聚苯乙烯泡沫塑料放在模具与混凝土之间，使外部温度不再影响模具之间的混凝土硬化条件（Lachemi 和 Elimov，2007）。使用隔热模具成型的另一个优点是模具内的混凝土会在准各向同性和准绝热条件下硬化。加拿大新不伦瑞克省圣约翰市在建造三个 $180000m^3$ 的大型液化气罐时已成功使用隔热模具。

18.6　结论

通过使用化学缓凝剂，可以（但并非总是很容易）将混凝土的凝结时间延缓至所需的时间。最常见的缓凝剂是糖类缓凝剂。缓凝剂的用量必须依据所需要的缓凝时间进行调整，同时要考虑水泥的活性、强度、所生产混凝土的实际温度和环境温度。在每种特定情况下，应通过准备两到三个试验批次，或在最复杂的情况下使用析因设计来微调缓凝剂的掺量。用冰、液氮冷却混凝土也可以一定限度延缓混凝土凝结或控制在夏季混凝土温度。

P. -C. Aïtcin

Université de Sherbrooke，QC，Canada

参考文献

Baron, J., Sauterey, R., 1982. Le Béton Hydraulique. Presses De L'école Nationale Des Ponts et Chaussées, Paris.

Bickley, J.A., 2012. The CN Tower—a 1970's adventure in concrete technology. In: ACI Spring Convention 2012, Address at the Student Lunch Meeting, Toronto, Canada, p. 20.

Gelardi, G., Mantellato, S., Marchon, D., Palacios, M., Eberhardt, A.B., Flatt, R.J., 2016. Chemistry of chemical admixtures. In: Aïtcin, P.-C., Flatt, R.J. (Eds.), Science and Technology of Concrete Admixtures. Elsevier (Chapter 9), pp. 149−218.

Lachemi, M., Elimov, R., 2007. Numerical modeling of slipforming operation. Computer and Concrete 4 (1), 33−47.

Marchon, D., Flatt, R.J., 2016a. Mechanisms of cement hydration. In: Aïtcin, P.-C., Flatt, R.J. (Eds.), Science and Technology of Concrete Admixtures. Elsevier (Chapter 8), pp. 129−146.

Marchon, D., Flatt, R.J., 2016b. Impact of chemical admixtures on cement hydration. In: Aïtcin, P.-C., Flatt, R.J. (Eds.), Science and Technology of Concrete Admixtures. Elsevier (Chapter 12), pp. 279−304.

Marchon, D., Mantellato, S., Eberhardt, A.B., Flatt, R.J., 2016. Adsorption of chemical admixtures. In: Aïtcin, P.-C., Flatt, R.J. (Eds.), Science and Technology of Concrete Admixtures. Elsevier (Chapter 10), pp. 219−256.

Massaza, F., Testolin, M., 1980. Latest development in the use of admixtures for cement and concrete, Il Cemento 77 (2), 73−146.

Mindess, S., Darwin, D., Young, J.F., 2003. Concrete. Prentice Hall, Englewood Cliffs, N.J., USA.

Neville, A.M., 2011. Concrete Properties. Prentice Hall, Harlow, England, 846 pp.

Ramachandran, V.S., 1995. Concrete Admixtures Handbook, second ed. Noyes Publications, Park Ridge, N.J., USA. pp. 102−108.

Young, F., 1976. Reaction Mechanisms of Organic Admixtures with Hydrating Cement Compounds, Transportation Research Record No. 564. Transportation Research Board, Washington DC, USA, pp. 1−9.

19
速凝剂

19.1　引言

有时，需要加快混凝土硬化，例如在进行紧急的抢修工程，或者为了更早地拆除模板加快预制混凝土的生产速度时。理论上的解决方案很简单：如第 1 章所述，从物理角度看，唯一要做的是减小水泥浆体中水泥颗粒间的平均距离（Aïtcin, 2016a）。事实上，当体系中颗粒的絮凝时，浆体中颗粒间的接触次数减少。从化学角度来看，需要提高 C_3S 的水化速率，这对水泥浆体中 C-S-H（黏结剂）的产生有本质影响。上述两种方案可以同时实现。物理方法可提高混凝土的长期强度和耐久性。

但需要指出的是，采用化学方法加速 C_3S 的水化反应会产生负面的副作用：很多情况下，可能会（并非总是）导致后期强度和耐久性的损失。因此，在决定使用化学方法加速 C_3S 水化之前，应先看是否可以通过降低水灰比（w/c）或水胶比（w/b）来加速混凝土硬化，该方法也可提高混凝土的长期性能。更具体地说，w/c 和 w/b 的变化对化学反应速率影响不大。但是，如果用水量较少，达到给定强度所需的时间会缩短。从这个意义上讲，w/c 或 w/b 的变化不是真正的加速硬化，但对于实践要求来说，它是有效的，即在规定的时间内达到给定的性能要求。作为替代方案，人们发现不同的化学物质可在短短几个小时内提高混凝土的早期强度。该化学物质被称为硬化速凝剂，或者更简单地称为速凝剂。

19.2　加速混凝土硬化的方法

19.2.1　使用高强度水泥

为了在规定时间内提高混凝土早期强度，必须首先考虑使用高强或早强水泥。通常，这种水泥富含 C_3S 和 C_3A，且比普通硅酸盐水泥粒度更细。当然，使用这类水泥时，需增加拌合水或超塑化剂的用量，以获得相同的初始工作性。通常，使用高强或早强水泥时坍落度损失率较大，而且由于 C_3S 的加速水化作用，混凝土温度上升较快。温度的升高有两个影响：

• 有利的方面是，由于 C_3S 水化的自活化，早期强度增加得较快，这符合指数阿伦尼乌斯定律。

• 不利的方面是，它会在混凝土构件内产生较大的温度梯度。拆模后，当混凝土温度降至环境温度时，可能导致开裂问题。

19.2.2 降低 w/c 或 w/b

适当掺入超塑化剂可降低 w/c 或 w/b，会导致 C-S-H 在浆体网络中的成键数增加（第 1 章；Aïtcin，2016a）。可以看出，当 w/c 或 w/b 降低时，水泥颗粒之间的平均距离越来越近，因此在其表面形成的水化产物必须在较短的距离生长，然后才能与相邻的水化产物接触混合，从而迅速建立了牢固的早期连接。另一种观点认为，颗粒在空间中不是不规则分布且相互而分离的，而是絮凝并形成三维渗透颗粒网络。在此情况下，前面讨论的降低 w/c 或 w/b 的效果是增加该网络中的连接数，从而提高强度。这与屈服应力模型 YODEL（Flatt 和 Bowen，2006）类似，见第 7 章（Yahia 等，2016）。两种解释用不同的浆体微观结构表示，但都考虑了 w/c 或 w/b 的影响。

在舍布鲁克桥施工期间（请参阅第 25 章；Aïtcin，2016b），尽管所用的水泥是由于其极低的 C_3S 和 C_3A 含量而产生非常低的水化热量的水泥，但在 24h 内获得了 55MPa 的抗压强度。之所以获能得如此高的早期强度，正是因为使用了极低的 w/b（0.26）。但为了使水泥颗粒有更好的接触程度，必须使用高达 19kg 的萘系超塑化剂粉体，其用量为 35L/m^3。然而，如此高掺量的超塑化剂的使用虽延缓了 C_3S 和 C_3A 的早期水化，但初凝时间仅延迟了几个小时。

19.2.3 加热混凝土

如果前两种方案不能充分加速短期强度增长，可以考虑给混凝土加热。由于水化反应遵循指数阿伦乌斯定律，初始温度的升高导致水泥水化加速，水化热更快释放。大多数情况下，C_3S 水化的相对增加会导致坍落度以及后期强度损失。通常，在配料过程中通过加热拌合水来增高混凝土的初始温度。使用以下公式可以计算混凝土的最终温度：

$$T = \frac{0.22(T_aM_a + T_cM_c) + T_wM_w + T_{wa}M_{wa}}{0.22(M_a + M_c) + M_w + M_{wa}}$$

其中，T 是新拌混凝土的温度，℃；T_a、T_c、T_w 和 T_{wa} 分别是骨料、水泥、拌合水以及骨料上的自由水的温度（通常为 $T_a = T_{wa}$），℃；M_a、M_c、M_w 和 M_{wa} 分别是骨料、水泥、骨料上的自由水和拌合水的质量，kg。

在预制构件厂，对预制件外部加热很容易实现。在这种情况下，金属模板特别有利，因为它有利于传热。但由于新拌混凝土不是很好的导热体，因此会产生较大的温度梯度，这样被加热的混凝土构件的表面部分比其内部部分更热。外层处于压缩状态所以不会有太大影响。

19.2.4 隔热措施

当考虑加热混凝土以提高其早期强度时，人们常常忘记使用隔热模板的好处，因为它能够利用水化热来提高混凝土温度。就可持续性而言，这是一个非常好的解决方案。由于自密实混凝土通常用于预制厂，所以不再需要对混凝土（和模板）进行剧烈振捣，因此在模板上添加易碎的隔热材料就不是个大问题。该方法可以与前三个方法结合使用。

19.2.5 使用速凝剂

只有当上述提高混凝土早期抗压强度的方法均不足以按预期达到目标初始抗压强度时，才可以考虑使用化学速凝剂，前提是当地施工规范允许。

已知有几种速凝剂可在一定程度上提高混凝土的初始强度，但迄今为止，还没有发现一种速凝剂能像氯化钙（$CaCl_2$）一样有效。不幸的是，$CaCl_2$ 会对钢筋耐久性产生负面影响。然而，如第 8 章所述（Marchon 和 Flatt，2016a），一种有趣的替代方法是使用分散的 C-S-H 颗粒的悬浮液促凝，这是一种有效的替代方法。

19.3 不同类型的速凝剂

美国混凝土协会（ACI）《混凝土实践手册》（*Manual of Concrete Practice*）（212 委员会）对混凝土中外加剂的使用，认可四种速凝剂：

- 一些无机盐，如氯化物、溴化物、氟化物、碳酸盐、硫氰酸盐、亚硝酸盐、硫代硫酸盐、硅酸盐、铝酸盐和碱性氢氧化物。
- 一些可溶性有机化合物，如三乙醇胺（TEA）、甲酸钙、乙酸钙、丙酸钙和丁酸钙。
- 凝结速凝剂，如硅酸钠、铝酸钠、氯化铝、氟化钠和氯化钙。
- 各种固体速凝剂，如铝酸钙、硅酸盐、细化碳酸镁和碳酸钙。

这些速凝剂可以与减水剂和超塑化剂结合使用而没有任何问题。

然而，尽管有如此多的化学物质可以加速混凝土的硬化，但是必须承认，当必须迅速提高混凝土的早期抗压强度时，没有一种化学物质能替代 $CaCl_2$。

19.4 $CaCl_2$ 速凝剂

在本章中，我们只详细介绍 $CaCl_2$ 的使用，因为它是最有效的，也是在实践中使用最多，而且价格低廉。虽然 $CaCl_2$ 对混凝土的作用已被大量研究，但 $CaCl_2$ 的作用机理并没有被完全解析，研究者之间仍然存在一些争议（Ramachandran，1995）。还必须指出，$CaCl_2$ 对钢筋混凝土耐久性的负面影响在低 w/c 或 w/b 的混凝土中有所减弱，这是由于其微观结构极其致密，且具有优越的抗渗性。

根据 Ramachandran（1995）的说法，$CaCl_2$ 自 1873 年以来一直用于混凝土中，相关专利也于 1885 年获得授权。在 1960 年至 1990 年间，为更好地了解其作用机理，研究人员开展了大量工作。Ramachandran（1995）引用了 Cook 的调研：在 1960 年至 1986 年间有 240 篇关于 $CaCl_2$ 使用的文献。甚至在 1981 年，Ramachandran 出版了一本名为《混凝土科学和技术中的氯化钙》（*Calcium Chloride in Concrete Science and Technology*）的著作。然而，尽管进行了这些研究工作，Ramachandran（1995）依然承认：

"CaCl$_2$ 的作用在许多方面是存在争议的、模棱两可的，甚至没有完全搞清楚。尽管如此，迄今为止，人们对 CaCl$_2$ 的各个方面都表现出极大的兴趣，不仅因为它的价格低廉，更因为它是所有速凝剂中最有效的。"

当外加剂公司的研究人员被问及为何很少研究 CaCl$_2$ 的促凝作用时，他们总是给出相同的答案：CaCl$_2$ 效果很好，但我们卖它不赚钱。当笔者告诉他们，如果对 CaCl$_2$ 的作用方式有了更好的了解，就可能找到可以加速 C$_3$S 水化但不会产生对钢筋负面影响的化学物质，他们答案总是：CaCl$_2$ 不是我们公司的优先事项。在私营企业中，经济现实阻碍他们对科学知识的探索。迄今为止，所有在试错模式下所做的研究都表明，没有比 CaCl$_2$ 更有效的速凝剂。

19.4.1　作用机理

尽管 CaCl$_2$ 已经使用了很长时间，但令人惊讶的是，它的作用机理并没有被完全了解。大家一致认为，C$_3$S 水化的加快导致了早期强度增加；然而，加速 C$_3$S 水化的实际机理还不清楚。

几位学者研究了 CaCl$_2$ 在纯 C$_3$S、纯 C$_3$A、纯 C$_2$S 和纯 C$_4$AF 相上的加速机制，并提出了相应作用机理。但经验表明，其他三个矿相的水化作用也得到了加速。Ramachandran（1995）在有关 CaCl$_2$ 促凝作用的文献综述中给出了不少于 12 个可以解释 CaCl$_2$ 有促凝作用的原因。虽然笔者不相信其中一些作用机理是基于最近对水泥水化的研究而提出的，但我们认为重现 Ramachandran 引用的原因列表是有用的。本节概述了可能的解释。这些原因是 CaCl$_2$ 具有以下作用：

- 能够与 C$_3$A 和 C$_4$AF 结合，生成的水化产物会形成有利于 C$_3$S 水化的活性位点，可加快凝结速度。
- 促进 C$_3$A 和 C$_4$AF 的水化，并因此促进了 C$_3$S 的水化。
- 与 C$_3$S 的水化作用产生的氢氧化钙反应，形成 3CaO·CaCl$_2$·12H$_2$O。
- 可以在初始多孔的 C-S-H 上形成具有低 C/S（钙/硅）比的水化核。
- 形成一种特殊类型的钙矾石。
- 有助于在 C$_3$S 上形成含氯离子的复合盐，从而激活 C$_3$S 的水化。
- 充当 C$_3$A 水化的催化剂，但不直接作用于硅酸盐水泥的四个主要矿相之一。
- CaCl$_2$ 存在条件下，C$_3$A 水化形成 C$_3$AH$_6$ 而不是 C$_4$AH$_{13}$。
- 水化硅酸盐的凝结可能是加速的原因。
- 可能会降低间隙溶液的 pH 值，并会增加氢氧化钙的溶解速度。
- CaCl$_2$ 存在条件下，所有矿相在溶液中的溶解速度都加快了。
- 在最初形成的水化产物中随着 Cl$^-$ 扩散后，OH$^-$ 扩散得更快，并加速了氢氧化钙的沉淀，从而加速了硅酸盐的溶解。

基于第 8 章和第 12 章中有关水泥水化的最新研究，必须强调，水化是一个耦合的化学过程，在其中很难区分前因后果（Marchon 和 Flatt，2016a，b）。然而在笔者看来，与 $CaCl_2$ 有关的主要因素涉及成核和溶解动力学。

19.4.2　添加方式

$CaCl_2$ 有三种不同的市售形式：$CaCl_2$ 可以以含有 77%～80% $CaCl_2$ 片状形式或含有 94% $CaCl_2$ 的颗粒形式售卖。液体形式的每升溶液中 $CaCl_2$ 含量为 30%～42%，且通常以 30% 的溶液出售。

从实用的角度来看，ACI《混凝土实践手册》（212 委员会）建议在水管线中引入液体 $CaCl_2$，以避免水泥与 $CaCl_2$ 直接接触而引起闪凝。当 $CaCl_2$ 以片状或颗粒状加入时，在混凝土搅拌过程中往往没有足够的时间溶解。未溶解的 $CaCl_2$ 可能会在混凝土表面产生不希望出现的黑斑。

19.4.3　$CaCl_2$ 使用规则

一些国家禁止使用 $CaCl_2$；而某些国家/地区则是允许的，且无任何限制（如俄罗斯）；另外一些国家允许有限制地使用，其用量限于临界掺量。例如，在加拿大，无钢筋混凝土中最多可以使用 2% 的 $CaCl_2$。Kosmatka 等（2011）指出，在以下情况下应谨慎使用 $CaCl_2$：

- 蒸汽养护混凝土；
- 当两种不同的金属嵌入混凝土时；
- 在生产有色建筑混凝土时；由永久镀锌钢模板支撑的混凝土板。

相反，在以下情况下绝对禁止使用 $CaCl_2$：

- 停车场结构用混凝土；
- 预应力梁；
- 含有铝片的混凝土构件；
- 由潜在活性骨料制成的混凝土；
- 含有对土壤或含硫酸盐的水具有潜在反应性骨料的混凝土；
- 在使用可能与碱发生反应的金属硬化剂的地板上（美国）；
- 大体积混凝土；
- 炎热天气；
- 在核电站中（在这种情况下，规范甚至禁止使用聚萘磺酸盐超塑化剂，因为用于中和磺酸的碳酸钠可能含有从海水中制备的剩余氯离子。在这种情况下，必须使用通过石灰中和磺酸得到的聚萘磺酸钙盐。同样的情况也适用于其他类型的超塑化剂）。

19.5　喷射混凝土速凝剂

喷射混凝土速凝剂是一类独立的产品，具有非常特殊的要求。本节将简要概述它们的作用、组成和工作机制。

在挖掘隧道和采矿时，混凝土施工工艺使用最广泛的是湿喷。在这种情况下，流态混凝土被泵送至喷嘴，在喷嘴处加速并与含有液体速凝剂的气流混合（Bleumel 和 Lutsch，

1981）。该材料以极高的速度喷射，约为 $30\sim40\text{m/s}$（Tidona，2004）。喷射混凝土必须黏附在它所投射的表面上。因此，它必须在大约 $50\sim60\text{ms}$ 的时间内，从流体转变为黏性材料（Lootens 等，2008）。之后，强度必须继续发展，以便能够在大约 1h 内形成一层相当厚（$200\sim400\text{mm}$）的喷射混凝土层（Eberhardt 等，2009）。更重要的是，其强度必须持续增加以确保材料的安全，该过程通常需要几个小时（Eberhardt 等，2009）。这在水渗透的情况下特别重要。水渗透可以在喷射混凝土后形成静水压力。在这方面，纤维在喷射混凝土中的使用也非常重要，尤其是在高架应用中。

从化学角度来看，喷射混凝土速凝剂可分为两大类：硅酸盐和铝盐。硅酸盐是最先使用的产品。其性能低于铝基产品，且不允许形成较厚的混凝土层。但是，它们具有很高的成本效益，并在世界一些地区（例如中国）仍有较高的使用率。基于铝盐的产品本身分为两类：碱产品和无碱产品。关于碱产品，通常是铝的碱性盐，其可非常有效地获得早期强度的快速增加，尽管后期强度较低（Paglia，2000）。但是，碱喷射混凝土速凝剂存在严重的健康和安全问题，因为它们在接触皮肤时可能会引起严重灼伤。最严重的情况是如果它们接触眼睛，会导致失明。

无碱速凝剂是铝盐的酸性溶液。它们之所以被大规模推向市场，主要是因为它们没有像碱性产品那样会有健康和安全问题。它们也不会导致后期强度的降低（Paglia，2000）。从化学角度讲，这些基于高浓度的硫酸铝溶液产品，通过加入各种无机酸或有机酸来提高体系稳定性（Lootens 等，2008）。

喷射混凝土速凝剂的初始作用已被证实，其会导致钙矾石快速沉淀（Paglia，2000；Xu 和 Stark，2005；Lootens 等，2008）。这导致了体系快速絮凝，但对阿利特的水化没有太大影响（Paglia，2000；Xu 和 Stark，2005）。为了达到所需的凝结时间，速凝剂必须含有高浓度的铝。实际上，在许多情况下，这会导致各种铝盐浓度过高，随着时间的推移可能会形成沉淀，这显然是不可取的（保存期有限）。为了稳定需添加各种酸。然而，如前所述，其中的某些酸性物质可能会损害中期甚至是后期强度的发展（Lootens 等，2008；Eberhardt 等，2009）。这种影响与酸中阴离子的性质有关，阴离子能显著改变阿利特的水化。因此，喷射混凝土的稳定性可能会受到影响，这是一个业界引起重视的问题。

最后，必须指出，喷射混凝土速凝剂的引入可以通过改变铝硅酸盐-硫酸盐平衡来干扰水泥的水化（Juilland，2009）。第 8 章解释了这种平衡的重要性，第 12 章更详细地讨论了外加剂扰动平衡的可能性（Marchon 和 Flatt，2016a，b）。Juilland（2009）证明，这些相同的原理可以具体影响喷射混凝土体系的凝结和硬化行为。

19.6　结论

有不同的方法可以用来加速混凝土硬化和早期强度，如使用高强度水泥、降低 w/c 或 w/b、施加加热或隔热措施。如果这些方案的任何一个都不能提供足够高的早期强度，那么在当地法规允许的情况下，有必要使用 $CaCl_2$。重要的是要检查在什么情况下允许其使用，以及允许的最大掺量是多少。尽管有潜在的负面影响，$CaCl_2$ 仍然是混凝土行业中使用的最有效和最便宜的速凝剂。

喷射混凝土用速凝剂是基于硅酸盐或铝盐的完全不同的产品。一些商业产品可能含有碱，这使其在使用过程中存在安全问题。通常，它们的使用会导致后期抗压强度的降低。

P. -C. Aïtcin

Université de Sherbrooke，QC，Canada

参考文献

Aïtcin, P.-C., 2016a. The importance of the water—cement and water—binder ratios. In: Aïtcin, P.-C., Flatt, R.J. (Eds.), Science and Technology of Concrete Admixtures. Elsevier (Chapter 1), pp. 3—14.

Aïtcin, P.-C., 2016b. Curing compounds. In: Aïtcin, P.-C., Flatt, R.J. (Eds.), Science and Technology of Concrete Admixtures. Elsevier (Chapter 25), pp. 483—488.

Blümel, O.W., Lutsch, H., 1981. Spritzbeton. Springer Verlag.

Eberhardt, A.B., Lindlar, B., Stenger, C., Flatt, R.J., 2009. On the Retardation Caused by Some Stabilizers in Alkali Free Accelerators. Ibausil.

Flatt, R.J., Bowen, P., 2006. Yodel: a yield stress model for suspensions. Journal of the American Ceramic Society 89 (4), 1244—1256.

Juilland, P., 2009. Early Hydration of Cementitious Systems (Ph.D. thesis) EPFL, no. 4554.

Kosmatka, S.H., Kerkoff, B., Panarese, W.C., McLeod, N.F., McGrath, R.J., 2011. Design and Control of Concrete Mixtures, (EB 101), eighth ed. Cement Association of Canada, Ottawa, Canada. 411pp.

Lootens, D., Flatt, R.J., Lindlar, B., 2008. Some peculiar chemistry aspects of shotcrete accelerators. In: Sun, W., van Breugel, K., Miao, C.Ye G., Chen, H. (Eds.), Proceedings of the First International Conference On Microstructure Related Durability of Cementitious Composites. RILEM Publications S.A.R.L, pp. 1255—1261.

Marchon, D., Flatt, R.J., 2016a. Mechanisms of cement hydration. In: Aïtcin, P.-C., Flatt, R.J. (Eds.), Science and Technology of Concrete Admixtures. Elsevier (Chapter 8), pp. 129—146.

Marchon, D., Flatt, R.J., 2016b. Impact of chemical admixtures on cement hydration. In: Aïtcin, P.-C., Flatt, R.J. (Eds.), Science and Technology of Concrete Admixtures. Elsevier (Chapter 12), pp. 279—304.

Paglia, 2000. The Influence of Calcium Sufo-aluminate as Accelerating Component within Cementitious Systems (Ph.D. thesis) n°13852, ETHZ.

Ramachandran, V.S., 1981. Calcium Chloride in Concrete, Science and Technology. Applied Science Publisher Ltd, London, U.K.

Ramachandran, V.S., 1995. Concrete Admixtures Handbook, second ed. Noyes Publications, Park Ridge, NJ, USA. 102—108.

Tidona, B., 2004. Bericht der Düsenentwicklung in der Spritzbeton-Verfahrenstechnik (FH-Winterthur, Diploma thesis, 2004).

Xu, Q., Stark, J., 2005. Early hydration of ordinary Portland cement with an alkaline accelerator. Advances in Cement Research 19 (1), 1—8.

Yahia, A., Mantellato, S., Flatt, R.J., 2016. Concrete rheology: A basis for understanding chemical admixtures. In: Aïtcin, P.-C., Flatt, R.J. (Eds.), Science and Technology of Concrete Admixtures. Elsevier (Chapter 7), pp. 97—128.

20

调黏剂

20.1 引言

调黏剂（viscosity-modifying admixtures，VMA）对于控制具有特殊流变性要求的混凝土（如自密实混凝土、水下混凝土或喷射混凝土）的稳定性和内聚性至关重要。在自密实混凝土中，通常使用大量磨细掺合料，如粉煤灰、硅灰或石灰石粉，以防止离析和泌水。然而，这些超细粉体有时不能在当地购买获得，或可能具有不同的成分。因此，近年来 VMA 的使用逐渐增加，以提供更具鲁棒性的配合比设计。此外，一些 VMA，如纤维素和瓜尔胶衍生物具有保水性能，主要用于配制砂浆。它们减少了多孔基体对水的吸附，提高了水泥水化和砂浆的机械强度。

如第 9 章（Gelardi 等，2016）所述，VMA 的可变性很高。常用的无机 VMA 有胶体二氧化硅，然而，本章主要关注的是结构更具多样性的聚合物 VMA。该类 VMA 通过增加一个或同时增加多个流变参数（如塑性黏度、屈服应力、剪切变稀行为和触变性）来提高拌合物的稳定性。VMA 的作用方式取决于它们的物理化学性质、掺量以及体系中是否存在其他外加剂。

VMA 对胶凝体系流变性能的影响最近已有文献进行了全面的综述（Khayat 和 Mikanovic，2012）。本章主要关注这些外加剂的作用机理，它们与超塑化剂的相容性，以及它们对水泥水化的影响。

20.2 调黏剂的性能

20.2.1 调黏剂的作用机理

由于不同的物理化学现象（取决于 VMA 的性质及其浓度），VMA 增加了胶凝体系的稳定性（Khayat 和 Mikanovic，2012）。聚合物 VMA 具有较高的亲水性，其对水分子的结合能力强，可增加水分子在溶液中的有效体积。这导致孔溶液的动态黏度增加，水泥悬浮液的宏观黏度增加（Brumaud，2011；Brumaud 等，2013）。

此外，根据聚合物 VMA 的性质和浓度，可能出现以下机制（见图 20.1）：

• 桥联絮凝 高分子聚合物链吸附到两个或更多水泥颗粒上，并将其物理结合在一起（Fellows 和 Doherty，2005）。这一机制下，水泥悬浮液屈服应力增加。

• 聚合物交联 交联的聚合物包含沿链分布的片段，这些片段有相互作用的趋势。

因此，聚合物链之间可以发生分子内和分子间交联，产生三维网络结构，并增加孔溶液的黏度（Chassenieux 等，2011）。

●缠结　在高浓度下，VMA 聚合物链可以缠结并增加孔溶液和水泥悬浮液的表观黏度（Khayat 和 Mikanovic，2012）。

●空位絮凝　这是由于非吸附聚合物从较大颗粒周围的"体积排斥区"中被排斥出来。本体溶液中聚合物浓度相对于排斥区的差异导致体系中渗透压增加，从而导致其絮凝。这种机制不会改变悬浮液的塑性黏度，但会导致屈服应力增加（Palacios 等，2012）。

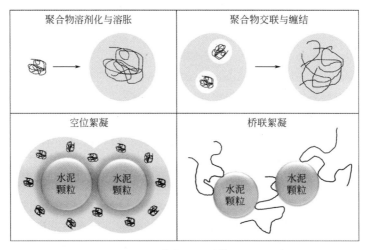

图 20.1　VMA 聚合物的不同作用机理示意图

20.2.2　调黏剂对胶凝体系流变性的影响

所有聚合物 VMA 的一个共同特点是会增加水溶液的表观黏度，并且随着聚合物掺量的增加，黏度逐渐增加。

如图 20.2 所示，含有 VMA 的溶液体系（如水泥孔溶液）具有剪切变稀行为，其中表观黏度随剪切速率增大而降低。在低剪切速率下，聚合物缠结的破坏通过形成新的相互作用得以平衡，从而未观察到对黏度的影响。在较高的剪切速率下，聚合物的缠结占主导地位，聚合物链沿流体的方向排列，此时表观黏度随剪切速率增大而降低。这种剪切变稀行为不仅在水溶液中可以观察到，而且在含有 VMA 的胶凝体系中也可以观察到。这对混凝土生产非常有利，因为 VMA 可提高混凝土浇筑后的稳定性，并增加搅拌和泵送过程中的流动性。

以 VMA 作为唯一外加剂的胶凝体系的流变学研究很少，大多体系都涉及保水剂。Brumaud（2011）研究表明，纤维素衍生物增加了水泥浆体的黏度。

关于保水剂对屈服应力的影响，现有文献报道给出了相互矛盾的结果。一些学者认为，纤维素衍生物（Cellulose derivative，CE）对浆体屈服应力略有降低（Patural 等，2011；Hossain 和 Lachemi，2006）。Patural 等（2012）解释了 CE 吸附在水泥颗粒上

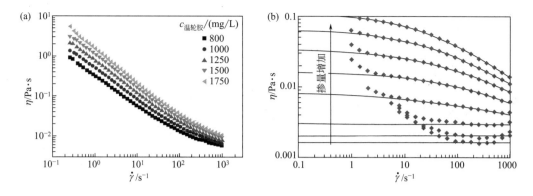

图 20.2 温轮胶在水溶液（a）和羟丙基瓜尔胶在砂浆孔溶液中（b）的剪切变稀行为

经许可转载自 Xu 等（2013）和 Poinot 等（2013）

而引起的空间阻力降低现象。相反，Brumaud（2011）观察到，由于吸附外加剂引起的桥接絮凝，水泥浆体的屈服应力增加（见图 20.3）。文献中的差异可能是由于所用 CE 聚合物的结构和分子量不同。例如，Brumaud 使用的 CE 的分子量比 Patural 使用的更高。

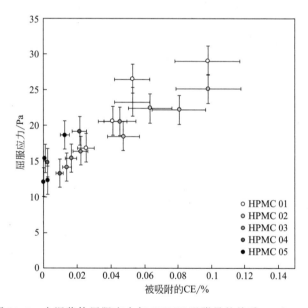

图 20.3 水泥浆体屈服应力与 HPMC 吸附量的关系，w/c＝0.4

经许可复制自 Brumaud 等（2014）

20.2.3 超塑化剂存在下调黏剂的性能

在自密实混凝土等应用中，必须满足相反的流变要求，特别是浇筑时的高流动性和静止时的高黏度，以避免离析。因此，超塑化剂和 VMA 通常被结合使用。两种外加剂的化学性质和作用机理不同，在实际应用中可能出现不相容的问题。例如，超塑化剂可能与 VMA 发生竞争吸附，降低其分散性能。

20.2.3.1 超塑化剂存在下调黏剂对流变性能的影响

如图 20.4 所示，超塑化剂掺量相同时，VMA 的加入增加了塑性黏度或屈服应力。实际上，通常通过添加额外的水或更多的超塑化剂来避免屈服应力的增加。如图 20.4（a）所示，掺加 CE 后，浆体塑性黏度的增加比屈服应力的增加更显著。该实验效果可能来自于纤维素和超塑化剂的共同作用，但这不一定是普遍现象。相比之下，其他聚合物在塑性黏度和屈服应力方面表现出相似的相对增加，如图 20.4（b）所示。

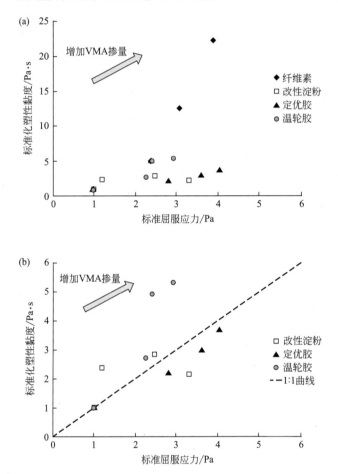

图 20.4 （a）VMA 类型及掺量对自密实混凝土（SCC）等效砂浆稠度
流变参数的影响，其中超塑化剂的掺量保持不变；（b）详细图
改编自 Khayat 和 Mikanovic（2012）

通常与超塑化剂结合使用的 VMA 有温轮胶和定优胶。掺加定优胶的剪切变稀行为比掺加温轮胶更明显，因为其分子量较高（Sonebi，2006）。如图 20.4（b）所示，与未掺加 VMA 的水泥浆体相比，掺加两种胶和改性淀粉的塑性黏度和屈服应力均增加2～5 倍（Khayat 和 Mikanovic，2012）。这与前面提到的主要通过增加塑性黏度来调控胶凝体系稳定性的纤维素衍生物外加剂的行为形成了对比。但需强调的是，这些差异是在含有特定超塑化剂的体系中表现出来的。因此，这些实验结果只能用来说明超塑化剂

和 VMA 的组合之间可能存在的差异，而不是普遍规律。

　　如前所述，聚合物 VMA 通过氢键物理吸附大量水，增加了其有效体积，从而提高了胶凝体系孔溶液的黏度（Brumaud，2011；Brumaud 等，2013；Oosawa 和 Asakura，1954）。除了对连续相的特定影响外，在温轮胶和定优胶存在条件下，屈服应力增加可以通过两种机理来解释。两种聚合物都具有阴离子特性，可以吸附到水泥颗粒上（参见图 20.5 或 Plank 等，2010）。关于聚合物吸附的控制因素以及 PCE 分子结构对其吸附作用的影响，可参阅第 10 章（Marchon 等，2013，2016）。

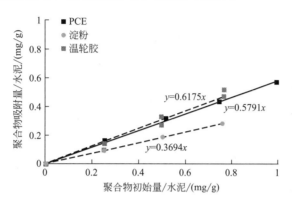

图 20.5　在混凝土中常用的浓度范围内，PCE 超塑化剂和淀粉改性 VMA 以及温轮胶的吸附性

经许可转自美国混凝土研究所（Palacios 等，2012）

　　在 PCE 超塑化剂存在条件下，温轮胶与超塑化剂之间可能会发生竞争吸附，因为在混凝土常用聚合物的掺量范围内，两种聚合物对水泥表面有相似的亲和力（见图 20.5）。在这种情况下，由于桥联絮凝作用屈服应力会增加。但如果温轮胶没有全部被吸附，则该聚合物仍残留在孔溶液中，并可能通过空位絮凝作用来增加屈服应力。然而，空位絮凝作用力的一阶计算似乎不足以解释屈服应力变化的幅度，需要更详细的计算。此外，Bessaies-Bey 等（2015）通过使用总有机碳（TOC）分析仪和动态光散射（DLS）两种技术探讨了 PCE 与纤维素基 VMA 之间的竞争性吸附。

　　多项研究结论显示，淀粉改性 VMA 可显著增加体系的屈服应力。同样，这种增加可以通过桥联絮凝和空位絮凝来解释。但改性淀粉对塑性黏度的影响尚不清楚。Palacios 等（2012）研究得出，VMA 不会显著增加水泥浆体的塑性黏度，而图 20.4（b）则表明，淀粉改性 VMA 可使该流变参数增加三倍。

20.2.3.2　聚合物调黏剂与超塑化剂的相容性

　　Kawai 和 Okada（1989）证实，纤维素衍生物 VMA 与三聚氰胺和 PCE 超塑化剂相容。相反，图 20.6 表明，这些 VMA 与萘系超塑化剂（PNS）则不相容，因为掺加 VMA 会降低浆体流动度（增加屈服应力），且未显著改善胶凝体系的稳定性（Khayat 和 Mikanovic，2012）。此外，图 20.6 还揭示了 PCE 和温轮胶不相容，而温轮胶似乎与萘系和三聚氰胺系超塑化剂相容性较好（Khayat 和 Mikanovic，2012）。

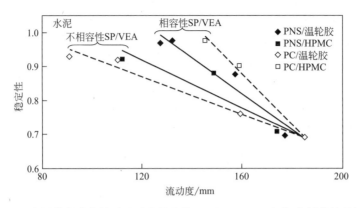

图 20.6　水泥浆的稳定性随流动度的变化（w/c＝0.65，超塑化剂的掺量恒定）

转载自 Khayat 和 Mikanovic（2012）

20.3　保水剂的作用机理

在建筑材料中，CE 和羟丙基瓜尔胶（hydroxypropylguar，HPG）衍生聚合物通常用于提高砂浆或净浆的保水能力。特别是，它们覆盖在多孔基材表面，从而减少了由于多孔基材中的毛细吸收而导致的水损失。这使得水泥得以水化，黏结性能和力学性能得以发展（Brumaud 等，2013；Marliere 等，2012）。

两种聚合物的作用机理已被证明是相似的。首先，CE 和 HPG 增加了水泥孔溶液的黏度。Brumaud 等（2013）测定了不同 CE 对去离子水和合成水泥孔溶液黏度的影响。研究结果表明，羟乙基甲基纤维素（hydroxyethoxy methoxy cellulose，HEMC）和羟丙基甲基纤维素（hydroxypropoxy methoxy cellulose，HPMC）会增加上述溶液的黏度。这种增加取决于该聚合物的摩尔质量、醚的性质及其掺量。但是，如图 20.7 所示，当其掺量低于 1% 时，黏度增加不依赖于分子参数，如取代度（degree of substitution，DS）或质量取代度（mass substitution，MS）。仅在较高的 CE 掺量下（高于 1%），这些分子参数与溶液的黏度才有一定的依赖性。

水泥基体系的保水性随 CE 的分子量和掺量的增加而增加。多项研究证实（Brumaud 等，2013；Bulichen 等，2012），调控 CE 聚合物保水的机理取决于所使用的浓度。低于聚合物临界浓度时，砂浆的保水性取决于孔溶液的黏度，与聚合物结构参数无关（Brumaud 等，2013）。大多数研究得出的结论是，CE 引起的黏度增加可能会降低孔溶液的流动性并增加保水性。

相比之下，Patural 等（2012）通过核磁共振弥散测试结果得出，尽管这些 CE 聚合物会导致溶液黏度大幅增加，但并不能改变水的表面扩散系数。但是，CE 会瞬间增加水化产物表面上存在的可移动水分子的比例。

在高于临界浓度的掺量下，CE 分子的保水能力主要由缔合性能决定。有两个原因，第一，CE 在溶液中形成聚集体，从而增加了孔溶液的黏度。第二，这些聚合物聚

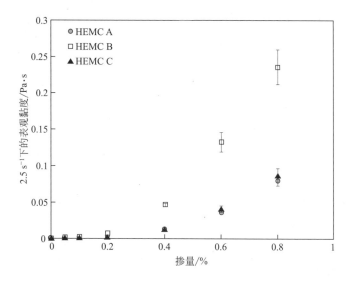

图 20.7　去离子水中不同掺量 HEMC 在 2.5s^{-1} 下的表观黏度

HEMC B 比 HEMC A 和 HEMC C 的摩尔质量高 2.5 倍。HEMC A 和 HEMC C 有相等质量取代度（MS）和
不同取代度（DS），而 HEMC A 和 HEMC B 具有不同的 MS 和类似的 DS

经许可复制自 Brumaud 等（2013）

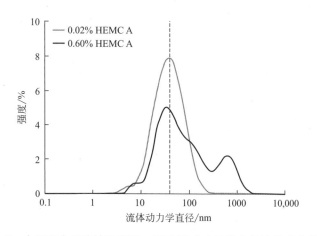

图 20.8　大于和小于缠结浓度时，HEMC 在水溶液中的流体动力学直径

经许可复制自 Brumaud 等（2013）

集体的尺寸只有几微米（见图 20.8），因此它们可能会堵塞新拌净浆或砂浆的孔隙（Sonebi，2006；Patural 等，2011；Brumaud 等，2013）。此外，Jenni 等（2003，2006）发现 MHEC 通过砂浆的毛细孔传输，并积聚在与基材表面接触层与基材表面之间的界面上，从而降低孔隙率。

　　Poinot 等（2014）对 HPG 的研究也获得了与上述 CE 相似的结果。他们证实水泥砂浆的保水性取决于 HPG 浓度。且在高于缠结浓度时，由于聚合物聚集体的形成使保水率大大提高。但在低于临界浓度的掺量下，几乎没有观察到 HPG 对保水率的影响。最后的结果与 CE 聚合物的情况相反（见图 20.9）（Poinot 等，2014）。其原因尚不清楚，可能是所选聚合物的特性黏度较低。

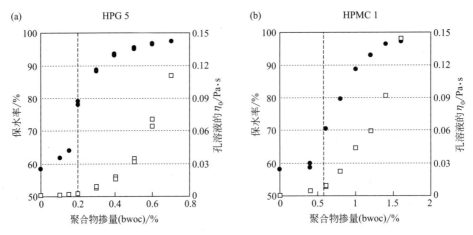

图 20.9　聚合物聚集体的形成对 HPG（a）和 HPMC（b）保水率的影响
经许可转载自 Poinot 等（2014）

在含有 CE 聚合物的水泥浆中，Brumaud（2011）研究表明，从使用掺量来看，孔溶液的黏度低于预期值。该现象可能是由于部分聚合物吸附到水泥颗粒表面所致，从而导致孔溶液中聚合物浓度降低，黏度随之降低。其他学者也证实了 CE 聚合物可以吸附在水泥颗粒上（Bulichen 等，2012；Khayat 和 Mikanovic，2012；Brumaud 等，2013），其吸附量取决于 DS，如图 20.10 所示。

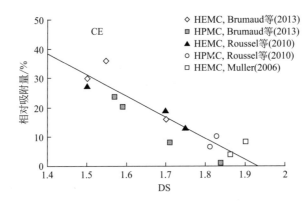

图 20.10　CE 掺量为 0.2% 时，CE 相对吸附量与 DS 的函数关系
（Roussel 等，2010；Muller，2006；Brumaud 等，2013）
经许可复制自 Brumaud 等（2013）

但由于 CE 为非离子聚合物，其吸附机理尚不清楚。根据 Bülichen 等（2012）的研究，吸附的聚合物可能与纤维素衍生物无关，而与能够吸附到水泥颗粒上的商业 MHEC 中的副产品有关。在任何情况下，笔者都认为 CE 的保水性能与 CE 在水泥颗粒

上的吸附无关。

值得一提的是，如果不引入人工干扰，使用消耗法很难对 CE 进行吸附测量，特别是在高于临界浓度的掺量下，CE 聚集物可能被包覆在水泥浆的孔隙中（Brumaud 等，2013；Bulichen 等，2012）。

20.4　调黏剂聚合物对水泥水化的影响

多数关于 VMA 对水泥水化影响的研究均使用的是纤维素衍生物或羟丙基瓜尔胶保水剂。研究方法一般采用的是在高倍稀释体系中进行的电导率测量法，和使用较低的水灰比（w/c）进行的等温量热法。在本节中，仅对有关具体案例的一些文献研究结果进行简要回顾。关于水泥水化机理以及化学外加剂的影响已在第 8 章和第 12 章论述（Marchon 和 Flatt，2016a，b）。

图 20.11 为水泥水化反应的典型电导率曲线，其中硅酸盐的初期沉淀导致电导率下降（Comparet，2004；Pourchez 等，2010）。掺加 CE 和 HPG 时，观察到硅酸盐沉淀时间延迟，这表明 C_3S 水化的延迟随聚合物掺量增加而增加（参见图 20.12）（Pourchez 等，2010）。

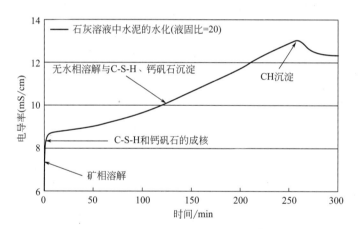

图 20.11　水泥水化反应电导率曲线示例（液固比＝20）

经许可转载自 Pourchez 等（2006）

Pourchez 等（2010）分析了在高倍稀释的体系中随着 C_3S 溶解硅酸盐和钙的浓度变化。研究发现，CE 聚合物对纯 C_3S 的溶解几乎没有影响。根据钙和硅酸盐随时间的浓度变化，并基于钙浓度恒定的 C_3S 水化过程中硅酸盐浓度的降低，计算了初始 C-S-H 核的数量。基于 Garrault 和 Nonat（2001）和 Pourchez（2006）的研究，由式（20.1）计算得出：

$$初始 \text{ C-S-H } 核=\frac{\Delta\left[H_2SiO_4^{2-}\right]}{\frac{1}{3}(C/S)-1} \tag{20.1}$$

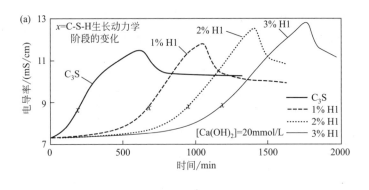

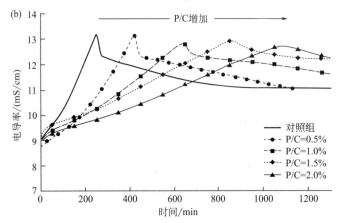

图 20.12　在 CE（a）和 HEG（b）存在下 C_3S 水化的电导率曲线

图（a）中 H1 为羟乙基纤维素，（b）中 P/C 为 HEG 与水泥的比例

经许可转载自 Pourchez（2010）和 Poinot 等（2013）

其中 C/S 是 C-S-H 的钙硅比。

如图 20.13 所示，在 CE 聚合物存在下，初始 C-S-H 核的数量减少。

另外，图 20.12（a）显示，由于水化阶段的斜率与对照组相似，因此 CE 对 C-S-H 的生长速率影响非常有限。但 HPG 的掺加（参见图 20.12）减小了曲线的斜率，表明它们主要减缓了水化产物相的生长，而不影响其成核（Poinot 等，2013）。对于这两种聚合物，作者提出引起延迟的主要原因是聚合物吸附到 C-S-H 和氢氧化钙上。他们还指出，孔溶液黏度的增加以及可能的水迁移减少，对由 CE 和 HPG 诱导的水化延缓没有任何作用。

目前尚不清楚其他 VMA 对水泥水化作用的影响。Leemann 和 Winnefeld（2007）指出，在水泥体系中同时掺加 PCE 和 VMA 时，聚合物 VMA 的存在不会显著影响水泥水化（见图 20.14）。相反，Khayat 和 Yahia（1997）观察到，当浆体中掺加萘系超塑化剂和温轮胶 VMA 时，该水泥浆的凝结时间明显延迟。

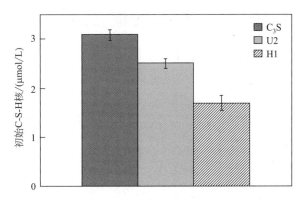

图 20.13　C_3S 水化 30min 后〔液体/固体＝100，聚合物/固体＝2％，
$Ca(OH)_2$＝20mmol/L〕，CE 对 C-S-H 初始核数量的影响

经许可转载自 Pourchez 等（2010）

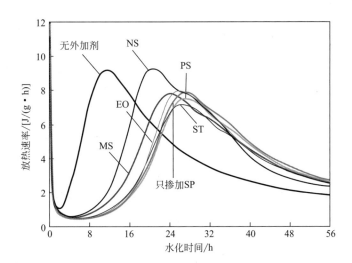

图 20.14　w/c 为 0.4❶ 下，掺加 1％超塑化剂（SP）以及不同的 VMA
（ST：淀粉衍生物；PS：天然多糖；MS：微米二氧化硅；NS：纳米二氧化硅；
EO：环氧乙烷衍生物）的水泥浆体的等温热流曲线

经许可转载自 Leemann 和 Winnefeld（2007）

最后，可以注意到，掺加无机 VMA（例如微米二氧化硅或纳米二氧化硅浆料）会加速水泥水化，因为它们会引入额外的核或生长表面，从而消耗矿相溶出的离子（Lee-mann 和 Winnefeld，2007）。从这个角度来看，当延缓水化是一个关注点时，此类化合物可能是有效的替代物，只要它们在改变其他更重要的特性方面足够有效。

---

❶ 原著存在编辑错误，通过查阅所引用文献，正确的表达应为 w/c＝0.4，而不是 w/c＝0.4％，特此订正。——译者注

20.5 调黏剂用于自密实混凝土配制

近年来，SCC 的应用逐渐增多。表 20.1 显示了加拿大使用的掺有不同类型 VMA 的三种 SCC 的混凝土配合比设计。三种混凝土在 28d 的抗压强度为 35MPa（表 20.2）。

表 20.1 SCC 的组成

编号	砂 /kg	骨料 /kg	水 /L	水泥 /kg	粉煤灰 /kg	水灰比	超塑化剂 /L	VMA /L	减水剂 /L	缓凝剂 /L
SCC1	794	885 (5～14mm)	168	378①	42	0.40	5.0③	1.0⑤	0.80	—
SCC2	762	793 (2.5～10mm)	179	460②	—	0.40	4.0④	3.0⑥	—	—
SCC3	810	889 (2.5～10mm)	153	400①	—	0.40	3.5④	1.0⑤	0.75	1.0

① 包含 7%～7.5%硅粉的水泥。

② 含 20%粉煤灰和 5%硅粉的三元水泥。

③ PNS。

④ PC。

⑤ 生物聚合物。

⑥ 温轮胶类。

表 20.2 新拌和硬化 SCC 的性能

编号	流动度/mm	含气量/%	28d 抗压强度/MPa
SCC1	650±50	6～8	35
SCC2	675±50	6～8	35
SCC3	625±50	6～8	35

在魁北克的费尔蒙特，SSC1 被用于建造一个特殊的水池。高密度的钢筋（见图 20.15）需要使用 SCC。这种自密实混凝土是使用 PNS 超塑化剂、减水剂和生物聚合物基 VMA 几种化学外加剂混合制备的。

魁北克的莱塞斯库曼使用 SCC2 修建挡土墙（见图 20.16）。在这种情况下，使用 SCC 可以观察模板的缺陷。将 PCE 超塑化剂与温轮胶 VMA 复合使用，可获得高流动性、高稳定的 SCC。

SCC3 被用于建造魁北克的福利隆公园。同样，需要复合不同化学外加剂以获得适宜的混凝土新拌性能。具体来说，使用了 PCE 超塑化剂、减水剂、缓凝剂和生物聚合物基 VMA。

图 20.15 在魁北克费尔蒙特使用 SSC1 建造的水池　　图 20.16 魁北克莱塞斯库曼的挡土墙

20.6 结论

现代混凝土，例如自密实混凝土、水下混凝土或喷射混凝土，需要非常特殊的流变性。VMA 的掺加可以减少混凝土细粉掺合料的用量，同时大幅提高其稳定性、内聚性和鲁棒性。对 VMA 工作机理的理解有助于设计出能够提供最佳新拌和硬化状态性能的混凝土。

本章重点介绍聚合物 VMA，因为其结构具有可变性。这些外加剂的作用机理及其对流变性质的影响取决于 VMA 的性质以及体系中掺加的其他外加剂。通常，保水剂会延迟水泥水化，而其他 VMA 对水泥水化的影响取决于其化学组成。

实际应用中，必须避免 VMA 和超塑化剂之间的不相容性问题。这可能导致流动性的快速损失，且对混凝土的稳定性没有太大的改善。了解不同类型聚合物的作用机理可降低现场出现此类问题的风险。

M. Palacios，R. J. Flatt

Institute for Building Materials，ETH Zürich，Zürich，Switzerland

参考文献

Bessaies-Bey, H., Baumann, R., Schimtz, M., Radler, M., Roussel, N., 2015. Polymers and cement particles: competitive adsorption and its macroscopic rheological consequences. Cement and Concrete Research 75, 98—106.

Brumaud, C., 2011. Origines microscopiques des consequences rhéologiques de l'ajout d'éthers de cellulose dans une suspension cimentaire. l'Universite Paris-Est, Paris.

Brumaud, C., Bessaies-Bey, H., Mohler, C., Baumann, R., Schmitz, M., Radler, M., Roussel, N., 2013. Cellulose ethers and water retention. Cement and Concrete Research 53, 176—184. http://dx.doi.org/10.1016/j.cemconres.2013.06.010.

Brumaud, C., Baumann, R., Schmitz, M., Radler, M., Roussel, N., 2014. Cellulose ethers and yield stress of cement pastes. Cement and Concrete Research 55, 14—21. http://dx.doi.org/10.1016/j.cemconres.2013.06.013.

Bülichen, D., Kainz, J., Plank, J., 2012. Working mechanism of methyl hydroxyethyl cellulose (MHEC) as water retention agent. Cement and Concrete Research 42, 953—959. http://dx.doi.org/10.1016/j.cemconres.2012.03.016.

Chassenieux, C., Nicolai, T., Benyahia, L., 2011. Rheology of associative polymer solutions. Current Opinion in Colloid & Interface Science 16, 18—26. http://dx.doi.org/10.1016/j.cocis.2010.07.007.

Comparet, C., 2004. Etude des interactions entre les phases modèles représentatives d'un ciment Portland et des superplastifiants du béton. Université de Bourgogne, France.

Fellows, C.M., Doherty, W.O.S., 2005. Insights into bridging flocculation. Macromolecular Symposia 231, 1—10. http://dx.doi.org/10.1002/masy.200590012.

Garrault, S., Nonat, A., 2001. Hydrated layer formation on tricalcium and dicalcium silicate surfaces: experimental study and numerical simulations. Langmuir 17, 8131—8138. http://dx.doi.org/10.1021/la011201z.

Gelardi, G., Mantellato, S., Marchon, D., Palacios, M., Eberhardt, A.B., Flatt, R.J., 2016. Chemistry of chemical admixtures. In: Science and Technology of Concrete Admixtures. Elsevier (Chapter 9), pp. 149—218.

Hossain, K.M.A., Lachemi, M., 2006. Performance of volcanic ash and pumice based blended cement concrete in mixed sulfate environment. Cement and Concrete Research 36, 1123—1133. http://dx.doi.org/10.1016/j.cemconres.2006.03.010.

Jenni, A., Herwegh, M., Zurbriggen, R., Aberle, T., Holzer, L., 2003. Quantitative microstructure analysis of polymer-modified mortars. Journal of Microscopy 212, 186—196. http://dx.doi.org/10.1046/j.1365-2818.2003.01230.x.

Jenni, A., Zurbriggen, R., Holzer, L., Herwegh, M., 2006. Changes in microstructures and physical properties of polymer-modified mortars during wet storage. Cement and Concrete Research 36, 79—90. http://dx.doi.org/10.1016/j.cemconres.2005.06.001.

Kawai, T., Okada, T., 1989. Effect of superplasticizer and viscosity increasing admixture on properties of lightweight aggregate concrete. In: Presented at the Third International Conference, Detroit, pp. 583—604.

Khayat, K.H., Mikanovic, N., 2012. Viscosity-enhancing admixtures and the rheology of cement. In: Understanding the Rheology of Concrete. Cambridge, Woodhead, pp. 209—228.

Khayat, K.H., Yahia, A., 1997. Effect of welan gum-high-range water reducer combinations on rheology of cement grout. ACI Materials Journal 94, 365—374.

Leemann, A., Winnefeld, F., 2007. The effect of viscosity modifying agents on mortar and concrete. Cement and Concrete Composites 29, 341—349. http://dx.doi.org/10.1016/j.cemconcomp.2007.01.004.

Marchon, D., Flatt, R.J., 2016a. Mechanisms of cement hydration. In: Science and Technology of Concrete Admixtures. Elsevier (Chapter 8), pp. 129—146.

Marchon, D., Flatt, R.J., 2016b. Impact of chemical admixtures on cement hydration. In: Science and Technology of Concrete Admixtures. Elsevier (Chapter 12), pp. 279—304.

Marchon, D., Sulser, U., Eberhardt, A.B., Flatt, R.J., 2013. Molecular design of comb-shaped polycarboxylate dispersants for environmentally friendly concrete. Soft Matter 9 (45), 10719—10728. http://dx.doi.org/10.1039/C3SM51030A.

Marchon, D., Mantellato, S., Eberhardt, A.B., Flatt, R.J., 2016. Adsorption of chemical admixtures. In: Aïtcin, P.-C., Flatt, R.J. (Eds.), Science and Technology of Concrete Admixtures. Elsevier (Chapter 10), pp. 219—256.

Marliere, C., Mabrouk, E., Lamblet, M., Coussot, P., 2012. How water retention in porous media with cellulose ethers works. Cement and Concrete Research 42, 1501—1512. http://dx.doi.org/10.1016/j.cemconres.2012.08.010.

Muller, I., 2006. Influence of Cellulose Ethers on the Kinetics of Early Portland Cement Hydration. University of Karlsruhe.

Oosawa, F., Asakura, S., 1954. Surface tension of high-polymer solutions. Journal of Chemical Physics 22, 1255. http://dx.doi.org/10.1063/1.1740346.

Palacios, M., Flatt, R.J., Puertas, F., Sanchez-Herencia, A., 2012. Compatibility between polycarboxylate and viscosity-modifying admixtures in cement pastes. In: Presented at the 10th International Conference on Superplasticizers and Other Chemical Admixtures in Concrete, Prague.

Patural, L., Korb, J.-P., Govin, A., Grosseau, P., Ruot, B., Devès, O., 2012. Nuclear magnetic relaxation dispersion investigations of water retention mechanism by cellulose ethers in mortars. Cement and Concrete Research 42, 1371−1378. http://dx.doi.org/10.1016/j.cemconres.2012.06.002.

Patural, L., Marchal, P., Govin, A., Grosseau, P., Ruot, B., Devès, O., 2011. Cellulose ethers influence on water retention and consistency in cement-based mortars. Cement and Concrete Research 41, 46−55. http://dx.doi.org/10.1016/j.cemconres.2010.09.004.

Plank, J., Lummer, N.R., Dugonjić-Bilić, F., 2010. Competitive adsorption between an AMPS®-based fluid loss polymer and welan gum biopolymer in oil well cement. Journal of Applied Polymer Science 116, 2913−2919. http://dx.doi.org/10.1002/app.31865.

Poinot, T., Govin, A., Grosseau, P., 2014. Importance of coil-overlapping for the effectiveness of hydroxypropylguars as water retention agent in cement-based mortars. Cement and Concrete Research 56, 61−68. http://dx.doi.org/10.1016/j.cemconres.2013.11.005.

Poinot, T., Govin, A., Grosseau, P., 2013. Impact of hydroxypropylguars on the early age hydration of Portland cement. Cement and Concrete Research 44, 69−76. http://dx.doi.org/10.1016/j.cemconres.2012.10.010.

Pourchez, J., 2006. Aspects physico-chimiques de l'interaction des éthers de cellulose avec la matrice cimentaire. Ecole Nationale des Mines de Saint-Etienne.

Pourchez, J., Grosseau, P., Ruot, B., 2010. Changes in C_3S hydration in the presence of cellulose ethers. Cement and Concrete Research 40, 179−188. http://dx.doi.org/10.1016/j.cemconres.2009.10.008.

Pourchez, J., Peschard, A., Grosseau, P., Guyonnet, R., Guilhot, B., Vallée, F., 2006. HPMC and HEMC influence on cement hydration. Cement and Concrete Research 36, 288−294. http://dx.doi.org/10.1016/j.cemconres.2005.08.003.

Roussel, N., Lemaître, A., Flatt, R.J., Coussot, P., 2010. Steady state flow of cement suspensions: a micromechanical state of the art. Cement and Concrete Research 40, 77−84. http://dx.doi.org/10.1016/j.cemconres.2009.08.026.

Sonebi, M., 2006. Rheological properties of grouts with viscosity modifying agents as diutan gum and welan gum incorporating pulverised fly ash. Cement and Concrete Research 36, 1609−1618. http://dx.doi.org/10.1016/j.cemconres.2006.05.016.

Xu, L., Xu, G., Liu, T., Chen, Y., Gong, H., 2013. The comparison of rheological properties of aqueous welan gum and xanthan gum solutions. Carbohydrate Polymers 92, 516−522. http://dx.doi.org/10.1016/j.carbpol.2012.09.082.

21
防冻剂

21.1　引言

尽管目前防冻剂在俄罗斯、芬兰、波兰和中国用于温度低至−15℃时浇筑无任何特殊保护的混凝土，但在加拿大、阿拉斯加和美国北部以及欧洲其他地区（芬兰和波兰除外）则未使用防冻剂。目前在芬兰，可以在市场上购买预先包装好的袋装混凝土和砂浆，其中含有一定剂量的亚硝酸钙。这些预包装的混合物可以在低至−10℃的温度下使用，而无需任何特殊保护来抵御低温。除了 Ratinov 和 Rozenberg 在 Ramachandran 的《混凝土外加剂手册》（*Concrete Admixtures Handbook*）一书（Ramachandran，1995）中所写的一篇综述外，很少有关于该主题的英文文献。

使用防冻剂的基本思路非常简单：在搅拌器中加入一种可溶性盐，以降低水的冰点。众所周知，通过添加可溶盐可以降低水的冰点。华氏温度选择温标原点时使用的是饱和氯化钙溶液冻结的最低温度，记为 0℉。根据盐度，海水会在 1.8℃左右冻结。

21.2　北美冬季混凝土的浇筑

在面临初冬低温时，加拿大混凝土生产商对拌合水进行加热，以提高新拌混凝土的温度。随着温度的持续下降，他们用蒸汽加热粗骨料和砂子。

在现场，当夜间温度降到接近 0℃时，承包商用保温毯保护新浇筑的混凝土。当结冰更严重时，他们会建造临时的聚乙烯暖棚，以保护混凝土免受冰冻。当然，所有这些措施的实施都要付出一定的代价：冬季浇筑混凝土平均要多收 25％的费用。

在加拿大，当环境温度低于 10℃时，混凝土仅在室内应用。在 15℃时，预拌厂停止生产混凝土，直到环境温度上升。目前，加拿大根本没有使用防冻剂。

21.3　防冻剂

根据 Ratinov 和 Rosenberg 的说法，俄罗斯已将亚硝酸盐、硝酸盐、氯化钙、氯化钠、氨等用作防冻剂（Ramachandran，1995），并通常复合使用这些化学物质。实际上，基于亚硝酸盐的配方是最常用的。在中国和芬兰，使用的是亚硝酸钠（$NaNO_2$）和硫酸钠（Na_2SO_4）的混合物，以及硝酸钠和亚硝酸钙［$Ca(NO_2)_2$］的混合物。Pedro Hernandez（1989）在其硕士论文中主要用亚硝酸钙作防冻剂。

目前，在北美可以使用 $Ca(NO_2)_2$ 来保护钢筋，以防止锈蚀。因此，将 $Ca(NO_2)_2$ 作为防冻剂应成为冬季混凝土浇筑的一个优异的替代方案。当然，作为防冻剂，$Ca(NO_2)_2$ 的用量必须远高于其用作缓蚀剂的用量。$Ca(NO_2)_2$ 的饱和溶液在约 -20℃ 的温度下会冻结。

21.4　加拿大北部高压输电线路的建设

在加拿大北部架设电线锚时可以从这项技术中获益。在加拿大北部，高压电线在冬季架设是因为在雪地上很容易运输架设电线所需的材料和人员。河流和湖泊结冰后不再是线路建设的障碍。唯一的缺点是固定锚的岩石会部分或完全冻结，这取决于电线建设地所在的纬度。在这种情况下，需要加热锚定孔周围的岩石，以便灌浆之前在固定锚周围形成一个未冻结区。事实上，岩石必须解冻足够深，这样当加热停止时，才有足够的时间使灌浆硬化，并在岩石恢复到初始冻结温度之前获得足够的强度。

使用防冻剂可以避免这样一个漫长而复杂的过程。为了证明这种替代方案的可行性，在巴芬岛最北端的纳尼西维克进行了试验锚的浇筑。

21.5　亚硝酸钙在纳尼西维克的应用

纳尼西维克（Nanisivik）是一个村庄，位于巴芬岛最北端，北纬 $73°$，纳尼西维克矿业公司在此开采锌矿（图 21.1）。在这里有一个机场，每周两次航班飞往渥太华，并且有一个港口运送开采的锌矿。

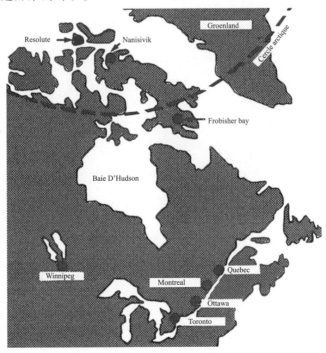

图 21.1　巴芬岛中纳尼西维克的位置

为了研究 $Ca(NO_2)_2$ 作为灌浆防冻剂的可行性，可以利用采矿公司的所有设施（食品和住宅、钻井、运输等），并在车库里建立临时的小型实验室。

研究进行了两个系列的实验：第一个实验是在靠近工厂的岩盖中进行的，如图 21.2 所示；第二个实验是在矿井的通道中进行的，那里的岩石和空气常年处于 $-12℃$（图 21.3）。

图 21.2　所选用于矿山外部测试的岩盖

图 21.3　在矿井中灌浆固定锚

在其地表以下 300mm 处，测试的 12 个固定锚的岩石温度为 $-12℃$。当完成灌浆时，环境温度为 $-15℃$。

灌浆是在车库中用 10℃ 的水制备的，并立即运至现场，以便在锚孔中浇筑。浆料中含有一些铝粉，以便使灌浆体积产生小的膨胀，从而改善灌浆料、锚以及岩石的结合。实验只对锚的前 300 mm 行了灌浆，并在锚底部安装了热电偶，以监测灌浆温度（图 21.4 和图 21.5）。灌浆料的成分如表 21.1 所示。

图 21.4　12 个锚的安装.

图 21.5　在每个锚周围构建一个小的矩形基座，以支撑用于拉出锚固件的
空心千斤顶的基座

灌浆的温度通过热电偶进行监控

掺量按与水泥质量的比给出。在含有超塑化剂和 $Ca(NO_2)_2$ 的情况下，掺量与其固含量相关。

14d 后，从岩盖上将锚杆拉出。在冻结的矿井通道中，锚杆应在 1 年后拔出，在每个锚周围建一个小的矩形基座，以支撑用于拉出锚的空心千斤顶的基座（图 21.5）。

表 21.1　灌浆料的组成

快硬性水泥(O)	1
水(W)	0.44
硅灰(FS)	0.10
铝粉	0.7×10^{-4}
超塑化剂	0.03
亚硝酸钠(N)	0.12
N/(N+E)比	0.21
W/(C+F S)比	0.4

将在岩盖上获得的结果与在舍布鲁克的未冻结岩石中获得的结果进行了比较，数据非常出色（Benmokrane 等，1987）。然而，对于在冻结的矿道中灌浆的锚，在－12℃的温度下放置一年后，由于其灌浆长度太长，其产生的荷载远远超过千斤顶的承载力，不可能将其拔出。为了避免矿道内发生事故，必须用乙炔焊枪切割锚栓，并用灌浆密封锚栓孔。

21.6　结论

加拿大北极地区舍布鲁克大学的这一经验表明，正如芬兰、俄罗斯和中国目前所做的那样，在混凝土或灌浆料中使用防冻剂具有巨大的潜力。使用这项技术可以在架设电线时节省大量费用。在加拿大北部，防冻剂也可用于延长混凝土浇筑季节的时长，在混凝土通常的浇筑季节时长的基础上可再增加 2 个月。混凝土浇筑可以提前 1 个月开始，延后 1 个月停止，这在北方混凝土浇筑季节较短的情况下具有很大的优势。

P. -C. Aïtcin

Université de Sherbrooke，QC，Canada

参考文献

Benmokrane, B., Aïtcin, P.C., Ballivy, G., 1987. Injection d'ancrages à base de ciment Portland dans l'Arctique, Revue Canadienne de Génie Civil 14 (5), 690−693.

Hernandez, P., 1989. Master Degree Thesis No 556, Université de Sherbrooke.

Ramachandran, V.S., 1995. Concrete Admixtures Handbook, second ed. Noyes Publications, Park Ridge, NJ, USA, pp. 740−799.

22
膨胀剂

22.1 引言

膨胀剂是一种以粉剂出售的外加剂，一般直接掺加到混凝土中。在硬化初期，它们产生可控的内部反应，从而使混凝土的表观体积增加。掺加膨胀剂的混凝土也称为补偿收缩混凝土（ACI，2011）。此类混凝土用于需要尽可能减少因干燥或自收缩而产生开裂的混凝土结构中。膨胀剂主要用于涉及地面混凝土板、大型墙体和混凝土的修补工程中（ACI，2011；Collepardi 等，2005，2008；Gagné 等，2008）。

内部膨胀通常发生在混凝土拌合成型后的前 7d。通常情况下，经 7d 的硬化后，膨胀不超过 0.1%（Bissonnette 等，2008）。虽然由此产生的膨胀不是很大，但在收缩受限的情况下，它显著降低了开裂的风险。

使用不同类型的膨胀剂都可以产生内部膨胀，这些膨胀剂与水反应时会产生膨胀水化产物。但必须强调的是，其中大多数反应会生成比反应物体积更小的产物，而对于水泥水化，固体体积则会增加。膨胀被理解为是由水化产物在过饱和条件下的生长所导致。因此，结晶压力被用来解释这种膨胀过程（Scherer，1999）。特别是矿相的溶解过程与水化物的析出过程，可以通过结晶压力产生重要的膨胀力（Flatt，2002；Flatt 等，2014）。这种内部膨胀的动力学和强度取决于不同的参数，尤其是：

- 膨胀剂的化学性质
- 膨胀剂的掺量
- 水养护类型和持续时间
- 水泥用量

22.2 原理

在混凝土的早期硬化过程中使用膨胀剂以产生体积膨胀，通过不同的化学机理，该体积膨胀可部分或完全缓解由不同形式的收缩引起的体积收缩。

图 22.1 显示了两种混凝土（掺加或未掺加膨胀剂）的自收缩率。如图 22.1 所示，当混凝土未掺加任何膨胀剂时，开始水养护后，它会出现很小的膨胀。这种膨胀的原因尚不清楚，但很可能是由膨胀反应引起的，例如熟料中游离氧化钙的水化作用。

水养护结束后，混凝土干燥立即产生水分流失，这是造成混凝土干燥收缩的原因，

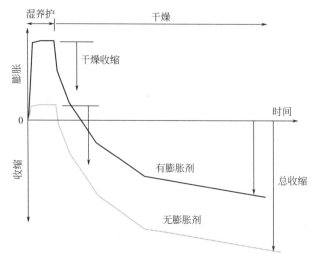

图 22.1　两种混凝土的膨胀和干燥收缩示意图
一种包含膨胀剂，另一种不含膨胀剂

如第 6 章所示（Aïtcin，2016）。起初，这种收缩发展迅速，但从长远来看，它会趋于稳定。干燥收缩的动力学和最终程度取决于几个参数，例如混凝土组成、环境条件和混凝土构件的几何形状。

掺加膨胀剂的混凝土的初始膨胀比未掺加膨胀剂的初始膨胀更大。这种膨胀发生在混凝土的水养护过程中。根据膨胀剂的类型，在水养护的第 2d 和第 7d 之间获得最大膨胀，水养护完成，干燥收缩开始。通常，干燥收缩的动力学和程度不受所用膨胀剂类型的影响（Collepardi 等，2005；Bissonnette 等，2014）。从图 22.1 中可以看出，两种情况下养护后的尺寸变化相似。

但在下面讨论的收缩受限情况下，最重要的是总收缩，其被定义为初始条件与最终条件之间的尺寸变化。在这种情况下，如图 22.1 所示，膨胀剂减少了总收缩率。

当体积变化（膨胀或收缩）不受限时，混凝土不会受到任何应力影响（Bissonnette 等，2014）。相反，当这些体积变化受限时，干燥收缩的发展会产生可能导致混凝土开裂的内部拉应力。例如，地面混凝土板干燥收缩部分受到板与土壤摩擦的限制。干燥收缩过大可能会导致板开裂。用于修补受损混凝土的薄混凝土覆盖层也会出现类似的裂缝。正是这种覆盖层与混凝土基底层之间的黏结导致了这种开裂。最后，对于大型的混凝土构件，混凝土内部可以对其外部施加约束。在所有这些情况下，为了降低开裂风险，有必要降低干燥收缩的影响。膨胀剂可以用来降低这种开裂风险，但这并不是降低开裂风险的唯一方法，正如第 23 章（Gagné，2016）所示。

图 22.2 为混凝土试样在体积变化受限时的应力变化情况示意图。对于未掺加膨胀剂的混凝土，在收缩过程中，限制干燥收缩会产生拉应力。当约束收缩产生的拉应力大于混凝土抗拉强度时，就会出现裂缝（Bissonnette 等，2014）。

混凝土中掺加膨胀剂时，其膨胀也会受到限制，因此在水养护过程中会产生内部压应力（化学预应力）。当养护结束开始出现干燥收缩时，内部压缩放松。最后，从长远来看，最终的拉应力要小于前一种情况，并且可以消除或至少显著降低开裂的风险（图22.2）。但是，应该注意的是，在自约束的情况下，由于混凝土内部也会膨胀，膨胀剂的优势难以显现。但是，一个大的构件只受自约束的情况是比较少见的。

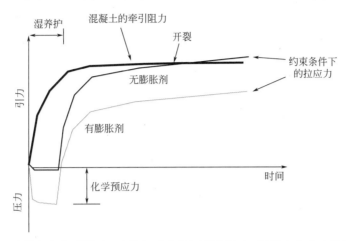

图 22.2　当体积变化受限时，在掺加或未掺加膨胀剂时，混凝土中应力发展示意图

22.3　膨胀机制

可以通过掺加不同类型的膨胀剂来实现这种初始膨胀。其中最重要的有两种，一种含硫铝酸钙，另一种含生石灰（CaO）。美国混凝土协会（ACI）233 委员会提出了膨胀机理的分类，该机理是生成这些膨胀水化产物的矿物的化学性质的函数（ACI，2011）。例如，K 型膨胀剂（硫铝酸钙）会形成钙矾石。G 型膨胀剂以生石灰为基础，可生成熟石灰（氢氧化钙）（ACI，2011）。

22.3.1　因钙矾石的形成而膨胀

在这种情况下，膨胀剂主要由硫铝酸钙（C_4A_3S）和生石灰（CaO）混合组成，可在水养护过程中快速形成钙矾石（Ish-Shalom 和 Bentur，1974；Bentur 和 Ish-Shalom，1974）。这种膨胀剂在美国也用于 K 型水泥。当完全水化时，这类膨胀剂最终产生的膨胀几乎等于预期的干燥收缩。在混凝土配料过程中，以粉剂形式出售的 K 型膨胀剂直接添加到混凝土中。用这种方法，将膨胀剂稀释在硅酸盐水泥中时，应减去相应的水泥用量。为了补偿混凝土修补过程中的干燥收缩，硅酸盐水泥的替代率为 10%～16%（Bissonnette 等，2014）。硅酸盐水泥中稀释膨胀剂的这种方法避免了因必须使用极少量膨胀剂而引起的用量误差。

为了发生膨胀反应，在开始的几天里需要使用大量的水。在最佳条件下，水养护 7d 就足以达到最大膨胀量，如图 22.3 所示，在 4～7d 达到最大膨胀量（Bissonnette等，2014）。外部温度在最终膨胀中起着非常重要的作用。当温度低于 5℃时，膨胀过程减慢，在 20℃时难以达到预期的膨胀效果。

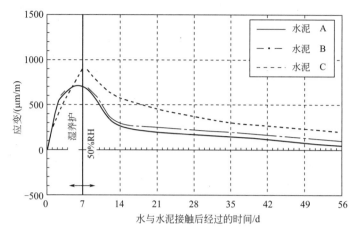

图 22.3　含有 K 型组分膨胀剂（w/b＝0.38；K 型组分用量＝10％）
的混凝土的自由膨胀（Bissonnette 等，2014）

由于最初会消耗大量的水，因此掺加硫铝酸盐膨胀剂会导致混凝土的工作性迅速下降（Phillips 等，1997）。当工作性损失过大时，可使用超塑化剂来维持足够的工作性，从而使混凝土易于浇筑。在水灰比（w/c）一定的条件下，掺加硫铝酸盐膨胀剂的混凝土的抗压强度等于或略高于普通混凝土的抗压强度（Phillips 等，1997）。

已有文献中报道了膨胀剂和一些外加剂之间的相互作用，特别是在加入引气剂的情况。但大量同时使用超塑化剂和引气剂的现场工程表明，可以找到这两种外加剂合适掺量以获得符合规范的混凝土（Phillips 等，1997）。

22.3.2　因氢氧化钙的形成而膨胀

在水泥浆体中发生快速膨胀的另一种方法是生成氢氧化钙 $[Ca(OH)_2]$。膨胀剂中含有的生石灰（CaO）在与水接触时会生成 $Ca(OH)_2$ 晶体。在商品混凝土的制备过程中膨胀剂可以直接添加到搅拌机中，但通常情况下，膨胀剂会先加入到硅酸盐水泥中稀释。根据先前提到的 ACI 223 委员会的报告（ACI，2011），这些膨胀剂属于 G 型。

实验中观察到该类膨胀剂产生的膨胀速度非常迅速，并在 48h 内达到最大值（图 22.4）（Bissonnette 等，2014）。$Ca(OH)_2$ 晶体的形成需要水，因此必须进行有效的水养护以实现预期的膨胀效果。如图 22.4 所示，膨胀非常迅速，并且基本上在最初的 24h 内发生。因此，非常重要的一点是，混凝土的凝结不能因环境温度或拌合物中所用的外加剂而过分延迟，否则大部分膨胀可能在混凝土塑性状态时发生，最终丧失膨胀效果。

通常，商用膨胀剂产品的用量为水泥质量的 3％～10％。它们可用于替代或补充混凝土的质量。当它们被额外使用时，必须替换等量的砂子。氧化钙基膨胀剂不会显著影响混凝土的流变性和外加剂用量。当它们与水泥混合使用时，可使抗压强度略有增加。

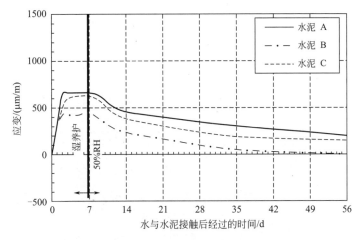

图 22.4　掺加氧化钙类膨胀剂的混凝土的自由膨胀（w/b＝0.38；
膨胀剂掺量＝3％）（Bissonnette 等，2014）

22.4　自由膨胀和限制膨胀的测量

膨胀剂引起的膨胀可以在自由或约束条件下测量。自由膨胀的特征是混凝土试样的膨胀不受模具侧面或任何钢筋的限制。而限制膨胀测试则根据 ASTM C878 标准测试方法，在一个具有 0.3％的轻钢筋的样品上测量。

22.4.1　自由膨胀

自由膨胀的测量可以表征膨胀剂的膨胀特性，并用于寻找其合适的掺量。膨胀量是在立方状混凝土试件上测量的。这些立方状试件的尺寸可参照 ASTM C157 标准（ASTM，2014）推荐的尺寸。

测量膨胀率时，混凝土试样的快速脱模很重要，这样可以避免试件受到模具表面的限制。必须尽快读取第一个长度数据，以便检测初始膨胀。对于 CaO 基膨胀剂，在水泥与水首次接触后的 6～8h 内可能发生第一次膨胀。

振弦式测量仪可用于测量膨胀。将其放置于试样中心，如图 22.5 所示（Aïssi 等，2014）。如采用该方法测量自由膨胀，也应尽快将样品脱模。振弦式测量仪连接到数据采集系统，该系统连续测量膨胀率以及样品中心的温度。该方法的缺点是测量设备价格昂贵并且在使用后不能回收。图 22.6 给出了用振弦式测量仪获得的典型曲线。

22.4.2　限制膨胀

限制膨胀可根据 ASTM C878 标准测试方法（ASTM，2014）进行测量。该实验方法试图重现部分受钢筋限制的混凝土膨胀。混凝土立方试件按照 ASTM 标准测试方法 C157 中规定的模具制备（图 22.7）。但在浇筑立方试件之前，需在模具中放入纵向限制器（通过直径为 4.8mm 的钢制杆连接在一起的两块钢板）（图 22.8）。这种结构模拟了 0.3％的钢筋。这类似于用于控制由于面板的热收缩而引起的开裂。

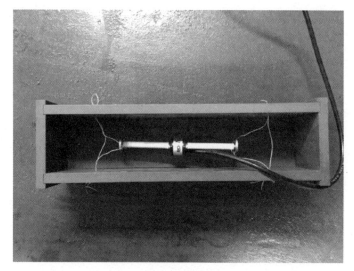

图 22.5　模具和振弦式测量仪（Aïssi 等，2014）

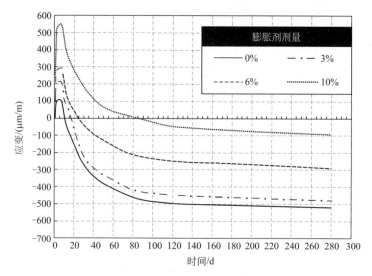

图 22.6　采用振弦式测量仪测得含有钙基膨胀剂（w/c＝0.72）的
混凝土的自由膨胀曲线（Aïssi 等，2014）

图 22.7　根据 ASTM C878 标准方法用于测量限制膨胀的典型模具（Aïssi 等，2014）

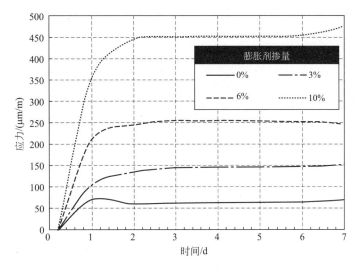

图 22.8　掺有钙基膨胀剂的混凝土的典型限制膨胀曲线（w/c＝0.72）（使用
ASTM C878 标准程序获得）（Aïssi 等，2014）

　　试样在水与水泥第一次接触后 6h 脱模，以便在内部膨胀反应开始之前进行第一次
长度测量。然后将样品进行水养护 7d。在此期间，按照标准规定的步骤进行测量。图
22.8 给出了进行这种测试时获得的膨胀曲线。

22.5　影响膨胀的因素

22.5.1　膨胀剂掺量

　　膨胀率是膨胀剂掺量的函数。该掺量通常为膨胀剂相对于胶凝材料的质量分数。图
22.6 所示为 25MPa 混凝土的自由膨胀随氧化钙基膨胀剂掺量的变化规律。当然，掺量
越高膨胀越大。对于这种混凝土，在 100% 相对湿度下养护 2d 后，10% 的膨胀剂掺量
将导致膨胀大于 $500\mu m/m$。膨胀不仅与膨胀剂掺量有关，也与胶凝材料用量有关。膨
胀剂掺量固定时，含有 $400kg/m^3$ 胶凝材料的混凝土比仅含有 $275kg/m^3$ 胶凝材料的混
凝土的膨胀效果更好。

22.5.2　养护条件

　　养护条件对最终膨胀有很大影响，因为实现膨胀，水是必要条件。因此，为了充分
开发膨胀潜力，应提供充分的水养护条件。图 22.9 显示了两种混凝土的限制膨胀，其
w/b 为 0.38，分别为掺有 16% 的硫铝酸钙基膨胀剂（a）和 8% 的氧化钙基膨胀剂（b）
（Bissonnette 等，2014）。第一组混凝土在 100% 相对湿度（RH）下养护 7d，随后在
50% 相对湿度下养护。第二组混凝土在浇筑 6h 后脱模并暴露在空气中养护。针对膨胀
剂的两种不同养护条件对膨胀反应的影响明显不同。对于硫铝酸钙基膨胀剂，没有水养
护（空气养护）不会产生实际的膨胀。对于钙基膨胀剂，在没有水养护的情况下虽然会
产生膨胀，但仅相当于水养护条件下膨胀的 30%。

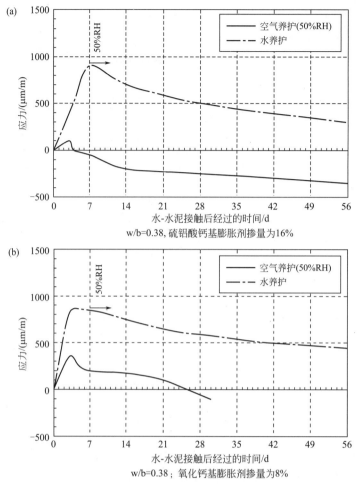

图 22.9　养护条件对硫铝酸钙基膨胀剂（a）和氧化钙基膨胀剂（b）混凝土限制膨胀的影响
（Bissonnette 等，2014）

　　Collepardi 等（2005）研究了 w/c 为 0.42 条件下，养护条件对掺加 9％钙基膨胀剂的混凝土限制膨胀的影响。研究了两种养护条件：一种是水养护 36h，另一种是使用聚乙烯薄膜包裹样品。结果表明，水养护条件下混凝土会产生较大的膨胀，而采用聚乙烯薄膜包裹的密封养护产生的膨胀仅为水养护的 60％左右。

22.5.3　温度

　　养护温度对混凝土的膨胀动力学及其最终膨胀有很大影响（Bissonnette 等，2014）。

　　图 22.10 显示了养护温度对两个系列混凝土自由膨胀的影响，在 w/b 为 0.38 条件下，两个系列混凝土分别含有 16％的硫铝酸钙基膨胀剂和 16％的氧化钙基膨胀剂。混凝土样品分别在 5℃、23℃、38℃下进行 7d 的水养护。对于两种膨胀剂，养护温度的升高致使膨胀的初始动力学增加，最大膨胀量受温度影响较大。对于掺有硫铝酸钙膨胀剂的混凝土，低温（5℃）比其在 23℃时的膨胀率降低了 60％；在 38℃养护下产生的膨胀比在 23℃时的增加了 50％。使用氧化钙膨胀剂产生的膨胀受温度的影响较小。与 23℃养护相比，在

5℃下养护的膨胀率降低了 20%，而养护温度为 38℃时，膨胀率提高了 30%。要考虑的一个重要问题是，膨胀反应是否已发生但只是没有产生实质性的压力，或者是否延迟并且可能在以后的阶段发生。这样的情况将导致在硬化基体中形成结晶压力，这是已知的破坏过程，例如在延迟钙矾石形成中（Taylor 等，2001；Flatt 和 Scherer，2008）。

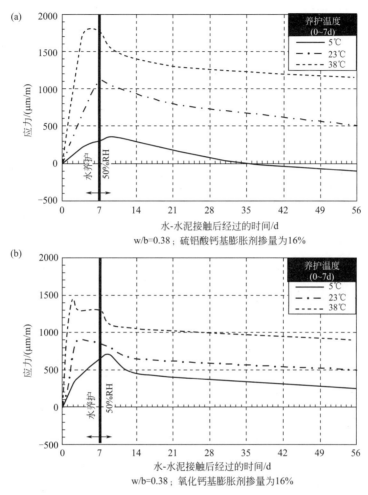

图 22.10　养护温度对使用硫铝酸钙基膨胀剂（a）和氧化钙基膨胀剂（b）的混凝土自由膨胀❶的影响

22.5.4　试验方法：限制膨胀与自由膨胀

在实验室测定的膨胀量与所用试验方法有关。膨胀的测量分为自由膨胀或限制膨胀。如前所述，自由膨胀可使用振弦式测量仪测量，而限制膨胀通常根据 ASTM C878 试验方法测量。对于给定的混凝土，自由膨胀当然大于限制膨胀。图 22.11 同时给出了胶凝材料用量为 270kg/m³，w/c 为 0.72 的 25MPa 混凝土的自由膨胀与限制膨胀的结果（Aïssi 等，

---

❶ 原著此处存在错误，应为"自由膨胀（free expansion）"而不是"限制膨胀（restrained expansion）"，特此订正。——译者注

2014）。这组混凝土分别采用掺加 0%、3%、6% 和 10% 的钙基膨胀剂制成。对照组混凝土 7d 自由膨胀量为 $100\mu m/m$，由于模具的限制，对照组混凝土的限制膨胀略小。

从整体上看，图 22.11 所示的结果表明，自由膨胀和限制膨胀随膨胀剂掺量的增加呈近似的线性增长趋势。所得到的两个值之间的差值随膨胀剂掺量的变化不大，限制膨胀比自由膨胀平均小约 $35\mu m/m$。

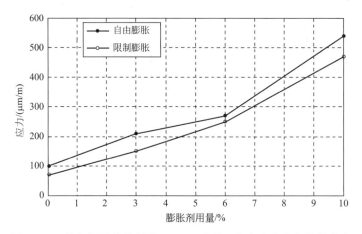

图 22.11　掺加钙基膨胀剂的 25MPa 混凝土的自由膨胀与限制膨胀

22.6　掺加膨胀剂的混凝土的现场应用

掺加膨胀剂的混凝土主要用于建造桥面和地板（Pillips 等，1997；Richardson 等，2014）。膨胀剂也可用于混凝土修补和黏结混凝土覆盖层（Gagné 等，2008）。这些混凝土构件通常会受到限制收缩。在桥梁表面，限制其收缩的主要原因是由于桥面与支撑桥面的主次梁之间的黏结。对于地板来说，土壤上的摩擦力是产生收缩的主要原因。在混凝土修补和有薄黏结覆盖层的情况下，限制收缩是由于基底混凝土上的黏结造成的。对于所有这些结构，没有收缩裂缝对于长期耐用性非常重要。

22.6.1　桥面

俄亥俄州收费公路委员会在使用含有硫铝酸盐基膨胀剂（K 型水泥）的混凝土进行桥面施工方面有丰富的经验（Pillips 等，1997）。这种方法能够显著减少收缩裂缝，大大提高了桥面的长期耐久性。通常，掺加硫铝酸钙基膨胀剂的引气混凝土 28d 抗压强度为 30MPa。K 型水泥用量约 $425kg/m^3$，w/c 为 0.34～0.45。在三个项目中使用的含气量为 7% 的混凝土，坍落度在 100～175mm 之间（Pillips 等，1997）。从这些试验项目中获得的现场经验表明，生产、泵送和浇筑这些混凝土是可行的。其限制收缩开裂性能明显优于普通混凝土。作者还提到，硫铝酸钙基膨胀剂有缩短浇筑时间的趋势。因此，迅速泵送浇筑混凝土很重要。他们还坚持认为，由于使用了硫铝酸钙基膨胀剂，必须提高良好的养护条件以供膨胀发展。

22.6.2　地面平板

使用掺加膨胀剂的混凝土可以在地面上建造没有任何接缝的大型平板。Collepardi 等（2008）报道了使用 30MPa（w/c 为 0.62）的水泥（含有 285kg/m³ 水泥和 25kg/m³ 氧化钙基膨胀剂）在地面上建造一个没有任何接缝的 800m² 厚板。使用泵浇筑坍落度为 230mm 的混凝土；用旋转抹子修整表面，然后用塑料薄膜覆盖防止水分蒸发（Collepardi 等，2008）。

22.6.3　黏结混凝土的覆盖层

膨胀剂可用来减少或消除用于修复钢筋混凝土桥面的薄黏结覆盖层的裂缝。Gagné 等（2008）发表了一项研究，展示了在蒙特利尔地区混凝土桥面上几种薄黏结混凝土覆盖层的施工和监测（Gagné 等，2008）。在测试的 9 种薄黏结覆盖层中，有 4 种含有膨胀剂。其中 3 种掺加了 6% 的钙基膨胀剂，最后 1 种掺加硫铝酸钙基膨胀剂（K 型水泥）。这 3 种含有钙基膨胀剂的覆盖层的水泥用量约为 375~426kg/m³，相应的 w/c 值在 0.37~0.44 之间，所有情况下的膨胀剂量均为 24kg/m³。这些混凝土含气量为 7%~8%，并用钩状金属纤维（40kg/m³）加固，以限制收缩裂缝的产生。三种混凝土的 28d 抗压强度在 36~41MPa 之间，坍落度在 130~180mm 之间。含硫铝酸钙基膨胀剂的混凝土覆盖层含 376kg/m³ K 型水泥，w/c 为 0.40。混凝土中含有 8% 的引气量和 38kg/m³ 的钩状金属纤维。该混凝土 28d 抗压强度为 43MPa，坍落度为 160mm。

所有这些薄黏合层的厚度在 75~125mm 之间，用振动找平板将其放置在经过饱和面干处理的修补混凝土上。混凝土表面用重型松土机进行处理。浇筑完成后，混凝土覆盖层被水饱和的非织造土工布覆盖 7 天。所有这些修补手段自建造以来已持续监测了 2.5 年。在其研究的九种修复方法中，不掺任何膨胀剂的修复方法出现了严重的限制收缩开裂。最严重的裂缝出现在使用 28d 抗压强度为 79MPa 的高性能混凝土（HPC）进行的修补中（Gagné 等，2008）。掺加了膨胀剂的四种修复面板在两年半之后没有任何开裂。这些结果证实，在养护过程中，内部膨胀能够消除由于干燥而产生的限制收缩开裂（Gagné 等，2008）。

22.7　结论

膨胀剂可用来减少混凝土收缩。目前使用的膨胀材料有两种，一种是硫铝酸钙基膨胀剂，另一种是氧化钙基膨胀剂。一些商业配方是将这两种膨胀剂复合使用。由于这些膨胀剂的用量通常很小，所以可在一定量的硅酸盐水泥中进行稀释，以减轻用量误差的影响。在使用膨胀剂时，适当的水养护非常重要，以确保为膨胀剂提供必要的水分从而获得所需的膨胀。膨胀率的大小不仅取决于膨胀剂的用量，还取决于温度和水养护的条件。

膨胀剂在混凝土水养护环境良好且温度适宜的情况下使用是非常简单且有效的。

R. Gagné

Université de Sherbrooke，QC，Canada

参考文献

ACI, 2010. Guide to Design of Slabs-on-Ground. ACI Committee 360R-10. American Concrete Institute, Farmington Hills, USA.

ACI, 2011. Standard Practice for the Use of Shrinkage-Compensating Concrete. ACI Committee 223—98. American Concrete Institute, Farmington Hills, USA.

Aïssi, M., Gagné, R., Bastien, J., 2014. Étude de l'influence d'un agent d'expansion interne et d'un agent réducteur de retrait sur les variations volumiques libres et restreintes d'un béton. In: Séminaire progrès dans le domaine du béton, ACI — Section du Québec et de l'Est de l'Ontario, Québec, 2—3 décembre, 16 p.

Aïtcin, P.-C., 2016. Entrained air in concrete: Rheology and freezing resistance. In: Aïtcin, P.-C., Flatt, R.J. (Eds.), Science and Technology of Concrete Admixtures. Elsevier (Chapter 6), pp. 87—96.

ASTM Standard C157/C157M, 2014. Standard Test Method for Length Change of Hardened Hydraulic-Cement Mortar and Concrete. ASTM International, West Conshohocken, PA.

ASTM Standard C878/C878M, 2014. Standard Test Method for Restrained Expansion of Shrinkage-Compensating Concrete. ASTM International, West Conshohocken, PA.

Bentur, A., Ish-Shalom, M., 1974. Properties of type K expansive cement of pure components — II proposed mechanism of ettringite formation and expansion in unrestrained paste of pure expansive component. Cement and Concrete Research 4, 709—721.

Bissonnette, B., Perez, F., Blais, S., Gagné, R., 2008. Évaluation des bétons à retrait compensé pour les travaux de réparation. Canadian Journal of Civil Engineering 35 (7), 716—726.

Bissonnette, B., Jolin, M., Gagné, R., Certain, P.-V., Perez, F., 2014. Evaluation of the Robustness of Shrinkage-Compensating Concrete Repair Concretes Prepared with Expansive Components. ACI C223 Special Publication, 17 p.

Collepardi, M., Borsoi, A., Collepardi, S., Ogoumah Olagot, J.J., Troli, R., 2005. Effects of shrinkage reducing admixture in shrinkage compensating concrete under non-wet curing conditions. Cement and Concrete Composites 27, 704—708.

Collepardi, M., Troli, R., Bressan, M., Liberatore, F., Sforza, G., 2008. Crack-free concrete for outside industrial floors in the absence of wet curing and contraction joints. Cement and Concrete Composites 30, 887—891.

Flatt, R.J., 2002. Salt damage in porous materials: how high supersaturations are generated. Journal of Crystal Growth 242, 435—454.

Flatt, R.J., Caruso, F., Aguilar Sanchez, A.M., Scherer, G.W., 2014. Chemomechanics of salt damage in stone. Nature Communications 5 (4823), 1—5.

Flatt, R.J., Scherer, G.W., 2008. Thermodynamics of crystallization stresses in DEF. Cement and Concrete Research 38, 325—336.

Gagné, R., 2016. Shrinkage-reducing admixtures. In: Aïtcin, P.-C., Flatt, R.J. (Eds.), Science and Technology of Concrete Admixtures. Elsevier (Chapter 23), pp. 457—470.

Gagné, R., Bissonnette, B., Morin, R., Thibault, M., 2008. Innovative concrete overlays for bridge-deck rehabilitation in Montréal. In: 2nd International Conference on Concrete Repair, Rehabilitation and Retrofitting, Cape Town, 24—26 November, 6 p.

Ish-Shalom, M., Bentur, A., 1974. Properties of type K expansive cement of pure components — I Hydration of unrestrained paste of expansive component — Results. Cement and Concrete Research 4, 519—532.

Phillips, M.V., Ramey, G.E., Pittman, D.W., 1997. Bridge deck construction using type K cement. Journal of Bridge Engineering 2, 176—182.

Richardson, D., Tung, Y., Tobias, D., Hindi, R., 2014. An experimental study of bridge deck cracking using type K-cement. Construction and Building Materials 52, 366—374.

Scherer, G.W., 1999. Crystalisation in pores, Cement and concrete research 29, 1347—1358.

Taylor, H.F.W., Famy, C., Scrivener, K.L., 2001. Delayed ettringite formation. Cement and Concrete Research 31, 683—693.

23

减缩剂

23.1 引言

最初使用水灰比（w/c）或水胶比（w/b）小于 0.40 的高性能混凝土时，浇筑后未进行任何特殊水养护的情况下，会观察到严重的早期开裂。因此，在没有外部水源的情况下，一旦硅酸盐水泥开始水化，就不可忽视自收缩的快速发展。在使用低 w/c 或 w/b 的混凝土之前，当混凝土的 w/c 或 w/b 大于 0.50 时，自收缩可以忽略不计。

在低于 0.40 的临界值时，w/c 或 w/b 越低，自收缩越快且收缩率越大。高于临界值时，w/c 或 w/b 越高，自收缩率就越可以忽略不计，因为毛细管中多余的水起着外部水源的作用，因此自收缩可忽略。但是 w/c 或 w/b 越高，后期的干燥收缩率越大。

在第 5 章中，说明了粗的或细的饱和轻骨料可用于内部养护，因为饱和轻骨料作为一个小蓄水池，很好地分散在混凝土中（Aïtcin，2016）。通过毛细管效应，化学收缩产生的极细孔隙可将轻骨料较大孔隙中的水排出。因此，弯月面在轻质骨料孔隙内部出现，使水泥浆体不会产生自收缩。但这种水转移效果在实践中并不理想，特别是在 w/c 或 w/b 极低的水泥浆体中。

此外，寻找合适的轻骨料实现内养护并不容易。因此，减缩剂（shrinkage-reducing admixtures，SRA）成为抑制自收缩影响的有效替代方法，且与外部水养护结合使用时效果更好。从第 10 章和第 13 章可以看到，SRA 是一种表面活性剂，可降低脱水孔隙体系中气-水界面的表面张力和孔隙体系中弯月面与孔壁的接触角，从而明显降低由干燥现象和自收缩所产生的拉应力（Marchon 等，2016；Eberhardt 和 Flatt，2016）。

为了减轻自收缩的影响，也可以使用膨胀剂来增加水泥浆体的表观体积，令其等于自收缩自由发展产生的表观体积减小量（见第 22 章；Gagné，2016）。如本章最后一节所述，也可以将这两种技术结合起来，特别是在修复工程中。如第 13 章所述，对于 w/c 或 w/b 高于 0.40 的混凝土，SRA 也可降低其干缩效应（Eberhardt 和 Flatt，2016）。

23.2 用作减缩剂的主要分子

SRA 包括各种表面活性剂，见第 9 章（Gelardi 等，2016）。这些化合物包括：

• 一元醇：具有 OH（羟基）官能团；

- 二元醇：给醇分子中的两个羟基官能团分别与两个相邻碳原子相连；
- 聚氧烷基乙二醇烷基醚：环烷基为疏水端，氧烷基链为亲水端；
- 聚合物表面活性剂；
- 氨基醇。

由于每家外加剂企业都对其 SRA 的组分保密，因此不建议在没有做初步实验研究的情况下，从一种商业产品转换到另一种商业产品。

23.3　典型掺量

为了显著降低 w/c 或 w/b 混凝土的自收缩和高 w/c 或 w/b 混凝土的干缩，必须使用高掺量的 SRA。该掺量通常表示为商品配方对水泥质量的百分比（1%～2%）或混凝土体积比（L/m^3）。表 23.1 给出了在加拿大蒙特利尔掺加或未掺加引气剂（AEA）时用于缓解普通混凝土和高性能混凝土自收缩的一些 SRA 掺量典型值。

表 23.1　引气和无引气普通混凝土和高性能混凝土中 SRA 典型掺量

项目	无引气混凝土		引气混凝土	
抗压强度/MPa	30	60	30	60
水泥用量/(kg/m^3)	300	400	360	450
SRA 掺量/(L/m^3)	6	3	3.6	4.5

注：由 Richard Gagné 教授提供。

例如，当使用 HPC 时，蒙特利尔市规定 SRA 的用量为 6～8L/m^3。如果 HPC 结构表面由于严重自收缩的不可控发展而严重开裂，与潜在修复工作的直接成本以及与交通干扰造成的社会成本相比，每立方米混凝土中添加的 SRA 成本可以忽略不计。

23.4　减缩剂使用的实验室研究

23.4.1　自收缩

23.4.1.1　砂浆

在 w/c 为 0.47 的引气砂浆中测试不同的 SRA。水泥用量为 595kg/m^3，使用振弦式测量仪测量砂浆试样（75mm×75mm×350mm）的自收缩（Apaya，2011）。试样在模具中密封 24h。脱模后，立即将试样密封在两个自黏性铝箔中，采用没有外部水源的养护条件，观察 14d 的自收缩。

图 23.1 中的曲线为对照组砂浆和五种含有不同商品 SRA 的砂浆（采用外加剂企业推荐掺量）的自收缩发展规律，所有 SRA 都不同程度地降低了自收缩。其中，SRA A 和 SRA B 最有效，使用后的初始膨胀量高于另外三种 SRA（75μm/m 和 140μm/m），并部分消除了后来发展起来的自收缩。Sant 等（2011）认为，该膨胀由于改变了氢氧化钙沉淀动力学。SRA B、SRA C 和 SRA D 产生的初始膨胀较低，但 14d 自收缩减小，而 SRA E 对自收缩的发展几乎没有影响。

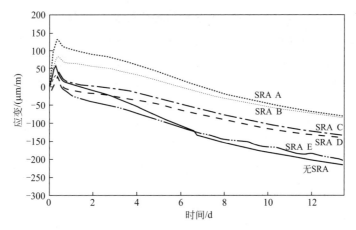

图 23.1　对照组砂浆（无 SRA）和五种含商品 SRA 砂浆
（A、B、C、D 和 E）的自收缩（Apaya，2011）
由 Richard Gagné 教授提供

23.4.1.2　自密实混凝土

图 23.2 显示了商品 SRA 对引气 SCC 试样自收缩的影响规律（Apaya，2011），SRA 掺量为外加剂企业推荐掺量。混凝土的 w/c 为 0.47，水泥用量为 420kg/m³。利用振弦式测量仪测量 14d 内试样（密封试样）的自收缩，并与对照组试样（无 SRA）的自收缩进行比较，发现 SRA 的掺加能显著降低自收缩率。减缩结果源自最初 24h 内的初始膨胀以及后期曲线斜率的减小。

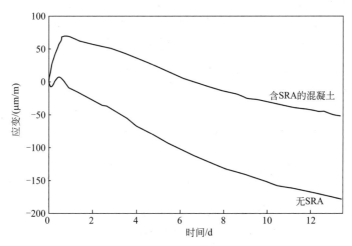

图 23.2　SRA 对自密实引气混凝土自收缩的影响（Apaya，2011）
由 Richard Gagné 教授提供

23.4.2　干燥收缩

23.4.2.1　砂浆

图 23.3 为利用振弦式测量仪所测得的砂浆试样的干缩发展过程（Apaya，2011），试样的 w/c 为 0.47。曲线的起点对应于 14d 密封养护的结束，所有砂浆均为引气砂浆，五

种商品 SRA 均采用生产商推荐掺量，并测试对照组砂浆。因为砂浆试样中水泥含量较高（595kg/m³），300d 后测得的干缩量非常高（800～1300μm/m）。这些曲线表明，在 23℃ 和 50% RH（相对湿度）条件下养护近一年后，所有商品 SRA 均降低了干缩。低效减缩剂（SRA E）可使干燥收缩率降低 6%，而高效减缩剂（SRA B）可使干燥收缩率降低 33%。

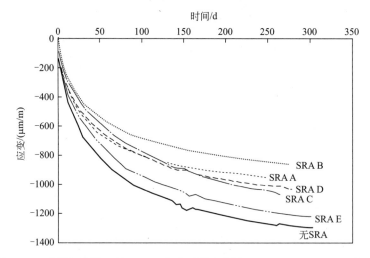

图 23.3　对照组砂浆（无 SRA）和含五种含商品 SRA（A、B、C、D 和 E）

砂浆的干燥收缩率（Apaya，2011）

由 Richard Gagné 教授提供

23.4.2.2　自密实混凝土

图 23.4 为不同商品 SRA 对自密实混凝土（w/b＝0.47，水泥用量为 420kg/m³）干燥收缩的影响。该自密实混凝土在 23℃ 和 50% RH 下干燥 6 个月（Apaya，2011）。6 个月后，掺加 SRA 混凝土的干缩比对照组混凝土低 17%。

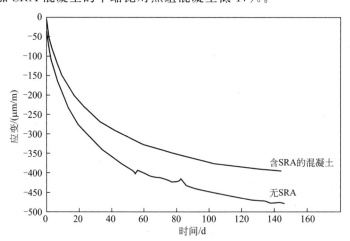

图 23.4　SRA 对自密实引气混凝土干缩的影响（Apaya，2011）

由 Richard Gagné 教授提供

23.4.3　减缩剂与膨胀剂结合使用

SRA 与膨胀剂结合使用时，SRA 的作用是减少干燥收缩，膨胀剂的作用是提供初始膨胀，用于补偿早期自收缩的发展。图 23.5 为抗压强度 25MPa、w/c 为 0.72 的三种混凝土的变形情况。这三种混凝土在 100％相对湿度下养护 7d，然后在 50％相对湿度下养护 240d。

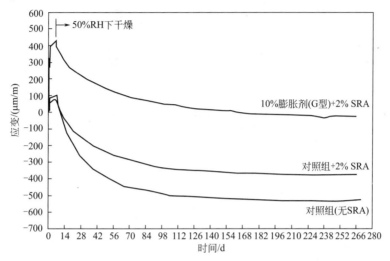

图 23.5　膨胀剂（G 型）和 SRA 对 25MPa 混凝土初始膨胀和干缩的影响
由 Richard Gagné 教授提供

对照混凝土不含任何膨胀剂或 SRA，干燥 270d 后，其总收缩为 380μm/m。使用 2％的 SRA（相对于水泥质量），7d 水养期间初始膨胀略有增加，并且干燥收缩率降低 30％。

G 型膨胀剂（石灰基膨胀剂）掺量为水泥质量的 10％，与 SRA 结合使用可消除最终收缩。在湿养护期间，膨胀剂产生的膨胀补偿了大部分的后期干燥收缩。在初始膨胀后，SRA 降低了干燥收缩，如图 23.5 所示。在前 91d（7～98d），收缩曲线的斜率非常相似，比对照混凝土的曲线更陡。

23.4.4　减缩剂对含气量的影响

作为一种表面活性剂，商品 SRA 对混凝土含气量影响很大。因此，从实际角度来看，当加气混凝土中必须使用 SRA 时，检查 SRA 与 AEA 的相容性非常重要。因为一些外加剂企业针对有加气和无加气混凝土指定了不同的商品 SRA，需仔细阅读 SRA 的技术参数表。此外，这些技术参数表通常会推荐与 SRA 相容的特定 AEA。

图 23.6 给出了使砂浆试样中含气量为 12％～15％时所需的 AEA 掺量（Apaya，2011）。对于对照组砂浆试样，AEA 掺量与胶凝材料比例为 30mL/100kg 时可达到目标。研究发现 SRA A 和 SRA E 对引气剂的掺量没有影响，对于这两种 SRA，AEA 掺量与胶凝材料比例为 30mL/100kg 时的含气量为 12％～15％，效果与对照混凝土相似。对于 SRA B、C 和 D，必须显著增加 AEA 的掺量才能获取相同的含气量。例如，使用 SRA B 时，AEA 掺量需为胶凝材料的 500mL/kg，这是对照砂浆掺量的 15 倍。尽管

AEA 的掺量很高，但初始含气量也仅为 8％，比 12％的目标值低 50％。

SRA-AEA 相互作用似乎与 SRA 的亲水亲油平衡值（HLB）有关。与 HLB 低于 7 的分子相比，HLB 高（＞7）的分子通常对含气量的影响较小，HLB 低于 7 的分子可以与引气过程产生强烈反应（Apaya，2011）。

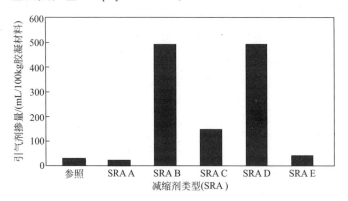

图 23.6　控制含气量为 12％～15％时，掺加不同 SRA 砂浆
试样所需引气剂的掺量（Apaya，2011）
由 Richard Gagné 教授提供

SRA 可能会影响气泡网络的稳定性。图 23.7 给出了水泥与水接触 10min 和 70min 时引气砂浆（w/c＝0.47）中含气量的变化。掺加 SRA E、SRA C 和 SRA D 的样品含气量损失分别为 6％、5％和 3％。掺加 SRA A 和 SRA B 的样品在 10～70min 之间没有含气量损失。上述数据表明，SRA 对特定 AEA 产生的气泡网络稳定性的影响难以预测。因此，若决定在加气混凝土中使用 SRA，建议在现场分批生产前，应使用同一企业的 SRA 和 AEA 并进行一些实验室试验。

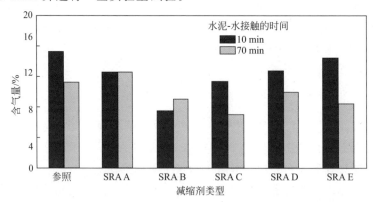

图 23.7　水泥-水接触 10min 和 70min 时 SRA 类型对含气量的影响（Apaya，2011）
由 Richard Gagné 教授提供

23.4.5　抗冻融性

为使掺有 SRA 的混凝土具有良好的冻融耐久性，必须满足与不掺加 SRA 的混凝土相同的配方和浇筑要求（Pigeon 和 Pleau，1995）：

- 选择与暴露条件相适应的 w/b；
- 选用可产生间距系数小于 250mm 气泡网络的 AEA；
- 使用优质骨料；
- 使用不会破坏气泡网络稳定的浇筑技术（运输、泵送、振动等）；
- 使用可产生良好耐久性的养护方法。

在配制掺加 SRA 的混凝土进行冻融循环实验时，无论是否存在除冰盐，SRA 和 AEA 之间可能的相互作用是要检查的要点。重点在于选择相容的 SRA-AEA 组合，并优化 AEA 掺量使其产生的稳定气泡网络中间距系数小于 $250\mu m$。现场经验表明，当满足上述两个要求时，混凝土的冻融耐久性极佳。

Apaya（2011）研究了两种 SCC 混凝土的抗冻融耐久性，一种不掺 SRA，另一种掺加 1% SRA（相对于胶凝材料质量）。所使用的胶凝材料包含 30% 的矿渣，w/b 为 0.42。两种混凝土还含有调黏剂（占拌合水质量的 0.07%）。对照混凝土和 SRA 混凝土的含气量分别为 9% 和 7%（间距系数未测量）。对照混凝土中 AEA 掺量为 60mL/100kg（相对于胶凝材料），含 SRA 混凝土中 AEA 掺量为 20mL/100kg（相对于胶凝材料）。使用以下两个标准程序评估这两种混凝土的耐久性：使用 ASTM C666 标准中的规程 A（ASTM，2015）测量内部抗裂性，根据 ASTM C672（ASTM，2012）测量抗盐剥蚀性。测试结果表明，在经过 300 次冻融循环后，这两种混凝土均成功通过 ASTM C666 测试，内部伸长量增加不到 200mm/m。经过 300 次冻融循环后两种混凝土的耐久性系数均大于 90%。这两种混凝土的抗剥蚀性能极佳，经过 50 次冻融循环后，剥蚀颗粒的质量小于 $0.2kg/m^2$（Apaya，2011）。

Gagné 等（2008）在实验室和现场研究了掺加 SRA 混凝土的耐久性。使用两种掺加 SRA 的混凝土对加拿大蒙特利尔地区桥面薄黏结覆盖层进行修复。这些桥面板严重暴露于除冰盐和频繁的冻融循环中。

第一种混凝土的 w/b 为 0.40，掺有 2% SRA。该混凝土还包含 $4.0kg/m^3$ 的合成结构纤维。由于 PCE 与 AEA 之间的强烈相互作用，总含气量极高（18%）。在混凝土运输过程中，总含气量从搅拌站的 9% 上升到施工现场的 18%。由于含气量较高，因此间距系数非常低（50mm），所有混凝土在水饱和土工织物覆盖下养护 7d。

在实验室中对现场采集的试样进行加速冻融和盐剥蚀测试。测试结果表明，经过 300 次冻融循环后，混凝土具有非常好的抗内部开裂性能，耐久性系数为 102%。除冰盐存在下的耐剥蚀性极佳；50 次循环后，剥蚀颗粒质量仅为 $0.07kg/m^2$，该值远低于魁北克标准规定的最大极限值 0.5%[❶]kg/m^2。暴露 13 年后，该混凝土外墙上未观察到明显的剥蚀。

在加拿大蒙特利尔的另一座桥梁上，掺有 SRA 的二次引气纤维混凝土被用于薄黏结混凝土覆盖层（Gagné 等，2008）。修补材料严重暴露于存在除冰盐冻融循环中。所用的胶凝材料中包含 8% 硅粉，混凝土的 w/b 为 0.39，SRA 掺量为胶凝材料质量的 2%。AEA 产生的含气量为 9%，间距系数为 140mm。为了优化冻融耐久性，使用水饱

---

❶ 该数据可能有误，疑为 0.5。

和土工布覆盖进行 7d 的养护。

对现场采集的试样进行了 ASTM C666 和 ASTM C672 试验。经 300 次循环后的耐久性系数为 100％，剥蚀颗粒质量为 0.07kg/m² （Gagné 等，2008），暴露 10 年后该混凝土板上未观察到明显剥蚀。

23.5 现场应用

Gagné 等 （2008） 通过现场测试，评价了 SRA 在减少薄黏结混凝土覆盖层收缩所致开裂方面的效果。测试项目包括监测加拿大蒙特利尔地区用于修复桥面表面的六种薄黏结覆盖层的开裂情况。这些薄黏结覆盖层的厚度在 75～125mm 之间。这种修补非常容易开裂，因为自收缩和干燥收缩受到底层混凝土表面附着力的强烈限制。为了保护混凝土免于 Cl⁻ 的渗透，最大限度地减少这些修复的开裂是非常重要的。

该修复方案采用了六种类型的纤维增强加气混凝土。其中两种混凝土中掺有 2％ （相对于水泥质量） 的 SRA ，上一节已介绍了这两种 SRA 混凝土的主要配合比设计特点 （Gagné 等，2008）。其他四种未掺加 SRA 的混凝土如下：

- 用 40kg/m³ 钢纤维增强的高性能混凝土 （79MPa）；
- 用 5.2kg/m³ 结构合成纤维增强的普通强度混凝土 （35MPa）；
- 用 40kg/m³ 钢纤维增强的 35MPa 混凝土，并含有 6％的 G 型膨胀剂；
- 用 40kg/m³ 钢纤维增强的 K 型水泥制成的 35MPa 混凝土。

在桥面修复后的 100～135 周内，对服役中产生的开裂行为进行监测。图 23.8 表示裂缝密度随时间的演变。裂缝密度以每平方米表面裂缝的长度表示。高性能混凝土覆盖层的裂缝密度最高。纤维增强的 35MPa 混凝土制成的覆盖层开裂程度略低。使用 6 个月后，两个包含纤维和 SRA 的覆盖层裂缝密度是不使用 SRA 的普通强度混凝土裂缝

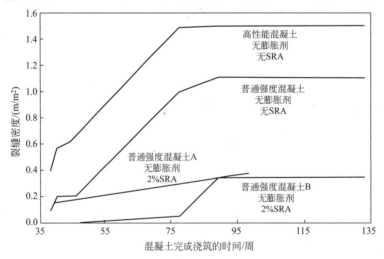

图 23.8　掺加与未掺加 SRA，混凝土薄板中裂缝密度的变化 （Gagné 等，2008）

由 Richard Gagné 教授提供

密度的 1/3，是高性能混凝土裂缝密度的 1/4。含有纤维和膨胀剂的两个覆盖层没有出现任何裂纹。

在全球范围内，大量现场测试表明，使用 SRA（水泥质量的 2％）可显著减少混凝土薄黏结层的开裂。通常，由于高的表面/体积比和由覆盖层与底层混凝土黏结而产生强烈的收缩限制，这种类型的修复非常容易开裂。对于开裂风险非常高的此类应用，使用 SRA 并不能完全消除开裂，但可以大大降低开裂概率，只有使用膨胀剂才能消除薄黏结层的开裂。

23.6　结论

使用 SRA 是解决以下问题的一种简单有效的方法：

- w/c 或 w/b 小于 0.40 的混凝土由于早期自收缩引起的早期开裂；
- w/b 或 w/c 大于 0.40 的混凝土由于严重干燥收缩导致的后期开裂。

SRA 可以单独使用，也可以与膨胀剂结合使用。其掺量远远高于混凝土中其他化学外加剂，除了在 w/c 极低（在 0.30～0.35 之间）的 HPC 中超塑化剂的用量除外。

R. Gagné

Université de Sherbrooke，QC，Canada

参考文献

Aïssi, M., 2015. Étude de l'influence d'un agent d'expansion interne et d'un agent réducteur de retrait sur les variations volumiques libres et restreintes d'un béton (Master's thesis dissertation). University of Sherbrooke, Civil Engineering Department, Canada, 122 p.

Aïtcin, P.-C., 2016. Water and its role on concrete performance. In: Aïtcin, P.-C., Flatt, R.J. (Eds.), Science and Technology of Concrete Admixtures. Elsevier (Chapter 5), pp. 75−86.

Apaya, I., 2011. Retrait endogène et de séchage des BAP à air entraîné contenant divers composés organiques comme anti-retrait (Master's thesis dissertation). University of Sherbrooke, Civil Engineering Department, Canada, 122 p.

ASTM Standard C666/C666M, 2015. Standard Test Method for Resistance of Concrete to Rapid Freezing and Thawing. ASTM International, West Conshohocken, PA.

ASTM Standard C672/C272M, 2012. Standard Test Method for Scaling Resistance of Concrete Surfaces Exposed to Deicing Chemicals. ASTM International, West Conshohocken, PA.

Eberhardt, A.B., Flatt, R.J., 2016. Working mechanisms of shrinkage reducing admixtures. In: Aïtcin, P.-C., Flatt, R.J. (Eds.), Science and Technology of Concrete Admixtures. Elsevier (Chapter 13), pp. 305−320.

Gagné, R., 2016. Expansive agents. In: Aïtcin, P.-C., Flatt, R.J. (Eds.), Science and Technology of Concrete Admixtures. Elsevier (Chapter 22), pp. 441−456.

Gagné, R., Bissonnette, B., Morin, R., Thibault, M., 2008. Innovative concrete overlays for bridge-deck rehabilitation in Montréal. In: 2nd International Conference on Concrete Repair, Rehabilitation and Retrofitting, Cape Town, 24−26 November, 6 p.

Gelardi, G., Mantellato, S., Marchon, D., Palacios, M., Eberhardt, A.B., Flatt, R.J., 2016. Chemistry of chemical admixtures. In: Aïtcin, P.-C., Flatt, R.J. (Eds.), Science and Technology of Concrete Admixtures. Elsevier (Chapter 9), pp. 149−218.

Marchon, D., Mantellato, S., Eberhardt, A.B., Flatt, R.J., 2016. Adsorption of chemical admixtures. In: Aïtcin, P.-C., Flatt, R.J. (Eds.), Science and Technology of Concrete Admixtures. Elsevier (Chapter 10), pp. 219−256.

Pigeon, M., Pleau, R., 1995. Durability of Concrete in Cold Climates. In: Modern Concrete Technology, vol. 4. E. & F.N. Spon, London, 244 p.

Sant, G., Lothenbach, B., Julliand, P., Le Saout, G., Weiss, J., Scrivener, K., 2011. The origin of early age expansion induced in cementitious materials containing shrinkage reducing admixtures. Cement and Concrete Research 41 (3), 218−229.

24

阻锈剂

24.1 引言

事实证明,根据 AASHTO T-277(快速测定混凝土的氯离子渗透性的测试)或与其等效的 ASTM C1202(混凝土抗氯离子渗透能力的电指示试验方法)测试混凝土时发现,目前还不知如何使混凝土完全不受氯离子的影响。Gagné 等(1993)研究表明,水灰比和混凝土保护层厚度是导致钢筋被氯离子锈蚀后最先出现裂缝的两个最重要的因素。Lévy(1992)的研究表明,用于建造法国乔尼桥的 60MPa 混凝土比普通的 40MPa 混凝土具有更好的抗碳化性能。

正如钢筋锈蚀机理(见第 14 章)所指出的,延缓混凝土中侵蚀发展的最有效方法是用养护良好的低水灰比混凝土保护一级钢筋(Elsener 和 Angst,2016)。在混凝土中添加阻锈剂能提供额外的安全系数,可推迟发生锈蚀的时间并显著降低锈蚀速率。

只要毛细孔中孔溶液的 pH 值保持大于 11,用于钢筋混凝土的钢筋就不会生锈。通常,在混凝土中,由于 C_3S 和 C_2S 水化过程中形成的 $Ca(OH)_2$ 晶体溶解,混凝土孔溶液的 pH 值保持在 $12\sim12.5$ 之间。在 pH 如此高的溶液中,钢筋表面被一层氧化亚铁(FeO)钝化膜覆盖,从而阻止了钢筋的氧化。但是,一旦孔溶液的 pH 值低于 11,该保护层就会破坏氧气的存在,钢筋开始锈蚀并生锈。

钢筋锈蚀后会导致体积大幅度增加,从而产生足够大的内应力,使钢筋上的混凝土保护层破裂。混凝土保护层剥落后,钢筋与氧气和水直接接触,因此如果不立即采取措施阻止破坏过程,钢筋的锈蚀就会迅速发展,并可能导致钢筋消失。

以下两个外部因素可能会导致孔溶液的 pH 值降低至临界值 11 以下:

- 由于 CO_2 在混凝土中的渗透,混凝土中的熟石灰碳化

- 氯离子的渗透

当混凝土的微观结构非常致密时,不利于存在于孔溶液中的各种离子的运动。因此,使用低水灰比(w/c)或水胶比(w/b)的混凝土是防止钢筋锈蚀的良好预防措施。但是,在使用这种混凝土时,必须确保混凝土保护层没有开裂。通过对混凝土外表面进行良好的外部水养护可以达到此要求。

24.2 氯离子对钢筋的影响

当氯离子接触钢筋时，会降低与钢筋接触的孔溶液的 pH 值，从而破坏覆盖钢筋的 FeO 钝化膜，导致钢筋开始锈蚀。破坏这种钝化膜所需的氯离子量与孔溶液初始 pH 有函数关系。氯离子浓度不必很高就可以破坏初始 FeO 钝化膜。这解释了在美国和加拿大北部的桥面甲板和多层停车库使用除冰盐造成的严重损坏，如图 24.1(b) 所示。

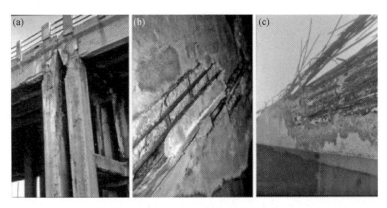

图 24.1 氯离子侵蚀钢筋混凝土和预应力梁的示例
(a) 由于从上桥板流下的除冰盐排放不畅，混凝土受到侵蚀；(b) 由于氯离子从停放的汽车上滴落到停车场，导致室内停车场的钢筋锈蚀；(c) 氯离子对预应力梁的侵蚀

当氯离子开始渗透到经受冻融循环的混凝土中时，它们不仅会锈蚀钢筋，而且还会侵蚀硬化水泥浆。为了尽可能保护混凝土免受氯离子的破坏，加拿大标准建议使用气泡间距系数小于 $240\mu m$ 的低 w/c 加气混凝土。但加拿大的经验表明，即使在 w/c 和气泡间距系数都较低的情况下，仍需在桥面板或停车场内部地板上浇筑一层防渗膜，以确保氯离子不会渗入混凝土中。当混凝土表面暴露于除冰盐中且不存在任何磨损风险时，则可以在混凝土表面上涂覆一层薄薄的丙烯酸涂料疏水层，以防止氯离子渗透。

对于预应力混凝土和后张预应力混凝土（钢筋混凝土），氯离子的影响可能是灾难性的。由于钢筋处于拉紧状态，加速了钢筋的锈蚀。因此，在预应力混凝土和后张预应力混凝土中禁止使用氯化钙。

在核电厂中，某些规格混凝土甚至禁止使用聚萘磺酸钠盐。用于中和磺酸的碳酸钠通常是从海水中制备所得，因此其中可能含有微量的氯离子。在这种情况下，规定可以使用通过石灰中和磺酸后的聚磺酸萘钙盐。中和磺酸和生产这种钙盐需要较长的时间，因为采用石灰时的中和反应速率比采用碳酸钠时的慢。此外，在中和后必须增加过滤程序以消除未反应的石灰。因此，从氯离子的观点来看，使用钙盐成本较高但更安全。

24.3 加强钢筋的防腐保护

钢筋的锈蚀不可能完全消除，只可能提高防锈蚀水平。可以使用三种不同的技术：
- 采用低水灰比或水胶比混凝土
- 对钢筋阴极保护
- 在混凝土配料过程中掺入阻锈剂

24.3.1 采用低水灰比或水胶比混凝土

当混凝土的微观结构非常致密且不利于孔溶液中各种离子的运动时，所有预防措施的实施效果会更好。因此，使用具有低 w/c 或 w/b 的高性能混凝土是防止钢筋锈蚀的良好预防措施。但是，在使用高性能混凝土时，必须确保钢筋上的混凝土保护层不会破裂。这可以通过对混凝土外表面进行良好的外部水养护来实现。

24.3.2 阴极保护

通过锌或镉外部牺牲阳极或施加外加电流系统，可以形成阴极保护从而避免钢筋锈蚀。采用阴极保护后，当发生电化学反应时，钢筋表面会充当阴极，锈蚀的是牺牲阳极的金属，从而保护了钢筋不被锈蚀。因此，仅检查牺牲阳极的锈蚀速率并定期进行更新即可，原因很简单，因为阳极在受保护的混凝土之外。

从理论上讲，这种类型的保护非常新颖且万无一失。但在实际应用中的效果并不理想。为了提供良好的防锈蚀保护，必须增加阴极保护元件的数量、定期检查其运行是否正常，并根据需要更换被牺牲的阳极材料。如果不定期进行此监控（也许是由于参与最初安装阴极保护的人员流动），当阳极没有更换时，钢筋会重新开始锈蚀。因此，现场实测结果往往具有不稳定性。

24.3.3 阻锈剂

为了降低钢筋锈蚀的风险，可以在混凝土配料过程中掺入阻锈剂来提供额外的保护。在实际应用中阻锈剂的掺量通常有限，但可以延缓锈蚀过程的开始。当阻锈剂固定了在氧化过程中所能固定的最大氧气量时，其保护作用会停止。阻锈剂被完全氧化时，钢筋就会重新开始锈蚀。

阻锈剂分为两种：
- 在拌合过程中添加到混凝土中，在水化水泥浆体的天然碱性提供的自然保护之外提供额外保护的化学产品。
- 当混凝土的钢筋开始锈蚀时，在需要保护的混凝土表面涂封的化学产品。

本章仅介绍具有明确化学成分且已进行"严谨"研究的商品外加剂（Berke 和 Weil，1992；Jusnes，2006，2010；Cusson 等，2008；Elsener，2011；østnor 和 Justnes，2011）。

Elsener（2011）对使用一些被认为可以解决锈蚀问题的商业产品的使用提供了以

下建议："从事混凝土防护的工程师和承包商应意识到，以不同商品名销售的维护系统中的专有阻锈剂成分可能会随着时间和地理区域的变化而变化。"

亚硝酸钙是目前在实际应用中使用最广泛的阻锈剂，所以在本章着重讲述亚硝酸钙。

当一些氧离子渗透到混凝土中时，亚硝酸钙与氧气反应，转化为硝酸钙。但是，当拌合过程中添加的所有亚硝酸钙都转化为硝酸钙时，氧离子会继续锈蚀钢筋。因此，在混凝土中添加一些亚硝酸钙仅仅能在防止钢筋锈蚀方面起加强防护作用，而不能提供永久的保护。然而，对于低 w/c 混凝土来说，这种额外保护是非常有效的，因为它已经对混凝土中的氧渗透提供了强大的抵抗力。例如，蒙特利尔市在建造市中心地区的基础设施时，考虑到维修工程复杂、费用昂贵并会造成交通堵塞，所以统一在高性能混凝土中添加了一些亚硝酸钙。

当然，高掺量可提供更长期的额外保护，但这种额外保护始终存在费用限制。例如，自 1992 年以来，蒙特利尔市向市区使用的所有高性能混凝土中添加了 $12L/m^3$ 的亚硝酸钙，以为钢筋提供额外的保护并延长钢筋的钝化时间。在喷射混凝土维修中，亚硝酸钙的用量增加到 $20L/m^3$。在此剂量下，亚硝酸钙也可作为速凝剂。

在维修工程中，必须使用一层约 100mm 的新混凝土来代替已破损的混凝土，在使用含有亚硝酸钙的新混凝土之前，应先在混凝土表面上使用一种迁移防腐剂（单氟磷酸钠）。这种所谓的迁移剂会渗透到混凝土中，并为下方的钢筋提供额外的保护。

24.4　减缓钢筋的锈蚀

24.4.1　环氧涂覆钢筋

将环氧涂层涂覆在钢筋上，这样混凝土永远不会接触到 pH 值较低的孔溶液，从而为钢筋提供最终的防腐保护。如果环氧树脂和钢筋黏合得很紧，这可能是一个很好的解决方案，但事实并非如此。由于环氧树脂不能非常牢固地黏合钢筋和混凝土，所以环氧涂覆钢筋不是一种非常有效的复合材料。在现场环氧涂覆钢筋的处理有时可能非常粗糙，因此环氧涂层可能会剥落，以至于锈蚀过程会在这些没有保护的特定部位开始。在图 24.2 中，可以看到对环氧树脂涂覆钢筋进行粗加工的结果。在那种特殊情况下，现场完全缺乏控制，环氧涂覆钢筋会产生额外成本，是一种浪费。

24.4.2　不锈钢钢筋

一些工程师认为，使用不锈钢钢筋是避免钢筋锈蚀的解决方案。但是，正如一位材料领域的教授在演讲时所说的，"不锈钢只是名义上的不锈钢"。使用不锈钢钢筋避免钢筋腐蚀问题，不仅成本非常昂贵，并且该解决方案不一定是万无一失的。如果将金属嵌件放置在一块具有不同电化学势的不锈钢附近，则会形成原电池，为避免此类原电池的倍增，所有金属嵌件都必须使用相同等级的不锈钢制成。在实际应用中，会由于各种各

图 24.2　环氧涂覆钢筋粗加工的后果示例

由 Daniel Vézina 提供

样的原因将金属嵌件放置在硬化混凝土中，许多人忽略或忘记了这一有关锈蚀的基本知识。

24.4.3　镀锌钢筋

一些建筑师可能会指定使用镀锌钢筋，以避免锈蚀出现，特别是在建筑板上。在这种情况下，锌镀层充当牺牲阳极，可保护钢筋免遭锈蚀。这种保护与镀锌层一样持久。可以使用两种类型的镀锌工艺来保护钢筋：热工艺和冷工艺。热工艺在保护钢筋方面更有效，但也更昂贵。

使用镀锌钢筋时，非常重要的一点是要检查钢筋是否有一层白色覆盖薄膜，称为"白锈"。这种白锈是氧化锌薄膜，它是一种非常强的混凝土阻锈剂（请参阅 18.6.1 节中有关这种情况后果的案例研究）。

24.5　消除钢筋锈蚀

即便实施了所有保护技术，也很难确保钢筋不会锈蚀，因此，完全消除钢筋锈蚀问题的唯一方法是去除钢筋并用玻璃纤维增强聚合物（glass fiber reinforced polymer，GFRP）[1] 代替。当然，这些 GFRP 比普通的钢筋贵，但它们消除了锈蚀问题。

目前在北美，几乎每天都有一座桥在使用 GFRP 进行建造（Mohamed 和 Benmokrane，2012）。使用这种新型 GFRP 的第一个建筑建于 2007 年（Benmokrane 等，2007），目前仍处于良好状态。GFRP 还可以用于暴露于氯离子渗透的特殊建筑中（Mohamed 和 Benmokrane，2014）。GFRP 的使用示例如图 24.3～图 24.5 所示。

---

[1] 原著中此处表述为 glass fiber reinforcing bar polymer，实际应为 glass fiber reinforced polymer 或 glass fiber reinforced plastic。——译者注

图 24.3　GFRP 在桥梁甲板上的使用

由 Daniel Vezina 和 Brahim Benmokrane 提供

图 24.4　在内部停车场中使用 GFRP

图片由 Brahim Benmokrane 提供

图 24.5　在不断强化的路面中使用 GFRP

图片由 Brahim Benmokrane 提供

24.6 结论

只要钢筋混凝土内部孔溶液的 pH 值大于 11，就可以通过钝化氧化亚铁薄膜来保护钢筋不受锈蚀。混凝土刚刚浇筑后，由于 C_3S 和 C_2S 的水化反应释放了 $20\%\sim30\%$ 的可溶性熟石灰晶体（氢氧化钙），所以能保持如此高的 pH 值。但是，一旦氢氧化钙碳化，pH 值降至 11 以下，氧化亚铁的钝化膜就会被破坏，钢筋开始生锈。氯离子也可以破坏该钝化膜。

由于目前将辅助性胶凝材料与硅酸盐水泥熟料共混以降低水泥的碳排放量，因此孔溶液 pH 值的降低是一个令人担忧的问题。当这些辅助性胶凝材料开始反应时，它们将一些熟石灰转化为次级 C-S-H，从而减少了可进入孔溶液中使 pH 值保持在 11 以上的熟石灰的量。

低 w/b 混凝土的使用显著降低了二氧化碳、氧和氯离子在混凝土中的渗透。这些混凝土的微观结构很致密，所以其渗透性非常差。但是，当使用低 w/c 或 w/b 混凝土不能充分降低钢筋锈蚀的风险时，可以在混凝土的拌合过程中掺加阻锈剂。通常使用亚硝酸钙作为阻锈剂。亚硝酸钙与渗透到混凝土中的氧离子反应转化为硝酸钙。但是，当所有亚硝酸钙都转化为硝酸钙时，就无法再保护钢筋。

有时也使用阴极保护来防止钢筋生锈。但是，根据笔者的现场经验，该方法的防腐效果并不理想。

确保混凝土中的钢筋不生锈的最佳方法是使用 GFRP。

P. -C. Aïtcin

Université de Sherbrooke，QC，Canada

参考文献

Benmokrane, B., El-Salakawy, E., El-Gamal, S.E., Sylvain, G., September/October 2007. Construction and testing of Canada's first concrete bridge deck totally reinforced with glass FRP bars: Val-Alain bridge on HW 20 east. ASCE, Journal of Bridge Engineering 12 (5), 632−645.

Berke, N.S., Weil, T.G., 1992. World-Wide Review of Corrosion Inhibitors in Concrete, Advance in Concrete Technology. ACI SP. CANMET, Ottawa, pp. 899−924.

Cusson, D., Qian, S., Chagnon, N., Baldock, B., January 2008. Corrosion inhibiting systems for durable concrete bridges. Five-years field performance evaluation. Journal of Materials in Civil Engineering, ASCE 20, 20−28.

Elsener, B., 2011. Corrosion inhibitors − uan update on on-going discussion. In: 3 Länder Korrosionstagung "Möglichkeiten des Korrosionsschutzes in Beton" 5./6. Mai Wien GfKorr Frankfurt am Main, pp. 30−41.

Elsener, B., Angst, U., 2016. Corrosion inhibitors for reinforced concrete. In: Aïtcin, P.-C., Flatt, R.J. (Eds.), Science and Technology of Concrete Admixtures. Elsevier (Chapter 14), pp. 321−340.

Gagné, R., Aïtcin, P.-C., Lamothe, P., 1993. Chloride ion permeability of different concretes. In: The Proceedings of the Conference on Durability of Building Materials and Components, E and FN Spon Editor, Omya, Japan, vol. 2, pp. 117−130.

Justnes, H., 2006. Corrosion Inhibitors for Reinforced Concrete. ACI SP234-4, pp. 53−70.

Justnes, H., 2010. Calcium nitrate as multifunctional concrete admixture. Alite Inform − International Analytical Review on Concrete, Cement and Dry Admixtures. ISSN: 0010-5317 16 (4−5), 38−45.

Lévy, c., 1992. Accelerated carbonation: comparison between the Joigny Bridge high performance concrete and ordinary concrete in High Performance Concrete edited by Yves Malier, E and FN Spon, London, pp. 305−311.

Mohamed, H., Benmokrane, B., 2012. Recent Field Applications of FRP Composite Reinforcing Bars in Civil Engineering Infrastructures. In: Proceedings of the 6th International Conference on Composites in Civil, Offshore and Mining Infrastructures (ACUN-6), Melbourne, Australia, November 14−16, 6 pp.

Mohamed, H.M., Benmokrane, B., 2014. Design and performance of reinforced concrete water chlorination tank totally reinforced with GFRP bars. ASCE Journal of Composites for Construction 18 (1), 05013001-1−0501301-11.

Østnor, T.A., Justnes, H., 2011. Anodic corrosion inhibitors against chloride induced corrosion of concrete rebars. Advances in Applied Ceramics 110 (3), 131−136.

25
养护剂

25.1　引言

本章是本书中最短的一章，这并不意味着它不重要。事实上，现在使用水灰比（w/c）低于 0.42 的混凝土越来越多，因此有必要根据混凝土的 w/c 来规定现场养护的方法。

过去，通常的做法是混凝土完工后立即在其表面覆盖不透水的养护膜，以防止混凝土中的水分蒸发。当混凝土表面暴露在干燥或大风条件下，立即使用这种养护膜可减缓塑性收缩的发展，只要膜完好无损，也会减缓干燥收缩的发展。此外，当采用水化速度比硅酸盐水泥慢的复合水泥配制混凝土时，这种养护膜可将复合水泥中胶凝材料水化所需要的所有水保持在混凝土内部。

25.2　根据水灰比养护混凝土

在第 1 章和第 5 章（Aïtcin，2016a，b）中已指出，w/c 高于 0.42 的混凝土产生的自收缩非常有限（w/c 越高，其自收缩越少）。但是，对于 w/c 低于 0.42 的混凝土，情况并非如此（w/c 越低，自收缩的发展越迅速、显著）。自收缩是硬化水泥浆由于体积收缩（化学收缩）而在其气孔体系中出现弯月面引起的。这种化学收缩产生的非常细小的孔隙排出粗毛细孔中所含的水，使弯月面出现在多孔系统中。随着这些弯月面的尺寸减小，所产生的拉伸应力增大，因此混凝土的表观体积可能会显著减小，从而产生所谓的自收缩。

因此，从理论上讲，很容易消除自收缩。只需向水泥浆体提供一些外部水，以填充其化学收缩产生的孔隙。如果硬化水泥浆不含任何弯月面，则不会产生收缩。可以使用两种技术向水泥浆提供外部水：

- 使用外部水源养护混凝土（外养护）
- 使用内部水源养护混凝土（内养护）

在后一种情况下，水的来源是混凝土内部而不是水泥浆外部。例如，饱和轻骨料可用于替代一定体积的骨料，以便这些骨料中的水可通过由化学收缩而产生的非常细的孔隙排出，而不是存在于水泥浆小毛细孔中的水排出。因此，如果硬化水泥浆内没有出现弯月面，则不会收缩。在饱和轻骨料中的水开始排出之前，大毛细孔中可能会形成一些弯月面，但它们产生的拉应力非常弱，不会使混凝土表观体积显著地收缩。

分析这两种解决方案。经验表明，当使用外部水源养护低 w/c 的混凝土时，因为混凝土的抗渗性，外部水渗透到混凝土内部的深度不会超过 50mm。但是必须指出的是，从耐久性的角度来看，外养护仅限于混凝土保护层（即覆盖一级钢筋），可以增强水泥浆在这一非常重要的部分中的水化作用。

就内养护而言，理论上，当对混凝土进行内部养护时，无需提供任何外部水养护。但是，笔者建议，在可能的情况下，最好提供外部水养护以增强混凝土保护层。从耐久性的角度来看，这是一种非常安全且成本低的解决方案。

因此，设计人员根据他们使用混凝土的 w/c 选择合适的混凝土养护方法至关重要。

25.3　水灰比大于规定临界值 0.42 的混凝土养护

w/c 大于 0.42 的混凝土由硅酸盐水泥或复合水泥制成，必须专门用养护膜养护。当混凝土在干燥且风力适度的条件下浇筑时，覆盖在完工混凝土表面的泌水通常会保护混凝土免受塑性收缩的影响，从而保证有足够长的时间按照外加剂公司推荐的用量（L/m^2）涂覆养护膜。只有当空气特别干燥或大风时，才建议雾化以后再使用养护膜。

外加剂公司出售两种养护剂：一种是着色养护剂，另一种是透明养护剂。只要有可能，最好使用着色养护剂，以便有效辨识混凝土表面是否得到了有效保护。

养护剂本质上是石蜡乳液。当支撑养护剂的水蒸发时，石蜡颗粒聚结形成防渗薄膜，从而防止混凝土中的水分蒸发。在地板应用的特殊情况下，如果地板必须涂漆或要进行表面处理，则可以使用丙烯酸树脂作为养护膜。

可以使用 ASTM C309（*Standard Specification for Liquid Membrane Forming Compounds for Curing Concrete*）和 ASTM C1315（*Standard Specification for Liquid Membrane Forming Compounds Having Special Properties for Curing and Sealing Concrete*）来评估养护膜的抗渗性：测量放置在相对湿度为 50%、温度为 21℃ 的干燥环境中的涂覆有养护剂的混凝土试样的重量损失。

当混凝土表面已涂覆养护膜时，直接对其进行水养护是没有用的，由于存在这种不透水的膜，所以外部水不会渗透到混凝土中。

25.4　水灰比小于规定临界值 0.42 的混凝土养护

如前所述，快速的自收缩可能导致混凝土表面产生严重的早期开裂，为了尽可能避免自收缩的迅速发展，以外部或内部养护的形式向水泥浆中提供一些养护水是非常重要的。

25.4.1　外养护

在这种情况下，避免在混凝土表面喷涂养护剂非常重要，因为低水灰比的混凝土很少或几乎不泌水。为了避免塑性收缩的发展，必须尽快在混凝土表面涂上防蒸发剂。防蒸发剂是乳化脂肪醇，如正十六醇（也称为十六醇），它在混凝土表面形成一层单分子膜，防止混凝土中的水蒸发。外加剂公司提供的产品剂量范围（L/m^2）可为混凝土表面提供足够保护。

随后，当混凝土表面足够坚硬，能够直接水养护而不会有损坏表面的风险时（通常在 24h 后），这种单分子的防蒸发剂膜被第一次浇在混凝土表面的水冲刷掉。在北美，防蒸发剂目前也用于夏季，以减少家庭和公共游泳池中水的蒸发。

水养护可采用两层质量超过 $300g/m^2$ 的饱和土工布，而不是粗麻布。与较厚的一层土工布相比，操作两层浸透的薄层土工布更容易。粗麻布储存的水不多，在干燥和多风的环境下，必须经常重新注水饱和。直接外部水养护 7d 后，可使用养护膜，尤其是使用复合水泥配制混凝土时。

我们需要注意：用于养护混凝土的水的温度不能太低，因为它会在混凝土表面引起温差，从而导致混凝土表面开裂。这尤其适用于在树林中建造混凝土桥梁且承包商使用河水来养护混凝土的情况。如果水非常凉，则必须先将其加热到接近应养护的混凝土的温度，然后再进行养护。

25.4.2 内养护

例如，如果在混凝土拌合过程中向引入了一些饱和轻骨料，以便为水泥浆提供足够的额外水来避免其自收缩，则可以直接在混凝土表面涂覆养护剂，来避免塑性收缩和自收缩的发展。尽管从理论上不需要像一种情况那样为混凝土提供外部水养护，但笔者还是更倾向于先使用防蒸发剂，然后再进行 3d 外养护以加固混凝土保护层，最后使用养护膜，以防止干燥收缩。

25.4.3 养护混凝土柱

许多人认为没有必要对混凝土柱进行水养护处理。笔者从未见过任何开裂的混凝土柱，但为了加强混凝土保护层，提高该柱关键部位的耐久性，笔者倾向于水养护至少 3d。

25.5 在现场实施适当的养护措施

为了在现场执行此类养护，有必要做到以下几点：
- 编写明确的规范，告诉承包商该做什么、何时做以及如何做。
- 每个项目分别向承包商付款，以便使养护混凝土成为一项有盈利的工作。
- 雇用检查员，以检查承包商是否在按照要求做。

25.6 结论

养护是提高混凝土结构寿命的一项非常重要的措施，因为开裂的混凝土只能在裂缝与裂缝之间进行防渗。现在，低 w/c 混凝土越来越多被用于建造更具可持续性的建筑，根据其 w/c 来养护混凝土非常重要。

高 w/c 混凝土（w/c＞0.42）必须尽快用养护膜保护，因为它们不会发生明显的自收缩。此外，其所含的水足以水化所有水泥颗粒和辅助凝胶材料。

低 w/c 混凝土（w/c<0.42）必须进行一定程度的水养护，以避免出现自收缩，它可能导致其表面早期开裂。这种水养护可以是饱和轻骨料形式的内养护，也可以是直接使用外部水的外养护。在后一种情况下，完成混凝土表面处理后，必须在混凝土表面涂上一层防蒸发剂，以避免塑性收缩的发展。有时在非常干燥和多风的条件下，绝对有必要对其表面进行雾化处理（图 5.3）。然后，混凝土表面足够坚硬时，必须开始外部水养护。重要的是要意识到这种外部水养护仅在混凝土表面的前 50mm 才有效。但是，从耐久性的角度来看，提高混凝土保护层的抗渗性非常重要。

为了对低 w/c 混凝土实施充分的水养护，只需要专门向承包商支付费用，并由检查员检查是否正确养护。

P. -C. Aïtcin

Université de Sherbrooke，QC，Canada

参考文献

Aïtcin, P.-C., 2016a. The importance of the water—cement and water—binder ratios. In: Aïtcin, P.-C., Flatt, R.J. (Eds.), Science and Technology of Concrete Admixtures. Elsevier (Chapter 1), pp. 3—14.

Aïtcin, P.-C., 2016b. Water and its role on concrete performance. In: Aïtcin, P.-C., Flatt, R.J. (Eds.), Science and Technology of Concrete Admixtures. Elsevier (Chapter 5), pp. 75—86.

Science and
Technology
of Concrete
Admixtures

26
自密实混凝土

26.1 引言

根据 ACI 237 委员会的一份报告（ACI 237 2007），自密实混凝土（self-consolidating conerete，SCC）是一种高流动性、不离析的混凝土，可以在无任何机械辅助的情况下自流平、填充模板和包裹钢筋。在文献中，这类混凝土也被称为自流平混凝土、免振混凝土或自浇筑混凝土。本章采用 ACI 237 委员会建议的"自密实"这一表述。

自密实混凝土于 20 世纪 80 年代初在日本开发（Tanaka 等，1993；Hayakawa 等，1995；Miura 等，1998；Okamura 和 Ozawa，1994，1995），目的是降低与混凝土浇筑相关的劳动力成本，并提高混凝土的表面质量。在日本，人工成本高，混凝土浇筑方面的节约弥补了 SCC 生产过程中产生的额外成本。很快 SCC 的应用迅速推广到世界各地（Khayat 和 Feys，2010 年）。

在北美，SCC 目前应用于预制混凝土厂中，可免去机械密实并消除普通混凝土浇筑相关的噪声。预制混凝土也可能出现表面缺陷（如蜂窝），这会在进行表面修复时产生额外的人工成本（Yahia 等，2011 年）。此外，SCC 的使用消除了振捣工序，确保了适当的密实性，进而节省设备的购买和维护费用（ACI 237，2007），延长钢模寿命，提高施工效率。SCC 已成为预制混凝土和建筑中一种极具吸引力的解决方案，因其具有众多优势，在预拌工业中逐渐得到普及。事实上，SCC 的应用可使混凝土在浇筑后发展出所需的机械性能，而不依赖于施工人员的振捣技能（ACI 237，2007）。此外，SCC 的无噪声施工特点使其在下午 5 点后存在噪声限制的城市中施工时，可以灵活地安排工作时间。

此外，我们强调 SCC 必须具有良好的流变性，特别是要有足够低的屈服应力。这在模板填充中起重要作用（Roussel，2012），意味着一个必要但不不充分的标准：还必须考虑骨料在特定钢筋中的通过能力。例如，最近的研究表明，使用统计模型可以有效地给出适当的骨料粒径分布（Roussel 等，2009）。如果选择了合适的骨料粒径和体积分数，数值模拟（或简单流场的解析体）可以根据流变参数（如屈服应力），预测填充形式（Thrane，2012）。在接下来的内容中，我们将利用这些基本原则对配方问题进行概述。讨论严格遵循了应用的配合比设计标准和指南，以便与实践更直接地联系起来。

26.2 自密实混凝土配比

对于被视为自密实的材料，通常需要满足三个性能要求，即：填充性、间隙通过性和抗离析性（ACI 237，2007）。必须调整 SCC 配合比，以确保砂浆基体具有适当的屈服应力，以改善其流变性，同时保持足够的黏度，以确保抗离析性、良好的间隙通过能力以及适当的浇筑。超塑化剂可提供流动性，而调黏剂（VMA）可用于增强 SCC 抗离析的稳定性。这些外加剂的化学结构和作用机理的概述详见第 9、11、16 和 20 章（Gelardi 等，2016；Gelardi 和 Flatt，2016；Nkinamubanzi 等，2016；Palacios 和 Flatt 等，2016）。

为了设计满足性能要求的功能性 SCC，包括间隙通过性、填充性和良好的抗离析性（静态和动态），需要调整混凝土配方。如第 7 章所述（Yahia 等，2016）第一种解决方法是从砂子和骨料入手这些措施包括。

- 将粗骨料的最大粒径减小到 14mm，或者最小达到 10mm。
- 把常规配方 60%粗骨料和 40%砂，改为 50%和 50%，或者在承重钢筋非常拥挤的情况下，甚至会更低，在某些情况下需将粗骨料的比例降低至 40%且最大粒径降低到 10mm。

第二种解决方法与浆料的组成有关。详见第 7 章流变学部分（Yahia 等，2016）。这里只强调高效 SCC 混合料实用配方中最重要的部分。这些调整设计最重要的是要关注使用细材料的量，以使其能制备出具有良好间隙通过性、填充性的稳定 SCC。当浆料体积增加时，砂和粗骨料的间距会显著增大（Roussel 等，2009）。然而，这种浆体必须具有足够的性能，所以其比例也必须改变。该步骤的主要目的是优化粒度级配，确保拥有更大的堆积密度。实现该目标的第一种方法，增加粉体体积减小游离水含量，并提高混合物的黏结性，从而提高 SCC 的稳定性。粉体包括水泥、粉煤灰、磨细高炉矿渣、石灰石粉、硅粉以及破碎后粒径小于 0.125mm（100 号筛）的材料和其他非胶凝性填料（ACI 237，2007）。第二种方法，当粉体含量较低时，VMA 可用于增加 SCC 的黏度，同时也能改善稳定性，即提高了混合物适应拌合水变化的耐受性（关于 VMA 的更多信息请参阅第 18 章）。

当然，可以将这两种方法结合起来，在使用适量的填充料和 VMA 的情况下开发 SCC。具体选择取决于填料和 VMA 的相容性和相对成本，以及配料厂可用的设施和配置 SCC 所需材料的稳定性。

目前配制 SCC 采用了三种基本配合比：
- 高粉体含量和高掺量减水剂（HRWRA）
- 低粉体含量，HRWRA 和 VMA
- 中等粉体含量，HRWRA 和 VMA（稳定性可以通过调整骨料粒径，降低含水量或使用 VMA 来控制）（ACI 237，2007）

第一种方法主要基于增加粉体含量（粉体类型）。第二种方法是降低粉体含量，并加入适量的 VMA，而第三种方法是掺入高剂量的 VMA。第一种和第二种方法最初主要在日本和亚洲使用，第三种在北美使用。表 26.1～表 26.3 显示了日本、欧洲及北美使用的 SCC 配合比设计。

表 26.1　日本使用的典型 SCC 配合比（Ouchi 等，2003）　　单位：kg/m^3

组分	J-粉体型	J-组合型	VMA 型
水	175	165	165
水泥	530[①]	298	220
粉煤灰	70	206	—
磨细高炉矿渣	—	—	220
胶凝材料	600	504	440
砂	750	700	870
粗骨料	790	870	825
VMA	无	有（少量）	有（适量）
坍落度流动	调节 HRWR 的掺量达到目标坍落度		

① 使用低热水泥。

表 26.2　欧洲使用的典型 SCC 配合比（Ouchi 等，2003）　　单位：kg/m^3

组分	E-粉体型	E-组合型	E-VMA 型
水	190	192	200
水泥	280	330	310
石灰石	265	—	—
粉煤灰	—	—	190
磨细高炉矿渣	—	200	—
胶凝材料	525	530	500
砂	865	870	700
粗骨料	750	750	750
VMA	无	无	有（适量到高掺量）
坍落度流动	调节 HRWR 的掺量达到目标坍落度		

表 26.3　北美使用的典型 SCC 配合比（Ouchi 等，2003）　　单位：kg/m^3

组分	E-粉体型	E-组合型	E-VMA 型
水	174	180	154
水泥	408	357	416
石灰石	—	119	—
粉煤灰	45	—	—
磨细高炉矿渣	—	—	—
胶凝材料	252	476	416
砂	1052	936	1015
粗骨料	161	684	892
VMA	无	无	有（适量）
坍落度流动	调节 HRWR 的掺量达到目标坍落度		

注：1. Japan Society of Civil Engineers；Concrete Library 93，High-fluidity Concrete Construction Guideline，1999.

2. Bernabeu and Laborde，SCC Production System for Civil Engineering，Final Report of Task 8.3，Brite Eu-Ram Contract No. BRPR-CT96-0366.

3. Precast，Prestressed Concrete Institute，Interim Guidelines for the Use of Self-Consolidating Concrete in Pre-cast，Prestressed Concrete Institute Member Plants，TR-6-03.

26.3　品质控制

已提出了几种评估 SCC 的填充性和间隙通过性的测试方法。

基于 ASTM C 1611C 和 1611M 的 SCC 坍落度测量

与常规坍落度测试类似，但不是在移除坍落度圆锥筒时测量混凝土堆的坍落度，而是测量 SCC 的平均水平扩展度（图 26.1）。通常在两个相互成 90°的方向上测量该扩展度。测量值与屈服应力直接相关（Roussel，2012）。

图 26.1　坍落度测量

间隙通过性使用丁形环测量，丁形环由钢筋组成，钢筋安装在标准 ASTMC 143/C 坍落度圆锥筒的底座周围（图 26.2）。进行流动度测试时，向坍落度圆锥筒内装满 SCC 然后再拎起来，最后将混凝土的最终扩展度与上述常规流动试验中获得的结果进行比较。由于骨料尺寸和钢筋间距之间的关系，这项测试有助于确定可能导致的堵塞问题。不过，如果没有这种问题，测试结果也与屈服应力有关。

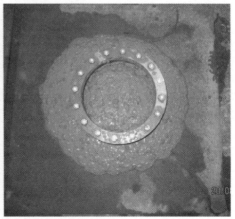

图 26.2　用 J 形环测量间隙通过性

● L 形箱也可用来测量 SCC 的间隙通过性（图 26.3）。L 形箱分为两部分，垂直部分和水平部分，由滑动门隔开。在水平部分放置由三根钢筋组成的障碍物，将垂直部分中剩余 SCC 的高度与水平箱末端的 SCC 高度进行比较。类似于 J 形环的方式，确定了可能由于骨料粒径分布不充分而造成的堵塞问题。如果不存在这个问题，测试结果则再一次与屈服应力有关（Nguyen 等，2006）。然而，这种方法并不是很好，因为水平部分太短。为精确测量屈服应力，最好只使用较长的水平通道——法国路桥中央实验室（the Central Laboratory for Bridges and Roods in France，LCPC）测试箱（Roussel，2007）。

图 26.3　用 L 形箱测量间隙通过性

● SCC 的稳定性通过填充长 610mm、直径 200mm 的柱子来测量（图 26.4）。浇筑后，将 SCC 静置 15min，然后将 SCC 柱分为四个部分，并分别移除。每节部件在 4 号筛（4.75mm）中清洗并称量保留的骨料量。

图 26.4　测量 SCC 静态稳定性

通常通过试拌实验设计 SCC 配方时，第一个目标是获得合适的流动性，然后再进行其他试验，优化微调最终的 SCC 组成。

通常，SCC 的 w/b 介于 0.38 和 0.42 之间。

26.4　新拌性能

26.4.1　塑性收缩

SCC 表面很少甚至不泌水，所以它容易发生塑性收缩开裂，应与低 w/c 或 w/b 常规混凝土一样进行适当养护，如第 5 和 23 章所述（Aïtcin，2016；Gagné，2016）。

26.4.2　泵送

SCC 的一大优势是其泵送性能。在迪拜，近期的高层建筑的先张或后张预应力楼板均采用泵送 SCC 来建造（Clavke，2014）。在孟买，三星公司也正使用泵送 SCC 建造一个 80 层建筑（Worli 项目）。泵送 SCC 时，泵送压力显著降低，含气量保持稳定。即使当泵送管路直径大于 75mm，通常也不需要用浆体灌注管路。

26.5　硬化特性

在北美，SCC 硬化性能根据 ASTM 标准试验方法进行测量。研究发现，与常规混凝土一样，它们本质上是 w/b 的函数。然而，由于 SCC 的粗骨料含量低于常规混凝土，因此在相同 w/b 下，SCC 的弹性模量比常规混凝土低 10%～15%。

由于高浆体含量，SCC 比常规混凝土更容易出现压缩蠕变。

和常规混凝土一样，在有无除冰盐的情况下，SCC 对冻融循环的耐受能力也取决于气泡的间距系数。

26.6　案例研究

26.6.1　日本大阪 Senboku 液化天然气二号接收站

大阪燃气公司正从印度尼西亚、马来西亚、文莱和澳大利亚进口液化天燃气（liquefied natural gas，LNG）以供应大阪和近畿地区的六个县供应城市燃气。起初液化天然气储存在 1971 年 10 月投入使用的一号接收站和 1977 年投入使用的二号接收站。这些钢罐被一堵混凝土墙包围着，判定了一个相当大的安全边界，配备了水幕设施和高膨胀发泡设备，以防发生泄漏。多年来，随着城市燃气消耗量的稳步增加，为满足需求建造了新的钢制储罐；20 世纪 90 年代末，大阪燃气公司建造了更大的 40MPa 混凝土储罐，其液化天然气储存量是美国第一批钢制储罐的 1.3 倍（图 26.5）。

图 26.5　大阪 Senboku 二号接收站，具有 60MPa 的后张预应力混凝土液化天然气储罐
大阪燃气公司提供

　　混凝土储罐的建造非常成功，以至于大阪燃气公司在第一个混凝土储罐试运行后订购了第二个混凝土储罐。但由于天然气消耗量仍在增加可用于建造混凝土储罐的建造空间正在缩小，大阪燃气公司用后预张应力 SCC 建造了一个抗压强度为 60MPa 的混凝土储罐；它能储存的液化天然气比 40MPa 混凝土储罐多 1.3 倍，比最初的钢储罐多出 2 倍（图 26.6）。

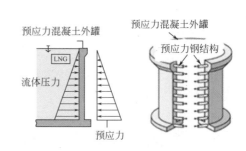

图 26.6　成品 60MPa 后张预应力混凝土罐
大阪燃气公司提供

　　当然，建造一个 60MPa SCC 储罐的成本远远高于建造常规 40MPa 混凝土的成本，但使用 60MPa 的 SCC 有几个显著的竞争优势。

　　• 扩充储存量，其容量是 40MPa 储罐的 1.3 倍。

　　• 将混凝土墙的厚度从 1100mm（40MPa 混凝土）减小到 800mm，因此建造储罐的混凝土体积从 $13000m^3$ 减少到 $9500m^3$，减少了 27%。支撑整个储罐的桩数量从 1353 条减少到 1293 条，下降了 4.4%。

　　• 它将施工时间缩短了 1/3，因为 4.4m 高的 SCC 浇筑层可一次性完成，因此无需振捣来确保混凝土的流动性。

- 因 SCC 无需人工振捣，因此免去了昂贵的人工费用。

在建造第一个 60MPa SCC 储罐时，附近 5～7 个预拌混凝土站连续运行了五个小时，不断地为现场提供了 1000m³ 的 SCC。这种非常短的交付时间免去了给普通工人的额外加班费。

每辆卡车内 SCC 的流动性都需要经过检查，然后通过一套钢管系统，将其倒入六台混凝土泵中，并通过六台混凝土泵灌满整个储罐。混凝土每隔 5m 从管道中排出，因此其顶面几乎是水平的。

该解决方案非常成功，使用 60MPa 的 SCC 建造第二个后张预应力混凝土储罐。

26.6.2　舍布鲁克大学结构实验室反力墙

为增加大学里第一个测试大型结构截面动态响应的结构混凝土实验室设施，需浇筑一个 260m³ 的大型、重型钢筋混凝土反力墙。

2000 多名学生、教授、技术人员和实验室工作秘书从早上 8 点工作到将近午夜（对学生来说），在工作时间内使用常规混凝土建造这堵坚固的墙是不可能的。因为常规混凝土振捣会带来较大的噪声干扰，因此常规混凝土的浇筑时间限制在周日上午 8 点至晚上 10 点，导致建造这三段墙的成本十分昂贵。当地预拌生产商提供了 40 批 SCC 解决了此噪声问题：这三次浇筑在日常工作时间内无声无息地进行，并没收到任何投诉（图 26.7）。

图 26.7　舍布鲁克大学土木工程系建造的两堵墙

当需要在结构实验室的新建筑中建造第二道加固墙时，也采用了相同的解决方案。

26.7　向承包商销售自密实混凝土

笔者的一个朋友在一家大型的预拌混凝土公司的销售部工作，为向承包商推广

SCC 的使用，他制定了以下策略。

- 首先绝不试图在周一早上向承包商出售 SCC，因为得到的回应永远是"谢谢，混凝土太贵了"。

- 等到周五下午，承包商不得不将大型混凝土浇筑推迟到下午 4 点，这意味着他的工人必须工作到晚上七八点。这是向现场工程师和工头建议使用 SCC 的最佳时间，因为这会使他们能在下午 6 点前下班（星期五晚上往往都有重要的足球、橄榄球、曲棍球、足球、篮球或棒球比赛，这会使得销售更加容易）。

这位朋友告诉笔者，在一个星期五下午成功地向一个项目销售了大量的 SCC 后，下个星期一的早上，工头注意到他的工人们工作非常缓慢。他问其中一个工人："你今天早上怎么干得这么慢？"他的回答是："你知道，今天下午晚些时候，我们将不得不再浇筑大量混凝土，所以我们需要保持精力，但如果你用 SCC 代替常规混凝土的话，我们（和你）将会在下午 5 点离开现场而不是七八点。"SCC 的使用改变了混凝土订单，工人们也开始努力工作以便早点离开。

26.8 结论

SCC 的开发是显著提高混凝土作为结构材料竞争力的最新成果之一，因为它显著降低了混凝土浇筑成本。由于 SCC 易于泵送，其在浇筑高层建筑楼板中的使用变得越来越广泛，用多台起重机就可以搬运完成地板所需的所有其他材料。目前，高性能混凝土（high performance concrete，HPC）和 SCC 的结合使用正在取代高层建筑施工中的钢材（Aïtcin 和 Wilson，2015）。

目前在预制工厂中也经常使用 SCC，此类混凝土无需振捣，从而加快了浇筑混凝土的速度。此外，由于模板不再受到强烈的振动影响，从而降低了工厂的噪声水平，延长了模具的使用寿命。

最后，在工作时间内或城市下午 5 点后有噪声限制的情况下进行混凝土浇筑，SCC 的无噪声施工特点便突显出了巨大优势。

SCC 在组分可用性方面的配方十分灵活，足以适应不同的地域条件。在某些情况下，可以使用大量精细材料，此外可以使用 VMA 调节 SCC 的黏度，或使用精细材料和 VMA 的组合来调节 SCC 黏度。

必须在规划过程中从全方位角度来考虑使用 SCC 的总成本，只从材料成本方面考虑是不可取的，这样无法看到其他方面的优势。使用 SCC 需要更严格的品质控制，幸好现在有理论和实践经验可以完全解决这一问题。对于那些能理解 SCC 全部优势并正确实施使用的工程师来说，未来他们将会有很多的机遇可以把握。

A. Yahia，P. -C. Aïtcin

Université de Sherbrooke，QC，Canada

参考文献

Aïtcin, P.-C., 2016. Water and its role on concrete performance. In: Aïtcin, P.-C., Flatt, R.J. (Eds.), Science and Technology of Concrete Admixtures. Elsevier (Chapter 5), pp. 75−86.

ACI 237R-07, 2007. Emerging Technology Series. Self-Consolidating Concrete Reported by ACI Committee 237.

Aïtcin, P.-C., Wilson, W., 2015. The Sky's the Limit, vol. 37. Concrete International. No 1, pp. 53−58.

Clark, G., 2014. Challenges for concrete in tall buildings. Structural Concrete 15 (4), 448−453 (Accepted and published online).

Gagné, R., 2016. Shrinkage-reducing admixtures. In: Aïtcin, P.-C., Flatt, R.J. (Eds.), Science and Technology of Concrete Admixtures. Elsevier (Chapter 23), pp. 457−470.

Gelardi, G., Flatt, R.J., 2016. Working mechanisms of water reducers and superplasticizers. In: Aïtcin, P.-C., Flatt, R.J. (Eds.), Science and Technology of Concrete Admixtures. Elsevier (Chapter 11), pp. 257−278.

Gelardi, G., Mantellato, S., Marchon, D., Palacios, M., Eberhardt, A.B., Flatt, R.J., 2016. Chemistry of chemical admixtures. In: Aïtcin, P.-C., Flatt, R.J. (Eds.), Science and Technology of Concrete Admixtures. Elsevier (Chapter 9), pp. 149−218.

Hayakawa, M., Matsuoka, Y., Yokota, K., 1995. Application of super workable concrete in the construction of 70-story building in Japan. Advances in Concrete Technology, ACI SP-154 381−397.

Khayat, K.H., Feys, D. (Eds.), 2010. Design, Production and Placement of Self-Consolidating Concrete. RILEM Book Series. Springer, London, UK.

Miura, N., Takeda, N., Chikamatsu, R., Sogo, S., 1998. Application of super workable concrete to reinforced concrete structures with difficult construction conditions. High Performance Concrete in Severe Environment, ACI SP-140 163−186.

Nguyen, T.L.H., Roussel, N., Coussot, P., 2006. Correlation between L-box test and rheological parameters of a homogeneous yield stress fluid. Cement and Concrete Research 36 (10), 1789−1796. http://dx.doi.org/10.1016/j.cemconres.2006.05.001.

Nkinamubanzi, P.-C., Mantellato, S., Flatt, R.J., 2016. Superplasticizers in practice. In: Aïtcin, P.-C., Flatt, R.J. (Eds.), Science and Technology of Concrete Admixtures. Elsevier (Chapter 16), pp. 353−378.

Okamura, H., Osawa, K., 1994. Self-compacting Concrete in Japan ACI International Workshop on High Performance Concrete ACI SP-159, pp. 31−44.

Okamura, H., Osawa, K., 1995. Mix Design for Self-compacting Concrete, 26. Concrete Library of JSCE, pp.107−120.

Ouchi, M., Nakamura, S.-A., Osterberg, T., Hallberg, S.-E., Lwin, M., 2003. Applications of self-compacting concrete in Japan, Europe and the United States. In: 5th Internatinnal Symposium, ISHPC? Tokyo-Odaiba, pp. 1−18.

Palacios, M., Flatt, R.J., 2016. Working mechanism of viscosity-modifying admixtures. In: Aïtcin, P.-C., Flatt, R.J. (Eds.), Science and Technology of Concrete Admixtures. Elsevier (Chapter 20), pp 415−432.

Roussel, N., 2007. The LCPC box: a cheap and simple technique for yield stress measurements of SCC. Materials and Structures 40 (9), 889−896. http://dx.doi.org/10.1617/s11527-007-9230-4.

Roussel, N., 2012. From industrial testing to rheological parameters for concrete. In: Roussel, N. (Ed.), Understanding the Rheology of Concrete, Woodhead Publishing Series in Civil and Structural Engineering. Woodhead Publishing, pp. 83−95 (Chapter 4). http://www.sciencedirect.com/science/article/pii/B9780857090287500042.

Roussel, N., Nguyen, T.L.H., Yazoghli, O., Coussot, P., 2009. Passing ability of fresh concrete: a probabilistic approach. Cement and Concrete Research 39 (3), 227−232. http://

dx.doi.org/10.1016/j.cemconres.2008.11.009.

Tanaka, K., Sato, K., Wanatabe, S., Suenaga, K., 1993. Development and utilization of high performance concrete for the construction of the Akashi Kaikyo Bridge. High Performance Concrete in Severe Environment, ACI SP-140 26−31.

Thrane, L.N., 2012. Modelling the flow of self-compacting concrete. In: Roussel, N. (Ed.), Understanding the Rheology of Concrete, Woodhead Publishing Series in Civil and Structural Engineering. Woodhead Publishing, pp. 259−285 (Chapter 10). http://www.sciencedirect.com/science/article/pii/B9780857090287500108.

Yahia, A., Khayat, A.Y., Bizien, G., 2011. Use of self-consolidating concrete to cast large concrete pipes. Canadian Journal of Civil Engineering 38, 1112−1121.

Yahia, A., Mantellato, S., Flatt, R.J., 2016. Concrete rheology: A basis for understanding chemical admixtures. In: Aïtcin, P.-C., Flatt, R.J. (Eds.), Science and Technology of Concrete Admixtures. Elsevier (Chapter 7), pp. 97−128.

27

超高性能混凝土

27.1 引言

超高性能混凝土（ultra high strength concrete，UHSC）是近年来硅酸盐水泥基材料领域最引人注目的发展方向之一。最初，这种由法国 Bouygues 公司的前科研总监 Pierre Richard 研制的新型混凝土被称为活性粉末混凝土（reactive powder concrete，RPC）（Richard 和 Cheyrezy，1994）。Richard 曾为法国军队研究提高军用火箭中颗粒状固体燃料的致密性，在此经验基础上，他研制出 UHSC。他的基本思路是，将优化火箭固体燃料堆积密度时所用的原理应用于混凝土中。事实上，RPC 中不包含任何粗骨料（其最粗颗粒的平均大小为 $200\mu m$），从粒度分布的角度来看，应当称其为砂浆，但是 Richard 为什么还是称这种材料为混凝土呢？

实际上，考虑到标准混凝土中骨料的最粗颗粒尺寸是钢筋的 100 倍，当在这种砂浆中加入非常细的钢纤维以改善其强度和韧性时，这些纤维就和普通钢筋混凝土中的钢筋发挥一样的作用（表 27.1）。

表 27.1　钢筋混凝土和 RPC 的比例系数

	骨料	钢筋	
	ϕ 最大值/mm	ϕ/mm	长度/mm
RPC	0.2	0.2	12
钢筋混凝土	20	20	1200

因此，从力学角度来看，这种纤维增强砂浆在微观尺度上与钢筋混凝土类似。Richard 还使用了活性一词，因为引入到混凝土中的大多数粉末在水化过程结束时已发生反应。最后，活性粉末混凝土的法语缩写为 *Béton de Poudre réactive*（BPR），可以读作 *Béton Pierre Richard*。

为了克服大多数高性能混凝土（high performance concrete，HPC）抗压强度达到 150MPa 时固有的缺陷，Richard 研发了 RPC。当混凝土试样在这样的强度水平下进行抗压测试时，即使是混凝土中最坚固的骨料也会破碎。经证实，尝试减小粗骨料的最大直径并提高其自身强度是很有用的，但这通常非常昂贵，即使在最佳情况下，也很难获得超过 180MPa 的抗压强度（Bache，1981）。那么，为什么不去除粗骨料以制作强度更高的混凝土呢？由于 w/b 很低，即便是最粗颗粒间也不相互接触，这样就可以避免接触点处的应力集中，这是 Richard 在开发 RPC 时的基本想法。

27.2 超高性能混凝土的实现要素

UHSC 的要点如下：

① 由于去除了粗骨料，材料均匀性得以提高。

② 通过优化所使用粉末的粒径分布来提高整体致密性。

③ 消除粗骨料和水泥浆之间的过渡区。

④ 限制砂的用量，以防止硬化水泥浆中的砂粒相互接触。

⑤ 通过特殊热处理改善水化水泥浆体的力学性能，从而改善 UHSC 的微观结构。

⑥ 在可能的情况下，在硬化过程中压缩 UHSC，从而消除夹带的气泡和化学收缩产生的孔隙。

⑦ 通过用 1d 抗压强度的 80％ 的强度压缩 UHSC 来消除由孔隙产生的化学收缩，从而消除第一次自收缩。

下文将简单介绍如何实现这些要点。

27.2.1 增加超高性能混凝土的匀质性

用砂替代粗骨料可以使由力学、热学或化学原因而产生的微裂缝尺寸减小。微裂缝在普通混凝土中的存在与粗骨料有关，这些粗骨料被视为均质基质中的刚性夹杂物。微裂缝尺寸的减小会使抗压强度和抗折强度提高。

然而，调节砂的用量也很重要，以防止基体中作为刚性夹杂物的砂颗粒彼此接触。每个砂粒必须表现得像一个单独的包裹体，而不是密集的骨料骨架的一部分。因此，当发生收缩时，由于不再受骨料骨架的约束，基体可以根据需要自由收缩至所需程度。

使用具有互补粒度分布的粉末和超细硅灰来提高水泥基的堆积密度，可以消除砂粒和浆料之间出现过渡区的情况（图 27.1），最终，减少浆料和砂粒之间的应力传递。

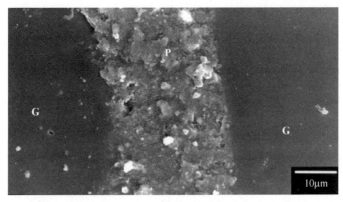

图 27.1 RPC 的微观结构

颗粒状松散，两个水泥颗粒（G）明显被相当大的硬化水泥浆带（P）分开；

骨料和硬化水泥浆之间没有过渡区；硬化水泥浆非常密实。

图片由 Arezki Tagnit-Hamou 提供（Aïtcin，2008）

27.2.2 增加堆积密度

水泥基材料堆积密度的优化可最大限度地减少颗粒间空隙和拌合水量。

表 27.2 列出了典型的 UHSC 的组成，该组成与用于建造舍布鲁克步行自行车道桥的组成相似。

表 27.2 RPC 的典型组成

材料	组成/(kg/m³)
水泥	705
硅灰	230
碎石子	210
砂子	1010
超塑化剂	17
钢纤维	140
水	185
水胶比	0.27

前文已经提到，在可能的情况下，通过压缩新拌的 UHSC 来提高其密实度，从而消除其部分拌合水、大部夹带气泡，甚至在水泥浆体早期硬化过程中发生的化学收缩。

27.2.3 通过热处理改善微观结构

通常在水养护或蒸汽养护中将 UHSC 加热至 70～90℃，养护 2d，以从其所含的粉末中获得最大的强度。但是，为了初始水化完全，这种水养护必须在环境温度下养护 2d 后进行。这种热养护会加速硅灰和氢氧化钙（水泥水化产物之一）之间的火山灰反应。这种特殊的养护可以显著提高抗压强度。

27.2.4 提高超高强度混凝土的韧性

当不使用超细钢纤维来增强时，UHSC 会表现出纯弹性行为，直至在脆性模式下失效。UHSC 的韧性可以通过添加钢纤维来改善，但不是任何一种钢纤维都可以。为了使 UHSC 充当钢筋混凝土，纤维的直径/长度比必须符合前面讨论的比例效应。如图 27.2 所示，掺量为 140kg/m³（按体积计为 1.8%）的 12mm 长纤维具有伪韧性。

图 27.3 是用 SEM 拍摄的照片，显示了钢纤维增强 UHSC 的断裂表面。

UHSC 也可以浇筑在钢管中，这会极大地提高其抗压强度和韧性。当 UHSC 浇筑在直径为 150mm、厚度为 2mm 的不锈钢钢管中时，达到的最大抗压强度为 375MPa（应变大于 1%），类似于在建造舍布鲁克步行自行车道时所使用的 UHSC，如图 27.4 所示。

27.2.5 提高不同粉末的堆积密度

最后，用于制备 UHSC 的各种粉末的粒度分布必须能产生极高的干密度。可以通过使用析因设计或适当的堆积模型反复试验来获得适当的比例（de Larrard 和 Sedran，1994）。

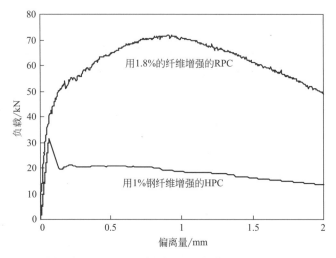

图 27.2 纤维增强 UHSC 的伪韧性行为

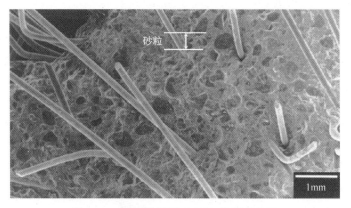

图 27.3 钢纤维增强 UHSC 的断裂表面

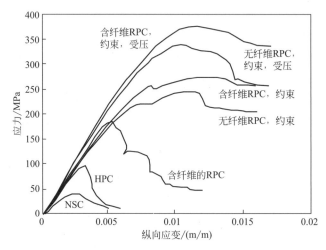

图 27.4 舍布鲁克大学研制的不同 RPC 的压应力-应变曲线

27. 2. 6 用硬质夹杂物增强水泥浆体

最近有一个有趣的实验现象，Tagnit-Hamou 教授和他的研究小组使用超细玻璃粉改善硬化 UHSC 的流变性和力学性能，当在 UHSC 中使用玻璃颗粒充当非常坚硬的夹杂物时，可增强水泥浆体。目前在冶金学中将这项技术称为"强度硬化"（Tagnit-Hamou 等，2015）。

27.3 如何制备超高性能混凝土

从实践来看，如果知道硅酸盐水泥选择的基本指导原则，制作 UHSC 并不复杂。Coppola（1996）和 Aïtcin（1998）进行了很多尝试来寻找生产 RPC 的最佳硅酸盐水泥，结果表明，制备超高强度混凝土时，最好选择 C_3A 含量较低的水泥（如果可能，最高含量为 5%），且 C_3S 含量不应太高（最大为 50%）。而且，这种水泥必须具有约为 $350m^2/kg$ 的低比表面积。

通过限制硅酸盐水泥中活性最强的两种矿相的用量和细度，可以制备出不太黏稠并且能够保持足够长时间流变性的 UHSC，使其顺利浇筑。影响混凝土流变学的因素已在第 7 章中介绍（Yahia 等，2016）。表 27.3 给出了用于建造舍布鲁克步行自行车道的水泥的主要特性，这是一种用于建造水力发电大坝大体积混凝土时的水化热极低的 20M 型加拿大水泥。油井水泥的特性与这种水泥非常接近，也可用于配制 UHSC。

表 27.3　用于建造舍布鲁克步行自行车道的水泥的主要特性

C_3S	C_2S	C_3A	C_4AF	碱当量	LOI	比表面积
45%	37%	0%	15%	0.3%	1.2%	$340m^2/kg$

27. 3. 1 用于制备 UHSC 的水泥特性

生产 UHSC 时，最重要的不是获得高强度，而是对其流变性有较好的控制，流动性保持时间足够长时混凝土以便于浇筑。目前，水泥生产商并不喜欢生产用于 UHSC 的水泥，因为当这种水泥用于高 w/c 混凝土（w/c 大于 0.50）时，它不能提供很高的早期强度。而且因为该类水泥中间相变化太大，生产这种水泥比生产普通硅酸盐水泥更困难。水泥生产商更喜欢生产富含 C_3A 和 C_3S（熟料中活性最高的两个矿相）的水泥，因为使用此类水泥可以以相对较高的 w/c 获得较高的早期强度。但是，高 C_3A 和 C_3S 含量以及高比表面积对低 w/c 混凝土（特别是 UHSC）的流变性具有灾难性的影响。

制备 UHSC 时，C_3A 和 C_3S 的含量不需太高即可获得较高的早期强度，正如第 1 章所讲，UHSC 的强度是由于胶凝颗粒之间的距离较短造成的，而不是 C_3A 和 C_3S 反应的结果（Aïtcin，2016）。由于 w/c 低，即使用于建造舍布鲁克步行自行车道的水泥中 C_3A 和 C_3S 的含量较低，也可以在 24h 内达到 55MPa 的抗压强度。

27. 3. 2 超塑化剂的选择

第二个需考虑的重要因素是超塑化剂的选择：它必须提供足够长时间良好的流动性，以便浇筑 UHSC，尽可能少地引入空气，并且不能过度延缓 UHSC 的硬化。建造舍布鲁克步行自行车道时，使用的是聚萘磺酸钠盐，也有其他人成功使用了聚丙烯酸酯超塑化剂。

对于不准备投入金钱和时间用来制备 UHSC，可以购买以不同商品名出售的商业 UHSC。

有关超塑化剂的化学性质、作用机理、在实践中的使用以及对水泥水化作用的影响的相关内容，请分别参考第 9、11、12 和 16 章（Gelardi 等，2016；Gelardi 和 Flatt，2016；Nkinamubanziet 等，2016；Marchon 和 Flatt，2016）。

27.4　舍布鲁克步行自行车道的建设

27.4.1　设计

这个长 60m 的 UHSC 结构是由六个预制的后张预应力构件构成。它几乎像钢结构一样竖立（Aïtcin 等，1998）。

该结构是不包含任何被动加固（配筋）的预应力空腹桁架。后张拉力可以抵消主要的拉应力，而钢纤维可以直接抵抗一些次要的拉应力。

横截面由两个 380mm×320mm 的下弦杆和一个 30mm 厚的包含横向加强肋的上甲板组成。桁架总高 3.0m，总宽 3.3m（图 27.5）。

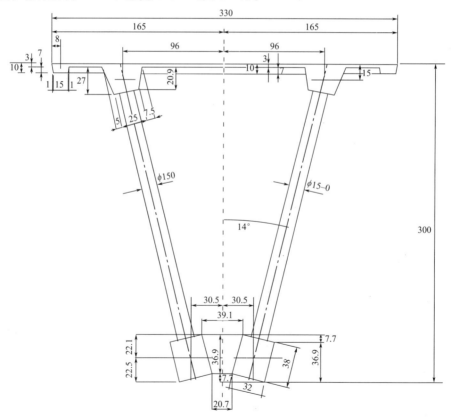

图 27.5　上部构造的横截面（单位：cm）

桁架斜杆由 UHSC 浇筑在细不锈钢管中制成，并通过两根涂有润滑脂和护套的锚定单股与顶部和弦和底部相连。特殊的锚点由瑞士的 VSL 公司设计，如图 27.6 所示。这些锚不需要任何支承板或局部区域螺旋，因为锚头直接与 RPC 接触，RPC 能够承受锚固产生的高抗压强度。施工细节之前已公布（Bonneau 等，1996）。

图 27.6　斜杆的制造

27.4.2　建造

27.4.2.1　第一阶段：后张预应力约束斜拉索的制作

在包含两根后拉缆索的 150mm 不锈钢管中浇筑纤维增强的 UHSC（图 27.6）。将 UHSC 压缩（5MPa）24h，以消除大部分残留的气泡，挤出自由拌合水，并补偿初始的化学收缩。在压缩过程中，试管中的 UHSC 水平下降了 100mm。

浇筑 2d 后，让斜杆在 90℃下养护 2d。除两端以外，外部水蒸气不会渗透 UHSC很深。

27.4.2.2　第二阶段：桥面和下横梁的建造

六个预制构件中的每个构件都是使用常规预制技术浇筑而成的。每个预制构件都用于浇筑下一个构件（匹配浇筑）以获得完美的接头（图 27.7）。

27.4.2.3　第三阶段：养护

与斜杆一样，在浇筑 UHSC 后 48h 开始在 90℃下养护。聚乙烯板用于包裹每个预制构件，并形成一个外壳，在其中引入蒸汽来养护 UHSC（图 27.8），并在 90℃下养护 2d。

27.4.2.4　第四阶段：运输到现场

六个预制构件由卡车运输到现场，没有任何特殊要求。四个中心构件各长 10m，重 18t。两个末端构件各重 24t（图 27.9）。

27.4.2.5　第五阶段：组装预制构件

预制构件的装配是在 Magog 河中部临时建造的石床上进行的。桥由两部分组成。如图 27.10 和图 27.11 所示，接头处没有接受任何特殊处理（UHSC 对接 UHSC）。

图 27.7　在预制厂中建造预制构件

图 27.8　预制构件的养护

图 27.9　预制构件的运输

图 27.10 装配桥的北部　　　　　图 27.11 装配两个预制构件（干接缝）

27.4.2.6　第六阶段：后张预应力

如图 27.12 所示，在将整个平台提升到两个桩上之前，对桥梁的两半进行后张法施工。装配好的桥如图 27.13 所示。

图 27.12 装配桥的两部分

图 27.13　装配完的桥

27.5　测试建筑物的结构性能

舍布鲁克步行自行车道建成一年后，对其进行了静态和动态测试，以监测其结构性能。

静态加载是使用逐渐充满水的桶来完成。将实际挠度值与计算值进行比较，结果与 Pierre Richard 计算的理论值非常接近。

测量了纵向、横向和扭转共振频率，并与 Richard 计算的理论值进行了比较。在这种情况下，实际值也非常接近计算值，如表 27.4 所示。10 年后再次对其动态行为进行测试，测得的共振频率与 1998 年测得的共振频率几乎相同。

表 27.4　桥梁上共振频率的测量与计算

模式		频率/Hz			阻尼/%	
		计算值	1998	2010	1998	2010
弯曲	第一	2.17	2.2	2.3	1.2±0.2	1.1±0.9
	第二	7.33	7.5	7.5	0.3±0.1	0.6±0.1
	第三	12.84	12.9	13.0	0.2±0.002	0.4±0.1
	第四	17.8	—	18.1	—	0.3±0.2
扭转	第一	4.14	4.2	4.3	0.7±0.2	1.0±0.5

27.6　长期性能

正如对自然共振频率的监测和近距离的目视观察所表明的，可以说舍布鲁克步行自行车道的抗老化情况非常好（Aïtcin 等，2014）。

现在，作为舍布鲁克市建筑遗产的一部分，步行自行车道每晚都灯火通明（图 27.14）。

图 27.14　夜晚的桥

27.7　超高性能混凝土的最新应用

日本东京羽田机场的扩建中使用 UHSC 建造了一条新的着陆带的滑行道；法国使用 UHSC 建造了两座壮观的建筑：马赛的地中海文明博物馆（MUCEM）和巴黎路易威登基金会大楼。在这两座建筑物中，UHSC 的建筑潜力已显现出来，可以用来建造非常轻的混凝土板。

27.7.1　东京羽田机场的扩建

为了增加东京羽田机场的着陆能力，东京湾建立了一条新的着陆带，如图 27.15～图 27.21 所示。

图 27.15　在东京湾羽田机场建造的附加着陆带

图 27.16　常规混凝土板加固系统

图 27.17　由常规混凝土制成的安装板

图 27.18　用于建造 UHSC 板的模具

图 27.19　预拉伸加固系统的安装

图 27.20　用 UHSC 浇筑模具

图 27.21　UHSC 板堆放在厂区中

着陆带本身采用预制常规预张 30MPa 钢筋混凝土建造，而滑行道则使用 UHSC 预铸预张板建造。预制混凝土板产自于两个相邻的预制工厂，它们生产的板表面几乎完全相同。

所有常规混凝土板和 UHSC 板都具有相同的长度（7.875m）和宽度（3.75m）。

常规混凝土板的厚度为 320mm，重 23.5t。UHSC 板在横向加劲肋处的最大厚度为 270mm，而在肋之间的最小厚度为 75mm，每个仅重 10.3t。

在该项目期间，常规混凝土板工厂需要雇用 140 名工人，每天生产 24 块混凝土板，但 UHSC 工厂仅雇用 100 名工人，每天生产 21 块 UHSC 板。与 30MPa 混凝土的成本相比，参与该特定项目的工人人数的差异在很大程度上弥补了 UHSC 的额外成本。

27.7.2 马赛市的地中海文明博物馆

作为硅酸盐水泥基材料，超高强度混凝土不仅仅是比普通或高性能混凝土更坚固，它还可以用作建筑材料，制作很轻的结构或建筑构件。法国马赛市的地中海文明博物馆中，采用超高性能混凝土建造了一个外观类似于混凝土花边的外墙面（图27.22）。

图 27.22　地中海文明博物馆的外部和内部视图

由 Patrick Paultre 提供

27.7.3 巴黎路易威登基金会大楼

由 Frank Gehry 设计的巴黎路易威登基金会（Louis Vuitton Foundation）大楼非常壮观，采用了白色 UHSC 板。

大楼使用了将近 19000 种不同的白色管（图 27.23）。所有部件统一厚度为 27mm，最大重量为 30kg，纯手工安装。混凝土板采用真空浇筑，使用的是置于聚苯乙烯模板中的硅树脂模具。模具中有金属嵌件，用以将零件固定在支撑结构上。所有的管零件都被涂成白色，具有完美的如矿物一般光滑的白色外观（图 27.24 和图 27.25）。

图 27.23　路易威登基金会大楼

由路易威登基金会提供，Iwan Baan（2014）

图 27.24　路易威登基金会大楼的局部视图

由路易威登基金会提供，Iwan Baan（2014）

图 27.25　反射树枝的外部覆层

由路易威登基金会提供

27.8 结论

UHSC 是近年来硅酸盐水泥基材料领域最引人注目的一个发展方向。它是由法国 Bouygues 建筑公司的前科研总监 Pierre Richard 开发的。通过去除粗骨料，提高具有特定粒度分布的不同粉末的堆积密度，并在 90℃ 的温度下用水或蒸汽进行养护，可得到 UHSC。使用矿物粉体时，得到的混凝土抗压强度超过 200MPa；使用玻璃粉时可达到 270MPa（Soliman 等，2014）；使用铁粉时会达到 800MPa。引入 1%~2% 细长纤维后，混凝土会呈现伪韧性，其在微观结构水平像钢筋混凝土一样起作用，这解释了为什么这种材料（从其粒度分布来看是砂浆）被称为混凝土。UHSC 已越来越多地用于建造各种令人印象深刻的轻质建筑，例如舍布鲁克步行自行车道，东京羽田机场的扩建滑行道，法国近期的两座建筑——马赛市的地中海文明博物馆和巴黎的路易威登基金会大楼。

P. -C. Aïtcin

Université de Sherbrooke，QC，Canada

参考文献

Aïtcin, P.-C., 1998. High Performance Concrete. E and FN Spon, London.

Aïtcin, P.-C., 2008. Binders for durable and sustainable concrete, ISBN 978-0-415-38588-6.

Aïtcin, P.-C., 2016. The importance of the water−cement and water−binder ratios. In: Aïtcin, P.-C., Flatt, R.J. (Eds.), Science and Technology of Concrete Admixtures. Elsevier (Chapter 1), pp. 3−14.

Aïtcin, P.-C., Lachemi, M., Adeline, R., Richard, P., 1998. The Sherbrooke reactive powder concrete footbridge. Journal of the International Association for Bridge and Structure Engineering 8 (2), 140−147.

Aïtcin, P.-C., Lachemi, M., Paultre, P., 2014. The first UHSC structure, 15 years later. In: All Russian Conference, Tome 7, pp. 2−22.

Bache, H.H., 1981. Densified cement ultra-fine particle-based materials. In: Second International Conference on Superplasticizers in Concrete, Ottawa, Canada.

Bonneau, O., Poulin, C., Dugat, J., Richard, P., Aïtcin, P.C., 1996. Reactive powder concrete from theory to practice. Concrete International 18 (4), 47−49.

Coppola, L., Troli, R., Cerruli, T., Collepardi, M., 1996. The influence of materials and performance of reactive powder concrete. High Performance Concrete and Performance of Concrete Structures, Florianopolis, Brazil, 502−513.

Gelardi, G., Flatt, R.J., 2016. Working mechanisms of water reducers and superplasticizers. In: Aïtcin, P.-C., Flatt, R.J. (Eds.), Science and Technology of Concrete Admixtures. Elsevier (Chapter 11), pp. 257−278.

Gelardi, G., Mantellato, S., Marchon, D., Palacios, M., Eberhardt, A.B., Flatt, R.J., 2016. Chemistry of chemical admixtures. In: Aïtcin, P.-C., Flatt, R.J. (Eds.), Science and Technology of Concrete Admixtures. Elsevier (Chapter 9), pp. 149−218.

de Larrard, F., Sedran, T., 1994. Optimization of ultra-high-performance concrete by the use of a packing model. Cement and Concrete Research 24 (6), 997—1009.

Marchon, D., Flatt, R.J., 2016. Mechanisms of cement hydration. In: Aïtcin, P.-C., Flatt, R.J. (Eds.), Science and Technology of Concrete Admixtures. Elsevier (Chapter 8), pp. 129—146.

Nkinamubanzi, P.-C., Mantellato, S., Flatt, R.J., 2016. Superplasticizers in practice. In: Aïtcin, P.-C., Flatt, R.J. (Eds.), Science and Technology of Concrete Admixtures. Elsevier (Chapter 16), pp. 353—378.

Richard, P., Cheyrezy, M., 1994. Reactive powder concrete with high ductility and 200—800 MPa compressive strength. ACI SP-144 507—508.

Soliman, N., Tagnit-Hamou, A., Aïtcin, P.-C., 2014. A new generation of ultra-high performance glass concrete. In: Third All-Russian Conference on Concrete and Reinforced Concrete, Moscow, May 12—16, pp. 218—227.

Tagnit-Hamou, A., Soliman, N., Omran, A.F., Moussa, M.t., Gauvreau, N., Provencher, F., 2015. Novel ultra-high performance glass concrete. Concrete International 37 (3), 41—47.

Yahia, A., Mantellato, S., Flatt, R.J., 2016. Concrete rheology: A basis for understanding chemical admixtures. In: Aïtcin, P.-C., Flatt, R.J. (Eds.), Science and Technology of Concrete Admixtures. Elsevier (Chapter 7), pp. 97—128.

第五篇

总结与展望

28　混凝土外加剂的结论和展望

28

混凝土外加剂的结论和展望

28.1　混凝土中的外加剂——烹饪中的调味品

化学外加剂和烹饪调味品都可以说是神奇的产品，当以合适的比例少量添加时，可以从根本上改变混合物的基本性质。这种类比可以在各个方面得以印证，如下所述：

① 界面。这些产品能在如此低的掺量下产生如此惊人的效果，源自它们在界面上所起的作用。对于调味品，涉及的是味觉和嗅觉受体；对于化学外加剂，大多数情况下涉及固-液或气-液界面处的吸附（请参阅第 10 章；Marchon 等，2016）。

② 必需成分。调味品和化学外加剂均为整个配方的组成部分（见第 1 章；Aïtcin，2016）。尽管在混合的最后阶段可能会对种类和掺量进行最终调整，但仍需要事先将其考虑在内。

③ 掺量。如果掺量过少，化学外加剂和调味品的效果不佳；如果掺量过多，则会引发各种不良反应。在混凝土技术中，掺量不应受文化偏好影响，而应根据性能指标来确定。

④ 作用效果。这些物质的作用效果越明显，所需要的量就越少，但是也更容易过掺。在混凝土技术中，这与鲁棒性问题有关（见第 16 章；Nkinamubanzi 等，2016）。

⑤ 饱和量。掺量达到某一值后效果便不再有明显变化（混凝土技术中的饱和点）。一些产品（如萘系磺酸盐）在接近饱和点时性能表现良好，其他的产品（例如，聚羧酸醚类，取决于它们的具体结构）则应在它们的饱和点以下使用。在这种情况下，表面覆盖率的概念对于量化其性能非常重要（见第 11 章；Gelardi 和 Flatt，2016）。

⑥ 混合。调味品或化学外加剂可在使用前混合，并按此供应。在混凝土技术中，将配好的外加剂称为配方产品（见第 15 章；Mantellato 等，2016）。配方产品使生活变得更简单，但它们并不是万能的。

⑦ 保密性。与出色的厨师非常相似，大多数外加剂公司都对其配方产品的内容加以保密。然而，这并不妨碍人们用书本知识和实践经验来探索配方。在这本书中，我们并没有提供"食谱"的汇编，而是试图为读者提供有助于他们成为伟大而独立的"厨师"或至少称为懂行的"消费者"的一些见解。

⑧ 成本。尽管它们的单价很高，但调味品和化学外加剂的用量少，这意味着它们的成本（一般而言）只是成品总价格的次要组成部分。

⑨ 供应限制。我们生活在一个资源有限的世界，因此，我们必须找出方法为与日

俱增的世界人口提供像样的食物和住房。这必须以最有效的方式进行，虽然调味品在改善食品味道中发挥重要作用，但我们相信，化学外加剂的重要性和影响更大，因为它们直接有益于我们社会的可持续性发展。

28.2　混凝土的优劣

受 Adam Neville 在《混凝土性能》（*Properties of Concrete*）（Neville，1996）序言的启发，我们可以说："优质混凝土成分非常简单：水，水泥，砂子，骨料，矿物外加剂和化学外加剂。但是，劣质混凝土本质上也是这些成分，区别在于专业技术和理解认知方面。"

在这本书中，我们想要提供的是关于混凝土化学外加剂的使用和工作机理的全面叙述，强调如何使用化学外加剂来提高混凝土的品质和耐久性，同时减少建筑行业对环境的影响（见第 1 章；Aïtcin，2016）。这些目标是非常明确的宏观社会趋势，也是令人信服的明确指标，表明使用化学外加剂将会变得越来越重要。

我们还试图指出可能存在的问题，如水泥和超塑化剂的不相容性。在这种情况下，我们试图把重点放在根本原因上，以便有效地解决问题。

28.3　环境挑战

资源有限的问题是我们 21 世纪必须面对的重大挑战。建筑行业消耗了高达 40％ 的自然资源，因此可持续建筑是一个主要的社会目标（Aïtcin 和 Mindess，2011）。如第 1 章所述，生产优质耐用的混凝土，减少熟料含量，有助于实现这一目标。

然而，要达到的定量目标要求极高，这意味着混凝土性能必须达到极限，因此必须增加外加剂的用量。掌握这些情况是一项重大的研究工作，需要控制化学外加剂之间的相互作用。除此之外，我们还必须处理更多种类且成分复杂的本地材料。

这也是化学外加剂科学发挥作用的地方，代表的是一个能为可持续建设做出重大贡献的研究领域，其中包含的理论能极大地补充配方设计师和从业人员的专业知识。

28.4　化学外加剂科学

那么，我们需要知道什么？首先，我们必须认识到化学外加剂之所以如此有效，是因为它们作用于界面。正如 Flatt 等人（2012）总结的那样（如图 28.1 所示）这些主要包括固-液（如超塑化剂、缓凝剂）界面和气-液（如引气剂、减缩剂）界面，也包括气-固（如助磨剂）界面。

了解界面处发生的这些作用，外加剂之间的竞争以及它们与混凝土中各种材料的相互作用，是一个令人着迷的谜题，具有巨大的实际意义。这些是非常复杂的多组分非均相化学反应体系，但我们不能因此退缩。用史蒂芬·霍金的话说："下一个世纪（21 世纪）将是复杂的世纪。"1986 年诺贝尔物理学奖获得者 Gerd Binnig 在演讲中也建议：

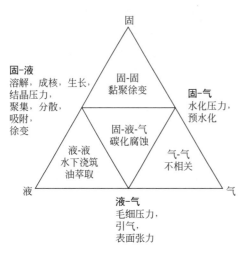

图 28.1 在系统中不同界面上的作用

经允许转载自 Flatt 等 (2012)

"复杂性的话题是当今最大的问题（挑战）。"

因此，外加剂系统的复杂性不应成为障碍，而应成为刺激我们灵感和荣誉感的源泉。事实上，掌握这种复杂性代表了一个奇妙的科学目标，伴随着我们对研究和应用的极大兴趣。但是，我们也不能忘记爱因斯坦（Albert Einstein）说过的那句话："任何傻瓜都能使事情变得更大，更复杂，更暴力，而朝相反的方向前进则需要一点天赋和很大的勇气。"

我们希望混凝土外加剂科学技术将推动事情朝着正确的方向发展，并帮助我们迎接 21 世纪的巨大挑战。

R. J. Flatt

Institute for Building Materials，ETH Zürich，Zürich，Switzerland

参考文献

Aïtcin, P.-C., 2016. The importance of the water–cement and water–binder ratios. In: Aïtcin, P.-C., Flatt, R.J. (Eds.), Science and Technology of Concrete Admixtures, Elsevier (Chapter 1), pp. 3–14.

Aïtcin, P.-C., Mindess, S., 2011. Sustainability of Concrete. Spon Press (Taylor and Francis), London, UK, 301p.

Flatt, R.J., Roussel, N., Cheeseman, C.R., 2012. Concrete: an eco material that needs to be improved. Journal of the European Ceramic Society 32 (11), 2787–2798. http://dx.doi.org/10.1016/j.jeurceramsoc.2011.11.012.

Gelardi, G., Flatt, R.J., 2016. Working mechanisms of water reducers and superplasticizers. In: Aïtcin, P.-C., Flatt, R.J. (Eds.), Science and Technology of Concrete Admixtures, Elsevier (Chapter 11), pp. 257–278.

Mantellato, S., Eberhardt, A.B., Flatt, R.J., 2016. Formulation of commercial products. In: Aïtcin, P.-C., Flatt, R.J. (Eds.), Elsevier (Chapter 15), pp. 343–350.

Marchon, D., Mantellato, S., Eberhardt, A.B., Flatt, R.J., 2016. Adsorption of chemical admixtures. In: Aïtcin, P.-C., Flatt, R.J. (Eds.), Science and Technology of Concrete Admixtures, Elsevier (Chapter 10), pp. 219–256.

Neville, A.M., 1996. Properties of Concrete. Wiley.

Nkinamubanzi, P.-C., Mantellato, S., Flatt, R.J., 2016. Superplasticizers in practice. In: Aïtcin, P.-C., Flatt, R.J. (Eds.), Science and Technology of Concrete Admixtures, Elsevier (Chapter 16), pp. 353–378.

附录 1
有用的公式和一些应用

A1. 1 混凝土中的"隐藏"水

无论是在实验室还是在现场，最困难的是要严格控制配制混凝土时的实际用水量。通常很容易称量一定数量的水泥或骨料，也很容易确定水的体积。使用超塑化剂时，计算超塑化剂带入混凝土的水量也不难，后面将介绍这一点。困难的是对骨料（尤其是砂子）带入的混凝土中的准确水量保持严格和恒定的控制，因为骨料（尤其是砂子）的含水量会有很大变化。骨料的含水量 w_{tot} 定义为可蒸发水量除以骨料的干质量，并以百分数表示。测量该值时，只需将一定量的湿砂放入 105℃ 的烘箱中，当其质量恒定不变时，称重即可。使用微波炉可缩短干燥时间。

通过对骨料（尤其是细骨料）含水量的控制，可以控制生产出的混凝土质量。例如，用于生产 $1m^3$ 混凝土的约 800kg 砂子的含水量变化 1%，对应的混合物中水的变化为 8L。如果这种变化发生在每立方米含有 150L 水和 455kg 水泥的高性能混凝土（HPC）中（相当于水灰比 0.33），则水灰比范围可能在 0.31～0.35 之间，这意味着坍落度、抗压强度和渗透性方面不可忽略的差异。因此，准确控制骨料中含水量是非常重要的，因此有必要确定一个骨料的参考状态。

A1. 2 骨料的饱和面干状态

按照北美的惯例，这种参考状态称为饱和面干（saturated surface dry，SSD）状态。粗、细骨料的定义见 ASTM C127 标准和 ASTM C128 标准。这两种标准详细描述了如何测量 SSD 状态。简单地说，对于粗骨料，SSD 状态是通过将骨料在水中浸泡 24h，然后在烘箱中烘干至恒定质量而获得。SSD 状态下的粗骨料示意图如图 A1.1 所示。A 表示表面孔隙，B 表示完全充满水的孔隙，C 表示部分饱和的孔隙，D 表示不与颗粒表面连通的封闭孔隙，E 表示无法进入的孔隙。

对于细骨料，按照惯例，当截短的小锥形砂堆由于湿砂颗粒之间的毛细作用力不再保持在一起时，即获得 SSD 状态。图 A1.2 说明了砂子 SSD 状态的确定。

粗骨料的吸收率和 SSD 状态时相对密度的测定如图 A1.3 所示。

在这两种情况下，当骨料处于 SSD 状态时，骨料吸收的水量 w_{abs} 对应于骨料的吸收量。该吸收率表示为干骨料质量的百分比。

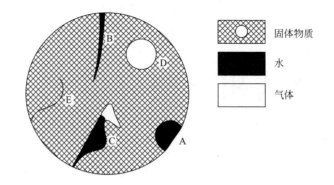

固体物质

水

气体

图 A1.1 SSD 状态下的粗骨料示意图（Aïtcin，1998）

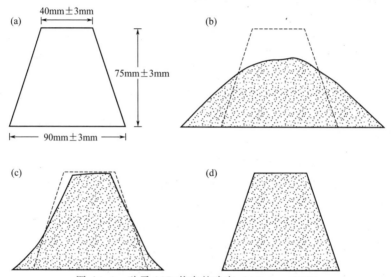

图 A1.2 砂子 SSD 状态的确定（Aïtcin，1998）

（a）使用的微型圆锥体；（b）含水量低于 SSD 状态的砂子；

（c）SSD 状态的砂子；（d）含水量高于 SSD 状态的砂子

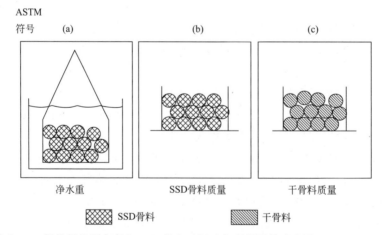

ASTM
符号 （a） （b） （c）

净水重 SSD骨料质量 干骨料质量

SSD骨料 干骨料

图 A1.3 粗骨料的吸水率和 SSD 状态时相对密度的测量示意图（Aïtcin，1998）

在北美，混凝土成分通常以粗骨料和细骨料的 SSD 状态来表示。

A1.3 湿度和含水量

当计算或表示特定混凝土的组分时，骨料的 SSD 状态非常重要，因为它明确区分了骨料中常见的两种类型的水。SSD 状态时，骨料吸收的水不会对混凝土的坍落度或强度产生影响，因为它不参与水泥水化。当骨料的含水量低于 SSD 状态时，骨料会从其他组分中吸收水分，增加了混凝土的坍落度损失率。而当骨料的含水量高于 SSD 状态时，如果不进行特殊校正，骨料会将水带入混凝土中（如图 A1.4 所示），从而增加水灰比并增加坍落度。因此，必须调整拌合水用量，以保持水灰比和坍落度不变。

总含水量 w_{tot} 与吸水量 w_{abs} 之差称为骨料含湿量，用 w_h 表示。如果总含水量低于吸水量，骨料的含湿量则为负值。例如 w_{abs} 为 0.8% 的骨料是绝对干燥的，$w_{tot}=0$，因此 $w_h=-0.8\%$，即拌合后的新拌混凝土中的粗骨料可吸收 8L 的水。如不调整用水量，无疑会对这种特殊的混凝土在运输过程中的坍落度损失率产生重大影响，因为这 8L 水的吸收不是瞬时的。

另一方面，对于同一粗骨料，雨后其 $w_{tot}=1.8\%$，则 $w_h=1.0\%$，因此粗骨料会额外带来 10L 的水，从而大大增加了拌合水的量。如果不对用水量进行校正，则会对坍落度、抗压强度和渗透性产生不利影响。

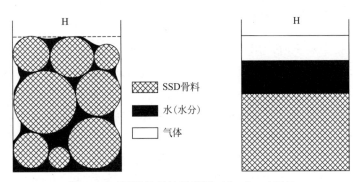

图 A1.4 湿粗骨料的示意图（Aïtcin，1998）

因此，本书将骨料的总含水量（w_{tot}）定义为：

$$w_{tot}\% = \frac{湿骨料的质量-干骨料的质量}{干骨料的质量} \times 100\% \qquad (A1.1)$$

根据 ASTM 惯例，如图 A1.3 和图 A1.4 所示：

$$w_{tot}\% = \frac{H-A}{A} \times 100\% \qquad (A1.2)$$

骨料的吸水量 w_{abs}：

$$w_{abs}^{❶}\% = \frac{\text{SSD 骨料的质量} - \text{干骨料的质量}}{\text{干骨料的质量}} \times 100\% \quad (\text{A1.3})$$

或按照 ASTM 惯例，如图 A1.4 所示：

$$w_{abs}\% = \frac{B - A}{A} \times 100\% \quad (\text{A1.4})$$

A1.4 相对密度

在 SSD 状态下，骨料的相对密度称为 SSD 相对密度。图 A1.3 说明了如何测量粗骨料或细骨料的 SSD 相对密度。

骨料的 SSD 相对密度为：

$$G_{SSD} = \frac{B}{B - C} \quad (\text{A1.5})$$

SSD 相对密度表示 SSD 骨料与水的相对密度。Archimedes 原理的应用表明，G_{SSD} 可用于精确计算混凝土混合料中骨料所占体积的相对密度（Aïtcin，1971）。

对于硅酸盐水泥或任何辅助性胶凝材料，相对密度 G_c 等于干燥材料的质量除以其干燥密度。ASTM C188 标准试验方法解释了如何实际测量该值：

$$G_c = \frac{A}{A - C} \quad (\text{A1.6})$$

A1.5 辅助性胶凝材料含量

在配制高性能混凝土时，用水泥质量分数表示辅助性胶凝材料和填料的用量是很方便的，甚至可以单独表示此类混凝土中使用的不同辅助性胶凝材料的含量。然而，"辅助性胶凝材料含量"这一表述可能有两种不同的含义，这取决于该材料是在混凝土搅拌站掺入，还是已经在水泥厂与硅酸盐水泥分开掺入（在这种情况下，"含量"一词仅与用来制备混凝土的硅酸盐水泥的质量有关）。当在水泥厂添加辅助性胶凝材料时，其含量与复合水泥的质量有关，而不仅仅与水泥含量有关。

下面的例子说明了"辅助性胶凝材料"和填料含量这两种定义之间的区别。

A1.5.1 案例 1

在混凝土搅拌站生产高性能混凝土时，将 400kg 的硅酸盐水泥、100kg 的粉煤灰和 40kg 的硅灰分别加入搅拌机中。这种混凝土的辅助性胶凝材料含量是多少？

粉煤灰含量：$(100/400) \times 100\% = 25\%$；硅灰含量：$(40/400) \times 100\% = 10\%$。

A1.5.2 案例 2

400kg 掺加 7.5% 硅灰的水泥制成高性能混凝土，搅拌机实际加入的水泥量是

---

❶ 原著中此处为 w_{tot}，联系上下文，应该为 w_{abs}。——译者注。

多少？

在这种复合水泥中，硅酸盐水泥仅占复合水泥的 92.5％，因此，实际用于制造这种混凝土的硅酸盐水泥为：

$$400 \times 0.925 = 370 (\text{kg})$$

由于"辅助性胶凝材料含量"的两种定义都在使用，且各有优点，它们都将在本书中使用。读者应该记住，当在水泥厂添加辅助性胶凝材料或填料以生产复合水泥时，和在混凝土搅拌站用作胶凝材料时，该表达的含义不同。

A1.6　超塑化剂用量

超塑化剂的用量可以用不同的方式表示。它可以用每立方米混凝土的商用产品溶液体积（L）来表示，在搅拌站这是它的最佳表达方式。然而，在科学论文或书籍中这种表达方式并不常用，因为并非所有的商用超塑化剂都具有相同的固含量和相对密度。在生产高性能混凝土时，将相同液体掺量的超塑化剂与不同相对密度和固含量的超塑化剂使用是一个严重的错误。例如，三聚氰胺超塑化剂可以是固含量为 22％、33％或 40％的液体溶液。因此，最好是将超塑化剂的用量以其所含固体量占水泥质量的百分比表示。在比较不同商业超塑化剂的成本时，这种表达用量的方式很重要。（事实上，实际应该考虑的是活性固体的数量，而不是固体的总量，因为在一种超塑化剂中不是所有固体都是活性分散分子，而商业的超塑化剂总是含有一些残留的硫酸盐。然而，为了简单起见，本书没有对此最后一个区别进行说明。）

要将以 L/m^3 为单位的剂量转变为以固体为单位的剂量，必须知道液体减水剂的相对密度及其固体含量的值。

A1.6.1　超塑化剂的相对密度

由图 A1.5 可知，超塑化剂的相对密度为：

$$G_{sup} = \frac{M_{liq}}{V_{liq}} \quad (A1.7)$$

M_{liq} 的单位为 g，V_{liq} 的单位为 cm^3。

A1.6.2　固含量

由图 A1.5 可知，该超塑化剂的固含量 s 为：

$$s\% = (M_{sol}/M_{liq}) \times 100\% \quad (A1.8)$$

因此，相对密度为 G_{sup} 且总固体含量为 s 的特定体积的超塑化剂中所含的总固体质量❶ M_{sol} 为：

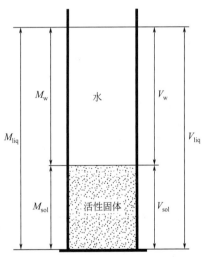

图 A1.5　超塑化剂的示意图（Aïtcin，1998）

❶ 此处"the total solids content M_{sol}"原文表达有误，应为"the total solids mass M_{sol}"，已订正，特此说明。——译者注

$$M_{sol} = \frac{s \times M_{liq}}{100} = \frac{s \times G_{sup} \times V_{liq}}{100} \qquad (A1.9)$$

例如，6L 三聚氰胺超塑化剂，相对密度为 1.10，总固含量 22%，含 $0.22 \times 1.1 \times 6 \approx 1.45$（kg）固体；而 6L 萘系超塑化剂，相对密度为 1.21，总固含量 42%，含 $0.42 \times 1.21 \times 6 \approx 3.05$（kg）固体。

A1.6.3 一定体积液体超塑化剂的含水量

当向混凝土拌合物中加入液体超塑化剂时，为了计算出准确的 w/c，有必要考虑加入到混凝土中的用水量。由图 A1.5：

$$M_{liq} = M_w + M_{sol} \text{ 或者 } M_w = M_{liq} - M_{sol}$$

由式（A1.8）可得：

$$M_{liq} = \frac{M_{sol} \times 100}{s}$$

因此，$M_w = \dfrac{M_{sol} \times 100}{s} - M_{sol}$

上式可写为：

$$M_w = M_{sol} \left(\frac{100}{s} - 1 \right) \text{ 或者 } M_w = M_{sol} \left(\frac{100-s}{s} \right) \qquad (A1.10)$$

用式（A1.9）代入式（A1.10）可得：

$$M_w = \frac{V_{liq} \times s \times G_{sup}}{100} \times \frac{100-s}{s}$$

最终可得：

$$M_w = V_{liq} \times G_{sup} \times \frac{100-s}{100} \qquad (A1.11)^{❶}$$

当使用适当单位时（g 和 cm^3，或 kg 和 L），M_w 和 V_w 用相同的数表示：

$$V_w = V_{liq} \times G_{sup} \times \frac{100-s}{100} \qquad (A1.12)$$

计算示例：在混凝土中加入相对密度为 1.21、固含量为 40% 的萘系超塑化剂 8.25L，可获得预期坍落度。当使用商用超塑化剂溶液时，混凝土中所添加的水 V_w 的体积是多少？根据式（A1.12），用水量为：

$$V_w = 8.25 \times 1.21 \times \frac{100-40}{100} = 6.0 (L/m^3)$$

A1.6.4 其他有用的公式

如果 $d\%$ 是生产商建议的超塑化剂掺量，以在含有 C 胶凝材料的混凝土中获得所需的坍落度，则具有相对密度为 G_{sup} 和固含量为 s 的液体超塑化剂体积 V_{lip} 可计算

---

❶ 原文中公式（A1.11）、（A1.12）均有误，应分别为：$M_w = V_{liq} \times G_{sup} \times [(100-s)/100]$，$V_w = V_{liq} \times G_{sup} \times [(100-s)/100]$，已订正，特此说明。——译者注

如下：

$$M_{\mathrm{sol}}=C\times\frac{d}{100} \tag{A1.13}$$

从式（A1.8）❶ 可得：

$$M_{\mathrm{sol}}=\frac{s\times M_{\mathrm{liq}}}{100} \tag{A1.14}$$

因此可得：

$$\frac{s\times M_{\mathrm{liq}}}{100}=C\times\frac{d}{100} \tag{A1.15}$$

用式（A1.7）❷ 推导出的值代替 M_{liq}，可得：

$$\frac{s\times G_{\mathrm{sup}}\times V_{\mathrm{liq}}}{100}=C\times\frac{d}{100}$$

$$V_{\mathrm{liq}}=\frac{C\times d}{s\times G_{\mathrm{sup}}} \tag{A1.16}$$

A1.6.5　超塑化剂的固体质量以及所需的液体体积

如果 C 是某一特定拌合物中使用的胶凝材料的总质量，$d\%$ 为超塑化剂建议掺量，则所需超塑化剂的质量 M_{sol} 为：

$$M_{\mathrm{sol}}=C\times\frac{d}{100} \tag{A1.17}$$

含 M_{sol} 固体质量所需的液体超塑化剂体积计算如下：

用式（A1.8）中 M_{liq} 的值替换式（A1.7）中的 M_{liq}：

$$V_{\mathrm{liq}}=\frac{M_{\mathrm{liq}}}{G_{\mathrm{sup}}}\quad\text{和}\quad M_{\mathrm{liq}}=\frac{M_{\mathrm{sol}}\times 100}{s}$$

因此可得：

$$V_{\mathrm{liq}}=\frac{M_{\mathrm{sol}}\times 100}{s\times G_{\mathrm{sup}}} \tag{A1.18}$$

A1.6.6　V_{liq} 中包含的超塑化剂固体的体积

如图 A1.5 所示：

$$V_{\mathrm{sol}}=V_{\mathrm{liq}}-V_{\mathrm{w}}$$

用式（A1.12）❸ 中给定的值替换 V_{w}：

$$V_{\mathrm{sol}}=V_{\mathrm{liq}}-V_{\mathrm{liq}}\times G_{\mathrm{sup}}\times\frac{100-s}{100} \tag{A1.19}$$

$$V_{\mathrm{sol}}=V_{\mathrm{liq}}\left(1-G_{\mathrm{sup}}\times\frac{100-s}{100}\right) \tag{A1.20}$$

---

❶ 此处原文"（A1.9）"表达有误，应为（A1.8）。——译者注

❷ 此处原文"（A1.8）"表达有误，应为（A1.7）。——译者注

❸ 此处原文"（A1.7）"表达有误，应为（A1.12）。——译者注

A1.7 实例计算

A1.7.1 实例1：用固含量百分比表示掺量（单位：L/m³）

使用7.5L相对密度为1.21、固含量为41％的萘系超塑化剂制备了每立方米含水泥450kg的高性能混凝土。如何用其固含量占水泥质量的百分比表示超塑化剂的用量？

7.5L超塑化剂的质量为：

$$7.5 \times 1.21 = 9.075(kg)$$

该超塑化剂的固含量为：

$$9.075 \times \frac{41}{100} = 3.72(kg)$$

超塑化剂的用量为：

$$\frac{3.72}{450} \times 100\% = 0.8\%$$

A1.7.2 实例2：从以固体百分比表示的掺量转换为以 L/m³ 表示的掺量

在一篇科学论文中指出，在每立方米中含有425kg硅酸盐水泥，且 w/c 为0.35的高性能混凝土中使用的超塑化剂的掺量（折固掺量）为1.1％。使用相对密度为1.15、固含量为33％的三聚氰胺超塑化剂制备混凝土，使用了多少溶液？

超塑化剂固体的量为：

$$\frac{425 \times 1.1}{100} = 4.675(kg)$$

因此，液体三聚氰胺超塑化剂包含 4.675/0.33＝14.17（kg）固体成分，相当于14.17/1.15＝12.32（L）[1] 的溶液。

A1.8 绝对体积法

A1.8.1 介绍

当在实验室获得满意的试验批次时，就需要计算 1m³ 混凝土的比例，即通常的混凝土组成配比。该配比中骨料的用量即为 SSD 条件下骨料的用量。配料时，只需调整砂和粗骨料的质量，以考虑其实际含水量。

精确计算此生产批次的混凝土体积是很有必要的。首先需要骨料和外加剂的一些相关特征以计算水灰比及其绝对体积。知道了每种混凝土成分的绝对体积（骨料处于 SSD 状态）就很容易计算出它们的质量以制成 1m³ 的混凝土。

---

[1] 原文此处未标记单位，现已做补充订正，特此说明。——译者注

该方法的组织图如图 A1.6 所示。

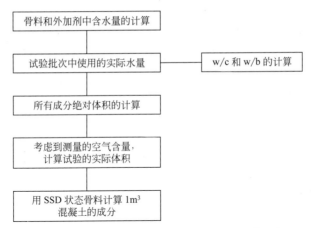

图 A1.6　绝对体积法的组织图，用于根据试验批次的比例计算 1m³ 混凝土（SSD 骨料）的比例

下面让我们将这种方法应用于三个特定的试验批次。

A1.8.2　试验批次

在以下三批次中，使用相对密度为 3.14 的同种水泥。前两个试验批次的粗骨料为石灰石，SSD 状态下相对密度为 2.70，吸水率为 1%，砂为花岗岩砂，相对密度为 2.65，吸水率为 1.5%。最后一批试验的粗集料相对密度为 2.75，吸水率为 1%，砂相对密度为 2.65，吸水率为 1%。

A1.8.2.1　第一批试验

第一批试拌混凝土为无外加剂的无引气的混凝土，其含气量为 2%。粗骨料处于 SSD 状态，砂的总含水量为 4%。

表 A1.1 给出了具体的成分组成。

表 A1.1　第一批试验成分

水	水泥	骨料		引气量
		粗骨料	砂子	
14L	35kg	105kg	85kg	2%

下面来计算砂的含水量。

砂中含有的自由水量为：

$$w_h = w_{tot} - w_{abs} \text{ 即 } w_h = 4\% - 1.5\% = 2.5\%. \text{❶}$$

湿砂的使用量为 85kg，因此 SSD 砂质量可用公式 $M_{SSD} = M_h/(1+w_h)$❷ 计算，其中 M_h 为湿骨料的质量。在第一批试验中为 85/1.025，即 82.93kg，砂包含的自由水的

---

❶ 根据 A1.3 关于自由水量（w_h）以及吸附水量（w_{abs}）的简写可知，原文此处存在编辑错误，特此订正。——译者注

❷ 根据 A1.3 关于自由水量（w_h）的简写可知，正确的公式表达应为：$M_{SSD} = M_h/(1+w_h)$，而非 $M_{SSD} = M_h/(1+h)$。——译者注

量为 $85-82.93=2.07$（kg）。

因此，拌合物中水的总量为 $14+2.07=16.07$（L）。

混凝土的水灰比为 $16.07/35=0.46$。

水泥的绝对体积为 $35/3.14=11.15$（L）。

SSD 骨料的绝对体积为 $105/2.70=38.89$（L）。

SSD 砂的绝对体积为 $82.93/2.65=31.29$（L）。

因此，该试验批次中使用的固体成分和水的体积如表 A1.2 所示。

表 A1.2　第一批试验的体积组成　　　　　　　　　单位：L

水	水泥	骨料		共计
		粗骨料	砂子	
16.07	11.15	38.89	31.29	97.4

事实上，该体积占试验批次体积的 98%，因为引气量为 2%。

为了获得 $1m^3$ 混凝土的组成，有必要将表 A1.2 中给出的每个量乘以 $10 \times 98/97.4$，即 10.06。

因此，混凝土的成分如表 A1.3 所示。

表 A1.3　第一批试验与 $1m^3$ 混凝土成分对比❶

骨料（SSD）	水	水泥	骨料		引气量
			粗骨料	砂子	
第一批	16.07L	35kg	105kg	82.9kg	2%
$1m^3$	162L	352kg	1060kg	830kg	2%

考虑到配料厂使用的天平的精度，这些值已四舍五入到最接近的 1L 水、1kg 水泥和 10kg 骨料。

混凝土的单位质量为 $162+352+1060+830=2404$（kg/m^3）。

A1.8.2.2　第二批试验

第二个试验批次是包含超塑化剂的引气混凝土，使用表 A1.4 中所示的材料配比制成。

表 A1.4　第二批试验成分

水	水泥	骨料		总含气量	超塑化剂
		粗骨料	砂子		
14L	35kg	105kg	80kg	6%	0.1L

假设这批次粗骨料是干燥的，$w_{tot}=0\%$。砂的总含水量为 4%，超塑化剂的固含量为 20%，相对密度为 1.1。

---

❶ 原文此处表格中未加单位，由于表中数据单位不统一，译者认为加单位更为严谨。——译者注

接下来计算骨料和超塑化剂中的隐藏水。

由于粗骨料是干燥的，所以它会在拌合过程中吸收一些水分，$M_{SSD}=M_h/(1+w_{abs})$❶，其中 M_d 为干骨料质量。

SSD 骨料吸收部分配料水后的质量为 106.05kg。

粗骨料将吸收 1.05L 水。

湿砂的 M_{SSD} 为 $M_{SSD}=M_h/(1+w_h)$❷，即 80/1.025＝78.05（kg）。它为拌合物引入 1.95kg 的水。

超塑化剂中含水量计算如下。超塑化剂的质量是 0.1×1.1＝0.11（kg）。固含量为 0.11×0.2＝0.021（kg）。所以超塑化剂引入的水量是 0.11－0.021＝0.09（L），与骨料中"隐藏"的水相比，这是可以忽略不计的。

配制该试验批次时用水量为 14－1.05＋1.95＝14.90（L）。

该引气混凝土的水灰比为 14.9/35＝0.43。

水泥的绝对体积为 35/3.14＝11.15（L）。

SSD 骨料的绝对体积为 106.05/2.70＝39.28（L）。

SSD 砂子的绝对体积为 78.05/2.65＝29.45（L）。

用于制备该试验批次的固体成分和水的绝对体积如表 A1.5 所示。

表 A1.5　第二批试验固体成分和水的绝对体积　　　　　　单位：L

水	水泥	骨料		超塑化剂	共计
		粗骨料	细骨料		
14.90	11.15	38.28	29.45	0.1	94.78

事实上，该体积仅占该批次体积的 94%，因为引气量为 6%。

因此，试验批次的绝对体积为 94.78/(1－0.06)＝100.83（L）。要生产 1m³（1000L），必须将不同成分的质量乘以 1.0083。

该试验批次（SSD 骨料）的成分如表 A1.6 所示。为了获得 1m³ 这种混凝土（SSD 骨料）的组成，需要将试验批次的配合比乘以 1000/100.83，即 9.918。

因此，混凝土的组成如表 A1.7 所示。

混凝土的单位质量为 149＋347＋1050＋770＝2316（kg/m³）。

表 A1.6　第二批试验成分（SSD 骨料）

水	水泥	骨料		超塑化剂	引气量
		粗骨料	细骨料		
14L	35kg	106.05kg	78.05kg	0.1L	6%

---

❶ 根据 A1.3 关于吸附水量（w_{abs}）的简写可知，正确的公式表达应为：$M_{SSD}=M_h/(1+w_{abs})$，而非 $M_{SSD}=M_h/(1+abs)$，此外，原文中未对 M_h 做出说明，译文中已做补充。——译者注

❷ 根据 A1.3 关于自由水量（w_h）的简写可知，正确的公式表达应为：$M_{SSD}=M_h/(1+w_h)$，而非 $M_{SSD}=M_h(1+h)$。——译者注

表 A1.7　第二批 1m³ 混凝土成分

水	水泥	骨料 SSD		引气量	超塑化剂
		粗骨料	细骨料		
149L	347kg	1050kg	770kg	6%	1L

A1.8.2.3　第三批试验

第三个试验批次高性能混凝土的成分进行了微调，其中使用了掺有 10% 的 F 级粉煤灰（相对密度为 2.50）的复合水泥。为了在高性能混凝土中获得合适的稠度，使用了 0.9L[❶] 聚萘磺酸盐（PNS）超塑化剂，其相对密度为 1.21，固含量为 42%。用于配制该批次的骨料具有表 A1.8 所示的特性。

混凝土的含气量为 1.5%。

表 A1.9 给出了第三批试验的组成成分。

当粗骨料干燥时，它吸收一定量的拌合水，达到 SSD 状态。此时的质量计算如下：

$$100 \times [1 + (1/100)] = 101(\text{kg})^{❷}$$

因此，粗骨料将吸收 1L[❸] 水。

由于砂子的总含水量为 3.9，其含湿量为 w_h[❹] = 3.9 − 1.0 = 2.9%。

表 A1.8　第三批试验中使用的骨料的特性

骨料	G_{SSD}	$w_{abs}/\%$	$w_{tot}/\%$
粗骨料	2.75g	1.0	0
细骨料	2.65	1.0	3.9

表 A1.9　第三批试验成分

水	水泥	粉煤灰	骨料 SSD		减水剂	引气量
			粗骨料	细骨料		
12L	45kg	5kg	100kg	70kg	0.9L	1.5%

SSD 砂子的质量为 70/(1+2.9/100) = 68.03kg，因此砂中含有 1.97L 水。

超塑化剂中含水量为：

$$V_w^{❺} = 0.9 \times 1.21 \times (100 - 42)/100^{❻} = 0.63(\text{L})$$

含水量为 12 − 1.00 + 1.97 + 0.63 = 13.60 （L）。

[❶] 原文此处计算有误。按后文可知，该值应为 0.9L，而非原文中的 0.91L。——译者注

[❷] 原文此处计算以及表达有误，应为 $100 \times [1 + (1/100)] = 101\text{kg}$，而不是原文中的 $100\text{kg}[1 + (1/100)] = 101.01\text{kg}$。——译者注

[❸] 通过正确的计算粗骨料将吸收水量应为 1L，而不是 1.01L。——译者注

[❹] 根据 A1.3，该处正确的表达应为 "w_h" 不是 "h"。——译者注

[❺] 根据式（A1.12）可知，该处 "V_{liq}" 表达错误，应为 "V_w"，已修改。——译者注

[❻] 原文此处 $0.9 \times 1.2 \times (100 - 42/100)$ 有误，应为 $0.9 \times 1.2 \times (100 - 42)/100$。——译者注

混凝土的水灰比为 13.6/45＝0.30，水胶比为 13.6/50＝0.27。

所用水泥的体积为 45/3.14＝14.33（L）。

所用粉煤灰的体积为 5/2.5＝2.00（L）。

SSD 粗骨料的体积为 101/2.75＝36.73（L）。

SSD 砂子的体积为 68.03/2.65＝25.67（L）。

超塑化剂中所含固体的体积为 $V_{sol}=0.9[1-1.21(1-42/100)]$，即 0.27L。

上述各材料的体积总和为：

$$13.60+14.33+2.00+36.73+25.67+0.27=92.60（L）$$

考虑到 1.5％的引气量，试验批次的实际体积为：

$$92.60/(1-1.5/100)=94(L)$$

为了计算 1m³ 这种混凝土的配合比，需将试验批次的比例乘以 100/94＝10.64。

试验批次的组成成分如表 A1.10 所示。

1m³ 这种混凝土（SSD 骨料）的组成如表 A1.11 所示。

表 A1.10 第三批试验成分

水	水泥	粉煤灰	骨料 SSD		减水剂	引气量
			粗骨料	细骨料		
13.59L	45kg	5kg	101.01kg	68.03kg	0.9L	1.5％

表 A1.11 第三批 1m³ 混凝土成分

水	水泥	粉煤灰	骨料 SSD		减水剂	引气量
			粗骨料	细骨料		
145L	480kg	53kg	1075kg	725kg	9.6L	1.5％

这些值是高性能混凝土的典型值。

A1.8.3 在给定水灰比或水胶比的情况下计算 1m³ 混凝土成分的简化方法

SSD 骨料的质量可根据其形状进行选择，如表 A1.12 所示。

表 A1.13 中给出了除超塑化剂所含水以外的拌合水量。

表 A1.12 粗骨料的建议量

不规则	立方	圆形	
1000kg	1050kg	1100kg	kg/m³

表 A1.13 拌合水的建议量（不包括超塑化剂中包含的水）

非引气型	165L
引气型	150L

表 A1.14 中给出了超塑化剂的初始掺量。在制作试验批次时，将对其进行调整，以获得所需的初始坍落度。

表 A1.14　超塑化剂的建议量（质量比）

萘系	0.8%
聚羧酸（PCE）	0.4%

所用水泥的质量是根据水灰比或水胶比计算的，因为已确定了用水量。唯一未知的质量是砂子的质量，可按照绝对体积法计算。

砂子的体积＝1m³－水的体积－水泥的体积－粗骨料的体积－超塑化剂的体积

A1.8.3.1　实例计算

计算水灰比为 0.35 的引气混凝土的组成，该混凝土由相对密度为 3.14 的波特兰水泥制成。粗骨料为立方体，相对密度 2.70，SSD 状态。砂子相对密度为 2.65，SSD 状态。使用萘系超塑化剂。

在表 A1.12 中，粗骨料的建议用量为 1050kg/m³。

如表 A1.13 所示，由于该混凝土含一定量空气，拌合水量为 150L。

水泥的用量是从目标水灰比中获得的。在该情况下，水泥用量为 150/0.35＝429kg。

超塑化剂的活性固体质量[1] M_{sol} 为 429×0.8/100＝3.43（kg）。

液体超塑化剂的体积为：

$$V_{liq} = M_{sol}/(1.21×42/100) = 6.75(L)$$

砂子体积计算如下：

水的绝对体积：150L

水泥的绝对体积：429/3.14＝136.62（L）

粗骨料的绝对体积：1050/2.70＝388.89（L）

超塑化剂的绝对体积：6.75L

空气的绝对体积：60L

除砂子之外其他组分的总体积为：

$$150＋136.62＋388.89＋6.75＋60 = 742.26(L)$$

SSD 砂子的体积为 1000－742.26＝257.74（L）。

SSD 砂子的质量为 257.74×2.65＝683.01（kg）≈683kg。

用于制备该试验批次的配合比如表 A1.15 所示。

表 A1.15　试验批次的配合比

水	水泥	粉煤灰	骨料 SSD		超塑化剂	引气量
			粗骨料	细骨料		
150L	429kg	0	1050kg	683kg	6.75L	6%

---

[1] 原文有误，应为质量（mass），而不是体积（volume）。——译者注

如前所述，必须调整超塑化剂的量，以获得目标坍落度。。

P. -C. Aïtcin

Université de Sherbrooke，QC，Canada

参考文献

Aïtcin, P.-C., 1971. Density and porosity measurements of solids. ASTM Journal of Materials 6 (2), 282−294.

Aïtcin, P.C., 1998. High Performance Concrete. E and FN SPON.

附录 2
实验统计设计

A2. 1　引言

实验的目的是获得一个或几个问题的答案。例如，在不损害混凝土抗压强度的情况下降低浇筑成本，能产生最大坍落度的超塑化剂（SP）的最小掺量是多少？该掺量是不同参数的函数，如水泥的特性、SP 的类型、混凝土的组成及其水灰比（w/c）等。

但除了第一个问题外，获得以下几点答案也很有趣：

- 评估掺量的鲁棒性时，水泥特性或 w/c 的改变对 SP 最佳掺量有何影响？
- 初始坍落度是否能保持足够长时间，以便有时间轻松地浇筑混凝土？
- 如果混凝土的性能和鲁棒性必须最大化，成本必须最小化，那么它的最佳配比是什么？

这个复杂的优化过程需要考虑 w/c、SP 的种类和掺量、水泥的类型和用量、辅助性胶凝材料的种类和用量以及这些因素之间的相互作用。有些因素会产生相反的效果，例如，在设计自密实混凝土（SCC）的组成时，SP 会增加坍落度（即降低屈服应力），而增黏剂会降低坍落度（即增加屈服应力）并增加黏度。因此对 SCC 的组成进行优化是一项复杂的工作，因为必须控制大量因素及其相互作用。当试图通过试错法来找到最佳组成时，需要做大量的测试，因为在这种方法中，一次只有一个参数是变化的，而其他所有的参数都保持固定不变。

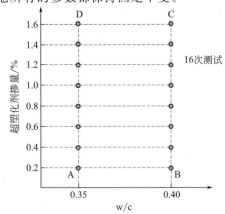

图 A2.1　实验条件对 SP 用量函数
流动研究的表征

举一个非常简单的优化例子。假设想通过测量水泥浆体流动度来研究 SP 用量对其流动性的影响。本试验方案选定的 w/c 值分别为 0.35 和 0.40，SP 用量分别为 0.2%、0.4%、0.6%、0.8%、1.0%、1.2%、1.4% 和 1.6%。图 A2.1 显示了必须进行 16 次试验的实验条件（8 种掺量，两种不同的 w/c 比值分别为 0.35 和 0.40）。

得到的实验值如图 A2.2 所示。

可以看出，0.2% 的掺量太小，即使在 0.35 的水灰比下，也无法获得任何流动度。必须达到 0.6% 的掺量才能得到可测量的流动度。当 w/c 为 0.40 时，1.4％和 1.6％的掺量都过高，无法得到稳定的浆体。当 SP 的最佳掺量为 0.8％（w/c 为 0.40）和 1.6％（w/c 为 0.35）时，可获得最大流动度。

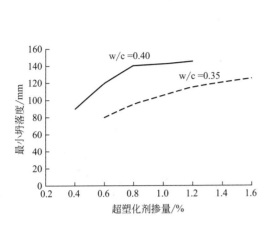

图 A2.2　水泥浆体初始流动度随 SP 掺动度
的变化（Yahia and Khayat，2001）

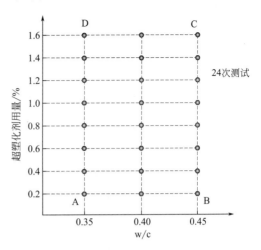

图 A2.3　实验测定了 SP 用量对三种不同
w/c 水泥浆体流动度的影响

但目前尚不清楚最佳掺量在这两个 w/c 之间或超出这一范围时如何变化。为了得到这个新问题的答案有必要做额外的测试。如果要研究另一个 w/c 为 0.40 的浆体流动度，则必须增加 8 个新的超塑化剂掺量。这表示总共要进行 24 次测试，如图 A2.3 所示。图中，点 A、B、C 和 D 代表新实验区域的极限，其中的实验值（响应）给出了流动度的变化，其可作为每个 w/c 下的 SP 掺量的函数。

尽管这种实验方法是建立在大量测试的基础上的，但对于其他一些具体问题却没有给出任何答案。例如，如果在这项研究中保持不变的一些其他参数发生了变化，会发生什么？新的反应是什么？此外，这种方法没有给出正在研究的不同因素相互作用的任何指导。

相比之下，统计设计方法可同时考虑几个因素的变化。这种方法特别有趣，因为它大大减少了试验次数，同时确保结果与图 A2.1 和图 A2.2 所示方法一样好，甚至更好（Box 等，1978；Montgomery，2005；Sado，1991；Yahia 和 Khayat，2001；Khayat 等，1999）。

A2.2　术语

A2.2.1　因素、因素水平和响应的概念

因素是影响研究性能、产生响应的参数。这个因素或多或少地影响响应。比如，在确定混凝土最优配比时，目前研究的一些重要因素是 w/c、SP 用量、水泥类型及其用量等。统计设计可用于识别影响响应的因素、影响程度以及这些因素之间的相互作用。

可以研究两类因素：定量和定性。定量的因素是可测量的，而定性的因素是不可测

量的。例如，水泥的 w/c 是一个定量因素，而水泥的类型或 SP 是一个定性因素。当使用统计设计时，用于分析和解释这两种因素给出的响应的方法是不同的。

在实验设计中给出的一个因素的值叫做它的水平，要使用统计设计，至少要研究两个不同的水平：最小值和最大值（两级析因法）。

A2.2.2 无量纲编码值

无量纲编码值的使用大大简化了包含两个水平的统计设计方法的表示和分析。将绝对值转换为编码值的方法是通过改变坐标系原点和每个轴上的单位来完成的。编码值由下式得到：

$$编码值 = \frac{绝对值-中心值}{(最大值-最小值)/2} \tag{A2.1}$$

从图 A2.4 中可以看出，为了得到编码值，-1 值被赋予较低水平的 SP 掺量，$+1$ 值被赋予较高水平的 SP 掺量。例如，区间的中间（-1，$+1$），即坐标的新原点，其绝对值为 0.425 和 0.8%。

将使用的新坐标系如图 A2.5 所示。

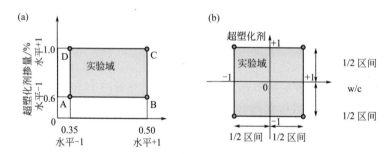

图 A2.4 从绝对值向编码值移动

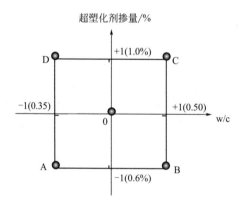

图 A2.5 使用编码值的坐标系

如图 A2.4(b) 所示，该范围区间表示每一因素的低水平（最小值）和高水平（最大值）差值的一半。编码后的值可以重写为：

$$编码值 = \frac{绝对值-中心值}{(最大值-最小值)/2} = \frac{绝对值-中心值}{区间}$$

在表 A2.1 中，可以求出两种系统中 A、B、C、D 点的坐标表达式。

　　引入不同因子的 -1 和 $+1$ 编码值来研究具有 2.0 恒定振幅的不同因子（Box，1978；Montgomery，2005；Sado，1991），而不论所研究的两个因素绝对变化的大小及其性能如何。这种表示方式简化了计算，并比较了各因素及其相互作用的影响。所有的统计设计软件都是基于编码值的分析。

表 A2.1　图 A2.4 和 A2.5 所示的 A、B、C、D 点坐标

系统点	绝对坐标		编码坐标	
	w/c	SP/%	w/c	SP/%
A	0.35	0.6	-1	-1
B	0.50	0.6	$+1$	-1
C	0.50	1.0	$+1$	$+1$
D	0.35	1.0	-1	$+1$

A2.2.3　实验域

A2.2.3.1　定义

　　一个实验域可以用一个维数等于 k 的空间来表示，k 是所研究的因子数。在二维情况下，实验域受每个研究因素的高值和低值限制，如图 A2.6。

　　实验域也可以定义为三维，如图 A2.7 所示。

　　这里只考虑二维模型。

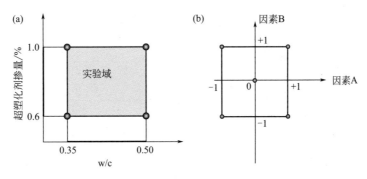

图 A2.6　二维实验域的定义

(a) 绝对值；(b) 编码值

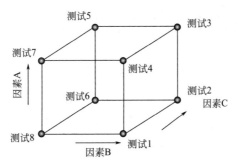

图 A2.7　三维实验域的定义

A2.2.3.2 实验域的选择

实验域中的点的选择直接关系到实验次数、效果及其相互作用的精度。这是执行统计设计时最重要的步骤，因为同时实现了两个明显矛盾的目标：最小化实验次数，并最大化利用实验值和模型获得的精度。因此，必须选择实验域的极限，以便以最大的精度获得参数的影响。

A2.2.4 案例 1

混凝土生产商决定使用两级统计设计来研究 w/c 和水泥用量对混凝土流变和力学性能的影响。其中 w/c 分别为 0.35 和 0.45，水泥含量分别为 $320kg/m^3$ 和 $400kg/m^3$。

- 这两个因素的范围是多少？
- 这两个因素的编码值是多少？
- w/c 为 0.38、水泥用量为 $370kg/m^3$ 的混凝土的编码值是多少？

答案如下：

（1）w/c 的范围＝(0.45－0.35)/2＝0.05

$$水泥用量的范围＝(400－320)/2＝40(kg/m^3)$$

（2）这两个因素对应的编码值可以计算如下：

$$w/c 为 0.35 的编码值＝\frac{0.35－0.40}{(0.45－0.35)/2}＝-1$$

$$w/c 为 0.45 的编码值＝\frac{0.45－0.40}{(0.45－0.35)/2}＝+1$$

$$水泥用量为 320kg/m^3 的编码值＝\frac{320－360}{(400－320)/2}＝-1$$

$$水泥用量为 400kg/m^3 的编码值＝\frac{400－360}{(400－320)/2}＝+1$$

（3）w/c 为 0.38、水泥用量为 $370kg/m^3$ 的混凝土混合物的编码值可计算如下：

$$w/c 为 0.38 的编码值＝\frac{0.38－0.40}{(0.45－0.35)/2}＝-0.40$$

$$水泥含量为 370kg/m^3 的编码值＝\frac{370－360}{(400－320)/2}＝+0.25$$

A2.3 统计设计的数学处理

A2.3.1 将响应表达为因素及其相互作用的函数

使用基于编码值的表示法，所有统计设计都可以相同的方式进行数学处理，无论研究中的因素和响应及其绝对值是什么。所有商业统计设计软件都是基于对编码值的分析。

对给定因素的响应通常写为 Y。

每个响应都是一个或几个实验的结果。当它是几个实验的结果时，需要用其平均值来表示。因此，必须知道每个响应的实验误差。这个值可以根据测量响应的标准偏差来估算。知道该误差，也有必要评估因素的影响是否显著。

通过比较因素从其较低水平（-1）Y_1 到其高水平（$+1$）Y_2 变化时的响应值，来得出因素对响应的影响。因素对响应的影响可以是积极的、消极的或中性的。

在描述响应变化作为因素的函数的数学模型中，因素的影响表现为影响系数 a_i。例如，当研究混凝土的坍落度作为 w/c 和 SP 掺量的函数时，在线性模型的情况下，响应 Y 可以写成：

$$\text{Slump}=a_0+a_1 \cdot \text{w/c}+a_2 \cdot \text{SP}+a_{12} \cdot \text{w/c} * \text{SP}+E \tag{A2.2}$$

在该模型中，系数 a_1 表示 w/c 的影响，系数 a_2 表示 SP 掺量的影响，a_{12} 表示两个因素的相互作用，E 表示与该线性模型相关的误差。误差表明了模型的有效性。在这种特殊情况下，系数 a_1 和 a_2 明显为正，因为如果 w/c 和 SP 掺量增加，坍落度就会增加。

A2. 3. 2　相互作用

如果一个因素的效果取决于另一个因素的水平，则两个因素就会相互影响。当研究混凝土中 SP 的效果时，发现 w/c 与 SP 掺量之间存在相互作用。在低 w/c 的情况下，相互作用较强，但在高 w/c 的情况下相互作用就不那么强了。

A2. 3. 3　模型验证

模型必须尽可能精确地再现实验结果。因此，有必要通过在研究领域内进行一系列实验来验证。这个验证是通过在实验域的中心重复同一个实验多次来完成的。实验域的中心是检测响应线性差异的最佳位置（Box 等，1978）。在编码系统中，该点对应于每个因素的 0 级。因此，对于响应，模型给出的值等于系数 a_0。因此，只需将 a_0 与在实验域中心获得的实验值进行比较。这两个值之间的密切对应表明模型是有效的。

如果线性模型无效，则需要考虑所有可能的二次效应的非线性模型。非线性模型可以写为：

$$\begin{aligned}\text{Slump}=&a_0+a_1 \cdot \text{w/c}+a_2 \cdot \text{SP}+a_{11} \cdot \text{w/c} * \text{w/c}\\&+a_{22} * \text{SP} * \text{SP}+a_{12} \cdot \text{w/c} * \text{SP}+E\end{aligned} \tag{A2.3}$$

二次效应的存在意味着一个因素对响应的影响取决于其自身的水平（Box 等，1978；Montgomery，2005；Sado，1991）。系数 a_{11}、a_{22} 和 a_{12} 表示因素 SP 和 w/c 之间的二阶相互作用。

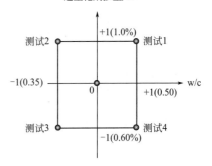

图 A2.8　进行测试

A2. 3. 4　一阶相互作用的情况

假设在图 A2.8 中限制实验域的四个点上做了一个测试，编码值如表 A2.2 所示。

假设坍落度取决于 w/c、SP 掺量及其相互作用。此外还将考虑模型引入了误差 E。

$$\text{Slump} = a_0 + a_1 \cdot \text{w/c} + a_2 \cdot \text{SP} + a_{12} \cdot \text{w/c} * \text{SP} + E \tag{A2.4}$$

表 A2.2　实验编码值

	SP/%	w/c	SP×w/c	响应(Y)
测试 1	1	1	1	Y1
测试 2	-1	1	-1	Y2
测试 3	-1	-1	1	Y3
测试 4	1	-1	-1	Y4

各响应 Y_i 可表示为：

$$Y_1 = a_0 + a_1 \cdot (+1) + a_2 \cdot (+1) + a_{12} \cdot (+1) = a_0 + a_1 + a_2 + a_{12}$$
$$Y_2 = a_0 + a_1 \cdot (-1) + a_2 \cdot (+1) + a_{12} \cdot (-1) = a_0 - a_1 + a_2 - a_{12}$$
$$Y_3 = a_0 + a_1 \cdot (-1) + a_2 \cdot (-1) + a_{12} \cdot (+1) = a_0 - a_1 - a_2 + a_{12}$$
$$Y_4 = a_0 + a_1 \cdot (+1) + a_2 \cdot (-1) + a_{12} \cdot (-1) = a_0 + a_1 - a_2 - a_{12}$$

计算两个因素的影响（即系数 a_i），需要求解四个线性方程组。影响矩阵（A），响应列（Y）和系数向量（a_i）定义如下：

$$A = \begin{bmatrix} 1 & 1 & 1 & 1 \\ 1 & -1 & 1 & -1 \\ 1 & -1 & -1 & 1 \\ 1 & 1 & -1 & -1 \end{bmatrix}, \quad Y = \begin{bmatrix} Y_1 \\ Y_2 \\ Y_3 \\ Y_4 \end{bmatrix}, \quad a = \begin{bmatrix} a_0 \\ a_1 \\ a_2 \\ a_3 \end{bmatrix}$$

$$\begin{bmatrix} 1 & 1 & 1 & 1 \\ 1 & -1 & -1 & 1 \\ 1 & 1 & -1 & -1 \\ 1 & -1 & 1 & -1 \end{bmatrix} \begin{bmatrix} 1 & 1 & 1 & 1 \\ 1 & -1 & 1 & -1 \\ 1 & -1 & -1 & 1 \\ 1 & 1 & -1 & -1 \end{bmatrix} = 4 \begin{bmatrix} 1 & 0 & 0 & 0 \\ 0 & 1 & 0 & 0 \\ 0 & 0 & 1 & 0 \\ 0 & 0 & 0 & 1 \end{bmatrix} = 4I$$

这里的 $I = \begin{bmatrix} 1 & 0 & 0 & 0 \\ 0 & 1 & 0 & 0 \\ 0 & 0 & 1 & 0 \\ 0 & 0 & 0 & 1 \end{bmatrix}$ 是确定的矩阵。

A2.3.5　最优标准

最优标准是基于 N 个实验的最小 Cauchy-Schwartz 标准差。根据 Hadamard（Box 等，1978），如果矩阵 A 的转置矩阵满足以下方程，则可满足该标准：

$$A^\text{T} A = N I$$

其中 A^T 是矩阵 A 的转置矩阵，N 是实验次数，I 是单位矩阵。

在两个因素具有两个水平的情况下，很容易验证：

$$\begin{bmatrix} 1 & 1 & 1 & 1 \\ 1 & -1 & -1 & 1 \\ 1 & 1 & -1 & -1 \\ 1 & -1 & 1 & -1 \end{bmatrix} \begin{bmatrix} 1 & 1 & 1 & 1 \\ 1 & -1 & 1 & -1 \\ 1 & -1 & -1 & 1 \\ 1 & 1 & -1 & -1 \end{bmatrix} = 4 \begin{bmatrix} 1 & 0 & 0 & 0 \\ 0 & 1 & 0 & 0 \\ 0 & 0 & 1 & 0 \\ 0 & 0 & 0 & 1 \end{bmatrix} = 4\boldsymbol{I}$$

不同的商业软件可用于求解与实验方案相对应的方程组，绘制等响应曲线，并提供数学模型在实验领域的有效程度。在下面的应用中，说明了由线性模型构成的统计方法（案例 2）。例如，Khayat 等（1995）、Nehdi 等（1997）、Yahia（1997）就使用了统计模型。

A2.3.6 案例 2

A2.3.6.1 w/c 和用水量对 HPC 中 SP 掺量的影响

采用两水平析因设计，评估了 w/c 和用水量（W）及其二阶交互作用对 SP 掺量的影响，以达到给定的坍落度，并在高性能混凝土（HPC）的龄期段获得给定的坍落度和抗压强度。

Rougeron 和 Aitcin（1994）报道了这一案例。在 −1、0 和 +1 的编码值相对应的三个不同级别上评估每个因素的影响。表 A2.3 汇总了模型因素的相应绝对值。在有两个自变量的情况下，两级析因设计由四个（$N_f = 2^2 = 4$）析因点和实验域中心的三个重复点组成，以估算模型响应的实验误差程度并评估线性假设。

表 A2.3 模型因素的编码值和绝对值

变量	编码值		
	−1	0	1
w/c	0.25	0.28	0.31
水含量/(L/m³)	130	140	150

所得统计模型适用于 w/c 为 0.25[1]（−1）~0.31（+1）和用水量为 130（−1）~150L/m³（+1）的 HPC。中心点是一种拌合物，其中变量等于中间值，对应于 0.28 的 w/c 和 140L/m³ 的用水量。模拟的响应是达到 200mm±20mm 坍落度的 SP 掺量。在每种情况下测量 1d、7d 和 28d 的抗压强度。

模拟实验域由 1.0 到 +1.0 范围内的编码值组成。表 A2.3 汇总了模型变量（PV/IPV、w/c 和 WRA）的编码值和绝对值。

表 A2.4 总结了用于模拟 w/c 和用水量对 HPC 拌合物性能的线性影响的混凝土配合比与测试结果。

A2.3.6.2 结果与讨论

表 A2.5 给出了用于建立统计模型的混凝土的测试结果，该模型描述了自变量 w/c 和用水量对 SP 掺量和 HPC 力学性能的影响。

---

[1] 原著中此处为 0.22。根据 A2.3 及前后文可知，该处的值应为 0.25。

表 A2.4 所研究的 HPC 配合比与测试结果

编号	配合比								SP /(L/m³)	坍落度 /mm
	编码值		w/c	水 /(L/m³)	水泥	砂	骨料			
	w/c	w			kg/m³					
1	−1	−1	0.25	130	520	710	1100		25	210
2	−1	1	0.25	150	600	630	1100		19	200
3	1	−1	0.31	130	420	798	1100		12	200
4	1	1	0.31	150	485	720	1100		10	180
5	0	0	0.28	140	500	720	1100		13	200
6	0	0	0.28	140	500	720	1100		13	200
7	0	0	0.28	140	500	720	1100		13	200

表 A2.5 用于建立统计模型的 HPC 的测试结果

编号	配合比				抗压强度/MPa		
	编码值		w/c	水/(L/m³)	1d	7d	28d
	w/c	w					
1	−1	−1	0.25	130	41.5	66.8	80
2	−1	1	0.25	150	45	61.2	80.8
3	1	−1	0.31	130	33.7	54.5	69.6
4	1	1	0.31	150	36.5	66.5	69
5	0	0	0.28	140	36.2	64.2	86.5
6	0	0	0.28	140	36.2	64.2	86.5
7	0	0	0.28	140	36.2	64.2	86.5

表 A2.6 列出了 SP 掺量，抗压强度 1d、7d 和 28d 的推导模型。这些方程是基于多元回归分析确定的。

表 A2.6 推导的统计模型

性能		统计方法	R^2
SP 掺量/(L/m³)		15.0−5.5w/c−2.0 水 +1.0w/c×水	0.87
抗压强度/MPa	1d	38.0−4.1w/c+1.6 水	0.862
	7d	61.8−1.8w/c+1.6 水(w/c) +4.4w/c×水	0.978
	28d	74.6−5.6w/c	0.994

上述模型是利用式（A2.1）计算的自变量编码值建立的。对给定参数的负估计表明，响应随该参数的增加而减小。得出的多数估计值的置信区间为 90%。

基于实验域中心的三种混凝土对推导模型的准确性进行了定量评估，以比较测得的响应与使用建立的模型估算的响应。在 SP 为 13L/m³ 的实验域中心测得的响应为 1d、7d、28d 的抗压强度，分别为 36.2MPa、64.2MPa 和 86.5MPa。对应的 SP 需求量预测值为 15.0L/m³，1d、7d、28d 抗压强度预测值分别为 38.0MPa、61.8MPa、74.6MPa。建立的模型预测 SP 需求的误差约为 15%，1d、7d 和 28d 后的抗压强度分别为 5%、4% 和 16%。因此，这些模型可以预测模型的响应，其合理误差在 4%～

16％之间。模型可以扩展到包含二次效应，提高其精度。在这种情况下，应该进行复合设计，包括使用额外的拌合物，以扩展实验域。

A2.3.6.3 模型的开发

建立的模型可直观地反映建模参数的影响，有助于 HPC 的设计，并在混合参数之间进行权衡，以达到 HPC 的目标性能。

例如，图 A2.9 和图 A2.10 给出了 SP 掺量和 1d 抗压强度随 w/c 和用水量的变化的等响应曲线。

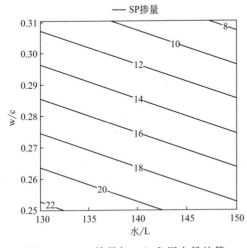

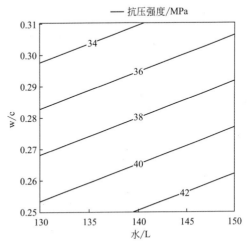

图 A2.9 SP 掺量与 w/c 和用水量的等
响应（Rougeron 和 Aïtcin，1994）

图 A2.10 1d 抗压强度随 w/c 和
用水量的等响应

可以看出，当 w/c 为 0.22 且水用量为 130L/m³ 时，或当 w/c 为 0.273 且水用量为 150L/m³ 时，可获得抗压强度为 40MPa 的混凝土。根据图 A2.10，在第一种情况下，SP 掺量约为 22L/m³，而在第二种情况下，SP 掺量约为 15L/m³。第二种混凝土比第一种更经济。

A2.4 结论

统计设计是研究硅酸盐水泥与外加剂在硅酸盐水泥基材料中相互作用的有力工具。它可以建立重要因素之间的权衡关系，并在给定的一组约束条件下实现目标属性，同时最大限度减少试验批次的数量。此外，利用该方法可以描述各种参数对给定性质的主要影响，建立二阶相互作用的数学模型。然而，在使用统计设计时，一个关键的步骤是选择要研究的实验域，正确定义它是研究者技术的一部分。市场上现有的不同软件在经过一段时间熟悉后，使用起来并不复杂。

A. Yahia，P.-C. Aïtcin
Université de Sherbrooke，QC，Canada

参考文献

Box, E.P., Hunter, W.G., Hunter, J.S., 1978. Statistics for Experimenters: An Introduction to Design, Data Analysis, and Model Building. In: Wiley Series in Probability and Mathematical.

Khayat, K.H., Sonebi, M., Yahia, A., Skaggs, B.C., 1995. Statistical models to predict flowability, washout resistance, and strength of underwater concrete. In: RILEM International Conference on Production Methods and Workability of Concrete, Glasgow, pp. 463—481.

Khayat, K.H., Yahia, A., Sonebi, M., 1999. Application of statistical models for proportioning underwater concrete. ACI Materials Journal 96 (6), 634—640.

Montgomery, D.C., 2005. Design and Analysis of Experiments, sixth ed. John Wiley & Sons.

Nehdi, M., Mindess, S., Aïtcin, P.-C., 1997. Statistical modelling of the microfiller effect on the rheology of composite cement pastes. Advances in Cement Research 9 (33), 37—46.

Rougeron, P., Aitcin, P.-C., December 1994. Optimization of the composition of a high-performance concrete. Cement Concrete and Aggregate, CCAGPD 16 (2), 115—124.

Sado, G., Sado, M.C., 1991. Experimental Design: From Experience to Quality Assurance (Available in French), second ed. AFNOR. 265 pp.

Yahia, A., 1997. Rheology and Performance of Cement-based Materials for Underwater Structures Repair (Available in French). Ph.D. dissertation. Université de Sherbrooke, 213 pp.

Yahia, A., Khayat, K.H., 2001. Experiment design to evaluate interaction of high-range water-reducer and anti-washout admixtures in high-performance cement grout. Cement and Concrete Research Journal 31 (5), 749—757.

附录 3
混凝土质量的统计评估

A3. 1 引言

尽管已经尽量去控制配制混凝土的材料的变动性，采用自动化设备中称量或计量这些材料，并根据精准而严格的标准对混凝土进行测试，但是由于混凝土仍然是由人工制造和测试的材料，并且其特性会受到人力无法控制的环境温度的影响，所以混凝土仍然是可变的。因此，我们有必要提出一些问题：

- 它是如何变化的？
- 如何减少这种变动性？
- 如何保证这种变动性不影响结构的安全性？

上述问题需要一定的统计学处理。本附录的目的是提出一些基本的、实用的概念，以便对具体生产进行统计评估（Valles，1972；Day，1995；Schrader，2007）。具体的研究往往没有很好地涵盖这一主题。

A3. 2 正态频率曲线

A3. 2. 1 混凝土性能的变动性

当测试混凝土的任何一种性能时，该测试过程结束后所得数值取决于大量相互独立且变化有限的因素。

在这种情况下，从统计学角度讲，获得的数值结果服从正态频率分布定律，又称"正态定律"或"拉普拉斯-高斯定律"，其图形表示为众所周知的钟形曲线（图 A3.1）。

尽管正态频率曲线包含无限多个值，但是在处理一些数值（来源于从有限数量样本中选定数量的样本进行测试获得的数值）时，了解其特性非常有用，这些数值对应于已试验的混凝土交付数量。因此，研究这——一般规律并将其某些性质应用于混凝土生产的统计控制是有用的。

A3. 2. 2 正态频率曲线的数学表达式

特征值 x 的概率密度 $f(x)$ 为：

$$f(x) = \frac{1}{\sigma\sqrt{2\pi}} \cdot e^{\frac{-(x-a)^2}{2\sigma^2}} \tag{A3.1}$$

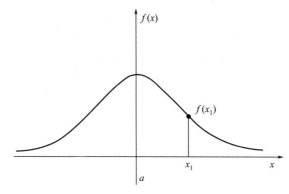

图 A3.1　正态频率分布曲线

y 轴置于平均值 a 处，$f(x_1)$ 表示值为 x_1 的样本

其中 a 表示平均值，σ^2 表示方差，σ 表示标准差。通常，最好使用减小的中心值代替 X：

$$x = \frac{X-a}{\sigma}$$

在这种情况下，横坐标的原点是平均值 a，测量值的单位等于标准差。式（A3.1）变为：

$$f(x) = \frac{1}{\sqrt{2\pi}} \cdot e^{\frac{-x^2}{2}} \tag{A3.2}$$

式（A3.2）给出了如图 A3.2 所示的钟形曲线。

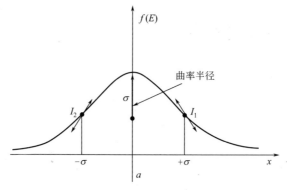

图 A3.2　钟形曲线拐点 I_1 和 I_2 的一些性质

A3.2.3　正态频率曲线的一些性质

当已知平均值 a 和标准差 s 时，就可完全定义对应于无穷多个值的正态频率曲线。平均值给出了正态频率曲线对称轴在 $O\text{-}x$ 轴上的位置，标准差给出了曲线的一般形状：标准差越小，曲线越尖锐。事实上，标准差代表钟形曲线上两个拐点的横坐标，同时也代表曲线顶部的曲率半径，如图 A3.2 所示。

图 A3.3 显示了两条平均值相同但标准差不同的正态频率曲线。在低标准差对应的正态频率曲线Ⅰ中，x 值大部分接近平均值。在正态频率曲线Ⅱ中，x 的值与平均值的距离更大。

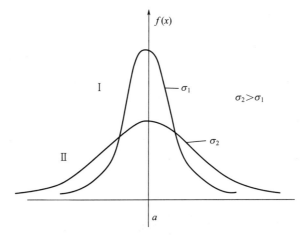

图 A3.3　平均值相同但标准差不同的两条钟形曲线比较

A3.2.4　正态频率曲线下的面积

如图 A3.4 所示，不同区间曲线下的面积：

- σ 到$-\sigma$ 等于钟形曲线下方总面积的 68.2%
- 2σ 到-2σ 等于 95.2%
- 3σ 到-3σ 等于 99%

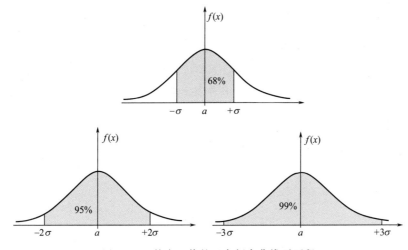

图 A3.4　特定 σ 值的正态频率曲线下面积

在图 A3.5 中，x_1 左侧曲线下的面积代表低于 x_1 的值的数量。给出 x_1 左边面积的表格是可用的：它们给出了 $f(x)$ 小于 x_1 的概率。

A3.2.5　变异系数

变异系数 V，用百分数表示，常用于描述分布曲线的形状。计算方法如下：

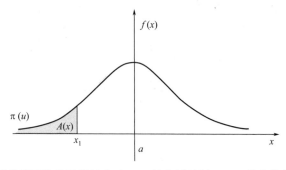

图 A3.5　当与钟形曲线下的总面积相比时，x_1 的左侧面积 $A(x)$ 代表数值小于 x_1 的百分比

$$V = \frac{\sigma}{A} \times 100\% \qquad (A3.3)$$

A3.3　混凝土生产质量控制

通常，通过测量两个或三个试样的抗压强度来评估混凝土的生产质量。在控制混凝土生产时，从每辆搅拌车上取样测试抗压强度是不现实的，因此是选取有限数量的试样，使用随机数表进行选择。进行有效的统计分析时，必须有至少 30 个独立的结果。然而，在对获得的数值进行计算之前，必须检查这组结果的分布是否接近正态分布曲线。

A3.3.1　柱状图

将数值分为不同的类别，对每个类别中的测试次数进行计数，并绘制柱状图（图 A3.6）。在绘制柱状图前，对数值进行分类的单元值的选择很重要。在测试混凝土强度时，通常以 2MPa 为单元值。在表征混凝土的抗压强度时，测得的柱状图的形状大致类似于正态分布曲线，如图 A3.6 所示，但在某些情况下，形状可能会大不相同，如图 A3.7 所示。

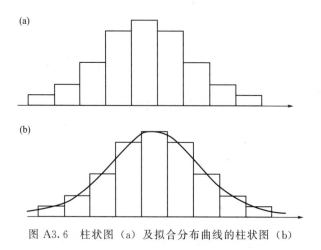

图 A3.6　柱状图（a）及拟合分布曲线的柱状图（b）

在图 A3.7 所示的两种情况中，计算平均值和标准差是不合理的，因为测得的值不能用正态分布曲线拟合。事实上，图 A3.7(a) 中柱状图的拟合曲线对应于两组正态分布曲线，平均值分别为 a_1 和 a_2，如图 A3.8 所示。图 A3.7(b) 显示的是偏态分布曲线，其中最低值已被消除。

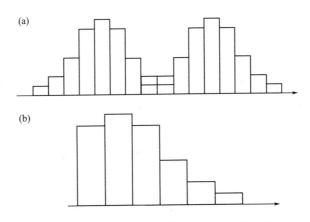

图 A3.7 无法用钟形曲线拟合的柱状图实例

（a）两组值的混合，每组值都服从正态分布曲线；（b）呈偏态分布，表明最低值已被消除

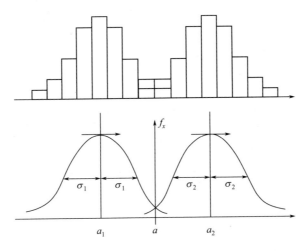

图 A3.8 将图 A3.7(a) 分解为两个正态分布曲线

只有验证了这组值可以用正态分布曲线拟合时，才能计算出平均值和标准差，并将结果与表 A3.1 中的值进行比较。

A3.3.2 测试偏差

对同龄期的两个抗压强度值进行比较，可以扩展统计分析的结果。在理想情况下，这些值应该相同，因为它们是从同一混凝土中获得的。然而，由于混凝土荷载的不均匀性，各个取样过程的变化以及试件的运输和养护等因素，往往使试件的个别值有所不同。可以将一对样本之间的差值视为一组统计数据，并在每种情况下计算这些不同个体值的范围。根据这组新的数据，可以计算出测试内的标准差：

$$\sigma_1 = \frac{1}{d_2} \times \overline{R} \tag{A3.4}$$

其中 σ_1 为测试内的标准差；d_2 为常数，取决于计算一个测试值的平均样本数（由 ACI 214 表 3.4.1 给出，本书中对应于表 A3.1）；$\overline{R}$ 是配对组内的平均范围。也可以计算测试内变异系数：

$$V_1 = \frac{\sigma_1}{\overline{x}} \times 100 \tag{A3.5}$$

式中，V_1 为测试内变异系数，$\overline{x}$ 为平均值。σ_1 和 V_1 值可以用作测试质量的指示。若 σ_2 为批次间变异系数，则总体标准差 σ 与测试内标准差 σ_1 之间通过以下关系进行关联：

$$\sigma = \sigma_1^2 + \sigma_2^2 \tag{A3.6}$$

表 A3.1　试验内标准差计算因素

样本数量	d_2	$1/d_2$
2	1.128	0.8865
3	1.693	0.5907
4	2.059	0.4857
5	2.326	0.4299
6	2.534	0.3946
7	2.704	0.3698
8	2.847	0.3512
9	2.970	0.3367
10	3.078	0.3249

注：见表 B2，ASTM 质量控制手册，ASTM（2002）。

A3.3.3　样本计算

测定某建筑工程项目混凝土的 28d 抗压强度，在两组试件上测定 35 次。所得结果如表 A3.2 所示。计算在小数点后两位数以内执行。

- 用 2MPa 的单元值画出平均值的频率分布。
- 平均值总体是否符合正态分布曲线？
- 随着测试的进行，平均抗压强度、标准差和变异系数如何变化？
- 根据表 A3.2，如何评价本次生产混凝土的质量控制？
- 平均范围和测试内的标准差和变异系数是多少？

你如何评估测试的控制？

表 A3. 2　实验结果

样本	1	2	3	4	5	6	7	8	9	10
1	58.5	64.9	65.0	60.1	64.7	65.0	63.8	64.7	64.7	61.1
2	58.2	64.8	65.3	60.5	65.9	65.4	66.6	65.5	64.2	61.9
样本	11	12	13	14	15	16	17	18	19	20
1	62.7	68.2	64.6	66.7	63.9	67.2	67.6	68.7	59.3	59.5
2	59.8	69.8	65.2	67.9	64.1	67.2	67.4	67.8	59.7	59.8
样本	21	22	23	24	25	26	27	28	29	30
1	55.9	61.3	60.6	63.6	63.3	62.7	63.5	63.0	62.2	63.7
2	56.4	66.0	60.5	63.6	63.5	62.5	63.5	63.4	62.7	63.9
样本	31	32	33	34	35					
1	66.4	56.9	63.2	65.4	62.9					
2	66.9	57.1	63.4	65.1	63.5					

A3. 3. 4　结果与讨论

表 A3. 3～表 A3. 5 所示的结果可以很容易获得，如通过 Excel 软件。

表 A3. 3　平均值和范围

样本	1	2	3	4	5	6	7	8	9	10
$\overline{x}$	58.35	64.85	65.15	60.30	65.30	65.20	62.90	65.10	64.45	61.5
$\overline{R}$	0.3	0.1	0.3	0.4	1.2	0.4	0.6	0.8	0.5	0.8
样本	11	12	13	14	15	16	17	18	19	20
$\overline{x}$	61.25	69.00	64.90	67.30	64.00	67.20	67.50	68.00	59.50	59.65
$\overline{R}$	2.9	1.6	0.6	1.2	0.2	0.0	0.2	0.4	0.4	0.3
样本	21	22	23	24	25	26	27	28	29	30
$\overline{x}$	56.15	63.65	60.70	63.60	63.40	62.60	63.50	63.20	62.45	63.80
$\overline{R}$	0.5	4.7	0.2	0.0	0.2	0.2	0.0	0.4	0.5	0.2
样本	31	32	33	34	35					
$\overline{x}$	66.85	57.00	63.30	65.25	63.20					
$\overline{R}$	0.5	0.2	0.2	0.3	0.6					

表 A3. 4　平均强度、累计平均值、标准差和变异系数

样本	平均强度/MPa	累计平均值/MPa	标准差 σ/MPa	变异系数 V/%
1	58.35	—	—	—
2	64.85	61.60	3.25	5.3
3	65.15	62.78	2.84	4.5
4	60.30	62.16	2.56	4.1
5	65.30	62.79	2.55	4.1

样本	平均强度/MPa	累计平均值/MPa	标准差 σ/MPa	变异系数 V/%
6	65.20	63.19	2.45	3.9
7	62.90	63.15	2.24	3.5
8	65.10	63.39	2.17	3.4
9	64.45	63.51	2.06	3.2
10	61.50	63.31	2.03	3.2
11	61.25	63.12	2.02	3.2
12	69.00	63.61	2.52	4.0
13	64.90	63.71	2.43	3.8
14	67.30	63.97	2.51	3.9
15	64.00	63.97	2.42	3.8
16	67.20	64.17	2.47	3.8
17	67.50	64.37	2.51	3.9
18	68.00	64.57	2.58	4.0
19	59.50	64.30	2.75	4.3
20	59.65	64.07	2.86	4.5
21	56.15	63.69	3.26	5.1
22	63.65	63.69	3.18	5.0
23	60.70	63.56	3.17	5.0
24	63.60	63.56	3.10	3.9
25	63.40	63.56	3.03	4.8
26	62.60	63.52	2.98	4.7
27	63.50	63.52	2.92	4.6
28	63.20	63.51	2.86	4.5
29	62.45	63.47	2.82	4.4
30	63.80	63.48	2.77	4.4
31	66.65	63.58	2.78	4.4
32	57.00	63.38	2.97	4.7
33	63.30	63.38	2.92	4.6
34	65.25	63.43	2.89	4.6
35	63.20	63.42	2.85	4.5

表 A3.5 测试偏差

测试偏差				
样本	范围/MPa	平均范围/MPa	标准差 σ/MPa	变异系数 V/%
1	0.30	—	—	—
2	0.10	0.20	0.18	0.27
3	0.30	0.23	0.21	0.32
4	0.40	0.28	0.24	0.40
5	1.20	0.46	0.41	0.62

		测试偏差		
样本	范围/MPa	平均范围/MPa	标准差 σ/MPa	变异系数 V/%
6	0.40	0.45	0.40	0.61
7	0.60	0.47	0.42	0.66
8	0.80	0.51	0.45	0.70
9	0.50	0.51	0.45	0.70
10	0.80	0.54	0.48	0.78
11	2.90	0.75	0.67	1.09
12	1.60	0.83	0.73	1.06
13	0.60	0.81	0.72	1.10
14	1.20	0.84	0.74	1.10
15	0.20	0.79	0.70	1.10
16	0.00	0.74	0.66	0.98
17	0.20	0.71	0.63	0.93
18	0.40	0.69	0.62	0.91
19		0.68	0.60	1.01
20	0.30	0.66	0.59	0.98
21	0.50	0.65	0.58	1.03
22	4.70	0.84	0.74	1.16
23	0.20	0.81	0.72	1.18
24	0.00	0.78	0.69	1.08
25	0.20	0.75	0.67	1.05
26	0.20	0.73	0.65	1.03
27	0.00	0.70	0.62	0.98
28	0.40	0.69	0.61	0.97
29	0.50	0.69	0.61	0.97
30	0.20	0.67	0.59	0.93
31	0.50	0.66	0.59	0.88
32	0.20	0.65	0.58	1.01
33	0.20	0.64	0.56	0.89
34	0.30	0.63	0.56	0.85
35	0.60	0.63	0.55	0.88

图 A3.9 为每组两个独立试件的平均强度变化情况。从图中可以看出,尽管在制备混凝土时非常谨慎,但在现场得到的结果仍具有一定的可变性。这种可变性不仅取决于混凝土的可变性,也取决于测试的可变性。

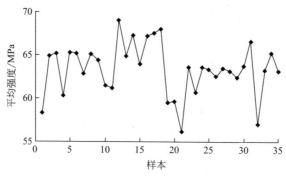

图 A3.9　样本的平均强度

从图 A3.10 可以看出，强度的频率分布具有（近似）正态分布的钟形特征。因此，计算试验结果的标准差和变异系数是合理的。

图 A3.11～图 A3.13 分别为平均强度、标准差和变异系数的变化情况。可以看出，在样本 21 之后，这些值相当稳定。（ACI 214 建议至少需要 30 个样本才能获得统计有效性的平均值。）

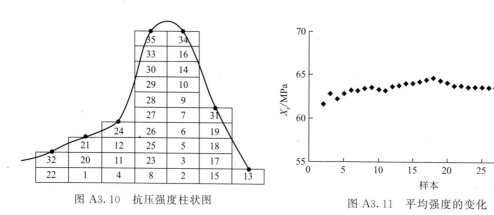

图 A3.10　抗压强度柱状图

图 A3.11　平均强度的变化

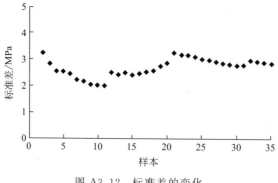

图 A3.12　标准差的变化

根据表 A3.6，标准差和变异系数分别为 3.8MPa 和 4.5%，生产及其控制可归类为"中"。

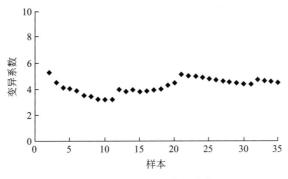

图 A3.13　变异系数的变化

表 A3.6　根据 ACI 214 得到的标准偏差和变异系数

总体变化				
评价级别	不同控制标准下的标准差/MPa			
	优	良	中	差	不合格
普通级别	低于 2.8	2.8～3.4	3.4～4.1	4.1～4.8	超过 4.8
实验室级别	低于 1.4	1.4～1.7	1.7～2.1	2.1～2.4	超过 2.4
评价级别	试验变化范围内			
	不同控制标准的变异系数/%			
现场控制测试	低于 3.0	3.0～4.0	4.0～5.0	5.0～6.0	超过 6.0
实验室试验批次	低于 2.0	2.0～3.0	3.0～4.0	4.0～5.0	超过 5.0

图 A3.14 是范围的变化，图 A3.15 是平均范围的变化。

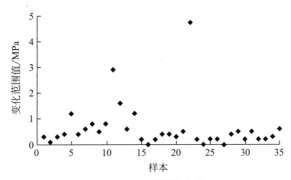

图 A3.14　范围的变化

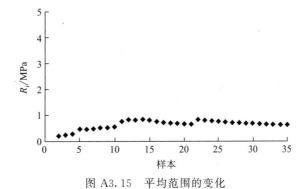

图 A3.15　平均范围的变化

图 A3.16 和图 A3.17 表示了测试内标准差和变异系数。这里也可以看到，35 个样本得到了稳定的值。

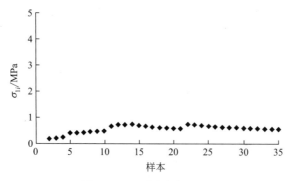

图 A3.16　测试内标准差

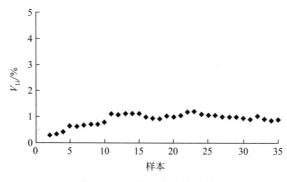

图 A3.17　测试内变异系数

A3.4　规定混凝土抗压强度

混凝土强度的规定必须建立在统计基础上。编写"混凝土必须始终具有大于 X MPa 的抗压强度"这样的规范是不现实不合理的，因为从统计学上讲，生产这种混凝土是不可能的。规范必须始终明确指出允许获得的结果强度低于 X 的次数。根据规范选择的严格程度，X 可能是总数 10%、5% 或 1% 的次数，评价人必须接受，在任何情况下都可能存在一定数量的试样，其强度低于设计选择的 X 值。

必须说明的第二个非常重要的点是要测试的样品数量。同样，测试所有批次的产品来计算真实平均强度和标准差是不现实的，只能检测有限的批次，那么需要检测多少呢？

ACI 214 建议，要进行"令人满意"的统计分析，至少需要 30 个样本，这样从有限数量的样本计算出的平均值和标准差才能够代表整个生产的实际平均值和标准差。从统计学角度来讲，根据服从正态分布的有限样本中计算出的平均值可以绘制总体正态分布曲线。同时，实际总体的标准差越小，在有限数量的样本中估计的平均值和标准差越接近整个总体的实际平均值和标准差的可能性就越大。

A3.5　统计分析的局限性

因为统计分析是在有限数量的样品上而不是在所有批次上进行，因此对混凝土生产进行统计分析可能会导致对其是否符合规范的评估有误。使用随机数表来选择要检查的荷载并不能限制这种风险。如果不进行组合分析，选择的抽样方法有可能利于生产者，也有可能利于消费者。列举两个非常简单的假设（但可能）案例。

建造一个特殊的结构需要使用 100 荷载的混凝土。该规范允许最多交付 5 批抗压强度低于设计强度的混凝土。该产品的统计分析基于使用随机数表选择的 30 个样本的结果。

A3.5.1　诚信但不幸的混凝土生产商案例

该混凝土生产商是一个诚信的生产商，考虑到其通常的标准差，调整了其生产的平均强度，以生产出统计上符合规范的混凝土。但当选择 30 个样品测试荷载时，生产商尤其不走运，5 个有缺陷的样品被选中了。结果，根据 25 个合格和 5 个不合格进行判断，它的生产将被评估为不符合规格，尽管事实上这是不合理的。

A3.5.2　弄虚作假但幸运的混凝土生产商案例

该混凝土生产商弄虚作假，生产了一种不符合规格的混凝土，但他非常幸运：没有任何不合格样品被选中。该生产商将被评估为符合规范，尽管事实并非如此。

A3.5.3　对生产者和消费者的风险

基于统计分析的特定项目的混凝土验收或拒收将不可避免地包括拒收符合规范的混凝土或接收不符合规范的混凝土的风险。在理想情况下，接受不良产品或拒绝良好产品的风险是相同且公平的。然而，根据 Chung（1978）所述，目前的标准有利于生产者而不是消费者，他提出了一个新的验收标准来使双方更好地分担风险。但直到目前（2014年）为止，尚未采取任何措施来改变这种状况！

A3.6　结论

尽管人们在用于制造混凝土的材料的变动性控制方面投入了很大精力，但是混凝土仍表现出一定程度的不确定性，因为它是由人操控复杂的工厂设施对各种原材料加工制成，并在变温条件下交付，最终由人工进行测试。与任何人造材料一样，混凝土必须在统计学基础上加以规范。必须承认，尽管在生产、加工、交付和测试低水灰比混凝土时采取了很多措施，仍可能有少部分样品不符合设计师选择的设计标准。

通过统计分析，可以生产出符合设计师设计标准的混凝土。当然，生产商必须达到的平均值将随着设计标准严格程度和混凝土搅拌站标准差的增加而增加。

对于同一种混凝土当对不同试样的数值进行统计分析时，可以通过计算试验内变化量来评价控制质量。因此，混凝土的可变性可以拆分为由于其生产导致的变化和由于其取样和测试导致的变化。然而需要强调的是，当在统计基础上评估具体产品时，总是存在合格的产品被拒收或不合格的产品被接受的风险。

　　混凝土是一种复杂多变的材料。必须做出一切必要努力来减少这种变化，以便建立更持久和可持续的结构。统计分析可以帮助我们实现这一点。

P. -C. Aïtcin

Université de Sherbrooke，QC，Canada

参考文献

ACI Standard 214 R-02, re. Recommended Practice for Evaluation of Strength Test Results of Concrete. ACI Manual of Concrete Practice, Part II, pp. 1—20.

ASTM Manual series MNL 7A, 2002. Manual on Presentation of Data and Control Chart Analysis, seventh ed. ASTM International. 100 Barr Harbor Drive, West Conshohocken, PA 19428.

Chung, H., 1978. How good is good enough — a dilemma in acceptance testing of Concrete. ACI Journal 75 (8), 374—380.

Day, K.W., 1995. Concrete Mix Design, Quality Control and Specification. E and FN SPON, London, p. 350.

Schrader, E., 2007. Statistical acceptance criteria for strength of mass concrete. Concrete International 29 (6), 57—61.

Valles, M., 1972. Eléments d'Analyse Statistique — Application au Contrôle de la Qualité dans l'Industrie du Béton. Monographie No. 4. published by CERIB, Paris, 64 p.

附录 4
术语和定义

介绍

为了充分利用一本技术书籍，对读者来说，了解所使用的技术术语的确切意义是非常重要的，这就是为什么我们在这部分列出了术语和定义。作者要求读者接受他们的选择并不意味着本书中提出的术语和定义比其他任何术语和定义都好，这只是一个一致性和明确性的问题。本书决定使用美国混凝土协会（ACI）的术语，尽管有时有些分歧。当相应的欧洲术语和定义与 ACI 的术语和定义有很大不同时，会提及这些术语和定义。

水泥、胶凝材料、填料

ACI 116R 标准包含 41 个以"水泥（cement）"一词开头的条目，用于定义混凝土和沥青行业中使用的一些水泥，另外 5 个条目包含"波特兰水泥（Portland cement）"一词（大写 P）。没有"辅助性胶凝材料"的条目，只有"胶凝材料"（具有胶凝性能）。

根据 ACI 116 委员会的建议，我们使用"复合水泥"一词来指与磨细熟料复合的各种类型（水硬性）粉末。我们倾向使用"复合水泥"表达，因为其简单：它清楚地表明了水泥是粉料的混合物。另外，用不同的辅助性胶凝材料或填充料对波特兰水泥熟料进行"稀释"，与减少水泥二氧化碳排放对环境的影响密切相关。

但是，当谈到包含一些粉体物料的水泥时，我们也会同时使用"胶凝材料（binder）"一词来增加这种 ACI 术语的个性化，这些物料也会与水和硅酸盐水泥水化而生成的石灰发生反应。我们赞成使用这个不精确的词，因为它的不精确性更好地反映了目前全世界使用的胶凝材料的多样性，以及未来将通过最大限度地减少水泥中硅酸盐水泥熟料的量来使混凝土更可持续使用的更大的多样性。

我们使用"熟料（clinker）"一词而不是"硅酸盐水泥熟料"，因为对我们来说，"熟料"一词自然意味着硅酸盐水泥。熟料是在水泥窑中生产的部分熔融材料，它被研磨制成硅酸盐水泥。

在本书中，"填料（filler）"一词的使用比 ACI 提出的限制更严格。"填料"指的是一种粉体材料，它比辅助性胶凝材料的反应性低得多，或者根本不具反应性。硅酸盐水泥目前使用的填充料主要是石灰石粉等。它们与波特兰水泥混合以提高其可持续性。

"胶凝材料的 CO_2 含量"表示在制备胶凝材料过程中原材料提取及加工过程中的 CO_2 排放量。例如，在现代水泥厂生产 1t 熟料，需要排放约 0.8t 二氧化碳，其中一半来自石灰石的煅烧，其余大部分来自熟料生产过程中让生料部分熔融所需的燃料。

二元、三元和四元水泥（或胶凝材料）

这些表述将用于指定某些复合水泥。它们表示复合水泥中含有多少胶凝材料或填充料，但不表示其性质或数量。例如，三元水泥可以由硅酸盐水泥、矿渣和硅灰组成；硅酸盐水泥、粉煤灰和硅灰组成；或者硅酸盐水泥、矿渣和粉煤灰组成，等等。在常见的用法中，硅酸盐水泥是指熟料和石膏的混合物。

胶凝材料含量

当复合水泥由几种胶凝材料组成时，复合水泥中每种材料的含量始终按复合水泥总质量的百分比计算。因此，一种四元水泥可以由 72% 的硅酸盐水泥、15% 的矿渣、10% 的粉煤灰和 3% 的硅灰组成。

比表面积

比表面积是指材料单位质量中包含的所有颗粒的总外表面积。由于比表面积通常是通过间接测量得到，所以需要具体说明是通过哪种方法测定，如 Blaine 或 BET（氮吸附）。通常以 m^2/kg 表示，有效数字不超过两位。例如，典型硅酸盐水泥的 Blaine 比表面积为 420 m^2/kg，典型硅灰的 BET 比表面积为 18000 m^2/kg。需要注意的是，对于同一材料，Blaine 和 BET 法会测得截然不同的数值，并且没有上述两种数值转换的标准技术。

阿利特和贝利特

阿利特和贝利特是指不纯形式的硅酸三钙（C_3S）和硅酸二钙（C_2S），正如 Thornborn 在 1897 年所提出（Bogue，1952）。

半水化合物

我们用缩写来表示半水硫酸钙（$CaSO_4 \cdot 1/2H_2O$）。

水灰比、水胶比

我们根据 ACI 来表示水灰比，用半字线 "-" 将单词 water 和 cement 分开。在它的缩写形式中，这个比率将被表示为 w/c（使用小写的 w 和 c），用斜杠将它们分开。在这种情况下，"w" 和 "c" 分别表示水和水泥的质量。用大写的 W 和 C 表示体积水灰比。这些符号与欧洲用法相反。水灰比是指水和混凝土、砂浆、水泥浆或水泥浆混合物中水泥的质量之比，其中不包括骨料吸收的水。它以十进制数字表示，缩写为 "w/c"。

但是，我们不使用 ACI 中的 "净水灰比（net w/c）"，其中 w 表示有效水的质量。我们认为没有必要加上 "净"，因为不存在 "总" w/c 的说法，w/c 是唯一的数值。

水胶比的定义是用 "胶凝材料" 来代替前面定义中的 "水泥" 得到的。因此，我们使用缩写 w/b 或 w/cm 来表示。

骨料的饱和面干状态（SSD 状态）

这是混凝土配合比设计以及内部养护的一个重要概念，详见附录 A1。它是指骨料颗粒或其他任何多孔固体的所有可渗透孔隙充满水，但其暴露表面上没有水时的状态。饱和面干状态的缩写用 SSD 表示。当计算或表达混凝土的组成时，SSD 表示骨料的参考状态。

骨料的含水量、吸水率、含湿量

我们不按照 ACI 116 委员会的建议，而是使用如下定义：

使用 "（总）含水量" 来表示给定骨料中所含水量与其干质量的比率。以百分比表示，有效数字不超过 2 位。

用"吸水率"表述通过吸收进入固体的水分，在相同的温度和压力下，其物理性质与普通水没有实质性区别。

用"含湿量"代替"游离水分"表示骨料未吸收的水分，其基本上具有纯水的性质。

相对密度

这里，我们（或多或少）遵循 ACI 术语。

相对密度是在规定温度下一定体积材料的质量与在相同温度下相同体积蒸馏水的质量之比。它是一个相对数，通常小数点后不超过 2 位。

此外，我们使用"SSD 密度"表示 SSD 骨料，而不是"容积密度"，因为后者不会让人想到骨料的 SSD 状态。

至于粉末相对密度，我们没有采用"绝对相对密度"，因为我们不习惯在相对数之前使用"绝对"这个限定。

此外，我们认为，硅酸盐水泥的理论相对密度不是 3.15 或 3.16，而是 3.14，这个数字很容易记住。

超塑化剂掺量

超塑化剂掺量指的是其商品溶液中所含活性固体相对于混合物中胶凝材料质量的百分比。在某些情况下，我们会说明达到所需比例需要用减水剂多少升。附录 A1 给出了不同类型超塑化剂掺量的换算。

共晶体

在相图中，共晶成分具有恒定的熔点，就像纯相一样，尽管它并不是纯相。

P. -C. Aïtcin
Université de Sherbrooke，QC，Canada

参考文献

Bogue, R.H., 1952. La chimie du ciment Portland. Eyrolles, Paris.

致　谢

《混凝土外加剂科学与技术》一书是团队共同努力的结果，在此，我们首先向舍布鲁克大学土木工程系和瑞士联邦理工学院土木、环境和地理工程系建筑材料物理化学专业表示感谢。这部著作植根于两个不同的科学领域（胶体化学和硅酸盐水泥混凝土科学）及其现场应用，我们谁也不可能独立完成这样一部完整的著作。我们所有参与者在超负荷的日程安排中挤出时间来撰写这一既有可读性又具有科学性的书籍。对我们所有人来说，这是一项长期的工作，相当艰巨，但绝不痛苦，因为我们的目标是尽我们所能提供最好的著作。

Pierre -Claude Aïtcin

感谢我以前的研究生 Nikola Petrov、Michel Lessard、Richard Morin 和 Martin Vachon，他们目前在这个行业工作，对北美混凝土外加剂的实际使用提出了很好的建议。

同时感谢 Micheline Moranville、Sidney Mindess 和 Adam Neville，他们在解决一些技术性问题、校订文本、建立索引等方面提供了帮助。还要感谢我的同事 Arezki Tagniti-Hamou 和他的助手 Irene Kelsey Lévesque，他们为本书提供了美观且有指导意义的 SEM 照片，感谢 Patrick Paultre 提供了他在马赛的地中海文明博物馆（MUCEM）拍摄的照片。

至于手稿的制作，感谢舍布鲁克大学土木工程系的博士研究生 William Wilson，他对文中二维模型进行了说明和改进，解释了 w/c 或 w/b 对混凝土性能的关键作用。

最后要感谢塞泰克·巴蒂曼工程公司的 Regis Adeline 和 Armel Ract Madoux，他们将我介绍给路易威登基金会，进而获得许可来复制这座杰出建筑的一些照片。我要感谢太平洋❶水泥株式会社的 Toimura Makoto，将我介绍给大阪燃气公司。我还要感谢大阪燃气公司的 Tomonari Niimura 提供关于森博库液化气码头建设的非常有用的资料，并授权在本书中加入该码头的一些图片，自密实混凝土的第一个主要应用就是该码头。

最后，要感谢 Robert Flatt 同意参与这本书的写作。对 Robert 而言，时间是最重要和最宝贵的，但在本书的整个写作过程中，他倾注了很多时间与精力。在写这本书之前，我曾读过 Robert 的一些论文，听过他在相关会议上的一些发言。我知道他是一位杰出的年轻科学家，在这本书的写作过程中，我们交换了数百封电子邮件，他是可以信任的朋友。与 Robert 一起工作不仅是一件非常愉快的事，而且他还帮助我实现了一个梦想：写一本关于混凝土外加剂的综合性书籍。

Robert J. Flatt

首先要感谢我课题组的成员，感谢他们出色的团队精神、幽默感和追求卓越的精神。很高兴能和他们一起工作。我还要特别感谢并祝贺三位从事外加剂研究的博士

---

❶ 原文存在编辑错误，应为 Taiheiyo（太平洋），而不是 Taiheyo。——译者注

生——Delphine、Giulia 和 Sara，感谢他们为本书做出的贡献。Sara 非常高兴地就参与进来了，Giulia 一开始看起来非常害怕，而 Delphine 则微笑着，做出一副"当然，我能做到"的样子。你们确实做得很出色。我为他们感到骄傲，但同时我也为他们即将毕业而感到难过。祝他们一切顺利，继续取得好成绩。

也要感谢 Bernhard Elsener 教授、Ueli Angst 博士、我的博士后 Marta Palacios 博士，以及我以前的合作伙伴 Sika Technology AG 的 Arnd B. Eberhardt 博士，他们很晚才加入团队，也做出了出色的贡献。我知道这是很多其他工作之外的事情，包括家庭义务。我还要热忱感谢我的秘书 Andrea Louys 女士，感谢她在各项行政工作中提供的重要协助，特别是从其他作品中收集数据的引用权方面。

还要特别感谢 Pierre-Claude 邀请我参与这次伟大的冒险。虽然我最初低估了这一工作量，但这是一次令人鼓舞和富有挑战性的经历。对我来说，写这本书不仅是一个梦想成真的过程，更大的意义是，站在了今后几十年的新起点。谢谢 Pierre-Claude 彻底改变了这一切，也谢谢 Pierre-Claude 对我们所有人的信任、支持和友谊。

写这本书需要付出很多时间与精力，尤其是让我无暇顾及我的家人，为此我感到抱歉，并感谢我的妻子 Inma 以及我的孩子 Sophie 和 Léo 对我的理解、支持。

对于那些允许我们引用自己或者同行已发表重要数据的所有期刊和编辑们，在此我们表示感谢。所有引用已在文中各章节标注，在此不再赘述。我们也感谢美国混凝土协会和波特兰水泥协会允许我们引用他们的部分技术文件。

编者
2015 年 5 月

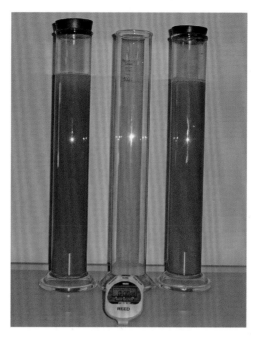

图 0.1 在 $t=0$ 时，掺加与未掺加超塑化剂的
水泥悬浮液，之后静置

图 0.2 实验开始后 6.59min（a）和 7.26min（b）的量筒底部
其中左侧量筒中未掺加超塑化剂，右侧量筒中掺加了超塑化剂

图 0.3　24h 后量筒底部

未掺加超塑化剂（左）和掺加超塑化剂（右）

图 0.4　24h 后近距离观察两个量筒底部

未掺加超塑化剂（左）和掺加超塑化剂（右）

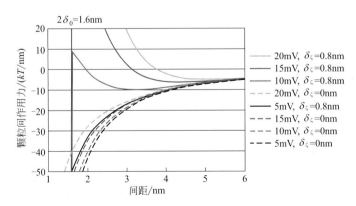

图 11.7　按图 11.6 定义的体系，标准化的颗粒间作用力对间距的函数

虚线表示电荷位于粒子表面的情况